図解入門
How-nual
Visual Guide Book

最新 金属の基本がわかる事典

性質、加工、製造、表面処理の基礎知識

田中 和明 著

[第3版]

秀和システム

はじめに

　コロナが終わりました。前作の第2版は、まさにコロナの真っ最中に発刊しました。あれから3年が経過しました。コロナでこの先どうなることか不安だった世界経済も持ち直してきました。
　コロナ禍では、金属技術を知ることよりも生き残ることが重要な雰囲気でした。目に見えないウィルスは脱炭素もSDGsも温暖化さえ社会の片隅に追いやってしまった感がありました。しかし、何事にも終わりがあります。数年間の厄災の期間を過ぎ、ようやく、ものづくりに目が行くようになりました。

　この間、研究者や技術者はウィルスに打ちひしがれたままではありませんでした。あの厄災の期間にも、技術者や研究者たちは着々と開発を進めており、現在の経済大躍進の原動力になっています。
　第3版では、この数年で表舞台に躍り出た金属の話題を補強しました。表面技術ではトライボロジーの研究が進み、ショットピーニングが食品業界を初め、様々な分野で活躍を始めています。クロニクルでは、これから全てのものづくりを変えてしまう可能性を秘めたマテリアルズインフォマティック、旧合金設計とは全く設計思想が異なる高エントロピー合金、そしてペロブスカイト太陽電池や固体電池が話題を独占しています。鉄鋼製造法も、脱炭素技術に舵を切りつつあります。

　「おわりに」で述べますが、本書の改訂は今回が最後になります。あまりの分厚さに、これ以上ページを付け加えることが困難になりつつあるからです。本書は、金属の基本を学ぶ初心者から、ガチガチの技術者にも役立つように作りました。筆者が「こんな本があったらいいなあ」と思う本に仕立てました。現に、40年間鉄鋼業界で技術者を務めた後、2024年から新たな会社でものづくりの最前線で働いている筆者は、毎日の仕事にこの本が欠かせません。「ここもう少し詳しく書いておいたらよかったのになあ」「これが抜けているなあ」

の連続です。

　現場でも役立つ本であることは、筆者の毎日の体験でも「筆者的には」実証済みです。さあ皆さん、金属技術の持つ楽しさと実益と将来性を一緒に体験しましょう。

　　　　　　　　　　　　　これが最後の第3版に寄せて筆者記す。2024年盛夏。

最新金属の基本がわかる事典 [第3版]

CONTENTS

はじめに …………………………………………………………………… 2

I 金属基礎篇

第1章 金属の全体像

1-1 本書の位置付け ……………………………………………… 16
1-2 マテリアルマニア …………………………………………… 20
1-3 金属を学ぶときの4つのカテゴリー ……………………… 27
1-4 周期表における金属 ………………………………………… 35

第2章 金属の構造

2-1 金属の構造論 ………………………………………………… 40
2-2 原子の構造と結合 …………………………………………… 45
2-3 原子の電子軌道 ……………………………………………… 47
2-4 金属と合金の構造 …………………………………………… 49
2-5 金属の結晶構造 ……………………………………………… 52
2-6 金属の合金構造 ……………………………………………… 55
2-7 合金の時効析出 ……………………………………………… 59

第3章 金属の性質

3-1 金属の特徴 …………………………………………………… 64
3-2 金属の重さ（密度） ………………………………………… 70
3-3 金属の硬さ …………………………………………………… 73
3-4 金属の強さ …………………………………………………… 78

3-5	原子核の結合の強さ	82
3-6	金属の変形	85
3-7	弾性と塑性	88
3-8	電気物性と熱物性	90
3-9	磁性	92
3-10	酸化・還元	96
3-11	金属の色と炎色反応	99

第4章 金属材料の基礎

4-1	金属材料の構成	102
4-2	相変態と合金の構造	106
4-3	格子欠陥	111
4-4	鉄-炭素系平衡状態図と組織	115
4-5	拡散	120
4-6	変態	122
4-7	金属の強化機構	134
4-8	加工硬化・回復・再結晶	140
4-9	時効と析出	143
4-10	金属の比強度	145
4-11	金属の降伏	146
4-12	r値とn値	150

第5章 金属材料の破壊

5-1	金属材料の破壊の全体像	154
5-2	破壊のメカニズム	157
5-3	塑性変形による破壊——応力による破壊①	160
5-4	疲労破壊——応力による破壊②	163
5-5	クリープ破壊——応力による破壊③	168
5-6	延性破壊と脆性破壊	171
5-7	腐食による破壊	176

5-8	応力腐食割れ	180
5-9	水素による破壊	183
5-10	遅れ破壊	186
5-11	鋼の熱処理に伴う脆性	189

第6章 試験・調査技術

6-1	試験方法と調査技術	194
6-2	機械試験法	196
6-3	組織調査	204
6-4	非破壊検査	208
6-5	分光分析の基礎	213
6-6	分子分光分析	216
6-7	原子分光分析	223
6-8	物質の構造を計測する技術	225
6-9	質量分析技術	228

II 金属加工技術篇

第7章 金属素材の製造

7-1	金属加工の全体像	232
7-2	製錬・精錬	235
7-3	リサイクル精錬法	241
7-4	凝固	243
7-5	鋳型鋳造技術	251
7-6	粉末成形	260
7-7	熱間成形	265

第8章 切断と接合

- 8-1 切断加工 …………………………………………… 270
- 8-2 熱源による切断加工 ……………………………… 273
- 8-3 金属の除去加工技術 ……………………………… 278
- 8-4 切断面の品質 ……………………………………… 280
- 8-5 切削と研磨 ………………………………………… 285
- 8-6 バリ取り …………………………………………… 287
- 8-7 ブランク加工 ……………………………………… 291
- 8-8 板金切断 …………………………………………… 294
- 8-9 接合加工の方法 …………………………………… 296
- 8-10 溶接の方法 ………………………………………… 299
- 8-11 サブマージドアーク溶接 ………………………… 302
- 8-12 固相接合 …………………………………………… 305
- 8-13 機械的接合 ………………………………………… 309
- 8-14 ろうつけ加工 ……………………………………… 312

第9章 金属の型創成

- 9-1 型成形概要——塑性加工① …………………………… 316
- 9-2 押し出し成形——塑性加工② …………………………… 319
- 9-3 引き抜き成形——塑性加工③ …………………………… 323
- 9-4 鍛造加工——塑性加工④ ………………………………… 325
- 9-5 プレス加工概論——プレス加工① ……………………… 330
- 9-6 絞り加工——プレス加工② ……………………………… 333
- 9-7 張り出し成形——プレス加工③ ………………………… 337
- 9-8 フランジ加工——プレス加工④ ………………………… 340
- 9-9 曲げ加工——プレス加工⑤ ……………………………… 342
- 9-10 機械加工概要——除去加工① …………………………… 350
- 9-11 切削理論と工具——除去加工② ………………………… 356
- 9-12 旋盤加工——除去加工③ ………………………………… 361
- 9-13 ボール盤加工——除去加工④ …………………………… 363
- 9-14 フライス盤加工——除去加工⑤ ………………………… 365

- 9-15 エンドミル加工——除去加工⑥ ……………………… 367
- 9-16 中ぐり加工と歯切り加工——除去加工⑦ ………… 370
- 9-17 研削加工——除去加工⑧ ……………………………… 372

第10章 金属熱処理

- 10-1 鋼材の熱処理体系…………………………………… 376
- 10-2 鋼材の熱処理の基礎………………………………… 378
- 10-3 鋼材の焼入れ………………………………………… 381
- 10-4 鋼材の焼もどし……………………………………… 383
- 10-5 鋼材の焼なまし……………………………………… 385
- 10-6 鋼材の焼ならし……………………………………… 388
- 10-7 表面熱処理…………………………………………… 390
- 10-8 表面焼入れ…………………………………………… 392
- 10-9 浸炭焼入れ…………………………………………… 395
- 10-10 窒化…………………………………………………… 399

第11章 表面技術

- 11-1 金属の表面技術体系………………………………… 402
- 11-2 金属表面——金属界面① …………………………… 405
- 11-3 さびとスケール——金属界面② …………………… 410
- 11-4 水溶液中の電位とpH——金属界面③ ……………… 415
- 11-5 金属防食の技術……………………………………… 419
- 11-6 金属表面処理技術——金属表面処理① …………… 424
- 11-7 金属表面の前処理——金属表面処理② …………… 430
- 11-8 金属被覆——金属表面処理③ ……………………… 434
- 11-9 化成処理——金属表面処理④ ……………………… 440
- 11-10 電気防食 ……………………………………………… 443
- 11-11 ショットブラスト・ショットピーニング ………… 445

第12章 金属三次元造形技術

12-1 金属三次元造形技術の基礎 ……………………………… 454
12-2 AMの特徴と課題 ……………………………………… 456

Ⅲ 金属素材篇

第13章 金属の分類

13-1 金属が支える私たちの文明 ……………………………… 460
13-2 金属の分類 …………………………………………… 463
13-3 金属の用途による分類 ………………………………… 470
13-4 構造材に使われる金属 ………………………………… 472
13-5 電子・磁性材料に使われる金属 ………………………… 479
13-6 機能材料に使われる金属 ……………………………… 484
13-7 使用量に見る分類 ……………………………………… 487

第14章 鉄と鋼の性質と用途

14-1 鉄の性質 ……………………………………………… 490
14-2 鋼材の性質 …………………………………………… 493
14-3 鋼の実在結晶構造 ……………………………………… 498
14-4 鉄と各種素材との比較 ………………………………… 506
14-5 鋼材の用途 …………………………………………… 509
14-6 JIS鋼材 ……………………………………………… 511

第15章 ベースメタルの性質と用途

15-1 アルミニウムの性質 …………………………………… 518
15-2 銅と銅合金の性質 ……………………………………… 524
15-3 亜鉛と錫の性質と用途 ………………………………… 527
15-4 水銀と鉛の用途 ………………………………………… 530

第16章 レアメタルの性質と用途

- 16-1 チタンの性質と用途 ·· 534
- 16-2 マグネシウムの性質と用途 ·· 537
- 16-3 典型金属レアメタルの特徴と用途 ··································· 539
- 16-4 3d遷移金属レアメタルの特徴と用途 ······························· 544
- 16-5 高融点遷移金属レアメタルの特徴と用途 ························ 548
- 16-6 半金属レアメタルの特徴と用途 ····································· 553
- 16-7 貴金属の性質と用途 ··· 560
- 16-8 レアアースメタルの特徴と用途 ····································· 564

IV 金属製造篇

第17章 採鉱・精錬技術

- 17-1 金属の製造技術 ·· 576
- 17-2 採鉱・粉砕——採鉱法① ··· 578
- 17-3 選鉱——採鉱法② ·· 580
- 17-4 予備処理　乾燥・煆焼・焙焼・溶錬 ······························ 582
- 17-5 乾式精錬 ··· 585
- 17-6 湿式精錬 ··· 591
- 17-7 電解精錬 ··· 594

第18章 鉄鋼製造技術

- 18-1 主な鉄鋼生産プロセス ·· 598
- 18-2 製銑プロセス ··· 600
- 18-3 転炉——製鋼プロセス① ··· 602
- 18-4 二次精錬——製鋼プロセス② ·· 604
- 18-5 鋳造プロセス ··· 606
- 18-6 熱延プロセス（加熱炉、デスケーリング、熱間圧延）···· 608
- 18-7 冷延プロセス（酸洗、冷間圧延、焼鈍炉）····················· 611
- 18-8 種々の鉄鋼製造プロセス ·· 614

第19章 ベースメタル製造技術

- 19-1 アルミニウム精錬概要 ………………………………… 618
- 19-2 銅製造プロセス ………………………………………… 622
- 19-3 貴金属製造プロセス …………………………………… 624
- 19-4 錫・亜鉛・鉛の精錬法 ………………………………… 626

第20章 レアメタル製造技術

- 20-1 主要レアメタルの製造技術 …………………………… 630
- 20-2 専用鉱石から精錬するレアメタル …………………… 643
- 20-3 分離が困難なレアメタル ……………………………… 649
- 20-4 副産物として製造するレアメタル …………………… 654
- 20-5 レアアースメタル ……………………………………… 660

V 金属を取り巻く環境篇

第21章 金属産業の現状

- 21-1 金属と産業の関係 ……………………………………… 666
- 21-2 鉄鋼を取り巻く環境の変化 …………………………… 673
- 21-3 鉄鋼産業の取り組み …………………………………… 676
- 21-4 非鉄金属を取り巻く環境の変化 ……………………… 680
- 21-5 主要非鉄金属産業の取り組み ………………………… 682

第22章 金属クロニクル

- 22-1 金属に関する最近の話題 ……………………………… 686
- 22-2 金属材料を取り巻く環境の変化 ……………………… 690
- 22-3 最近の金属技術トピックス …………………………… 698
- 22-4 金属素材の今後の技術展望 …………………………… 702
- 22-5 個別技術解説：電池と金属 …………………………… 705

22-6　個別技術解説：水素利用と金属 …………………… 714
22-7　マテリアルズインフォマティックス（MI）………… 718

第23章　金属資源

23-1　金属資源 ………………………………………… 724
23-2　陸上資源 ………………………………………… 732
23-3　海底資源 ………………………………………… 736
23-4　リサイクル資源 ………………………………… 740

第24章　金属資源課題

24-1　金属資源リスク ………………………………… 748
24-2　コモンメタルの資源課題 ……………………… 752
24-3　レアメタルの資源課題 ………………………… 755
24-4　資源価格高騰問題 ……………………………… 759
24-5　持続的社会課題 ………………………………… 761
24-6　コロナ禍・サプライチェーン課題 …………… 764

第25章　金属資源対応

25-1　新国際資源戦略 ………………………………… 768
25-2　気候変動問題 …………………………………… 772
25-3　エコプロダクト ………………………………… 774
25-4　リサイクル資源対応 …………………………… 776
25-5　エコロジカル・リュックサックと
　　　カーボンフットプリント ……………………… 780
25-6　SDGsと金属 …………………………………… 782

おわりに ………………………………………………… 787
参考文献 ………………………………………………… 790
索引 ……………………………………………………… 798

Column

鉄のグランドライン	19
「230kg」	44
たたら製鉄法（その1）	54
たたら製鉄法（その2）	58
ファラディの金属学	62
85回	69
微生物が生み出す湖沼鉄	76
建築の鉄物語	81
スチームパンクな鉄	95
鉄の産業文化遺産	105
金属＝鉄のイメージ	110
磁石と磁性	114
鉄の原子量	119
聖書に出てくる鉄鋼用語	133
鉄の歴史	139
聖書の中の鉄の登場シーン	142
電波塔の鉄物語	156
鉄は典型的な成熟産業	175
柔らかい鉄（哲学的視点）	179
隕鉄の歴史	191
英国へ出発（英国鉄鋼の旅第1話）	192
98％	195
鉄の長所	230
製鉄の神話	234
鉄を操る	242
送電鉄塔の物語	250
鉄橋の鉄物語	264
3800年前	268
製鉄は錬金術（その1）	272
製鉄は錬金術（その2）	276
鉄道の鉄物語	290
柔らかい鉄（科学的視点）	292
世界の歴史を映す鏡の鉄	298
幕末の大砲作り	301
鉄の語感	304
鉄鋼消費量の爆発	308
缶の鉄物語	313
アイアンブリッジ（英国鉄鋼の旅第2話）	314
戦う鉄	322

管の鉄物語	339
鉄を食べる	341
木炭高炉	355
コークス高炉	362
英国産業革命	364
錬金術	369
コールブルックデール（英国鉄鋼の旅第3話）	374
鉄は何次産業か？	380
鉄の性質	386
軽い鉄	394
地球環境と鉄	409
地球の比重「33％」	439
インド鋼の先祖	449
製鉄所で働いて	462
鉄の切手	469
英国王立研究所（英国鉄鋼の旅第4話*）	477
奇跡の惑星、鉄の星地球の誕生（その1）	497
奇跡の惑星、鉄の星地球の誕生（その2）	505
奇跡の惑星、鉄の星地球の誕生（その3）	523
君はエッフェル塔を見たことがあるか？	532
恥ずかしい鉄	596
さびと鉄	621
韮山反射炉	628
尼子氏の鉄支配	641
フロギストン	642
音がきれいな鉄	653
As I See	672
ローマ時代の釘	675
インドの鉄	684
鉄は生き物	703
鉄の玉手箱	704
貨幣の金属学	712
鉄鋼の性質が生み出す優美な姿	721
鉄鋼業と料理（その1）	731
鉄鋼業と料理（その2）	735
日本海海戦の金属学	746
タイタニックと宮沢賢治	751
異聞鉄の日本古代史（その1）	758
異聞鉄の日本古代史（その2）	766
鉄の色は何色？	779
テンパーカラー	786

I 金属基礎篇

第1章

金属の全体像

　金属の全体像を見る時、科学面と工学面、理論面と実用面の2軸で、4つのカテゴリに分類すると理解しやすくなります。改訂版では、この分類を意識して記述しています。

　まず最初に、本書の改訂の目的を語り、その後しばし筆者の金属マニアックなお話にお付き合い願います。そして、いよいよ改訂版「金属の基本がわかる事典」の始まりです。

I 金属基礎篇　第1章　金属の全体像

1 本書の位置付け

　本書『図解入門 最新金属の基本がわかる事典』は、第2版でⅢ金属素材篇、Ⅳ金属資源篇、Ⅴ金属を取り巻く環境篇を追加・大更新しました。第3版となる今回は、最近の金属分野の科学・技術の進歩を盛り込みました。

▶▶ 今回改訂の位置付け

　本書は、第2版の増補改訂版です。事典の構成はほぼ第2版で固まりました。

　初版本は、「金属基礎」「金属加工技術」「金属素材」および「金属資源」の4篇に分類しました。出版当時から時間が経つと色褪せた記述や視点、将来広がっていくと予想したがそれほど広がらなかった技術分野も含まれています。

　第2版では、古びた記述や技術の記述は修正しつつ、新たに加わった技術や金属を取り巻く環境について入れ替えを行っています。技術は、日々進歩しており環境も刻々と変化します。現時点で可能な限り新たな視点を取り込みました。

　第2版では誌面の関係上詳しく語れなかった部分もあります。それは、Ⅲ金属素材篇です。金属素材篇は、金属に着目した金属の性質や製造方法の解説と、その金属が素材として産業社会の様々な分野に関わる技術連関の解説があると考えています。今後、金属素材篇をさらに充実していきたいと考えています。

　金属を知るためには、金属の歴史的背景を知ることも重要です。金属が記載されている一枚の元素周期表の裏に広がる歴史的な背景を知ることは金属の理解を深めてくれることでしょう。金属加工法のひとつひとつが確立していく技術的過程を知ることは、冒険活劇のような知的興奮を与えてくれることでしょう。金属元素の発見物語も同様です。

　このように、本書が真の意味で「金属の基本がわかる事典」として役立たせるために、将来的には本書内容を4つのジャンルに分けて解説したいと考えています。事典（科学篇）、事典（工学篇）、事典（歴史篇）、さらに事典（鉄鋼篇）となります。

　第3版では、最近の金属分野の進歩や環境の変化を取り込みました。製鉄分野の脱炭素や、電池分野はたった数年で大きく変化しました*。またマテリアルズインフォマティックスのような金属学を変革する予感のする進化もあります。

---

*…変化しました　変化項目が多いため、改訂が追いつかない。AMやトライボロジー分野などページ数の関係でやむをえず改訂を諦めた分野も多い。

1-1 本書の位置付け

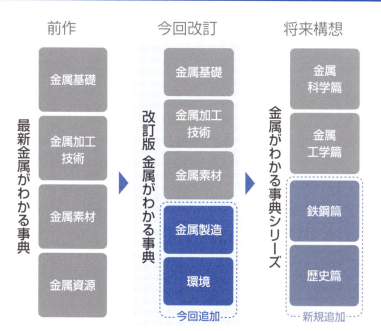

▶▶ 本書の構成

　本書では金属の関する技術の構成を、Ⅰ 金属基礎篇、Ⅱ 金属加工技術篇、Ⅲ 金属素材篇、Ⅳ金属製造篇、Ⅴ金属を取り巻く環境篇の5篇に分けます。章立ては16章から25章へと9章増加しています。

Ⅰ 金属基礎篇

　金属基礎篇は、第1章を大幅に変更しました。筆者の嗜好全開のマテリアルマニアで、まず金属を含む素材の面白さをお楽しみください。

　筆者は、生粋のアップルマニア*です。白黒のマッキントッシュPCから始まり、次第に64GbiPod、MacBook、iPhoneへと進んでまいりました。iPad初号機も発売当日の金曜日に入手し月曜日の講演はKeynoteで行いました。そういう関係で、アップル関係の雑誌にも寄稿することもありました。当然原稿はMacで作成です。

＊**アップルマニア**　アップルとの出会いは、米国留学から戻られた先輩が持っておられた箱型クラシックマッキントッシュで、コンピュータがいきなり英語を読み上げて以来。翌日、秋葉原の電気街に現金を握りしめて買いにでかけた。

1-1　本書の位置付け

Ⅱ　金属加工技術篇

　金属加工技術篇は、第12章に金属三次元造形技術（AM）を新規に入れました。AMは、金属では近年注目の造形法で、これから最も進化する技術分野と考えています。

Ⅲ　金属素材篇

　金属素材篇は、今回、全ての金属に解説を広げました。鉄鋼、コモンメタル、レアメタルの性質と用途、製造法をできるだけ幅広く取り上げ平易に解説しました。

　1節は、金属が支える私たちの文明を、街中が歩きながら視点を動かして記述しています。この視点移動は「金属ラプソディ」として唄えるようになっています。是非、リンク先のYOUTUBEでメロディを聴きながら読んでください。

Ⅳ　金属製造篇

　今回新たに追加したのは、採鉱・精錬技術です。また、金属の分類をコモンメタルとレアメタルから、鉄鋼、ベースメタル、レアメタルに分割しました。今回の改訂では、ほとんどの金属の製造技術を網羅しました。

　金属を取り巻く環境は変わっても金属の需要は益々増大します。金属を製造方法を知らなければ、金属の行く末を語れません*。是非、作り方を学んでください。

Ⅴ　金属を取り巻く環境篇

　金属を取り巻く環境は、初版からの5年間で大きく様変わりしました。また、これからの10年も大きく変化していきます。今回新たに、第22章金属クロニクルを書き下ろしました。鉄鋼、非鉄金属の各産業からの要請や課題について真正面から取り上げたつもりです。金属クロニクルは、全く新たな試みで、21世紀に入ってからの金属に関する素材、技術等に関する出来事を概観し、金属材料を取り巻く環境を8つに絞って解説しました。さらに、筆者が気になる金属技術トピックスに加え、金属素材が進むべき今後の技術的展望を試みました。

　第25章金属資源対応は、新国際資源戦略、温暖化ガス対策、SDGsと金属との関係など最新の技術動向を踏まえて全面的に書き換えました。

---

*…**金属の行く末を語れません**　鉄鋼をはじめ各種金属素材がどのように作られるのかを知ることが、カーボンニュートラルやSDGsを進めるスタートになる。

今回冊子内容（1-1-2）

Ⅰ 金属基礎篇

- 第1章　金属の全体像
- 第2章　金属の構造
- 第3章　金属の性質
- 第4章　金属材料の基礎
- 第5章　金属材料の破壊
- 第6章　試験・調査技術

Ⅱ 金属加工技術篇

- 第7章　金属素材の製造
- 第8章　切断と接合
- 第9章　金属の型創成
- 第10章　金属熱処理
- 第11章　表面技術
- 第12章　金属三次元造形技術

Ⅲ 金属素材篇

- 第13章　金属の分類
- 第14章　鉄と鋼の性質と用途
- 第15章　ベースメタルの性質と用途
- 第16章　レアメタルの性質と用途

Ⅳ 金属製造篇

- 第17章　採鉱・精錬技術
- 第18章　鉄鋼製造技術
- 第19章　ベースメタル製造技術
- 第20章　レアメタル製造技術

Ⅴ 金属を取り巻く環境篇

- 第21章　金属産業の現状
- 第22章　金属クロニクル
- 第23章　金属資源
- 第24章　金属資源課題
- 第25章　金属資源対応

COLUMN　鉄のグランドライン

英国で始まった本格的な鉄鋼生産の中心地は、戦前の米国に渡って大工業国を作り出し、戦後の日本復興の起爆剤になり、現在は中国に渡って国の大発展を遂げています。今後は、インド、そしてアフリカと移動していくのです。この軌跡を描くと、地球を半周回る一本の線になります。筆者は、この線を鉄のグランドライン*と密かに名付けています。

繁栄をもたらすライン上でどんな物語が待っているのでしょうか。

＊グランドライン　漫画ワンピースにでてくる世界線。

I 金属基礎篇　第1章　金属の全体像

2 マテリアルマニア

　最近のパソコンや、タブレット、スマートフォンには、ボディ素材としてアルミニウム合金や強化ガラスが使われています。金属に焦点を当てた本書のスタートは、これまでアップル製品に用いられてきた素材全体を概観するところから始めましょう。アップルマニアの筆者が語るマテリアル話題、題して素材愛好家、マテリアルマニアの趣味全開です。

▶▶ THE・マテリアル

　アップル製品に使われてきたボディ素材を6つ取り上げます。プラスチック、ガラス、アルミニウム、ステンレス鋼、チタン、マグネシウムです*。金属もそうでないのも皆、素材、マテリアル仲間です。

マテリアルマニア素材（1-2-1）

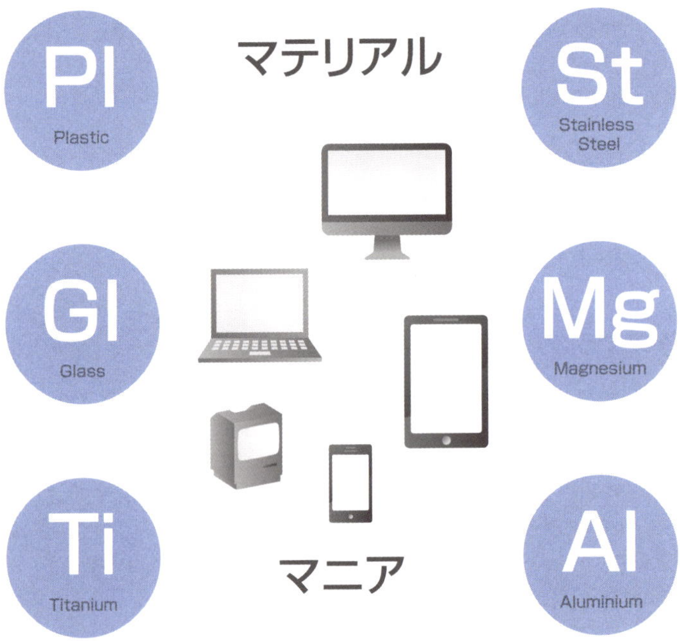

- Pl　Plastic
- St　Stainless Steel
- Gl　Glass
- Mg　Magnesium
- Ti　Titanium
- Al　Aluminium

＊…マグネシウムです　プラスチックをPl、ガラスをGl、ステンレスをStと元素記号風に書き表した。

▶▶ プラスチック（合成樹脂）

　マックユーザーにとってはプラスチックの仲間のポリカーボネートはなじみの深い素材です。象徴的なのは、初期型のiMacの半透明ボディです。

　ポリカーボネートは、軽い、衝撃に強い、透明度が高いなどの特性から、パソコンのほかAV機器、眼鏡や小型カメラのレンズ、光学式ディスクなど、さまざまな用途に使用されています。

　ポリカーボネートは、熱可塑性プラスチックで、熱を加えると柔らかくなる性質を持つため、iMacのような曲面も作りやすく、無色透明なので、顔料などを混ぜ着色可能です。旧iMacの半透明で丸みのあるボディーは、ポリカーボネートだからこそ実現できました。以来、アップルは長くこの素材をマックのボディーに使用してきましたが、2009年モデルのMacBookを最後に本体への採用を中止しました。現在はデスクトップ、ノートマシンともに、本体はすべてアルミニウム合金製となっています。

▶▶ ガラス

　アルミニウム合金とともに、ガラスはアップルが好んで使う素材です。一般的にガラスには「もろい・重い」というイメージがありますが、実際はどうでしょう。窓や食器などにも使われているガラスは、現代人にとって最も身近な素材です。液晶モニターの表面にもガラスを使用しています。

　ガラスがこの用途に向く理由としては、①薄く平滑にしやすい、②硬くてキズがつきにくい、③耐食性が高い、④透明度が高く美しいなどが挙げられます。ポリカーボネートもこれに近い性質を持つため、同じ用途で使われるますが、いずれの性質もガラスが優れています。

　デジタル機器などでは、通常の板ガラスの3~5倍の強度を持つ強化ガラスが使用されています。中でも最近注目されているのが、スマートフォンにも採用されている化学強化のゴリラガラス（米コーニング社製）です。極めて高い耐擦傷性を持ちポケットから落としても傷がつきません。

　少し前のスマートフォンは、パンツの後ろポケットに入れていると変形し、落とすと画面が割れたものです*。最近のものはそのようなトラブルがなくなりました。

---

*…**割れたものです**　スマホ自体の剛性も上がったように感じる。後ろポケットに入れて電車座席に座り取り出した時の絶望的な湾曲はiPhone 5以降は経験していない。

1-2 マテリアルマニア

プラスチックとガラス（1-2-2）

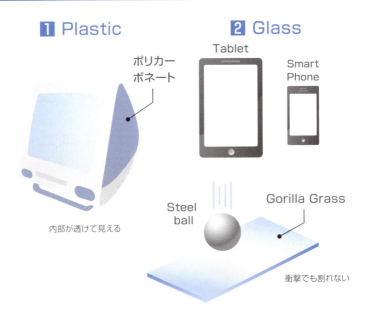

▶▶ アルミニウム

　アルミニウムは、MacBookシリーズやiMac、Mac miniなど現在のすべてのマックのボディに採用されているのが、軽くて強く美しいアルミニウム合金です。ユニボディーと呼ばれる削り出しによって成形された本体は、強固さと美しさを兼ね備え、多くのユーザーを魅了し続けています。初めてMacBookにユニボディー*が採用された時の発表会で、ジョブズがサンプルを会場に回し、皆が手にとってその軽さや精巧さをみている映像を見た後、さらに紙袋からMacBook Airを取り出した時、何度Macを買い替えたことでしょう。アルミニウムのボディには、ファンを魅了する魔力があります。

　アルミニウムの長所は、鉄の3分の1という軽さです。工業製品で使う際は、銅やマグネシウムを添加し、熱処理で強度を高めたアルミニウム合金として利用します。アルミニウムにはにおいがなく人体にも無害です。リサイクル可能な飲料缶や調理器具にも使われる、人と環境に優しい金属です。

---

*ユニボディー　ノートパソコンの筐体を一枚のアルミニウム合金から削り出して作ったもの。

空気に触れると表面に不動態皮膜を形成するため耐食性も高く、素地のままで美しい質感も魅力です。表面にアルマイト加工を施すことで、多彩にカラーリングできるのも利点です。

物理的性質としては、鉄の約3倍の熱伝導率です。熱を急速に放散できるので、冷暖房装置やパソコン内部のヒートシンク、ヒートスプレッダーとしても用いられます。高スペック化・小型化が進むデジタル機器は、内部発熱をいかに外部に逃すかが重要な課題です。マックのようにボディー素材にもアルミニウムを採用すれば、デザイン性だけでなく放熱部材としての役割も果たしてくれます。

▶▶ ステンレス鋼

かつて iPod classic や touch の背面には、ピカピカに磨き上げられたステンレス鋼が使われていました。ステンレス鋼は身近な素材ですが、デジタル機器のボディーとして使われていることそれほどありません。この素材を採用する理由をみてみましょう。

アップル製品に使われているステンレス鋼といえば、初代 iPod から採用され続けている背面ケースが有名です。また、iPhone 4 側面にもステンレス鋼が用いられていました。しばらくアルミニウム合金の採用が続きましたが、iPhone 12pro シリーズでは再び側面にステンレス鋼が戻ってきました。

ステンレス鋼は、「stainless steel」(さびない鋼) という名前の示すとおり、耐食性を飛躍的に高めた合金鋼です。クロムを11%以上添加し、不動態皮膜と呼ぶ緻密な錆、つまり酸化皮膜を表面に生成させた鋼材です。実際にはまったくさびが進行しないわけではありませんが緻密な錆が空気と鋼材の接触を妨げるため極めてさびにくい性質があります。酸化皮膜は透明で表面の金属が透けて見えるため、美しい金属光沢も魅力です。表面を塗料でコーティングしたものや、鏡面仕上げを施したものもあります。

ステンレス鋼は比強度が高く、アルミニウムで同じ強度を実現するには厚くする必要があります。iPodやiPhoneは、内部スペースの確保のためにステンレス鋼を採用したと思われます。ただし、iPod classic の背面が鏡面仕上げだったのは、純粋にジョブズのデザイン的な嗜好理由からだと思われます*。

---

*…思われます　あの湾曲した裏面の鏡面仕上げの手触りは今でも手が覚えている。

1-2 マテリアルマニア

アルミニウムとステンレス鋼（1-2-3）

3 Aluminium

Unibody

一枚板から削り出し

4 Stainless Steel

iPhone 12 Pro

Side Flame

iPod 64GB

Back Face

磨くと美麗肌

▶▶ チタン

　アップルはかつて、ラップトップコンピューターのボディー素材としてチタン合金を採用したことがあります。アクセサリーなどにも使われる高級金属というイメージのチタンですが、なぜアップルはMacの筐体にこの素材を採用したのでしょうか。

　外装材としてチタン合金を採用したPowerBook G4は、それまで曲線的だったノートマシンのイメージを一新しました。現在のMacBook Proもそのデザインの路線を踏襲しています。

　チタン合金の特徴は、軽くて強いことです。金属の強さを示す指標に、同じ重さの材質の引張強度を示す比強度＊があります。純チタンの比強度は鋼よりもやや高い程度ですが、アルミニウムとバナジウムを添加した「$\alpha+\beta$合金」では、純チタンの2倍以上という比強度になります。チタンの融点は鉄よりも高く、電気や熱が伝わり

＊**比強度**　コラム「軽い鉄」参照。

1-2　マテリアルマニア

にくい性質のため、過酷な使用環境にも耐えられるのが特徴です。

表面に緻密な酸化チタン層を形成するため海水や酸と直接接触せず、抜群の耐食性を示します。その性質を生かし、化学プラントや橋脚の外壁に使われることも多い金属です。

身近なところでは、人体に無害でアレルギーを起こしにくい性質から、人工関節やピアス、メガネフレームの素材に使われています。それ以外にも、高度な機能性と耐久性が求められる航空機やゴルフクラブにも用いられます。

アップルがPowerBook G4の筐体にチタンを採用したのは、軽量かつ高強度でさびにくいからだと思われます。ただし、パソコンの筐体として使うには弱点もありました。熱が伝わりにくく放熱性が悪いため、パソコン内部に熱がこもりやすい点です。また、切削加工が難しい欠点がありました。こうした短所をカバーしようとするとどうしても高コストになるため、より製造コストが安いアルミニウム合金に切り替えたと思われます。

▶▶ マグネシウム

これまで、アップルがマグネシウム合金製の製品を発売したことはありません。しかし実は、スティーブ・ジョブズがアップルを離れていた時代に開発した世界初のワークステーションNeXTcube※の筐体はマグネシウム合金で作られていました。

マグネシウム合金は、マグネシウムを主成分とし、アルミニウムや亜鉛などを添加した合金が広く利用されています。金属素材としては非常に軽量なのが特徴で、身近な用途としては自動車のホイールや自転車のフレームなどが挙げられます。また、デジタル機器ではパナソニック製のノートPC「Let'snote」シリーズ、リコー製のデジカメ「GXR」などが採用していることで有名です。

軽さだけでなく、電磁波の遮断性能が大きい、振動を吸収しやすいなど、デジタル機器に適した特性を持ちます。特に、比強度については、デジタル機器に用いられる5000系のアルミニウム合金よりも高いため、より薄く軽いボディーで同じ強度を実現可能です。素材が持つ魅力としては、現行Macで使われているアルミニウム合金にも匹敵すると言えます。

アルミニウム合金と比べた場合の短所としては、耐食性が低く錆びやすいためにコーティングが必要な点や、加工コストが大きいため、製品が割高になりがちな点

※ **NeXTcube**　ジョブズがアップル社からNeXTcube社に移った時に開発したワークステーション。残念ながら実物は見たことがない。

25

1-2 マテリアルマニア

などが挙げられます。こうした事情から、現在はデジタル機器の中でも上位モデルや高付加価値モデルに採用されることが多のがマグネシウム合金です。

チタンとマグネシウム(1-2-4)

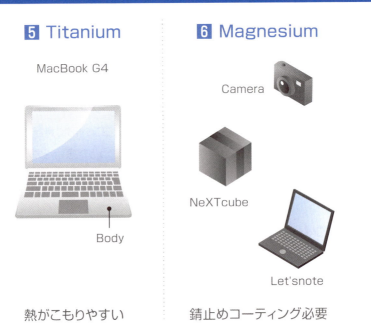

▶▶ まとめ

今回は、アップル製品のボディに使われている素材だけを紹介しました*。金属もあればそうでないのもありますが、全部まとめてマテリアルです。いつも触れる製品がなじみのマテリアルで覆われているのを感じていただければ幸いです。紹介した製品にはアップル製品以外も混じっているのはご愛嬌という事でお願いします。

＊…紹介しました　筆者のアップル歴は、マッキントッシュクラシックから始まる。当時珍しかった64GのiPodや、iPhoneを2ヶ月で買い替えたこともある。iPadを発売初日の金曜日に入手し月曜日にはKeynoteで講演をしていたのも随分前のこと。この本はM1Mac miniで執筆し、iPad air4 (iPad8台目) とiPad mini5で校正した。前作はMacBook Airで執筆。その後MacBookを経て現在のM3 MacBook Airに至る。蔵書数千冊が入っている一世代前のiPad proは読書用にベッド横に設置し現在も現役。

Ⅰ 金属基礎篇　第1章　金属の全体像

3 金属を学ぶときの4つのカテゴリー

金属を学ぶとき、意識しておきたいことは科学面と工学面の2面があることです。また、理論を扱うか実用を扱うかで、さらにカテゴリーが4つに増えます。金属を学ぶときの地図、いわば金属ワールドの探検の書の内容を詳しく見てみましょう＊。

▶▶ 科学と工学、理論と実用

金属をミクロな視点で理論や法則などの自然現象を追求する分野が金属科学です。これは単純に金属学と呼ぶ場合もあります。一方、金属をマクロに捉え、目的とする操作の対象とする金属工学の分野があります。いずれの分野も理論を主体にするか実用を主体にするかでカテゴリーが分かれます。

金属理論科学のカテゴリーでは、金属の本質論や金属の性質、計算科学を扱います。金属実用科学のカテゴリーでは、金属の破壊や変形、材質などのマクロな性質を扱います。

金属分野の科学と工学、理論と実用（1-3-1）

＊…見てみましょう　技術体系や仕事体系などを見る時、筆者は2軸4象限で捉えると思考の地図が浮き上がるので好んで使う。世界地図も緯度経度で整理している。

1-3 金属を学ぶときの４つのカテゴリー

　金属理論工学のカテゴリーは、主に金属工学の素過程を扱います。そして金属実用工学のカテゴリーは、実際の金属を扱う工業技術や調査技術を扱います。

　金属に関する知識の体系化は、これらの４つのカテゴリーを意識することが大切です。

▶▶ 金属理論科学のカテゴリー

　金属理論科学のカテゴリーには、金属の原子論、電子論、金属物性など金属構造に着目する分野と金属の性質に着目した金属材質の分野があります。本書では詳しく触れませんが、計算科学＊や金属物理や金属化学もこの分野に含まれます。

　金属構造の分野は、具体的には結晶構造の形態や電子軌道を扱います。金属の性質では、金属の４つの特徴である延性、展性などの変形形態、熱や電気の良導体の性質および金属光沢で知られる光の反射などを扱います。

　金属を学ぶ時、真っ先に登場する分野ですので、できるだけ平易に解説します。

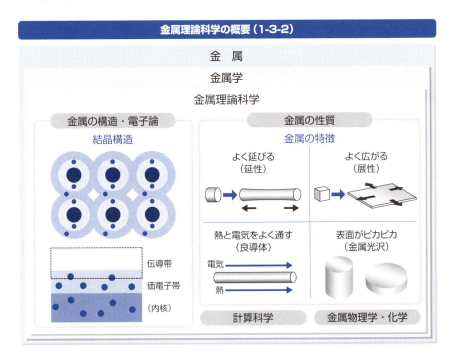

金属理論科学の概要（1-3-2）

＊**計算科学**　第一原理計算を用いた数学モデルを構築し、計算機を活用して科学技術的な問題を解く研究分野。

▶▶ 金属実用科学のカテゴリー

　金属実用科学のカテゴリーには、金属の性質を観察から見ていく結晶学や金属組織学、巨視的な視点で扱う塑性力学や破壊力学、金属の性質を微視的な視点で扱う金属の材質があります。

　この分野では、金属結晶構造と金属組織の差異や、金属の変形のしやすさや強さなどをミクロの視点から解説します。塑性力学や破壊力学は、本書では計測方法や一部のモデルまでしか扱いません。金属は構造部材であるため、金属の変形や破壊は避けては通れません。是非、この分野の知識も学んでください*。

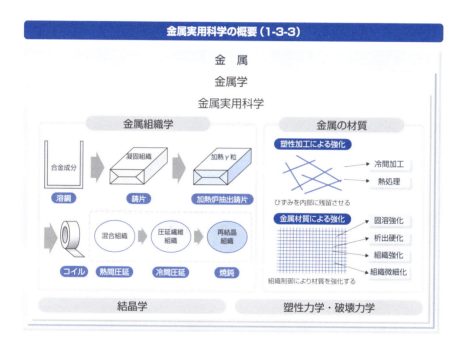

金属実用科学の概要（1-3-3）

＊…学んでください　塑性力学や破壊力学は、金属をマクロスコピックな物理学的視点で解説している。クルト・ネットー先生も明治の初講義の時、理屈を学ぶ意義でこのように述べている。

1-3 金属を学ぶときの4つのカテゴリー

▶▶ 金属理論工学のカテゴリー

　金属理論工学のカテゴリーには、金属への操作を素過程面から扱う精錬冶金学、鋳造凝固学、金属加工学、熱処理学、金属表面技術などが含まれます。

　金属素材製造時には、金属を溶かして固めます。化学成分制御や凝固現象を理論面から取り扱うのがこの分野です。金属素材を加工し、目的通りの組織に作り込み、表面を改質する理論もこの分野に含まれます。金属を学ぶ目的は様々ですが、工業的に金属を扱う際、最も重要で面白く実用的な技術分野です。

金属理論工学の概要（1-3-4）

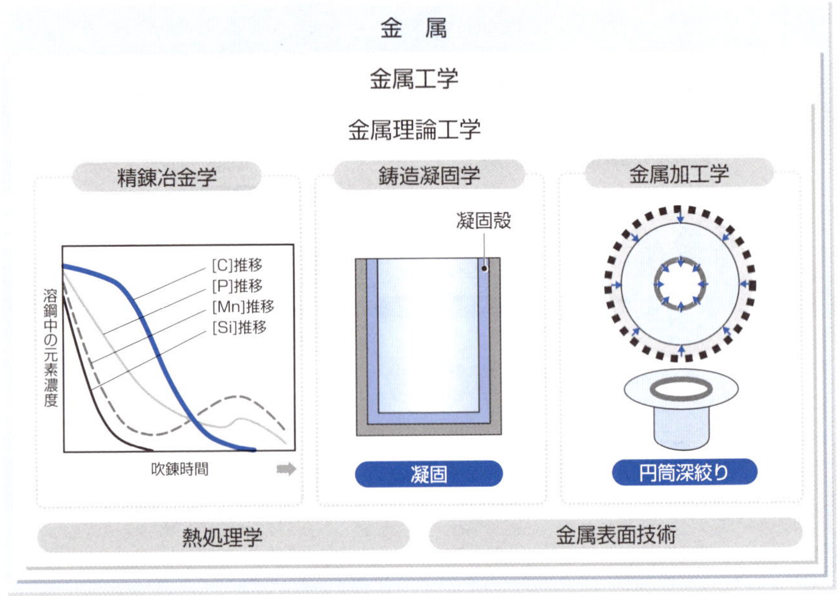

金　属
金属工学
金属理論工学

| 精錬冶金学 | 鋳造凝固学 | 金属加工学 |

凝固殻
溶鋼中の元素濃度
[C]推移
[P]推移
[Mn]推移
[Si]推移
吹錬時間
凝固
円筒深絞り

熱処理学　　　　金属表面技術

▶▶ 金属実用工学のカテゴリー

　金属実用工学のカテゴリーには、素材製造プロセス、**金属加工プロセス**、腐食防食技術など、金属の製造使用に関する工業技術が含まれます。金属の性質を調べる視点で扱う調査・解析方法もこの分野に含まれます[*]。

＊…含まれます　これ以外にも金属素材の品質や材質設計など含まれる。

1-3 金属を学ぶときの4つのカテゴリー

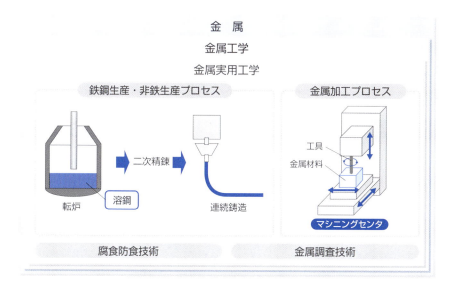

金属工学には5つの分野がある

　金属工学には、金属材料、金属加工、鉄鋼生産、非鉄生産および表面技術の5つの工業分野があります。

　金属材料には、金属の結晶構造、変態、再結晶、析出、焼結、強化機構、劣化・脆化などが含まれます。金属材料は、金属の本質的な性質を、実用の材料にどのように生かされているのかを知る分野です。

　金属加工は、塑性加工、熱処理、接合・切断など、金属を用いてものの形や組織を創成するための技術です。金属が他の工業に結びつくためには、必ず加工工程を通ります。金属工学の中で、最も広範囲な話題が含まれる分野です。

　鉄鋼生産は、全金属使用量の96%を超える*工業的に最も重要な金属材料である鉄鋼材料、つまり鋼材の生産プロセスと鋼材の用途が含まれる分野です。

　非鉄生産は、鉄以外の金属の生産プロセスと各金属の用途を取り扱う分野です。複数の金属を含む合金は、さまざまな金属の組み合わせにより、新しい機能を持つ金属素材を生み出します。非鉄生産には、銅やアルミニウムといったコモンメタルに加えて**レアメタル**、中でもレアアースメタルなど、供給や生産が困難な金属が含

---

*96%を超える　毎年この数字は変化する。2015年時点ということで、本書では数字を置く。

1-3 金属を学ぶときの４つのカテゴリー

まれます。

　表面技術は、金属工学の中でも大きな分野を占めます。金属に不可避な表面腐食や摩耗といった表面劣化に立ち向かう金属被覆、電気防食、耐食合金、表面改質技術と、金属機能性表面について詳細に解説します。

　広大な金属工学のカバー範囲を概観することは、拡散していく技術分野をいかに整理して考えるかということになります*。

金属工学の５つの分野（1-3-6）

▶▶ 金属はすべての工業と関係がある

　金属は、あらゆる工業の素材や原料として用いられます。工業分野が異なれば、要求される特性も異なります。同じ工業分野でも、使用環境や用途が異なれば、求められる機能も異なります。

　金属について学ぶとき、自分がどの工業分野の金属を対象にしているのかを意識することが大切です。自動車の構造部材なのか、半導体素子なのか、触媒としての金属なのか、対象が異なれば知るべき知識も変わってきます。

＊…考えるかということになります　金属工学の分野を５つに分けてしまうのではなく、お互いがどう関係しているかを意識すると、視野が一気に広がるような気になる。少なくとも筆者はこう考えてきた。

1-3 金属を学ぶときの4つのカテゴリー

すべての工業と結びつく金属（1-3-7）

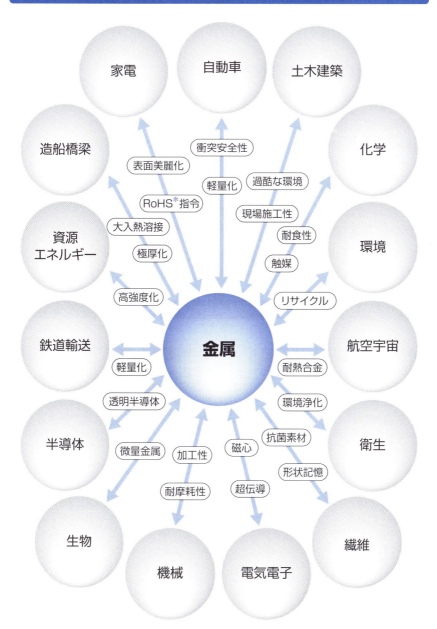

* RoHS　Restriction of Hazardous Substances（危険物質に関する制限）の略語。欧州連合（EU）が指示したので、RoHS指令と呼ぶ。

1-3　金属を学ぶときの4つのカテゴリー

　鉄鋼や**非鉄金属**を**製錬・精錬**して鉱石や原料から取り出し、加工用の素材や部材に変化させる産業を**素材産業**と呼びます。素材産業の人は、まず自分の属している分野の技術について調べ、周囲の工業との関係で金属を学んでいきましょう。

▶▶ 実はもっと奥深い金属の世界

　4つのカテゴリーは、金属を主に産業に使用する素材として捉えたときの科学技術的な分類でした。「金属」への視点はまだまだたくさんあります。

　金属を物質面から見ると、宇宙論から地球の成り立ちまで含む科学の分野が広がり、歴史との関わりを見ると、壮大な人類の歴史を形作る重要な要素となります。金属なくして文明の発展はありませんでした＊。

　また、芸術面や文化面、さらには政治面から見ても、金属的な切り口は無数に見つかります。物質名詞である「金属」は、素材であり私たちの文明そのものなのです。

　金属ワールドの冒険の書には、「素材編」の向こうに壮大な金属の世界が広がっていることを示す手がかりも書かれています。ぜひ楽しんでください。

奥の深い金属の世界 (1-3-8)

素材としての金属	人類の歴史と金属
金属学　　金属工学	鉄の歴史　　金属文明論
産業素材　　新機能	産業革命　　金属発見伝
新素材	錬金術

金 属

物質の根源としての金属	政治経済からみた金属
宇宙論	レアメタル問題
地球史　　生命史	資源　　地球環境
生体と金属　　元素論	エネルギー　　元素戦略

＊…発展はありませんでした　精錬技術の確立は歴史とともにある。

4 周期表における金属

元素の周期表は、元素を2次元の表に配置したものです。19世紀にメンデレーエフによって提案された元素の周期律は、正確に元素の本質を説明しました。周期表は、金属を勉強するためにはなくてはならない表です。

▶▶ メンデレーエフの短周期表

元素記号を、現在のようにギリシャ語やラテン語などの頭文字を用いて表すようになったのは19世紀初頭、スウェーデンの**ベルセリウス**＊が創案して以降のことです。ロシアのメンデレーエフは、1869年に発表した論文の中で、**元素の周期律**を提唱し、元素の性質をうまく説明しました。彼は、それまで知られていた**元素**を**原子量**順に並べると、似た性質の元素が周期的に現れることに気づき、周期表として提示しました。最初に提案した周期表は、現在でいう短周期表でした。彼はこの周期表を用いて、まだ発見されていなかった3つの元素（Sc、Ga、Ge）の存在と性質を正確に予言します。その後も、元素が発見されるたびに、周期表に追加されていきました。

短周期表にメンデレーエフの周期表を並べたもの（1-4-1）

	I		II		III		IV		V		VI		VII		VIII	O
	A	B	A	B	A	B	A	B	A	B	A	B	A	B		
1	H															He
2	Li		Be		B		C		N		O		F			Ne
3	Na		Mg		Al		Si		P		S		Cl			Ar
4	K		Ca		(Sc)		Ti		V		Cr		Mn		Fe Co Ni	
		Cu		Zn		(Ga)		(Ge)		As		Se		Br		Kr
5	Rb		Sr		Y		Zr		Nb		Mo		Tc		Ru Rh Pd	
		Ag		Cd		In		Sn		Sb		Te		I		Xe
6	Cs		Ba		L		Hf		Ta		W		Re		Os Ir Pt	
		Au		Hg		Tl		Pb		Bi		Po		At		Rn
7	Fr		Ra		A											

短周期表にメンデレーエフの周期表を重ねた。着色部分は当時発見されていなかった。
Scをエカボロン、Gaをエカアルミニウム、Geをエカケイ素として正確に予測した。

＊ベルセリウス（イェンス・ヤコブ・ベルセリウス, 1779-1848）　原子量を精密に求めた。新元素（Se, Tl, Ce）を発見した。

1-4 周期表における金属

▶▶ 長周期表

長周期表*は、横方向に族、縦方向に周期をとり、左上の水素から、右方向に水平に元素を並べています。現在では、横方向の族に、**電子配置**の軌道を重ね合わせた長周期表を使います。1と2族は典型金属ブロックです。s軌道を**最外殻電子軌道**として持つ元素です。

1族は水素を除き、アルカリ金属元素ブロックです。1価の正イオンになります。

2族は、アルカリ土類金属元素ブロックです。2価の正イオンになります。

3族から12族は、**遷移元素**ブロックです。遷移元素はすべて金属のため、遷移金属元素とも呼びます。d軌道およびランタノイド系およびアクチノイド系のf軌道を最外殻電子軌道に持つ金属65種類が含まれます。

長周期表（1-4-2）

軌道	dおよびf軌道ブロック
L ランタノイド	L:ランタノイド
A アクチノイド	A:アクチノイド

***長周期表** 長周期表の提案は1923年。1980年までは短周期型周期表が使われていた。IUPAC（国際化学連合）が原子表の縦列を1〜18列と呼ぶことが推奨してから広く使われるようになった。筆者の学生時代は「周期律表」と呼んでいたような気がするが、長周期表が使われ出した頃から「周期表」に統一された。

1-4 周期表における金属

　13族から18族は、**典型金属**、**半金属**、**非金属**および希ガス元素が含まれます。p軌道を最外殻電子軌道に持つ元素です。17族をハロゲン元素と呼びます。1個の電子を受け取って希ガス構造になるため、1価の負イオンになります。また、共有結合で2原子分子になりやすい特徴があります。18族は希ガス元素と呼ばれる、化学的に不活性な元素ブロックです。

　このように、同じ族に含まれる元素は、化学的によく似た性質を示します。

▶▶ 周期表と電子軌道の関係

　元素周期表は、元素を原子量順に並べた表です。これまで発見された元素を二次元の表に埋めていくと、同じような化学的性質を持つ元素が縦列に並びます。これが周期律です。周期律は原子の電子軌道で書き表すことができます。

　電子軌道というと月が地球の周りを周回しているように、電子の粒が原子核の周りを回っていることを想像するかもしれません。実際の電子の存在場所は、電子がこの辺りの空間に存在するはずだという電子の軌跡しか示すことができません。これが電子軌道です。正確には電子の状態を示す**波動関数**で書き表されます。

　電子軌道には、1つの軌道しか持たない**s軌道**、3つの軌道を持つ**p軌道**、5つの異なる軌道を持つ**d軌道**、7個の軌道を持つ**f軌道**があります。各軌道には電子が2つずつ入ります。これを**パウリの排他原理**※と呼びます。

電子軌道の種類（1-4-3）

s軌道　　p軌道　　d軌道　　f軌道

※**パウリの排他原理**　正確には、同じ状態の電子は共存できないので、スピンの向きが逆のケースのみ同じ電子軌道に入れるということ。

1-4 周期表における金属

▶▶ 電子軌道と元素の化学的性質

　周期表を**最外殻電子軌道***で分けると、周期律の理解が深まります。s軌道は左側、p軌道は右側に位置し、d軌道は中央部に位置します。f軌道は、紙面に垂直に立っているイメージです。周期表は、平面ではなく三次元立体的に見た方がより理解し易くなります。図ではs軌道やp軌道やd軌道は平面で記載しましたが、立体化すると各々の軌道の意味や何故電子が2個ずつ入るのか、直感的に理解できます。

　周期表と電子の関係は、縦列が最外殻電子軌道とそこに入る電子個数が同じという共通点があります。これは、元素の電子がエネルギーが低い軌道から電子を埋めるため、内部の電子軌道に入る電子は安定で、最外殻の電子軌道の電子が最も不安定な状態です。

　電子の授受は化学反応を引き起こすため、最外殻電子がどの電子軌道にあるのかは、元素の持つ重要な化学的性質の決め手になります。

　周期表の電子軌道で確認すると、アルカリ族やアルカリ土類族はs軌道に属し、いずれの族の金属も似たような化学的性質を示します。ランタノイド系やアクチノイド系は数多くの金属元素を含みますが、いずれも同じような化学的性質を持っています。

周期表と最外殻電子軌道の関係（1-4-4）

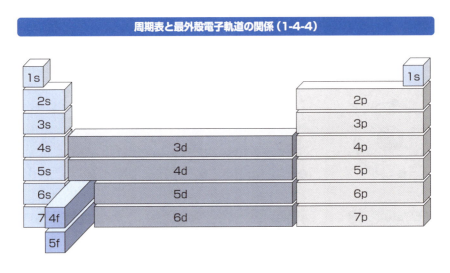

***最外殻電子軌道**　荷電子が回る原子のもっともエネルギーが高い電子軌道のこと。電子の出入りが激しい。

I 金属基礎篇

第2章

金属の構造

金属の構造は、単体金属と異種金属の固溶体である合金について解説します。原子構造、結晶構造および合金構造について、マクロ、ミクロ、ナノの視点で見ていきます。

I 金属基礎篇　　第2章　金属の構造

金属の構造論

金属の構造は、マクロ的、ミクロ的、ナノ的な視点で論じることができます。それぞれ金属の構造を扱っていますが、金属材質面、金属組織面、金属物性面から解説できます。今、どの視点で金属の構造を論じているかを常に意識する必要があります。

▶▶ 金属の構造論

金属の構造の視点には、m単位の**マクロスコピック**、μm*単位の**ミクロスコピック**、nm*単位の**ナノスコピック**があります。

マクロスコピックな視点は、材料の**破壊強度**や**耐腐食強度**のような材料強度で金属の構造を見ていきます。

ミクロスコピクな視点は、光学や電子顕微鏡で見えてくる金属**結晶粒組織**や**結晶粒界構造**、**析出物の構造**など材料組織学的な視点で金属の構造を見ていきます。

ナノスコピックな視点は、**転位**や**結晶構造**、電子論などで見えてくる**固体物性**です。

このように、金属の構造を調べるとき、どのサイズの議論をしているのか、どのような観察に基づくのか、何を議論しているのかを意識する必要があります。

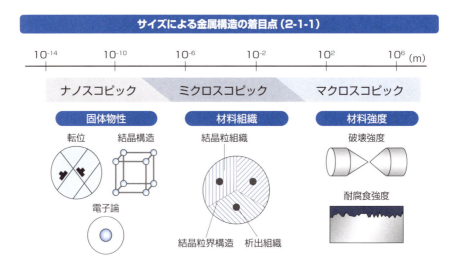

サイズによる金属構造の着目点（2-1-1）

*μm, nm　1μm＝10^{-6}m、1nm＝10^{-9}m。

40

マクロスコピック視点の金属の構造

　マクロスコピックな視点での金属の構造は、金属素材、欠陥、外部・内部応力および環境面からの課題になります。

　金属素材の組織構造は、加工ままの組織や熱処理素材など、母材の材質、表面熱処理や表面効果処理などの表面の性質、**クラッド**や**バイメタル**＊のような異種材質の組み合わせなどの構造に着目します。

　金属素材の欠陥は、介在物や脱酸生成物のよう**非金属介在物**の形状や巻き込み場所、偏析のような化学成分のばらつき、切り欠きや割れなどの母材の欠落部など、製品で目視観察できる欠陥に着目します。

　金属素材の外部・内部応力は、金属素材に負荷される引っ張りや圧縮応力、曲げや繰り返し疲労応力、衝撃などの動的な応力などに着目します。外部から観察できる素材の形状や素材内での材質のばらつきは、金属の材質に影響を与える要素です。

マクロスコピックな金属構造（2-1-2）

＊**バイメタル**　熱膨張率が異なる2枚の金属を貼り合わせて、湿度の変化によって曲がる金属片のこと。サーモスタットに使われる。

2-1　金属の構造論

　金属素材への環境の影響も重要な構造問題です。腐食ガス環境、腐食溶液環境および電池環境から金属を捉えることは、**腐食**という面から見た金属の構造です。

　以上の金属の構造は、外部からの目視観察でも知ることができるため、マクロコピック視点の金属構造です。

▶▶ ミクロスコピック視点の金属の構造

　ミクロスコピック視点の金属構造は、結晶組織、結晶粒径と組織分率、析出物および結晶粒界構造面から論じます。

　金属の**結晶組織**は、フェライトやマルテンサイトなどの単相組織、二相組織や複相組織、圧延組織や熱処理組織などです。マクロな外観は同じでも、顕微鏡で観察した組織が異なる場合は、材質は同じにはなりませんので、金属の構造が異なっていることになります。

　金属の**結晶粒径**や**組織分率**は、結晶組織は同じでも結晶粒径に差異があったり、複相組織でも分率が異なると材質が変化するなど、金属の構造が異なります。

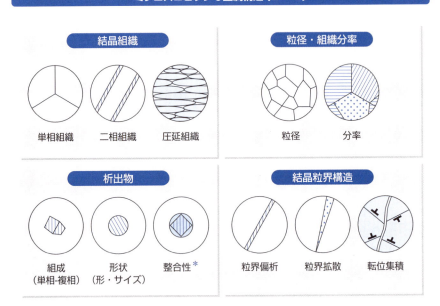

ミクロスコピックな金属構造（2-1-3）

＊**整合性**　析出物と母材の格子定数の一致度合いで、一致すると整合、やや一致すると半整合、一致しないと非整合となる。

42

2-1 金属の構造論

析出物は、金属の構造の中でも特に材質に影響する項目です。析出物が単相か複相か、形状も巨大化しているか微細なままか、および球形か四角か、母材との整合性は良いか隙間があるのかといった点に着目します。

金属の**結晶粒界構造**は、**不純元素**の**粒界偏析**、低融点元素の**粒界拡散**、**転位**や**格子欠陥**の集積や消滅など、ナノオーダーに着目して見て初めて見えてくる金属の構造です。

このように、ミクロスコピックな構造観察には顕微鏡観察が必須です。

▶▶ ナノスコピック視点の金属の構造

ナノスコピック視点の金属構造は、**結晶構造**、**転位・点欠陥**、**金属間化合物**などの物理的構造と電子軌道など化学的構造に着目します。

結晶構造は、金属の構造を論じる際に最も基本的な構造です。純金属は金属の種類と温度と圧力が決まれば、**体心立方構造**、**面心立方構造**、**六方最密構造**など結晶構造が決まります*。

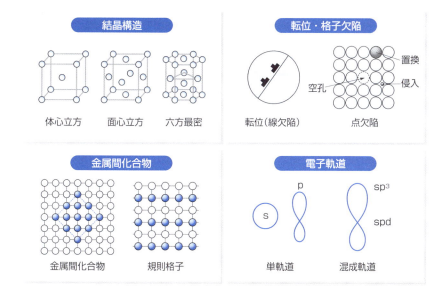

ナノスコピックな金属構造（2-1-4）

---

*…**決まります**　ただし、これは平衡状態、つまり無限時間その温度や圧力に保った場合。大抵の場合は非平衡状態なので決まらない、また、温度降下の影響も受けるので金属は面白い。

2-1 金属の構造論

転位・格子欠陥は、結晶構造中の線欠陥である**転位**、点欠陥である**空孔**・**置換原子**・**侵入原子**などを扱います。

金属間化合物は、母材金属とは異なる組成組織や結晶構造の化合物母材の結晶構造内に析出したものです。よく似た構造＊に、合金元素が結晶構造中に規則的に並ぶ**規則格子**があります。

電子軌道は、原子単独や複数原子が集まって決定する電子軌道があります。

このように、ナノスコピックな組織は、目視や顕微鏡では観察できず、計測機器を通しての観察調査が必要です。

 COLUMN

「230kg」
ひとりが一年間で使う鉄鋼消費原単位

人は鉄を消費して生きている

人間一人当たりの鉄鋼使用量とは、なぜお前はそんな秘密を知っているんだと、詰め寄られても「困っちゃう、だって計算したんだもん」と昔のお姫様キャラの口調になるだけです。さて解説しよう、230キロの意味合いを。それは……、年間生産量16億トンを人口72億人で割れば約230ｋｇになる。たったそれだけのことです。「そんなことか、お前のいうことは。ふっ！」

鉄を食らう（消費する）人間

したり顔で侮るなかれ。これは大変なことなんです。とても大切な秘密をいま話しているんです。実は、人間は鉄を食べて生きています。（もちろんこの表現は直喩です）「鉄を喰らう」という発想は、別に今に始まったことわけではありません。フランスの詩人アポリネールは鉄に食欲をそそられましたし、小松左京の長編小説にもアパッチという大阪の食鉄人たちが登場します。食鉄細菌も実際に存在します。

国の成熟が消費量を増やす

人間は生きていくために毎年、全世界平均で230ｋｇもの鉄を消費しています。鉄鋼の消費量は、国別に大きく違っていて日本国内では約600ｋｇです。

この消費量は国内消費量で、その国の生産量に輸入量を足して、輸出量を引いたものです。どれだけ国内に鉄鋼が使われたかという指標です。この指標はその国が成熟期なのか、成長期なのかで変わってきます。

鉄は、建物に使われ、橋に使われ、鉄道に使われ、自動車に使われます。つまり、文明が発達すると鉄鋼の消費量が増大してくる性質があります。そして、その消費量は決して後退することはありません。

＊**よく似た構造** 規則格子を広義に捉えると複数の種類の結晶構造が重なった超格子結晶も含まれ、これは金属間化合物の結晶と同じと考えられる。

2 原子の構造と結合

特定の**原子番号**で表される集合名詞が**元素**、もうそれ以上分割できない物質の構成単位が**原子**です。原子の特徴を作っているのは、**原子核**の周囲を回る**電子**です。原子の結合形態には4種類あります。この結合形態が金属を定義しています。

▶▶ 原子の構造

原子は中心に**原子核**があり、周囲を**電子**が回っています。

陽子と中性子で構成される原子核は、**陽電気**を帯びていて、大部分の質量がここに集中します。

電子は、陽子の約1,000分の1の質量ですが、陽子と同じ電荷量の**陰電気**を帯びています。電子は、原子固有の電子軌道を回っています*。

原子の構造 (2-2-1)

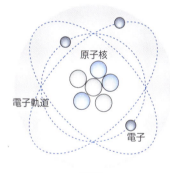

記号	種類	電荷	質量
○	陽子	$+1.602×10^{-19}$C	$1.672×10^{-24}$g
○	中性子	0C	$1.675×10^{-24}$g
○	電子	$-1.602×10^{-19}$C	$9.107×10^{-28}$g

▶▶ 原子の結合

原子どうしの結合は、電子を介して行われます。結合形態は**イオン結合、共有結合、金属結合、ファンデルワールス結合**の4種類です。

イオン結合は、異種元素、たとえばアルカリ金属元素とハロゲン元素の原子が結合するときの結合です。**最外殻電子**を出しやすい原子と、もらいやすい原子が、電子

---

*…回っています　定性的な言い方で、実際は電子軌道に存在しているということ。粒子ではなく、空間での存在場所を示す。

2-2 原子の構造と結合

の授受により安定して結合します。原子が電子を供出すると**陽イオン**、電子を受け取ると**陰イオン**になるため**イオン結合**と呼びます。イオン結合は、**クーロン力**による電気引力による結合です。

共有結合は、隣り合った原子が電子を1つずつ出し合って**対電子**を作り強固な結合を作ります。ハロゲン元素どうしの結合や炭素、酸素、窒素の結合などが典型例です。

金属結合は、構成原子が最外殻電子を共有化し合い、原子間を電子が自由に動き回れることによる結合です。この電子を**自由電子**と呼びます。

ファンデルワールス結合は、同種の原子どうしが近づくと、原子内で電子の分布が偏り、**分極**が生じるために発生する弱い原子間の結合力です。

原子の結合 (2-2-2)

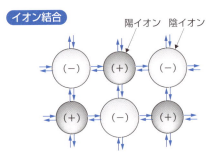

陽イオン原子から陰イオン原子へ電子を渡す

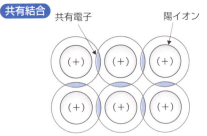

隣り合う原子が反平行スピン電子[*]を出し合い、電子を共有する

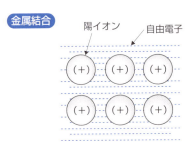

構成原子が電子を出し、自由電子として自由に動き回る

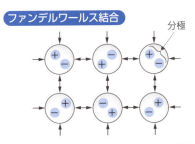

同種の原子が近づくと、原子内で電子の分布が偏り、分極が生じる

---

[*]**反平行スピン電子** 2つの電子は同じ量子状態を占めることができないというパウリの排他則により、2個共有するときに電子スピンが反転、つまり反平行になっている必要がある。

46

3 原子の電子軌道

金属結合は、**最外殻電子軌道**に入っている**自由電子**によって生み出されます。この自由電子は、金属特有の性質である磁性や強さ、化学反応のしやすさや色、熱や電気の伝導性の良さを生み出す原因になっています。

▶▶ 原子内での電子配置とエネルギーレベルの関係

電子は、エネルギーの低い電子軌道から埋まっていきます。埋まり方は、1つの電子軌道に、反対向きのスピンを持つ電子が1対だけ入ります。この電子を**対電子**と呼びます。対になっていない電子が1つだけある場合は**不対電子**と呼びます。

電子軌道は、最も内殻からK殻、L殻、M殻*などと名づけられる主殻があります。それぞれの主殻には、副殻としてs軌道、p軌道、d軌道などが含まれます。この副殻のエネルギー順位は、主殻が内側に存在するからといって、必ずしもその順番にはなりません。

電子は入るのは、1s➡2s➡2p➡3s➡3p➡4s➡3d➡4p➡5s➡4d➡5pの順番になります。たとえば、4p軌道に電子が埋まる前に、まず3d軌道が埋まらなくてはなりません。

電子の配置とエネルギーレベル (2-3-1)

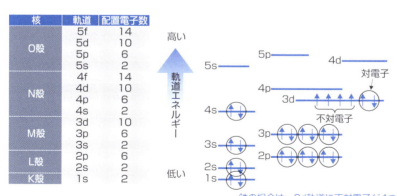

鉄の場合は、3d軌道に不対電子が4つ入る

＊K殻、L殻、M殻　K殻からL, M, N, O, P殻と続く。当時もっと小さな殻があるかもしれないとA〜Jの10個を準備して除いておき、11個目のKから始めた。しかし、実際には軌道が存在せず、杞憂に終わった。

2-3 原子の電子軌道

長周期表で遷移元素が中央部に存在する理由は、この順番によって説明できます。周期表の中央部にd軌道、左側にs軌道、右側にp軌道があるのは、内殻のd軌道と外殻のp軌道のエネルギー順位が逆転しているためなのです。鉄の場合は、最外殻である3d軌道に6つの電子が配置されます。3d軌道には5つの軌道があるため、対電子が2つと不対電子が4つ入っています。

▶▶ 自由電子

金属の種類により、最外殻電子軌道の電子配置は変わります。第4周期の元素を調べると、クロムと銅の電子配置が少し変わっていることがわかります。クロムの場合は、4s軌道を対電子で埋めるのではなく、6つの不対電子を配置します。銅の場合も、3d軌道をすべて埋め、4s軌道に不対電子*を配置します。

不対電子は、金属結合の際の自由電子になります。金属原子が密集すると、電子軌道が重なり、非常に巨大なエネルギーバンドを作ります。このバンドを自由電子が流れるのです。この流れるバンドが電子伝導帯です。この電子伝導帯は、金属特有の色を発色させたり、熱や電気の伝導率を良くしたりする要因になっています。

金属結合と自由電子（2-3-2）

第4周期元素	最外殻電子軌道					
	4s	3d				
K	↑					
Ca	↑↓					
Sc	↑↓	↑				
Ti	↑↓	↑	↑			
V	↑↓	↑	↑	↑		
Cr	↑	↑	↑	↑	↑	↑
Mn	↑↓	↑	↑	↑	↑	↑
Fe	↑↓	↑↓	↑	↑	↑	↑
Co	↑↓	↑↓	↑↓	↑	↑	↑
Ni	↑↓	↑↓	↑↓	↑↓	↑	↑
Cu	↑	↑↓	↑↓	↑↓	↑↓	↑↓
Zn	↑↓	↑↓	↑↓	↑↓	↑↓	↑↓

↑ 不対電子
↑↓ 対電子

不対電子が自由電子に → 最外殻電子軌道／電子伝導帯／内核軌道

＊**不対電子** 電子軌道で、各々の軌道に電子がひとつしか入らないときの電子。

I 金属基礎篇　第2章　金属の構造

4　金属と合金の構造

　金属の構造を見ると、状態図、電子論、量子力学論および合金論などさまざまな視点で構造を理解することができます。金属学でこれまで論じられた構造論を概観してみましょう。

▶▶ 金属と合金の構造の概観

　金属構造は、金属単体状態と複数金属の**固溶体**＊である**合金**の2つの面から論じることができます。また金属構造は、金属や合金の組織観察や材質の調査結果から論じたり、原子の電子状態から論じる場合もあります。

　金属の状態図は、金属の組成比を横軸にとり、縦軸に温度や圧力をとって純金属や合金の状態を示した図です。古くからある、多元系合金の状態を観察して構造を決定します。

　金属の電子論は、価電子や金属結合面から金属結合の構造を観察し、**金属間化合物**の構造を示します。

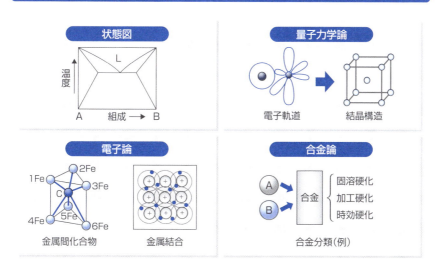

金属の構造（2-4-1）

＊**固溶体**　母材の金属に溶質元素（溶け込む異物元素）がランダムに配置された状態で、結晶構造を作っている固体のこと。

2-4 金属と合金の構造

金属の量子力学論では、金属の電子軌道が**結晶構造**を決定することを示します。

金属の合金論は、固溶した金属がお互いの性質の組み合わせで、固溶体強化になるのか加工硬化するのか、時効硬化するのか、合金による強化メカニズムを知ることです。

▶▶ 合金組成のばらつき

複数の金属元素を混ぜ合わせて均質に溶かし込んだ状態の固体を、固溶体もしくは合金と呼びます。混ぜ合わせる金属の量を変化させて、たとえば銅などの百分率の組成を0%から100%まで調節することで、用途に応じた性質を発現させます。

まず**液相**になるまで温度を上げ、完全に溶け込んだ液体合金Lにします。温度を下げ始めると、**固液共存相**＊になり、αやβなどの固体が晶出します。その後、さらに温度を下げていくと、液相がすべて固体になり、一定組成の合金となります。合金の組成により、また冷却速度により得られる組織は異なります。

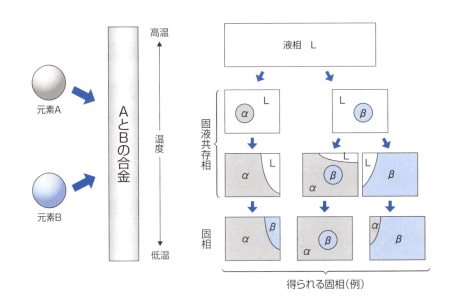

多元系合金の状態変化 (2-4-2)

＊**固液共存相** シャーベット状の氷水を思い描けばよい。実際には固体の方が軽いものもあり、液体に浮くものと沈むものが分かれる。

50

▶▶ 合金の状態図[*]

合金の組織は、合金の種類や組成によって変化します。具体的には、凝固形態により、共晶や共析などの合金組織が生まれるのです。

共晶合金は、凝固するときに液相Lが固相αと固相βに分解してできた合金です。**共晶反応**では、αとβが交互に晶出して、層状に重なっています。この反応を共晶反応と呼びます。共晶反応点は、一般的に低融点になります。共晶合金は、錫と鉛の合金であるはんだなどの**低融点合金**を生み出す合金構造です。

包晶合金は、液相Lから初析αが晶出し、その周囲を包み込むようにβ相が成長します。この反応を**包晶反応**と呼びます。鉄-炭素二元系状態図で包晶反応が起こり、初期凝固に影響を及ぼします。

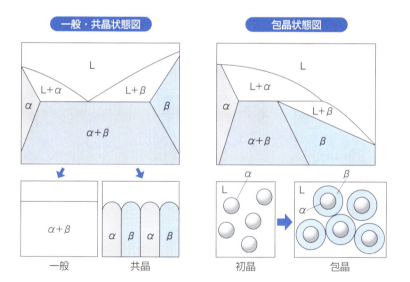

合金の状態図（2-4-3）

---

[*] **合金の状態図** 状態図は温度や圧力、組成を変化させたときに、どのような相でいるかを示したもの。通常は圧力は常圧にする。常圧で描いた状態図を標準状態と呼ぶ。

5 金属の結晶構造

金属の結晶構造は、金属元素の電子軌道により決定します。主な結晶構造の成り立ちを概観してみましょう。

▶▶ 結晶構造

金属原子は、結晶格子を構成します。結晶格子は金属特有の結晶構造をとろうとします。自由電子と原子核の間に電気的なクーロン引力が働き、できるだけ緻密な構造体を作ろうとするためです。これが金属構造を決定づける**最密結晶構造***です。

金属の主な結晶構造は、格子の中央部に原子がある**体心立方構造**、格子面の中央に原子がある**面心立方構造**、六角柱の形になる**六方最密構造**です。

このほか、ダイヤモンド構造やその変形である白すず構造など、さまざまな構造があります。

金属の主要結晶構造（2-5-1）

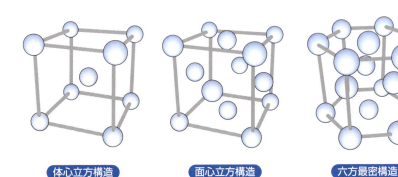

体心立方構造　　面心立方構造　　六方最密構造

▶▶ 結晶構造の主要性質

主要結晶構造の性質は、単位結晶構造の中に入る単位原子数、原子が隣接している個数である**最隣接原子数**、原子間距離、**原子充填率**などで示します。

主要単位結晶構造の中では、面心立方構造が金属の一般的な性質を代表していま

***最密結晶構造**　最密とは最密充填のこと。同じ大きさの剛体球を最も密に配列する構造。構造の図では、原子を小さく描いているが、実際は隣と接している。

2-5 金属の結晶構造

す。この構造は、最も緻密で等方的です。面心立方構造は、単位原子数が4と最も大きく、最隣接原子個数も12と多く、原子充填率も74%と最大です。

金属の性質には、**延性**や**展性**と呼ぶ変形のしやすさがあります。結晶構造では同一平面上に最も多く原子が含まれる最密面が移動しやすいすべり方向と関係があります。

面心立方構造は、**すべり方向***が12と最も多く、等方的変形しやすい性質があります。金や銀、銅、ニッケル、鉛など、常温で加工しやすい主要金属は、面心立方構造です。

体心立方構造の主な金属は、アルカリ金属と遷移金属です。鉄は、常温では体心立方構造で変形しにくいのですが、高温になると変形しやすい面心立方構造に同素変態します。このため高温では加工が容易になります。これが、鉄の多様な性質を生み出す源になっています。

主要結晶構造指標一覧（2-5-2）

		体心立方構造	面心立方構造	六方最密
金属種類		Fe（フェライト、δ）、Ba、Cr、Mo、Nb、Ta、V	Fe（オーステナイト）、Al、Au、Ag、Cu、Ni、Pb	Be、Co、Mg、Ti、Zn、Zr
単位原子数		2	4	4
配位数	最隣接原子数	8	12	12
	最次隣接原子数	6	6	6
原子間距離	最隣接原子間	$\frac{\sqrt{3}}{2}a$	$\frac{\sqrt{2}}{2}a$	a、$\sqrt{\frac{a^2}{3}+\frac{c^2}{4}}$
原子充填率		68%	74%	74%
格子内での最大空げき		面中心位置0.154r 4原子空間0.291r	正八面体0.414r 正四面体0.225r	正八面体0.414r 正四面体0.225r
純金属密度式		\multicolumn{3}{c}{$\rho = 単位原子数 \times \frac{原子量}{アボガドロ数 \times 単位格子の体積}$}
最密面	すべり面	{110}	{111}	{0001}
	すべり方向	⟨111⟩	⟨110⟩	⟨1120⟩
	方向の数	4方向	12方向	3方向
双晶	双晶面	{112}	{111}	{1012}
	双晶方向	⟨111⟩	⟨112⟩	⟨1011⟩
軸比		1	1	$\frac{c}{a} = \sqrt{\frac{8}{3}}$

格子の単位、長さをa、cで示す。

***すべり方向** 結晶構造で一番原子密度の大きい面を見つけその面に沿って滑りが生じたとき、滑っていく方向をさす。

2-5 金属の結晶構造

マグネシウムや亜鉛など六方最密構造の金属は、すべり方向が3と少なく、**異方性***があり、加工しにくい特徴があります。

たたら製鉄法（その1）

「島根、山中、ここで、年に一度、弥生時代の業が蘇る。たたら製鉄。山吹色に、燃える炎に、三日三晩、砂鉄を注ぐ。出来上がった、玉鋼。世界最高の純度99％。釘や鎹（かすがい）にすると、千年耐える。さらに日本刀の切れ味を生む」

往年のプロジェクトXのナレーション口調で、中島みゆきの歌をバックコーラスにこう語ると、気分はもう主人公です。と知ったような事を言いますが、実は筆者は、プロジェクトXって3回しか見たことがありません。たまたま知人が出ていた「たたら編」実家で無理やり父に見せられた「震災神戸高炉編」そして最終回だけです。どうも、昔を懐かしむ番組は見る事ができません。あのシチュエーションは、筆者にとって過去の思い出でもなんでもなく、現在進行形なんです。

しかし、プロジェクトXにはまりました。そして、気になって仕方がなくなりました。番組の内容が、鉄屋が考えると、変なことばかりです。でもって、番組の主人公の木原村下に連絡を取り、質問をしに出雲のたたら場に押しかけました。夏の暑い日のことでした。三連休を利用して夜行バスで往復したのです。

たたら場で、3つの質問をしました。一つ目は、砂鉄を酸化させるために水を掛けるシーンについてです。

「ずうっと水に浸かっていた砂鉄に水を掛けたくらいで酸化が進むんですか？おかしくありませんか？」

村下の答えです。

「あのシーンは、砂を固める（締める）シーンだったんです」

「そうか、それで疑問が晴れました。分かりにくい映像ですね」

「3つくらいのストーリの映像を撮って編集してあるんですよ」

「二つ目の質問です。たたらの送風速度を思い切って半分にして、初めて操業が成功するシーンがありましたが、はっきり言ってあれって設計ミスですよね」

「ああ、あれはね、師匠の安倍村下がおっしゃっていた送風回数が昔は水車だったんだよ。それが現代では電動式にして、往復送風になっていたため、半分で正解なんだ」

質問しなければ絶対にわからない事実ですね。

「三つ目の質問です。千年の秘儀って言ってましたが、失敗ってあると思うですが」

「ありますよ、今でも。でも昔はすごかった。三回失敗すると、首を切られたそうです」

「へえ、首切りですか」「本当に首を切られたんだよ」（「その2」に続く）

***異方性**　結晶の方向により、材質が異なること。

金属の合金構造

合金は、2種類以上の金属を溶かし合わせたものです。実際の金属材料は、純金属で使う例は少なく、大半は合金で使用します。合金の構造を見ていきましょう。

▶▶ 主な合金の構造

固体金属は、単一元素の原子から構成される純金属と複数元素の原子で構成される合金があります。異種の元素が結晶を構成する場合、置換型固溶体、侵入型固溶体、規則格子および金属間化合物などの存在形態があります。

置換型固溶体は、主な構成金属の結晶構造の一部の原子を合金元素で置き換えた構造です。鉄の体心立方構造に対して、同じ構造を持つマンガンやモリブデンやニオブなどを置換して、原子サイズの差異を利用した**固溶強化**をしたり、面心立方構造の金に銀を置換して18金などのように強度調整をしたり、銀に銅を置換して強度の高い**スターリングシルバー**＊を作ったりするときの合金結晶構造です。一般的に、原子半径が15％以上異なると置換型固溶しません。

侵入型固溶体は、主な構成金属の結晶構造の隙間に原子半径が小さい炭素や窒素、水素、酸素、ホウ素などが入り込む構造です。侵入型固溶量は、結晶構造の隙間の**最大空隙距離**で決まります。空隙距離の大きな面心立方構造の γ 鉄中には炭素が2％も固溶しますが、体心立方構造の α 鉄には0.02％程度しか固溶しません。

規則格子は、置換固溶体をつくるとき、2種類の金属原子が規則正しく一つ置きに配列したものです。銅と金の合金は、銅と金のモル比（各元素の重量％を原子量で割った個数比）が1対1になると、原子数が同数になり、面心立方構造に含まれる4個の原子のうち、隅の位置にある8分の1の8個の原子と面心の2分の1の2個の原子が金、中央段の2分の1の原子4個が銅と規則正しい構造をとります。規則正しく配置した方がランダムに置換配置した構造より全体のエネルギーが低くなるために、整然とした構造になります。

金属間化合物は、母相の結晶構造の中に、母相と異なる元素の金属原子が規則正しく一定の比率で格子配列した化合物です。**中間相**と呼ぶ場合もあります。合金の中に、母相とは全く異なる構造や性質の化合物が生まれ、Ni₃Alなど高温での強度が

＊**スターリングシルバー**　Ag92.5％、Cu7.5％比率の合金。銀の品質を厳格に守るために作られた。銀製品には、ホールマークと呼ぶ刻印が付けられる。筆者も、1882年の英国ホールマークが刻印されているJ.W.ベンソン社製の銀側懐中時計を持っているが、結構おしゃれ。

2-6 金属の合金構造

持つ化合物を利用した超耐熱合金中や、磁性材料や超伝導材料、水素吸蔵合金、形状記憶合金、耐摩耗合金など新機能材料は、金属間化合物を利用しています。

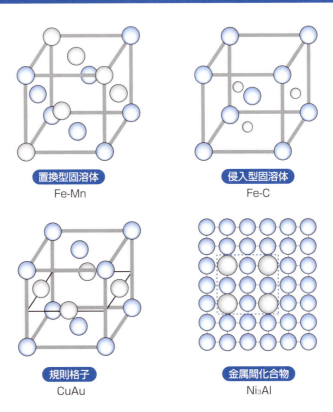

合金の構造 (2-6-1)

置換型固溶体 Fe-Mn
侵入型固溶体 Fe-C
規則格子 CuAu
金属間化合物 Ni₃Al

▶▶ 寸法因子と価電子濃度

　合金の固溶は、固溶される金属Aの原子半径r_Aの大きさと溶け込む元素Bの原子半径r_Bとの比が大きく影響します。この比を**寸法因子**＊と呼びます。鉄に対するさまざまな元素の合金化のしやすさを見ると、寸法因子が±15％以内のCr、Mn、Ni、V、Cu、Siならばほぼ完全固溶します。その前後の金属であるNb、P、Sn、Ti、B、Cd、Mg、Sなどは、寸法因子が大き過ぎるので多くは固溶しません。

＊**寸法因子**　英国ヒューム＝ロザリーの経験則に基づく法則。原子容積効果とも呼ぶ。

2-6 金属の合金構造

価電子濃度は、合金を構成する金属の最外殻の価電子数、たとえばAが＋2価、Bが＋1価とし、原子個数比率が50％：50％で固溶している場合、価電子の総数を原子個数総数で割った数字で定義します。この場合＋3÷2＝1.5となります。価電子濃度は、原子1個あたりの価電子数です。

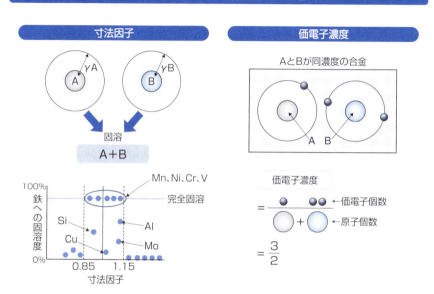

ヒューム・ロザリーの合金論 (2-6-2)

▶▶ 金属間化合物

金属間化合物は、合金相内に母相とは異なる原子比で生成します。金属間化合物は、母相と異なる物理的・化学的性質を持っています。金属間化合物は他の合金構造と異なり、合金の溶融温度近くになっても結晶構造が変化しません。このため、耐熱性や耐疲労性など、さまざまな優れた機能を持たせることができます。均質な固溶相内に生成する金属間化合物が付与する主な新機能は、高温構造用、超伝導、磁性材、形状記憶や超弾性材、水素吸蔵などがあります。

金属間化合物の構造には、化合物の形成に原子価電子数が重要な役割を持つ**電子化合物**、母相が密に詰まった結晶構造を持つ**ラーベス相化合物**＊、電気陰性度が大きく金属間で生成する**電気化学的化合物**があります。

＊**ラーベス相化合物** ラーバス相化合物とも呼ぶ。きわめて緻密で硬い化合物になる。

2-6 金属の合金構造

中でも、電子化合物が注目を浴びています。電子化合物*は、価電子濃度が＋3/2や＋21/13、＋7/4など特定の数値に一致する場合に特有の金属間化合物構造をとります。代替金属や新機能金属を探索するために、同じ結晶構造を持つ電子化合物が利用されています。

金属間化合物 (2-6-3)

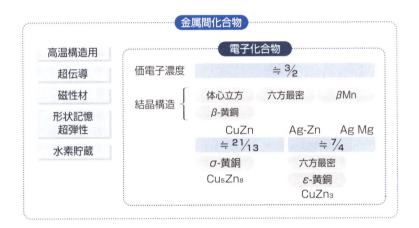

 たたら製鉄法（その2）

筆者の不躾な質問にも丁寧に答えていただいた村下の優しい口調を今でも鮮明に覚えています。「こんどは冬に操業を見に来てください」そして、翌年の1月実際の操業に立ち会いました。

木原村下に質問をしに行く際、下原重仲の「鉄山必用記事（鉄山秘書）」を現代語に訳して、ノートに書き写して、たたら操業を勉強しました。そして、江戸時代にこれほどの技術書が、出版されていたことに驚くと同時に、感動を覚えました。木炭や砂鉄などの原料集め、築炉方法、三日三晩の操業、炉を壊して取り出す法、冷やし方、鉄の割り方など、筆者が作っている西洋鋼とたたら法の和鋼は作法は違っても、共通する点が多いのも感動でした。鉄作りの素晴らしさを改めて実感しました。

たたら法を語るのは簡単です。でも、あの粉塵舞うたたら場で顔を真っ黒にしながら、三日三晩寝ずに黙々と作業する村下、炉壁を壊し鉧を取りだし運び出す3日目夜明けの迫力ある作業、これを伝える筆力があればと感じる次第です。

＊**電子化合物** 英国ヒューム＝ロザリーが発見した、合金が同型結晶構造をとる法則。

7 合金の時効析出

時効析出物は、重要な金属構造の一部です。アルミニウム合金の時効析出を例に、時効析出のメカニズムについて見ていきます。

▶▶ 時効処理

時効処理は、溶体化処理を行った合金を、急冷して過飽和固溶体にし、常温保持の常温時効か昇温加熱後定温保持する**人工時効**を行い、析出物を徐々に析出させる操作です。合金の性質は時間が経つと供にどんどん変化します。この場合の析出物は安定しておらず、成長し続けるため、これらの相は**準安定相**＊と呼びます。

急冷せずに徐冷を採用すると、析出物は十分成長し、これ以上性質が変化しない**安定相**が得られます。

時効処理（2-7-1）

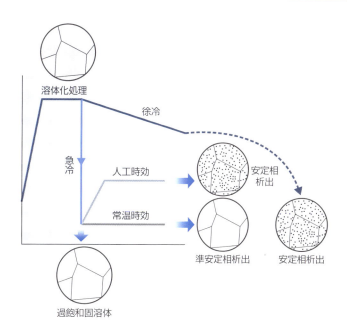

＊**準安定相**　非常に長い寿命の非平衡状態のこと。中間的に安定な相。

2-7 合金の時効析出

▶▶ 析出と相変態

　溶体化処理をされて完全固溶したのち、急冷却されて過飽和状態になった組織は、時間経過とともに**時効析出**が起こります*。その過程は大きく分けて、スピノーダル分解、不連続析出、均一核生成および不均一核生成の4つに分類できます。

　スピノーダル分解は、母相α中に成分濃度の揺らぎや原子の拡散が生じ、析出相βが生成します。核の発生を必要とせず、濃度差の拡大が相分離を進めます。濃度ゆらぎは波状になり、特定の波長のとき成長速度が大きくなるため、スピノーダル分解によって生成した組織は周期的な構造になります。

　不連続析出は、母相αの粒界から相βが析出します。粒界から析出し、そのまま全面に析出相βが埋まる場合と、途中まで粒界析出が進行して、途中からβ核が粒内析出する場合があります。

　均一核生成は、母相αの粒内にβが核生成し、拡散成長していく相変態です。

　不均一核生成は、βの生成場所が粒内や粒界からではなく、結晶粒界上に析出したり、結晶粒の三重点上に析出したり、結晶のコーナー部に析出する現象です。

　いずれの変態ルートを通っても、相αから相βの相変態が起こっています。

析出相変態（2-7-2）

スピノーダル分解
濃度のゆらぎ

不連続析出
粒界析出
粒内析出β
粒界析出β
全面β

均一核生成
核生成　　成長

不均一核生成
結晶粒界　結晶粒三重点　結晶コーナー

＊…が起こります　金属で使う時効とは、材料の性質が時間経過で変化する現象。硬くなる、析出物が増えたり、大きくなるなどの変化をいう。熱が加わると更に性質が変わりやすい。

▶▶ アルミニウムの時効析出

　アルミニウムに銅を4％程度固溶させて溶体化処理および時効処理をすると、強度の高いアルミニウム合金が得られます。これが**ジュラルミン**＊です。さらにマグネシウムを添加すると超ジュラルミン、超々ジュラルミンが得られます。

　溶体化処理を行って均質な固溶体となっているAl-Cu合金を急冷して、過飽和な均質な固溶体を作ります。過飽和固溶体は、時間とともに変化が起きます。まず、銅原子がアルミニウム結晶格子の結晶面に集合します。この集合層が**GP1**です。さらに時効が進むと、銅原子の集合が規則的な配列を持った**GP2**と呼ぶ集団になります。さらに時効が進めば、安定した結晶構造を持つ準安定の**θ相**へ成長します。このθ相は、母材とは分離されているため、これ以上の時効は発生しません。

　時間が経つと硬化する現象は、当然ながら通常の観察では発見できません。以前測定した結果と異なる結果になった時、それが計測誤差と考えてしまうと発見できませんが、何かおかしいと気づいた時に発見があります。観察結果が時間とともに変化する現象は、金属素材を観察すると、硬化に限らず様々な形態で存在します。

アルミニウムと時効析出合金（2-7-3）

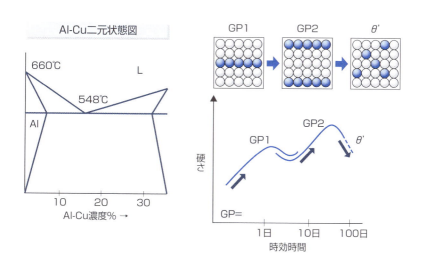

＊**ジュラルミン**　ドイツのデュレンにある会社に勤めていたヴィルム技師が発明し、会社名を合金名にした。常温放置で次第に硬くなる時効硬化合金。

2-7 合金の時効析出

ファラディの金属学

ウーツ鋼とダマスカス刀

インドの製鉄技術は超一流で、ウーツ地方では、鋳造用の鋼もるつぼ製鋼法で作っていました。鉄に含まれる異物を溶融させる工夫をした直接還元法と考えられます。この地方で作られる鋼は貴重で、ウーツ鋼*として取り引きされました。

ウーツ鋼を用いた刀剣は、ダマスカス地方で作り出されました。刃に紋様が浮き出し、非常に強靭で切れ味が優れていたため、ダマスカス刀は、同じ重さの黄金と交換されるほど貴重でした。ダマスカス刀には、7種類の金属が使われているとの言い伝えもあり、時代が下った産業革命以降、西洋ではダマスカス刀ブームが沸き起こりました。芸術的な紋様を再現しようと、様々な金属が鉄に加えられる合金鋼の研究が進められました。

ファラディーの玉手箱

電気の法則で有名なファラディーも夢追い人で、様々な金属を混ぜた合金を使って、ウーツ鋼を再現しようとしていました。ウーツ鋼から作られたダマスカス刀の紋様を詳細に調べ、模様の境界の部分にケイ素などが偏析していることを突き止め、ケイ素添加でウーツ鋼を作ろうとしていたのです。7種類の金属を含むとの言い伝えを再現しよう貴金属入りの合金鋼の実験にも着手していました。当時シベリアの赤い鉛と称されて盛んに合金実験がされていたクロムを用いた実験を追加したのです。合金を希硫酸でエッチングをしてみると、なんとダマスカス紋様が浮かび上がりました。クロムの量を増やして試験をすると、さらに美しい模様になりました。やった、ダマスカス鋼を作れたぞ、喜んだファラディーは、進めていた実験に、クロム鋼を追加して1821年に発表した「改良目的で行った鋼合金の実験」の論文の最後に、ダマスカス鋼はできたが、まだ切れ味を試していないとの記述を加えます。

ただし作った合金は、行方知れずになり。ファラディーも合金の研究から遠ざかります。研究の依頼人でありスポンサであったストダートの急死が原因でした。しまいこんだサンプルもやがて忘れさられていきます。

それから1世紀が過ぎて、王立研究所の地下室から木箱が見つかりました。ファラディーの直筆で、鋼と合金と記載されたその箱の中には、79種類もの合金が眠っていました。これがファラディーの玉手箱と称されるものです。中には、玉虫色の3%クロム鋼も入っていました。

合金の分析の結果、ステンレス鋼の萌芽実験であったことがわかります。合金の断面はスケールが薄く、テンパーカラが生じていました。もう少しファラディが実験を続ければ、合金研究が100年も前に進んでいたかもしれません。ただ、時代的には転炉の発明もまだ30年以上待たなければならず、早すぎた鋼合金の研究だったのも事実です。

---

*ウーツ鋼　コラムでは通り名の「ウーツ鋼」としたが、本来は「ウーツ」で、現地用語でインド鋼を意味する。現地のウルクが訛ってウーツになった。

I 金属基礎篇

第3章

金属の性質

　金属を物質として捉えるとき、他の物質には見られない多くの特徴が見られます。周期表の元素の大部分を占める金属のマクロ的な特徴は、その原子構造から導かれるものです。金属特有の特徴は、金属の性質そのものです。

1 金属の特徴

金属の特徴は延性、展性、良伝導性および金属光沢です。これらの特徴を持つ元素を金属と呼びます。金属の特徴は、金属結合がもたらします。

▶▶ 金属の持つ4つの特徴

金属の特徴は、良く延び（**延性**）、良く拡がり（**展性**）、熱と電気を良く内部を通し（**良導性**）、表面が光っている（**金属光沢**）ことです*。これらの4つの特徴を持つ元素を金属と分類しています。複数の金属元素が均質に混ざり合った場合も同様の特徴を示しますが、この場合は合金と呼びます。合金も金属です。

金属の特徴（3-1-1）

金属は大気中の室温近傍では、金属光沢を持つ固体です。例外は、室温でも液体の水銀Hg、水の沸騰温度（100℃）では液体になっているセシウムCs、ガリウムGa、ルビジウムRb、カリウムK、ナトリウムNaなどです。ただし、溶けていても、良導性と金属光沢という金属の特徴は、液体金属にも例外なく発現されます。

＊…ことです　この他、「水溶液中で陽イオンになる」「常温常圧で不透明である」「水銀を除き常温常圧で固体である」「金属結合している」などが金属の特徴としてある。

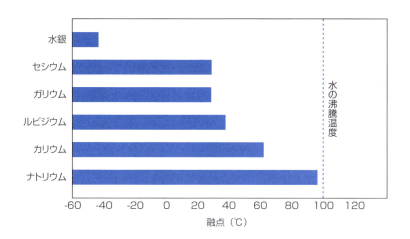

融点が水の沸騰温度以下の金属 (3-1-2)

金属結合の化学結合モデルと量子化学モデル

　金属結合とは、**化学結合モデル**で考えると、規則正しく並んだ陽イオンの間を、放出された自由電子が動き回り、静電気引力（**クーロン力**）で結びつけられています。このため、金属から金属原子を取り出すと、陽イオンになります。

　電子軌道を考える**量子化学モデル**で考えると、原子の方向性のもつ電子軌道どうしが干渉し合い、原子核が空間に規則正しく並びます。原子の集団が作り上げる電子軌道上で動き回る自由電子が原子の集団を結びつけます。これが金属結合です。

　いずれのモデルでも、金属の原子核（陽イオン）は、規則正しく並びます。これを**結晶構造**と呼びます。電子軌道の方向性は、元素の種類や温度が変われば異なります。したがって、結晶構造も、元素の種類が異なったり温度が変化すると異なります。

　水素ガスを超高圧にすると、原子核の距離が非常に近づき、電子軌道が重なり合い、水素分子の共有結合をしていた電子が重なった電子軌道で自由電子として振る舞い出し、金属の性質を示し始めます。こういう特殊な状態でも金属の性質を示す場合は、金属の水素として取り扱います*。

＊…**取り扱います**　これは逆もあり、金属の結合は固体での議論で、融解したり気化したりすると液体やガスの性質を示す。

3-1 金属の特徴

金属結合の化学結合および量子化学結合モデルの比較 (3-1-3)

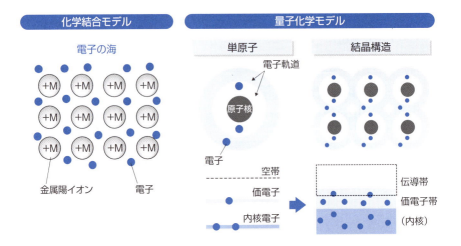

▶▶ 金属結合が金属の延性や展性に及ぼす影響

　金属結合は、陽イオンの原子核と周囲に拡がっている自由電子雲が相互作用をしている結果、結晶構造を維持し固体になっています。結合は**自由電子雲**を介しているため、原子核のずれに対して抵抗は大きくありません。この現象は、変形に対する抵抗が小さい、つまり延びやすい（延性）拡がりやすい（展性）ことを示します。

　原子核のずれやすさは、電子軌道の方向性（異方性）がない結合が容易です。結合の電子軌道がp軌道やd軌道ではなく、異方性のないs軌道主体の結合の金属が延性や展性に有利です。金属の結晶構造は電子軌道の方向性で決まります。主な結晶構造は、変形の容易なs結合主体の面心立方格子構造や最密六方格子構造や、方向性の大きい体心立方格子構造となります。電子軌道に依存する金属結合のミクロ情報で、延性や展性というマクロな金属の性質を説明ができるのです。

　実際に延性や展性の大きな金属は、d軌道が完全に充填されてs軌道の電子が結合に寄与するため面心立方構造になる金Au銀Ag銅Cuや、3sと3p軌道の混成軌道で面心立方構造になるアルミニウムAlなどです。

　このように、金属結合は金属の延性と展性に大きく寄与し、金属結合の仕方による結晶格子構造の差異が、金属どうしでの延性や展性の差を生み出しています*。

＊…生み出しています　筆者的にはこれは驚きだ。電気の状態が結晶構造を決め、それが物理的な変形挙動に影響している。ミクロの原子構造がマクロ挙動を支配している。

3-1 金属の特徴

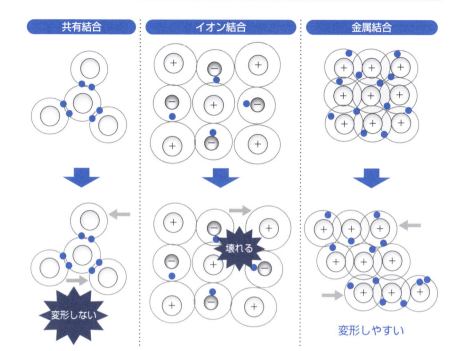

金属結合が良導性に及ぼす影響

電気伝導性＊は、金属結合の自由電子の動きやすさで決まります。自由電子の動きやすさは内部の原子核や電子軌道による自由電子の動きへの影響代で決まります。原子半径の小さなものは内部の影響を受けやすく、電子軌道が多数の自由電子で混雑している場合も影響を受けます。電子が動きやすい電子軌道は、最外殻に1つだけ電子が入っていて、しかも内部の影響を受けにくいものです。金属元素では、金Au 銀Ag 銅Cuアルミニウム Alなどです。

熱伝導性は、自由電子の動きに加えて結晶格子間を伝わる振動によるエネルギーの伝達が影響します。結晶格子の構造や格子間距離などが熱伝導性に影響します。したがって、熱伝導性は電気伝導性にほぼ比例するものと考えても構いません。これらの関係は**ウィーデマン＝フランツの法則**として知られています。

＊**電気伝導性**　学術用語では電気伝導性であるが、工学では伝導率ともいう。一般に、抵抗の逆数で示す。

3-1 金属の特徴

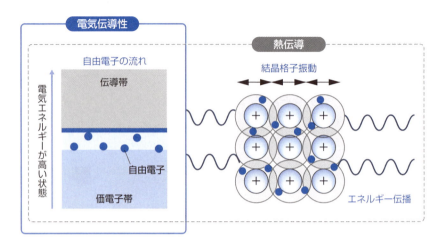

電気伝導性と熱伝導性の関係（3-1-5）

▶▶ 金属結合が金属光沢を生みだす理由

　金属光沢は、金属に入射した光が金属内部を透過せず、表面近傍から反射するために起こります。金属結合している金属は光を内部に通しません。一方、イオン結合や共有結合している物質、たとえば金属酸化物や金属塩などは、光が透過します。金属光沢がある金属は、透明*にはできないのです。これが金属結合の宿命です。

　金属結合している金属には自由電子があります。電子は電気的にはマイナスです。光が金属表面に入射すると、光の電磁波により金属表面近傍の自由電子は加速されて弾かれ移動します。移動した自由電子群は元の場所に戻ってきますが、慣性力で電子が振動し続けます。これが**プラズマ振動**です。金属のプラズマ振動数は可視光よりも高い紫外線の周波数です。自由電子は可視光の振動数よりも速く動くため、光の侵入を防いでしまいます。こうして金属は自ら光の内部への侵入を防いでしまいます。

　表面で弾き返された光の電磁波は、金属元素の種類特有のプラズマ振動による特有波長の吸収を受けています。太陽光などの白色光の金属光沢は、金属の表面で特有の波長の吸収を受けており、銅は褐色、銀は白銀色、金は黄金色といった金属固有の色になります。

＊**透明**　前提として可視光線が相互作用せず透過するかどうかである。光を拡大解釈して電磁波とすると、γ線が通ったりする金属もあるので不透明とはいえない。

3-1 金属の特徴

金属のプラズマ振動＊ (3-1-6)

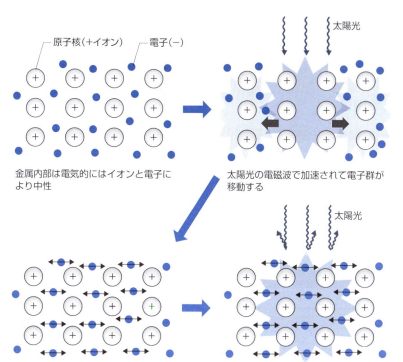

金属内部は電気的にはイオンと電子により中性

太陽光の電磁波で加速されて電子群が移動する

移動した電子群が元の場所に戻ってくるが、慣性のため電子が振動する。これをプラズマ振動と呼ぶ

プラズマ振動により金属表面に電磁場が生じ、外部からの電磁波の侵入を阻止する

COLUMN 85回
聖書にでてくる鉄の記述回数

　キリスト教の聖書の読み方は色々ありますが、鉄に関しても興味深い記述が数多くあります。まず、聖書に出てくる金属とはどのようなものがあり、何回くらいでてくるでしょう。

　筆者が調べると、旧約聖書、新約聖書を通して、金は545箇所、銀で322箇所、青銅で133箇所、そして鉄は85箇所に登場します。大半は旧約聖書の記述です。金に比べて鉄の登場の少ない事に驚きます。昔は、鉄はメジャーじゃなかったようです。

＊**金属のプラズマ振動**　金属の色の物理的起源は電子的起源と構造的起源がある。電子的起源は、金属の自由電子の集団運動であるプラズマ振動とバンド遷移による吸収がある。構造的起源は金属表面の構造や内部組織が影響する。

Ⅰ 金属基礎篇　第3章　金属の性質

2　金属の重さ（密度）

金属の重さ（密度）は、金属の固有のものです。20を超える非常に重い金属から水に浮かぶような軽い金属まであります。金属の密度と見積もり方を見てみましょう。

▶▶ 金属の密度

軽い金属から重い金属まで**密度**＊の順番に並べてみましょう。一番重いのはイリジウム（Ir）とオスミウム（Os）で、22.5と鉄の比重の約3倍の重さがあります。第3位は白金（Pt）で21.45、第4位はレニウム（Re）で20.04です。軽いのは、密度が1以下になるリチウム（Li）、カリウム（K）、ナトリウム（Na）のアルカリ族金属です。一般的に鉄（Fe）の密度7.8以上の密度の金属は重金属、鉄の密度以下の場合は軽金属と呼びます。鉄は密度が大きいと思われていますが、金属のほぼ中央にいます。

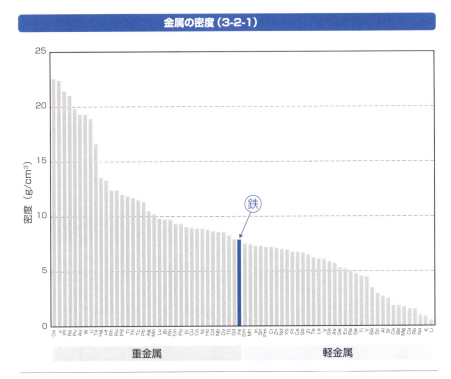

金属の密度（3-2-1）

＊**密度**　単位当たりの質量。同様の単位である比重は、基準物質の密度に対する比である。一般に水に対しての比をとる。図のように鉄を1に対してとれば値は異なる。これってつかえるかも。

▶▶ 金属の密度を計算しよう

　金属の密度は金属の結晶構造と格子定数、原子量がわかれば簡単に計算できます*。結晶構造がわかれば、単位結晶構造に何個の原子が含まれるかがわかります。体心立方格子構造では2個、面心では4個、最密六方では6個の元素です。格子定数とは金属の結晶構造に固有の隣の元素からの距離のことです。これらの事前情報から、金属密度が計算できます。

　結晶構造が異なる三種類の金属の計算結果を示しますが、実金属の密度とほとんど差異のない結果になります。最大の密度を示すIrやOsなどの原子量は大きく、このため電子が引きつけられて原子半径は小さくなり、しかも結晶構造から最密に詰め込まれています。この結果密度が大きくなったのでした。

　金属の密度は、正確には組織の中の欠陥や空孔、不純物、ポロシティなどによる不整合により変化します。しかし、金属の密度の比較程度ならば、原子核の重さ、結晶構造の中に含まれる金属原子数、および直方体とみなした格子体積が分かれば簡単に計算できるのです。原子の重さは、原子量をアボガドロ数で割り、モル質量換算が可能です。

金属の密度計算法（3-2-2）

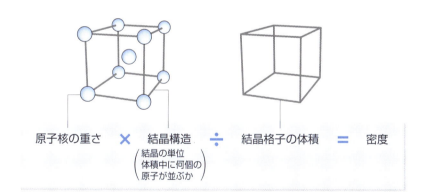

原子核の重さ × 結晶構造（結晶の単位体積中に何個の原子が並ぶか）÷ 結晶格子の体積 = 密度

＊…**計算できます**　こんな非科学的な図面を見せられて怪しむのは仕方ない。しかし。この理屈で計算した密度が計測結果とどれくらいの精度で合致するかを見れば信じてもらえるかもしれない。

3-2 金属の重さ（密度）

　例えば、鉄の場合は原子量が55.85、常温では体心立方構造のフェライトになりますから、単位格子当たり2個の原子（中央に1個と8つの隅に8分の1の原子が存在すると考えます）になります。格子定数は2.866Åと求められているので、密度の式に入れて計算すると、7.882となります。計測値が7.87なので誤差は0.15%程度です。このように数字を入れていけば、簡単な計算式の仮説でも、相当な精度で密度が見積もれていることがわかります。

金属の密度計算結果と測定密度（3-2-3）

構造	金属元素 名前	記号	n	原子量	格子定数(Å)	計算密度	測定密度
体心立方格子構造	鉄	Fe	2	55.85	2.866	7.882	7.87
	リチウム	Li	2	6.94	3.509	0.534	0.534
	タングステン	W	2	183.80	3.158	19.388	19.3
面心立方格子構造	金	Au	4	197.00	4.078	19.301	19.32
	アルミニウム	Al	4	26.98	4.049	2.701	2.7
	銅	Cu	4	63.55	3.615	8.938	8.96
六方最密格子構造	チタン	Ti	6	47.87	2.950	4.380	4.5
	マグネシウム	Mg	6	24.31	3.209	1.728	1.74
	コバルト	Co	6	58.93	2.507	8.786	8.85

計算してみよう！

立方格子構造　密度 $= \dfrac{n \cdot M}{(A \cdot a^3)}$

六方格子構造　密度 $= \dfrac{n \cdot M}{(A \cdot 3\sqrt{2} \cdot a^3)}$

ここで、n＝単位格子中に含まれる原子の数　体心n＝2、面心n＝4、六方n＝6
Mは原子量、aは格子定数（オングストローム＊）、Aはアボガドロ数（6.02×10^{23}個）

＊オングストローム　10^{-10}m。

I 金属基礎篇　第3章　金属の性質

3 金属の硬さ

　金属の硬さは、金属の結晶構造と欠陥の入り具合で決まります。金属の種類と、製造方法、温度などが硬さに影響します。金属の硬さは表面に測定道具を押し付けたときに発生する凹みで計測します。

▶▶ 硬さとは何か

　金属の硬さ*は、金属の表面および表面近傍の機械的性質のことで、金属の変形のしにくさを示します。硬さを比較するときには一定の力で測定用の道具を表面に押し付け、表面が変形した量を見ます。よく似た用語で**金属の強さ**があります。金属の強さは、金属を壊れるまで引っ張り、壊れたときの単位断面積あたりの力の大きさ（**応力**）で示します。

金属と硬さと強さの比較（3-3-1）

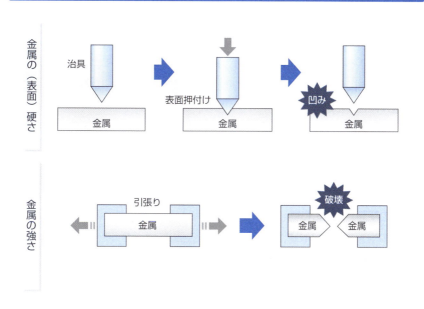

＊**金属の硬さ**　金属の表面を刃物などで傷つけたり凹ましたりしようとする時の表面の抵抗。

3-3 金属の硬さ

▶▶ 硬さに及ぼす影響因子

　金属の硬さは、元素の種類だけで決まるものではありません。金属の結晶構造と含まれている格子欠陥の程度が硬さに影響します。金属の熱処理をすると、金属表面が浸炭組織や窒化組織になったり焼入れ組織になり、内部に比べて硬さが非常に増します*。

①**結晶構造が硬さに影響**

　金属の結晶構造は大きく分けて3種類あります。面心立方構造、体心立方構造、六方最密構造です。これらの結晶構造の中で、面心立方構造がわずかな外力でも変形する、つまり軟らかい構造になります。これは、面心立方構造には**すべり面**と呼ぶ変形面がたくさんあるためです。他の2つの結晶構造はすべり面が少ないため変形しにくく、硬い構造です。

②**表面組織・歪み・欠陥が硬さに影響**

　結晶構造の中に含まれる**格子欠陥**が、硬さに大きく影響します。格子欠陥には点欠陥、線欠陥（転位）および面欠陥があります。これらの欠陥が金属の結晶格子の中にぎっしりと詰め込まれると結晶構造は動きにくく硬くなります。

　金属欠陥を金属表面近傍に導入するためには、ショット・ブラストなどによる**加工歪み**の導入や、**表面浸炭焼入れ**による硬質のマルテンサイトの生成、窒化物の形成による**析出硬化**などの表面熱処理を行ったり、**時効硬化**を用いたりします。

③**温度が硬さに影響**

　純金属の**硬さの温度依存性**は一般的には $H = A\exp^{-BT}$ に従います。ここでHは硬さ、Bは**軟化係数**、Aは絶対零度のときの硬さ、Tは温度です。温度が上がると、硬さが急激に下がります。これを金属の**軟化**と呼びます。反対に温度が下がると、金属は**硬化**します。

④**元素の種類が硬さに影響**

　元素の種類が異なれば硬さに影響します。結晶構造や組織が異なるのは当然ですが、金属の種類固有の理由もあります。

　金属の硬度をモース硬さで評価すると、およその硬さの順位を知ることができます。鉛や錫は柔らかく、タングステンやクロムが硬いと自信を持って発言できます。

---

*…**非常に増します**　硬さとは表面に露出している固体構造。表面にガスが吸着したり酸化してスケールやさびが生成すると硬さが変化する。

3-3 金属の硬さ

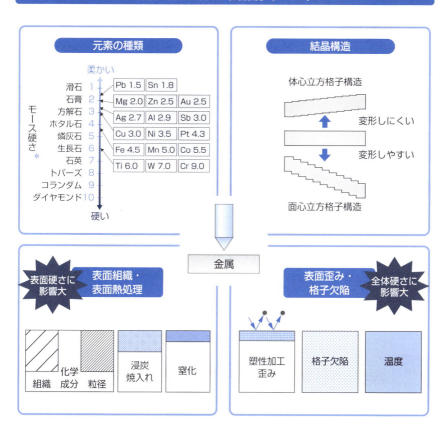

▶▶ 金属の硬さの測り方

　金属の硬さは、試験圧子を一定力で表面に押し込んで、くぼみ形状を測定して算出します。圧子形状や測定方法により、**ビッカース硬さ**、**ブリネル硬さ**、**ロックウェル硬さ**などと呼ばれます。鉄球の跳ね返りで計測する**ショア硬さ**やめっきの膜硬さを測る**ヌープ硬さ**などもあります。

　試験材料に四角錐のダイアモンド圧子を押し込む際、表面硬度がどれくらいになるか、予め検討をつけて荷重を選択します。荷重が大き過ぎると凹みが大きくなり、過少ならば凹みがわずかになり測定精度が悪くなるためです。

＊**モース硬さ**　基準となる物質を1～10まで規定し、ひっかいたときに傷がつくかどうかで数値化している。

3-3 金属の硬さ

硬さの測定方法 (3-3-3)

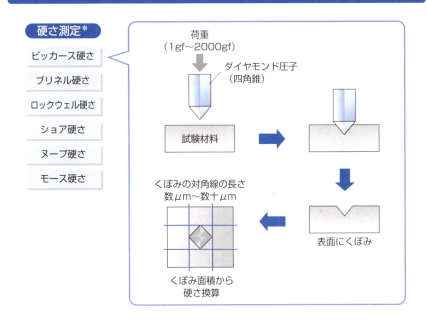

 COLUMN　微生物が生み出す湖沼鉄

　稲を引っこ抜いた時、根っこ近くに少し赤くなっているところがあります。ここに鉄分が含まれています。水中には鉄分が含まれていて、生物は幾分か鉄を中に取り込みます。　鉄分が多い地域では、葦（あし）の根の部分に鉄分が付着します。褐鉄鉱に細い筒状の塊が根についています。根に棲むバクテリア、レプトスリクスオケラシア（Leptothrixochracea）だと言われています。
　付着する鉄酸化物の形態は、筒状であったり、提灯状であったり何層にも酸化物層が重なる塊状であったりします。
　筒状のものは、日本では豊橋地区で出土する高師小僧があります。湿地帯で根っこの周りのバクテリアが薄い酸化物層を作り、その後も筒を通って酸素が供給され、筒が成長し続けたものだと考えられています。高師小僧は、集められて製鉄の原料になりました。
　提灯状のものは、スズとかスズ鉄と呼ばれています。これも中央に空洞があり、何段にも重なっています。スズとは金属の錫ではなく、鈴（すず）を示します。

＊硬さ測定　硬さの測定は、一定のルールに従って得られる数値であり、硬さの単位はない。どの計測方法で得た数値か、たとえば「Hv＝200」とか「HRB＝40」（柔らかいBスケールで計ったR硬さ）と記述する。

3-3 金属の硬さ

金属の硬さと引張り強さ

　一般的に硬さと強さは同じ傾向です。硬い金属は強い金属です。引張り強さとビッカース硬度を各種金属で見てみると、引張り強さの3分の1の数値がビッカース硬度になっています＊。

　正確に引っ張り強さを推定するためには、硬度を表面の測定値ではなく、板厚断面方向に等間隔に測定した平均値を使います。製品厚みの厚い鋼材の場合は、板厚方向に硬度がばらつくためです。板内部の狭い領域での引張り強度は知ることは困難ですが、鋼材の引張り強度は板厚全部の点での合計と考えれば求められます。

各種金属の硬さと引張り強さの相関関係（3-3-4）

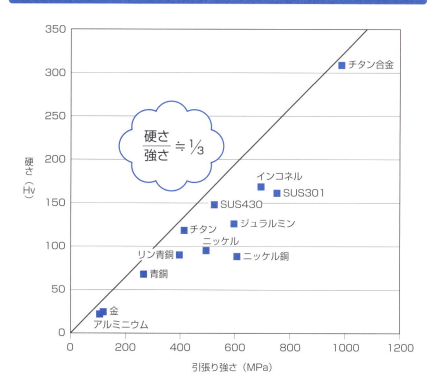

＊…なっています　この関係は、硬さは表面硬さではなく、内部組織を計測したときの一般論であって、学術的ではない。しかし、「Hv＝200か。じゃあ60キロ鋼だな」との現場的な「あたりをつける」のに役立つ。

I 金属基礎篇　第3章　金属の性質

4 金属の強さ

金属の強さは、金属の壊れにくさです。壊れにくさを測る方法には大きく分けて2つあります。引張り強さと粘り強さ（靭性）です。

▶▶ 金属の強さ

金属の強さは、金属をじわじわと引っ張ったとき*に引きちぎれるときの最大荷重から求めた最大応力で示す**引張り強さ**と、瞬間的に衝撃を与えたときに吸収するエネルギーで示す**靭性**があります。金属の引張り強さと靭性は、試験温度に大きく依存するため、試験温度が重要な情報となります。一般的に温度が上がれば、金属の強さは下がり、靭性は上がります。温度が下がれば、金属の強さは上がり、靭性は下がります。

引張り強さと粘り強さ（3-4-1）

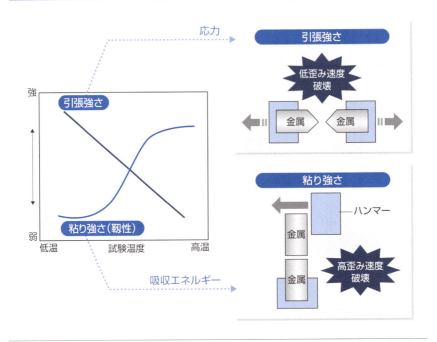

＊**引っ張ったとき**　引っ張り速度を指定する必要がある。ゆっくり引っ張るときと、急速に引っ張るときでは、得られる数値が異なる。

金属の引張り強さ

　引張り強さは、金属の重要な性質です。金属を引っ張ると**弾性変形**と**塑性変形**が起こります。弾性変形は引張り力をなくした場合に元の形に戻る変形です。塑性変形は、引張り力をなくしても永久変形していて元に戻らない変形です。一般的に金属は、塑性変形をし始めると、転位などの格子欠陥が大量に発生して、格子中で絡まって動きづらくなり、硬くなります。こうなると金属は変形できなくなり、最後はちぎれてしまいます。ちぎれて破壊するときの力を試験前の断面積で割った応力が引張り強さです。

　引張り強さは、試験片の形状によって数値が変わります。平板の場合は板厚全部を使った長方形の断面になり、線材や棒材の場合は円形の断面になります。鋼材断面からサンプルを切り出したり、面を切削して厚みを薄くして引張りサンプルを作る場合もあります。引張り強度を論じる時は、試験サンプル形状を意識しましょう。

引張り強さの発生メカニズム (3-4-2)

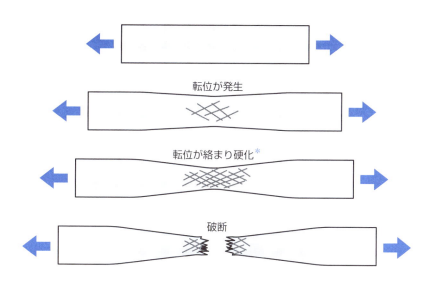

※**転位が絡まり硬化**　キンク状態と呼ぶ。

3-4 金属の強さ

▶▶ 金属の粘り強さ

　金属の靭性は、金属試験片にハンマーによる衝撃的な力を加える方法を用います。回転体の先端のハンマーが、試験片を壊した後、反対側にどれだけ上がったのかを見れば、試験片を壊したときの吸収エネルギーがわかるのです。試験温度を10℃刻みに下げていくと、ある温度で急激に脆くなります。この温度が**延性脆性遷移温度**です。温度を下げると靭性が下がる現象を**低温脆性**と呼びます。

粘り強さの温度依存性（3-4-3）

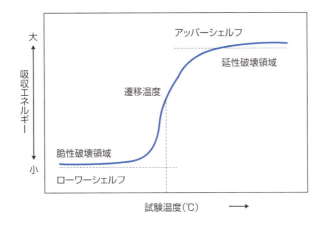

▶▶ 低温でも元気な金属

　すべての金属が低温で靭性が悪くなるわけではありません。低温脆性は、普通鋼など体心立方格子構造の金属特有の現象です。鋼は常温以下ではフェライトと呼ぶ体心立方格子構造の組織になっています。一方、ニッケル、アルミニウムは、面心立方格子構造になっており、低温脆性は見られません。常温では引張り強さが強い鋼が、低温で脆く、常温では軟らかい金属たちが、低温では粘り強く、靭性があるのです*。

＊…**靭性があるのです**　したがって、LPGやLNGを入れておくタンクは、アルミニウムやオーステナイト系ステンレス鋼のように面心立方構造の金属を用いる。

3-4 金属の強さ

低温靭性の良好な金属と不良な金属（3-4-4）

結晶構造

低温靭性良好

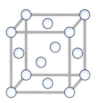

面心立方格子構造

低温靭性不良

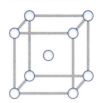

体心立方格子構造

金属の種類

低温靭性良好	低温靭性不良
アルミニウム	普通鋼*
銅	クロム
ニッケル	モリブデン
チタン	ニオブ
マグネシウム	バナジウム
オーステナイト系ステンレス鋼	フェライト系ステンレス鋼

COLUMN 建築の鉄物語

建築の鉄物語は、鋼材と溶接法の二面から語ることになります。骨組みに鋼鉄製構造を採用した最初のビルは、1884年竣工の米国シカゴの10階建のホームインシュアランスビルと言われています。シカゴ大火の後の都市の再開発が進んでいたシカゴは摩天楼と呼ぶ高層ビル群が多数建設されていきます。そこには、軟弱な地盤を克服するための基礎鋼製杭や、従来からの重い鋳鉄の梁（ビーム）とれんが床を鋼構造とタイル床方式にして重量を減らす試みが採用されていました。

日本での最初の鋼製建築物は、全て輸入鋼材で1894年に建築した秀英舎印刷工場です。1929年には八幡製鉄製の鋼鉄骨構造で三井本館が建築されました。戦後になって、関東大震災後に制定された百尺条例がようやく撤廃される建築基準法の改正が行われ、高さ制限がなくなりました。そこで1962年には骨格柔構造により霞が関ビルが建築されます。時代は、超高層ビル時代に突入します。使用鋼材は、前年から生産を始めたH形鋼でした。

さて、その後も高層建築は続きます。東京都庁や横浜ランドマークタワーの鋼材供給を担当した筆者的には、まだまだ語りたい事が多いのですがこのいらでお開きとします。

＊普通鋼　体心立方構造の金属は亀裂先端の塑性変形が生じにくく、へき開破壊になると言われている。しかし、普通鋼にニッケルをどんどん入れてみると、体心立方構造なのに低温靭性に優れた合金になる。9％ニッケル鋼のような低温塑性変形の変形メカニズムは単純ではない。

5 原子核の結合の強さ

　鉄の原子核は、元素中最も安定しているといわれています。これは、原子核を構成する陽子と中性子の1個当たりの結合エネルギーが最大になるためです。では、どのように考えられて計算されているのか、その一端を見てみましょう。

▶▶ 原子核の結合エネルギーの考え方

　原子核は陽子と中性子が非常に密な空間に凝集したものです。原子核の結合には、大きく分けて5つの効果が合成されていると考えられています※。

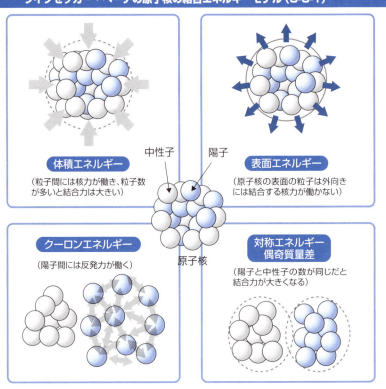

ワイツゼッカー・ベーテの原子核の結合エネルギーモデル（3-5-1）

※…考えられています　当然のことながらモデルは独立ではなく組み合わさっているが理解のために分解して考える。

3-5 原子核の結合の強さ

体積エネルギーは、粒子数が多くなると核力が強く働きます。

表面エネルギーは、結合とは反対の方向に働きます。原子核表面では**核力**が働くべき隣の粒子が無く結合力が小さくなると考えます。

クーロン力は、陽子間には同じ電荷のため、反発力が働きます。

対称エネルギーと**偶奇質量差**は、陽子と中性子の数が同数だと、結合力が大きくなると考えます。

このようなエネルギーの総和を陽子と中性子の合計の**核子数**で割ると、1個当たりの結合エネルギーが計算できます。

▶▶ 結合エネルギーの計算

実際に自分で結合エネルギーをシミュレーションしてみることも可能です。**ワイツゼッカー・ベーテの半経験的質量公式**＊があります。数値をあてはめて計算してみると、鉄の近傍に金属元素で結合エネルギーが大きくなっていることがわかります。

鉄の原子核が最も結合エネルギーが高いと一般的にはいわれていますが、筆者の手計算結果では62Niが最大の値を示します。ただし、62Niは存在比が極めて少なく、56Feが圧倒的に多いので、鉄が安定しているといえるのです。この計算式もそれほど難しくありませんので、数値を当てはめて計算してみてください。

計算手順を示します。まず、全原子核粒子数Aを56、陽子数Zを26、中性子数Nを30と決めます。これを用いて結合エネルギーを計算します。第1項の体積エネルギーは、$Cv × A = 15.6 × 56 = 873.6$ MeVとなります。第2項の表面エネルギーは、$Cs × A^{2/3} = 17.2 × 56^{2/3} = 251.8$ MeV、第3項のクーロンエネルギーは、$Cc × Z^2 × A^{-1/3} = 0.7 × 26^2 × 56^{-1/3} = 123.7$ となります。対称エネルギーは、$Csys × (NZ)^2/A = 23.3 × (30-26)^2 ÷ 56 = 6.7$、偶奇質量差は、N、Zともに偶数のため $12/A^{0.5} = 1.6$ となります。これらのエネルギーをすべて積算すると、結合エネルギー＝493.1となり、これを全粒子数A＝56で割ると、鉄の粒子当たりの結合エネルギーは、8.81MeVと算出できます。主な3d遷移金属の結合エネルギーの計算例を図に示します。

＊**ワイツゼッカー・ベーテの半経験的質量公式** 二人が別々に発表した原子核の結合エネルギーの公式。実験値から各定数を求めたので半経験値となっている。さまざまなモデルを組み合わせて現象を説明している。厳密性や意味を考えるのではなく、表計算程度で科学計算ができる計算手順を楽しんでください。

83

3-5 原子核の結合の強さ

代表的状態の金属原子の核子1個あたりの結合エネルギーの計算値（3-5-2）

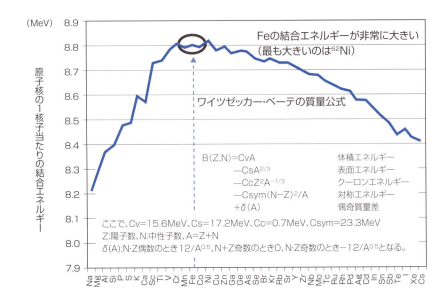

Feの結合エネルギーが非常に大きい（最も大きいのは^{62}Ni）

ワイツゼッカー・ベーテの質量公式

$B(Z,N) = C_v A$ 　　体積エネルギー
$\quad - C_s A^{2/3}$ 　　表面エネルギー
$\quad - C_c Z^2 A^{-1/3}$ 　　クーロンエネルギー
$\quad - C_{sym}(N-Z)^2/A$ 　　対称エネルギー
$\quad + \delta(A)$ 　　偶奇質量差

ここで、C_v=15.6MeV、C_s=17.2MeV、C_c=0.7MeV、C_{sym}=23.3MeV
Z:陽子数、N:中性子数、A=Z+N
$\delta(A)$:N・Z偶数のとき$12/A^{0.5}$、N+Z奇数のとき0、N・Z奇数のとき$-12/A^{0.5}$となる。

主な金属の結合エネルギーの計算手順とその結果＊（3-5-3）

主な3d金属		Z=陽子	N=中性子	A=全粒子数	CvA 体積エネルギー	CsA^{2/3} 表面エネルギー	クーロンエネルギー	対称エネルギー	δ(A) 偶奇エネルギー	B(Z,W) 全エネルギー	B/A 粒子一個当たり
チタン	Ti	22	25	47	733.2	224.0	93.9	4.5	0.0	410.9	8.742
バナジウム	V	23	28	51	795.6	236.5	99.9	11.4	0.0	447.8	8.780
クロム	Cr	24	28	52	811.2	239.6	108.0	7.2	1.7	458.0	8.809
マンガン	Mn	25	30	55	858.0	248.8	115.0	10.6	0.0	483.6	8.793
鉄	Fe	26	30	56	973.6	251.8	123.7	6.7	1.6	493.1	8.805
コバルト	Co	27	32	59	920.4	260.7	131.1	9.9	0.0	518.8	8.793
ニッケル	Ni	28	34	62	967.2	269.4	138.7	13.5	1.5	547.1	8.824
銅	Cu	29	34	63	982.8	272.3	147.9	9.2	0.0	553.3	8.782
亜鉛	Zn	30	35	65	1014.0	278.1	156.7	9.0	1.5	571.8	8.797

＊筆者が行った計算値です。皆さんの計算時の参考にして下さい。計算式は図中のものです。
＊厳密性や意味を考えるのではなく、表計算程度で科学計算ができる計算手順を楽しんでください＊。

＊…**楽しんでください**　これらはエクセルの表計算で十分計算できる。

I 金属基礎篇　　第3章　金属の性質

6 金属の変形

　金属の変形のしやすさは、金属が破断せずに変形する限界を示します。延びやすさは、展延性とも呼びますが、延性と展性の二つの変形に対する延びやすさを示します。

▶▶ 延性と展性

　延性とは、金属試験片を引っ張ったときの破断に至るまでに変形して延びる比率で示します。より大きな変形ができる素材の性質を「延性が良い」と呼びます。
　展性は、金属素材を押しつぶすときに広がる程度です。展性が良い素材は、箔やシートに広がります。
　延性は、引っ張り応力に対する変形能力、展性は圧縮応力に対する変形能力です。
　展性の良い金属は、金や銅、錫、アルミニウムなどいわゆる箔になるものです。展性と延性は必ずしも同じ傾向を示すわけではなく、いずれの変形性も金属の純度に大きく影響を受けます。純度が悪いと展性も延性も悪化します。

延性と展性の概念（3-6-1）

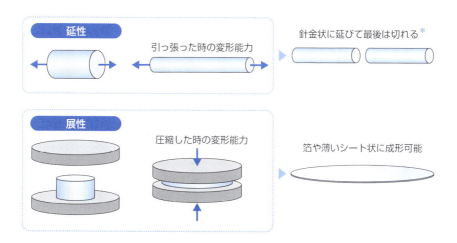

＊…最後は切れる　図は脆性破面になっているが、延性破面の場合はカップアンドコーン形になる。

85

金属の変形のしやすさ

　結晶構造は、外部力によりずれる方向が決まっています。この方向を数多く持っている結晶構造の金属が、変形しやすい金属です。最も変形方向を持っている結晶構造は面心立方構造です。ついで体心立方構造、六方最密構造となります。

　常温で面心立方構造の金属、たとえば白金、金、鉛、ニッケルや銅、アルミニウムは変形しやすく、良く延びる、つまり延性や展性に優れた金属です。

　体心立方構造の金属、たとえば鉄やクロム、ニオブ、バナジウム、モリブデンなどは延びにくい金属です。鉄が延びにくい金属とは意外ですが、温度が上がって組織がγ鉄（オーステナイト）になると面心立方構造になり、熱間圧延では延性に優れた金属に早変わりします。

　六方最密構造の金属になるとさらに加工性が悪くなります。マグネシウムやチタン、コバルトなどは非常に変形性の悪い金属で、常温での加工では苦労します*。

結晶構造と変形しやすさの関係 (3-6-2)

面心立方格子

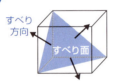

すべり面　　4
すべり方向　3
すべり系　　12
加工しやすい

アルミニウム、金、鉛、銅、亜鉛、γ鉄

体心立方格子

すべり面　　6
すべり方向　2
すべり系　　12
加工できる

クロム、ニオブ、バナジウム、モリブデン、α鉄

六方最密格子

すべり面　　1
すべり方向　3
すべり系　　3
加工しにくい

マグネシウム、チタン、コバルト

*…苦労します　冷間加工では困難なら高温での加工志向になるが、高温では切削痕などの粉塵を発生させない対策が必要。

金属の変形と破壊

　金属の内部は、規則正しい結晶構造になっています。完全に１つの結晶でできているときは**単結晶**と呼びます。単結晶がたくさん集まった集合組織を**多結晶**と呼びます。実用的な金属の構造は多結晶です。

　金属の変形は、ミクロ的に見ると単結晶を歪ませてずれが生じることから始まります。結晶構造のずれは、引っ張り方向に対して斜めにずれるせん断変形になり、ずれ面に生じたミクロな欠陥がつながり破壊に至ります。

　一方、多結晶では、まず粒形状の変形が起こり、粒界が変形に耐えきれずに分離する粒界破壊機構になります。

単結晶と多結晶の変形と破壊挙動（3-6-3）

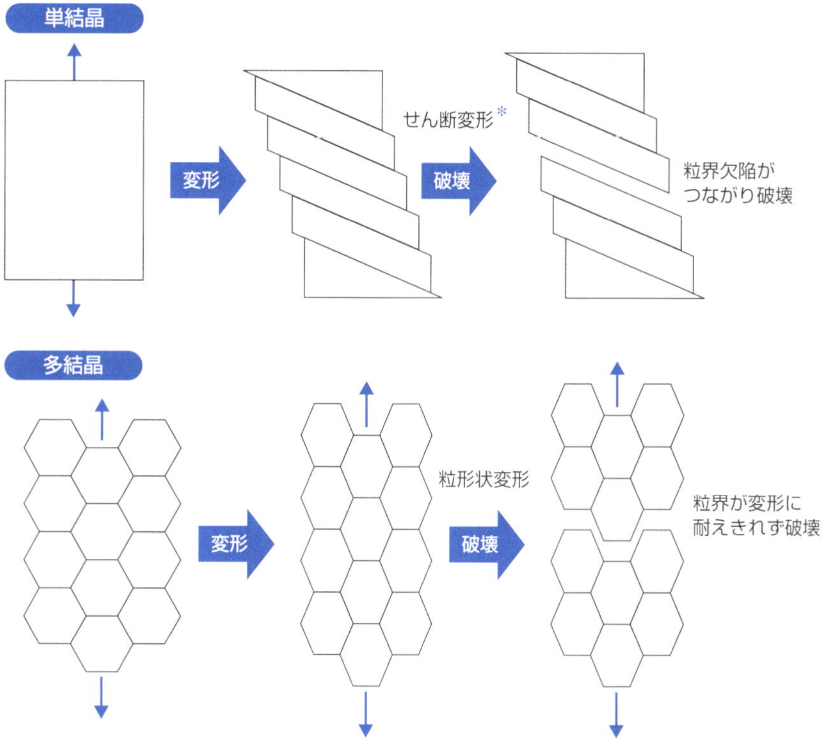

＊**せん断変形**　斜め45度方向にすべり面が生じる場合が多い。

7 弾性と塑性

金属を変形させるときの金属の変形挙動は、金属加工では大切な情報です。金属がある応力を受けるとき、変形が元に戻るか、永久に変形したままになるのかは、金属の弾性と塑性が決めます。

▶▶ 弾性変形と塑性変形

物体に外力を加えると、形が変わります。力を除荷すると原形に戻る性質を**弾性**、原形に戻らない性質を**塑性**と呼びます。外力の程度を応力、変形の程度をひずみと呼びます。応力は、単位断面積あたりにある方向にかかる力のことで、ひずみは、元のサイズからの変形量の比率で示します。

弾性変形の物理モデルは、ばねです。金属固有のばね係数（弾性定数）に従い、応力により決まるひずみ量まで変形します。応力を除くと、ひずみ量はゼロになります。

塑性変形の物理モデル*には、ダッシュポットモデルと掛け金モデルがあります。ダッシュポットは、応力を加えると、時間とともにじわっと変形する粘性変形です。掛け金は、応力があるしきい値を超えると突然変形するモデルです。

実際の加工時には、弾性変形する部分と塑性変形する部分が組み合わさって複雑な変形挙動を示します。

弾性変形と組成変形モデル（3-7-1）

変形形態	元にもどる	ゆっくり変形（塑性変形）	しきい値を超えて変形（塑性変形）
物理モデル	ばね（弾性） $\sigma = \gamma \cdot \varepsilon$	ダッシュポット（粘性） $\sigma = \eta \cdot \dfrac{d\varepsilon}{dt}$	かけがね（熱性） $\sigma \geq s$ （降伏値以下では変形しない）
	弾性変形（ばねモデル）	塑性変形（粘性モデル）	塑性変形（掛け金モデル）

* **塑性変形の物理モデル** 応力歪み曲線の形をどのようなモデルで説明できるかを検証する。

3-7 弾性と塑性

▶▶ 引張り試験での応力歪み曲線

　金属製品を設計する際には、応力とひずみの関係を考慮します。製品の使い方に応じて、金属素材の強さを決めます。素材の強さは、どこまでの変形に耐えるかで決まってきます。

　金属は、応力を加えると変形し、最後には破壊します。応力をかけたときに弾性変形から塑性変形に変化する点を**降伏点***と呼びます。降伏点は、通常の金属の場合は、弾性変形の一定傾きから傾きが変化し始める点で求まりますが、軟鋼の場合などには、最初に変化する**上降伏点**と、一度歪みが蓄えられてから再度現れる**下降伏点**の2つの降伏点が観察されます。

　降伏を始めると、それまで弾性エネルギーとして蓄えられていたエネルギーが変形に使われ、加工硬化が始まります。**応力ひずみ曲線**は、塑性変形域では勾配が緩やかになります。さらに変形が続くと、最大応力を示した後、ひずみは増しますが急速に応力が下がり、やがて破断します。この最大応力を材料の引張強さ、破断したときのひずみを延びと定義します。最後の応力の降下は、加工硬化が進んだため座屈を生じたのが原因です。この関係を示した図が応力ひずみ曲線です。

　実際の応力ひずみ曲線は、引張試験や圧縮試験で得られる荷重を試験前の試験片断面積で割った実応力と伸びの関係が得られます。

金属の応力ひずみ曲線（3-7-2）

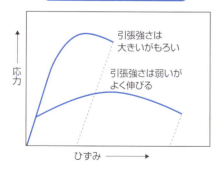
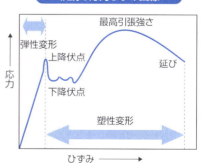

***降伏点**　似た用語に耐力がある。降伏点が観察できない高強度鋼では、0.2%のひずみを原点に曲線と平行直線を引き、曲線との交点を仮に降伏点とみなして耐力を定義する。

I 金属基礎篇　　第3章　金属の性質

8 電気物性と熱物性

金属は電気と熱の伝導率が良いことが特徴です。この性質は電子と電子軌道に起因しますが、並み居る金属の中でも特に良く電気を通す金属元素は、金、銀、銅とアルミニウムです。良伝導性の特徴について見ていきましょう。

▶▶ 電気伝導

金属には自由に動き回る自由電子が多数存在します。ただし、自由電子だからといって、どの金属でも同じような動き方をするわけではありません。自由電子は、自分がいる最外殻電子軌道の内側原子核や電子軌道の影響を受けるのです。

電気の良導体である金や銀や銅を見ると、最外殻には6s、5s、4sに1つだけ電子が入っています。そして内殻はすべて電子で埋まっています。リチウムやナトリウムも同じ条件ですが、原子径が小さいため原子核の影響を受けて、伝導は良くありません。アルミニウムは、3s軌道は埋まっていますが、3p軌道に1つだけ電子があるため良好な**電気伝導性**＊を示します。電子の流れの逆が電流です。電気の通りやすさは、金属の固有抵抗の逆数を用いて電気伝導率（$\Omega^{-1}m^{-1}$）で示します。純銅の20℃の固有抵抗を100%として、実用金属の固有抵抗と比較して導電率とする場合もあります。

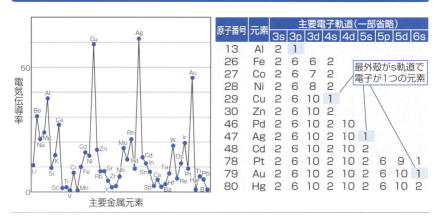

最外殻電子軌道と電気電導性の関係（3-8-1）

＊**電気伝導性**　電気伝導率のこと。物質中の電気伝導のしやすさ。金属は非常に大きいがその中でも元素により差異がある。絶縁体は非常に小さい。

▶▶ 熱伝導

　熱伝導率と**電気伝導率**の間には、同一温度においては金属の種類によらず一定であるという**ウィーデマン＝フランツの法則**があります。電気伝導率は電子の動きが影響しましたが、金属の熱伝導の場合は、自由電子を出している陽イオンの格子点での振動が熱の伝播に影響します。熱の伝播は格子点の振動の伝播ですが、この伝播の仲立ちをするのが自由電子です。動きやすい自由電子の数が多ければ、それだけ熱の伝播も容易です＊。

　関係図からは、金、銀、銅が飛び抜けて熱も電気も伝導率が高く、アルミニウムが続きます。鉄やニッケルは金属の中でもそれほど良導体ではないことがわかります。熱伝導が良い金属を探す場合は、電気伝導率が高いものから探し、金属の値段と得ようとする効果の評価で採用を決定します。

各種金属の電気伝導率と熱伝導率の関係（3-8-2）

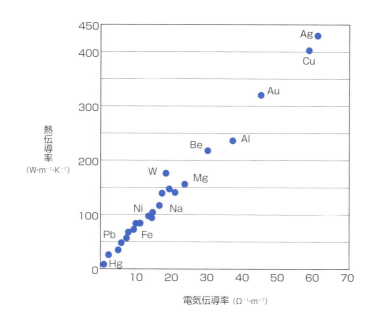

＊…**容易です**　3-1節で、熱伝導と電気伝導の関係を示している。

I 金属基礎篇　第3章　金属の性質

9 磁性

電荷を帯びている電子は、原子の中を動き回り、磁場を生み出します。電子が作る磁場は、通常は対電子により打ち消されて原子構造の外には出てきませんが、特殊な状態のときには、磁場が漏れ出し*磁性を帯びます。

▶▶ 電子運動による磁気発生の仕組み

原子の中で、電荷の移動は3種類あります。電子が電子軌道を回る運動、電子自身の自転運動（スピン）、原子核自身の自転運動です。磁界中で、これらの運動が起こると**磁場**が発生します。電子自身の自転運動で発生する磁界は、1つの電子軌道を、自転方向が反対の対電子が回ることにより相殺されて、大半の電子が作る磁界は原子の外には出てきません。1つの電子軌道に1つの電子しか入っていない場合のみ、磁界が原子の外に漏れ出し、磁気が発生したように見えます。

電子による磁気発生モデル（3-9-1）

- 電子の自転（スピン）で磁界発生
- 1つの軌道には2個の対電子が入り磁界を相殺
- 不対電子は、自転および軌道公転で磁界を発生

▶▶ 外部磁界により磁気を帯びる仕組み

金属の内部をミクロに見ていくと、**磁区**と呼ばれる磁気の方向が決まった集団があります。各磁区の磁気の方向は、最初はばらばらです。金属に外部から、ある方向の磁界を与えると、この磁区の向きが一方向に揃います。これが**磁化**です。

外部の磁界を取り除いた後も残る磁気のことを**残留磁気**といいます。これが大きい材料を**硬質磁性材料**と呼びます。永久磁石はこの材料を使います。一方、外部の

---

*…磁場が漏れ出し　内殻軌道の電子が作る磁界は、ほとんど外部から観察できない。

磁界を取り除くとすみやかに磁気が無くなり、元の状態に戻る材料があります。これが**軟質磁性材料**です。磁化されやすく磁気がなくなりやすい材料ということで、**高透磁性材料**とも呼び、モーターの鉄心や家電製品の部品に用います。

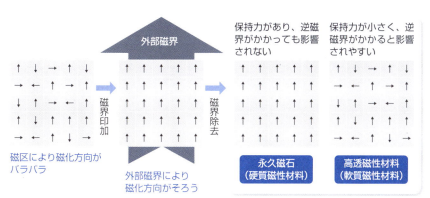

硬質磁性材料と軟質磁性材料（3-9-2）

金属の磁性の形態

金属には、外部磁界が作用したとき、非常に強く外部磁界の方向に磁化される**強磁性体**、外部磁界と反対方向に磁化される**反磁性体**、わずかに磁化される**常磁性体**の3種があります。

遷移金属のd軌道の中に複数個の不対電子があるとき、基本的にはスピンの向きは正負が同数になります。外部磁界がかかると、この正負のスピンの入る電子軌道のエネルギー準位に差が出て、磁界方向に弱い磁性を持ちます。これが**常磁性**の発生メカニズムです。金属の大半は、常磁性を示します。

磁気モーメントが同じ方向を向く場合を**強磁性**と呼びます。磁気の方向がすべて揃う場合を**フェロ磁性**、一部が揃わない場合を**フェリ磁性**と呼びます。磁気モーメントの方向がまちまちで、外部からの磁場に比例して弱い磁場を生じる場合を**常磁性**と呼びます。そのほか、元素により磁気モーメントが揃わないが磁性を帯びる多元素フェリ磁性、磁場に対して反対の磁気モーメントを持つ**反強磁性**、磁場に対して物質の表面で反対方向の磁場を生じる**反磁性**などがあります*。

*…**反磁性などがあります** 外部磁性をかけると、対電子が反対の方向の磁性を発生させるため、どんな物質でも磁場が掛かっている間だけ非常に弱い反磁性を持つ。反強磁性とは全く原理的に異なる。

3-9 磁性

物質の磁性は、大きく分けて**秩序磁性**と**無秩序磁性**があります。

秩序磁性の中には、強磁性である**フェロ磁性**＊と**フェリ磁性**があります。フェロ磁性を示す物質は、α鉄、コバルトニッケルなどがあります。フェリ磁性を示すのは、

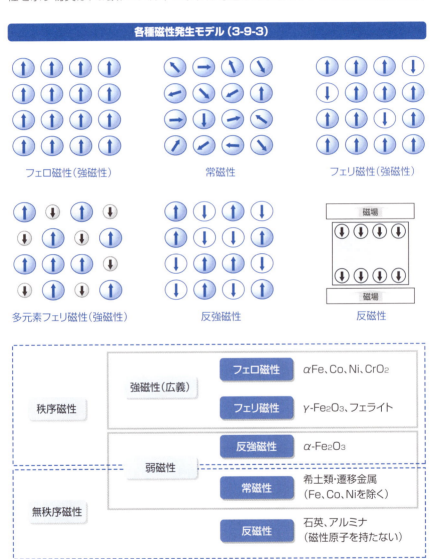

＊**フェロ磁性** フェロ磁性は、金属の3d軌道の電子が重なりスピンの向きが同一に重なる現象。非常に強い磁性を持つ。

γ-Fe$_2$O$_3$、フェライトなどがあります[*]。弱磁性である反強磁性には、α-Fe$_2$O$_3$があります。鉄および鉄の酸化物は主に強磁性を示します。

無秩序磁性には、弱磁性である**常磁性**があり、鉄、コバルト、ニッケルを除く遷移金属や希土類が含まれます。**反磁性**は石英やアルミナのように磁性原子を持たない物質で観察されます。

COLUMN スチームパンクな鉄

　鉄が最も輝くのは、18世紀から始まった産業革命の時期です。蒸気機関と鉄鋼は、それまでの産業の枠組みを一新しました。工業時代、科学発明の時代が到来した。

　スチームパンクとは、蒸気機関と鉄鋼の時代が現代も続いていると仮定したレトロファッションです。メカニカルで重厚な機械が特徴です。現代では一部の愛好家の奇異なファッションですが、かつては大真面目なブームがありました。

　サン・シモン派は19世紀後半にヨーロッパでブームになった重工業製品を宗教のように扱う教義でした。アメリカの鉄道や重工業を目の当たりにしたフランスのサン・シモン伯爵は、産業主義を唱え、パリ博覧会で作られたエッフェル塔を「鉄の神殿」に例え、テクノラート、技術者を社会の中心に据えました。

　ジュール・ベルヌも同時期の科学冒険小説作家でした。海底二万海里に登場するノーチラス号は世界のあちらこちらで鉄製の部品が作られて組み立てて作られ、晩年の作品である動く人工島では海に浮かぶ鉄の島が舞台になっています。ジュール・ベルヌは、筆者の大好きな作家です。あまり好き過ぎて、数年前フランスのナントに行き、ジュール・ベルヌ博物館を訪れました。小高い丘を登り切り、眼下に海が見える崖っぷちに博物館はありました。展示は、こじんまりしたものでしたが、月世界旅行のロケットのミニチュアを見られたのは良い思い出です。因みに、このロケットは小説ではアルミニウム製になっていますが、この話はまた今度。

　古くは、14世紀のダンテ作の神曲にも鉄製の機械仕掛けの時計台が鐘を打つシーンが登場します。

　スチームパンクの代表は、蒸気機関車です。今でも地方では、観光汽車が走っています。近寄れば、もくもくと上がる石炭の煙と匂い、蒸気のシュッという音、汽笛の甲高い音がノスタルジックを感じさせてくれます。蒸気機関の重厚感や多くの車両を引いて走り出す力強さは、鉄鋼と蒸気機関の見事な融合です。鉄の存在感を存分に味わわせてくれるスチームパンクは、私たちの身近にも、まだまだ数多く残っています。

---

[*]…などがあります　フェリ磁性は、金属の酸化物で酸素を介して金属の3d軌道の電子が逆方向にそろう。このままでは磁性がないが、分子全体で金属原子の数が非対称になった時弱い磁性を発揮する現象。

I 金属基礎篇　　第3章　金属の性質

10 酸化・還元

　酸化と還元は、酸素や水素を作用させる狭義の酸化・還元と、電子の授受を中心に考える広義の酸化・還元があります。金属の酸化・還元を扱うとき、エリンガムダイアグラム*が重要な図になります。

▶▶ 金属の酸化と還元

　もともと、**酸化**とは酸素と化合して酸化物を作ることであり、**還元**とは酸化物に炭素や水素を作用させて酸素を奪うことを意味しました。化学反応式を扱うだけならば、この定義で十分です。しかし、原子の構造が判明してくると、電子に着目した定義が必要になってきました。そこで、原子が電子を奪われることを酸化、電子を受け取ることを還元と定義するようになりました。これが**広義の酸化と還元**です。この定義に従えば、2価の鉄イオンが電子を失って3価の鉄イオンになることも酸化

酸化と還元の拡張モデル (3-10-1)

狭義の酸化と還元

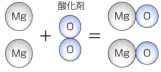

$2Mg + O_2 = 2MgO$

酸化反応：金属が酸化材で酸素を与えられ化合する。

還元反応：金属酸化物が還元剤で酸素を奪われる。

広義の酸化と還元

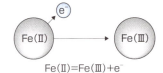

$Fe(II) = Fe(III) + e^-$

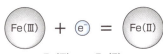

$Fe(III) + e^- = Fe(II)$

酸化反応：原子が電子を奪われる。

還元反応：原子が電子を受け取る。

＊エリンガムダイアグラム　横軸に温度、縦軸に標準生成ギブズエネルギーをとった図。各温度で、例えば金属酸化物ができる（酸化される）時に、発生するエネルギーを縦軸の生成エネルギとしてプロットしたもの。温度は連続的に変わるので、基本的には直線になる。

として扱えるようになりました。金属から電子を奪う働きをするものを酸化剤、電子を与えるものを還元剤と呼びます。

たとえば、酸素が金属と反応し酸化物を作る場合は、酸素は金属から電子を奪い、2価の酸素陰イオンになるので**酸化剤**です。水素が金属酸化物と反応する場合は、水素は金属の陽イオンに自分の電子を与えて金属原子に変え、自分は酸素と結びつくので、**還元剤**です。また、アルカリ金属やアルカリ土類金属は、電子を放出して陽イオンになりやすいので還元剤になります。

▶▶ 自由エネルギーとエリンガムダイアグラム

エリンガムダイアグラムは、酸化物の**標準生成自由エネルギー**＊と温度との関係について示しています。純粋な金属と酸化物の安定性を一目で理解できる便利な図です。これによって、金属酸化物を金属に還元するためにどのような還元剤をどのような温度で作用させればよいかがわかります。また、金属の酸化されやすさ、還元されやすさの順序も図を見るだけでわかります。

さまざまな金属が載っていますが、図の上にある金属ほど金属状態が安定しており、下にある金属ほど酸化物状態が安定しています。標準生成自由エネルギーとは、大気圧下（標準状態）で1モルの酸化物をつくるときの自由エネルギーの変化代のことです。この値が小さくなればなるほど、反応しやすくなります。この図を用いると、上にある金属酸化物は、下にある金属によって還元されることがわかります。つまり下にある金属は、上のほうにある酸化物よりも酸素との親和力が大きいので、その酸化物から酸素を奪うのです。このとき、上方にある酸化物は酸化剤として働き、下方の金属は還元剤として働きます。図中には一酸化炭素も入っているので、酸化物が炭素によって還元できるかどうか簡単に判断できます。エリンガムダイアグラムには、酸化物だけではなく、炭化物や窒化物、硫化物のものもあります。

＊**標準生成自由エネルギー**　標準とは、標準状態つまり1気圧25℃のこと。生成自由エネルギーとは、ここでは金属と酸素が結合して金属酸化物が生成する際のエンタルピー（KJ/mol）変化、つまり発熱や吸熱するエネルギー変化をいう。

3-10 酸化・還元

金属酸化物のエリンガムダイアグラム＊(3-10-2)

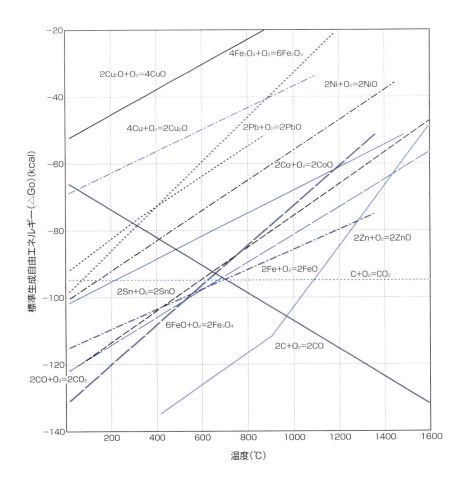

＊**金属酸化物のエリンガムダイアグラム**　右下がりの線は炭素の酸化、つまり一酸化炭素生成エネルギー。これらの組み合わせで製錬挙動を考えることが可能。

I 金属基礎篇　第3章　金属の性質

金属の色と炎色反応

金属と色の関係を、2つの面から見ていきます。金属そのものの色の発色原理と、炎の中で燃やした場合に特有の色が見える炎色反応の原理についてです。両者とも、電子軌道と電子が密接に関係しています。

▶▶ 金属本来の色

　金属には、特有の色があります。古くから日本では金属を色で呼んできました。金は「こがね」（黄金色）、銀は「しろがね」（白銀色）、銅は「あかがね」（赤色）、鉛は「あおがね」（青色）、そして鉄は「くろがね」（黒色）です。鉄の色だけは、表面のさびの色を指しますが、それ以外は金属本来の色です。

　金属に特有の色があるのは、外部から金属の表面に光が入ると、光エネルギー（光子）は原子の表面に吸収されるからです。金属の光の反射率を見ると、たとえば金では青が吸収され、赤や黄色はよく反射します。金属表面で受け取った光の、波長ごとの反射率の差異が金属固有の色を生み出します＊。

金属の発色機構と各種金属の色（3-11-1）

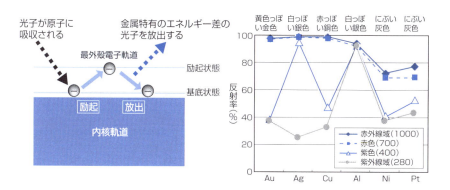

＊…生み出します　要は、白色光（太陽光）を当てたとき、特有の色が吸収されて、反射してきた光がその金属の色ということ。

3-11 金属の色と炎色反応

炎色反応

金属化合物のようなイオンになっている金属を、ろうそくなどの炎で熱すると、金属特有の炎の色に発色します。これを**炎色反応**と呼びます。花火や原子吸光分析装置はこの特徴を用いています。ストロンチウムは深い赤色、ナトリウムは黄色です。

炎色反応は、金属や金属イオンに熱エネルギーを与えたとき、電子が励起状態になり、それが基底状態まで戻るときに特有の色を発色する性質を利用しています*。

炎色反応で発色する金属は、比較的低温で電子が解離して熱励起しやすく、かつ最外殻電子軌道がs軌道の1族のアルカリ元素や、2族のアルカリ土類金属です。d軌道の遷移金属は、銅が青緑色を発色します。

炎色反応機構と実金属の発色 (3-11-2)

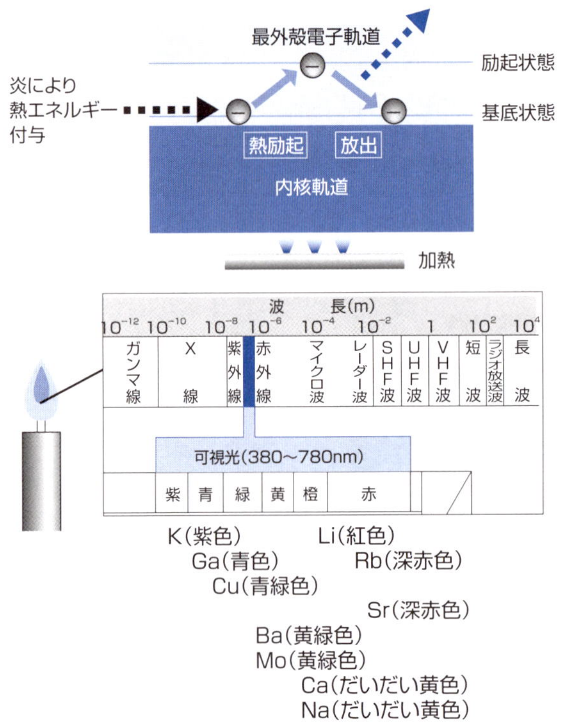

K (紫色)
Ga (青色)   Li (紅色)
Cu (青緑色)   Rb (深赤色)
              Sr (深赤色)
Ba (黄緑色)
Mo (黄緑色)
     Ca (だいだい黄色)
     Na (だいだい黄色)

*…**性質を利用しています** 励起状態と基底状態は元素が決まれば常に一定である。

I 金属基礎篇

第4章

金属材料の基礎

　金属材料の基礎では、金属が持つ性質を発現させるメカニズムについて、金属の構造、強化機構、変形機構および劣化と破壊について解説します。

1 金属材料の構成

金属材料を知るためには、金属の材質について知る必要があります。金属材質は、金属の性質の根幹となる結晶構造、作り込み方法、および劣化のメカニズムから構成されます。

▶▶ 主な材料の引張強さ

建物や道具を作るには、それらを構成する素材が必要です。この素材が材料です。材料は、大きく分けて金属と非金属があります。この材料の使い分けは、作ったものの使い方によります。材料に必要な性質が材質です。

たとえば、作るものが衣服ならば、引張り強さと軽さが必要で、圧縮強さは必要ありません。建物ならば、古代建造物のように、圧縮強さに耐えられる石材やレンガで十分です。ただし、石材やレンガは引張り強さはほとんどありません*。

代表的材料の引張強さ (4-1-1)

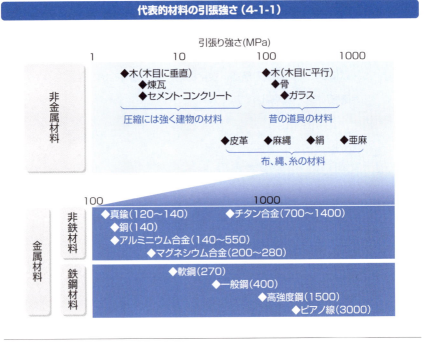

* …ほとんどありません　金属だけが、引っ張り強さや圧縮強さを兼ね備えている。

4-1 金属材料の構成

金属の中でも、鉄鋼の強度範囲は群を抜いています。270MPaから3,000MPaまで、実に10倍の強度の幅を持っています。

▶▶ 金属の構造

金属の構造は、大きく分けて**結晶構造**と**金属組織**の2つの面からのアプローチがあります＊。結晶構造からのアプローチは、金属を原子から構造として捉えています。金属組織からのアプローチは金属を顕微鏡による実観察結果から捉えています。

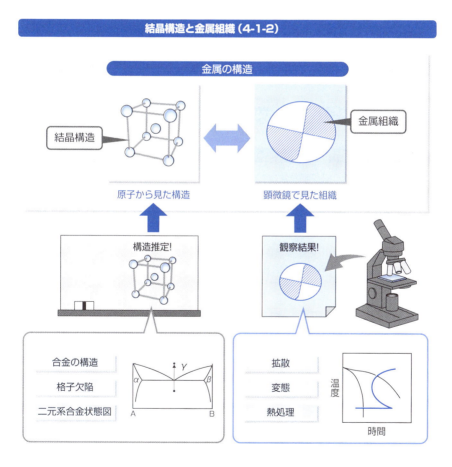

結晶構造と金属組織 (4-1-2)

＊…**アプローチがあります** このような記述はあまりにも自明過ぎて文にされてこなかった。道路交通法に車は前に走ることという文がないのと同じかもしれない。

4-1　金属材料の構成

　結晶構造は、構造の推定から概念を組み立てます。合金組成による合金構造、格子欠陥の存在の仕方、合金状態図からの推定により金属のミクロ構造を推定しています。

　金属組織は、顕微鏡の観察結果から金属の構造を組み立てます。元素の拡散、組織変態、熱処理など物理的観察結果より金属のマクロ構造を推定しています。

▶▶ 金属材料の概念

　金属材料の構成は、大きく分けて金属の構造、強化機構、変形機構および劣化と破壊に分かれます*。

　金属構造は、結晶構造と金属組織の両面から見ていきます。

　金属の強化機構は、固相のミクロ現象を見ていきます。強化機構の要素である、固溶強化、析出強化、組織の微細化、組織強化および加工ひずみを順次解説します。

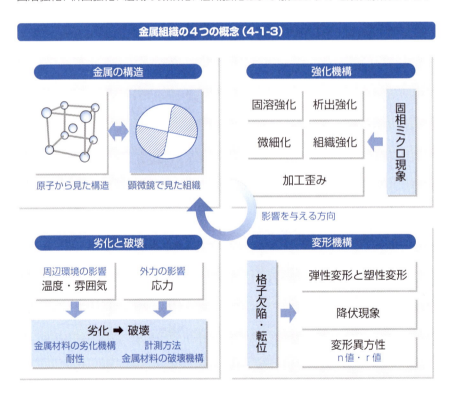

金属組織の4つの概念（4-1-3）

＊…**分かれます**　本書の金属基礎編の構成の考え方。

金属の変形挙動は、転位などの格子欠陥からの解説になります。金属の弾性変形と塑性変形、降伏現象および変形異方性などは典型的な変形挙動になります。

金属の劣化と破壊は、金属の周辺環境や外部応力による働きかけによる劣化から破壊に至る挙動から解説します。金属材料の劣化機構の解説に始まり破壊機構に至る流れを、素材の調査方法を含めて見ていきます*。

鉄の産業文化遺産

　明治日本の産業革命遺産は、製鉄、鉄鋼、造船、石炭産業の4つ分野の23の遺跡からなっています。その中で、製鉄や鉄鋼にかかわるものがかなり入っています。幕末から明治の西洋列強の影響下で、日本が懸命に重工業に力を入れた証を見てみましょう。

　まずは、大板山たたら製鉄遺跡です。ここは萩藩の製鉄所遺構です。原料の砂鉄はたたらのメッカの出雲から北前船で運ばれました。実際のたたら操業を奥出雲町横田の日刀保たたらで目の当たりにした時の感動が蘇ってきます。

　次が大砲を作るための反射炉が2箇所入っています。萩の反射炉と韮山の反射炉です。反射炉は、たたら製鉄の銑（ずく）や高炉銑鉄を溶解して鋳鉄製の大砲を鋳込むための設備です。韮山の反射炉は、想像以上に大きく、訪れてみて初めて、煙突が2本立っている設備は出湯穴が直角方向に向いていて、一箇所の鋳型に二つの反射炉から溶湯を鋳造させる設備だと知りました。この韮山反射炉が現存するのは奇跡に近いことを現地を訪れて知りました。建築した江川英龍は幕府の代官でした。彼はお台場を築き、砲術を江戸で江川塾を開き、全国の藩士に教育していたのです。佐久間象山・橋本左内・桂小五郎などが彼の下で学びました。江戸幕府が倒れ明治維新になった時、幕府の施設はほとんどが壊されました。しかし、韮山反射炉だけは「江川先生の反射炉」として陸軍の教え子たちが守り抜き、ほぼ原型のまま現在に残りました。

　旧集成館は、薩摩藩が建設した洋風の造船や製鉄工場群です。

　釜石市の橋野鉱山・高炉跡は、江戸時代末期に作られた高炉跡です。訪れてみると、こんな山奥の斜面になんで3基も高炉跡があるんだろう、と感動する地形でした。筆者が訪れたのは、イコモス（国際記念物遺跡会議）の調査メンバーが現地調査した翌日だったため、あちらこちらに英語の案内板がでていました。

　そして最後は、八幡地区の官営製鉄所の旧本事務所、修繕工場、旧鍛冶工場のと遠賀川水源地ポンプ室の二箇所です。本事務所は、筆者が社会人になった時はまだ使っていて、設備設計打ち合わせに訪れた時、不思議な感動を覚えたことを思い出しました。

＊…見ていきます　これまで、劣化・破壊は、材料の一部の記述しかなかった。しかし実際には、時間が経過すると劣化・破壊するのが当たり前の感覚であるので、あえて章を作った。

2 相変態と合金の構造

結晶構造の状態が相、結晶構造が変化することを相変態と呼びます。化学組成が複数の金属で構成される合金の構造は、相変態と密接に結びついています。

▶▶ 結晶構造と相変態と組織との関係

金属の構造には、原子レベルでの金属の結晶構造と、顕微鏡観察で見える金属の組織の2つの見方があります。結晶構造と組織を結びつける現象が**相変態**です。

鋼を例にすると、結晶構造には、高温相の面心立方構造のγ鉄であるオーステナイトと低温相の体心立方構造のα鉄である**フェライト組織**、鉄と炭素化合物である**斜方晶構造**の**セメンタイト**があります。鋼の組織には、フェライト組織や焼入れ処理時に生成する**マルテンサイト組織**、**パーライト組織**、**ベイナイト組織**などがあります。結晶構造と組織を結びつけるのが**拡散変態**、**無拡散変態**、**焼もどし析出**などの相変態で、高温相のオーステナイトから冷却する方法が変態形式を決めています[*]。

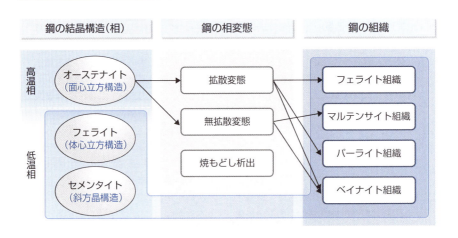

結晶構造、相変態、組織の連関（4-2-1）

[*] …決めています　これは鋼の場合で、金属全般には当てはまらない。これほどバラエティに富んだ組織が温度変化による変態で起こる鋼の不思議さを示しているように感じている。

4-2　相変態と合金の構造

合金相

物質の状態を示す金属用語が**相**です。**合金相**とは、複数の金属元素が混ざり合った状態を示します。相には、**気相**（気体）、**液相**（液体）、**固相**（固体）の3つがあります*。相に影響する条件は、化学組成と温度と圧力です。一般的に、金属の相を扱う場合は、圧力は大気圧とし、化学組成と温度が液相と固相に及ぼす影響を記述します。相と条件の関係を示したものが**平衡状態図**です。2種類の金属からなる合金を扱う二元系平衡状態図では、横軸に合金の濃度、縦軸に温度をとります。

全率固溶の組織

平衡状態図で、液相から固相が出現し始める温度と元素濃度の関係を結んだラインが液相線、完全に固体になる温度を結んだラインが固相線です。液相をL、合金の組織形態が均一な部分をα相やβ相と表します。

2種類の合金が、一方の合金成分が0〜100%までどの濃度比の場合でも溶け込んで均一な合金の組織になる場合、**全率固溶合金**と呼びます。金と銀、ニッケルと銅などがあります。

全率固溶合金の平衡状態図（4-2-2）

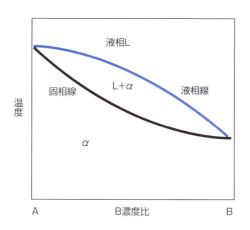

＊…あります　これは正確ではなく、固相の中に様々な結晶構造、組織構造の合金相がある。

4-2 相変態と合金の構造

共晶反応と組織

　共晶反応とは、合金が液相から凝固するとき、液相Lから異なる化学組成と結晶構造の固体αと固相βが生じてできる反応で、共晶反応でできる組織を共晶組織と呼びます。

　共晶点では、液相から瞬間的にαとβが生成します。共晶点前後では、**初晶線温度**以下になると、**液相**Lと晶出したαもしくはβが共存する状態がしばらく続き、共晶点温度まで下がったとき、固相αもしくはβの周りに残った液相Lからできるαとβが晶出する反応が起こります。

　鉄-炭素合金（鋼）でのオーステナイト（γ鉄）とセメンタイトの生成や、錫と鉛の共晶合金である**はんだ**が共晶合金の典型例です*。

共晶合金の平衡状態図と組織概念図（4-2-3）

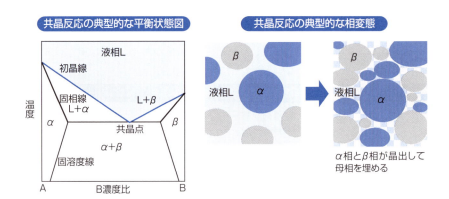

包晶反応と組織

　包晶反応は、すでに晶出している初晶と液体が反応して新たな固溶体を作る反応です。包晶反応は、金属Aと金属Bで**金属間化合物**を作る場合に現れます。加熱時にはβ固溶体が融点以下で分解し、凝固時にはすでに晶出しているα固溶体（初晶）と液体が直接反応してβ固溶体を作る反応です。凝固組織を観察すると、α固溶体のまわりをβ固溶体が包んでいるように見えるため、**包晶**と呼びます。

＊…**典型例です**　共晶点が最低の液体温度になるため、はんだには共晶合金が多い。

包晶反応は、結晶を微細化する作用があり、Fe-C系合金やNi-Al系で研究されており、超合金や酸化物超伝導物質の分野でも応用されています。

包晶合金の平衡状態図と組織概念図（4-2-4）

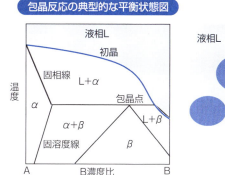

共析反応と組織

共析反応は、均一な固相γが共析温度で分解し、固相αと固相βできる反応です。

共析点では、γがいきなりαとβに分かれますが、共析点前後の濃度比の場合は、Aもしくはβのいずれかがγ中に初析組織として析出し、共析温度まで下がったときにαとβが同時に析出します。

共析反応は、固体の温度が下がったところで起こる一方、固体中で溶質の再分配が起こるため、拡散律速の反応になります。

有名な共析組織は鋼の組織であるパーライトです。Fe-C二元平衡状態図において、C=0.77[WT%]でオーステナイト組織から温度727℃以下へと徐冷した時に生成します。図中のαやβに相当する薄い板状のフェライトとセメンタイトが交互に並んだ状態で析出します*。

共析反応は溶質が拡散することでαやβが形成されます。冷却速度がゆっくりの場合は拡散が十分できるので二相の間隔は広くなり、早い場合は狭くなります。

*…析出します　炭素濃度が0.77wt%未満の場合でも、フェライトαにはほとんど炭素が固溶しないため、α相の比率だけ炭素が吐き出され、C=0.77wt%になる比率の分だけパーライトが出現することになる。

4-2 相変態と合金の構造

共析合金の平衡状態図と組織概念図（4-2-5）

共析反応の典型的な平衡状態図

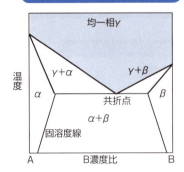

共析反応の典型的な相変態

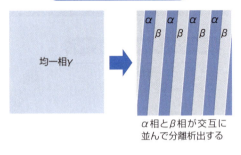

α相とβ相が交互に並んで分離析出する

金属＝鉄のイメージ

　飛行機を見て「鉄が空を飛ぶもんか」とか船を見て「鉄がどうして沈まないの」という人はさすがにいませんが、金属という意味で鉄と言う人はいるのではないでしょうか。実際、全金属生産量の98％は炭素を含んだ鉄である鉄鋼ですから、金属っぽいものを見て「鉄だ」と言えば、確率論的には正解です。

　鉄があまりにもありふれた金属なため、金属に誤った印象をもたらしている場合もあります。金属って、磁石にくっつくと思っている人もいるかもしれません。しかし、磁石にくっつく金属は鉄とニッケルとコバルトくらいで、アルミニウムも銅も亜鉛も磁石にくっつきません。磁性を帯びる金属はまれなのです。金属は重いと思っているかもしれませんが、リチウムは水に浮きますし、アルミニウムやマグネシウムやチタンなどは鉄よりもはるかに軽い金属です。また、鉄は金属の中では比較的軽い金属です。比重は7．8程度ですが、黄金はその3倍はあります。鉄は、重くて硬くて錆びるイメージがあるため、金属のイメージが鉄の性質と重なってしまうのでしょう。

　鉄といっても様々な種類があります。自動車は鉄でできています。正確には鉄合金である鋼材でできています。大きな分類では鉄でもいいのですが、細かく見ると柔らかく加工しやすい鉄、硬く曲がり難い鉄、錆び難い鉄など、自動車の部品は適材適所の性質の鉄が使われます。

　鉄を示す漢字は、鐵があります。この文字を分解すると、「金の王なる哉」となります。金属の性質を代表する鉄に相応しい名前ですね[*]。

[*]…名前ですね　これは東北大学の金属材料研究所を作った本多光太郎が言った言葉と言われている。研究所の展示室を訪れた時にそのような掛け軸を見た記憶がある。鉄は、鐵以外にも鈇や銕などの漢字も使われてきた。

3 格子欠陥

　実際の金属は、規則正しい結晶構造をしているわけではありません。原子の並び方にさまざまな乱れがあります。この乱れのことを格子欠陥と呼びます。欠陥には点欠陥、線欠陥（転位）、面欠陥の3種類があります。

▶▶ 点欠陥

　点欠陥には、格子の一部が欠けている**原子空孔**、格子の一部が別の種類の原子と置き換わる**置換原子**、格子の中に小さな原子半径の原子が入ってくる**侵入原子**の3種類があります。原子空孔は、どれほど完全な結晶を作っても、温度によって予想される個数、つまり熱的平衡な状態での個数が必ず存在し、温度が上昇すれば存在量は増します*。

点欠陥の概念図（4-3-1）

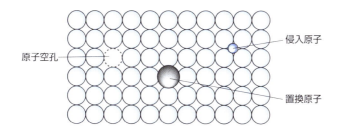

▶▶ 転位

　金属が塑性変形するとき、結晶はすべり面に沿って1原子ずつずれて変形を伝えます。模式的に書くと、結晶に力がかかるとすべり面より上部が少し動きます。上部の結晶間隔は元のままです。すべり面より下部の格子間隔は少し広くなります。この部分が**転位**です。次の図の場合、転位は紙面に対して垂直につながっています。列が1列余分なように見えますが、これは上部が動いた結果、割り込んだように見えるのです。やがて下部の格子間は元の間隔に戻ります。これで上部が1原子分ずれたことになります。ずれの伝わる方向を**バーガーズベクトル**と呼びます。

＊…増します　原子空孔濃度 $a \exp(-E/KT)$ で示すことができる。Tは絶対温度で、絶対零度で空孔はなくなり、温度が上昇すると濃度は増加する。

4-3 格子欠陥

転位の発生メカニズム (4-3-2)

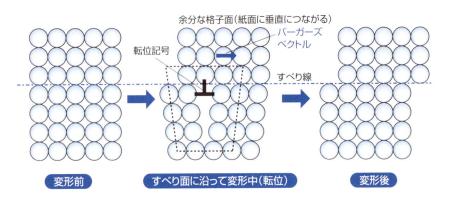

▶▶ 刃状転位とらせん転位

　変形を立体的に見ると、全体にずれて転位の列がいっせいに動いて変形する**刃状転位**と、一部がずれて変形が全体に広がる**らせん転位**があります。刃状転位はバーガーズベクトルと直角方向です。らせん転位はバーガーズベクトルと平行です。らせん転位は、転位を中心にらせんの形を描きます*。

刃状転位とらせん転位 (4-3-3)

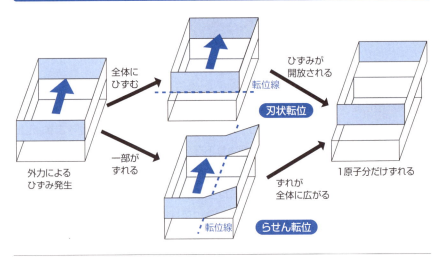

*…描きます　バーガーズベクトルは転位の動く方向と覚えておく。

112

▶▶ 面欠陥

面欠陥の主なものは、**結晶粒界**と**積層欠陥**です。

結晶粒界には、空孔などの点欠陥や転位による不整合原子が数多く存在します[*]。結晶は、結晶粒内では同じ方向の結晶構造をしており、結晶粒界では方向が変わるため、結晶粒界では基本的には不整合になります。粒界には多くの点欠陥、不整合原子、転位が粒界で止まった端部があります。さらに、炭化物や硫化物、窒化物、発生ガスなどが結晶粒界に集積します。

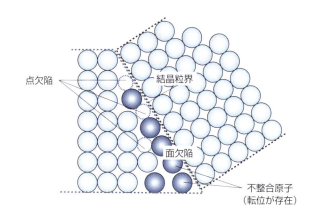

結晶粒界の概念図（4-3-4）

積層欠陥は、面心立方構造の金属に出現します。面心立方構造では、球形の原子を1段ずつ積んで層にしていく際、積み方の位置の順番が少々変わってもエネルギーが大きく変化しません。このため、転位は広がって**拡張転位**になり、積み方の位置の順番を変更する平面的な欠陥である**積層欠陥**になります

積層欠陥は、体心立方構造の金属では容易に生成します。熱力学的には不安定な欠陥であり、ここに溶質元素が集積しやすく、空孔などがたまり易く、変態や析出などの核発生の場所です。

---

[*]…**存在します** 結晶は、結晶粒内では同じ方向の結晶構造をしており、結晶粒界では方向が変わるため、結晶粒界では基本的には不整合になっている。

4-3 格子欠陥

積層欠陥の概念図*（4-3-5）

面心立方格子の原子の積層（上面から見下ろした図）

原子の積層（横から見た図）

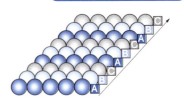

原子の積層欠陥（横から見た図）

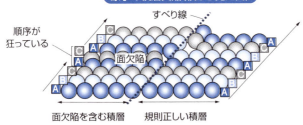

順序が狂っている／すべり線／面欠陥／面欠陥を含む積層／規則正しい積層

COLUMN 磁石と磁性

　磁石という言葉は、もともとは、磁性を帯びた石、つまり鉄を吸引する天然鉱物の磁鉄鉱を指していました。磁石を意味するマグネットとは、ギリシャの地名、マグネシアで取れるマグネスの石から来ています。他にも、ヘラクレスの石とか鉄の石（リソス・シデリチス）と呼ばれていました。エジプトでは、太陽神ホルスの名前からホルスの骨と呼ばれました。磁石＝マグネットという名前は色々な名前の中からたまたま付いた名前なのです。現代の私たちは、磁性を帯びた金属を磁石と呼びます。磁鉄鉱を磁石と呼ぶ人はもう見かけません。金属に石の名前を取られてしまい少々かわいそうな気がしますね。

　鉄鋼の磁石には、永久磁石と電磁石があります。永久磁石は、炭素鋼か焼入れした特殊鋼に強い磁界をかけて磁性を与えて磁化したものです。永久磁石は、自らが磁気を帯びています。こういう磁石の性質を硬質磁性と呼びます。

　電磁石は、軟鋼に針金を巻いて電流を流すと鉄片が磁化し、電流を断てば、たちまち磁気を失います。こういう磁石を軟質磁性材料と呼びます。磁性を帯びる金属は、鉄とニッケルとコバルトの3種類だけです。

＊**積層欠陥の概念図**　頑張って図解してみたが、正直伝えにくい。3Dや動画ならもう少しマシな解説ができそうだが。

4 鉄-炭素系平衡状態図と組織

鉄炭素二元平衡状態図は、非常に多くの鋼の組織の情報量を含みます。平衡状態図は、熱処理のような動的な組織の変化は知らせませんが、組織の行き着く先を示しています。

▶▶ 鉄-炭素二元系平衡状態図の見方[*]

このクジラの尻尾が水面から出ているような状態図は、見れば見るほど奥が深く、鋼の持つ多様な性質を見せてくれます。

包晶点は、クジラの尻尾の炭素0.17%、1,500℃にあります。炭素0.17%では、それまで初晶で晶出していたδ鉄は、周囲の液相Lと反応してγ鉄に変態します。炭素0.09%以下ではδ鉄が晶出し、0.09から0.17%ではδ鉄の周りを液相から晶出したγ鉄が包み込みます。この濃度範囲を亜包晶領域と呼びます。鋼の包晶点は、鋼の鋳造時に凝固状態に大きな影響を与えます。

共晶点は、クジラが水に潜っている炭素4.3%、1147℃にあります。この点では、液相Lがγ鉄とセメンタイトFe_3Cとして晶出します。一般に共晶点が最も液相温度が低くなりますが、鉄-炭素平衡状態図でも同じ傾向が見て取れます。共晶点は、高炉で銑鉄に炭素が固溶する最大濃度として影響します。共晶濃度以上溶け込むと、凝固温度が上がってしまうためです。

共析点は、クジラの尻尾が水をたたいてへこんだ炭素0.8%、727℃にあります。共析点はγ鉄が最も低くまで均質でいられる点です。この点では、γ鉄がα鉄とセメンタイトFe_3Cとして析出します。析出は整然として起こり、この組織をパーライトと呼びます。炭素が0.8%未満の場合を亜共析領域と呼んで、まずγ鉄から初晶α鉄が析出し、やがてパーライトが析出します。0.8%α鉄とFe_3Cが整然と析出します。0.8%より大きい領域を過共析領域と呼び、最初に析出しているセメンタイトとパーライトが混ざった組織になります。

平衡状態図は、その温度で無限時間保持したときに安定的に出てくる相を述べています。鉄-炭素平衡状態図で高温から低温に変化するときの組織の状態を描写しましたが、正確には平衡状態図では冷速が組織に与える影響は記述できません。温

---

[*] **鉄-炭素系平衡状態図の見方** クジラに見立てて申し訳ないが、筆者の理解方法を文にした。状態図のどこにクジラがいるか色を塗ってみてほしい。「らくがき」する楽しみを残しておいた。

4-4 鉄-炭素系平衡状態図と組織

度の変化の前と後の相の変化を述べているだけです。

鉄-炭素系平衡状態図（4-4-1）

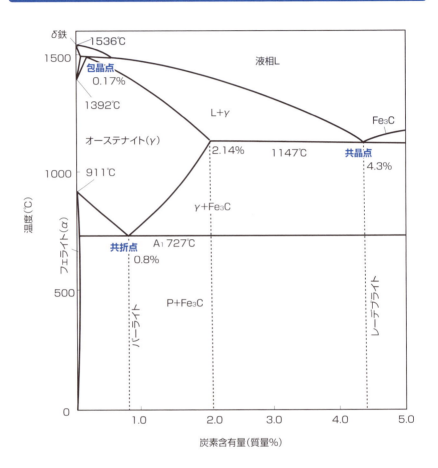

▶▶ 炭素濃度と組織の関係

　鋼の共析点近傍の組織を観察すると、共析点では完全なパーライト組織になり、炭素濃度が低いとフェライトが混ざり、高いとセメンタイトが析出している組織になります*。

＊…なります　前ページ脚注参照。

4-4 鉄-炭素系平衡状態図と組織

炭素濃度と得られる鋼組織 (4-4-2)

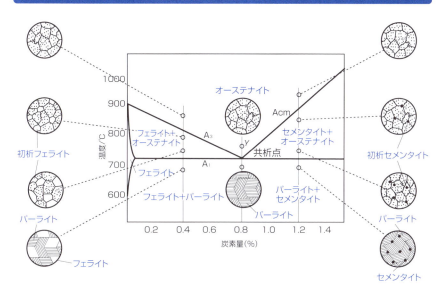

鉄鋼の主要金属組織

　鉄鋼の主要金属組織は、高温での安定組織のオーステナイト、低温での炭素含有量が少ない鉄組織であるフェライト、鋼の特徴的な組織であるパーライト、および焼入れ組織であるマルテンサイトがあります*。

　オーステナイトはγ鉄とも呼ばれ、面心立方構造の鉄組織です。炭素を2%程度まで含むことができ、しかも加工性に優れます。鋼の熱間加工は、材料が真っ赤になる900℃以上まで加熱して行いますが、この温度域では鋼はオーステナイトになっています。熱間加工は、加熱することでオーステナイト化させて加工しやすくする操業です。

　フェライトはα鉄とも呼ばれ、体心立方構造の鉄組織です。炭素をほとんど含むことができず、高温のγ鉄には溶け込んでいた炭素を727℃以下の温度で一気に吐き出します。炭素はセメンタイトを生成させます。炭素0.0218%未満では完全なフェライト、それ以上では炭素分に応じたセメンタイトとフェライトになります。

　パーライトはα鉄とセメンタイトFe_3Cの共析組織です。オーステナイトから、変態する際、十分に鉄と炭素の拡散時間があれば拡散変態により、パーライト組織に

＊…があります　実際には、これらの金属組織の混合になるため、きれいな組織は観察できない。

4-4 鉄-炭素系平衡状態図と組織

鉄鋼の主要組織（4-4-3）

A　オーステナイト

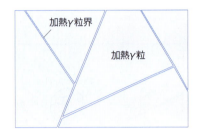

F　フェライト

C% < 0.0218%　　　0.0218% < C% < 0.765%

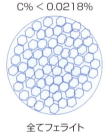
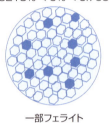

全てフェライト　　　一部フェライト

P　パーライト

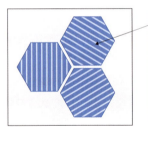
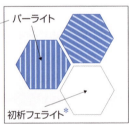

初析フェライト*

M　マルテンサイト

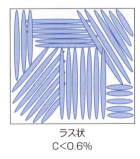
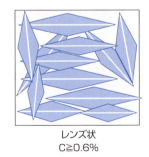

ラス状　　　　　レンズ状
C<0.6%　　　　C≧0.6%

＊**初析フェライト**　パーライトが析出するのに先立ち生成するフェライトのこと。

4-4 鉄-炭素系平衡状態図と組織

なります。冷速が遅いと層間隔は大きくなり、鋼強度は小さくなり、早くなると間隔が狭くなり強度がアップします。

マルテンサイトは、オーステナイトからの冷速が速く、鉄や炭素が拡散する時間がとれず、無拡散変態した組織です。面心立方構造のγ鉄が炭素を固溶したまま体心立方構造の組織の一方向の軸だけが伸びて鉄格子間に炭素が固溶したひずみの大きな組織になります。組織は、方向性を持ち、炭素0.6%以上の高炭素鋼では針状・レンズ状・双晶マルテンサイト、炭素0.6%未満では葉のような薄い**ラス状マルテンサイト**になります。

鉄の原子量

5585事件

「5585って何の意味があるんですか」電気自動車を予約購入した時、ディーラーの人から受けた質問です。最近の新車カーナンバーは自分で選べます。筆者が選んだ番号は5585。「仕事のシークレットナンバーです」「はあ？」怪訝そうな表情を今でも思い出します[*]。

5585は鉄の原子量です。正確には、55.845ですが、丸めて55・85です。もっと丸めると56だという人もいますが、これはJIS規格の二重丸めなので重複まるめはしてはいけません。

原子量

原子量とは、炭素の重さを12としてその原子の重さを示したものです。原子の重さは、原子核の中性子と陽子の個数で決まります。水素が1で、鉄は水素の55.85個分の重さがあります。

でもちょっと待ってください。個数が小数点以下なんて変じゃありませんか。陽子が0.85個しかないんでしょうか。

それは、鉄の原子の種類が幾つかあることに起因しています。これを同位体と呼びます。鉄の原子番号は26で陽子を26個持っています。最も比率が多いのは中性子が30個の原子量が56の鉄で全体の約92%を占めます。次に多いのが原子量が54の鉄の同位体で約6%を占めます。最後に57が約2%です。これらを加重平均すると筆者のカーナンバーになります。

安定志向の鉄原子核

原子量56の鉄は、この世で最も安定した原子核です。恒星での核融合反応の終着点が原子量56の鉄なのです。

原子量は、実はどんどん変化しています。国際純正・応用化学連合IUPCの同素体存在度委員会により、定期的に原子量の見直しが行われています。筆者のカーナンバーも修正する日がくるかもしれないと、心配で夜も眠れません。まあ昼間居眠りするので問題はありませんが。

[*] …思い出します　車のナンバー5585は、その後二度見かけた。一人は知り合いの研究者だ。鉄を作っているところにいると同好の士もいるようだ。下手をするとものすごいダブリナンバを選んでしまった可能性も捨てきれない。

I 金属基礎篇　第4章　金属材料の基礎

5 拡散

金属の結晶構造を構成する原子は、常に変化しています。原子が移動する現象が拡散です。拡散する速度は、温度が上がれば増してきます。

▶▶ 原子拡散の機構

金属の結晶構造には、置換原子、侵入原子、原子空孔などさまざまな格子欠陥が存在します。拡散は、欠陥を利用して原子が移動する現象です。侵入原子は、格子の隙間を伝って移動する**格子間拡散**で移動します。置換原子や格子形成原子は、原子空孔と入れ替わりながら移動する**空孔拡散**、隣の原子と入れ替わりながら移動する**リング拡散**で移動します。構成原子の拡散を**自己拡散**＊と呼びます。空孔の数は温度と相関が強く、温度が高くなれば個数も増加します。したがって、温度が増せば、拡散しやすくなり、**拡散速度**が大きくなります。

固体内原子拡散のメカニズム（4-5-1）

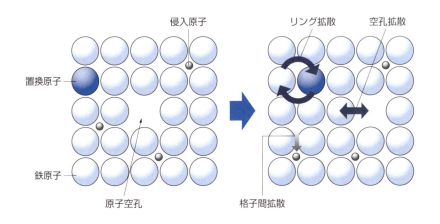

＊**自己拡散**　たとえば鉄原子が鉄固体中を拡散すること。

鋼中の炭素の拡散

鋼の格子形成元素である鉄の拡散と侵入元素である炭素の拡散を見てみましょう。拡散速度は、温度が高くなると大きくなりますが、鉄の自己拡散と炭素の拡散挙動は異なります。炭素は、200℃以上で十分な拡散速度になりますが、鉄は550℃を超えてようやく拡散を始めます。もちろん低温でも拡散は起こっていますが、拡散速度が小さいと現実の拡散として観察することが困難です。たとえば、鉄の自己拡散などは、550℃で1秒間に1回移動しますが、常温では数千年に1回です。

高温のオーステナイトγ鉄から一気に温度を下げて各温度で保定したときに得られる鋼の組織は、拡散速度が大きく影響します。550℃以上では、鉄と炭素の拡散速度が速く、**拡散変態**を起こします。炭素と鉄が再配列して、共析構造である**パーライト**を生成します。550℃から200℃では、鉄は拡散しませんが、炭素は拡散します。この温度領域ではパーライトは生成せず、**ベイナイト**と呼ぶ組織になります。ベイナイトの形態は高温域では羽毛状になり、低温域では針状になります。200℃以下では鉄も炭素も拡散できず、**無拡散変態**を起こし**マルテンサイト**になります*。

鉄鋼の拡散変態の概念図（4-5-2）

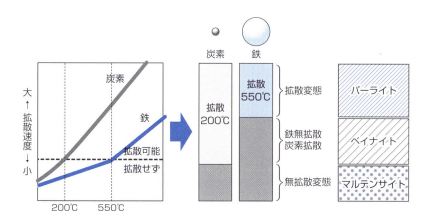

*…なります　ベイナイトの生成説はいろいろある。ここでは筆者の解釈を説明した。自分で文献に当たってみることをおすすめする。

I　金属基礎篇　　第4章　金属材料の基礎

6 変態

固体の温度が変化すると、結晶構造相が変わる相変態が起こったり、磁気特性が変わる磁気変態が起こります。本節では、各種変態挙動を解説します*。

▶▶ 金属の変態の種類

変態には、磁気特性が変化する**磁気変態**と、相が変わる**相変態**があります。相変態には、拡散により起こる**拡散型変態**と、拡散を伴わない**無拡散変態**があります。

拡散型変態には、面心立方構造のオーステナイトγ鉄から体心立方構造のフェライトα鉄へ変態する**同素変態**、均質な結晶構造から金属間化合物が出現する時効析出に代表される**析出**、γ鉄からα鉄とセメンタイトの共析組織であるパーライトが生まれる**共析変態**、二元系合金で発生する規則結晶構造に変化する**規則変態**、不規則結晶構造に変化する**不規則変態**、急激な界面移動により規則結晶構造に変化する**マッシブ変態**などがあります。

代表的な変態（4-6-1）

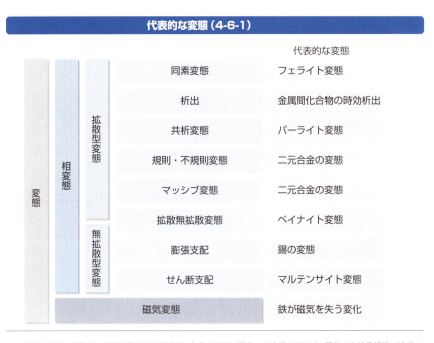

*…解説します　厳密には金属の固体での相変態。気体や液体、固体への変化と同じく、固体でも結晶構造が変化して性質が変わる。

拡散変態と無拡散変態の性質を併せ持つベイナイト変態は、拡散無拡散変態です。鉄炭素二元合金では、特定の温度域では炭素は拡散しますが鉄は拡散しません。この領域では、マルテンサイトでもなくパーライトにもならない組織、ベイナイトが生まれます。無拡散変態は、錫変態のような膨張支配の変態と、マルテンサイト変態のようなせん断支配の変態があります。

変態の駆動力は、化学成分の変化、温度および圧力です。通常、変態を論じる時、化学成分は同じという前提条件で論じます。また、大気圧下という自明の前提条件もあります。このため、駆動力は、温度の変化に限られます。

磁気変態と相変態

磁気変態は、低温での強磁性から高温での常磁性に変化しますが、温度変化に対して徐々に変化します。一方、相変態の場合は、ある温度を境に変態が急激に進みます*。磁気変態と相変態の違いは、性質の変化の温度依存性の差異です。

いずれの変態も、昇温時・降温時に起こりますが、ヒステリシスと呼ぶ温度依存曲線の差異が小さいのが磁気変態、大きいのが相変態です。

磁気変態と相変態の物性値への影響（4-6-2）

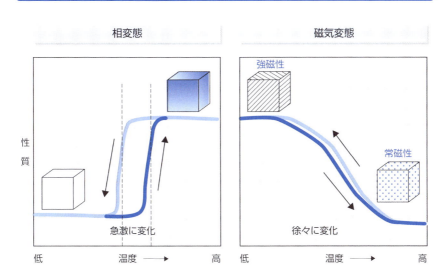

*…**急激に進みます**　鉄の場合強磁性体と常磁性体の双方向への性質の変化が A_2 温度で起こる。これをキュリー温度という。

▶▶ 拡散変態と無拡散変態

　拡散変態は、原子が移動して異なる結晶構造をつくる現象です。無拡散変態は、原子拡散はせずに、格子間距離が変化する膨張型とせん断変形によって相変態する変態です*。

　拡散変態か無拡散変態かの違いは、変態する時の温度です。高温で変態すると、原子の拡散が十分行われ、拡散変態組織が得られます。温度が低いと無拡散変態が起こります。元素の拡散や置き換わり等が無拡散変態では発生しません。

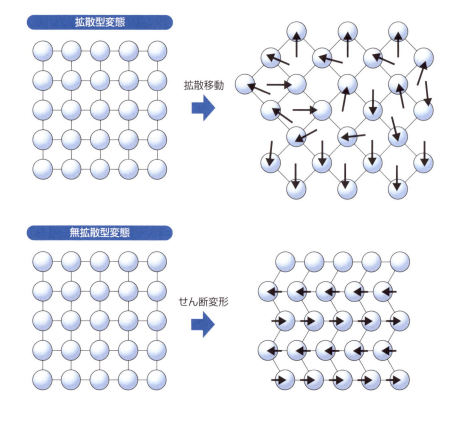

拡散変態と無拡散変態モデル (4-6-3)

＊…する変態です　拡散係数が大きな高温での拡散時間が十分とれるかとれないかで決まる。

同素変態

　同素変態*は、化学組成は変わらず、結晶構造が温度によって変化する相変態です。主な結晶構造は、体心立方構造、面心立方構造、六方最密構造などがあり、この相間を変化するのです。チタンは高温では体心立方構造ですが、低温では最密六方構造になります。コバルトは面心から六方最密構造になります。鉄は固体の相変態を2回起こす特異な金属です。高温域での体心、中温域での面心、低温域での体心立方構造と温度を変えるだけで同素変態により複雑な結晶構造変化が実現できます。

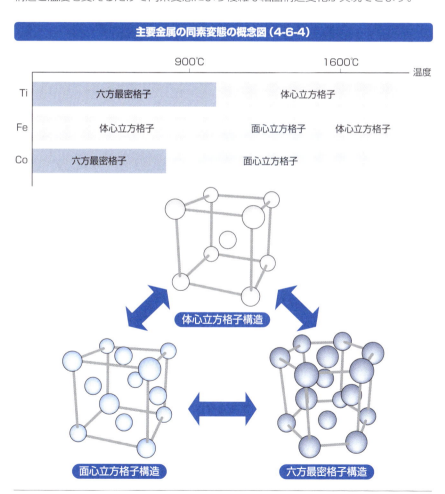

主要金属の同素変態の概念図（4-6-4）

＊**同素変態**　同素とは、同じ組成の意味。同じ組成なのに、温度が変わるだけで結晶構造が異なる形に変化すること。

4-6 変態

▶▶ 析出

　高温では金属結晶構造の中で、置換元素や新型元素の十分な固溶度があっても、温度を下げると過飽和になります。過飽和固溶体は、やがて析出物と安定相に分離します。**析出物**は金属間化合物と呼ばれ、金属と侵入元素である炭素や窒素と結びついた炭化物や窒化物、複数金属が規則正しい結晶構造の相に分離した第二相と呼ぶ化合物があります。

　析出物を利用する例では、アルミニウム-銅合金の時効硬化があります。アルミニウム結晶の特定面に銅原子が析出して板状に並びます。これは**GPゾーン**＊と呼ばれ析出硬化を引き起こします。

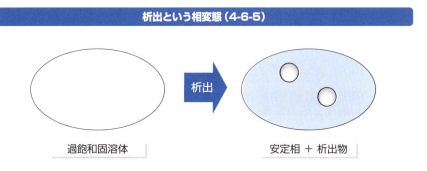

析出という相変態（4-6-5）

▶▶ 共析変態

　共析変態は二元状態図で、高温での安定相であるα相が構造の異なるβ相とγ相に変態し、お互いが層状に混じり合った**ラメラ組織**になる変態現象です。

　A元素の組成比率が高いβ相と、B元素の組成比率の高いγ相のラメラ組織の成長機構を詳しく見てみましょう。

　まず①の母相α相から、β相が析出します。すると周囲の相には、②のようにBから排出されたBが濃化した部分が生まれます。すると、③のようにγ相が析出し、周囲には④のようにAが濃化した部分が生まれます。そして⑤のβ相が析出し、⑥のようにBが濃化した部分が生まれます。このように、最初の変態相のきっかけがあるだけで、共析変態は次々と①から⑥のサイクルを繰り返して進行します。変態は

＊GPゾーン　ギニエ・プレストンゾーンのこと。AlにCuを4％入れたAl-4Cu合金の時効初期に、Cu原子が数原子厚みで薄板状に析出する現象。

4-6 変態

βとγが共同して結晶の長さが成長していくと同時に、ラメラ構造*を新しく作りながら幅も広げていきます。

鉄炭素二元状態で、0.77%の炭素量でオーステナイト状態から冷却すると、フェライトとセメンタイトが同時に析出します。この組織をパーライトと呼び、この変態を共析変態とよびます。0.77%炭素鋼は共析鋼と呼びます。炭素が0.77%よりも少ない場合はフェライトとパーライトでできた亜共析鋼、多い場合はパーライト地にセメンタイトが析出する過共析鋼が生成します。

共析変態の進行モデル（4-6-6）

共析変態

二元状態図での変態現象

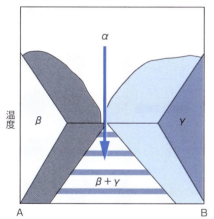

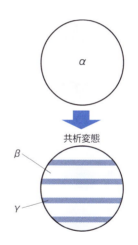

ラメラ組織の成長機構

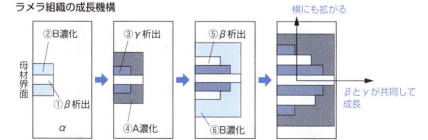

* **ラメラ構造** 鋼材でフェライト相とセメンタイト相が薄い板状に交互に並んだ構造。このラメラ構造の組織をパーライトと呼ぶ。

4-6 変態

規則・不規則変態

　不規則な原子配置の合金の相変態が起こる際に、平均の合金組成は同じだが、変態後の結晶構造が不規則なままの**不規則変態**と、規則正しく配置された結晶構造になる**規則変態**があります。規則変態には、結晶構造の規則性が小さな領域で見られる**短周期規則変態**と、大きな領域で見たときに規則性がある**長周期規則変態**があることが知られています。規則性が現れるのは、異種の金属の原子間に相互作用が働くためです*。

　不規則変態で得られる無秩序固溶体は、展延性に富み加工性が良好です。規則変態で得られる規則格子の秩序固溶体は、硬くて脆い性質で加工性が悪くなます。

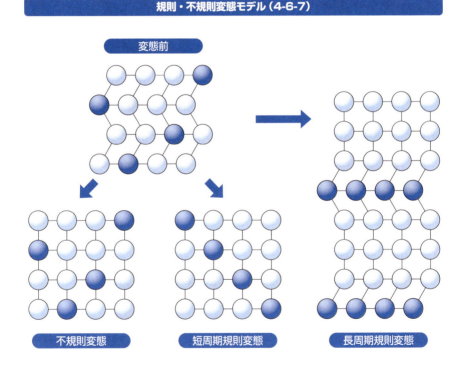

規則・不規則変態モデル（4-6-7）

*…働くためです　面心立方構造のNi-Mo合金は、図のような3つの変態挙動を示す。

▶▶ マッシブ変態

マッシブ変態*は、拡散変態と見る立場と無拡散変態と扱う立場があります。筆者は拡散として取り扱います。マッシブ変態とは、複数の元素からなる合金の結晶構造が、具体的には、チタン・アルミニウム2相合金は高温ではα相ですが、急冷すると、結晶粒内の最もエネルギーが低い状態の粒界面に生じたマッシブ相と呼ぶγに相変態していきます。あたかもαがγに侵食されていくような挙動です。

マッシブ変態は、原子レベルで見ると、α／γ界面での原子の短範囲での拡散により、α相からγ相へ相変態が進行します。この結果、γ相の界面が急速に移動しているように見えます。

マッシブ変態は、析出や共析変態のように大規模な原子の拡散移動による相分離などが起こらないため、無拡散変態とみなす場合もあります。

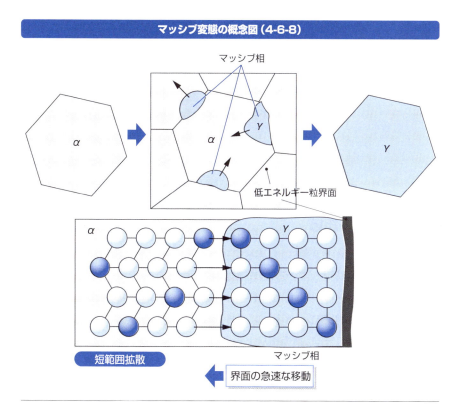

マッシブ変態の概念図（4-6-8）

＊ **マッシブ変態** Cu合金の他、Ag, Fe, Ti合金でも観察される。変態速度から見ると、マルテンサイト変態だが、変態後の組織から見ると拡散変態としか考えられない現象。

4-6 変態

▶▶ せん断支配変態

せん断変形*は外力が働いたときに金属結晶構造が変形するメカニズムですが、せん断支配変態は外力が働いていない状態で温度変化などで変態したときに観察されます。オーステナイトが急冷でマルテンサイトに変態するとき、理想的には大きく**斜めせん断変形**した組織になります。現実には周囲が拘束されるため、マルテンサイト変態を起こしてもせん断変形にはならず、拘束された状態ですべり変形が重なった組織か**双晶変形**の組織になります。

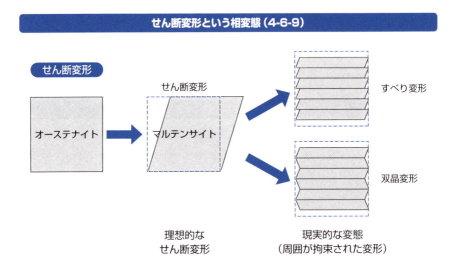

せん断変形という相変態（4-6-9）

▶▶ マルテンサイト組織

鋼のマルテンサイト変態は、炭素量によって変態開始温度（**Ms点**）が異なります。炭素量が多くなると、より低温までMs点が下がります。

鋼のマルテンサイト組織は、炭素量によって構造が異なります。炭素量が0.6％以下では、**ラス状マルテンサイト**と呼ぶある結晶異方性が少ない結晶粒の集合体が主な結晶構造になります。炭素量が1％以上になると、**レンズ状マルテンサイト**組織が主な結晶構造です。炭素量が0.6～1.0％では、ラス状マルテンサイトとレンズ状マルテンサイトの混合組織になります。

＊**せん断変形** 周囲から拘束されなければ、せん断変形では形が変わる。

マルテンサイト組織（4-6-10）

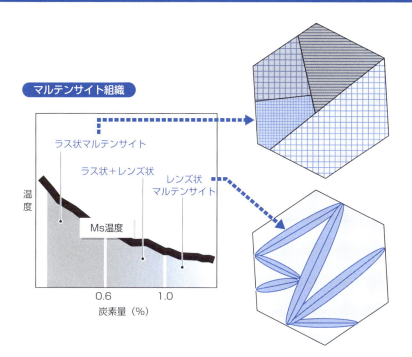

▶▶ マルテンサイト変態*の類型

　マルテンサイト変態は、鋼のオーステナイトからMs点以下に焼入れた超硬化組織への冷却によるマルテンサイト変態が有名ですが、応力誘起マルテンサイト変態を用いた**TRIP現象**、形状記憶現象、超弾性現象など、その他の新機能材料の機能発揮にも使われています。

　応力誘起マルテンサイト変態は、常温ではオーステナイトですが、応力が集中すると部分的にマルテンサイト変態します。引張り試験をすると、試験片の中央部でTRIP現象が起こり、強度が高くなり破壊が遅くなります。TRIP現象は、高強度化する鉄鋼素材の加工性を確保するために利用されています。

　形状記憶現象と**超弾性現象**は、鋼のTRIP現象と利用メカニズムが異なります。鋼のTRIP現象は、すべり変形をしているため、元に戻りません。この現象を可逆性

***マルテンサイト変態**　過冷状態にいる金属がほんのわずかな刺激で変態する。

4-6 変態

がない変形といいます。形状記憶現象と超弾性現象は、せん断変形状態で可逆性があります*。

形状記憶現象と超弾性現象は、オーステナイトがマルテンサイト組織に変態した後、再びオーステナイトに戻る現象です。

形状記憶は、オーステナイトから冷却してマルテンサイトになった材料に外力を加えて塑性変形マルテンサイトにした後、加熱すると再びオーステナイトに戻り、塑性変形が解消して元の形に戻る現象です。形状記憶現象は、外力応力はすでにマルテンサイトになった組織の変形に使われます。

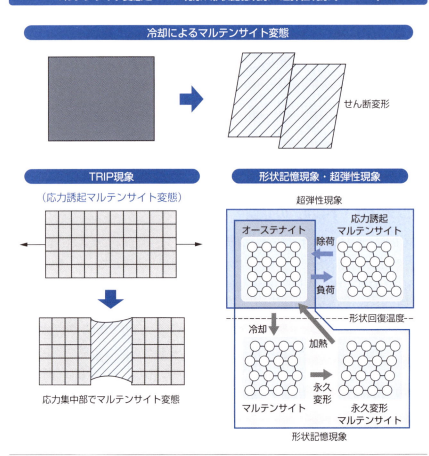

マルテンサイト変態とTRIP現象、形状記憶現象・超弾性現象（4-6-11）

*…可逆性があります　加熱もしくは常温で相変態し形状が元に戻る現象。常温で相変態が起こり元に戻る現象は、大きく伸びた金属が元に戻る、つまり非常に大きな弾性を持つ金属、超弾性金属。

4-6　変態

　超弾性現象は、オーステナイト組織の材料に外部応力が加わると、応力誘起マルテンサイト変態を起こしながら塑性変形しますが、常温ですぐにマルテンサイトからオーステナイトに戻ります。周囲から見ると変形してもすぐに元に戻るため、弾性力に優れた材料に見えます。この現象が超弾性現象です*。

聖書に出てくる鉄鋼用語

　鉄は様々なシーンで登場します。「天を鉄のように、地を青銅のように」「天は青銅となり下の地は鉄となるであろう」と鉄を地上に例えています。鉄は地面を加工します。「鉄の道具を当てない自然のままの石の祭壇」「その地の石は鉄であって」と地面と鉄を結びつけます。「鉄のツルハシ、鉄のおの」などの道具や「鉄のくびき、鉄の首輪、鉄のかせ」の拘束具にも鉄が使われました。「鉄が鈍くなった」ときや「大きな鉄の歯」を提案しています。

　鉄の箴言もたくさんあります。「もし人が鉄の器で、人を打って死なせたならば、その人は故殺人である。故殺人は必ず殺されなければならない」「イスラエルの地にはどこにも鉄工がいなかった。ペリシテ人が、ヘブルびとはつるぎもやりも造ってはならないと言ったからである」など意味深な格言がでてきます。「鉄は鉄を研ぐ、そのように人はその友の顔をとぐ」切磋琢磨もでてきます。

　さらに「鉄の炉すなわちエジプトから導き出し」「鉄のかまどの中から導き出されたあなたの民」のように、エジプトを炉やかまどに見立てています。「鉄と粘土の混ざった国」は見つかったでしょうか。

　鉄は武器にもなります。「カナン人はみな鉄の戦車を持っています」と不安げな発言があったり「やりの穂の鉄」「鉄の武器、青銅の矢」で武装したりします。そして「鉄はよく全てのものを壊しくだく」と武器の効用を示しています。

　鉄は防具にもなります。鉄の角は何回も言及しており、「シオンの娘よ、わたしはあなたのあたまの角を鉄となし」と述べています。「肋骨は鉄の棒」も防具の一種「鉄の胸当て」も鍛える寓意です。

　鉄は宝でもありました。「ダビデは・鉄をおびただしく備えた」「鉄十万タラントを捧げる」「石の代わりに鉄を携えてきて」「銑鉄をもって、あなたの商品と交換した」のです、

　鉄は建築にも使われました。「鉄の柱」「鉄の板を鉄の壁に」「鉄工を雇って、主の宮を修復させた」し、「鉄の貫の木を断ち切られた」もします。「鉄の板を鉄の壁に」刻まれていきました。誓約は「鉄の筆と鉛をもって」岩に刻まれました。「鉄をみること、わらのように」「鉄の細工人」「その首は鉄の筋」です。

---

*…**超弾性現象**です　超弾性合金は、メガネのフレームや歯科矯正ワイヤ、インプラントや内視鏡などに使われている。

I 金属基礎篇　第4章 金属材料の基礎

7 金属の強化機構

　理想的な金属の強度に対して、実際の金属の強度は数百分の1しかありません[*]。金属を強化するためには、塑性加工による強化と固溶強化、析出硬化、組織強化、および結晶粒微細化など組織強化が必要です。

▶▶ 金属の理想強度と変形挙動

　金属の理想的な強度は、金属の結晶格子間の結合を引き離す応力です。原子間距離の変化率が100%になったときの**単軸引張り応力**を示す**ヤング率**に相当します。実際の変形は、せん断変形によるため**剛性率**を用います。鋼の場合は、ヤング率はおよそ200GPaで剛性率が80GPa程度になります。金属の強度は、引っ張ったときの塑性変形と、それに続く破壊に至る応力で表されます。実用鋼の最大強度は、4GPa程度なので、剛性率の約20分の1の強度です。

金属の理想強度と変形挙動（4-7-1）

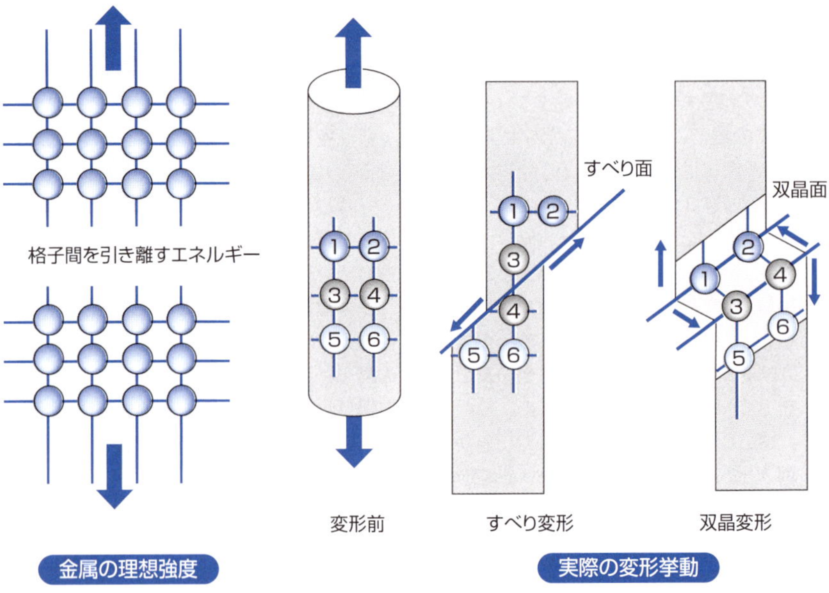

格子間を引き離すエネルギー

金属の理想強度

変形前　　すべり変形　　双晶変形

実際の変形挙動

[*]…しかありません　破壊に至る変形は、すべり面に沿ったすべり変形によるため。

4-7　金属の強化機構

　この差異は、実金属の内部や表面には非金属介在物や粒界、表面粗さのようなマクロな欠陥が存在し、結晶構造内にも点欠陥や転位などのミクロな格子欠陥が存在するためです。

　実際の変形挙動を詳しく見ると、金属の塑性変形は**すべり変形**と**双晶変形**で起こっています。すべり変形も双晶変形も、結晶格子がせん断ひずみを受けたときに起こります。結晶のすべり面に沿って格子が移動し、隣の原子と結合を結び変えて変形するのがすべり変形で、結晶構造のある面で鏡面対称になるように変形するのが双晶変形です。亜鉛やスズを曲げるとチンチンと小さな音が鳴りますが、これはスズ鳴りといって、双晶変形するときに鳴る音です。

　金属の強化方法を、引張り強度の視点に絞って論じていますが、材料の強度には引張り強度以外にも延性、靭性、曲げ強度、硬度など様々な尺度があります。この他、圧縮強度や捻り強さなども強化の対象になります。

　金属の強化方法も、例えば鋼の温度を下げると強度は増します。靭性は劣化しますがこれも強化といえます。

▶▶ 金属の強化方法

　金属の強度を向上させるには、すべり変形と双晶変形をできる限りしにくくすることが重要です。そのためには、2つの手段があります*。

　強化法の1つ目は、冷間加工などによってひずみを金属内部に残留させ、すべり変形に抵抗させる**加工強化**法です。**加工強化**は、常温の金属で容易に行うことができます。金属に対して、圧縮応力や引張り応力、曲げ加工やねじり加工などの、外側からの力を作用させると、塑性変形と同時に内部に転位がたくさん蓄積します。転位同士が絡まり合って、加工に対してより大きな応力が付与するまで変形できない状態が発生します。**加工強化**は、最も簡単な金属強化方法ですが、温度が上がれば、さらには時間が経過すれば、転位が絡まりから解放されて強化の程度が緩和されてしまいまいます。

　強化法の2つ目は、金属の材質制御によって組織の強化を図る**組織制御法**です。材質制御の方法は、大きく分けて4つあります。固溶強化、析出硬化、組織強化、結晶粒微細化です。これらの方法はいずれも、転位の移動をさせにくくする働きがあります。

＊…**手段があります**　　いつも考え込んでしまうのが、理想強度が限界なのは理解できるが、それに近づけていくためにいろんな元素を混ぜたり、歪みを与えたりする行為が強化機構と思い込んでいる自分の考え方。なぜなんだろう。

4-7 金属の強化機構

金属の強度向上の方法（4-7-2）

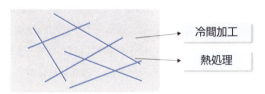

ひずみを内部に残留させる

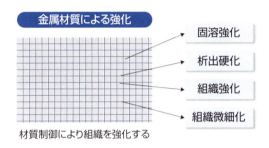

材質制御により組織を強化する

▶▶ 固溶強化

　固溶強化には、格子ひずみにより転位移動をさせにくくする方法や、軽元素による**コットレル効果**により転位移動をさせにくくする方法、化学的相互作用による転位の固着、規則格子による移動抵抗などがあります。ここでは、主な固溶強化機構である、格子ひずみと**コットレル雰囲気***について説明します。

　金属元素の原子半径は、種類が違えば異なります。金属の結晶構造の一部に大きさの異なる元素を置換固溶させると、結晶がひずみます。格子ひずみを持った格子面は、同じ種類の原子が整然と並んだ面よりも、転位が動くためにエネルギーを要します。置換固溶させる原子は母材原子よりも大きくても小さくても同じ効果があります。

　固溶強化のもう一つの機構は、侵入固溶させた原子による転位の動きの阻止です。これは、結晶間にある炭素や窒素などの軽元素が転位に偏析するコットレル雰囲気を作ることによります。転位はこの偏析を振り切って動く必要があるため、動

***コットレル雰囲気**　要は、転位に不純物が引き寄せられて溜まり、転位が動きにくくなる現象。

きが遅くなり変形しにくくなり、金属は強化します。これをコットレル効果と呼びます。

固溶強化の概念図（4-7-3）

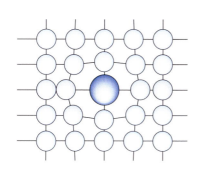

原子径の異なる原子を置換して、格子を歪ませる

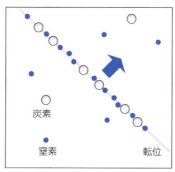

転位に軽元素が偏析し、転位移動の邪魔になる

▶▶ 析出硬化

　析出硬化には、格子中の侵入元素である炭素や窒素が炭窒化物を析出させて格子を歪ませるひずみ時効と、溶質元素が析出する時効硬化があります。ひずみ時効は実用鉄鋼製品で用いられています。時効硬化は、主に非鉄合金に用いられます。どちらも時間が経つと性質が変化するという意味の時効という用語を用いますが、強度発現機構が異なります。ひずみ時効は格子を歪ませることにより、時効硬化は転位の移動を阻害する析出物を作ることにより転位の移動を妨げます。

　析出強化は、全ての強化機構の中で最も強化代が大きく、実鋼材やジュラルミンなどで頻繁に使われています*。

　ニオブやチタンやバナジウムやタングステンなどは微量添加し、炭化物を析出させるだけで強度は飛躍的に向上します。窒素と組み合わせって窒化物を析出する微量元素添加でも析出硬化が可能です。

---

*…使われています　強化代が一番大きいのが炭化物や窒化物の析出、成長。ニキビの膿やおできのような異物があちこちにできればパンパンに腫れ上がるイメージだ。

4-7 金属の強化機構

析出硬化の概念図（4-7-4）

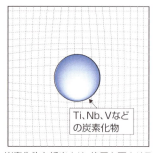

ひずみ時効

炭窒化物を析出させ、格子を歪ませる

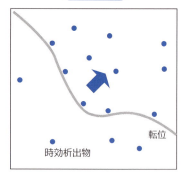

時効硬化

時効析出物が転位の移動の邪魔になる

▶▶ 組織強化

　実用金属を強化する最も一般的な方法は、鋼の焼入れによりオーステナイトからマルテンサイトへ変態させる方法です。**マルテンサイト変態**は、**無拡散変態**とも呼びます。炭素を固溶したオーステナイトが急冷されたとき、格子変態と呼ぶせん断変形により、内部に炭素や転位や双晶を大量に含む硬い固溶体を作ります。緩冷却すると炭素の拡散によりフェライトとパーライトの軟らかい組織に変化する鋼も、焼入れると組織強化できます＊。

組織強化の概念図（4-7-5）

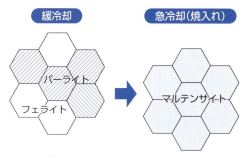

地の組織を強度の高いものに変える

＊…**組織強化できます**　炭素0.3%以上の場合。それ以下の炭素ではニッケルやモリブデンを入れて焼入れ硬化を志向する。

結晶粒微細化

結晶粒微細化により粒界が増大し、転位の移動の抵抗を増やすことになり、降伏応力が上昇します。結晶粒径をさらに小さくしていき、ナノ状態にするとさらに強化できると同時に特異な性質を示すようになります*。

結晶粒微細化の概念図（4-7-6）

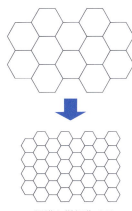

組織を微細化する

 鉄の歴史

　鉄の歴史を語る際に、誰もが参考にする「鉄の歴史」の書籍は2つあります。一つは、戦中に発刊されたヨハンゼンの鉄の歴史、もう一つは戦後に刊行された中沢護人訳のベックの鉄の歴史です。

　日本での発行はヨハンゼンが戦中に出されたので、こちらが書かれたのが古いのかと錯覚しますが、ヨハンゼンの方が後に執筆されました。ここにも歴史のトリビアがありますね。

　ヨハンゼンは「多くの古代研究家は、どの著書でも『鉄器時代』に『青銅時代』が先行したものと推定していますが、鉄鉱石が広く得られることや製鉄の容易さから考えると、この推定は技術的には真実だとは思われません」と古代金属の歴史談義を、即物的かつ技術的な理由で、一刀両断で切り捨てています。

*…なります　ナノメタラジーに関しては前版では1章を費やして詳細に解説したが、改訂版では取り上げなかった。重要性が減じた訳ではないが限られた紙面数の中で筆者の判断で取捨選択した。

8 加工硬化・回復・再結晶

金属は加工すると硬化します。加工の程度を増すと、硬さと強度は増しますが、伸びや粘り強さは失われていきます。そこで、加工硬化した金属を加熱して組織を元の状態に戻す過程が、回復、再結晶です。

▶▶ 加工硬化した金属の加熱による性質変化

　針金を手で折り曲げていくと、最後には破断します。**加工硬化**とはこのように、加工し続けると硬く脆くなっていく現象です。金属の結晶格子は、塑性加工を受けると転位や原子空孔、積層欠陥などの欠陥を大量に発生させます。転位は絡まり、結晶の周期性は乱れます。加工した金属は、これらの欠陥を大量に含むので硬くなるのです。

　加工硬化した金属は、硬くて伸びにくく、引張り強さは大きいが粘り強さがありません。こういう性質は、好ましくありません。加工硬化した金属を加熱していくと、組織の回復、再結晶を経て、急激に軟らかくなります*。一方、伸びや粘り強さが改善してきます。加工硬化した金属を適度な温度にあげると材質のバランスが取れるようになります。

加工硬化した金属の加熱による性質変化（4-8-1）

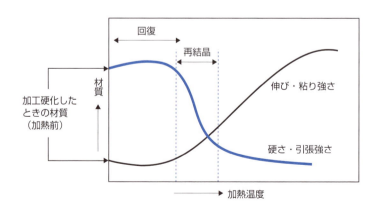

*…軟らかくなります　ゼムピンをライターであぶって水につけると、固くなるか軟らかくなるか？　答えは「軟らかくなる」。軟鋼の加工ひずみが回復するため、軟らかくなる。

4-8 加工硬化・回復・再結晶

回復

　加工硬化した金属を加熱すると、増加した強度や硬さは急激に減少します。これを**回復**と呼びます。加熱温度が低い**低温回復**では、原子空孔が合体してクラスター化したり、転位へ移動したり、原子空孔と格子間原子が結合したりします。**中温回復**では、絡まりあった転位が再配列し、転位が合体消滅したりします。また加工によってできたサブ結晶が成長してきます。**高温回復**では、サブ結晶どうしが合体するポリゴナル化*も起こります。

回復のメカニズム（4-8-2）

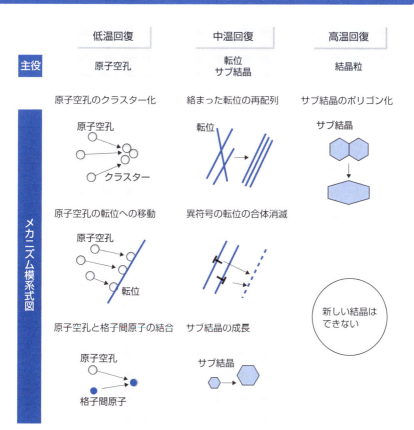

＊**ポリゴナル化**　加工によって生じた刃状転位が高温の焼鈍によって圧延方向に沿って並び、合体して多角形化する。多角形化への合体のことをポリゴナル化と呼ぶ。

4-8 加工硬化・回復・再結晶

▶▶ 再結晶

再結晶の典型例は、冷間圧延後の圧延組織を焼鈍工程で加熱したときの組織の変化です。圧延組織は合体成長し、ひずみは急速に解消されます。そして、それまでの組織と異なる、ひずみのない新たな結晶粒が生成し、この結晶粒がそれまでの組織に取って代わります。この現象を再結晶と呼びます*。

再結晶のメカニズム (4-8-3)

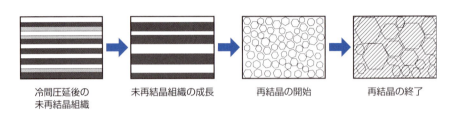

冷間圧延後の　　未再結晶組織の成長　　再結晶の開始　　再結晶の終了
未再結晶組織

聖書の中の鉄の登場シーン

最初に登場するのが、旧約聖書創世記4章22節で、チラの産んだ子供のカインが、青銅や鉄の刃物を鍛える鍛冶屋になるシーンからです。その後、鉄の器や、鉄の寝台、鉄の炉、鉄のくびき、鉄の道具に鉄の戦車まで登場し、鉄のつるはし、鉄のおの、鉄のかまどといろんな鉄が登場します。

新約聖書のヨハネの黙示録第12章には、イエス・キリストが、サタンの化身である龍が食い殺そうとしている前で生まれるシーンがあります。イエスは、鉄の杖で全ての国々を統治する定めにあると記載されています。鉄の剣とは異なる王権の象徴の杖が鉄でできていたのでしょう。

ダニエル書7章には、バビロン虜囚のダニエルが鉄の牙をもつ第4の獣が現れる夢を見ました。大天使ガブリエルが、夢を解説しますが、獣とはバビロン、メディア・ペルシャ、ギリシャに次いでローマ帝国のことです。それまでの帝国とは比べものにならないくらい激しい侵略だったと言いたいようです。ローマは鉄のすねに例えられ、鉄の牙といえばローマ帝国の支配を意味します

*…呼びます　再結晶には、金属の相が圧延組織から別の組織に移る際に再結晶と呼ぶ。化学の世界では不純物を含む結晶を溶かして不純物の含まない結晶を作ること。意味が異なる。

I 金属基礎篇　第4章　金属材料の基礎

9 時効と析出

時効は、合金の性質が時間とともに変化する現象です。析出は、合金の結晶内に別の相である第二相が生じる現象です。析出が進行すると合金に時効が起こります。

▶▶ 時効

時効は、時効合金の熱処理を適切に行うと発生させることができます。時効合金とは、高温では固溶するが低温では固溶限を超えてしまい**第二相**＊を作る組成の合金です。

まず、合金を一様な固溶体にするために高温に加熱します。この処理を**溶体化処理**と呼びます。次に、均質になった合金を常温まで急冷却する焼入れ処理をおこないます。このとき、合金は本来なら析出しているはずですが、急激な冷却のため固溶したままの状態である**過飽和**な状態になっています。室温まで温度を下げた後、室温のまま放置する操作を**常温時効**または**自然時効**と呼び、焼もどし温度まで上昇させて保持する操作を**人工時効**または**焼もどし時効**と呼びます。時間の経過とともに、過飽和の組成から第二相が粒界や粒内に析出します。

時効のメカニズム (4-9-1)

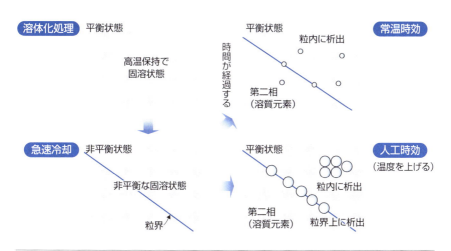

＊**第二相**　時効析出で母材の溶質から析出してくる相のこと。

4-9 時効と析出

▶▶ 析出

　析出過程は、大きく分けて**スピノーダル分解**と**核生成・成長機構**、**粒界反応型析出機構**の3つがあります。いずれも一方の組成を非平衡状態（過飽和）に固溶させた合金を溶体化処理し、焼入れた状態から始まります。

　スピノーダル分解は拡散型変態の一種です。温度のゆらぎで固溶体中に二相分解が始まり、平衡状態になるまで分解が進みます。あたかも過飽和の合金から第二相が成長しているように見えます。

　核生成・成長機構では**第二相**の核生成が一斉に始まり、その後は小さいものは消失し大きなものが成長する**オストワルド成長***が起こります。

　粒界反応型析出機構は、粒界に析出が始まり、粒界の移動をともなって粒内に進行していきます。析出が粒内からも起こるので、組織は粒内と粒界の析出が入り組んだ層状構造になります。

析出のメカニズム (4-9-2)

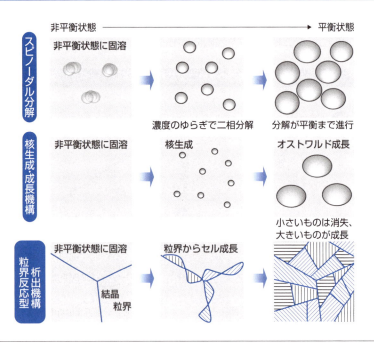

＊**オストワルド成長**　表面エネルギーの総和を減らすために起こる。焼結の場合は、小さな空洞が消えて、大きな空洞が残る。

I 金属基礎篇　第4章　金属材料の基礎

10 金属の比強度

金属素材の強さを見るとき、同じ重量で得られる引張強度を比較する方法もあります。それが比強度です。

▶▶ 比強度

比強度とは、金属の常温での引張り強さを密度で割った値です。一般炭素鋼では約80程度になります[*]。低密度のマグネシウムやアルミニウムの合金鋼の比強度は、炭素鋼よりも大きい特徴があります。また、チタン合金鋼は非常に大きな比強度です。

比強度が大きな金属は、できるだけ自重を減らしたい飛行機や高速列車、ロケットなどの輸送機械に利用されています。金属加工の大半を占める機械加工用途の金属素材は、鋼をはじめとして、ステンレス鋼、銅や銅合金、アルミニウムやアルミニウム合金、マグネシウムやマグネシウム合金、チタンやチタン合金、超塑性合金などさまざまです。

製品に要求される強度に応じて金属素材を選択したり、軽量化のために比強度が大きなマグネシウム合金やチタン合金を選択したりします。工業的には、入手が容易であるとか入手価格が安いといった調達問題も選択の要素になります。

金属の比強度（4-10-1）

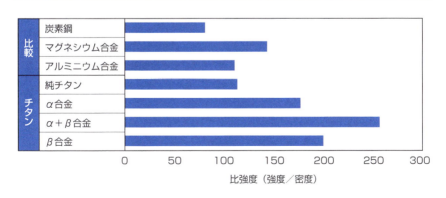

比強度（強度／密度）

[*] **…になります**　鋼材のハイテン化も比強度アップを狙っている。400MPaと2GPaの鋼を比べると、密度は合金添加で下がり、強度がアップしている。単純に言っても、比強度が5倍に増す。

145

11 金属の降伏

降伏は、せん断応力によりすべり変形が発生し、結晶構造が局所的なせん断破壊を起こし、塑性変形し始める状態です。降伏は引張り強度よりも低い応力で発生します。

▶▶ 降伏点YPと降伏強度YS

軟鋼や極低炭素鋼などは、ある応力以上になると塑性変形が急激に起こり、その応力以下でひずみがどんどん増していく**塑性変形挙動**を示します*。降伏を開始する応力を**上降伏点**、ひずみが増していく応力を**下降伏点**と呼びます。

高強度鋼は、明確な降伏点が現れないため、一定のひずみが入ったところでの応力を降伏強度と定義します。降伏強度は0.2%ひずみ時の強度といった使い方をします。

上降伏点と下降伏点の概念図（4-11-1）

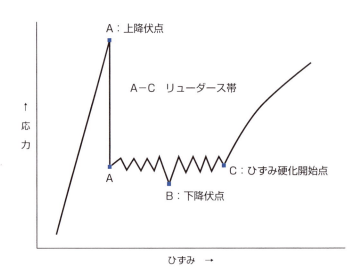

＊…を示します　降伏点以下では弾性変形、つまり応力をかけないと伸びていた組織が元にも戻る。降伏点以上では元に戻らない。

降伏メカニズム

　ある応力以上で、すべり変形による組成変形が起こる現象が降伏です。すべり変形する領域は**リューダース帯**と呼びます＊。リューダース帯は下降伏点の応力で変形を続け、試験片せん断領域いっぱいまで広がり、広がりきったところでユーダース帯内で加工ひずみが発生し、応力が上昇傾向になります。これを**ひずみ硬化**と呼びます。

　降伏した金属素材から荷重をなくすか、低温でひずみ取り焼鈍をした後、応力をかけると再び降伏点が生じます。これをひずみ時効と呼びます。

　降伏点やひずみ時効を生じる鋼は、炭素や窒素など侵入型原子を過剰に含みます。鋼に限らず、一般的に金属に不純元素が含まれる場合、降伏現象が起こりやすくなります。

すべり変形による降伏のメカニズム (4-11-2)

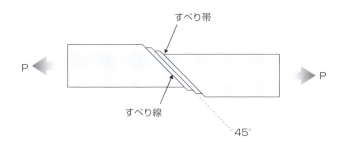

コットレル雰囲気

　結晶構造に応力がかかると、転位が発生します。転位線の周囲は原子面が無いため、結晶構造が歪んでエネルギーが高くなっています。転位はこのひずみを利用して移動します。この部分は、炭素や窒素のような侵入型原子が入り込みやすい状態になっています。これを**コットレル雰囲気**と呼びます。この部分に侵入型原子が入り込むと、歪んだ結晶構造を解消し、転位のエネルギーを下げます。この状態では転位は動きにくくなり、材料は強化されます。この転位の釘付け作用を**コットレル効果**と呼びます。

＊…呼びます　リューダス帯での局部変形が軟薄板材で起こると斜め方向に鋼板の不均一変形が発生し斜めに模様が入る。これがストレッチャーストレイン。防止のためには鋼板に軽く歪みを入れるスキンパス圧延を行う。

4-11 金属の降伏

　応力がさらに上昇すると、釘付けされていた転位は、突然解放されて移動し始めます*。いったん移動し始めると、転位の移動による増殖、転位の集積、応力集中が起こり、さらに別の場所での釘付けからの解放が繰り返されます。この解放される限界の応力が上降伏点で、一連の転位の移動にかかる応力が下降伏点です。つまり上降伏点は炭素や窒素で強化されたために発生したといえます。

　コットレル雰囲気の解説図を見ると、どのような鋼材にもこのような上降伏点や下降伏点が観察できるように考えてしまいますが、軟鋼以外の鋼材の引張り試験のでは降伏点が観察できません。また同じ鋼材でも熱処理の有無でも観察結果が変わります。

コットレル雰囲気の概念図（4-11-3）

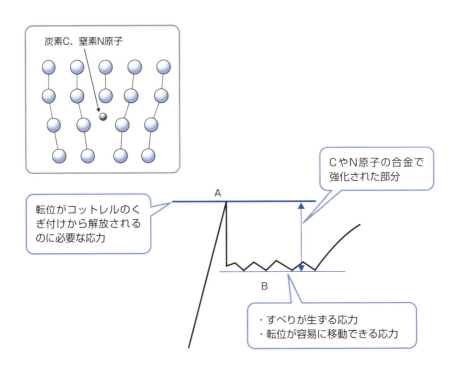

＊…**移動し始めます**　転位に引きつけられている炭素や窒素などは、結晶構造の侵入型元素であり、転位が動くと結晶構造に取り残される。

4-11 金属の降伏

▶▶ ホール・ペッチの法則

　下降伏点の応力は、実験的にフェライト結晶粒径と相関があります。この関係式を**ホール・ペッチの式**と呼びます。粒径が小さくなると降伏点が上昇します。

　式は $\sigma = \sigma_0 + K \times d^{-0.5}$（$\sigma_y$ は下降伏点、σ_0 は単結晶の下降伏点、Kは定数、dは粒径）となります。フェライト組織が主体の組織の引張り強度は炭素濃度が高くなると大きくなりますが、降伏点は炭素濃度には影響を受けにくく結晶粒径の大きさで決まります。

　ホール・ペッチの式は経験式です。粒界に体積する転位を基にした結晶粒界のすべりに対する抵抗と理解できます。

　組織がナノサイズになると、強度がホール・ペッチ則に従わず降伏点強度は低下します。

ホール・ペッチの法則の概念図（4-11-4）

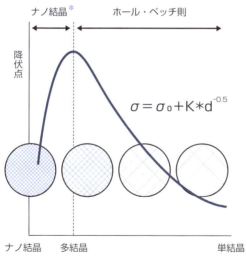

***ナノ結晶**　ナノサイズになると、強度がホール・ペッチ則に従わない。

12 r値とn値

r値とn値は、板の加工しやすさを示す指標です。r値はランクフォード値と呼ぶ一方向に引っ張った時の加工性である深絞り性を示す指標で、n値は加工硬化指数と呼ぶ二方向に引っ張った時の張り出し成形性を示す指標です。

▶▶ r値（ランクフォード値）

r値は、板を塑性加工したときに、厚み方向と板幅方向のどちらの方向に変形しやすいかを示す塑性ひずみ値です。鋼板を一方向に引っ張ると断面性が減少しながら長さが伸びます。断面積の減り方は板厚の減少と板幅の減少の2つからなります。簡単に言えば、鋼板を引っ張ったときに厚みがあまり薄くならずに幅が狭くなってくれれば、加工しやすく成形性が良いのです*。

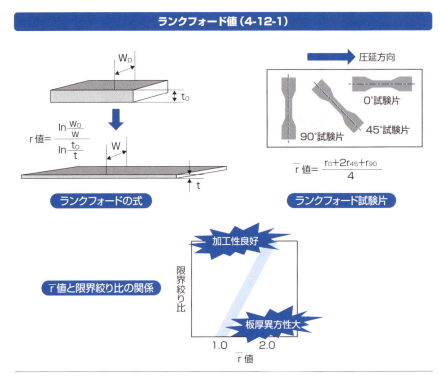

ランクフォード値（4-12-1）

ランクフォードの式

ランクフォード試験片

r̄値と限界絞り比の関係

＊…成形性が良いのです　自動車用鋼板や缶成形など深絞り加工に使う鋼板でこの指標を活用。

4-12 r値とn値

r値は、引張り試験をしたときの、幅方向真ひずみを厚み方向の真ひずみで割った指数で、**垂直異方性係数**とも呼びます。幅厚みとも同じひずみを示せば1になり、厚みが薄くならずに幅だけが狭くなると1以上になります。r値が大きいと、深絞り試験を行ったときの限界絞り比が大きく、加工性が良好といえます。

n値（加工硬化係数）

n値は、加工硬化せずに変形し続けられる程度を示す指標です[*]。数値は0から1までの間にあり、大きければ板を二方向引っ張る張り出し成形をするときに加工性が良好だといえます。

塑性変形中の素材の強度、つまり変形抵抗についてみてみましょう。塑性ひずみの絶対値 ε と応力 σ の関係は、ひずみが大きくなると応力も大きくなります。しかし、これは完全な1次の比例関係ではなく、上に凸のカーブで、次第に上昇が鈍ってきます。これを式に書くと、次のようになります。

$$応力 = K \times (歪み)^n \quad (ここで n = 0 から 1)$$

単純な応力ひずみの一次式（n＝1）にならないのは、次第に加工ひずみにより硬化しているためです。n値はこの加工硬化のしにくさを表しています。

加工硬化指数の概念図（4-12-2）

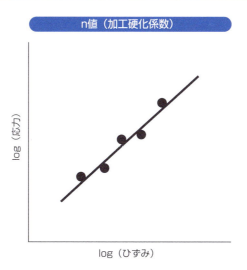

[*]…**指標です** 絞り加工すると歪みが蓄積し局所収縮が始まる。n値が大きいと収縮開始までの全体伸びが大きくなる。アルミニウムで0.3、ステンレス鋼で0.5程度。

4-12 r値とn値

▶▶ n値とr値の関係

n値とr値は、加工硬化指数と塑性加工性を示す指標で、いずれも塑性加工に関する指標です。両者の間に物理的な意味合いは見い出せませんが、各金属の指標をプロットしてみると傾向が見えてきます＊。

銅などは張り出し成形性が優れていますが、絞りには不利です。鋼材やアルミニウムはバランスが取れています。純チタンはr値が制御できないリスクがあります。

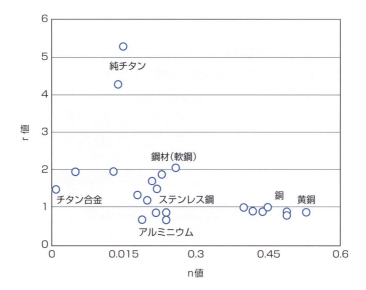

各種金属のn値とr値の相関図（4-12-3）

＊…見えてきます　r値とn値は相関関係はない。金属によっていくつかグループのパターンが見えるだけである。

I 金属基礎篇

第5章

金属材料の破壊

　金属の結晶構造や組織は、温度や外部からの力、周囲環境などで変化します。変化は、金属の性質も大きく変え、強度や靭性の劣化や腐食、破壊を引き起こす場合もあります。金属材料の破壊に至る劣化原因を見ていきましょう。

Ⅰ 金属基礎篇　　第5章　金属材料の破壊

1 金属材料の破壊の全体像

　金属の破壊の原因は、外部からの力による塑性変形、脆性破壊、疲労破壊、クリープ破壊、亀裂の進展など、周囲環境による腐食破壊、水素脆性破壊、遅れ破壊などがあります。

▶▶ 金属材料の破壊

　金属材料の結晶構造や組織は、使用環境により変化します。たとえば低温になると、靭性が劣化し、わずかな衝撃エネルギーでポッキリ折れてしまう場合があります。これが**低温脆性破壊**です。鋼などは外部環境により、表面から腐食が進行し、鋼材厚みが薄くなり、外部応力に耐えられなくなって破壊する場合があります。また、水素の侵入や残留水素が内部応力を上昇させ、破壊に至る場合もあります。もちろん、外部応力が鋼材の引張り強さを超えると、降伏し塑性変形し、破断に至ります。

　金属材料の破壊は、金属の性質と深く結びついています。破壊に至らない条件で金属材料を使用することは、金属の選定に対してあまりにも当たり前になっていますが＊、この章では、この当たり前をもう一度点検していきます。

金属材料の破壊の概念図（5-1-1）

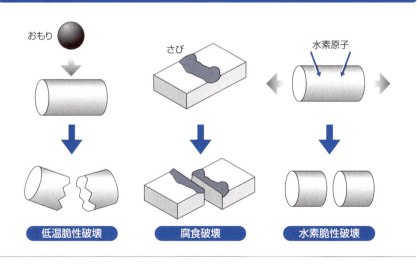

＊…なっていますが　たとえば、500MPaの鋼を使用する場合は、使用環境で500MPa以下の応力しか作用しない前提で材質選定されている。

154

5-1　金属材料の破壊の全体像

▶▶ 外部からの力による破壊

　金属材料に外部から力が働くと、内部組織に力が伝わり、変形が起こり、破壊につながります＊。外部からの力に対抗する金属の性質が金属の強さです。強さには、応力に対する強さと衝撃に対する靭性があります。金属の持つ強さを超える外力が作用すると、金属の破壊に至ります。

　応力による破壊には、金属組織の引張り・圧縮・曲げ応力などによる**塑性変形破壊**、繰り返し応力による**疲労破壊**、および高温時の**クリープ破壊**があります。

　靭性破壊には、衝撃による**延性破壊**、**脆性破壊**があります。

　金属の破壊は、外力以外にも内部応力による破壊もあります。金属の加熱冷却時に厚み方向に冷却差や温度差による組織変態の差異や熱収縮差により内部応力が働きます。機械試験による破壊について図解しましたが、実物の破壊は、単純な応力が働くために発生するのではなく、複合要因を考慮する必要があります。

応力による破壊と靭性破壊の概念図（5-1-2）

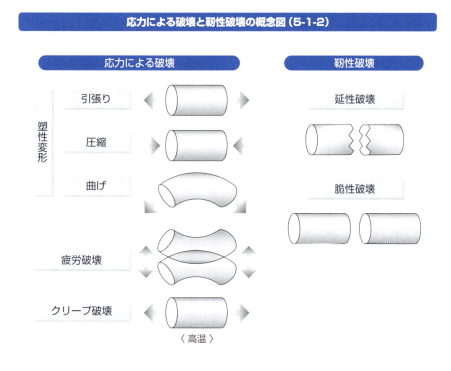

＊…つながります　ここでは外部からの力に限っているが、熱処理などで発生する組織変態膨張や金属の部位温度差による内部応力も破壊に原因になる。

155

5-1 金属材料の破壊の全体像

▶▶ 周囲環境による破壊

周囲環境には、**腐食破壊**と、**水素侵入破壊**があります。

腐食環境での破壊は、**全面腐食**、局部的な**孔食**、**粒界腐食**、**大気腐食**、**海水腐食**、**土壌腐食**による破壊、応力がかかった状態での**応力腐食割れ**などがあります。

水素侵入破壊は、**水素脆性破壊**や**遅れ破壊**があります*。

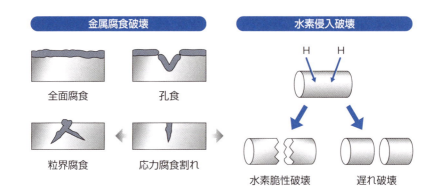

周囲環境による破壊の概念図 (5-1-3)

電波塔の鉄物語

　鉄塔は、鉄製骨組み構造の細長く佇立する建造物です。

　放送用電波鉄塔は、それ自体が観光ランドマークになります。より広範囲に放送電波を届けるため、常に大型化しています。本格鉄塔は、1889年にパリ万国博覧会のモニュメントとして建造されたエッフェル塔です。当時、強度が大きくて粘り気のある鋼鉄の供給は可能でしたが、設計者のエッフェルは材料として当時実績のあった錬鉄を用います。錬鉄は強度が小さく、しかも大型の部品が作ることができませんでした。細長い部品を組み合わせて312mの巨大鉄塔が建造されました。そのレースを編んだような繊細な外見のため、レースの貴婦人と呼ばれました。その後、1950年に333mの日本の東京タワーが作られ、時代が下って2011年の634mの東京スカイツリーができるまでは、モスクワやカナダ、中国の電波鉄塔が世界一の高さを競いました。

*…があります　材料の破壊につながる劣化には、疲労、腐食、そして摩耗がある。摩耗はトライボロジーで論じたいところだが、本書では割愛した。

| I 金属基礎篇 | 第5章 金属材料の破壊 |

2 破壊のメカニズム

　金属の塑性変形挙動は、主な変形挙動を解説し、空孔や転位や粒界などの金属材料が不可避的に内在する欠陥を起点とした破壊を見ていきます。

▶▶ サイズでの破壊の定義

　金属材料の破壊は、材料を2つ以上の部分に分離して引き離す変形挙動です。破壊は、どの尺度で見るかで採用するメカニズムが異なります。たとえば、原子レベルで見ると、結晶構造の格子間距離のサイズで起こっています。もう少し大きく見ると、金属組織の結晶粒界のサイズで起こると考えます。さらに巨視的に見ると、材料の切り欠きや非金属介在物のサイズでの変形が破壊を引き起こします*。

サイズに着目した金属材料の破壊の概念（5-2-1）

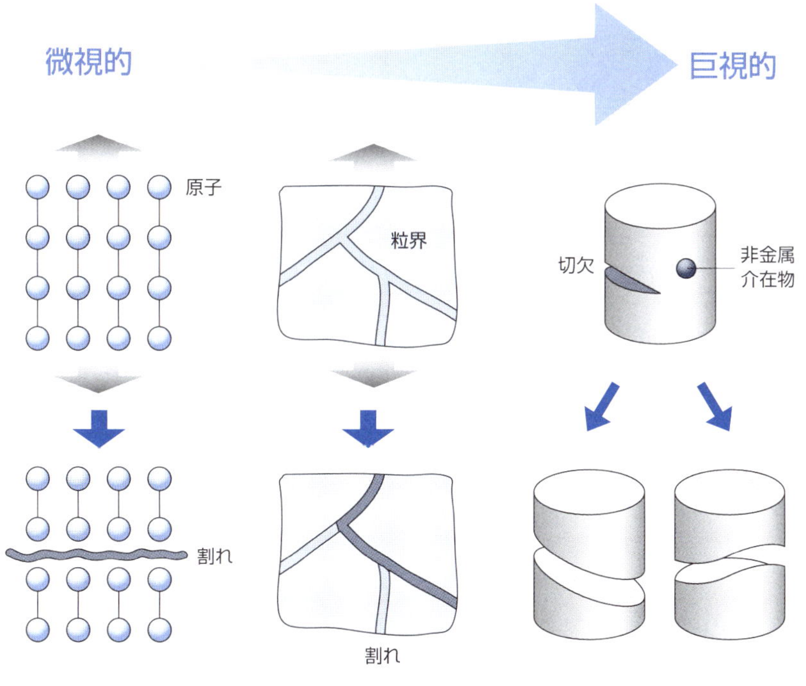

微視的 → 巨視的

原子 → 割れ

粒界 → 割れ

切欠、非金属介在物

＊…引き起こします　厳密にいうと、サイズの程度で欠陥部の応力集中度合いが変わる。

5-2 破壊のメカニズム

▶▶ 原子レベルでの破壊

　原子レベルでの破壊は、**原子間結合**が引き離されて、新しい面が生成される現象です。破断面が外部応力方向と垂直の面の場合が、**へき開型破断**です。外部応力が**ヤング率**＊もしくは**縦弾性係数**の10分の1程度になると、へき開型破断が発生します。破断面が外部応力方向と平行の面になる場合が**せん断型破断**です。外部応力が**横弾性係数**の6分の1以上になると、せん断変形が起こります。

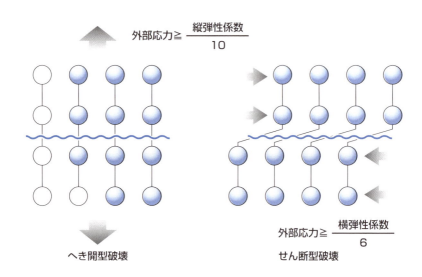

原子レベルでの破壊の概念図 (5-2-2)

▶▶ 巨視的な破壊

　顕微鏡や目視で観察できる破壊を見ると、結晶粒と試験片の外観から、へき開型破壊、せん断型破壊、およびカップアンドコーン型破壊の3つの破壊形式があります。

　へき開型破壊は、試験片の内部でボイドと呼ばれる空孔が発生して成長し、破壊に至ります。破断面は、結晶粒内を横切りますが、方向は不規則で波打っています。

　せん断型破壊は、試験片の外部から斜め45度で内部に切り欠きが入り成長して、

＊**ヤング率**　ヤング率で歪み100％とすると、理想的強度である剛性率になる。

5-2 破壊のメカニズム

斜め破断に至ります。破断面は、結晶粒内を応力方向に斜めに横切ります。

カップアンドコーン型破壊＊は、試験片の内部で、応力方向に垂直な面内で、結晶粒内に空孔が生じ、連結していきます。応力方向への延びは結晶粒の延びや結晶粒界のすべりなどで進行していき、くびれが生じ、断面積は次第に小さくなります。連結した空孔が断面積が小さくなった面に密集して、ついにはせん断破断に至ります。破断面は結晶粒内を横切りますが、面は応力方向に垂直です。

金や鉛などの良延性金属は、サンプルが破断に至る直前まであめ状に伸びて、亀裂が発生しないまま破断します。形状からチゼルポイント型破壊やノミの歯型と呼びます

巨視的な破壊の概念図（5-2-3）

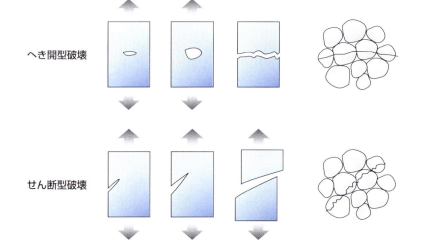

＊**カップアンドコーン型破壊**　図では描けていないが、片方が円錐のコーン型、片方が円錐くぼみのカップ型になる。

I 金属基礎篇　第5章　金属材料の破壊

3　塑性変形による破壊 ——応力による破壊①

　金属に応力をかけると、塑性変形したあと破壊に至ります。その挙動は、すべり変形か双晶変形です。変形挙動は、結晶中の転位の移動が関与しています。

▶▶ すべりによる変形

　トランプのカードを重ねてテーブル上に置き、横方向に力をかけるとカード面に沿ってすべり、全体が斜めにずれます*。金属材料は横方向に力がかかると、結晶構造のすべり面とすべり方向に沿ってずれます。

　金属試験片を引っ張ると、引っ張り方向と45度傾いた方向にせん断応力が働き、この応力方向に沿ってずれが生じます。斜め45度の線が**すべり線**、滑っていく部分を**すべり帯**、試験片表面に見えるすべり帯の露出している部分を**リューダース帯**と呼びます。

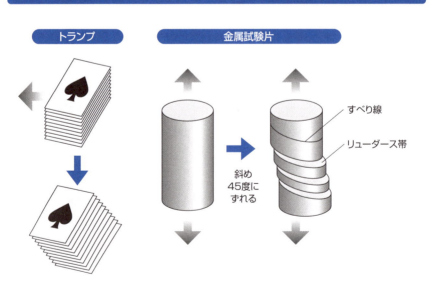

すべり変形のミクロモデル（5-3-1）

＊…**斜めにずれます**　トランプは横せん断変形、金属は斜めせん断変形なので、厳密に言うとすべり方向が異なる。

160

▶▶ 双晶変形

　双晶変形とは、結晶構造がずれるときに、一方向にずれるのではなく、双晶面と呼ぶ面に沿って対象形の結晶構造になるように結晶構造が移動する現象です。結晶構造上の原子が斜めにわずかにずれるだけで、双晶構造が出現します＊。

双晶変形のミクロモデル（5-3-2）

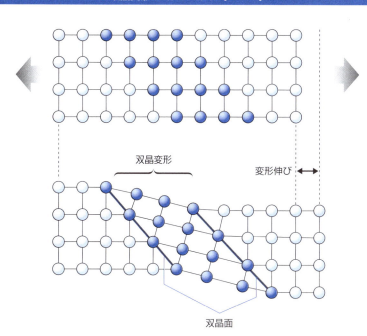

▶▶ 実用金属の転位

　結晶構造の線欠陥である転位は、実用金属にたくさん含まれています。転位が存在する単位として、1立方センチメートルの結晶中に存在する転位長さの合計センチメートルで示した転位密度があります。塑性加工した金属中には、熱処理して転位を減らした場合の一万倍の転位密度が存在します。

　転位が存在しないと、せん断面に沿った原子の結合がすべて切れて、隣の原子と結合しなければなりません。この場合は大きなせん断応力が必要です。

＊…出現します　図ではわかりづらいが、双晶面が斜めに現れる。双晶のことをツインズという。

5-3 塑性変形による破壊——応力による破壊①

　結晶構造に線欠陥である転位が存在すると、転位の周囲の結合が一つずつ切れては結合する現象が繰り返され、小さなせん断応力で容易にせん断変形が可能です*。

　実用材料は、転位が存在するため、理想強度の数千分の１の応力で破壊に至ります。

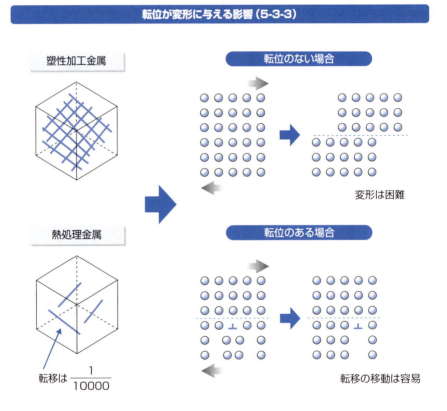

転位が変形に与える影響（5-3-3）

＊…可能です　ここで言っているのは、「転位があると簡単に変形し、転位がないと変形困難」なこと。前ページや図中で示す塑性加工後の金属は、転位が多すぎて絡まり、固くなっている加工硬化を示す。

4 疲労破壊
——応力による破壊②

金属材料に塑性変形しない程度の応力が繰り返しかかったとき、ある繰り返し回数の後に表面に欠陥が発生し、成長し伝播して、破断に至る現象が疲労破壊です。

▶▶ 疲労発生メカニズム

疲労現象は、弾性変形内の応力が繰り返しかかると、材料の一部に変形が起こり、次第に**亀裂発生**に進展し、発生した**亀裂拡大**と**応力集中**により破壊に至る現象です。

金属は繰り返し応力を受けると、表面にすべり帯が形成されます。繰り返しがさらに進むと、表面での凹凸が顕著になります。このように顕著に発達したすべり帯を**固執すべり帯**と呼び、入り込みと出っ張りが亀裂の発生箇所につながっていきます。

すべり面で亀裂が形成されると、粒界を通りへき開型の亀裂に進展します。ついで、繰り返し応力の1サイクルごとに生成される延性破面の**延性ストライエーション**＊および脆性破面の**脆性へき開ストライエーション**が発達します。この波のような模様は、**疲労亀裂**が進展したとき特有の断面形態です。

疲労亀裂の発生源と進展 (5-4-1)

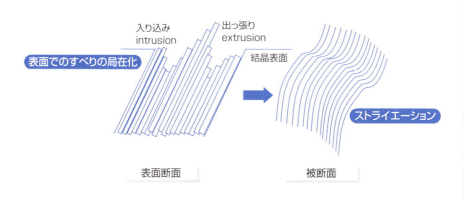

＊ストライエーション　砂浜のビーチマークのような平行線群のこと。

5-4 疲労破壊——応力による破壊②

▶▶ 疲労破壊の概要

　疲労破壊は、正弦波のように周期的な応力変動や、不周期的な応力変動の繰り返しにより、降伏応力以下であっても、繰り返し回数の後で発生する破壊です。

　疲労破壊は、外観的には大きな変形もなく、微視的なクラック近傍の塑性変形だけで破壊が進行します。疲労破壊が進展した破断面は、亀裂の伝播が徐々に起こるため、滑らかです。応力の振幅Sと破壊に至る繰り返し回数Nには、応力振幅が大きくなると回数Nが小さくなる相関があります。これを**S-N曲線**と呼びます。

　試験片への応力のかかり方は、平均応力に対して**応力振幅**が加わります。この場合、平均応力は、常に試験片にかかっているため、疲労破壊には一般的に影響が小さく、S-N曲線では、応力の振幅で整理します[*]。

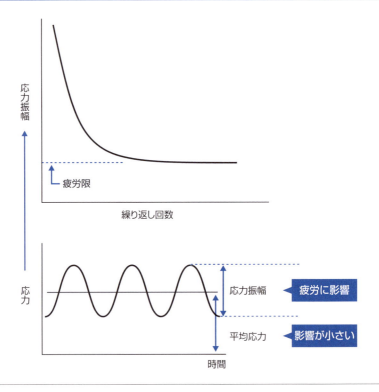

疲労破壊に与える応力の振幅の影響の概念図（5-4-2）

---

[*]…整理します　ここは重要なポイント。掛かる応力の絶対値が大きくても、疲労にはならない。逆に小さい平均応力でも、大きい応力や小さい応力が交互に掛かると疲労する。

▶▶ 疲労亀裂

　繰り返し応力が材料に作用すると、材料の組織に、転位の発生や集中により局所的な応力集中が発生し、繰り返しひずみにより、組織が硬化し、すべり線が生成します*。

　組織の表面に、局所的な突き出しや引き込みが発生・成長した結果、表面亀裂に進展し、ますます応力集中が進行します。この亀裂を**疲労亀裂**と呼びます。

　疲労亀裂は、応力集中部で発生します。もともと表面にある亀裂、すべり帯、結晶粒界、非金属介在物の周囲だけではなく、低炭素鋼組織であるフェライト・パーライトの境界面でも疲労亀裂が進展します。疲労亀裂が発生するまでの時間は、亀裂などの欠陥がある場合には、ない場合の3分の1程度まで短くなります。

疲労亀裂進展の概念図（5-4-3）

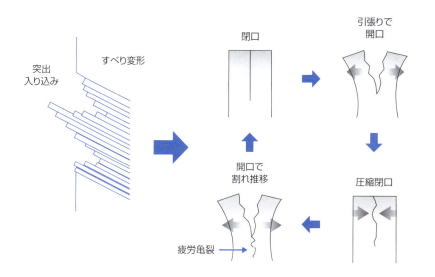

*…**生成します**　表面に現れる起点が突出入り込み部。

疲労亀裂の進展

疲労亀裂の進展は、3つの段階に分かれます。第一段階では、疲労亀裂は応力方向に対し45度の角度の、転位密度の高いすべり面に沿ってせん断形式で進行します。第二段階は、応力方向に垂直の亀裂に変化します。亀裂先端が塑性変形して亀裂が進展するため、試験片の変形がほとんどなく、外観からは疲労破壊が進んでいるのかはわかりません。第二段階の疲労面を拡大すると、縞状のストライエーションと呼ぶ平行線が見えます。第三段階では、一気に延性破壊します*。

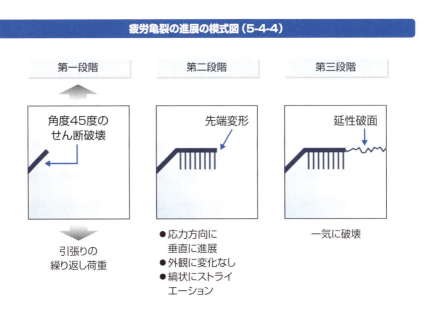

疲労亀裂の進展の模式図（5-4-4）

低サイクル疲労試験の組織

低サイクルで疲労試験を行うと、大量に発生する転位が、網目状に並びます。これを**亜結晶**と呼びます。さらに疲労試験を続けると、亜結晶の節の部分に**ボイド**が発生し、成長、ボイドの連結、疲労亀裂への進展が進みます。

*…**延性破壊します** 疲労破壊は外観からは見つけることはできず、突然発生する。

5-4 疲労破壊——応力による破壊②

高サイクル疲労試験の組織

　高サイクル疲労における疲労き裂先端の局所的領域では、応力集中のため降伏応力以上になり、塑性変形、ひずみ硬化、空孔の発生、連結、主き裂の成長の過程により、不連続的なき裂の成長が起こります。

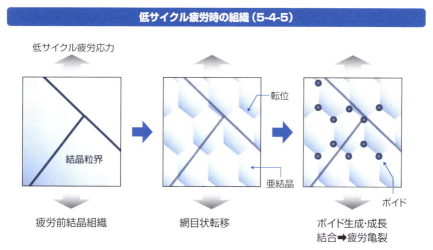

低サイクル疲労時の組織（5-4-5）

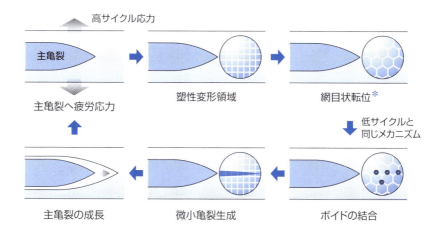

高サイクル疲労時の組織（5-4-6）

＊**網目状転位**　高サイクル繰り返し応力がかかると転位の移動速度が速くなり、転位がサブバウンダリーと呼ぶ網目状の二次元の構造になる。

クリープ破壊 ——応力による破壊③

金属に高温で一定の応力負荷をかけながら長時間使用すると、降伏応力以下でも延びが発生し、最後には破断に至ります*。この現象を金属のクリープ破壊と呼びます。

▶▶ 金属のクリープ破壊メカニズム

一般的に、金属を融点の半分以上の温度で、引っ張り応力をかけながら使用したとき、応力方向に伸び始め、最終的には破断に至ります。

高温での**クリープ破壊**は、金属結晶粒界面でのすべりが生じ、界面上で小さな空孔が複数箇所で発生し、成長したり結合したりした結果、粒界で破壊に至る現象です。粒界でのすべりによる空孔の発生は、三重点近傍で、界面がどちらの方向に動くかによって、形態が異なります。

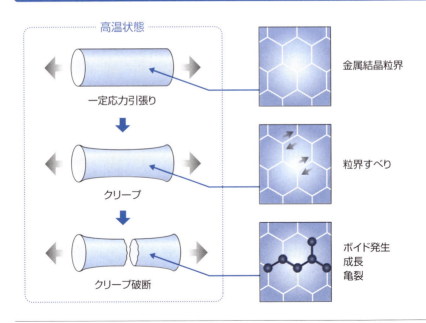

クリープ破壊の概念図（5-5-1）

＊…至ります　高温で引っ張り応力をかけると、小さな力でも伸びていくことを示す。

5-5 クリープ破壊──応力による破壊③

▶▶ クリープ破壊現象

クリープによる破壊現象*は、時間と伸びの関係において、一次クリープ、二次クリープ、三次クリープの三段階に分かれます。

試験片に一定荷重をかけると、短時間で弾性変形による延びが発生します。延びは、最初は急激ですが、徐々に一定の延び速度に落ち着きます。これが**一次クリープ**です。

定常状態では、延び速度は小さく一定になります。延び速度の大きさは、クリープ破断に至るまでの時間に影響します。これが粒界すべりが**二次クリープ**の原因です。

三次クリープは、急激に延びが進展し、破断に至るクリープです。ミクロ的内部にボイドと呼ぶ空孔が生じ、試験片にくびれが出て断面積が減少していきます。伸びは、急激に進展し、最後には破断に至ります。

過去のクリープ破壊によるトラブルは、ボイラーや蒸気タービンの破損が多いのが特徴です。火炉管、過熱器、副熱管など高温高圧になる部位でのクリープ破損は、高温でクリープ現象が起こりやすい特徴を示しています。

蒸気を扱う設備や溶接部近傍もクリープトラブルが報告されています。

クリープ破壊曲線 (5-5-2)

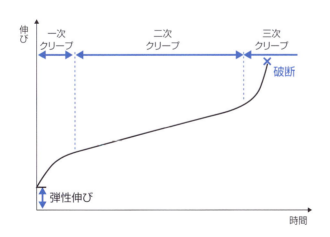

---

* **クリープによる破壊現象** 実際の破壊は、クリープ温度以上での低サイクル繰り返し疲労で発生するため、クリープ疲労破壊となる場合が多い。

5-5 クリープ破壊──応力による破壊③

▶▶ クリープの進展のしやすさ

　クリープ破壊は、材料の熱間強度が低いほど、引っ張り応力が大きいほど、高温になるほど、破壊に至る時間が短くなります。一般的には、絶対温度での融点の半分の温度以上で使用する場合は、クリープが発生します。ボイラーや高圧蒸気のタービンやジェットエンジンのタービン動翼などでは、時間とともに材料が変形し破断する可能性があることを配慮して材料設計を行います。

　クリープ破壊は、材料に静荷重を長時間与え続けた時、時間とともに変形量が増加する現象です。高温になればクリープ量は大きくなります。クリープは一定の時間が経過したあと変形が発生する場合があり、これをクリープ限度と呼びます。

　疲労破壊は、材料に繰り返し荷重を与え続けると、材料が脆くなる現象です。

クリープ進展条件 (5-5-3)

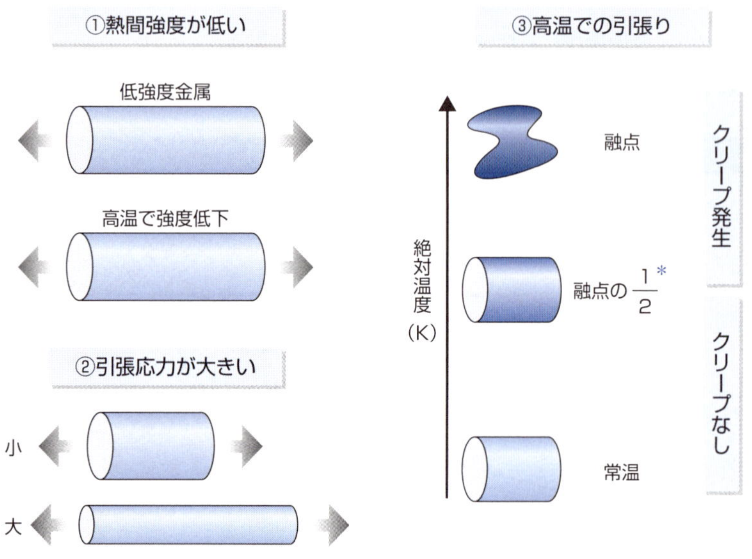

① 熱間強度が低い
低強度金属
高温で強度低下

② 引張応力が大きい
小
大

③ 高温での引張り
絶対温度 (K)
融点 … クリープ発生
融点の $\frac{1}{2}$ *
常温 … クリープなし

＊**融点の1/2**　一般論としてクリープ温度の当たりを付けるために述べている。融点1,400℃の鋼ならば、絶対温度1,673Kの半分の約840℃程度でクリープが発生することになる。

6 延性破壊と脆性破壊

延性破壊と脆性破壊の違いは、破壊に至るまでの塑性変形の程度とディンプルの有無で見分けます。どちらの破壊形式になるかは、金属素材の種類だけではなく、金属組織の状態や試験温度や応力のかけ方などの試験環境が影響します。

▶▶ 延性破壊と脆性破壊

金属素材に引っ張り応力やせん断応力を加えると、粘土のように変形して粘りに粘ったあと破壊する場合と、ガラスのように変形せず耐えに耐えていきなり破壊する場合があります。粘土のような破壊が**延性破壊**、ガラスのような破壊が**脆性破壊**です*。

延性破壊の破面を見ると、無数の**ディンプル**と呼ぶくぼみが見えます。脆性破壊の破面は、滑らかな貝殻状になっています。

延性破壊と脆性破壊の概念図(5-6-1)

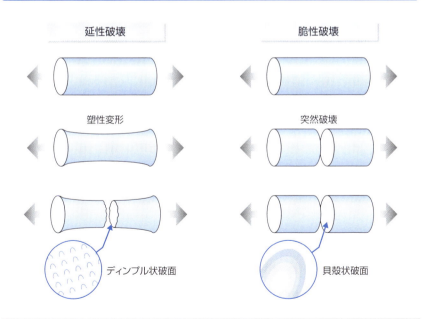

*…**脆性破壊です**　実際の破壊面は区別しにくい場合もある。筆者の経験では破断面を有識者に観察してもらったところ脆性的延性破面と判定され途方にくれたことがある。

5-6 延性破壊と脆性破壊

▶▶ 延性破壊

　延性破壊は、外観で見てわかる程度大きな塑性変形してから破壊します。アルミニウムや銅などの面心立方構造の金属や低炭素鋼材のように柔らかい金属に引っ張り応力をかけると延性破壊をします。

　延性破壊は、塑性変形をした結果、くびれ部が生じて起こります。くびれ部の面内にある硬くて変形しにくい非金属介在物や析出物と、外部応力により塑性変形している周囲の組織との境目で亀裂が生成します。亀裂はボイドと呼ぶ空隙を無数に発生させます。ボイドは時間とともに拡大成長していきます。隣り合う空隙どうしが結合して破断した破面を見ると、空隙の痕跡が集合した植物繊維組織のようなくぼみの集合体になっており、この模様を**ディンプル**＊と呼びます。

　延性破壊は、カップアンドコーン型破断になります。

延性破壊のミクロ模式図（5-6-2）

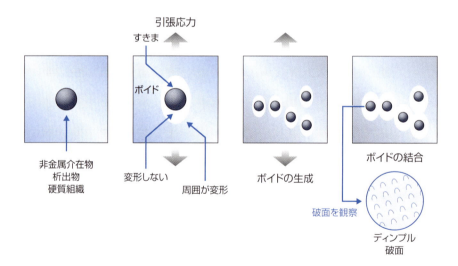

＊ディンプル　ディンプルのために破面は光沢はなく、くすんだ灰色になる。

▶▶ 脆性破壊

　脆性破壊の特徴は、破壊寸前まで試験片の目立った塑性変形が観察できません。脆性破壊は、通常の金属材料の使い方では起こりにくく、極低温になって金属素材が吸収できるエネルギーのしきい値が低くなるか、衝撃エネルギーが大きいか、金属素材に切り欠きなどの欠陥がある場合に発生します。脆性破壊は、極低温の鋼材や、鋳鉄で発生します※。

　亀裂の伝播は、へき開面に沿って瞬時に起こります。へき界面を細かく見ると、**リバーパターン**と呼ぶさざ波のような、割れが高速に伝播して行った痕跡が見えます。

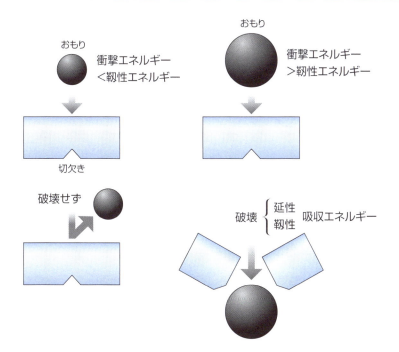

脆性破壊の概念 (5-6-3)

※…**発生します**　鋼は低温になると靭性はもろくなる。一方、引張り強さはわずかに増加する。

▶▶ 延性破壊と脆性破壊の温度影響

　金属材料、とりわけ鋼材は、試験温度が延性破壊と脆性破壊の支配要因です。高温では粘り強い延性破壊が起こり、吸収エネルギーも高くなります。低温になると靭性が低下し脆性破壊が起こり、吸収エネルギーが小さくなります。延性破壊と脆性破壊が入れ替わる温度域を**延性脆性遷移温度**＊と呼びます。

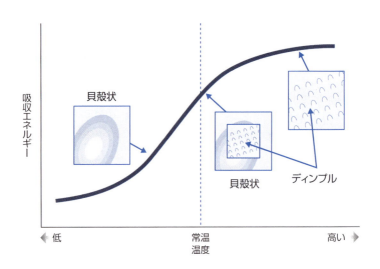

脆性破壊の温度依存性（5-6-4）

▶▶ 脆性亀裂の発生メカニズム

　せん断応力が働く状態で、その界面に介在物や結晶粒界があると、転位が集積して局所的に応力集中し、亀裂が生じると考えられています。亀裂を引き裂く方向に、引っ張り応力が作用すると亀裂が拡大していきます。

　脆性亀裂の発生パターンは、せん断面に介在物や析出物、硬化組織などの障害物があって、障害物の下に亀裂が発生する場合、障害物に転位が集積して歪みが溜まり、障害物から亀裂が生成する場合、二つのすべり面が交差する面で亀裂が生まれる場合、介在物の周囲でせん断歪みにより空洞が生じる場合などがあります。

＊**延性脆性遷移温度**　vTrs

5-6 延性破壊と脆性破壊

脆性亀裂の発生の模式図*（5-6-5）

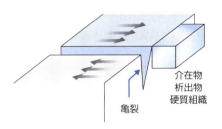
せん断面に障害物

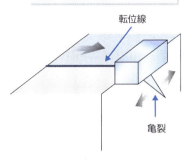
転位の障害物への集積

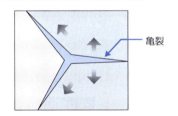
すべり面の交差

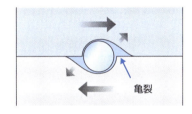
介在物の周囲のせん断面

COLUMN　鉄は典型的な成熟産業

　鉄鋼業は成熟産業だと言われています。ではいつ成熟したんでしょうか。

　50年前に製鉄業はありました。百年前も九州に製鉄所ができて製鉄が盛んでした。150年前には、釜石で高炉が立ち上がり、西洋ではベッセマー転炉が発明されて鉄鋼生産がどんどん増えていました。200年前は産業革命が鉄鋼と蒸気機関を中心に進んでいました。400年前、すでに高炉が発明されて、ハンザ同盟を中心に鉄鋼の交易が盛んでした。2000年前、ローマでは鉄作りが盛んで、鉄の武器で領土拡大を進めました。

　3800年前、すでにメソポアミアで製鉄技術が確立していました。その後、ヒッタイトに鉄作りの技術が受け継がれ、エジプトとの戦いに使われます。

　鉄鋼業は、成熟産業です。ただし、人類の歴史を通して、ずっと成熟産業でした。鉄作りには、その時代の最高の技術が必要です。鉄作りの技術を持った地域や民族は高効率に鉄を作り使うことができます。鉄を生み出す者を中心に時代が回ります。

＊**脆性亀裂の発生の模式図**　脆性破壊に先立ち、加わる力が限界を超えると発生する微小な割れを脆性亀裂という。

7 腐食による破壊

　金属の腐食は、使用環境による金属表面での電気化学反応の結果、金属側が溶損したり水素を発生させたりする現象です。腐食は、金属の破壊を引き起こします[*]。本節では、応力のかからない表面腐食による破壊について見ていきます。

▶▶ 腐食の主要形態

　腐食の形態は、水溶液での腐食が形態の大半を占めています。金属表面で電気化学反応が進行し、割れが発生したり強度を失ったりする**表面腐食**と、応力がかかった状態で電気化学反応が進行して急速に破壊に至る**応力腐食**があります。

表面腐食破壊と応力腐食破壊の概念図（5-7-1）

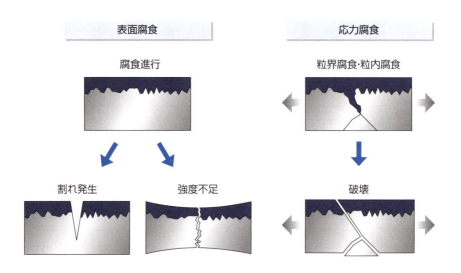

---

[*]…**引き起こします**　世間で起こっている事故で最も多いのが、腐食による破壊である。看板が落ちたり、穴が開いたり、枚挙にいとまがない。

▶▶ 表面腐食

　腐食の典型は、鉄鋼の赤さびや高温酸化での黒皮のように金属表面で均一に発生する**全面腐食**です。全面腐食は、徐々に少しずつ進行します。全面腐食量は、「腐食量は0.03mm/年なので耐食性に優れている。腐食環境でも利用できる」とか「この環境での腐食量は1.23mm/年なので使用鋼材としてふさわしくない」と、1年間の腐食重量や腐食深さで表現する場合があります。

　金属表面の一部分の腐食が大きくて、局部的に腐食する現象を**孔食**と呼びます。孔食は、金属表面の一部分がアノードとなる電池を形成するため発生します。孔食のしやすさは、孔の深さと全面腐食の腐食深さとの比、**孔食係数**で表します。孔食係数が大きい場合は相当深い孔食が生成します。ステンレス鋼の孔食が代表例です*。

　金属表面の結晶粒界で起こる局部腐食が**粒界腐食**です。粒界腐食は、粒界と結晶粒の間で局部電池が形成されるために発生します。粒界腐食は、金属内部方向へ急激に大きな腐食が進行し、時には破壊に至る非常に激しい腐食です。粒界腐食の代表例は、18-8ステンレス鋼やアルミ合金での腐食があげられます。

　金属表面が大気にさらされて発生する腐食が**大気腐食**です。大気中の湿分とダストに含まれる炭素化合物や塩類、亜硫酸ガスなどのガス状汚染物質が、金属表面で強力な電解質水溶液を作り、腐食を進行させます。ダストは金属表面で湿分を凝集させる役割もあり、ダストの多い工業地帯では、大気腐食の被害が発生します。

　土木鋼材やラインパイプなど土壌に埋設された鋼材で発生する腐食が**土壌腐食**です。土壌には塩類が溶解した酸性の水溶液が存在して通気性があるものもあり、大きな腐食が発生する場合もあります。

＊…**代表例です**　ステンレス鋼に対して塩化物イオンが孔食の引き金になる。腐食でできた孔の周りに電池が形成されさらに腐食が促進する。

5-7 腐食による破壊

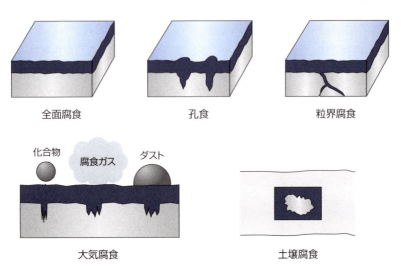

表面腐食の種類（5-7-2）

全面腐食　　孔食　　粒界腐食

化合物　腐食ガス　ダスト

大気腐食　　土壌腐食

金属表面での電気化学的反応

　金属表面での電気化学反応は、**局部電池**の形成によって発生します。局部電池が形成される条件は、金属が導通しており、塩類が溶け込んだ酸性または塩基性液に浸されていることです。
　局部電池生成のメカニズムには、異種電極電池、濃淡電池、温度差電池があります。
　異種電極電池*の発生メカニズムは多様です。導電性の不純物が金属表面に接触する異種導電性物質、銅管と鉄管が接触する異種金属、冷間加工ままの組織と焼鈍組織が接触する異種組織電極など、導電率や電位が異なる物質が接触することで局部電池が形成されます。
　金属は同一でも、浸している水溶液の塩分やpHが異なれば、電位差が生まれます。これを**濃淡電池**と呼びます。濃淡電池には、塩分の濃度差が起因のものと、電極近傍の酸素濃度差が起因するものがあります。
　金属も水溶液も同じでも、温度差がある場合、電池を形成する場合があります。これを**温度差電池**と呼びます。

---

*異種電極電池　異種金属とは炭素鋼とステンレス鋼の接触でも水があれば異種金属腐食が起こる場合がある。

178

5-7 腐食による破壊

金属表面での局部電池の発生の概念図* (5-7-3)

局部電極

異種電極電池

異種導電物質 / 異種金属

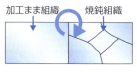

異種組織電極

濃淡電池

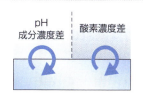

温度差電池

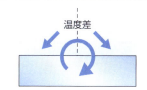

COLUMN 柔らかい鉄（哲学的視点）

　村松貞二郎の「感性の鉄文化」に、柔らかい鉄がでてきます。「鉄は実に柔らかい金属である。人の手が省かれれば、たちまち錆びて身を細め、やがて茶褐色の粉体となって滅びる。鍛冶は火を加えて自在に鉄を変形させ、変質させる。（中略）鉄は転生の利く最高の金属でもある。柔らかいからである。それは物性的な硬軟だけではない。哲学的に柔らかいといえよう。錆びることもまた柔らかいことである」鉄が変幻自在であることが「柔らかい」という語で示されているならば納得です。

　この論法でいくと鉄の対局にいる金属は黄金です。鶴岡真弓の著書「黄金と生命」には、黄金の永遠性と不死性に太古の昔から、人類は憧れてきたとあります。鉄が変化し続ける金属ならば、黄金は輝きをやめない、つまり変化しない硬い金属なのです。

　実際はとても柔らかい金属の黄金と硬い金属の鉄が哲学的には正反対であるのは、面白い表現ですね。さすが哲学です。

---

*金属表面での局部電池の発生の概念図　つまり、金属はわずかなゆらぎがあるだけで局部電極を形成する。

8 応力腐食割れ

引張応力の下で腐食環境にさらされた金属が突然破壊することがあります。これを応力腐食割れと呼びます。

▶▶ 応力腐食割れの発生メカニズム

金属は、応力を加えなくても、合金中での不純物の偏析、析出物の存在が局所電池を形成し、腐食は進行します。**応力腐食割れ***は、機械的な破壊が主役です。応力が負荷されると、転位増殖によりすべり変形が生じます。転位が多くなると、侵入型元素の炭素や窒素の拡散速度が上昇し、常温においても粒界などの欠陥部に偏析します。この偏析が粒界界面での局所電極を形成するのです。

応力腐食割れの電極形成メカニズム（5-8-1）

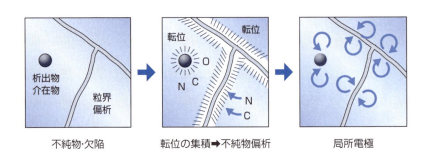

不純物・欠陥　　　転位の集積➡不純物偏析　　　局所電極

▶▶ 破壊を伴う腐食

引張りや曲げ、ねじりなどの応力を負荷した鋼材を酸性水溶液に浸すと、表面腐食で発生した水素原子が内部に拡散し、介在物や内部空孔（ボイド）でガス化し、金属を破壊する場合があります。これを**水素脆性割れ**もしくは**水素遅れ破壊**と呼びます。

金属が腐食環境で繰り返し荷重を受けると、疲労破壊時に観察されるストライエーションは空気中での疲労と異なり、小さな荷重でも短時間で破壊します。腐食

***応力腐食割れ**　SCC（Stress Corrosion Cracking）。

5-8 応力腐食割れ

が疲労を促進する現象を**腐食疲労**と呼びます。

応力腐食割れは、表面腐食で発生した孔食に応力集中が生じることで進行します。すべり面が発生し、表面の酸化皮膜が破壊して新生面が出現し、腐食が進行するという腐食の加速サイクルが急激な腐食を生み出します。応力腐食割れが発生すると、通常の腐食減肉では考えられないような短時間で石油タンクや貨物船舶の溶接部近傍で破壊が発生します＊。

ステンレス鋼の応力腐食割れは、オーステナイト系ステンレス鋼の溶接近傍で発生します。熱影響部では、結晶粒界でクロム炭化物を生成します。このため溶接部近傍ではクロム濃度が下がって鋭敏化し、粒界型応力腐食割れが発生します。

炭素鋼の応力腐食割れは、高温高濃度の苛性アルカリ水溶液で発生します。

黄銅の応力腐食割れは、アンモニア雰囲気で発生しやすくなります。

応力腐食割れの模式図（5-8-2）

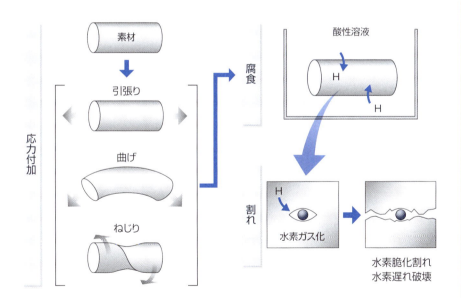

＊…発生します　実例としては、炭素鋼のアルカリ脆化、オーステナイト系ステンレス鋼の高湿水接触などがある。

5-8 応力腐食割れ

▶▶ 応力腐食割れ発生条件

　引張り応力は外部荷重だけではなく、冷間加工歪みや溶接や熱処理の残留応力なども同様の現象を示します。応力腐食割れは、腐食環境、使用鋼材および負荷荷重の３つの組み合わせで発生します。

　応力腐食割れのトラブル事例は数多くの事例が報告されています。ステンレスの鋭敏化＊が溶接部で発生したもの、アンモニアガスによるもの、各種蒸留塔の配管で発生したもの、原子力発電所で発生したものなどで応力腐食割れが繰り返し発生しそのトラブルが報告されています。

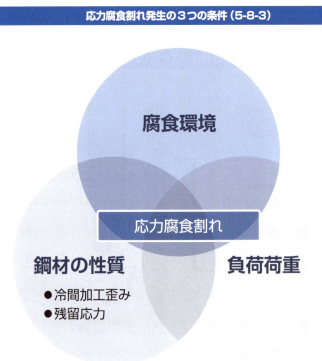

応力腐食割れ発生の３つの条件（5-8-3）

＊鋭敏化　ステンレス鋼の不適切な熱処理により、粒界にクロム炭化物が析出し、周囲のクロムが不足する。このため粒界近傍で腐食が発生する現象。

9 水素による破壊

水素は、金属の粒界に侵入して粒界割れを起こすだけでなく、さまざまな場所で金属の脆化を促進します。環境に起因する脆性破壊現象を引き起こす原因が水素です。

水素による脆性破壊の例

金属材料が水素の侵入によって脆性破壊することは多々あります[*]。鉄鋼でも、これまで水素により数多くのトラブルを経験してきました。たとえば、製鋼工程での脱水素がうまくいかなかった場合には、製品工程で内部品質トラブルが発生します。溶鋼中に残存した水素は、線材の中心部に発生する微小な欠陥である**毛割れ**、大形鋳造品の**内部割れ**、厚板製品での超音波検査で見つかる**内部欠陥**、溶接部のX線検査で見つかる**銀点**などを引き起こします。

水素による脆性破壊例 (5-9-1)

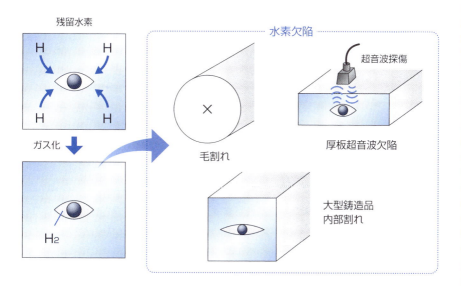

[*]…**多々あります** 脱炭素化の進展で、水素を利用する機会がこれから激増する。これまでの脆化に加え、新たな部品や機器の破壊にも備える必要がある。

5-9 水素による破壊

▶▶ 拡散性水素と材料強度が割れに及ぼす影響

　水素が鋼の脆性破壊の原因になる様子は、鋼の強度と、鋼の結晶格子中に原子のかたちで固溶している拡散性水素量で整理できます。水素による品質トラブルが発生する危険性は、高強度で水素量が高い場合ほど高まります。たとえば、高張力ボルトなどはわずかな水素の侵入で破断します。高張力鋼を水中や海中で使う場合も、**硫化物応力腐食割れ**（SSCC＊）が発生する可能性があります。また、ラインパイプでは硫化水素ガスによる水素誘起割れ（HIC）が発生する可能性があります。拡散性水素は、鋼中に最初から存在するだけでなく、使用環境からも侵入してきます。

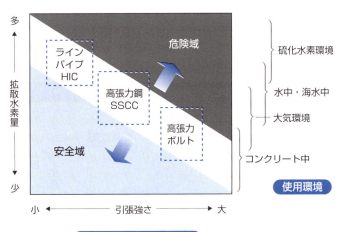

拡散性水素量と鋼の強度が水素脆性破壊に及ぼす影響（5-9-2）

水素脆性破壊領域模式図

▶▶ 水素脆性破壊メカニズム

　水素は、金属中では水素原子で拡散します。拡散経路は、粒界と粒内のいずれも可能性があります。粒内でも、原子半径の小さな水素の拡散速度は他の元素に比べて格段に大きいからです。

　水素が金属に侵入すると、粒界水素脆化、粒内水素脆化、水素侵食、水素病などが発生します。いずれも、金属中でガスを発生させ脆性破壊を引き起こします。

＊ **SSCC**　sulfide stress corrosion cracking。SSCと書く場合もある。

5-9 水素による破壊

粒界水素脆化は、水素脆性破壊でいちばん発生しやすい現象です。粒界に沿って水素は拡散します。そして結晶格子の欠陥部で水素ガスになります。粒界は格子欠陥が非常に多い部分です。粒界でガス化した場合、粒界に沿って割れが進行します。

粒内水素脆化は、粒内を拡散していく水素が、非金属介在物と金属の界面などでガス化することで発生させる割れです。界面で水素がガス化し始めた場合、界面の水素原子濃度は、介在物側の水素濃度と平衡する濃度まで下がります。そうすると、界面に水素が拡散してきてさらにガス化が進行します。介在物の周囲の水素ガス圧力は高まり、ついには介在物を起点とした粒内破断に至る場合があります。

水素侵食は、高圧水素環境で炭素鋼が使用された場合、鋼に侵入した水素が鋼中の炭素と反応し、メタンガスを発生させる現象です。高温の水素ガスを、炭素鋼のタンクやパイプで貯蔵したり輸送したりする場合に発生する可能性があります。

銅の**水素病**[*]は、酸素分の多いタフピッチ銅で、接合作業時に水素が銅内に入ることで起こります。水素が金属中の酸素と反応して水蒸気が発生して脆化するので、銅の水素病と呼ばれています。

水素脆化に関する関心の高まりは増加傾向です。脱炭素化や水素還元精錬などの技術動向の中で、水素ガス環境で用いられる材料の開発や構造部材の高強度化などが進められており、トラブルを避けるためには水素脆化課題を避けて通れません。

水素脆性破壊の模式図 (5-9-3)

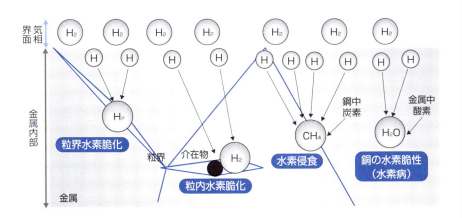

[*] **銅の水素病**　水蒸気の発生で熱膨張のため脆化する。無酸素銅では起らない。

Ⅰ 金属基礎篇　　第5章　金属材料の破壊

10 遅れ破壊

　鉄鋼材料の高強度化に伴い、水素脆化が問題になりつつあります。鋼材に外部から侵入した水素が鋼材を劣化させ、ある時間経過ののちに破壊に至るのが水素脆化です。高強度になればなるほど水素脆化が起こりやすくなります。

▶▶ 遅れ破壊のメカニズム

　遅れ破壊は、負荷応力がかかっている高強度鋼材が突然、塑性変形しないで破壊する現象です*。遅れ破壊した材料の破断面では**粒界破壊**が観察されます。

　粒界破壊は、水素脆化が起こったためです。水素脆化は、原子状態で鋼中に侵入した水素原子は、鋼材の欠陥や粒界などの欠陥部分で水素ガス化し、部分的に高圧化します。遅れ破壊が起こるのは、ガス圧力が鋼材の破壊臨界圧力値以上になったときです。

遅れ破壊のメカニズム (5-10-1)

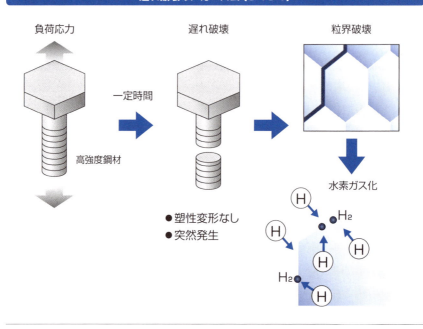

＊…現象です　実際には、ボルト締結した構造物で高張力ボルトがしばらくすると突然破壊する。

5-10 遅れ破壊

拡散性水素と残留水素

　遅れ破壊の原因になる水素は、常温でも鋼材の結晶格子内を拡散して移動する原子状の水素で、**拡散性水素**と呼びます。一方、鋼材の結晶構造の中に閉じ込められたままで動かない水素もあり、残留水素と呼びます*。

　拡散性水素の発生源は、溶接時に侵入する場合と、腐食環境などから侵入する場合があります。溶接時は、溶接金属のフラックス中の水分や、溶接部にあるさびや塗装などが発生源になります。溶接金属が高温になると、水素飽和溶存量が増加し、拡散が常温まで続きます。腐食環境では、表面で発生した水素イオンが金属内に侵入して、原子化し内部に拡散していきます。

残留水素と拡散性水素、非拡散性水素の関係の模式図（5-10-2）

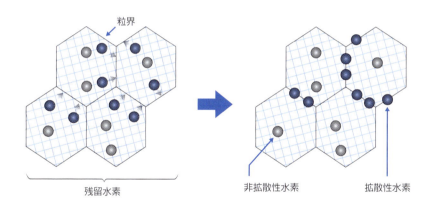

遅れ破壊の要因

　遅れ破壊に影響する因子は、鋼材の組織、強度、拡散性水素濃度、応力、欠陥などです。

　鋼材の組織は、溶存水素濃度が高いオーステナイト系ステンレス鋼を除き、マルテンサイトやパーライトなど溶存水素濃度が低い鋼材では遅れ破壊が起こります。

　強度は、高張力鋼や耐熱鋼など高強度の鋼材が起こりやすい特徴があります。

＊…**呼びます**　恒温槽の保定温度が室温から200℃では拡散性水素、400℃近傍では残留水素が放出される。

5-10 遅れ破壊

　拡散性水素濃度は、溶接部や腐食部で大きくなります。またボルト締結や溶接部近傍のように使用時の内部応力が高い部分で起こりやすい傾向になります。

　遅れ破壊は鋼材の起点があればより起こりやすくなります。溶接のビード部やクレーター部、表面傷や内部の介在物のような欠陥、部分的に非常に硬度が高い島状マルテンサイトなど、応力集中しやすい部分が多いと遅れ割れが起こりやすくなります。

　遅れ破壊は、引張り強度が120kgf/㎟以上の鋼材です。昭和時代の一時期、橋梁関係で120kgf/㎟の高力ボルトが使われました*。ボルトが腐食環境に晒されると遅れ破壊が発生しました。遅れ破壊は現在でも発生しボルト落下や場合によっては構造物が破損する可能性があります。最近では強度を最大110kgf/㎟に規制していますので起こる可能性は少ないです。一方、昭和時代の橋梁などには要注意です。

遅れ破壊発生のための5つの条件 (5-10-3)

鋼材組織
- マルテンサイト
- パーライト

欠陥
- 溶接ビードやクレータ
- 表面疵や介在物

強度
- 高張力鋼
- 耐熱鋼

応力集中
- ボルト締結
- 溶接部近傍

拡散性水素濃度
- 溶接部
- 腐食部

遅れ破壊

＊…使われました　昭和40年代後半から50年初頭に使用された。その後製造中止になった。

11 鋼の熱処理に伴う脆性

鋼材には、脆化しやすい温度があります。鋼材表面に青い酸化被膜を発生させる青熱脆性と、材料が真っ赤な温度で起こる赤熱脆性です。焼入れ後の焼もどし時も焼もどし脆性が発生します。いずれも粒界にも割れが入り、粒界脆性破壊を起こします*。

▶▶ 青熱脆性と赤熱脆性

軟鋼で高温引張試験を行うと、200℃近傍で強度が上昇し、延性が下がる現象が見られます。これを、200℃で発生する青い酸化被膜にちなんで**青熱脆性**と呼びます。

青熱脆性は、転位のコットレル雰囲気による移動の阻害が生じるために起こります。200℃になると、それまで拡散速度が小さかった炭素が拡散できるようになり、転位の周囲に集まるのです。転位は周囲に集まった炭素雰囲気を抜け出すまでは抵抗が働きます。いったん抜け出すと簡単に動くことができるため、引張り試験では上降伏点が出現したように見えます。

青熱脆性・赤熱脆性のメカニズム (5-11-1)

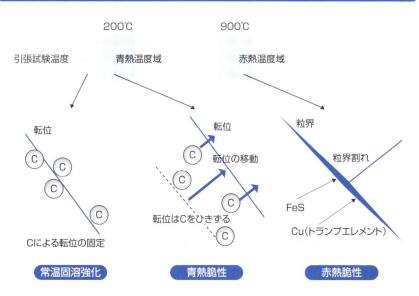

*…起こします　青熱脆性や赤熱脆性は高温引っ張り時の現象、焼き戻し脆性は常温引っ張り時の現象。

5-11　鋼の熱処理に伴う脆性

赤熱脆性は、900℃以上で鋼を熱間加工するときに出現します。鋼中の硫黄が拡散し、粒界でFeSとなって偏析します。スクラップから混入してくる銅なども粒界に集まってきます。粒界面に融点の低い化合物や金属があると、熱間加工時に粒界割れを生じます。

▶▶ 高温焼もどし脆性と低温焼もどし脆性

焼入れした後に焼もどしをする際、鋼中にスズやリン、ヒ素、アンチモンなどの不純物元素があるとき、これらが粒界に偏析し粒界割れを生じます。

高温焼もどし脆性は、500℃で長時間焼もどしたり、焼もどしの後に徐冷したりすると、脆化が生じる現象です。高温焼もどし脆性が生じた場合は、もう一度500℃で焼もどし、水冷すると脆性は回復します＊。

焼もどし脆性の模式図（5-11-2）

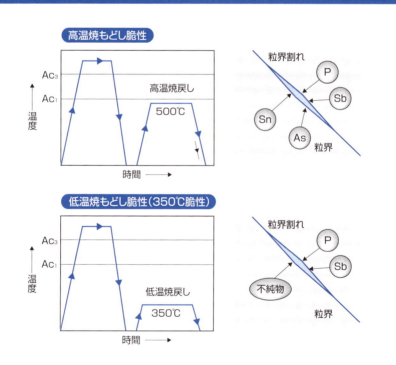

＊…回復します　粒界に集まった不純元素が拡散するためと言われている。

5-11 鋼の熱処理に伴う脆性

低温焼もどし脆性は**350℃脆性**とも呼び、300〜400℃での焼もどし時に発生します。粒界に炭化物が生成する過程で不純物が吐き出され、粒界近傍の強度を低下させるために発生します*。

隕鉄の歴史

　2013年2月、ロシアのチェリャビンスク州で、巨大な火球が観察されました。隕石雲を引きながら上空を横切り、爆発して粉々に落下しました。撮影動画がインターネットに投稿され、隕石の落下の凄まじさを目の当たりにした人も多いことでしょう。

　隕石は、石分が多いと大気で分解して燃え尽きてしまいます。ロシアの隕石は、爆発後も地上まで到達しているため、鉄が主成分の直径20m質量1万数千トンの小惑星が大気突入したと考えられています。バラバラになって地上に到達したものが隕鉄です。

　世界最大の重量66トンのホバ隕鉄は約8万年前に落下しました。破壊した小惑星の金属核が空から降ってくるのが隕鉄の起源です。

　隕鉄は大昔から地上に存在し、人類は道具として利用する恩恵に預かってきました。古くは、紀元前13世紀のギリシアのパロス大理石に刻まれた年代記に隕鉄の記事が発見されています。紀元前465年にはプリニウムがトラキアでの隕石の落下を記述しています。昔から隕鉄は武器や道具に加工されてきました。文明が発達し始めると、宗教的な意味合いも加わり神聖化されました。

　隕鉄は鉄が主成分ですが、ニッケルの含有量が重要です。隕鉄を真っ二つに切断して磨いてエッチングするとウィドマンシュテッテン構造が浮き出してきます。溶けた隕鉄が100万年かけて凝固していく過程で、ニッケルが、雪の結晶のような模様に結晶化します。しかし、この模様は、隕鉄のなかでもニッケル含有が比較的少ない隕鉄でしか浮き出しません。ニッケル含有が多いと、アタキサイトと呼ぶ模様が全くでてきません。隕鉄に模様が無いからといって偽物だと決めるのは早計かもしれません。

　隕鉄落下の歴史を紐解くと、BC13世紀のギリシアのパロス大理石に刻まれた年代記まで遡れます。BC465年にアゴス河畔のトラキアで石の落下が観察されたとプルタークとプリニウスが記録しています。最近では1492年に、エンシスハイムで60ポンドの重さの石が大音響とともに空中から落下したことが記載されています。1795年には英国ヨークシャーで56ポンドの石が落ちました。まだまだ詳細な隕鉄落下の記録はありますが、またの機会にお話します。

＊…発生します　鋼材の焼もどしの知見は、1970年ごろのものが多く、脱ガス適用や高純度化が未発達の時代の知見。ただし、事実ではあるので避けるのが賢明と思われる。

5-11 鋼の熱処理に伴う脆性

英国へ出発（英国鉄鋼の旅第１話）

2019年7月、英国旅行にでかけた。コロナ禍が始まる半年前のことであった。

さて、英国に行きたかった理由を説明しよう。それはただ自分で書き散らかした文章の内容を確かめたかったからである。まさにこれが理由であった。鉄の歴史を話していると、どうしても避けて通れないイベントが3つある。一つ目はコークス高炉の確立、二つ目は転炉の発明、そして3つ目は合金の発明である。その3つの発祥の地が、英国にある。

コークス高炉は、セバーン渓谷のコールブルックデールにあるダービー一族が確立した高炉である。このオリジナルを見てみたかった。そして、その高炉から生み出された銑鉄で世界で初めて架けられた鉄橋、アイアンブリッジ にも触ってみたかった＊。

次の転炉は、シェフィールドで初吹錬されたベッセマー転炉である。

そして最後は合金である。合金なんて今では鋼では当たり前だが、そのご先祖様がファラディだということはあまり知られていない。ハドフィールドがシリコンやマンガンを入れた合金を作る100年前、ステンレス鋼が世に出た100年前に、ファラディが既にステンレス鋼を作っていたのだ。1820年ごろの話だ。

実は1930年、そのファラディの合金サンプルが収められた木箱をハドフィルドが見つけたのであった。その中には、全く錆びていないサンプルがあったと、ハドフィールドが書いている。

筆者はハドフィールドの90年前の著書をドイツの古本屋で見つけたので読み込んで、数年前に金属学会誌にファラディの早すぎた合金研究の内容を論文として発表していた。

でも、論文を出した直後から、何かモヤモヤし始めた。「ハドフィールドさんが見たというあの合金、本当に存在するんやろな」筆者は鉄鋼の品質管理屋である。現場で現物をたしかめ、自分で確証を得なければ気が済まない。自分の目で確かめなければ90年前のおじさんの話をそのまま信じて書いてしまった自分が許せないということだ。

まず行動である。英国旅行を決めた日、ファラディ研究所がある英国王立研究所にメールを出した「こんにちは、私は日本の技術者です。夏に英国に行きます。その時、ファラディの宝箱を見せてください」当然のことながら、返事は返ってこなかった。ご存知の通り筆者は英語を話したり書いたりすることがとっても不自由だ。「トレジャーボックスって宝箱だよな。昔の貴重な合金が入っていたとするとそれはきっと宝箱。」

多分、メールを読んだ人も、意味不明だったのかもしれない。返事がこないので仕方がない。かくなるうえは王立研究所に押しかけて、一眼見るまで帰らないと駄々をこねるしかない。こういう決意のもと、ロンドンを最後の訪問地とし、帰りの飛行機が出るギリギリまで王立研究所に居座って交渉するつもりであった。まるで戦果のアテもない特攻隊のような話であった。

＊**触ってみたかった**　この思いは簡単に達成できた。橋脚の真横に歩道があって、そこから手を伸ばせば思う存分撫で回せた。

I 金属基礎篇

第6章

試験・調査技術

　材質や欠陥を正確に調べるためには試験調査が欠かせません。この章では、これまで、あまり触れられてこなかった金属を調べる技術について解説します。

　金属の性質や状態を調べる方法には、金属に対して行う金属試験方法と、金属に外部から電磁気などを作用させて反応を観察する金属調査技術があります。

1 試験方法と調査技術

金属の性質や状態を調べる方法には、金属に対して行う金属試験方法と、金属に外部から電磁気などを作用させて反応を観察する金属調査技術があります。

▶▶ 金属試験方法

　金属試験は、機械試験、組織調査、腐食防食試験および非破壊試験で構成されます。

　機械試験には、引張り試験、曲げ試験、衝撃試験、硬さ試験、成形性試験、脆性破壊試験、疲労試験、クリープ試験、リラクゼーション試験＊などがあります。

　組織調査には、金属組織をエッチングして観察したり、介在物の形態を観察したり、内部欠陥を観察する調査と、熱処理材の硬化層や脱炭層を観察する調査、鋼の火花調査、被削性試験があります。

　腐食防食試験には、腐食環境での加速試験、大気環境での耐候性試験、めっき材の付着量試験およびステンレス鋼の腐食環境試験などがあります。この試験方法は、表面技術で解説します。

　非破壊試験には、放射線透過試験、超音波試験、磁粉探傷試験、浸透探傷試験および渦流探傷試験などがあります。

▶▶ 金属調査技術

　金属調査技術には、分子分光分析、原子分光分析、X線・電子線を用いる分析、質量分析・NMR、分離分析があり、金属組織の組成分析や形態・構造解析を行います。

　分子分光分析法は、物質に電磁波を照射したとき、放出もしくは吸収するスペクトルを計測し、物質の定性・定量分析を可能にする方法です。

　原子分光分析法は、高温に加熱して原子化した物質に電磁波を照射したとき、元素固有の吸収スペクトルを示す現象を利用し、元素の定性・定量分析を行う方法です。

＊**リラクゼーション試験**　高温で使用するばねなどで、クリープ応力を掛けておき、クリープによって応力が減少する（ばねがリラックスする）程度を見る試験。

金属の試験方法と調査技術 (6-1-1)

金属試験方法

機械試験
・破壊試験
・金属の機械的性質

組織調査
・ミクロ組織
・介在物
・欠陥

腐食防食試験
・腐食加速試験
・めっき付着

非破壊試験
・放射線
・超音波
・磁力線

金属調査技術

- 分子分光分析
- 原子分光分析
- X線分析
- 電子線分析
- 質量分析
- 分離分析

98%
金属製品のほとんどは鉄

圧倒的な鉄鋼生産量

鉄鋼生産は、全金属生産量の何%かって聞くと、たいがいの人は5割くらいと答えます。勇気のある人は75%と答えます。「鉄鋼生産量を甘く見過ぎです。正解は98%」と話すと「そんなにあるんですか」いつも同じリアクションです。鉄鋼生産が金属の9割を超えているのは、今に始まったことではありません。20世紀初頭で既に9割でしたし、現在でも、じわじわ数字が上がっています。アルミや銅やチタンや鉛などの金属が群がっても2%にしかなりません。巨人ゴリアテの前の蟷螂の斧のようなものです。蟷螂も役に立ちますし大切です。しかし十把一絡げに非鉄金属と呼ばれています。鉄鋼生産は、それほど規模が大きいのです。

ものつくりの二大素材

ものつくりの原料や材料になるもの素材と呼びます。鉄は金属素材の中のチャンピオンです。しかし素材分野では上には上がいます。それはセメントです。鉄鋼が年間16億トン[*]に対し、セメントは倍以上の33億トン。生産量勝負では、セメントに負けます。しかしセメントとは競技種目、いや使用場所が違います。彼方は、道路や構造物など、それ自身が動かないところ、不動産に用いられます。此方は、セメントの芯に使われるのが3分の1程度で、残りは船や車などの動産、動き回るものに使われます。植物的なセメントと動物的な鉄鋼のイメージですね。95%も使われているには意味があります。とにかくよく動き回る人間に役立つように働いているのが鉄鋼です

---

[*]16億トン　2020年現在ではすでに18億トンになっている。金属生産量はコラムを書いた時期と読む時期で数値が大きく異なる。セメントも同じ。

2 機械試験法

機械試験法は、金属を引っ張ったり、曲げたり、衝撃を加えたりするなど、一定の条件で金属を破壊することにより、金属の性質、つまり材質を計測する方法です。

▶▶ 引張り試験

　引張り試験は、引張り試験機を用いて、試験片もしくは製品を一定の引張り速度で引張り、破壊に至るまでの間に降伏、耐力、引張り強さ、降伏点伸び、破断伸び、絞りなどを計測する方法です。通常は常温の一定速度で行いますが、高温で行う**高温引張り試験**などもあります。

　引張り試験で計測するのは、試験片にかける荷重、試験片につけた評点の伸び、試験片の断面積です。試験片の作り方や評点距離が変われば計測結果が変わるため、試験片形状は厳密に決めてあります。試験片には、平行部の断面積に応じて評点距離を変化させる**比例試験片**と、試験片の主要部の形状および評点距離が一定に決めてある**定型試験片**があります。

　試験片の伸び測定は、引張り前後の評点距離から求めます。伸びには、評点距離の差を百分率で表す**全伸び**と、評点距離の比の自然対数で表す**真ひずみ**があります。全伸びは、引っ張ったときに弾性伸びと永久伸びが合わさったものであり、一様伸びと局所伸びの和でもあります。真ひずみは、瞬間、瞬間に試験片が変形していく過程を連続して捉えています。全伸びは公称ひずみとも呼び、変形の前後の変化だけで求めます。

　試験片の**応力ひずみ曲線**を描くと、試験片平行部が降伏し始める上降伏点と、降伏後に一定の荷重状態になる下降伏点が現れます。曲線中で規定された永久伸びを生じる荷重を耐力と呼び、降伏点が明瞭に現れない高剛性材料の降伏点として用います。降伏が明確に現れない場合は、弾性域に平行線を引き、鋼の降伏時の永久ひずみ0.2％をずらせて、0.2％耐力＊として計算し降伏点の代用とします。

　伸びには、降伏伸び、破断伸び、一様伸びおよび局部伸びなどがあります。

　絞りは、円筒試験片の試験片の試験後の面積を最初の断面積で割って計算します。

＊**0.2％耐力**　ひずみ量は、0.2％以外にも0.3％や0.5％とさまざまある。ここでは0.2％と記述している。

引張り試験の概念図 (6-2-1)

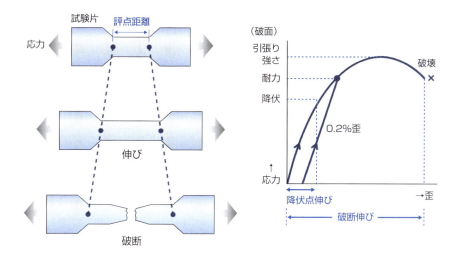

▶▶ 曲げ試験

　材料の変形能＊を調べる試験です。規定の内側半径で規定の角度まで曲げ、湾曲部外側の表面での割れや裂け目などの欠陥の発生の有無を調べる試験方法です。

　曲げ試験方法は、試験片を2個の支えに乗せて中央部に押し金を当てる**ローラー曲げ法**、試験片を軸や型に沿わせて曲げる**巻付け法**、試験片をVブロックに乗せて中央部に押し金具を当てて曲げる**Vブロック法**などがあります。

　曲げ試験において、曲げられた試験片の内側の曲げ面の曲率半径を内側半径と呼びますが、この半径は計測するのではなく、押し金具や軸、型の先端曲率で代用します。

　曲げ角度は、曲げ試験の試験片角度が最初の一直線からの変化代で示します。内側半径がゼロで曲げ角度が180度になった状態が**密着曲げ**です。

　曲げ試験の種類は、上記方法に加えて、4つ折りに密着させる**ハンケチ曲げ試験**（二重曲げ試験）、突き合わせ溶接継手の溶接部の表側が外側になるように曲げる**表曲げ試験**、溶接の裏側が引張りになるように曲げる**裏曲げ試験**、鋼材や溶接継手の側面が引張り圧縮になるように曲げる**側曲げ試験**などがあります。

＊**変形能**　塑性変形能の略記述。通常加工時の延びが影響する。

6-2 機械試験法

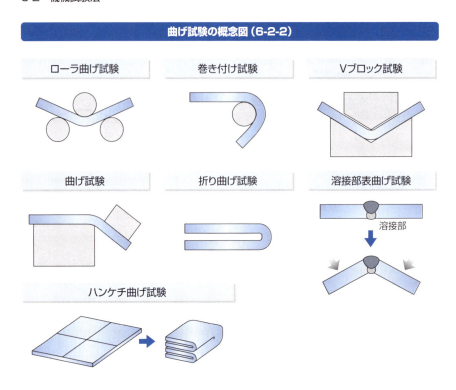

曲げ試験の概念図（6-2-2）

▶▶ 衝撃試験

　衝撃試験とは、試験片に衝撃荷重を加えて試験片を破断させ、破断に必要なエネルギーや破断面の状態を調べて、材料の靱性や脆性を知る方法です。衝撃荷重の加え方には、衝撃引張り、衝撃圧縮、衝撃曲げ、衝撃ねじりなどの方法があります。

　シャルピー衝撃試験は、試験片を40mm離れた支持台で支え、試験片に入れた切り欠き部の背中をハンマーで衝撃を加えて破断する方法です。シャルピー試験片は、通常10mm角の長さ55mmの試験片に、2mm深さまで、切り欠きを入れたものです。切り欠き先端はＶ字もしくはＵ字にします。吸収エネルギー、破面率、遷移温度などを計測することができます。

　アイゾット衝撃試験＊は、試験片の一端を切り欠き部で固定し、切り欠き部から22mm離れた位置の切り欠き面と同じ側をハンマーで衝撃を与える方法です。アイゾット試験片は、10mm角の長さ75mmにＶ字切り欠きを入れます。

＊**アイゾット衝撃試験**　硬質プラスチックなどの樹脂や脆い材料の測定に適用される。

198

6-2 機械試験法

衝撃試験を行う際、試験片を10mm角で作ると、吸収エネルギーが大きくなり過ぎ、破断できない場合があります。この場合、試験片の幅を10mm以下にして、適切な吸収エネルギーに調整します。これを**サブサイズ試験片***と呼びます。

シャルピー衝撃試験とアイゾット衝撃試験の概念図（6-2-3）

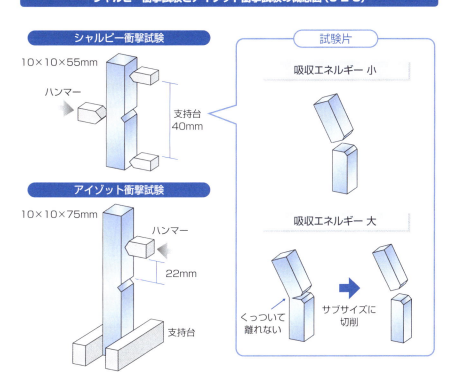

吸収エネルギーは、ハンマーの持ち上げ角度と、振り下ろして試験片を破断させた後に反対側に持ち上がった角度から計算できる位置エネルギー差で計算します。この値を吸収エネルギーと呼び、切り欠き部の断面積で割った値を衝撃値と呼びます。

破断面を観察して、劈開破壊（へきかい）もしくは脆性破壊して輝いている脆性破面の面積率と、鈍く輝きのない破面の延性破面の面積率を求めます。

試験温度を変化させ、吸収エネルギーと延性破面率の関係を表すと、吸収エネル

***サブサイズ試験片** サブサイズ試験片は、JIS規格で規定されている。材料から標準試験片が採取できない場合、幅を7.5mmもしくは2.5mmとする。

6-2 機械試験法

ギーや破面率が急激に変化する温度域が求まります。これを**遷移温度***と呼びます。通常、遷移温度は吸収エネルギー差の2分の1、破面率が50%になる温度を採用します。

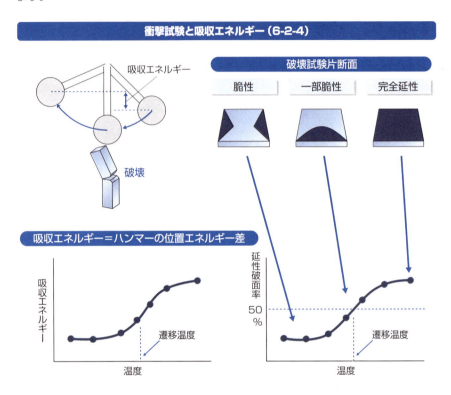

衝撃試験と吸収エネルギー（6-2-4）

▶▶ 硬さ試験

　硬さ試験とは、試験片の表面に圧子と呼ぶ硬質の球や四角錐(すい)の部品を押し込み、その圧痕で硬さを測定する方法です。一定の手順で測った数値なので、計測方法を指定したときの単位のない数字です。変わった方法では、ハンマーを落として計測するショア硬さなどもあります。鉱石などの硬さを示すモース硬度なども硬さ試験の一種です。

　硬さ試験は、押し込み硬さ試験のブリネル硬さ試験、ビッカース硬さ試験、ロックウェル硬さ試験と、反発硬さ試験のショア硬さ試験があります。

***遷移温度**　Vノッチシャルピー衝撃試験で延性破面率が50%にを示す遷移温度をvTrsと呼ぶ。筆者はこの記号を見るたびになんだか胸の奥に若き日のモヤモヤ感が蘇る。

6-2 機械試験法

押し込み硬さ試験では、圧子の形状と押し付け基準荷重が決められています。

ブリネル硬さ試験は硬い鋼球を一定荷重で押し込み、表面に生じた永久くぼみの大きさから硬さを測定します。ブリネル硬さは、試験荷重を永久くぼみの表面積で割った数字です。

ビッカース硬さ試験は正四角錐のダイヤモンド圧子を押し込みます。ブリネルと同様に試験荷重（N）を圧痕の表面積で割ってビッカース硬さを求めます。

ロックウェル硬さ試験は円錐形のダイヤモンドや鋼球を圧子として用い、まず基準荷重を加えた後に試験荷重でさらに押し込みます。一定時間保持したあと試験荷重を取り除き、基準荷重時の深さとの深さの差を求め、ロックウェル硬度を計算します。

このほか、めっきなどの薄い表面の硬度の図り方に**ヌープ硬さ**があります。

ショア硬さ試験＊は、一定高さから試料表面に落下させたハンマーの跳ね上がり高さを用いて硬さを計測します。ショア硬さ試験は、サンプルを切り取ったりする必要もなく、図りたい部分に計測器を持っていけば、非破壊で測定できる利点があります。

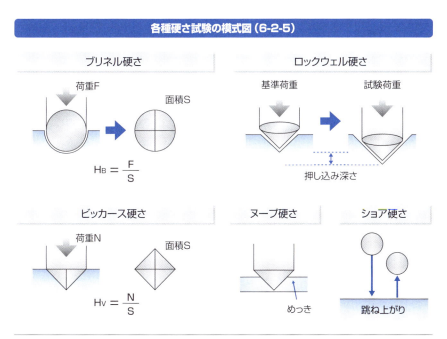

各種硬さ試験の模式図（6-2-5）

＊**ショア硬さ試験** 1906年米国ショア氏の発明。日本でも国産化が進み、現在でも使われているが、欧米ではすたれている。現在はリーブ硬さ試験法を日本発の試験法として確性中。

▶▶ 成形性試験

成形性試験とは、金属素材に実際の加工条件を模擬した成形を、割れが生じるまで加えて、成形限界を求める破壊試験です。金属素材の使用性能を保証するために、一定の条件ならば、割れなく作れる限界を示すものです*。

成形性試験は、成形要素別に決められており、深絞り成形、張り出し成形、伸びフランジ成形および曲げ加工成形の4要素分野に分けられます。

深絞り成形試験は、ダイス面に置いた試験片を、ポンチによりダイス穴に絞り込み、深絞り限界を計測する試験方法です。**深絞り限界**とは、割れが生じず深絞りできる最大試験片直径で、ポンチ直径との比を**限界深絞り比**と呼びます。パンチの形状によって**スイフト深絞り試験、エリクセン深絞り試験、コニカルダイ深絞り試験**があります。

張り出し試験は、ダイス穴内にある試験片の中央部にポンチの押し込みもしくは液体の圧力により二軸引張り変形による張り出し変形を与え、限界を求める試験方法です。液体の場合は、**液体バルジ試験**と呼びます。成形限界は、割れが生じずに成形できる深さで表します。液圧バルジ試験とも呼びます。

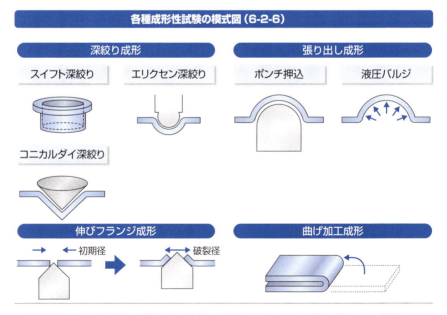

各種成形性試験の模式図 (6-2-6)

*…**限界を示すものです** 本書では詳説しないが、板への応力の作用する方向や作用する順番により成形性は大きく変わる。

伸びフランジ成形試験は、あらかじめ打ち抜いた初期径の穴にパンチを押し込んで穴を広げ、穴のふちに割れが入った時点を破裂径とし、初期径に対する破裂径を伸びフランジ性とする試験方法です。

曲げ加工試験は、180度曲げた時に割れが入らない確認試験です。

脆性破壊試験

破壊靭性試験の代表は、**亀裂開口変位試験**（CTOD*）と**落重試験**（DWTT*）です。

CTODは、大型の構造物に亀裂が存在したときに曲げ荷重をかけると、割れ亀裂が進展する現象を模擬した試験です。鋼材は温度が下がればより破壊しやすくなります。試験片の予め疲労亀裂を付与した開口部に変位計を取り付けて荷重をかけ、割れ亀裂が発生する直前の開口部の距離の変化を計測結果とします。

DWTTは、プレスノッチを入れた試験片に衝撃荷重をかけて破壊し、破断面の延性破面率、脆性破面率を測定する方法です。所定の温度に保持した試験片に錘（おもり）を落下させて破断するため、落重試験と呼ばれています。

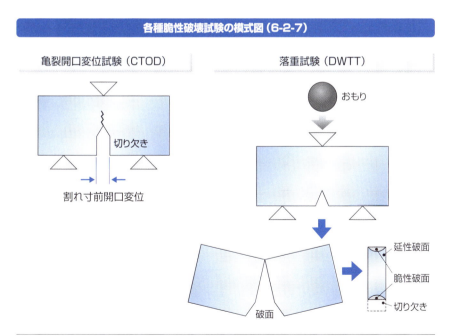

各種脆性破壊試験の模式図（6-2-7）

---

* **CTOD**　　Crack Tip Opening Displacement
* **DWTT**　　Drop Weight Tear Test

I 金属基礎篇　第6章　試験・調査技術

3 組織調査

　金属の組織調査は、金属組織から切り出したサンプルをエッチングして顕微鏡観察する組織観察、介在物の形態観察、表面処理組織観察、火花観察および被削性観察など、組織そのものを観察する方法です。

▶▶ 組織エッチング

　組織エッチングは、切り出した金属サンプルの表面を磨き、腐食液に浸漬して表面をエッチングし、浮き出してきた模様で、金属組織を観察する方法です。

　組織調査では調査条件を一定にして観察結果を客観化するため、金属の種類により腐食液を変えます。炭素鋼や合金鋼、鋳造品の組織を観察するには**ナイタール液***を使用します。ステンレス鋼では**王水**を、銅や銅合金では**グラード液***を、アルミニウムやアルミニウム合金では**ケラー氏液***やフッ酸水溶液を用います。

組織エッチングの種類（6-3-1）

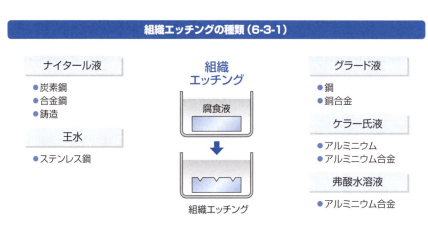

▶▶ 介在物観察

　金属塊中には、溶解精錬時や鋳造時に不可避的に生成する非金属介在物を含みます。非金属介在物は、金属塊を圧延したり塑性変形させたりする際に、非金属介在物の種類に応じて伸びたり、破壊したりします。

　製品からサンプリングした金属組織に含まれる非金属介在物の種類や形状を計測

***ナイタール液**　硝酸3%アルコール液。
***グラード液**　塩化第二鉄腐食試験。
***ケラー氏液**　塩酸、硝酸、フッ酸水溶液。

6-3 組織調査

するためには、顕微鏡観察が適しています。非金属介在物の種類は、観察形態で判別しています。

A系介在物は、細長く伸びています。主に硫化物系の介在物がA系に属します。

B系介在物は、砕けた介在物が一列に並んでいます。主にアルミナ系です。

C系介在物は、A系同様に細長く伸びていますが、端がとがっていて、一部ちぎれたところが観察できます。主にシリケート系です。

D系介在物は、介在物は変形しておらず、均一にばらまかれたように散らばっています。主に酸化物系介在物です*。

介在物の顕微鏡観察は、簡便で有効な介在物の種類や個数観察方法です。しかし、観察できるのは顕微鏡視野に限られ、内部に含まれている介在物を調べたり、大きな視野で観察するには物足りません。現在では、介在物観察を自動化したり組成や大きさの分布まで計測、集計できる計測機器が数多く出ています。

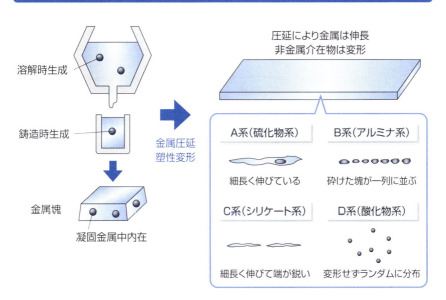

非金属介在物調査方法と主要介在物種類 (6-3-2)

*…**酸化物系介在物です**　JISの鉄鋼用語(試験)では、非金属系介在物、A系介在物、B系介在物、C系介在物、清浄度が挙げられている。

▶▶ 表面組織観察

　熱処理を行ったときの健全性は、表面組織観察で行います。熱処理を行った金属製品からサンプルを切り出し、研磨およびエッチングを行います。エッチングには、マクロ組織調査のための希塩酸溶液によるものと、ミクロ組織調査用のナイタール液＊によるエッチングがあります。

　マクロ組織調査では、表面の硬化相のエッチング色が変化するため、熱処理硬化部の深さや熱処理不足部分などが観察できます。

　ミクロ組織調査では、結晶粒界がエッチングで現れます。表面良好なマルテンサイトになっており、内部が目的通りの組織になっている熱処理良好組織か、表層にフェライト組織が現れている熱処理不良組織かが判別可能です。

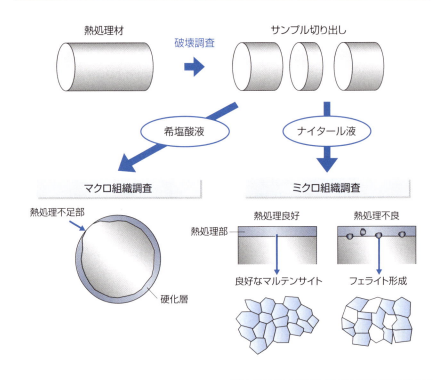

表面熱処理材の組織調査方法（6-3-3）

＊**ナイタール液**　硝酸とアルコールの溶液。エタノールを使うと爆発の危険があり、メタノールは毒性がある。

6-3　組織調査

▶▶ 火花試験

　火花試験は、昔からある炭素含有量を簡便に計測できる試験方法です。試験片を砥石で削ると、火花が飛びます。その火花を昔は目視で、現在では画像処理判定で観察し、およその炭素含有量を推定することができます。

　炭素濃度の判定方法は、0.05%刻み程度です。炭素含有量が0.05%以下の鋼材の火花は、とげ状です。これが0.05%程度になると、2本に破裂する火花になります。0.15%になると3本以上に破裂します。0.2%になると、3本に破裂した火花が先端で二股に分かれます。この火花を三本破裂二段咲きと呼びます。0.3%になると数本破裂二段咲き、0.4%になると数本破裂三段咲きになります。これに花粉状の火花が伴う場合もあります。火花試験は、昔は職人技でした。しかし、現在では有効な簡易炭素濃度計測法として役立ちます。

　皆さんも炭素判別方法を覚えておいても損はしませんよ*。

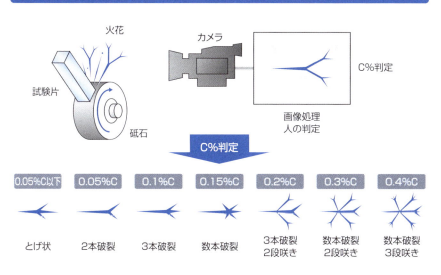

火花試験方法と炭素濃度判定方法（6-3-4）

＊**損はしませんよ**　実生活で火花を意識する場合は、グラインダー掛けの時や線香花火を見る時くらい。昔、転炉前で計算尺片手に火花の見方を教えてくれた作業長さんの声が懐かしい。

4 非破壊検査

非破壊検査は、主に金属材料の欠陥を検査するために行う検査です。機械試験のように金属材料を破壊することなく、検査を行います。

▶▶ 非破壊試験概要

金属材料の試験方法に材料を破壊しないで、欠陥を観察する方法があります。これを**非破壊試験**と呼びます。最も簡単な非破壊試験は、外部欠陥の目視検査です。金属材料の外観を観察し、割れやへこみ、異物巻き込みなどの外部欠陥が発生していないことを確認します[*]。

外部欠陥の検出方法は、磁粉探傷法（MT）、過流探傷法（ET）と浸透探傷法（PT）があります。内部欠陥の検出法には、放射線透過検査（RT）と超音波探傷法（UT）があります。

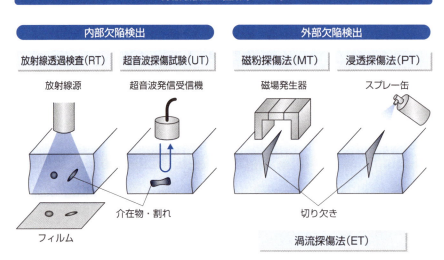

非破壊検査の種類（6-4-1）

---

[*]…確認します　外観目視検査は、材料検査の基本。機器による観察を行うにしても、まず目視検査を行う。

放射線透過検査（RT）

　放射線透過試験は、金属材料の片側からX線を照射し、反対側に置いたX線フィルムや蛍光板、蛍光増幅装置などで透過した情報を捉え、金属材料の内部の状態を検査する方法です。

　放射線源は、X線管やγ線源があります。X線管*は、陰極のタングステンフィラメントから照射した電子を陽極のタングステンターゲットに衝突させ、X線を発生させます。X線は放射窓から外に導きます。金属材料を透過したX線は、X線フィルムを感光させたり、蛍光板や蛍光増幅装置により映像化されます。

　放射線透過試験は、金属でも非金属でも傷の検出が可能です。スラグや介在物のように容積を持つ欠陥はほぼ検出します。

放射線透過検査方法の概念図（6-4-2）

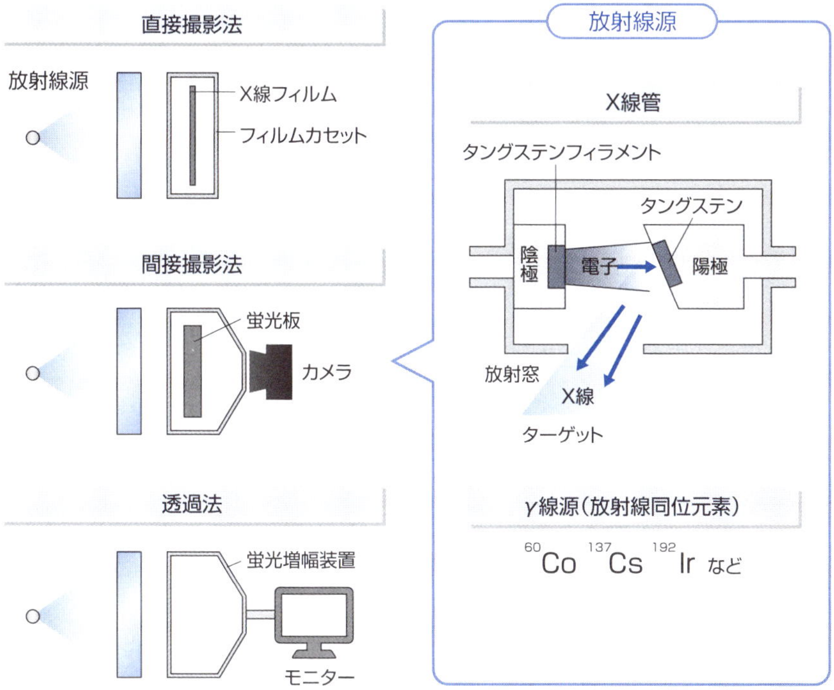

直接撮影法
- 放射線源
- X線フィルム
- フィルムカセット

間接撮影法
- 蛍光板
- カメラ

透過法
- 蛍光増幅装置
- モニター

放射線源
- X線管
  - タングステンフィラメント
  - タングステン
  - 陰極
  - 電子
  - 陽極
  - 放射窓
  - X線
  - ターゲット
- γ線源（放射線同位元素）
  - ^{60}Co　^{137}Cs　^{192}Ir　など

＊**X線管**　電気を流している間だけX線を発生させる。取扱いが簡単なので多用されている。

6-4 非破壊検査

▶▶ 超音波探傷法（UT）

超音波探傷法＊は、金属材料の表面から超音波を発信し、音が反射してくる時間から、内部欠陥の存在の有無を検出する方法です。超音波の入射する方法で、垂直探傷法、斜角探傷法、水浸探傷法の3つに分類されます。

垂直探傷法は、超音波を入射側の表面と直角方向に入れて、裏面反射と内部欠陥反射の時間の比より、深さ方向の欠陥位置を計測します。

斜角探傷法は、超音波を斜めに入射し、受信側で入ってくる時間から、内部欠陥の有無を把握します。垂直探傷法で不得意な板厚に垂直方向の欠陥も、斜角探傷法では検出可能です。

水浸探傷法は、精密探傷法です。水を媒体にして、超音波を試験片に入射することにより、**不感帯**がない状態で正確に欠陥の計測が可能です。

超音波探傷法の概念図（6-4-3）

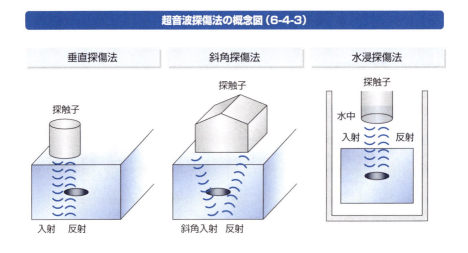

＊**超音波探傷法** 超音波探傷試験レベル2資格試験が筆者唯一の自分で真剣に探傷した経験。試験サンプルを使っての実技よりも筆記4択問題の方が難しかった。水浸探傷試験にも世話になった。

▶▶ 磁性探傷検査

磁性探傷検査*には、渦流探傷法（ET）と磁粉探傷法（MT）があります。

渦流探傷法は、試験片の表面に**励磁電流**を流したコイルを近づけて、試験片側に渦流電流を流します。**渦流電流**は、試験片表面で磁界を励磁し、コイルは磁界の影響を受けます。試験片表面に欠陥があれば、渦流電流が変化するため、励磁磁界が変わり、コイルが受ける磁界が変化します。こうして、健全な部分と欠陥がある部分の差異が検出できます。

磁粉探傷法は、試験片の表面に蛍光塗料を含有する磁粉を含む水溶液を塗布し、試験片を磁化します。表面欠陥があれば、蛍光磁粉が欠陥周囲に集まり、欠陥を検出することができます。ヘアクラックのような目にみえにくい割れを検出するために用います。

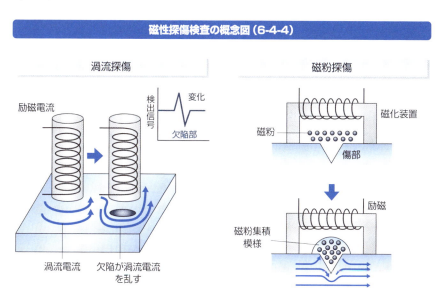

磁性探傷検査の概念図（6-4-4）

＊**磁性探傷検査**　ETはライン時代、MTはスタッフ時代の通いつめた検査。ETで信号がでたり、MTで模様が浮き上がる時の絶望感は今でも思い出すだけでしんどい。

▶▶ 浸透探傷検査（PT）

浸透探傷検査*は、試験片の表面に開口している欠陥の探傷に適しています。まず**前処理**として、洗浄液で表面に付着している油脂や汚れを除去します。その後、**浸透処理**として、浸透液を表面に満遍なく塗布します。通常スプレーで吹き付け塗布します。次いで、**除去処理**として、表面に付着している浸透液をウエスなどで完全に拭き取ります。最後に、**現像処理**として現像液を吹き付け、開口部に浸透していた液を表面に吸い出し、反応させて着色し、欠陥位置や大きさを特定します。

浸透探傷試験は、2種類の浸透液と3種類の洗浄剤、4種類の現像法があります。

浸透液には、紫外線により欠陥を黄緑色に発色させる蛍光体浸透液、赤色模様を浮き出させる赤色染料含有浸透液があります。洗浄剤には、水洗可能な水洗性、乳化剤を加えて水洗する後乳化性および有機溶剤洗浄材による溶剤除去性の洗浄剤があります。現像法は、湿式、速乾式、乾式および無現像があります。

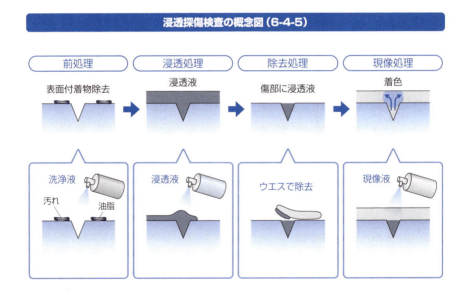

浸透探傷検査の概念図（6-4-5）

＊**浸透探傷検査**　品質管理時代に、実際この手順で調査を行っていた。白地に赤く浮き出す模様は、家に帰れない日々の始まりと今でも脳裏に刷り込まれている。

5 分光分析の基礎

分光法とは、特定の波長の電磁波を検出して、物質の定量的・定性的性質を測定する方法です。電磁波の波長領域と計測対象金属から出てくる電磁波が、入射の電磁波よりも特定の周波数の強度が強いか弱いかで、吸光分光、発光分光と区別します。

▶▶ 分光法の原理

分光法での**入射電磁波**は、X線からマイクロ波まで幅広い周波数帯を用います。計測対象金属に入射した後、金属から特定の周波数の電磁波を放出します。入射信号に比べて特定の周波数の強度が特に弱くなる現象を**吸光**、強くなる現象を**発光**とします。これ以外に、入射光とは別に散乱する**散乱光**を計測する方法もあります。

周波数別の強度比で物質の定量的・定性的性質を測定する方法を**分光***と呼びます。

分光分析法の原理の基礎（6-5-1）

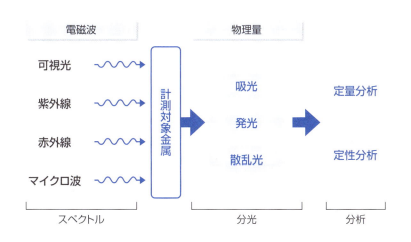

＊**分光**　分光とは、入ってきた光をプリズムを通して光の電磁スペクトル、色、つまり波長に分けること。

6-5 分光分析の基礎

分子分光と原子分光の基本

分光分析には、分子の状態を観察する分子分光*と原子の状態を観察する原子分光があります。

分子分光は、電磁波による外部エネルギーの入射が、分子を構成する原子間の結合状態を変化させ、その結果を異なる周波数の微弱な電磁波として放出する現象を利用しています。

原子分光は、外部エネルギーが分子を構成する原子の内殻電子を励起して内殻電子軌道を空にし、外殻電子が安定な内殻電子軌道に遷移してくるときに放出する一定波長の電磁波を観察します。

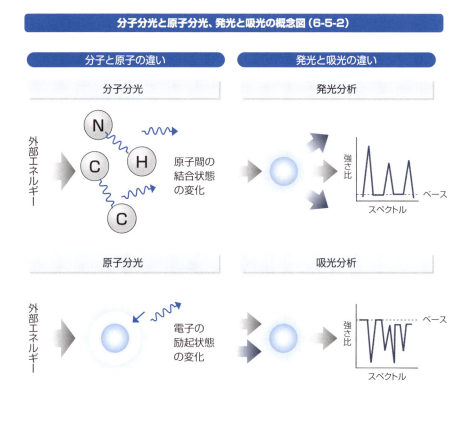

分子分光と原子分光、発光と吸光の概念図（6-5-2）

＊**分子分光** N−HやC-Cなどの原子間の結合の変化、例えば振動による距離の変化を検出する。ここでいうスペクトルは、光源スペクトル。他に反射、透過、吸収スペクトルがある。

6-5 分光分析の基礎

▶▶ 電磁波スペクトル

電磁波は、**スペクトル**と呼ぶ周波数もしくは波長によって分類されています。

波長が0.1μm以下の電磁波は、**γ線**や**透過X線**、通称を放射線と呼ばれる透過光です。物質に吸収されず透過します。

波長が3μmまでの電磁波は、**紫外線**、**可視光線**、**近赤外線**など、私たちが目で見ている光の近傍の光です。

1,000μmまでの電磁波を**遠赤外線**と呼びます。ストーブなどでおなじみですが、物質に吸収されやすい吸収光です。

波長がmまでの電磁波を**マイクロ波**と呼びます。電子レンジで用いますが、大部分が物質に吸収されて熱に変わる発熱光です。

これ以上波長の長い電磁波を**電波**と呼びます。基本的には物質に影響を与えません*。

電磁波スペクトルと物質への吸収しやすさの概念図 (6-5-3)

γ線 X線 放射線	紫外線	可視光	近赤外線	遠赤外線	マイクロ波	電波
透過光	反射光		吸収光	発熱光		
吸収せず	一部吸収		吸収大	大部分吸収		影響せず

波長区分: 0.1 / 0.4 / 0.76 / 3 / 1000 μm(=10⁻⁶m) | m

*…**与えません**　しかし、テレビやラジオは電波を検知して動作している。空間の電波の変化をアンテナで感知して電流に変換し、導線に高周波電流を流することで情報を受信する。

6 分子分光分析

　分子分光分析＊は、金属錯体の有機イオンの同定を行うために用いられる赤外線分子吸光分光分析法や、分子中の原子の状態を知るためにX線を用いた吸光分光分析などがあります。分子分光分析法について解説します。

▶▶ 分子吸光分光分析法

　吸光分光分析法は、分光法の中で最も用いられている方法です。計測する物質に光を照射して透過光や反射光を計測して、物質が吸収した光の波長のエネルギーから、物質の種類や構造を算出します。照射する光の種類により、**赤外線吸収分光**、**紫外線吸収分光**があります。

　分子吸光分光分析法は、金属錯体の錯イオンの構造を知るために用います。炭素と水素、炭素と窒素などの共有結合の単位を官能基と呼びます。錯イオンの官能基を知ることで、金属錯体の構造を知り、金属イオンを同定します。

分子吸光分光分析法 (6-6-1)

赤外線分子吸光分析

光源 → 増幅 → 反射

試料 → 検出 : 透過測定
検出 ← 試料 : 反射測定

金属錯体分析

有機イオン ─ M ─ 金属イオン

官能基吸収バンド

M─H　C═C　C═O
　　　　　　　C═N
C─H　C≡N　C─C

＊**分子分光分析**　分子分光機器の発達もすばらしく、分子が金属のどこに吸着しているか計測可能なものも現れた。筆者の修論が金属錯体の鉱石への吸着形態の計測と分子軌道法での計算だった。あの時代にこういう機器があればどれだけ助かったか。時代の流れを感じる。

6-6　分子分光分析

▶▶ 発光分光

　物質にエネルギー変化を起こさせ、物質から光を放出させ、特定の波長の光の強さをエネルギーで示す方法が**発光分光法**です。物質にから出てくるエネルギー源は、光照射や熱や化学反応によります。定型的な発光分光法は熱による発色現象が、炎色反応です。炎色反応を見ると、色で物質の種類がわかります。鮮やかな紅色になるストロンチウムなどは花火でおなじみの発光分析方法です。

　物質が発光する原理は、電子軌道の電子の遷移によるものです。光や熱などの外部エネルギーによりエネルギー準位の高い電子軌道に励起された電子は、安定な軌道に戻る際に発光します。発光には、燐光と蛍光があります。複雑な電子軌道遷移を経て長時間かけて発光するのが**燐光**で、単純な遷移により短時間発光するのが**蛍光**です。

　X線発光分光分析には、非常に強いX線源＊を用いるX線発光分光分析法と、一般的に用いられる蛍光X線発光分光分析法があります。

各種発光分光分析法（6-6-2）

発光分光分析法

- 原子発光分光
  - 高温加熱
    - ICP発光
  - 可視光観察
    - 炎色反応
    - 燐光
    - 蛍光
- 分子発光分析
  - 外部光源
    - X線発光
    - 核磁気共鳴
    - 光散乱分光
    - 光電子分光

＊**非常に強いX線源**　シンクロトロンで生み出す放射光を利用。SPring-8などを活用。

6-6 分子分光分析

▶▶ X線発光分光分析方法

　X線発光分光分析法は、電子軌道を曲げたときに発生する**シンクロトロン放射光***を用いて、X線を計測原子に入射し、選択的に内殻電子を外殻電子軌道まで励起し、すぐ外を回る電子を遷移させて安定化させます。**非弾性X線**と呼ぶ非常に波長の揃ったX線を放射させることができる分析方法です。微量の元素の特定に用いられます。簡易的には連続X線源で発生させる方法もあります。

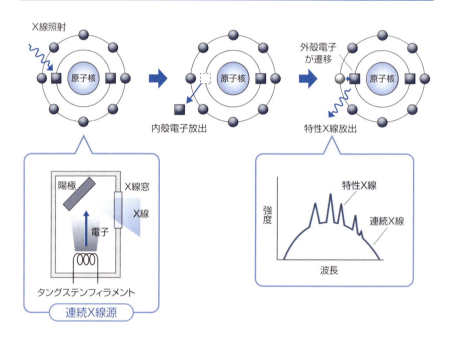

X線発光分光分析の原理の概念図 (6-6-3)

*シンクロトロン放射光　シンクロトロンとは、同期式円形加速器のことで、電子を加速していくと、接線方向に放射する電磁波のことを放射光と呼ぶ。人工では赤外線からX線までエネルギーに応じて発生させる。

218

蛍光*X線分析法

　蛍光X線発光分光分析法は、X線を照射したとき、原子の内核電子軌道を回る電子を励起させ叩き出される**光電効果**が起こります。叩き出された電子の空席にもっとエネルギー準位が高い電子軌道から遷移して安定化しようとするとき、物質特有のX線が短時間で放出されます。これが**蛍光X線**です。蛍光X線は元素固有の波長のため、スペクトル解析をするだけで構成元素が特定できます。

　蛍光X線は、内核電子軌道が関与するもので、元素の化学結合状態とは関係なく、物質が液体であろうが固体であろうが、元素が正確に特定できます。

蛍光X線分析法の原理の概念図（6-6-4）

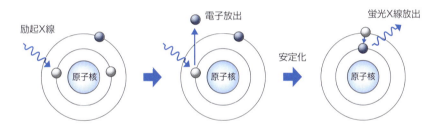

各種分光法

　水素および炭素の核磁気共鳴の周波数・強度スペクトルを計測して分子構造を推定する**核磁気共鳴分光法**は、有機化学で用いられます。磁場をかけた方向に電子軌道をスピン分裂させ、ラジオ波を照射すると、スピン分裂した電子軌道間での電子励起と遷移が起こり核磁気共鳴波が発生します。

　光散乱分光法は、物質に照射した光エネルギーから一定量だけ散乱した光の強度を見る方法です。**ラマン散乱法**とも呼びます。ラマン散乱法には、単色光を照射して、物質固有の分子振動の波長の散乱光が含まれる反射光を捉える**ラマン散乱**と、照射光の特定の波長だけを散乱させる**レイリー散乱**があります。

＊**蛍光**　光を照射している間だけ発光するのが蛍光。似た現象で照射光がなくなっても発光がそのまま持続する燐光がある。

6-6 分子分光分析

　分光法照射光と物質の音波の干渉により、照射光の波長からわずかに散乱する光を計測するのが**ブリルアン散乱発光分光法**です。

　X線光電子発光分光法は、SPring-8＊などで発生させた強力な放射光をX線レーザーとして用い、照射した内部からの光電子は途中で吸収させ、表面で発生した光電子だけを計測する方法で、微量な元素の検出を行います。

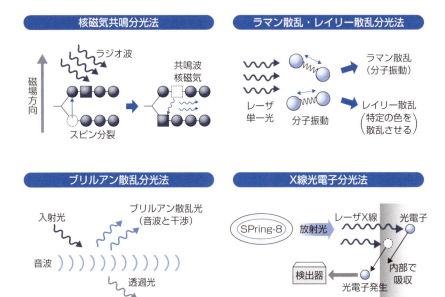

各種分光分析法の概念図（6-6-5）

▶▶ 散乱光のスペクトル比較

　散乱光のスペクトルの波長と強度比較をすると、最も強力な散乱が特定の波長に集中して発生する**レイリー散乱**、その波長前後でピークを持つ**ブルリアン散乱**、さらにもっと離れた場所にわずかに発生する**ラマン散乱**が観察できます。

　ラマン散乱は、励起された電子が内殻の電子軌道に戻る際に、レイリー散乱である元の位置に戻る以外に、その上下軌道に戻るために発光周波数が大きく上下に変化するためです。

＊ **SPring-8**　兵庫県播磨科学公園都市にある80億電子ボルトの放射光（Super Photon）を生み出すリング状の設備。筆者は同施設のSACLAが立ち上がる直前の2012年に訪れた。放射光は、電子が円軌道をするとき接線方向に放射される。これを集めるとX線レーザーになる。リング設備の周囲に数十の観測室が設置されている。

ブリルアン散乱は、発光基本周波数に対する音波の影響を受けているだけなので、ラマン散乱に比べて上下の周波数の差異は小さいのが特徴です。

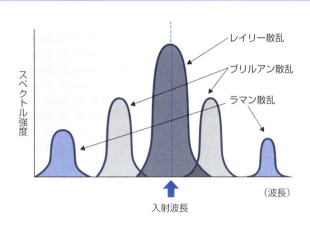

散乱光のスペクトルの模式図（6-6-6）

光電子分光分析法

光電子分光法は、物質に光を照射すると電子が放出される**光電効果**＊を用いて、放出される光電子のエネルギーを計測して、物質の電子状態を計測する方法です。X線を用いる**X線光電子分光法**、紫外線を用いる**紫外光電子分光法**、光電子放出後に発生する**二次電子**を分析する**オージェ電子分光法**などがあります。

紫外光電子分光法は、紫外線を金属に照射したときに発生する電子順位に応じた光電子放射を検出器で捉える方法です。

オージェ電子分光法は、①金属に電子線を照射して、②内殻電子を励起放出させ、③外殻電子が内殻軌道に遷移したときに、④発生するエネルギーを渡された外殻電子が、⑤オージェ電子として放出される現象で、この際、⑥特性X線も同時に発生します。

光電子分光分析法を用いると、化学組成分析や化学結合状態分析、試料の深さ方向の化学成分分析、元素の分布状態などが計測できます。

化学組成分析は、光電子スペクトルの放出されてくる電子と原子核との結合エネルギー値（波長）と放出されてきた光電子強度（スペクトル強度）の関係を計測する

＊**光電効果** アインシュタインが光量子仮説を導入して電子が飛び出すためにはある値以上の周波数が必要となる理由を説明し、ノーベル賞を受賞した。

6-6 分子分光分析

と、特定波長でピークが立つことで化学組成を分析推定する方法です。

化学結合状態分析は、ある元素が他の元素と結合した場合、ピークの波長が変化する現象を利用します。CHやCOなどの結合が観察できます。金属表面の観察ではキレート試薬＊を金属表面で錯体反応させ、試薬中のCHやCO濃度を分析します。

深さ方向の分布を計測するには、観察面を掘り進めながら観察します。

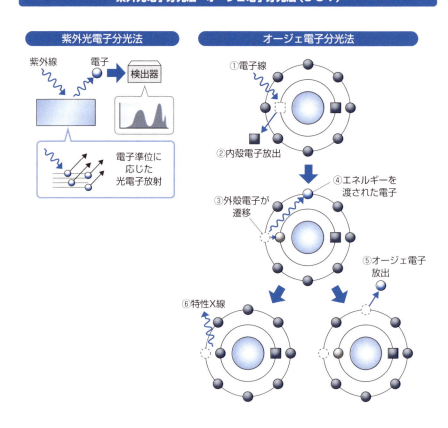

紫外光電子分光法・オージェ電子分光法（6-6-7）

＊**キレート試薬** 金属イオンと結合して環状構造の錯体を形成する有機化合物。金属表面で錯体をつくり、キレート中のCHなどを観察することでイオン濃度を推定する。

7 原子分光分析

高温に加熱して原子化した物質に光を照射すると、原子特有の特定波長の光が吸収される吸収スペクトルが現れます。このスペクトル幅は狭く、元素を定量的・定性的に特定するために利用できます*。

▶▶ 原子吸光分析法

原子吸光分析法は、計測する物質を含む試料を高温中で加熱原子化してから光を透過させて、吸収スペクトルを測定する方法です。無機材料の元素を正確に特定することができるので、金属の定量分析に利用されています。特に、液体に含まれる微量金属元素の検出に利用されます。

原子吸光のスペクトル幅が狭いため、原子吸光分析には、元素に対応した光源を使い計測します。特定元素の変化過程を追いかけるなどの使い方には利用勝手が良

原子吸光分析法の概念図（6-7-1）

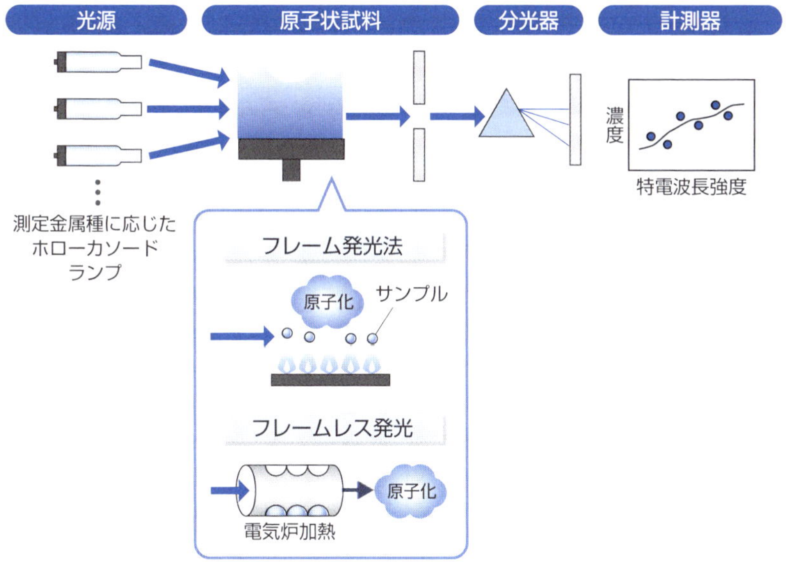

---

*…利用できます　原子分光分析と聞くと、来る日も来る日もデータ取りをしていた学生時代が甦ります。電子計算機センターでパンチカードを読み込ませ分子軌道法で計算した錯体の電子軌道エネルギーの検証実験でした。

6-7 原子分光分析

い測定方法ですが、多成分系の物質を計測するのは苦手です。元素によっては、他の元素により測定精度に影響を受ける場合もあります。

原子化の方法には、アセチレンなどの燃焼炎により原子化する**フレーム発光法**と、グラファイト炉内で電気加熱により原子化する**ファーネス法**、もしくは**フレームレス発光法**があります。ファーネス法は、高精度の高感度の定量分析が可能です。

▶▶ ICP発光分光分析の原理

ICP発光分光分析＊は、測定物質の加熱に、高温の高周波誘導結合プラズマを用いる方法です。原子吸光分光分析に用いるアセチレン炎の温度が3,000℃程度に対し、高周波電磁場中で生成されるアルゴンガス電離プラズマ炎は10,000℃にもなり、多くの元素を効率的に励起させます。この高温励起が、分光分析機能を飛躍的に向上させました。

プラズマエネルギーを物質に与えると、電子が高いエネルギー準位の電子軌道に励起されます。励起した電子が通常の電子軌道に戻るときに、差分のエネルギーが電磁波として放出されます。この電磁波を計測すれば、波長から元素の種類が、強度からその元素の含有量がわかります。

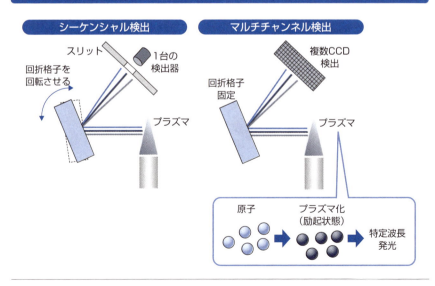

ICP（高周波誘導結合プラズマ）発光分析法の概念図（6-7-2）

＊ICP発光分光分析　Inductively Coupled Plasma emission spectrometry。共存元素の影響が比較的に小さく、多元素同時定量が可能。

8 物質の構造を計測する技術

物質の構造を計測する技術は、X線の回折現象を用いて原子配列情報を知る方法と、電子線の入射後の信号を解析する方法があります。

▶▶ X線回折法

X線で物質の構造解析をするためには、**X線回折現象**を用います。規則正しく配列している物質に、X線を斜めに照射して反射させると、格子状の規則的な原子配列と干渉して、非常に強いX線を生じます。これがX線回折現象です。X線で構造解析できるのは、結晶構造をとる金属が適しています*。

X線回折法で最も大切な式が、$2d\sin\theta = n\lambda$という**ブラッグの公式**です。dはブラッグ角と呼ぶ格子間の距離、θはX線の入射角度、λはX線の波長です。1番目の格子面で反射したX線と、2番目の格子面で反射したX線では、$2d\sin\theta$だけ距離が異なります。この距離と波長の倍数が一致する角度θのとき、反射方向が一致して強いX線が観察できます。角度θを変化させて、強いX線が出ている角度を特定する操作を連続して行うと、X線回折プロファイルを得ることができます。入射角θの代わりに入射と反射を足した回折角2θでプロファイルを描きます。これがX線回折法の基本操作です。

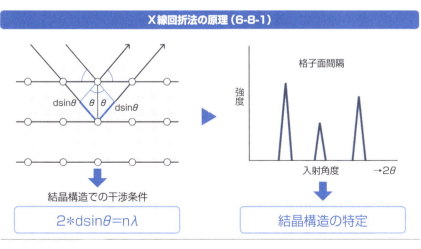

X線回折法の原理（6-8-1）

＊…適しています　非晶質に分類される光ファイバーのSiO₂やDLCなどは周期的な構造規則性はないが、ナノ単位では中距離秩序と呼ぶ結晶構造に似た性質がある。現在ではX線分析とコンピュータシミュレーションで構造解析できる技術もでてきている。

6-8 物質の構造を計測する技術

▶▶ 電子線分析法の原理

電子線を用いた分析法は、入射電子が金属の表面でさまざまな相互作用を起こす現象を用います。入射電子を**一次電子**と呼びます。入射電子は、単純に表面から反射してくる**反射電子**と**透過電子**、金属に吸収されてしまう吸収電子のほか、全く入射電子とは異なる性質の**二次電子**と**特性X線**を発生させます。金属の表層数nmが二次電子が脱出可能な深さです。

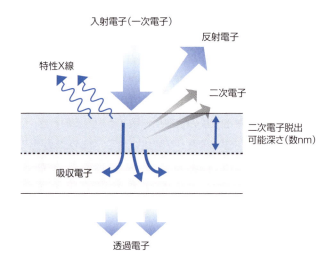

電子線分析法の原理(6-8-2)

▶▶ 電子線分析法

電子線を照射して、表面の状態観察をする方法には、SEM、EDX、EPMAの3つの方法があります。SEMは**走査型電子顕微鏡**、EDXは**エネルギー分散型分光分析法**、EPMAは**電子線マイクロアナライザー**を示します。

電子線を物質表面に照射すると、二次電子像や反射電子像を観察できます。いずれも光学顕微鏡の画像に比べて、立体的かつ鮮明な画像を得ることができます。これを**電子顕微鏡**と呼びます。観察位置を少しずつずらしながらスキャンして観察して、2次元画像を作る機能を**走査型電子顕微鏡**（**SEM**＊）と呼びます。SEMは、表

＊ **SEM** Scanning Electron Microscope

6-8 物質の構造を計測する技術

面性状の観察に適しています。一方、試料に電子線を入射し、透過してきた電子の干渉像を観察する電子顕微鏡を**透過型電子顕微鏡（TEM***）と呼びます。

SEM観察しながら、同時に出てくる特性X線を測定して、X線分光分析による元素分析も同時に行い、形状と組成を同時に得ることのできる仕組みを**エネルギー分散型分光分析法（EDX***または**EDS**）と呼びます。SEMと組み合わせで**SEM-EDX**と呼ぶ場合もあります。

EPMA*は、表面の形状ではなく、表面の元素の種類や強度を分析します。電子線を計測物に照射し、発生する特性X線の波長と強度のスペクトル分析をすることで、構成元素を分析する方法です。計測設備は、**電子線マイクロアナライザー（EPMA）**と呼び、広範囲の用途に利用されています。

EPMAの定量分析で注意すべき点は、最初に求まった質量濃度の合計が必ずしも100%にならないことです。これは、機器計測時にバックグラウンド位置を自動的に指定しますが、その位置に他元素のピークが現れることで誤差が生まれます。

電子線分析法の種類（6-8-3）

- *TEM　Transmission Electron Microscope
- *EDX　Energy Dispersive X-ray spectrometry
- *EPMA　Electron Probe Micro Analyzer

9 質量分析技術

質量分析とは、強力なエネルギーでイオン化した原子を静電圧加速などで飛行させ、飛行ルートを計測することで原子の質量を特定する方法です。

▶▶ 質量分析の原理

質量分析法とは、高電圧をかけた真空槽内で、測定する物質をイオン化し、静電圧でイオンを飛行させ、電気や磁気で飛行経路を曲げて分離することで物質を分離する方法です。曲がり方は、飛行速度、電場や磁場の大きさ、イオンの質量電荷比により決まり、曲がった位置と検知される個数で、元素の種類と構成比を計測できます。

質量分析法の原理（6-9-1）

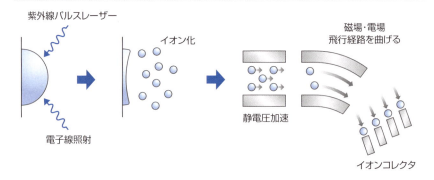

▶▶ 物質のイオン化技術

測定する金属をイオン化するには、金属にエネルギーを加え陽イオン化させます。エネルギーのかけ方で、質量分析方法の種類が決まります。酸素やセシウムイオンを金属表面に衝突させ、計測する陽イオンを発生させる**二次イオン質量分析（SIMS*）**、グロー放電により表面から陽イオンを発生させる**グロー放電質量分析**

＊SIMS　Secondary Ion Mass Spectrometry

(GDMS*)、プラズマ状態に高周波変動磁場でさらに高温化して、金属のイオン化に用いる**高周波誘導結合プラズマ発光分析**（ICP-OES*）、レーザー照射熱を用いる方法（LA-ICP*）などがあります。

物質のイオン化技術の概念図（6-9-2）

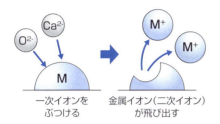

二次イオン質量分析（SIMS）
一次イオンをぶつける／金属イオン（二次イオン）が飛び出す

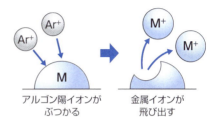

グロー放電質量分析（GDMS）
アルゴン陽イオンがぶつかる／金属イオンが飛び出す

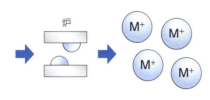

高周波誘導結合プラズマ発光（ICP-OES）

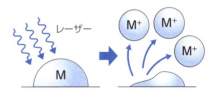

レーザー照射熱（LA-ICP）

計測方法

イオン化した物質の種類を特定するためには、磁場中に通し、飛行経路を変化させて計測する**磁場偏向型計測**、イオンを電極で構成するトラップ室に入れて電位を変化させて選択的にイオンを取り出す**イオントラップ型計測**、イオンを電場で加速することで検出器までの飛行時間を計測して質量を計算する**飛行時間型計測**などがあります。

---

* **GDMS** Glow Discharge Mass Spectrometry
* **ICP-OES** ICP-Optical Emission Spectrometry
* **LA-ICP** Laser Ablation-ICP

6-9 質量分析技術

計測方法の概念図（6-9-3）

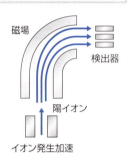

磁場偏向型計測

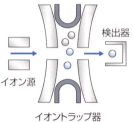

イオントラップ型計測

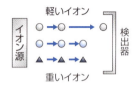

飛行時間計測

COLUMN 鉄の長所

塩野七生の「ローマ人の物語」の序文にこんな文があります。

知力では、ギリシア人に劣り、
体力では、ケルト（ガリア）やゲルマンの人々に劣り、
技術力では、エトルリア人に劣り、
経済力では、カルタゴ人に劣るのが、
自分たちローマ人である、とローマ人自らが認めていた。
なのに、「なぜ、ローマ人だけが」……

筆者はこの文章を読んで、鉄の長所についてこう考えました。

高貴さでは、金や銀に劣り、
加工性では、銅に劣り、
耐食性では、アルミニウムやチタニウムに劣り、
耐久性ではマグネシウムに劣るのが、
自分たち鉄である、
と鉄鋼人自らが認めている。
なのに、「なぜ、鉄だけが」……

鉄に対抗する素材は数々あります。古くからある素材ではコンクリート、最近の素材ではチタン、アルミニウム、炭素繊維です。これらの5種類の素材の性質を比べても、優れているところが見つからない素材が鉄です。まさにローマ人の物語のように、優れたところが見つからない平凡な金属が鉄なのです。しかし、時代を制したのはローマであり、鉄であるのも事実です。鉄とローマは似ています。「すべての要求特性は鉄に通じる」産業界の要求特性を列挙すると、新規で必要な機能はすべて鉄につながっています。ローマが周辺国を併合して帝国を大きくしたように、鉄も色々な金属を取り込んで新しい鋼を作り出します*。

*…作り出します　優れていたローマもやがて宗教争論や内紛で分裂する。強大な帝国も落ち目になると早い。鉄鋼も環境や競争の土俵が変わるとどうなるのか、注視が必要。

II 金属加工技術篇

第7章

金属素材の製造

　金属加工は、金属素材の製造方法と製品加工方法に分類できます。金属素材の製造は、溶融金属を作り出す製錬・精錬、金属を固体にする固体化、素材変形の3つの技術分野に分けられます。これまであまり取り上げられてこなかった金属素材の製造方法について詳しく見ていきましょう。

1 金属加工の全体像

　これまでの金属加工は、製品加工技術を中心に解説されてきました。筆者が考える金属加工とは、鉱石から金属を取り出したり、リサイクルで再利用される方法も含みます。まず、金属加工の全体像を見ていきましょう。

▶▶ 全体像

　金属加工技術は、**素材製造**のための**金属加工**と、**製品製造**のための金属加工に分けられます。素材製造は、鉱石から金属を抽出し、金属を固体化し、素材成形により金属材料に作り上げて行く工程です。製品製造は、金属の切断と接合、形創成、表面改質および組織改質という大きな技術分野を駆使します。

▶▶ 素材製造

　金属抽出は、鉱石やスクラップを予備処理した後、還元製錬を行い、高清浄化や高純度化のための精錬を行います。大半を液体金属の金属加工が占めます。

　固体化は、鋳造による液体金属の凝固、粉末金属を成形および焼成することによる固体金属の製造、固体成長など固体金属が得られる過程での金属加工を取り上げます。

　素材成形は、加熱してからの金属加工である熱間成形、粉末成形など素材としての成形を見ていきます。

▶▶ 製品製造

　切断・接合は、大きく分けると切断エネルギーを金属に与えることによる切断加工、溶接材料による別々の素材を溶接組立する溶接加工、接合材料による分割素材の組立および接着剤による金属素材間の接着加工が含まれます。

　型創成*は、狭義でいう金属加工です。従来からの機械加工やプレス加工といった使用技術ではなく、金属加工の種類による分類を試みました。型創成には、金型による固体金属の形状付与、パンチやダイなどの工具による変形加工、ドリルやバイトなどによる除去加工および砥石による表面加工が含まれます。

＊…**型創成**　金属加工を大きく捉えて、形を作り出す技術をすべて包含する意味で使っている。

7-1 金属加工の全体像

金属加工の全体像＊（7-1-1）

大分類	中分類	小分類	図示
素材製造	金属抽出	製錬・精錬／主要金属精錬／リサイクル製錬	鉱石 → 予備処理（焙焼）→ 製錬（還元）→ 精錬
素材製造	固体化	鋳造／粉末冶金／固体成長	鋳造（凝固）／粉末冶金（粉末→成形→焼成）／固体成長
素材製造	素材形成	熱間成形／冷間成形／圧延型成形	熱間成形（工具）／冷間成形（ロール）／圧延型成形（型ロール）
製品製造	切断・接合	切断加工／溶接加工／接合加工／接着加工	切断加工（切断エネルギー）／溶接加工（溶接材料）／接合加工（接合材料）／接着加工（接着剤）
製品製造	形創成	型成形／変形加工／除去加工／表面加工	型成形（金型）／変形加工（工具）／除去加工（ドリル）／表面加工（砥石）
製品製造	表面改質	加工強化／表面強化／めっき加工／クラッド加工	加工強化（鋼球）／表面強化（C, N）／めっき加工（めっき液）／クラッド加工（異種金属）
製品製造	組織改質	組織形成／材質調整／加工時調整／機能付与	組織形成（加熱→γ鉄→冷却）／材質調整／加工時調整（焼もどし・焼なまし、組織軟化）／機能付与

＊**金属加工の全体像** この図は筆者の認識と思いで描いた。金属加工技術を鉱石からと捉えて製錬も広義では加工法としている。

233

7-1　金属加工の全体像

　表面改質は、鉄球などのショット・ブラストによる表面の加工強化、浸炭や窒化による表面強化、めっき付与によるめっき加工および異種金属とのクラッド加工による表面品質向上があげられます。

　金属組織改質も金属加工です。組織形成は、熱処理そのものです。金属とりわけ鋼は、組織をγ鉄領域の温度に加熱し冷却することにより、所期の目的通りの鋼材組織が得られます。**材質調整**も組織改質の同じ種類の熱処理が必要です。加工時調整は、加工硬化して強度が上がり過ぎるために、それ以降の加工で加工限界を超えた操業にならないように、加工途中で焼なましを入れて、金属素材を軟化する操業を志向します。

製鉄の神話

　筆者の机上は、出雲の金屋子神社の金屋子神のお札が祭ってあります。金屋子神は女性で、異国から出雲に降臨して製鉄を教えたことになっています*。製鉄は、製錬に火を扱うため古代から神聖視され、様々な製鉄神が祭られてきました。

　ギリシア神話では、ゼウスの子ヘファイストスが火と金属加工の神として登場します。鍛冶神のキクロプスを助手に、ギリシアの英雄や王の武器や飾り道具を数多く生み出します。ヘファイストスの妻は、美の女神アフロディテ（ビーナス）でした。

　製鉄神は単眼神が多く登場します。前述のキクロプス、イラクの遺跡の顔面が太陽のような単眼女神テラコッタ、中国の山海経などに登場する一目民、スコットランドの高地に住む一目一手一足の妖怪ファハンなどが製鉄に関係します。日本でも古事記に登場する鍛冶神天目一箇神も同様です。単眼は、製鉄時に火炎を見つめて目を痛めるためだと言われています。

　製鉄には蛇や龍退治も数多く登場します。古事記の八股の大蛇（おろち）退治だけでなく、トルコのトプカプ宮殿のサーペンタイン（蛇の柱）、ヒッタイトの遺跡にある龍神イルルヤンカシュを酒を飲ませて退治するレリーフなど蛇や龍をモチーフにした伝説が世界各地にあります。蛇の脱皮を永遠の生命と結びつけ、鉄の強靭さとイメージを重ねてきたためです。

　我が国への古代製鉄の伝播は、遠くシルクロードを通って中国にもたらされ、弥生時代から古墳時代に掛けて、単眼神、蛇や龍などの神話や神の伝承と不可分な状態で日本に伝わりました。我が国は製鉄技術、製鉄神の伝播のゴールだったのです。

---

*…います　金屋子神は、まず兵庫県の岩鍋に天下り、そこから白鷺に乗って西の出雲国に移動する。これは鉄作りの技術を持つ渡来人が辿った路程と言われている。筆者は数年前に岩鍋、十数年前に安来を訪れたが山奥の辺鄙なところだ。ただここが日本の鉄作りの神話の始まりと思うと神聖な雰囲気を味わえた。

234

2 製錬・精錬

一般に金属を鉱石から取り出すプロセスを製錬と呼び、取り出した金属の成分を調整したり高純化・高清浄化するプロセスを精錬と呼びます[*]。

▶▶ 金属の製錬・精錬

金属は、鉱石の採鉱、選鉱、予備処理を経て製錬されて得られます。得られた金属は不純物を含むので、精錬により純度の高い金属になります。

採鉱した鉱石は、粉砕・整粒により、目的鉱物と不必要な脈石に分けられます。この時点ではまだ両者は混合しているため、比重選鉱や浮遊選鉱や磁力選鉱により、目的鉱物の濃度を上昇させ粗鉱にします。粗鉱は、乾燥・煆焼(かしょう)や焙焼(ばいしょう)や焼結などの予備処理によりさらに金属含有量の高い精鉱になります。

鉱石の**予備処理**は鉱石の種類により変化します。鉱石は大きく分けて、硫化銅などの硫化鉱、鉄鉱石などの酸化鉱、菱マンガン鉱石などの炭酸鉱などに分けられます。硫化鉱は、**酸化焙焼**によって酸化物に変え、乾式製錬の原料にするか、**硫酸化焙焼**により湿式製錬の原料にします。酸化鉱や炭酸鉱は、**還元焙焼**により、続く製錬の原料とします。ニッケル製錬やマンガン製錬などが代表的な還元焙焼後の製錬です。

精鉱は、金属の種類に応じた還元剤や還元方法で**粗金属**に製錬されます。製錬は、高温で行う**乾式製錬**、水溶液に金属イオンとして溶かして行う**湿式製錬**、溶融塩に精鉱を溶かして電気分解する**電解製錬**などがあります。

製錬で得られる粗金属は不純物を含むため、さらに金属ごとの特殊な**精錬**を行い、高純高清浄の精製金属に精製します。精製金属は、素材加工の原材料となります。

金属を得るためには、鉱山から採掘した鉱石を分別し、含有量が豊富になるように資源精製します。金属を生産する際に、製錬や精錬に目がいきがちですが、鉱石をどれくらい高純度にできるかが重要です。現在は、採鉱と冶金が分業体制になっていますが、これは分けて考える操作ではなく、採鉱冶金を一つの金属技術の連関として考える必要があります。少なくとも先人達は連関を真剣に考えていました。

---

[*] **…と呼びます** 製錬は smelting、精錬は refining。ただし日本語では例えば湿式製錬と書き、明確に区別していない。本書では湿式製錬を採用している。

7-2 製錬・精錬

鉱石から金属素材までの各種製錬および精錬（7-2-1）

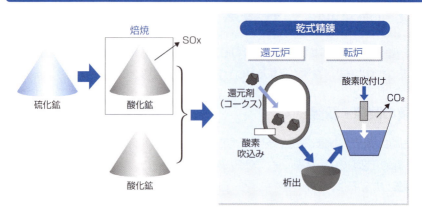

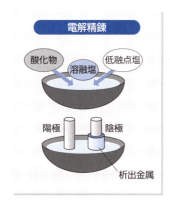

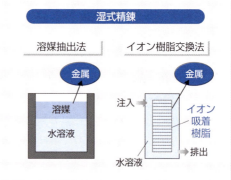

▶▶ 国内海外の精錬・精錬分担

　金属の製錬・精錬の国内外の分担は、菱刈金鉱山の金鉱石を除いては、大半が鉱石の輸入か製錬もしくは精錬を海外で行い、地金もしくは粗地金＊を輸入する生産構造になっています。アルミニウムをはじめ、レアメタルがこの物流になります。

　鉱石の輸入は鉄鉱石や錫や亜鉛などのコモンメタルに限られます。これは、国内に既に精錬拠点を持つ亜鉛や錫などに金属種が限られます。鉄鋼生産も同様です。例外的に、ミッシュメタルの鉱石を購入してランタンとセリウムの合金を一気につくる場合もあります。

＊**地金もしくは粗地金**　地金とは金属を貯蔵や輸送しやすいように塊にした金属原料素材。粗地金は精錬が不十分な地金。

かつて日本にも小規模ながら様々な鉱山が存在し、そこでの採鉱技術や製錬技術は高度なものでした。現在は、鉱山の採算性と国際電力単価とかけ離れた国内電力単価のため、製錬や精錬を国内で行うことは限られてきましたが、伝統の技術は海外での鉱山や製錬に引き継がれています。

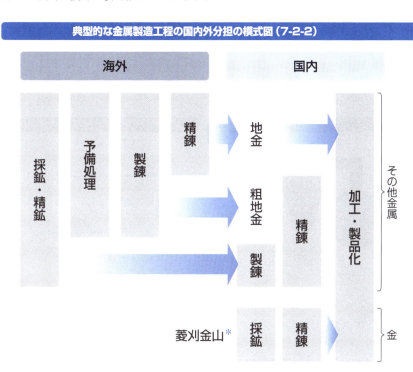

典型的な金属製造工程の国内外分担の模式図（7-2-2）

▶▶ 乾式製錬

　高温で行う**乾式製錬**は、溶鉱炉で鉱石を還元する**溶融製錬**や**転炉製錬**があります。また高温で揮発する金属は、**還元・揮発製錬**で粗金属を得ます。沸点が907℃の亜鉛は鉱石から還元された途端、揮発してしまいますので、その後蒸留で捕捉します。

　その他の乾式製錬には、固体で高純化処理をする**帯状溶融法（ゾーンメルティング法）**や、ガスによる化学反応で直接精錬を行う**高純化精錬法**があります。昔の鉄の製法は、鉄鉱石の一酸化炭素による直接還元で純鉄を得ていました。

＊**菱刈金山**　鹿児島県の菱刈鉱床から採取できる金鉱石の濃度は群を抜いている。火山性の鉱床の間に熱水が上昇し、高濃度金含有鉱石になった。

7-2 製錬・精錬

乾式精錬法の概要 (7-2-3)

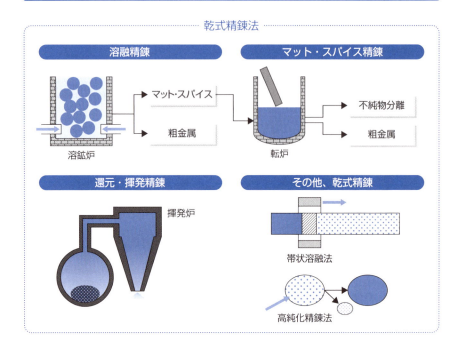

▶▶ 湿式製錬

　イオン化傾向の大きな金属は、鉱石を水溶液に浸出させ、金属イオンを含んだ水溶液から金属を回収する**湿式製錬**で抽出します。湿式製錬には、陰電極に金属イオンを析出させる方法や、金属イオンの溶媒へのわずかな溶解度の差異を利用する溶媒抽出法、特定の金属イオンを樹脂に選択的に吸着させるイオン交換法があります。

　金属還元法では、水溶液中の金属イオンは、よりイオン化傾向の大きな金属やガスや還元剤を投入して金属として回収します[*]。

　アマルガム法は、金属が水銀と合金（アマルガム）を作る性質を利用して、水銀を上流で取り除き金や銀などの貴重な金属を得るために用いられてきました。製錬効率が悪いことと水銀が有毒なため現在は行われていません。

---

[*]…回収します　筆者の尊敬する、日本で初めて金属学を講義したクルト・ネットーは、金属還元法でアルミニウムを生産しようと米国で特許を出している。

7-2 製錬・精錬

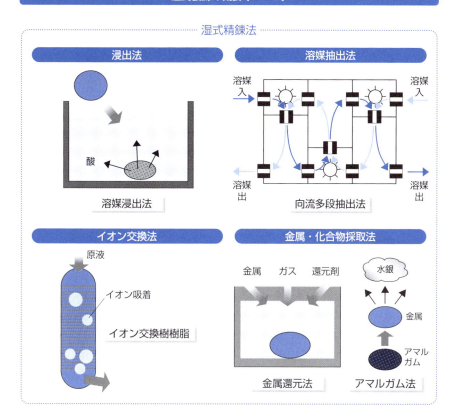

溶融塩電解法

　イオン結晶の金属塩を加熱溶解すると、イオンが移動しやすくなります。これを溶融塩と呼びます。溶融温度を下げるために、他の溶融塩を混ぜて複合溶融塩にしたり、溶融フッ化化合物を用いたりします。溶融塩に浸漬した電極に直流電流を流すと、陰極上に金属塩から還元された精製金属が析出します。

　溶融塩電解法＊は、レアメタル製造法で金属を得るために非常によく用いられる方法です。アルカリ金属のLiや、アルカリ土類金属のBe、Sr、Baなどをはじめとし、レアアースメタルのCeやLa、高融点金属のMo、W、Ta、Bi、Ti、Zrなどにも用いられます。レアメタルだけではなく、アルミニウムやマグネシウムなどの金属精

＊**溶融塩電解法**　使用する基準は、イオン化傾向が水素よりも悪い金属に対して。良ければ金属が水溶液中で陽イオンになるが、悪いと水素が発生するだけで金属を取り出せないため。

錬にも用いられる非常に汎用性の高い金属精錬方法です。

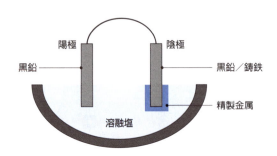

溶融塩電解法の概要（7-2-5）

水溶液電解精錬

粗金属は精錬で金属純度を上げます。最も用いられる精錬方法が**水溶液電解精錬**です。粗金属を陽極に、炭素や種になる金属を陰極にして、金属イオンを含んだ電解水溶液を満たして通電すると、陰極に**精製金属**が析出します。粗金属はどんどん消費されます。陽極の真下には**陽極スライム**と呼ぶ粗金属中の不純物が堆積しますが、この中には金などが含まれ、貴重な資源となります[*]。

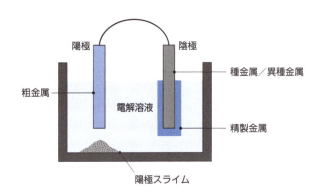

水溶液電解精錬法の概要（7-2-6）

[*]…**資源となります**　どんな金属でもというわけではなく、これは銅の電解精錬の場合。このような主金属精錬で副次的に得られる資源を副産物と呼ぶ。

3 リサイクル精錬法

金属のリサイクルは、貴重な金属の有効活用のために必要です。リサイクルされる金属は、それぞれの金属に応じた製錬法で回収されます。

▶▶ リサイクル精錬の現状

リサイクルされる金属は、大量に消費され廃棄回収経路が確立している鉄やアルミニウムなどのコモンメタルか、金属の価格が非常に高価なため廃棄物収集・回収・輸送・精錬コストをかけても経済合理性がある貴金属に限られます。

金属の**リサイクル精錬**は、精錬技術が確立しているかどうかという技術論ではなく、リサイクル精錬した後の付加価値があるかどうかの経済論が大切です*。

▶▶ コモンメタルのリサイクル

鉄とアルミニウムのリサイクル精錬について見てみましょう。精錬とは、目的とする金属から不純物を取り除き、純度を上げる操作です。不純物を取り除くために用いられる操作は、リサイクル金属を溶融して、酸素を吹き付けて、含有される不純物を酸化物にして浮上除去する酸化除去です。

金属中から不純物を酸化除去できるかどうかは、エリンガムダイアグラムで確かめます。エリンガムダイアグラムは、各温度における酸化物が生成する自由エネルギーをまとめた図です。目的とする金属よりも不純金属の自由エネルギーが下、つまり小さい場合は、不純金属は酸化除去できます。酸素を吹き付けると目的金属が酸化除去できます。

鉄の場合は、酸化除去できないのは、銅やニッケル、モリブデンなどです。これらの金属以外は、転炉や電炉などで酸素を吹き付けるだけで除去可能です。アルミニウムの場合は、マグネシウム以外の金属は酸化除去できません。いったん含有した不純金属はアルミニウムから除去できません。

実際のリサイクル製錬は、製錬技術の困難さ以外にも、経済的合理性があるか、リサイクル資源の集積、回収ルートの整備なども重要な検討項目になります。

---

*…経済論が大切です　こう書くと身も蓋もないが、リサイクル製品が市場で売れなければならない。筆者は以前、金網入りガラスから苦労されて鉄網を取り出された方からリサイクルの事業化の相談を受けたが、年間数トンの鉄スクラップリサイクルが経済的合理性を持つか、顔を見ながら悩んだ経験がある。

7-3 リサイクル精錬法

リサイクル精錬での不純物除去検討図（7-3-1）

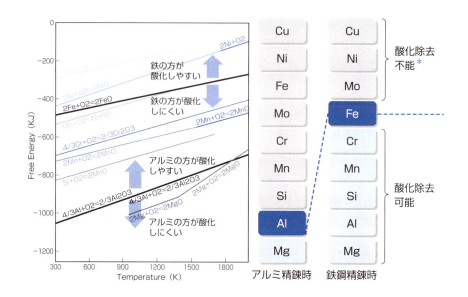

鉄を操る

製鉄所で働いていると、不思議な気持ちになります。扱っている素材が鉄だけなのです。この鉄が、ある時は高層ビルの柱となり、またある時は飲料缶に使われている不思議です。単一の素材が、いろいろなジャンルの産業と関わります。

要求もどんどん厳しくなります。もっと低温で使える、もっとさびない、もっと強く、もっと延びる、もっと高温で使える、全てこの後に「鋼材を」という言葉がつきます。これらを方程式に書くと

鉄×（成分×組織×形状）

＝要求内容×鋼材

この方程式の意味は、「鉄を用いて、成分調整や工程制御をして形状を整えることにより、要求内容にマッチさせた性質を持つ鋼材を作り出す」です。こういう操作の繰り返しが鉄鋼製造です。何を見るのも、何をするのも全て鉄作りのため、こういう気持ちの人たちが集まって、製鉄所を動かしています。仕事というジャンルでは計れない動機が働いているような気がします。あえて言えば、「道」、武道や芸道、学問道に通じます。

＊**酸化除去不能**　酸化除去できない元素は、希釈して成分調整するしか方法がない。

4 凝固

金属が液体から固体になる相転移が凝固です。工業的に凝固させる技術が鋳造です。凝固は、液体金属の温度が低下すると起こります。凝固は、その後の素材の性質にも影響する重要な金属加工プロセスです。

▶▶ 相転移と相変態

　物質には、固体、液体、気体およびプラズマ*の４つの構造相があります。おのおのの相を移る現象が相転移です。おのおのの相間の相転移には、融解や昇華など名称があります。凝固は、液体から固体への**相転移**です。同じような用語で相変態があります。**相変態**は、固体相で温度や圧力により、結晶構造が変化する状態を意味します。

物質の相転移の概念図（7-4-1）

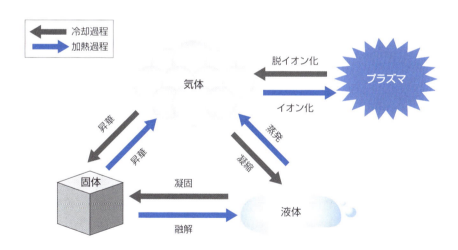

＊プラズマ　物質が陽イオンと電子に別れて運動する、物質の４番目の状態。

7-4 凝固

▶▶ 凝固現象

　化学成分が同じ金属の相転移には、圧力や温度の変化が必要です。高圧力下で液体金属は固体化します。地球の核は、鉄とニッケルの合金でできているといわれていますが、内核は圧力で固体金属になっています。**鋳造**は、熱エネルギーを奪うと温度が下がり、原子が規則正しく並び固体金属になる現象です。

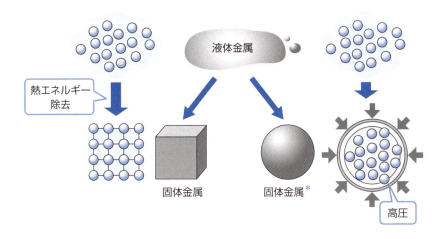

凝固と高圧固体化の概念（7-4-2）

　工業的な金属**凝固**は、熱を失うことにより金属の温度が下がり、固体になります。金属が熱を失うのは、空気や鋳型に接している表面からです。熱の流れが温度勾配を生み出します。凝固は熱流束に沿って進行します。
　液体金属は、熱エネルギーにより金属原子が激しく移動しています。この状態から熱輻射や伝熱などで熱エネルギーが外部に移動すると、液体金属は、規則正しい結晶構造配列の固体金属に相が移行します。

＊**固体金属**　水素を500GPaの高圧にすると金属化する。

液相から固相への相転移の概念図*（7-4-3）

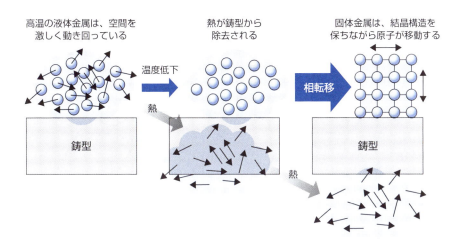

　凝固は、液体の一部が固体になり始める温度である**液相温度**、完全に固体になる温度である**固相温度**があります。化学成分や圧力が変化すると相転移する温度が変化します。その温度を結んだ線が**固相線**および**液相線**で、この線に囲まれる領域が**固液共存域**です。固相線や液相線は、完全平衡状態、つまり長時間その温度に保持した場合の相転移線です。実際の冷却では、この温度は低温側にずれます。つまり、温度が下がっても相転移しない温度域が存在します。この温度を**過冷却温度**と呼びます。過冷却では、わずかな刺激により凝固が進行します。

　液体金属が融点で凝固するのは平衡状態の場合です。実際の凝固時、固相が突然現れるわけではありません。まず凝固核を生成し、その凝固核を起点に液体金属全体が固体化し始めます。

*…**の概念図**　この図は少々無理がある。熱エネルギーだけを鋳型から除去するのは図解が難しい。

7-4 凝固

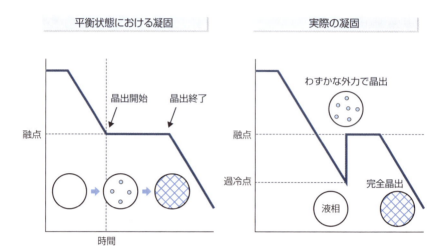

過冷図（7-4-4）

▶▶ 主な凝固形態

　凝固は熱流束に沿って進行します。通常の鋳型鋳造での液体金属の凝固は、熱が流出する凝固界面で多くの結晶の核が生まれて成長する**等軸晶凝固**＊と、熱流束に沿って液体中で凝固が霜柱状に進行する**柱状晶凝固**の二つの形態があります。いずれの凝固も多くの結晶粒が任意の方向で集まっている**多結晶凝固**です。鋳造時に加熱冷却を制御して凝固方向を一定方向に調整する方法が**一方向凝固**です。**単結晶凝固**は、一方向凝固の冷却を面で行うのではなく一点で精度良く行うことで、単一の結晶粒を得ることのできる凝固方法です。

　大量生産する鉄や非鉄金属の素材の凝固は、等軸晶と柱状晶が混ざり合った組織が得られます。これらの金属は鋳造ままで使われることはほとんどなく、鋳造後に再加熱して熱間圧延で形状や組織を整えらるため、鋳造組織はそれほど材質には影響しません。一方向凝固や単結晶凝固は、例えば高温で利用するタービンブレードのような耐熱合金の形創成を鋳造で行う場合に均質な材質を得るために用います。

＊**等軸晶凝固**　正確には等軸樹枝状晶が形成される凝固。

各種凝固形態の概念図（7-4-5）

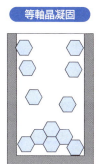
等軸晶凝固

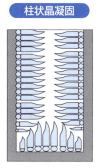
柱状晶凝固

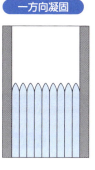
一方向凝固

単結晶凝固

▶▶ 鋳造の欠陥

鋳造した固体金属の欠陥は、凝固現象や凝固過程で発生する事象が原因です。

鋳造品の凝固末期に発生する**中心偏析**＊は、液体金属中に含まれている化学成分が、固体中に溶け込みきらず溶液中に排出され、最終凝固部で濃化する現象です。偏析部分だけ化学成分が異なるため、材質が異なり、加工時の破壊起点になる場合があります。

成分偏析の模式図（7-4-6）

初期凝固　液体金属　固体金属　界面濃化

凝固途中　界面偏析成分濃化

最終凝固部　中心偏析

＊**中心偏析**　合金元素や不純元素を含有している溶融金属が凝固する際、必ず偏析は発生する。偏析が最も激しい部分は最終凝固位置で、これを中心偏析と呼ぶ。

7-4　凝固

　通常の金属は、液体金属よりも固体金属の方が密度が大きく、凝固すると体積収縮が起こります。体積収縮で発生する**鋳造欠陥**は、凝固末期で発生する**引け巣**と樹枝状凝固組織の間に液体金属が供給されずに発生する**ミクロシュリンク**＊があります。引け巣は凝固収縮部を除去すれば無害化できますが、ミクロシュリンクは微小ですが固体金属内部で発生するため問題になります。また結晶粒界に沿って割れが入る**粒界割れ**もあります。

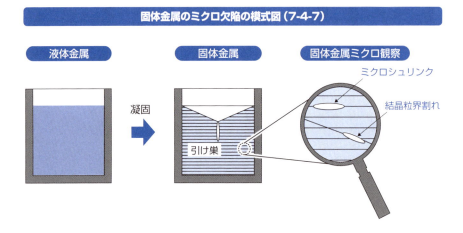

固体金属のミクロ欠陥の模式図（7-4-7）

　水素や窒素などが溶け込んだ液体金属が凝固するとき、ガスが放出されます。液体金属中に非金属介在物などの異物が存在すると、異物を核にしてガスが発生し成長します。これが**気泡**です。気泡が固体金属中に残存すると、割れや欠けの原因になります。非金属介在物の存在も、気泡同様で欠陥の原因になります。

　凝固中に発生する気泡は、加工成形する際に深刻な欠陥となります。気泡の発生を防ぐためには、液体金属中のガス成分を低減します。液体金属を真空中で精錬して水素を除去する脱水素処理、窒素の大気からの混入を防ぐ密閉化、酸素ガスを非金属介在物（酸化物）の形態にして液体金属から除去する脱酸処理を実施します。脱酸の際に発生する非金属介在物はできるだけ液体金属から除去します。

＊ミクロシュリンク　微少で不定形の凝固収縮が鋳造体全体に散在する場合がある。

7-4 凝固

ガス成分や非金属介在物による欠陥の模式図（7-4-8）

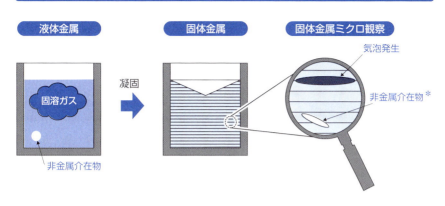

外部から液体金属中に異物が入らなくても、凝固の途中で、固体金属と構造や組成が異なる第二相や、酸化物、炭化物や窒化物などの析出物が生成する場合があります。固体金属中に存在する異物は、割れや欠けの原因になります。

鋳造は、液体金属が固体金属に相転移した後も、固体金属の温度が下がり続けます。凝固界面や冷却途中の固体金属中には、温度変化による内部応力が生じています。この内部応力は歪みをもたらし、固体金属の内部割れや表面割れを発生させる場合があります。

固体金属の欠陥の概念図（7-4-9）

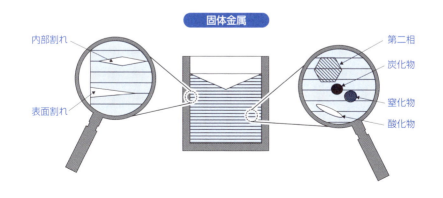

＊**非金属介在物**　金属、特に鋼材内部に存在する酸化物や硫化物。炭化物や窒化物は鋼材を加熱すると固溶するので析出物と呼ぶ場合がある。ただし欠陥の原因になると非金属介在物と呼ぶように区別はあいまいである。

7-4 凝固

鋳造品*は、湯しわ、ホットスポット、湯廻り不良や鋳込み肌荒れなどの表面欠陥が発生する場合があります。**湯しわ**や**湯廻り不良**は、鋳型温度制御がうまくいかず凝固が早めに完了してしまうときに発生します。**ホットスポット**は、鋳造している最中に、同じ位置ばかりに高温の液体金属が当たり、その部分だけ過加熱になり、結果として凝固遅れを誘発するために生じます。

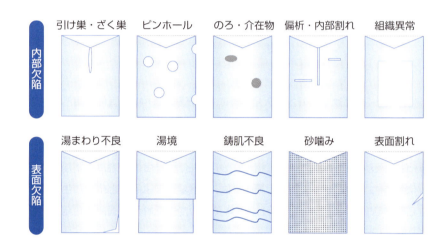

鋳造品の欠陥の概念図（7-4-10）

内部欠陥：引け巣・ざく巣、ピンホール、のろ・介在物、偏析・内部割れ、組織異常

表面欠陥：湯まわり不良、湯境、鋳肌不良、砂噛み、表面割れ

COLUMN　送電鉄塔の物語

　送電鉄塔は、発電所から電力消費地までの山奥や市街地に等間隔で設置されているなじみの深い構造物です。

　椎名誠は「鉄塔のひと」を執筆しました。打ち捨てられた山奥の鉄塔の上に住まいを作り自給生活を始めた男が主人公で、一冬越した後に地面に落ちて死んでしまう話です。

　銀林みのるの「鉄塔武蔵野線」は、映画化もされた冒険小説です。主人公の少年が鉄塔番号75－1を皮切りに、鉄塔を番号順に延々とたどる小説です。1番まで行けば原子力発電所が出現するのではと少年らしい想像を巡らし探検を続け、感動のクライマックスを迎えます。

　送電鉄塔のグラビア本「東京鉄塔」の鮮やかさが筆者を惹き付けます。

＊**鋳造品**　鋳造品は例えばマンホールの円形の蓋など身の回りにも色々ある。古くは鋳造品も多く、例えば大砲なども鋳造で作られている。

5 鋳型鋳造技術

　液体金属を凝固させて固体金属にする技術が鋳造技術です。鋳造技術は、凝固を制御し、目的とする組織の固体を得ます。本節では、鋳造技術をさまざまな視点から見ていきます。

▶▶ 鋳型鋳造法

　鋳造技術は、鋳型鋳造技術と連続鋳造技術の2種類の技術があります。**鋳型鋳造技術**は、鋳型の種類により砂型鋳造法、金型鋳造法、特殊鋳造法に分けられます。**連続鋳造技術**は、鋳込む形式により、垂直型や湾曲型、水平型などに分類できます*。

鋳造技術図（7-5-1）

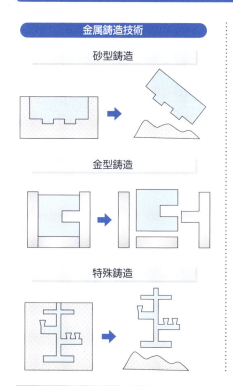
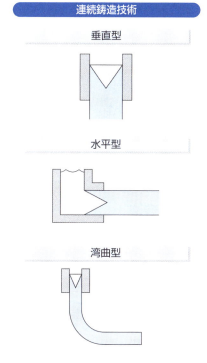

＊…**分類できます**　工業的には鋳込み形状でも分かれる。

7-5 鋳型鋳造技術

砂型鋳造法は、生型や熱硬化性の鋳型を用いた、特に圧力を加えない**重力鋳造法**、ガス硬化性鋳型を用いた**低加圧鋳造法**があります。重力鋳造法は、鋳鉄および合金鉄、非鉄系金属、いずれの金属でも適用できます。

金型鋳造法は、金属製の鋳型に主に非鉄系金属を鋳込みます。

特殊鋳造法の鋳型は、砂、金属、石膏、黒鉛、耐火物とさまざまです。合金鉄や非鉄金属を、精密鋳造法、遠心鋳造法などで鋳込みます。

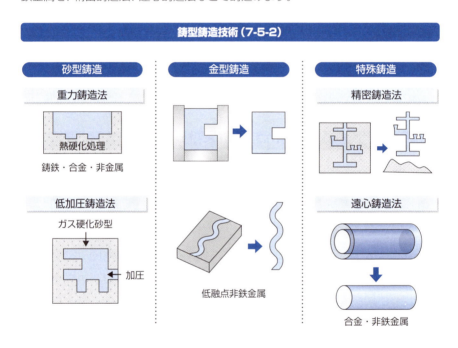

▶▶ 連続鋳造法

連続鋳造法は、液体金属から一定の断面形状の固体金属塊を連続して鋳造する方法です。狭義では、製鉄所の製鋼工程である鋼の連続鋳造プロセスを指します。

連続鋳造法は、鋳造する形式で、アルミニウムの鋳造に用いる**垂直型**、主に鋼の鋳造に用いる**湾曲型**と**水平型**、単結晶シリコンを鋳造する**チュクラルスキー法**と呼ぶ**引き上げ型**、アモルファス金属を鋳造する**回転型***の5種類に分類できます。

***回転型** 急速凝固させるために回転冷却体に溶湯を次々と注入する方法。

7-5 鋳型鋳造技術

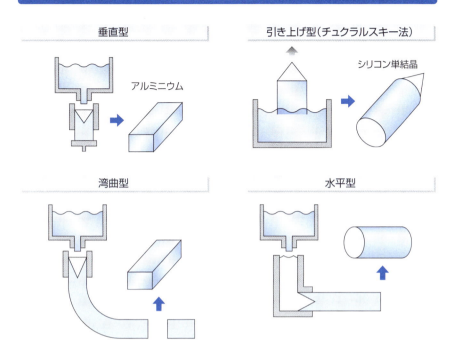

連続鋳造技術図（7-5-3）

▶▶ 一方向凝固鋳造法と単結晶凝固鋳造法

　一方向凝固も単結晶凝固も、近年高温化の進む航空機のタービンブレードに適用される耐熱合金（超合金）の鋳造に用いられています。高温状態で高速で回転するタービンブレード用超合金は、高温での強度を増すために、柱状晶の一方向凝固で製造します。さらに高温での高温靭性を確保するためには、結晶粒界面がなく亀裂が発生しにくい単結晶を作る場合があります[*]。

　一方向凝固鋳造法は、底面の冷却鋼板の上に鋳型を起き、鋳型を高周波誘導加熱炉に入れて高温に保持しながら徐々に炉外に鋳型を引き抜き、溶融金属を一方向凝固に制御する方法です。

　単結晶凝固鋳造法は、凝固冷却を面で行うのではなく一点で精度良く行うことで、完全に単一の結晶粒を得ることのできる凝固方法です。

*…場合があります　多結晶材料の高温クリープや高温疲労が主応力と直角方向の粒界クラックから生じるため、粒界自体を無くす。

7-5 鋳型鋳造技術

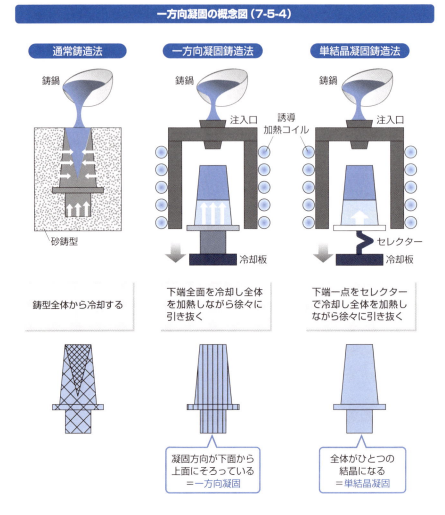

▶▶ 加圧鋳造法

溶融金属を金型に供給する際、溶融金属に圧縮空気により低圧で間接的に加え、金型に供給する**低加圧鋳造法**と、パンチによるプレス加圧により溶融金属を直接的に金型へ供給する**高加圧鋳造法***があります。

***高加圧鋳造法** 自動車のアルミホイールの生産に用いられる。加圧で溶湯が金型と密着し微細化する効果もある。

7-5 鋳型鋳造技術

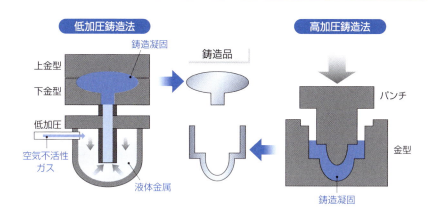

加圧鋳造の概念図（7-5-5）

▶▶ ダイカスト鋳造法

ダイカスト鋳造法＊は、溶融した合金をダイ、すなわち金型に注入凝固させる鋳造方法です。凝固させた合金は、取り出してトリミングを行い、表面の仕上げ加工を行うだけで製品になります。量産に適しており、製品表面が非常に美しくできる利点があります。

欠点は、高速に金型注入するため、空気巻き込みや金型の充填不足などがおこります。金型冷却のため、湯境が発生しやすく大型品には適用できません。

ダイカスト鋳造の概念図（7-5-6）

＊**ダイカスト鋳造法** ダイキャストともいう。経済性、生産性に優れる。製品や対象合金も多様であり、自動車産業の発展と共に生産量が増加してきた。

7-5 鋳型鋳造技術

　ダイカスト鋳造法は、亜鉛合金や錫合金など低融点合金を供給する、射出部が溶融炉の溶融金属の中に沈んでいるホットチャンバーと、アルミニウム合金やマグネシウム合金など高融点合金を供給するため、射出部が別の場所にあるコールドチャンバーの2種類があります。

▶▶ レオキャスティング法

　レオキャスティング*は、アルミニウム合金の鋳造に用いられる、融点以下の固液共存相で鋳造する**半凝固鋳造法**です。固液共存相で応力を加えて流動させると、粘性が低下して流動性が増す現象を**チクソトロピー現象**と呼びます。この現象を用いれば、鋳型の角や隅まで合金を充填させることができます。アルミニウム合金を複雑な形状の金型の鋳造するためには、欠かせない技術です。

　加熱と冷却設備を備えた半溶融金属の供給設備を用いて製造した半溶融金属をシリンダー内で押出し、鋳型内の型に入れます。

レオキャスティングの概念図 (7-5-7)

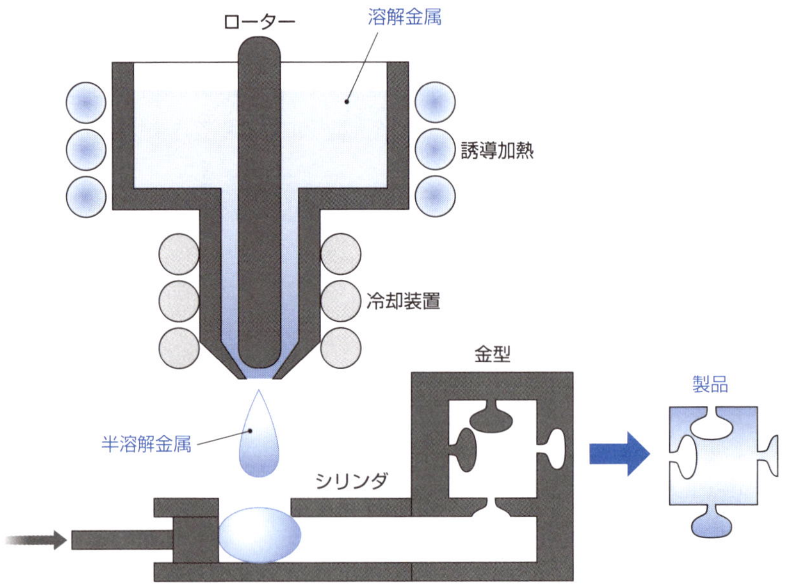

* **レオキャスティング**　レオはギリシア語で「流れ」を意味する。機械的に撹拌して半溶融状態にする鋳造法。

チクソキャスティング法

　凝固させた金属を再加熱して固液共存相にしても、レオキャスティング法と同様に、流動性が改善されます。一度金型に鋳造してから、加熱、成形、凝固させる方法が**チクソキャスティング法**＊です。パソコンや携帯電話の筐体は、マグネシウム合金のチクソキャスティング法で、数多く作られています。凝固温度ぎりぎりの低温鋳造となるため、金型寿命にとっても魅力的な鋳造法で、欠陥の少ない寸法精度が良い製品ができます。

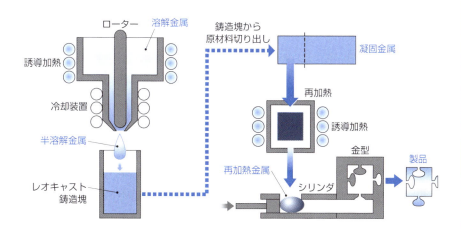

チクソキャスティングの概念図 (7-5-8)

精密鋳造法

　精密鋳造法は、製品の原型を正確に写して金属鋳物を作る鋳造方法で、一般的には**ロストワックス精密鋳造法**とも呼ばれます。製品の原型をワックスで作り、ワックスを鋳型素材で囲んで鋳型造形した後、ワックスを溶かし出し、焼成して鋳型を作ります。芯に入っていたワックスが形状だけ残して無くなるため、ロストワックスと呼ばれます。複雑な形状の製品でも精密な鋳型を作ることができます。鋳型に溶融金属を流し込んで凝固させれば、薄い製品や三次元形状製品でも美麗かつ正確に作れます。

＊**チクソキャスティング法**　塑性固体とゾルのような非ニュートン液体の中間的性質を持つゲル状物質をチクソトロピーという。金属をこの状態で整形し凝固させる方法。

7-5 鋳型鋳造技術

　精密鋳造法に使える金属は、特殊鋼やステンレス鋼、銅合金、アルミニウム合金と幅広くあり、最近ではチタン精密鋳造が開発され、ますます適用金属が広がっています。金や銀、白金など貴金属類の意匠成形にも精密鋳造法が用いられています。

　複雑な形状を正確に造形するため、鋳型への溶融金属の充填が円滑にいくように、鋳造時には減圧吸引法や真空吸引法などの技術が用いられたり、凝固時の制御により一方向凝固を作り出したり結晶方向制御を行ったりします。

　ジェットエンジンやロケットエンジンの部品である超耐熱合金、タービンやターボチャージャー、チタン製ゴルフクラブのヘッドなどの成形にも用いられています。

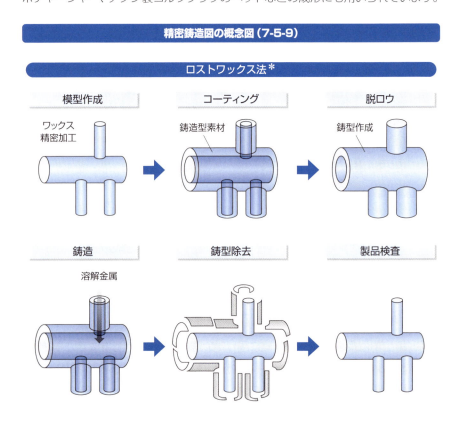

精密鋳造図の概念図（7-5-9）

＊**ロストワックス法**　利点は、寸法精度の高さ、利用できる金属素材の種類の豊富さ、初期導入費用の安さ、表面仕上がりの美麗さおよび複雑形状への対応が挙げられる。欠点は、何といってもランニングコストの高さと作業の難しさである。

▶▶ 遠心鋳造法

　鋳型に液体金属を流し込む圧力が重力だけの鋳造方法が**重力鋳造法**です。人為的に圧力を発生させる必要がなく、最もよく用いられている方法です。

　複雑な形状の鋳型や形状が小さい鋳型は、表面張力のため重力だけでは液体金属が隅々まで入り込めない場合があります。こうした場合、減圧吸引法や真空吸引法などで大気圧を用いるか、鋳型を軸の回りに回転させて発生する遠心力を用いる**遠心鋳造法**を採用するかします。

　遠心鋳造法で作られる製品の代表は、**ダクタイル鋳鉄管***です。回転金型に溶融鋳鉄を流し込むことにより、均一な厚みの鋳鉄管が得られます。炭素鋼から合金鋼までさまざまな鋼種のシリンダーやボール、ライナー、チューブなどで製造可能です。また、アルミニウム合金など非鉄金属にも用いられます。遠心鋳造法は加圧凝固のため、組織が緻密であり、気泡が少なく、砂噛みが無い優れた表面の鋳造製品が得られます。

遠心鋳造法の概念図（7-5-10）

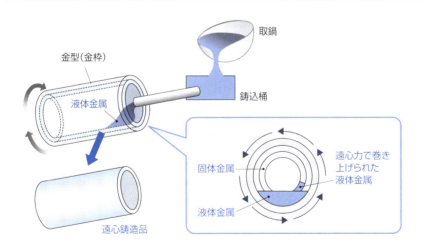

***ダクタイル鋳鉄管**　組織中のグラファイトを球状化黒鉛にした鋳鉄管。ダクタイルとは延性があるという意味。

6 粉末成形

　粉末冶金は、金属粉末の製造、粉末の混合、粉末の成形および粉末成型品の焼結により金属製品を製造する方法です。鋳造では均質な組織が作りにくい組み合わせの合金の製造や、ニアネットシェイプ製品*の製造に適した金属素材加工法です。

▶▶ 粉末冶金

　粉末冶金は、鋳造とは全く異なる固体金属製造法です。固体金属粉末を原材料として、金型に入れて圧縮して固め、高温で焼き固めて、極めて寸法精度の高い均質組成の部品を作ります。

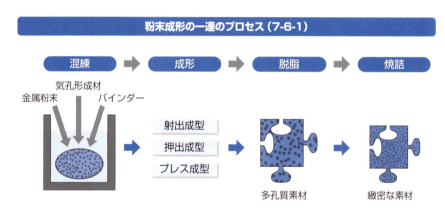

粉末成形の一連のプロセス (7-6-1)

▶▶ 粉末製造

　粉末にできる金属はほとんど原材料にすることができ、しかも複数の金属や合金を自由に配合して混合することができるので、液体金属や凝固では考えられなかった化学組成の組み合わせも可能です。

　金属粉末の製造方法は、大きく分けてアトマイズ製造法、機械的製造法および化学的製造法があります。同じ元素の金属でも製造方法が異なれば粉末の特性が異なるため、粉末冶金の目的に即した製造方法で作った粉末を使用する必要があります。

　アトマイズ製造法は、液体金属を溶融るつぼの小さな孔から勢いよく吹き出さ

＊ニアネットシェイプ製品　最終製品形状に近い形で素材成形する方法。

7-6 粉末成形

せ、ガスや水などを吹き付けると、液体金属は飛散し、急冷凝固して粉末が得られる方法です。アトマイズ製造法は、粉末冶金に最も適した粉末製造方法です。鉄粉やステンレス鋼、超合金、ジュラルミン、チタン合金などが製造されています。

　機械的製造法は、粉末同士や粉砕用工具の物理的な衝撃により粗大な金属塊を粉砕して微細粉末を得る方法です。機械的製造方法は、粉砕だけではなく、混合した純金属粉末に機械的エネルギー与え、粉末同士を圧着させ、破砕させていく過程で均質な合金粉末を製造するメカニカルアロイング*が採用される場合も増えています。

　化学的製造法は、酸化物を還元する方法や電気分解することで微細な粒子を得ることができます。化学的製造法は原理的に純金属は製造できますが、合金を製造することは困難です。

　準備した粉末は、混合工程で均質になるまで混錬します。成形に必要なバインダーも金属粉末に混ぜられ、均質になるまで粉末混錬されます。

粉末製造技術（7-6-2）

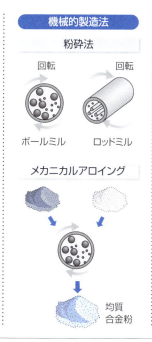
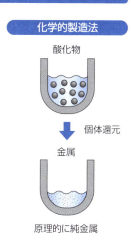

---

* **メカニカルアロイング**　複数の金属を混ぜて合金を作る場合、二元状態図で決まる比率を超えた組成の物質は作れない。一方固体同士の混合の場合は任意の比率の組成が可能でかつ安定している。不活性雰囲気で粉末を砕き混錬すれば均質な任意の組成の合金粉の製造ができる。

7-6 粉末成形

粉末成形と粉末焼成

　混合粉末を金型に入れ、圧縮成形して製品の形状を作り上げます。圧縮方法は、金型に充填した粉末を上下のポンチでプレスする方法と、ラバープレスと呼ぶゴム袋内に粉末を詰めて高圧容器内で静水圧をかけて成形する方法、粉末を圧延ロールで圧延する粉末圧延法があります。でき上がった成形体は圧粉体もしくは**グリーンコンパクト**＊と呼び、続く粉末焼結の原材料になります。

　粉末成形しただけの圧粉体は、粉末粒子間の密着性が弱く、空隙を多く含むため、脆い固体です。圧粉体を高温のガス雰囲気で焼き固める操作が**粉末焼結**です。

　焼結で制御するのは、粉末の種類に応じた焼結温度、焼結時間、焼結炉内ガス雰囲気です。

　粉末粒子間には隙間がありますが融点以下の高温環境下では、粒子間の接触面積が増加し隙間が少なくなり体積が減少します（焼き固まる）。焼成とは粉末を加熱し、収縮、緻密化して一定の形と強度を持つ焼成体を得る工程です。

粉末成形と焼成の概念図（7-6-3）

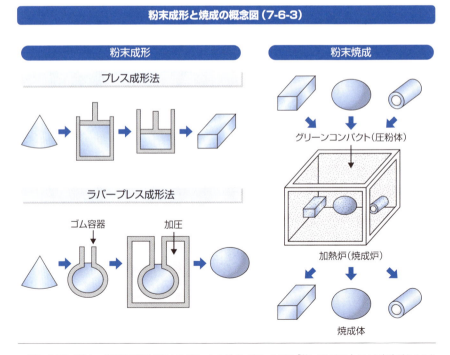

＊**グリーンコンパクト**　焼成前の粉体のことをグリーンと呼ぶ。グリーンには「熟していない」という意味があることから、こう呼ぶと思われる。

粉末成形・焼成方法

　粉末成形と焼成を同時に行う方法もあります。主な方法は、金型で粉末を圧縮する際、同時に加熱する**ホットプレス法**＊、高温で高圧のガス容器内で圧縮成形する**熱間静水圧プレス法**、金型から粉末を押し出しながら焼成する**粉末押し出し法**、プレフォーム体を高温で鍛造しながら圧粉体を作り出す**粉末鍛造法**などがあります。

　圧粉体を焼成した製品を**焼結体**と呼びます。焼結した後、さらに圧縮と焼結を繰り返す場合もあります。焼成体は、仕上げのために形状調整を行います。

　問題点は、成形時に高さ方向に密度差が生じるため強度が部分的に異なることです。粉末の動きと加工の大きさの制限があるため、大型形状の製造が困難です。

粉末成形と焼成の同時操作の概念図（7-6-4）

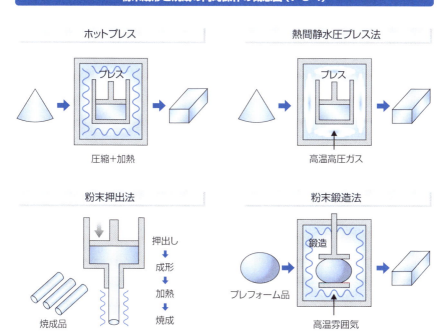

＊**ホットプレス法**　粉末を不活性雰囲気ガスや真空中で加熱とプレスを同時に行う。熱間等方圧加圧法（HIP）。2000℃、200MPaの高温高圧で処理するものもある。

7-6　粉末成形

▶▶ 射出成形法

　金属粉末射出成形法（MIM）は、粉末冶金をプラスチック成形と同じように行う方法です。金属粉末をバインダーと混合して、金型に射出成形し、脱脂および焼結を行うことで金属製品を作り出します。均質な小物製品の量産が可能です。

金属粉末射出成形法（MIM）の概念図（7-6-5）

原材料：金属粉、バインダー　準備：混錬　MIM：加圧、射出　焼成：取出し、焼成　焼成品

COLUMN　鉄橋の鉄物語

　1781年にイギリスで完成した鋳鉄製のコールブルックデール橋が、世界初の鉄橋です。石炭高炉法を成功させたエブラハム・ダービーによって、原料を製鉄所に運び込む鉄道のために作られ、以降鉄道の発達と共に鉄橋が作られました。
　日本の鉄橋は、1874年に大阪神戸間に錬鉄製の鉄橋が掛けられたのが始まりです。当時の鉄橋はリベット接合でしたが、列車が重くなるにつれて鉄橋は溶接補強されて行きます。1964年に開通した東海道新幹線には全溶接の鉄橋が採用され、次第に錆に強い耐候性鋼材＊を用いた無塗装鉄橋が使われます。
　1988年には支柱間が1000mもある長大な本州四国連絡橋が鉄道と道路の併用橋として作られます。
　鉄橋は輸送に不可欠な構造物であるため、戦争映画にも度々登場します。クワイ河マーチで有名な「戦場に架ける橋」に登場する泰緬鉄道のクウェー川鉄橋や、ドイツ軍とアメリカ軍が橋の争奪戦をする「レマゲンの橋」に登場するルーデンドルフ鉄道橋は、映画音楽のメロディが流れるだけで映画のシーンと共に鉄橋の勇姿が眼前に浮かんできます。

＊**耐候性鋼材**　Cu、Cr、Niなどを添加し、緻密なさびを形成させた鋼材。さびが鋼材表面を保護し無塗装でも風雨に耐える。

7 熱間成形

金属素材成形加工で欠かせないのが熱間加工です。真っ赤に焼いた素材を、熱い間に工具やロールで加工します。主に金属加工の素材を成形する工程が熱間成形です。

▶▶ 熱間成形と冷間成形

熱間加工は、金属素材を900℃以上*に加熱した状態で加工する方法です。金属の再結晶温度以上の高温で行うため、素材の変形抵抗が小さく、加工しやすい方法です。高温では加工転位も移動しやすくなり、加工硬化も小さくて強度も大きくなりません。この900℃は鋼の場合で、金属の種類により熱間加工の定義は異なります。

量産にも向いたコストパフォーマンスのよい加工手法ですが、表面の平滑性を向上させたり精度の高い加工をすることができません。

熱間成形と冷間成形のメリットとデメリット（7-7-1）

＊ 900℃以上　この表現は鋼材の場合。アルミニウムなどではもっと低い温度が熱間成形温度。アルミニウム工場で熱延を見学した時圧延材の色が赤くないのに驚いた。

7-7 熱間成形

冷間加工は、金属素材を720℃以下、通常は常温で加工する方法です。金属の**加工硬化**が起こり、変形抵抗も大きく、熱間加工よりもエネルギーが必要です。金属組織が緻密になり、表面が美麗になり、内部に残留応力が蓄積されて引張り強度は増しますが、靭性は低下します。

▶▶ 熱間圧延の種類

鋼材の製造に利用される**熱間圧延**は、シリンダー状もしくは型を刻んだ一対のロールにより熱間加工します。

製鉄所における熱間圧延は、厚板、熱延材、レール・棒鋼、線材などの素材加工で用います。加熱炉で高温に焼き上げた後、粗圧延機、仕上げ圧延機で一気に所定のサイズまで圧延加工します。

シリンダー状のロールは、熱間加工の際に最も優れた加工法です。大きな断面積を持つ素材を所定のサイズまで加工する効率はもちろんのこと、加工により素材内部の欠陥も無害化することができます*。

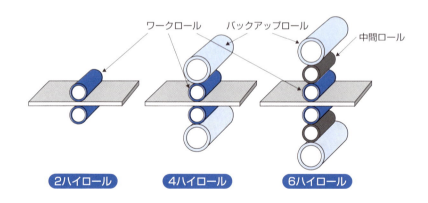

鉄鋼生産プロセスでの熱間圧延 (7-7-2)

▶▶ 形状・クラウン制御技術

ロールを使って熱間で加工成形する方法が熱延です。成形に用いるロールをワークロールと呼び、**ワークロール**の変形を防止するために**バックアップロール**を配置します。圧延制精度を向上させるために、中間ロールを用いる場合もあります。

*…ことができます　圧延は、加工対象をロールで圧下して押しつぶす操作と、延ばす操作を同時に行う。適度な圧縮応力の下では破断せずに塑性変形が可能である。

7-7 熱間成形

　圧延ロールが使用されている本数により、ワークロールだけの場合は2ハイロール、バックアップも含めて4ハイロール、**中間ロール**も入れて6ハイロールと呼びます。

　圧延すると、板の端が拘束されていないため、板厚は、エッジが薄くなります。板厚の差の定義には、中央部とエッジ部の差であるクラウン、両エッジの厚みの差であるウェッジなどがあります。板端が薄くなるのを防ぐためには、板端の間隔が広くなるように制御します。これが**形状・クラウン制御技術**です。

　主な形状制御技術には、6ハイの圧延機を使うハイクラウン圧延と、4ハイの圧延機を使うペアクロス圧延があります*。

　ハイクラウン圧延は、中間ロールを上段と下段が逆方向になるようにシフトさせます。こうすると、ワークロールがたわみ、端の厚みが若干広くなり、端の落ち込みが見かけ上なくなります。

形状・クラウン制御技術（7-7-3）

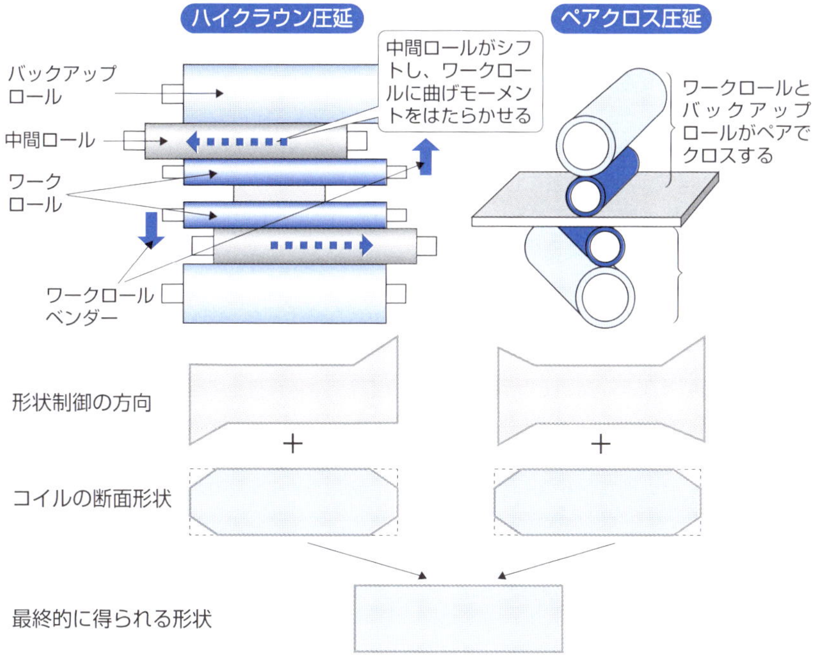

*…があります　これ以外にもワークロールベンダー、平坦度自由制御、スリーブロール、クラスターミルなど多くの形状制御圧延機が実用化されてきた。

7-7　熱間成形

ペアクロス圧延は、ワークロールとバックアップロールの軸を平行に保ったまま、4ハイの上段2段を同時にクロスする形で動かします。上下ロールがペアでクロスするためペアクロスと呼ばれます。こうするとロールの中央部に比べて端のロール間隔が広がります。

COLUMN　3800年前
一番古い鋼が見つかった！

鋼が見つかるということ

　鉄がいつから使われているかは、論議の的ですが、鋼がいつから使われていたかは割とはっきりしています。

　鉄は、天から落ちてきた隕鉄を使ったようなので、大昔の人間が拾って、石器の代わりに使っていた可能性があります。

　鋼となると、鉄鉱石を木炭と一緒に燃やして、酸素を取り去り鉄にします。専門用語では酸化鉄を還元するというのですが、簡単ではありません。ここに技術が生まれ、知恵が生じます。

　何が起こるのかわからなければ、還元はできません。鋼の発見は、鋼製品を作る製鉄技術が存在したことを意味します。

紀元前18世紀の鋼

　3800年前の地層から鋼が見つかったのは、メソポタミアのなかでも、ヒッタイトの時代よりさらに古いアッシリアの地層からでした。従来よりも500年も時代が遡っているらしいのです。トルコのカマン・カレホユックの遺跡で出土した紀元前18世紀のアッシリア植民地時代の鉄片が分析の結果、鋼と判明しました*。

古い鉄片

　ベックの鉄の歴史にも記載されていますが、大昔から鋼の使用時期には論戦がありました。古エジプト第四王朝紀元前2500年頃のクフ王のピラミッドから鉄片が発見された記述もあります。ただし、発見された鉄片は鍛鉄では炭素分が低かったようです。鉄が柔らかくては道具になりません。硬い鉄である鋼を作ろうとすると、鍛鉄に浸炭するか高温で化鉄を溶かす操作が必要です。

年代ではなく技術に着目

　最古の鋼片議論は、調査が進み、分析機器が進むとどんどん時代が遡ります。正確な年代の話ではなく、製鋼技術を持った文明がどの時代に始まったかが興味の対象です。鋼作りには周辺技術、つまり加熱技術や加工技術が必要です。

＊…**判明しました**　鋼が見つかったからここが発祥の地であるとは限らない。鋼の生産の大規模痕跡があるということは既に鋼は生み出されており、各地で生産されていたと考えられる。現代で考えると、製鉄所があるのは生産地とは言えても発祥の地とはいえないことは理解できる。

II 金属加工技術篇

第8章

切断と接合

　金属素材を金属製品に変化させていくのは、製品加工を通じてです。製品加工には、切断・接合、型創成、表面改質および組織制御の4つのジャンルに分けられます。
　本章では切断と接合について、理論面と技術面から詳しく解説します。

Ⅱ　金属加工技術篇　　第8章　切断と接合

切断加工

　金属の切断技術は、機械的切断法と熱による溶断法に分かれます。機械的切断法には、刃物を使う方法やプレスせん断法や機械せん断法などさまざまな方法があります。ここでは、機械切断法を見ていきましょう。

▶▶ 切断の実用工学

　切断技術には、**機械的切断法**と熱による**溶断法**があります＊。機械切断法には、大きく分けて刃物切断法、プレスせん断法、機械せん断法、およびその他の切断法があります。

▶▶ 刃物切断法

　刃物切断法は、金属を切断するために専用の刃物を用います。バイトやカッタなどの往復運動により金属を切断するバイト・カッタ切断、丸のこや糸のこなどで切断するノコ切断、砥石で研削して切断する砥石切断などがあります。

　バイト・カッタ切断法には、ハクソー、ジグソーブレード、突っ切りバイト、ブローチなどを用います。

　丸のこによる切断法には、コールドソーやホットソー、摩擦ノコ、超硬コールドソーなどが含まれます。

　プレス機械を用いた切断法には、ファインブランキング法、仕上げ打ち抜き法、シェービング法、ダイスせん断法などがあります。

▶▶ プレスせん断法

　プレスせん断法は、ブランク板を作るためにプレス加工を用いるせん断法です。さらに精度良くせん断する方法として、通常のダイとパンチおよび板押さえに加えてエジェクタと呼ぶ逆板押さえを備えている**ファインブランキング**、一度せん断した面をもう一度せん断加工する**シェービング法**、ダイスが2つあって最初は下側からのダイスでせん断寸前までの加工をした後に本格加工する**対向ダイスせん断法**などがあります。

＊**…があります**　技術士になって間もない頃、百万人の金属学の名物編集者の依頼で切断に関する書籍の執筆を企画した。初めての本ということで興奮状態で最新切断技術総覧を来る日も来る日も読み耽った四半世紀前が思い出される。諸般の事情で執筆はされなかったが。

270

8-1 切断加工

切断技術の種類と概要（8-1-1）

機械的切断法
- 刃物切断
  - バイト・カッタ切断
  - 丸のこ切断
  - 糸のこ切断
  - 砥石切断
- プレスせん断法
  - ファインブランキング
  - シェービング法
  - 対向ダイスせん断
- 機械せん断
  - ギロチンシャー*
  - スリッター
- その他
  - ウォータージェット法
  - 電解切断法

溶断法
- レーザー切断法
- ガス切断法
- プラズマ切断法
- アーク切断法
- ワイヤカット切断法

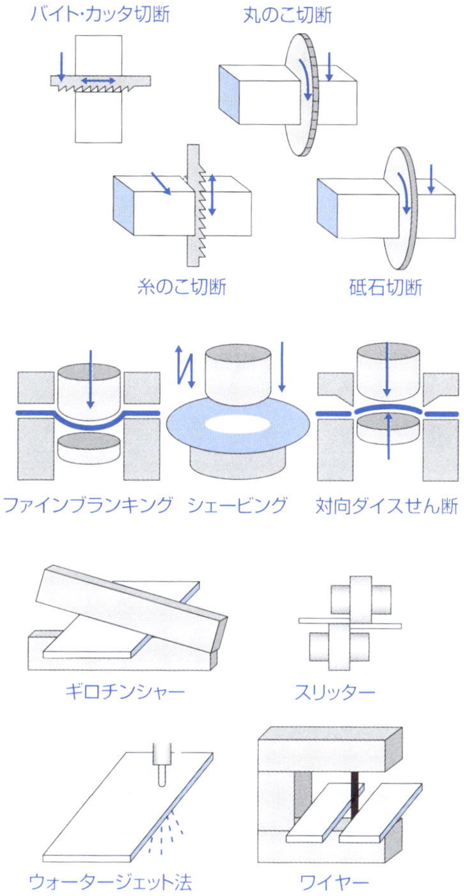

図中ラベル：バイト・カッタ切断／丸のこ切断／糸のこ切断／砥石切断／ファインブランキング／シェービング／対向ダイスせん断／ギロチンシャー／スリッター／ウォータージェット法／ワイヤー／切断面の状況／バリの除去方法

＊**ギロチンシャー**　ギロチンカッターともいう。フランス革命で活躍したギロチン由来。筆者的には西尾維新の傷物語に登場するバンパイアハンターを思い浮かべてしまうが。

8-1 切断加工

▶▶ 機械せん断法

機械せん断法も板金加工のところで触れましたが、ハサミのように挟み込んで切断するギロチンシャーや、円筒形の切断シャーで何条にもコイルを切断するスリッターなどがあります。また、専用機械を用いたせん断加工法もあります。NCタレットパンチプレス、スリッターによるせん断法、フライングシャー*による切断法などです。

▶▶ その他の機械切断法

その他の切断法では、高圧水を用いて金属を切断する**ウォータジェット法**、ワイヤーと電解液を用いた**電解切断法**などが含まれます。

▶▶ 溶断法

溶断法は、ガストーチの熱で切断する**ガス切断法**、プラズマジェットで切断する**プラズマ切断法**、アーク火花で切断する**アーク切断法**、ワイヤーからの放電で切断する**ワイヤーカット法**などがあります。

 製鉄は錬金術(その1)

　錬金術とは、古くからある高貴な金属である黄金を、卑しい金属の鉄や鉛から化学操作方法で得る方法です。鉄が何故卑しいのか不明ですが、黄金に比べて錆びたり劣化したりするためだと考えられます。永遠性の象徴で高貴な人々を飾ってきた黄金を貴金属と呼び、庶民や兵士の使う鉄は卑金属でした。ギリシア時代にヘシオドスは、鉄は使うと便利だし安いんだが、矢に加工されて相手を倒す武器の素材なので、呪われた金属だと記しています。

　錆びない永続性のある、太陽に似た高貴な黄金色の金属を安く大量に作り出そうとする化学操作は黄金は生み出しませんでしたが、錬金術師は膨大な金属元素と化学の知識を得ました。

＊**フライングシャー**　材料が動いている間にせん断作業を行う装置。ドラム型やダイセット型など用途や素材に応じて形式を選択する。熱延や冷延で生産性を損なわず切断するために使われる。

2 熱源による切断加工

切断加工は、金属加工の分野で最初に適用される操作です。連続している板状や線状の金属素材を製品加工に必要な大きさに分割する操作が切断加工です。金属素材を分割するためには、外部からエネルギーを素材の特定部分に付与します。

▶▶ 熱エネルギーによる切断加工

熱源により金属素材を溶断する方法は、溶断部分だけ加熱し、周囲にはできるだけ熱影響を避けます。このため、単位面積当りの出力である出力密度が大きく、出力エネルギーも大きなものが望ましく、用途や目的に応じて、さまざまな熱源が用いられます[*]。

熱源による切断法の分類（8-2-1）

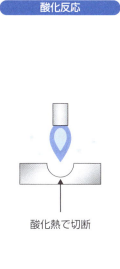

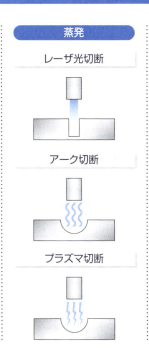

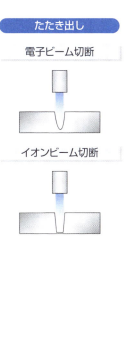

*…用いられます　ここに挙げた以外に鉄粉を火炎に添加するパウダー切断や原子炉の解体に用いる成型爆薬切断などもある。

8-2 熱源による切断加工

切断は、熱エネルギーが0.1eV程度で実現する金属の酸化反応による方法、1eV程度の蒸発による方法、さらに高エネルギーによる金属たたき出し法があります。酸化反応は、ガス切断法、蒸発は、YAGレーザー切断法アーク切断法およびプラズマ切断法、金属たたき出しは、電子ビーム切断法やイオンビーム切断法が主要な切断法です。

▶▶ ガス切断

出力や出力密度が最も小さなもの切断方法は、**ガス切断***です。ガス切断は、古くから鉄鋼製品などの溶断に用いられています。

酸素とアセチレンガスを混合燃焼させ、ガスの熱エネルギーで予熱した部分に酸素ガスを吹き付けます。切断部を溶融するために必要な熱を、鉄自身の酸化反応熱で発生させます。酸素ガスと鋼材との酸化反応エネルギーは膨大で、反応部分は酸化物になり切断がスムーズに行われます。いったん切断が始まれば、切断は持続します。

切断面近傍が熱影響を受けて組織変化を起こすので、切断後の仕上げ処置に注意が必要です。ガス切断法は、炭素鋼や低合金鋼の切断に適しています。

ガス切断の模式図（8-2-2）

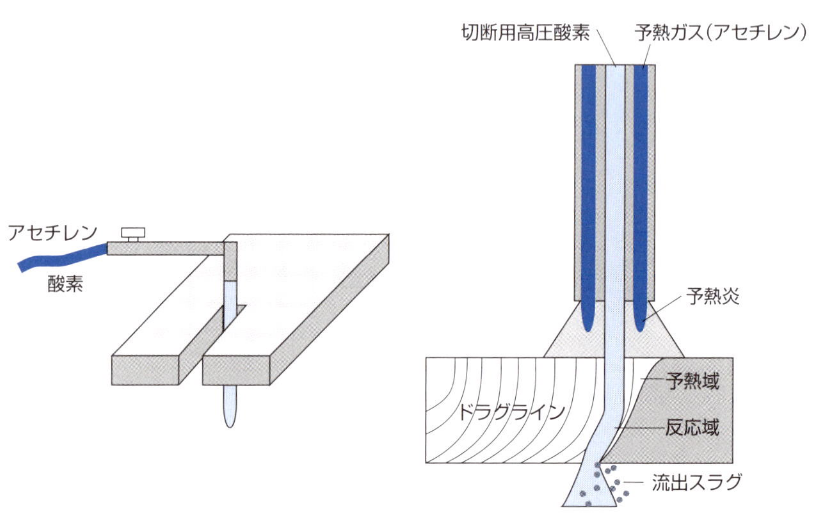

* **ガス切断** 品質については、8-4節「切断面の品質」で解説。

▶▶ レーザー切断

レーザー切断は、波長により付与エネルギーが変わります。エネルギーの単位は、eV（電子が1Vで加速されるときのエネルギー）で示されます。エネルギーの計算は、eV＝h（プランク定数）×C（光の速度）÷λ（波長）で書き下せます。

炭酸レーザー（λ＝10μm）とYAGレーザー（λ＝1μm）を比べると、YAGレーザーは炭酸レーザーの約10倍の付与エネルギーがあります。

レーザー切断は、切断時に任意の形状の切断が可能であり切断速度が速く他の熱切断に比べて変形が少なく、自動化や省人化が可能であるメリットがあります。デメリットは、初期設備費用が高額であり、かつ大型設備であること、切断精度がプラズマ切断に比べて悪いこと、切断品質が悪いことです。

レーザー切断法の概略（8-2-3）

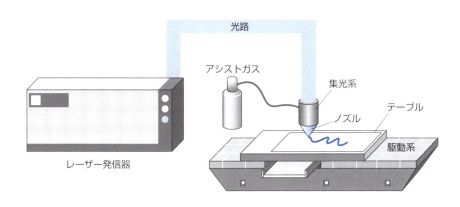

▶▶ ワイヤー放電加工

ワイヤー放電加工は、油などの絶縁体の加工液中で、銅ワイヤーと加工物の間に放電させ、金属を放電熱で破壊して加工を行います。非接触式のため、通常の切断方法では硬くて削れないものや、薄くて切削できないものも加工可能です。加工精度が良いのが特徴です。

ワイヤー放電加工のメリットは、導電体なら固くても加工できる[*]、様々な複雑形

---

[*]**導電体なら固くても加工できる** 導電体でない難加工素材の切断は、ウォータージェット加工を使う。超高圧ポンプで加圧した研磨剤を混入した水を音速の数倍の速度でノズルから噴射して切断する。

8-2 熱源による切断加工

状の加工が可能、マシニングセンタなどに比べて経済的であることがわかります。

デメリットは、加工速度が遅く大量生産には向かないことです。

ワイヤー放電加工（8-2-4）

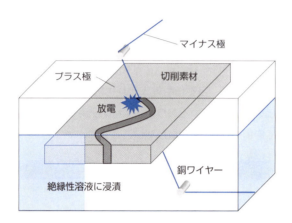

COLUMN 製鉄は錬金術（その２）

　目を転じれば、現代の鉄鋼業でも錬金術が駆使されています。比喩的な意味ですが、卑しい金属、錆びる金属、変化する金属、道具や武器にしかならない金属である鉄を、製錬という化学反応で高貴な金属に変えています。元素を変えることはできませんが、錆びない鉄、疲労したり摩耗したり変化しない鉄、道具以外にも使われる鉄を生み出しています。ステンレス鋼しかり、耐疲労性、耐摩耗性に優れた鋼など、高貴な性質を持つ鉄を作りだします。

　鉄が錆びたり、劣化するのは、鉄の中にある不純物が原因です。リンや硫黄や水素や酸素などの不純物元素を低減すると鉄の機能が大幅に向上します。固体鉄中に含まれる非金属介在物を取り除き高清浄化すると、性質が向上します。こういう操作をまとめて高純化と呼びます。現代鉄鋼の高純化プロセスや材質制御は錬金術そのものです[*]。

---

[*]…そのものです　普段何気なく「品質を良くする」「高機能化する」「高強度化する」などのキーワードは、かつて錬金術で実現しようとしていたことである。

▶▶ アーク放電とプラズマ照射

アーク放電やプラズマ照射は、ガス切断に比べて数百倍の出力密度で熱を一か所に集中させ、金属を部分的に高温にして蒸発させることができます。熱の付与は、局所的な残留応力に限定されるため、切断による全体の熱変形は小さくて済みます。

金属の**プラズマ切断**には、主に移行型のプラズマアークを用います。作動ガスとしては、アルゴン・水素混合ガス、窒素、酸素、空気などがあります。非常に高温のプラズマアークにより、アルミニウムやステンレス鋼の切断にも利用できます[*]。

プラズマ照射による切断法の模式図（8-2-5）

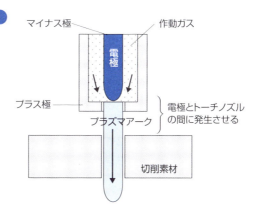

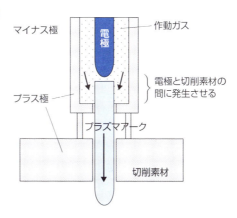

[*] …**利用できます**　ライン時代、高速切断のためにプラズマ切断を使っていた。早くて精度も良いが、こんなに噴煙がでるのかと着任初日に驚いたことを思い出した。

Ⅱ 金属加工技術篇　第8章 切断と接合

3 金属の除去加工技術

　金属の除去加工には、製品の創形を目的とした切削加工や研削加工、素材の分断を目的とした切断があります。金属表面の加工技術について詳しく見てみましょう。

▶▶ 金属の除去加工技術

　金属の除去加工技術は、製品の分断を目的とする金属の塑性変形や熱による切断と、製品の型創成を目的とする金属の機械加工に分かれます。金属の機械加工*は、金属表面の切削加工と研磨加工に分類できます。研磨加工には、研削加工や仕上げ加工が含まれます。

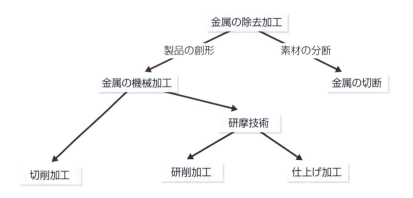

金属の除去加工技術（6-3-1）

▶▶ 金属表面の加工技術

　金属の表面の除去加工は、バイトや砥石などの切削工具を用います。工具もしくは加工される素材のいずれかが回転運動をしながら表面を除去していきます。
　バイト加工は、円筒素材を回転させながら切削用のバイトを押し付けて外表面を削り、円筒径を調節する加工法です。
　平面研削は、円筒形の砥石を回転させながら素材の表面に押し付け、砥石で表面

＊**機械加工**　機械加工は、工作機械や切削工具を用いて金属材料を目的形状に除去加工する操作。つまり型創成の手段のひとつ。

8-3 金属の除去加工技術

を削ります。砥石で削る操作を研削と呼びます。

ホーニングは、円筒形のロール表面を砥石で磨きます。砥石など工具で素材表面を磨く操作を研磨と呼びます。

穴あけ加工は、ドリルと呼ぶ回転工具を素材に押し付けて、切削しながら素材を削り込む操作です。同一場所を削り込む操作が穴あけ加工、表面を削りながらドリルが移動する操作をドリル加工と呼びます。

円筒研削は、回転する砥石を切削工具として使います。円筒形の素材も回転しながら、砥石で表面を切削除去します。

素材表面を磨くために砥石と砥粒研磨剤＊が入った水で削る操作を**仕上げ加工**と呼びます。仕上げ加工には、硬い砥粒研磨剤を使い研磨する**ラッピング**と、軟らかい砥粒研磨剤を使い研磨する**ポリシング**があります。

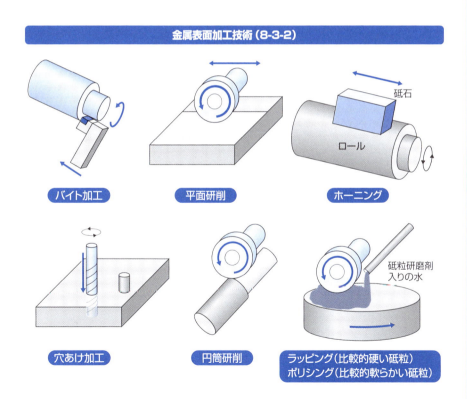

金属表面加工技術（8-3-2）

＊**砥粒研磨剤** ラッピングには、アルミナ結晶のコランダム（鋼玉）や湿式析出させた粉末状の酸化クロム、酸化鉄、アルミナを用いる。ポリシングにはアルミナを用いる。

4 切断面の品質

　本節では、主な切断方法であるせん断加工とガス溶断法の切断面を取り上げます。せん断加工法は、パンチとダイで金属板を切断する操作です。せん断面にはダレとバリが発生します。溶断法は金属を溶かすため切断面の状況が大きく変化します。

▶▶ せん断加工面の品質

　せん断加工法には、**プレスせん断法**と**機械せん断法**があります。いずれも素材の金属板を**パンチとダイ**＊、もしくは上下刃の間に挟み、パンチや上刃を押し込むことによって切断する方法です。金属板は、板厚方向にせん断力を受け、せん断面に沿った変形によって切断されます。せん断は、せん断面の方向が重要です。せん断面が板厚方向に対してどのような角度で入るかを決めるのが、クリアランスと呼ばれるパンチとダイ、もしくは刃の隙間です。

プレスせん断加工（打ち抜き加工）の模式図（8-4-1）

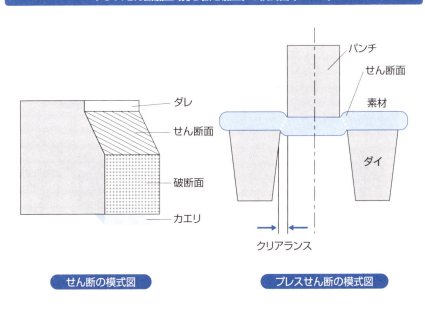

＊**パンチとダイ**　パンチとダイかポンチとダイスか、それが問題だ。日本語では色々な呼び名がある。英語ではPunch and Die。でもJISでは曲げ加工にはポンチを使うとある。けがきで凹みを入れる道具もポンチ。

8-4 切断面の品質

▶▶ クリアランスと切断面の品質

　クリアランス*は、金属材料のせん断加工面の品質に大きく影響します。せん断加工面は、大きく分けて4つの領域から成り立っています。プレスせん断の場合で説明すると、パンチが最初に当たる部分に発生するダレ、せん断ひずみによって発生するせん断面、その後の金属材料の変形によって一気に破断するときに生じる破断面、金属素材がパンチによって打ち抜かれるときに発生するバリです。機械せん断の場合は、上刃と下刃を用います。

　クリアランスが適正に取られていると、せん断面が適度に存在します。これは、上刃から発生するクラックが、加工の進展と共に成長し、途中から破断する形態のものです。破断面は金属素材の材質により延性破面であったり脆性破面であったりします。下刃からのクラックの進展はさほど大きくはなりません。

クリアランスと切断面の関係 (8-4-2)

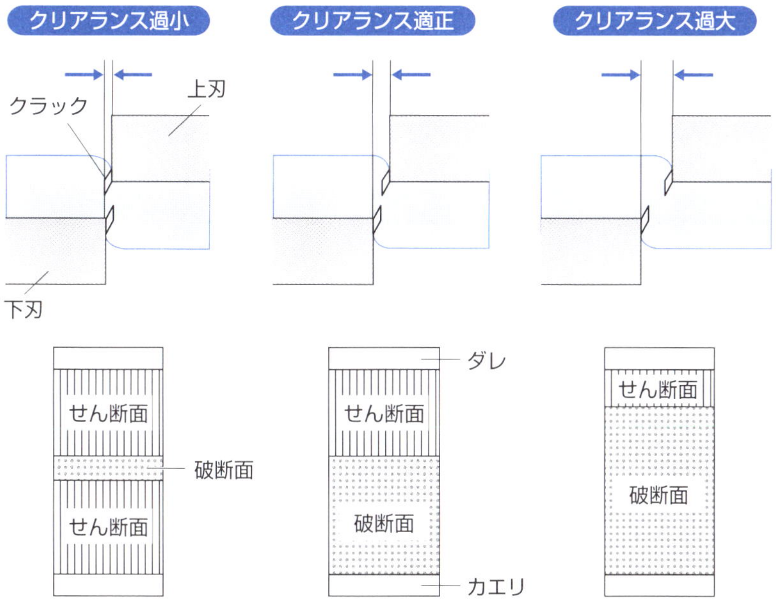

クリアランス過小　クラック／上刃／下刃
せん断面／破断面／せん断面

クリアランス適正
ダレ／せん断面／破断面／カエリ

クリアランス過大
せん断面／破断面

＊**クリアランス**　金属加工では、工具のすき間を意味する。ちなみに、街で良くみかけるクリアランスセールは在庫一掃バーゲンのこと。

8-4 切断面の品質

　クリアランスが過小の場合は、上刃および下刃からのクラックの進展が大きく、上下にせん断破面が大きく広がります。大きなせん断加工力が必要です。ただし、切断面の多くの割合がせん断面になるため平滑で精度のよい面になります。

　クリアランスが過大の場合は、上刃からのクラックの進展が小さく、破断面が大きくなります。切断面のほとんどが凹凸を伴う破断面になると、凹凸部分が切断面の品質を決めることになり、加工精度は劣化します。

▶▶ ファインブランキング

　ファインブランキングは、仕上げ打抜き法と同様、塑性変形により平滑な切り口面作り出し、寸法精度を向上させるために用いられる方法です＊。**精密せん断法**とも呼びます。この方法は、塑性加工は「圧縮応力下では、亀裂の発生や進展がしにくくなる」という性質を利用します。トレスカの条件で、各応力に圧縮応力が加わり、最大応力と最小応力の差の半分で計算できるせん断応力が小さくなり、限界を超えなくなるためと解釈できます。

　加工方法は、通常のパンチとダイのほか、パンチの周囲に板押さえを設置して材料を固定し、パンチ反対側のダイ部分にパンチと同径の逆板押さえをセットします。素材に圧縮応力を加えながら、打ち抜きを行うのです。板押さえのパンチ周辺にはＶの字のノッチをつけて、せん断面の周囲の圧縮応力を高めます。

ファインブランキングの模式図（8-4-3）

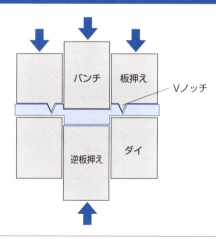

＊…**用いられる方法です**　仕上げ寸法が高精度になるほか、これまで鍛造や切削加工でしか成形できなかった難加工金属もプレス加工できるようになった。

▶▶ 対向ダイスせん断法

　対向ダイスせん断法は、シェービング法と同様に、切削により平滑な面をつくり出す方法です。上部に突起付きダイス、下部に平ダイスを配置し、打抜き部分には上部のポンチに相当するノックアウト、逆板押さえに相当する下部にエジェクタを配置します。

　まず、ブランク板を装入しダイスで挟み込みます。次に、平ダイスを押し上げ、突起付きダイスとの間にせん断面をつくり出します。この状態で、ノックアウトとエジェクタを同時に押し下げると、前段階でつくり出されていたせん断面に沿って平滑なせん断面が生成します。上下に挟んだ打抜き材は、切り離されて製品になります。

　対向ダイスせん断法は、切断で発生するだれもかえりも抑えることができます。延性がとぼしい材料でも平滑なせん断面を得られるメリットがあります。この加工は特殊プレスが必要なため、低延性素材のための精密せん断法として用います[*]。

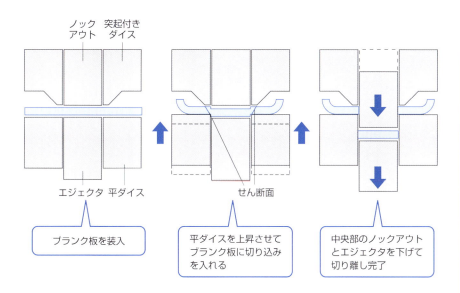

対向ダイスせん断法の概要（8-4-4）

[*]…用います　ファインブランキングでもダレが生じてしまうようなギヤ部品の精密打ち抜き加工などで開発されてきた。

▶▶ ガス切断面の品質

　ガス切断は、切断用酸素ガスにより、切断加工される金属の溶融酸化物が発生し、この酸化熱により金属が溶融します。この溶融部分が切断方向に移動していきます。溶融金属は溶解後の再凝固組織として、両サイドの側壁に付着します。その表面には、酸化物が凝固して付着します。つまり、ガス切断の切断面は、再凝固組織や表面の酸化物が付着したままの断面になっています。

　ガストーチによる切断は、切断トーチの火炎の向きが板厚途中で変わります。これをドラグと呼びます。切断面の荒れを**ドラグライン**＊、ドラグラインに沿ってノッチと呼ぶ凹み状欠陥が入ります。また、切断面の上縁部に凹凸を伴う溶損が発生しますが、ほとんど軽微なものです。

　ガス切断の注意点は、切断する金属を室温のままいきなり切断作業に入ると、素材の切断部近傍の素材が熱せられて、熱変形が発生する可能性があることです。ガス切断の熱変形は、レーザー切断やプラズマ切断よりも大きくなります。

ガス切断法のミクロ組織の代表図（8-4-5）

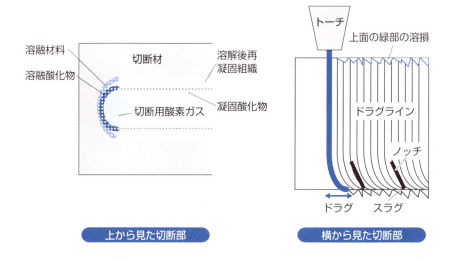

＊ドラグライン　切断時に発生する側面での溶解再凝固厚さの乱れ。これはガス切断だけでなくレーザー切断でも発生。

5 切削と研磨

工具などを用いて金属の表面を削る操作を切削、表面を平滑で光沢のある面に仕上げる操作を研磨と呼びます＊。

▶▶ 切削加工

切削は、直角程度に開いた**くさび**を工具として用います。くさびを金属表面に押し付けると、表面には圧縮の塑性変形が起こります。くさびが表面に作用する力を分解すると、表面に平行な主分力と、表面を押す背分力に分けられます。

くさびに接する表面では、この2つの分力によりすべり線が入ります。塑性変形により切り屑が持ち上がったあとは、くさびのすくい面が切り屑を押す力と、逃げ面で表面を押す力で裂かれやすくなり、塑性変形の加工発熱で切り屑が軟化し、削りやすくなります。

切削の仕組み（8-5-1）

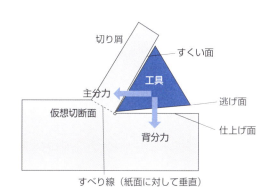

▶▶ 研磨加工

研磨には、工具を用いて微細な砥粒を表面に押しつけてこする機械研磨と電解研磨、化学研磨があります。

機械研磨は、布地に砥粒を結合させた研磨ベルトや、紙に結合させたサンドペー

＊…呼びます　切削はGrinding。研磨はPolishing。読んで字のごとく、削る操作と磨く操作。

8-5 切削と研磨

パー、ポリエステルフィルムに結合したラッピングフィルムなどによって表面をこすります。砥粒の転動やひっかきによる微小切削作用や表面凸部の塑性流動作用により、滑らかな面に仕上がります。

電解研磨は、研磨する金属を陽極とし、電解液の中で通電します。電流は、凸部に集中し、この部分が溶出することで、表面が滑らかになります。

化学研磨は、適切な処理温度で腐食液を用いて金属表面の凸部を優先的に腐食し、表面を滑らかにする方法です。

電解研磨は、仕上げ研磨をより美麗にするための前工程として利用します。光沢をつけたり、鏡面に仕上げたり製品の見た目も綺麗にできます。電解研磨を適用すると、目に見えない微細な汚れが除去でき、物理的に研磨しずらい場所も研磨可能です。

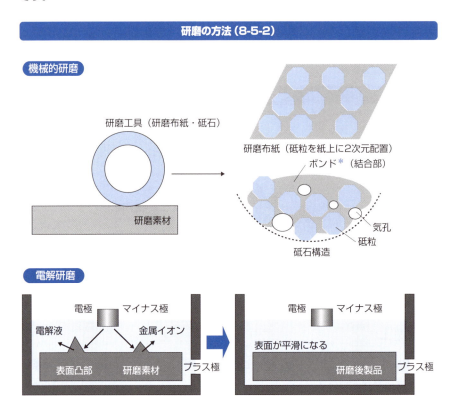

研磨の方法 (8-5-2)

＊ボンド　英語の「bond」は結合や束縛を意味するが、日本では商標ボンドの接着材が一般的な用例となる。ここでは「結合部」と訳している。

Ⅱ　金属加工技術篇　　第8章　切断と接合

バリ取り

　バリは、金属材料を切断するときに、不可避的に発生します。バリは、金属加工時にさまざまな悪影響を与えます。このため、バリの除去が必要になってきます。バリをできるだけ安価に取り除く、もしくは発生させない方法について見ていきましょう。

▶▶ バリは金属加工に悪影響を与える

　バリ*は、切断面のエッジ部分に発生します。バリの発生は、それに続く金属加工で悪い影響を与えます。

　エッジ部に発生したバリは、基準面と加工板の間に入り込み、基準面と計測道具の間隔を大きめに狂わせ、計測誤差を生み出します。

　バリは、せん断穴に入り込み、穴に通す丸棒との勘合不良を引き起こします。

　エッジ部から引きちぎれたバリは、ロールなどに付着し、押し込み傷をつくります。

バリが生み出す加工作業での不都合な現象（8-6-1）

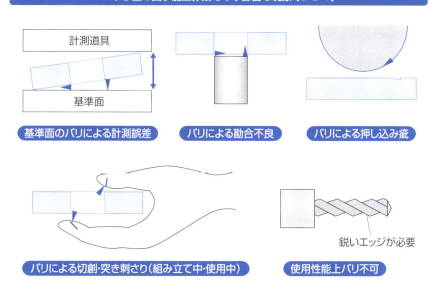

基準面のバリによる計測誤差　　バリによる勘合不良　　バリによる押し込み疵

バリによる切創・突き刺さり（組み立て中・使用中）　　使用性能上バリ不可　　鋭いエッジが必要

＊バリ　英語では gutter。フィンと呼ぶ場合もある。継ぎ目や端部にできる薄いひれ状の部分。鋳造時にできるものを鋳バリ、切断時にできるものをバリと呼ぶ。

287

8-6　バリ取り

バリは先が鋭くとがっているため、組み立て時や使用中に指などに触れると、切創や突き刺さりの原因になり、身体に危険な欠陥になる可能性があります*。

バリがあると仕様性能上問題が生じる場合があります。ドリルやエンドミル用の工具は、切削加工を行いますが、この工具のエッジにバリがついていると鋭いエッジになりません。バリはできるだけ、発生直後に除去する必要があります。

▶▶ バリの発生場所

バリは、切削加工やせん断加工のエッジ部分に発生します。バリは、金属加工物とつながっているため、衝撃や振動程度では取れません。ボール盤加工の場合は、入り口と出口に切削加工で取れなかった部分がバリとして残ります。フライス盤加工の場合は、フライスが侵入した入り口や出口にバリが付着します。さらに切削面の角に引きちぎられた、形状も鋭く大きなバリが生成します。

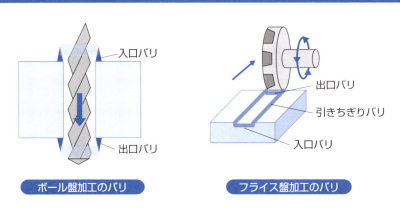

バリの発生位置（8-6-2）

ボール盤加工のバリ　　フライス盤加工のバリ

▶▶ バリ取り方法

バリは生成と同時に完全に除去したい欠陥です。しかし、形状に応じた効率的なバリとりを考案することは、加工工程を増やし、加工コストを増大させてしまいます。バリがあっても、加工上もしくは使用上の機能に影響しない場合は、わざわざ除去する必要もありません。バリ取りは、そのバリが機能上に影響するかどうかを見極めた上で行います。

＊…**可能性があります**　パイプ工場の管理者時代の重要管理ポイント。最新トレンド風に言えば、全集中ばりの呼吸。切断部や切削部に何気なく触ることは、カッターナイフの歯に触るのと同じ事という感覚が今でも蘇る。

8-6 バリ取り

バリ取り方法*には、大きく分けて機械加工法、砥粒加工法、熱的加工法、化学加工法、電気化学的加工法の5種類があります。

機械加工法には、バリをボール盤やフライス盤などの機械加工を用いてバリ部を除去する方法、手仕上げ用の道具を用いてバリを削る方法、ブラシなどを用いて除去する方法があります。また、エンドミル加工などで、バリが発生する場所を予備切削しておき、本加工を行った後でもバリが発生しないようにするような加工の工夫も、機械加工法によるバリ発生抑止方法です。

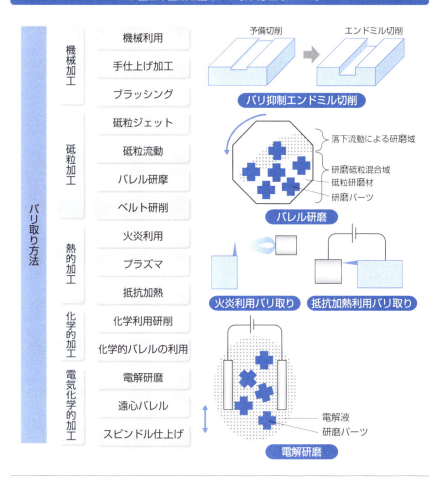

バリ加工の種類と主なバリ取り方法 (8-6-3)

* **バリ取り方法** バリは金属のため、バリ取りの技術体系は金属の除去技術と一致する。ただし、除去場所が除去困難であったり対象が機械加工部品のため効率が求められる。

8-6 バリ取り

砥粒加工法には、砥粒を気流で吹き付ける砥粒ジェット、砥粒をバリのついた加工品に接する状態で流動させてバリを除去する砥粒流動、容器の中に製品と砥粒を入れて一緒にかき回して切削するバレル研磨、ベルトで研削する方法などがあります。中でも、バレル研磨は、砥粒研磨剤と研磨パーツを容器に入れて回転させるだけでバリが除去できるため、細かい部品のバリ取りによく使われています。

熱的加工法には、火炎やプラズマを利用してバリだけを加熱除去する方法と、バリ部に通電して電気抵抗で発熱させて除去する方法があります。

化学的研磨は、薬品でバリを溶かすバリ取り方法です。

電気化学的加工法は、電解研磨、遠心バレル、スピンドル仕上げなどがあります。中でも、電気研磨法はよく使われる方法です。電解液中に研磨パーツを入れ、液を上下に揺動させながら通電します。

鉄道の鉄物語

鉄道は、2本の高炭素鋼の軌条が敷設された線路の上を鋼製の車輪の列車が走る輸送機関です。鉄道は鉱山地帯の鉱石や金属製品の輸送に利用されたのが始まりです。当初軌条には錆びにくく摩耗しにくい鋳鉄が利用されました。初期の軌条には車輪の脱落を防止するために両側につばが付いていました。後に、軌条は平になり車輪側にフランジが付くようになります。

鉄道の始まりはトロッコです。後に蒸気機関車が登場すると、重量が重くなり、鋳鉄製の軌条の摩耗が激しく交換頻度が増加します。1856年のベッセマー転炉発明による鋼鉄の大量供給が可能になると、鋼製軌条が敷設されます。

鉄道網は、国力の源泉です。明治維新以降の日本では、兵力の迅速な国内移動のために鉄道を精力的に整備します。

かつてプロシアの宰相のビスマルクは「鉄血演説*」を行います。現在のドイツの混乱はプロシアの鉄、すなわち鋳鉄のクルップ砲と鉄道網と、血、すなわち兵士によってしか解決できないと簡潔に方針を述べています。

鉄道は常に進化し続けています。もっと高速走行が可能な軌条や騒音を出さない軌条と車輪の形状、敷設性に優れメンテナンスし易い軌条などが工夫されてきました。鉄道旅行の際「線路は続くよ、どこまでも」と口ずさみ、鉄道の今昔に思いを馳せてみてはいかがでしょうか。

---

*鉄血演説　この演説が「鉄は国家なり」という鉄鋼業が国家を支えるような印象の俗論に変化していった。ビスマルクの言いたかった武器と鉄道網を整備しましょうよという意味は消え、少々傲慢な雰囲気の使い方になっているような気がする。

7 ブランク加工

ブランク加工*は、大きな材料から目的とする形状を切り出す、せん断加工による切断方法です。本節では、せん断加工の概要とブランク加工について見ていきましょう。

せん断加工の概要

せん断加工は、工具で金属板を挟み込んで切断する方法です。せん断工具を用いた切り離し方により加工の名称が異なります。

打ち抜き加工は、板の真ん中を、工具が通過し、大きな金属板から必要な形状の板を打ち抜く加工操作です。

切り欠き加工は、板の端部分の一部を打ち抜く操作です。打ち抜きと同様の工具の動きをしますが、切り欠かれたものが加工目的物になります。

せん断加工の種類（8-7-1）

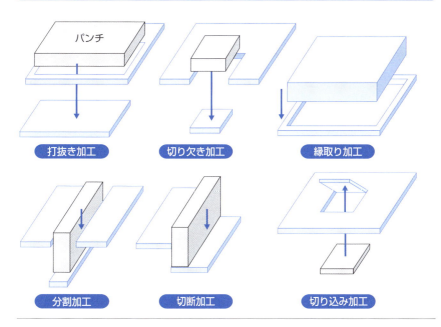

＊**ブランク加工**　ブランク加工はblankingの和名。機械加工やプレス加工の前に素材から半加工品をつくる操作。製造現場では半加工品をブランクと呼ぶ。

8-7　ブランク加工

　縁取り加工は、成形加工した加工物の周囲を切り取る操作です。周囲の縁を工具で切り取ります。

　分割加工は、プレス加工前の大きな板の中央部分を、幅を持って切断することで分割する操作です。分割されたものが目的物で、中央部分がスクラップになります。

　切断加工は、プレス加工前の大きな板の中央部分を、幅がない状態で切断することで分割する操作です。

▶▶ ブランク加工

　プレス加工は、同じ形状のプレス加工品を連続して高能率で作ります。プレス加工に用いる金属素材には、同じ形状の金属板が必要になります。この同じ形状の金属板がブランク板で、ブランク板を作る金属加工をブランク加工と呼びます*。

　ブランク加工には、単純な形状の金属板を作り出す方法と複雑な形状の金属板を作り出す方法があります。単純な板形状のブランク板を作り出す方法は、切断加工を用いた方法と分割加工を用いた方法があります。複雑な板形状のブランク板を作り出す方法は、打ち抜き加工を用いた方法と、打ち抜き加工とその後の切り欠き加工を用いる二段加工方法があります。後者は、一回の打ち抜き加工では端部の複雑な形状が出せない場合に用います。

柔らかい鉄（科学的視点）

　実は鉄って本当はむちゃくちゃ柔らかいってことがこの数年で分かってきました。我々が知っている鉄の性質は、鉄鉱石から鉄を取り出すために使う炭素で不可避的に汚染されている状態の性質です。99.999％の純度まで不純物を取り除いたのだから、これが純粋な鉄の性質だ、とこれまで思っていました。さびやすいし、硬いのが鉄の性質だと思ってきたのです。

　直近、99.9999％の超高純度鉄が精錬できるようになりました。そうした鉄を調べてみると、ものすごく柔らかくて、さびなくて、延展性がある、まるで黄金のような性質になりました。鉄はとっても柔らかかったのが分かってきました。

　過去の精錬技術で除去できなかった不純物、つまり炭素を除いて純粋に鉄だけを観察すると、全く別の性格をもっている鉄。なんてじゃじゃ馬なんでしょうか。

＊…**ブランク加工と呼びます**　材質や表面処理や板厚が異なる鋼板や金属板をレーザー溶接やシーム溶接で接合し、これを加工素材とする方法をテーラードブランクと呼ぶ。

8-7 ブランク加工

　ブランク加工に用いるせん断加工設備には、ターレットパンチプレスがあります。ターレットと呼ぶ金型ホルダに金型を取り付けて素材に孔をあけます。

　ブランク加工には、せん断加工以外にもレーザー切断加工を用いる方法があります。図面から加工部分を平面展開し、加工品の形状や特性に適した加工方法を決定し、ブランク板を切断したり穴あけ加工をします*。

ブランク加工（外形形状加工）の方法（8-7-2）

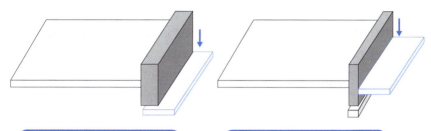

切断加工を用いたブランク加工　　分割加工を用いたブランク加工

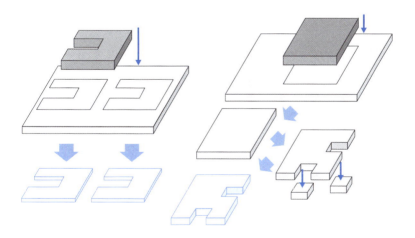

打ち抜き加工を用いたブランク加工　　打抜きと切り欠き加工を用いたブランク加工

＊…穴あけ加工をします　ファイバーレーザー加工機などで銅やアルミニウムのような高反射素材でも精密切断が可能。

8 板金切断

板金*の手作業での切断には、人力の工具、電動工具、切断用機械を用います。それぞれの主な構造を見ていきましょう。

▶▶ 板金切削用工具と機械

板金を手作業で切断するためには、工具、電動工具、機械を用います。この他ポンチとダイを用いて、穴を開けたり打ち抜いたりするプレス加工もあります。いずれも、主にせん断法によって板金を切断する方法です。

金切りばさみは、はさみで紙を切るのと同じ要領で切断します。直線を切断するには刃が真っすぐな直刃、曲線を切断するには刃が曲がっている柳刃やえぐり刃のはさみを使います。片手にはさみを持ち、片手で板金を支えて切断します。

金切りのこは、のこぎりで木材を切断する要領で板金を切断します。万力などに板金を固定して、のこの刃を板金に直角に当てて切断します。

たがねは、ハンマーと組み合わせて使います。鋭く研いだタガネの刃先をハンマーで板金に打ち込んで、板金を切断します。

押し切りは、直線状の切断を行うために用います。レバーになったシャーを押し下げて、シャーの間に挟んだ板金をせん断により切断します。

▶▶ 板金切断用電動工具板

板金切断用電動工具には、ハンドシャー、ニブラ、ジグソーがあります。人力をほとんど必要とせず、板金を容易に高速で切断することができるため、板金加工では重宝します。

ハンドシャーは、上刃と下刃の間に板金を挟む方法です。上下に往復運動する上刃と固定された下刃の間に板金を入れ込んで次々と切断していきます。

ニブラは、ポンチを高速で上下に動かして、ダイとの間に挟んで切断する方法です。

ジグソーは、のこ刃を電動で往復運動させて切断します。取り扱いが簡単なため、日曜大工などでよく使われます。

プラズマ切断機は、これらの機械的な電動工具とは切断方式が異なり、高温プラ

＊**板金** ばんきん、昔はいたがねと読む。薄くて平らな金属素材。常温で切断や曲げ加工など塑性加工する際に板金と呼ぶ。加工前のコイル形状の場合には薄板という呼び方がある。

8-8 板金切断

ズマで板金を溶断するものです。取り扱いが簡単で効率が良いため、作業現場ではよく使われます。

切断用の専用機械は、他の切断方法と異なり、コイルなど長尺の金属素材を切断するときに用います。専用機械には、スケアシャー、ロータリーシャー、スリッターなどがあります。これらは、工具の間に板金を挟んで、連続して直線状に長く切断できるという特徴があります。このほか、プレス加工での切断があります。プレス切断は、ダイとパンチで切断するため、切断できる長さはプレス加工機の大きさで決まってきます。ブランク板と呼ぶ決められた大きさの板金の加工に適しています*。

実際の板金加工例と使われている金属加工法（8-8-1）

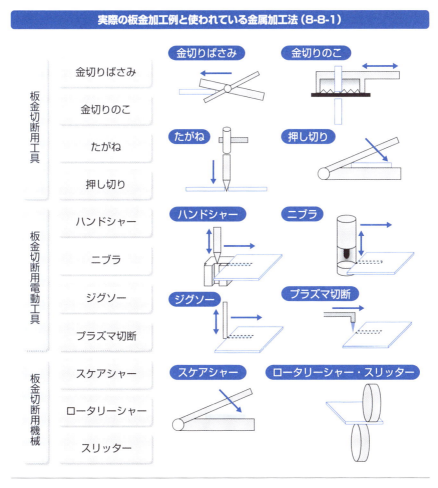

*…加工に適しています　8-7 ブランク加工、9-5 プレス加工概論など参照。

Ⅱ　金属加工技術篇　　第8章　切断と接合

9 接合加工の方法

接合[*]には、機械的方法、熱的方法、接着的方法、溶接的方法の4種類があります。接合方法は、個々の接合方法で得られる接合力、接合加工を行う方法や接合加工場所、実際に工具がその場所で加工ができるかどうかを勘案して決定します。

▶▶ 接合方法

機械的接合方法は、接合の部品や接合する金属素材を加工して組み立てる方法です。

ボルトとナットを使って接合するボルト締結や、リベットを用いて接合するリベット締結法のほか、かしめやはぜ組みなどがあります。機械的方法の接合強度は、ボルトなどの接合部品によって決まります。

熱的接合方法は、金属素材を加熱して接合する方法です。接合のための部品や材料を使わないで金属素材どうしを溶け込ませて接合します。熱的方法には、金属素材間の電気抵抗熱を使うフラッシュバット法、溶接電極を上下2枚の板に押し付けて板間の接触抵抗を用いて接合するスポット溶接、金属素材間の回転摩擦熱を利用する摩擦接合、熱した金属素材どうしを強く押し付けて接合する鍛接などがあります。

接着的接合方法は、金属素材の間に異種の接合剤を入れて接合する方法です。金属素材を融点よりも低い所定の温度に加熱し、その温度で溶ける接合剤を隙間に流入して接合します。通常、融点が450℃以下の軟ろうやはんだを使う場合をはんだ付けと呼び、450℃を超える硬ろうを使う場合をろう付けと呼びます。また、金属接着剤を使う方法もあります。接着法の接合強度は、接合剤の強度そのものか母材と接着剤の接着力で決まります。

溶接は、電気、化学反応、機械的、超音波、光、熱などのエネルギーを必ず用います。エネルギーの種類と溶接金属の数だけ溶接法があります。電気エネルギーを用いる溶接には、アーク溶接があります。電極と被溶接物間でアーク放電させ、数千℃の熱を利用して、電極と被溶接物を同時に溶融し溶接します。溶接部の大気からの遮断方法により、被覆アーク溶接、ガス被覆アーク溶接、サブマージドアーク溶接に分かれます。被覆アーク溶接は、電極用溶接棒を連続的に供給します。ガス被覆

---

*接合　金属材料や非金属材料をつなぎ合わせること。従来からあまり取り上げられないが、金属製品加工では必須の加工分野。締結は接合技術の一分野。

8-9 接合加工の方法

接合加工の種類と主な方法＊（8-9-1）

	【接合原理】	【接合原理】	【接合強度】
接合技術 — 機械的方法	ボルト締結 リベット締結 かしめ はぜ組み	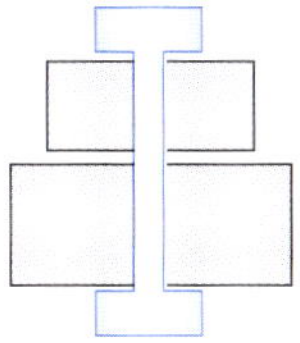 部品などで機械的に接合する	・接合部品強度
接合技術 — 熱的方法	フラッシュバット溶接 スポット溶接 摩擦圧接 鍛造	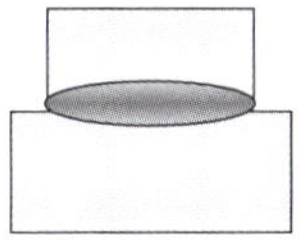 金属材料同士を直接に接合する	・金属同士の接合強度
接合技術 — 接着的方法	ろう付け 接着 はんだ付け	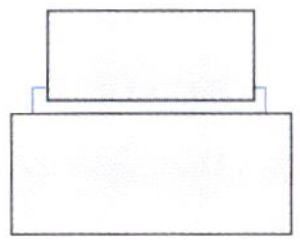 異種接合材を間に介在させる	・異種接合材の強度 ・異種接合材と金属素材の接合強度
接合技術 — 溶接的方法	アーク溶接 TIG溶接 MIG溶接 MAG溶接 隅肉溶接	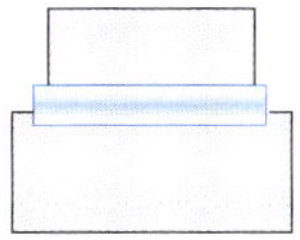 異種接合材と金属素材を溶け込ませて接合する	・異種接合材と金属素材の溶融部強度

＊**接合加工の種類と主な方法** ここには典型例のみ図解。例えば鍛接や電縫溶接なども熱的方法に存在する。

297

8-9　接合加工の方法

アーク溶接には、非溶極式のタングステン電極＊を用い、母材との間を不活性ガスでシールするTIG溶接と、母材と同じような成分の消耗型の電極ワイヤーを持っているMIG溶接があります。このほか、工業で最もよく使われるサブマージドアーク溶接があります。

世界の歴史を映す鏡の鉄

　鉄鋼生産方法の革命は、世界をリードする国で起こってきたのは、歴史を見ると明らかです。鉄の歴史を振り返ります。

　15世紀後半のライン地方に出現した高炉は、ヨーロッパを席巻し英国まで渡ります。周囲地域の原生林を蚕食し、水車と水運の便が良い地域に伝播しました。

　これらの鉄鋼生産や鉄鋼の流通を担っていたのは、古くから存在する都市同盟ハンザでした。ハンザは、英国にも鉄鋼商館を設置するなど交易にも強い影響力を持ち、各国から独立した地位を築いていました。鉄製大砲を備えたハンザの交易船は、各国と軋轢も引き起こしました。1588年ハンザ製の大口径大砲のスペインの無敵艦隊に射程距離の長い英国製小口径大砲を備えた英国海軍が勝利し、翌年ハンザの商船を奪い、英国商船団を築き、英国は大航海貿易に乗り出します。

　時代は下り、1871年の普仏戦争の最後を見てみましょう。プロイセンを中心としたドイツ連合とナポレオン三世率いるフランスはパリの最後の攻防をします。フランス軍は昔ながらの青銅砲で、ドイツ軍はクルップ社製の鋳鉄砲です。連射が効かない青銅砲が破れます。戦後の踊る会議の交渉で埒が明かない状況にプロイセンの宰相ビスマルクの有名な「鉄血演説」が飛び出します。「もはや話し合いではない。鉄、鉄道とクルップ砲と、血液、兵士を出す時だ」

　英国の鉄鋼は産業革命を、ドイツで作られる鉄はドイツ統一を成し遂げます。米国に渡った鉄鋼は米国を大工業国に引き上げ、太平洋戦争に負けた日本はいち早く鉄鋼に力を入れ、奇跡の高度成長を遂げました。現在は、世界の半数を生産する中国が歴史の中心的な役割を果たしています。これまで歴史的に見ると、鉄鋼が元気な国が時代を牽引してきたと言えるのではないでしょうか。

＊**タングステン電極**　タングステンの融点は3400℃であり高温でも軟化しにくく、加熱すると電子を放出しやすい熱陰極特性を持つ。陰極に使用すると電極消耗が少ないため安定した溶接アークが得られる。

10 溶接の方法

溶接には、溶接材料と溶融した金属素材を混合させる方法と、金属素材だけを溶融させる方法があります。

溶接の方法

溶接方法は、熱エネルギーを付与する方法で分類されます。最も用いられるのは、アーク放電です。大気中で溶接を行うと溶融金属が酸化するので、空気の遮断を行います。遮断方式やアーク放電の電極の種類でさらにと細分化されます。

空気遮断に溶融フラックス（粉体）を用いるアーク溶接を**サブマージドアーク溶接**と呼びます。アーク放電電極を溶融フラックスの中で熱で溶かして、溶接部の金属として供給しながら、溶接を進めます。フラックスは外部から供給します。

フラックスと溶接金属を一体整形した電極を用い、二酸化炭素やアルゴンなどの不活性ガスの気流の中でアーク溶接を行い方法は**MIG*溶接**や**MAG*溶接**と呼びます。

溶接法には、レーザー溶接、電子ビーム溶接、プラズマアーク溶接があります。

レーザー溶接は、レーザー光線の熱を利用します。細かく精密な溶接に適しています。空気中でも溶接可能ですが、水や油が少しでもあれば欠陥になります。

電子ビーム溶接は、電子ビームの熱を利用します。真空中で溶接します。

プラズマアーク溶接は、TIG溶接とおなじくタングステン電極を利用します。

各種溶接方法の模式図（8-10-1）

被覆アーク溶接 ／ TIG*溶接 ／ MIG、MAG、炭酸ガス溶接

* MIG　Metal Inert Gas welding
* MAG　Metal Active Gas welding
* TIG　Tungsten Inert Gas welding

8-10 溶接の方法

▶▶ 電気抵抗溶接

　電気抵抗溶接は、電流を流したときの金属素材の接合面や電流の流れる部分が急激に狭まると電気抵抗が増加し、電流を流すと抵抗熱で高温になる原理を用いています。

　工業的には、接合が線状になっている部分を一気に接合して二枚の金属素材を結合して一枚の板にする**シーム溶接**、二枚の金属素材を重ね、上下から一点で圧下し通電することで重ね部を溶接する**スポット溶接**が、現在の自動車産業で用いられています。鋼管の製造方法としても、鋼帯を成形した鋼管の継ぎ目部を、二つの電極で通電することで、成形で一番狭い部分を高温にして溶かし、連続して鋼管を作る**電縫溶接**も現在でも大量に使われています[*]。

　通電しながら、二つの素材を接触させて瞬間的に接合部を高温にし、その瞬間に大きな圧力で押し付けることで接合する**フラッシュバット溶接**も、鋼板や棒鋼、鋼管、レールなどの接合に用いられています。

フラッシュバット溶接 (8-10-2)

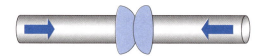

電気抵抗発生➡発熱

▶▶ スポット溶接

　スポット溶接は、自動車に用いる薄い金属素材（薄板）の接合に用いられています。溶接電極を二枚重ねた薄板に押し付けて、板どうしを圧着しながら電流を流します。圧着部分の電気抵抗熱で金属を溶かして接合します。金属が溶けるとき、火花が飛び散ります。火花が金属素材に付着したものをスパッタと呼びます。溶接火花が出ることは、溶接品質や表面品質にとってあまりよい現象ではありません。抵抗熱で溶けて交じり合った部分を**ナゲット**と呼びます。接合強度は、このナゲットの強度です。

---

[*]…**大量に使われています**　パイプ製造法に電縫溶接管がある。ボイラー管から自動車部品まで幅広い向け先で使われている。ERWと呼ぶ場合もある。

8-10 溶接の方法

スポット溶接は、主に自動車の組み立てラインなどで産業用ロボットと組み合わせて大規模に利用されています。これ以外では、作業者が１人で操作するタイプの溶接機もあります。溶接の段取り作業や、溶接作業そのものの所要時間を短縮できるため、接合作業で利用されることが多くなってきています[*]。

スポット溶接の原理 (8-10-3)

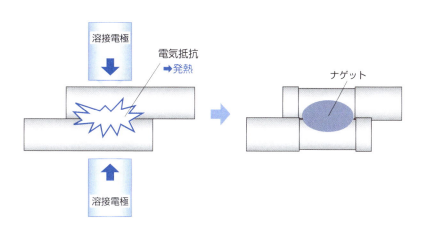

幕末の大砲作り

　日本の歴史の中で、大砲が注目される時代は幕末です。西洋の帝国主義による植民地化の恐怖を強烈に抱いた諸藩は、国防のため、大砲製造を試みました。

　オランダ軍将校のヒューゲニンの著した「リエージュ国立鉄製大砲鋳造所における鋳造法」の本釈書「鉄熕鋳鑑図」を拠り所として、幕府と諸藩は大砲鋳造が国を守る事と信じてひたすら大砲を作り続けたのです。

　日本が導入した反射炉という「最新」技術は、西洋にとって30年も前の旧式技術でした。しかし、日本は一冊の本を頼りに、数多くの失敗を経験し、確実にものにしていました。工業化への足がかりが、外国の手を借りずに、書籍情報だけで育ちました。

　結論だけいうと、苦労して作った大砲は、幕末、明治維新にほとんど役立っていません。しかし、一つの技術に夢中になって打ち込む姿勢たるや列強を凌ぐ勢いだったと確信しています。

[*]…多くなってきています　溶接機があれば接合材などは不要、DIYなどでも利用される。

11 サブマージドアーク溶接

溶接は、金属を溶かし固める技術です。溶接金属と母材を熱で同時に溶かします。金属を固める技術は凝固技術そのものです。溶接の中で最もよく使われるサブマージドアーク溶接を例にとり、溶接機構を見ていきます。

▶▶ サブマージドアーク溶接の機構

溶接は、2つの金属板を接合します。**サブマージドアーク溶接***は、溶接金属を供給する溶接ワイヤーと、大気遮断用の溶融物を形成するフラックスを用います。接合する金属板は、溶接する面を切削などで面取りします。面取りの形は、表裏面から溶接する場合にはX型、片側からだけ溶接する場合はY型やV型にします。この面をつき合わせて、開先と呼ぶ逆三角形の溝を作ります。

溶接ワイヤーは、開先から少し離れた場所に突き出し、ワイヤーと金属板の間に電圧を印加します。電源は直流交流のいずれも採用されます。ワイヤーと金属板の間にアーク放電が発生し電流が流れるため、ワイヤーや金属板が発熱し、どちらも溶けます。アーク放電を連続的に発生させて溶融金属を作り、開先を埋めていきます。開先部はフラックスで覆われており、アーク放電はフラックスの下で起こっており、外からは見えません。アークが潜っているため、この溶接方法を潜弧（サブマージドアーク）溶接と呼びます。

アーク溶接の原理（8-11-1）

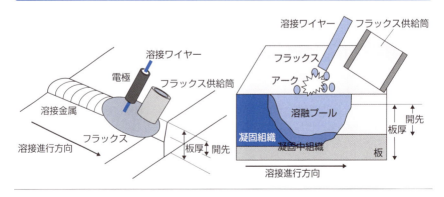

***サブマージドアーク溶接** SAW。サブマージドで潜む、アークで電弧となり、潜弧溶接ともいう。

溶接部の熱影響部

溶接部付近の母材金属は加熱されて、組織は粗大になります。少し離れると加熱後の冷却速度が速くなり、微細組織の粘り強さに富んだ部分ができます。この部分全体を**溶接熱影響部**（HAZ*）と呼びます。HAZ部の最高硬度は成分元素の中でも特に炭素が影響します。あまりにも硬いと靱性が悪くなるため、母材金属の各成分を炭素換算した**Ceq（炭素当量）式**を用いて成分の上限を規制し、HAZ部最高硬さを基準以下に抑えます。

熱影響部の特徴（8-11-2）

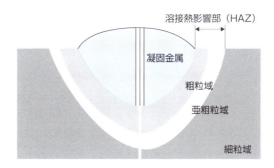

溶接部の欠陥

溶接部の欠陥は、大きく分けると5つあります。気泡やブローホールなどのガスが溶接金属内に残留したもの、溶接金属の凝固割れ、熱応力によるHAZ割れやラメラティアなどの母材の割れ、スラグの巻き込み、溶接部の形状不良によるアンダーカットや溶接金属溶け込み不良などです。

溶接欠陥を防止するためには、作業条件に応じた溶接棒や溶接ワイヤーを選定し乾燥管理を行うこと、溶接開先や溶接部へ錆びやゴミ、砂などの異物が入らないように除去清掃を行うこと、適切な溶接作業場所や作業空間を確保することが必要です。溶接欠陥が入った場合は、ガウジングで除去し再溶接補修をします。

＊ **HAZ** Heat Affected Zone。ハズやハズ部と呼ぶ。母材や溶接金属が同じでも、安定したHAZは溶接条件も制御条件に入れる必要がある。

8-11 サブマージドアーク溶接

溶接欠陥 (8-11-3)

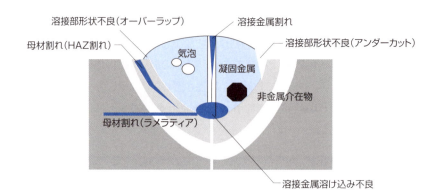

 鉄の語感＊

　鉄は、様々なシーンで例えに用いられます。体力的に強いイメージを示す鉄腕、鉄人、鉄拳など、精神的に強いイメージを示す鉄の女、鉄の意思、鉄石心腸など、絆や結びつきを示す鉄の守り、鉄のカーテン、鉄の結束などがあります。

　鉄は、人の性格や状況などの例えに用いられます。錆びついた体、鍛え上げた拳などは鉄の性質そのものです。鈍重な動き、鋭い指摘、刺すような眼差しなども、鉈や針やカミソリのようなという鉄製道具のイメージを用いた暗喩です。熱しやすく醒めやすい性格、ぽっきり折れた心、周囲との摩擦ですり減り、ストレスで疲労し、自分を取り巻く環境に腐るのも鉄の性質である摩耗、疲労、腐食を用いた心理状態の例えです。

　鉄の代表製品である刀剣は、人に例えられます。技術に冴えが無くなると腕が鈍り、ヤキ（焼き）を入れると自覚ができます。手入れをしないと切り身からさびが出る、身から出たさびもこの流れです。いずれも刀剣製造での熱処理を感性に持ち込んでいます。

　鉄の刀剣から派生した言葉もあります。ライバルと鎬を削る、相手と反りが合わない、試合で鍔迫り合いをする、事態が元の鞘に収まるのも刀剣のイメージです。

　周囲を見渡せば、鉄道があり、鉄橋があり、鉄棒があり、鉄板焼きがあります。鉄筋も鉄心も鉄管も鉄線も建築で使われています。鉄扇は身を守る武器、鉄砲は相手を倒す武器です。見上げれば夕焼けに浮かぶ鉄塔のシルエットがあります。

　鉄は、歴史の中で常に人に寄り添ってきました。それゆえ、人の生活や性格、道具に鉄の性質を反映してきたのです。

＊**鉄の語感**　英語でも、大食いを鉄の胃袋というように似たり寄ったりの使い方をする。しかし日本人がへたに英語を使い、アイロンと書けば家事を思い出し、アイアンと書けば緑のコースを思い出してしまう。

304

12 固相接合

　金属素材を固体のまま接合する固相接合には、圧接、拡散接合、電気抵抗溶接、摩擦接合、超音波接合などが含まれます。いずれの加工方法も接合面に力をかけながら、金属の特性をうまく生かし、金属素材を固相のまま接合します。

▶▶ 圧接

　圧接は、従来から用いられてきた強圧下を高温で行う鍛接やガス圧接、最新の真空下の常温で行う表面活性化接合に分けられます。

　鍛接や**ガス圧接**は、接合部分を加熱し、強い力で接合面が変形するまで押し付けます。加熱するため、変形量は常温での接合に必要な変形量に比べて、少なくても接合が可能です。工業的には、鍛接鋼管が、電気を用いないで鋼管が作れるため、昔から作られています。真っ赤に加熱した鋼帯を丸めて鋼管に整形し、それを孔型に通して引き抜いて強加工することで、シームと呼ぶ接合部で強固に接合します。ガス管や水道管として、現代でも用いられています＊。

　表面活性化接合は、接合部の表面層を真空下でイオンビームやプラズマスパッタリングで除去し、内部金属が活性な状態で接合する方法です。常温で強固な接合が可能です。

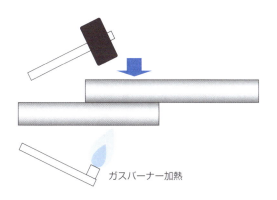

鍛接の模式図（8-12-1）

＊…現代でも用いられています　鋼管の種類のひとつに鍛接管がある。電気を使う電縫管や溶接管、設備が必要なシームレス管よりも歴史は古い。

8-12 固相接合

▶▶ 拡散接合

　拡散接合は、真空中で清浄化した接合面を融点以下の温度に加熱しながら塑性変形をできるだけしない程度に押しつけ、面間の隙間（ボイド）を無くし、接合面間の原子拡散を利用して強固に接合する技術です。大きく分けると**インサート金属**[*]を入れる拡散接合と入れない拡散接合があります。インサート金属を入れる拡散接合は、さらにインサート金属が液体になる**液相拡散接合**とならない**固相拡散接合**に分けられます。

　液相拡散接合は、押し付け面間にインサート金属を挟み、一時的に溶融させて接合面を清浄化しボイドを埋め、面間の拡散を進行させる方法です。面の押し付け圧力は、それほど大きくなくても接合が可能です。

拡散接合の種類（8-12-2）

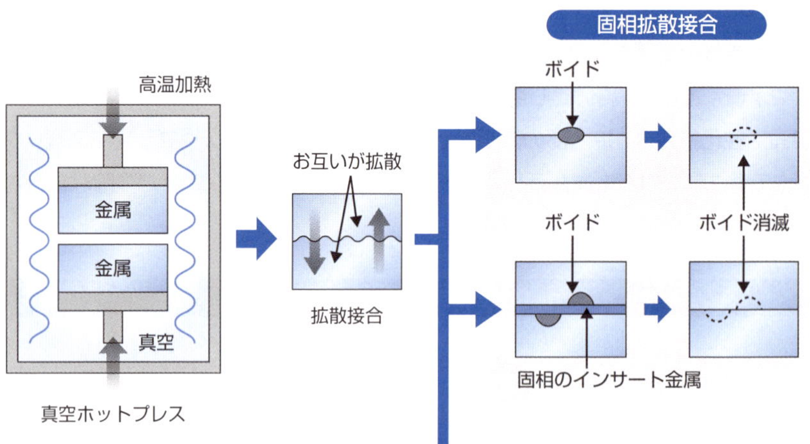

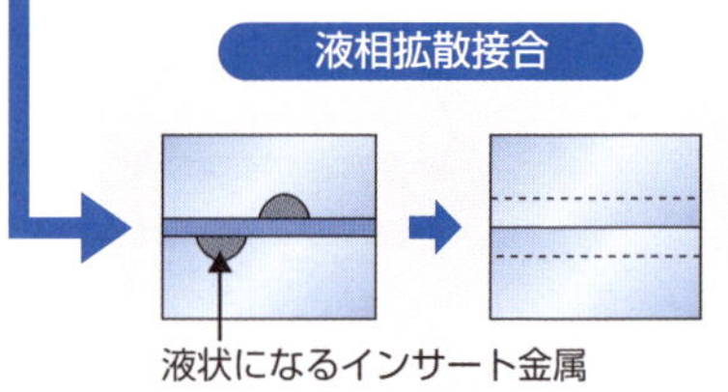

インサート金属（例）

A	B	インサート金属
軟鋼	純Al	Ag, Ni
SUS304	Ti	Nb, Cu
Fe基合金同士		Ni, インコネル

＊**インサート金属**　拡散接合時に接合界面を制御するために入れておく物質。箔、粉末、蒸着、めっきなどで界面を覆う。接合金属の組合せでインサート金属も変わる。

▶▶ 摩擦撹拌接合

　摩擦撹拌接合（FSW）は、円筒形の工具を回転させながら、二枚以上の重ねた金属素材の上側の素材に押し付けます。上の素材の突起部分を下側の素材に貫入させて摩擦熱で加熱して軟化させ、工具の回転により接合部近傍を**塑性流動***させて練り混ぜ、一体化させます。

　工業的には、車両車体のアルミニウム合金の接合や航空機のチタン部品などの接合など、軟化温度が低い金属に適用されています。

　常温で接合になる摩擦撹拌接合は、溶接に比べて熱影響部の劣化がなく、接合作業時に大気をわざわざ遮断する必要もないため作業は容易です。

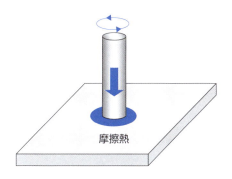

▶▶ 超音波接合

　接合しようとする二つの金属素材の片方に超音波振動を与えると、接している面で摩擦による表面酸化膜の除去が起こり、表面が清浄になり、表面の金属は活性化します。超音波動を続けると、摩擦熱が発生し始め、金属原子の拡散が進行し、固相接合状態が生まれます。

　超音波接合は、異種金属の接合も可能です。金属の溶融を伴わない低い接合温度のため、溶接のような溶融凝固組織が発生せず、熱影響部も狭く、接合部近傍の素材の劣化はほとんどありません。さらに、接合部は金属相になり電気抵抗は発生しません。

＊**塑性流動**　材料加工時、結晶粒が変形、移動することで、マクロスコピックに見たとき、あたかも組織が流れているように見えること。

8-12 固相接合

工業的には、アルミニウム箔や銅箔のような薄い金属箔を用いる弱電電気部品の接合に適しています*。

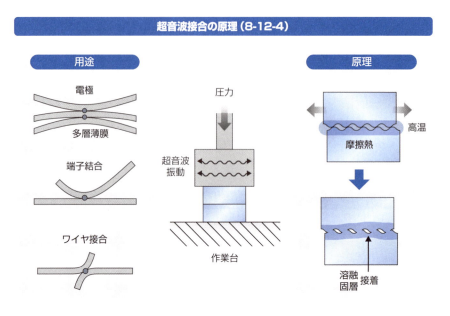

超音波接合の原理（8-12-4）

COLUMN 鉄鋼消費量の爆発

すごいことになっているのは中国とインドです。少し前、中国の鉄鋼の総生産量が日本を追い越しました。その時の消費が100kgでした。今では日本並みの500kgの消費量になっており、人口をかけると8億トン！ インドは現在100kgで最近日本を追い越しました。当然、次はどこか興味あります。東南アジアと未知の大陸アフリカです。人口の爆発が起こっており、一人当たりの消費量がわずかにでも増え始めると、必要量がすごいことになります。

消費量の将来予測

消費量からいろいろなことが、予測できまます。景気は予測できないけど人口の増加は予測できます。それに予測消費量をかけると、簡単に鉄鋼生産量が計算できるます。鉄鋼生産量を予測してみましょう。まず2050年には地球人口は90億人を突破します。その時、世界中の人が、400kg消費したとすると36億トンです。現在の2倍以上です。これは確実に来る未来です。

＊…**接合に適しています**　メリットは、発熱が小さく薄膜でも接合可能。連続で溶着できる。同時多点接合が可能。接合速度が速く生産性が良いこと。デメリットは、複雑形状には向かない。大きな部品には向かない。立体的には接合できないなど。両者を理解して使いこなす必要がある。

Ⅱ　金属加工技術篇　　第8章　切断と接合

13 機械的接合

金属素材を機械的に接合加工する方法には、ボルト締結と塑性変形後も強度を保つ金属の特性を生かしたカシメ加工があります。

▶▶ ボルト締結の科学

金属素材の機械的接合加工で最もよく使われる方法が**ボルト締結法**です。斜めに切ったおねじとナットのめねじを組み合わせて締め付けると、摩擦で軸力と呼ぶ軸方向の力が発生します。金属素材は、ボルトのフランジとナットで押し付けられ、締結力が発生します。

ボルトの締め付けは、フランジを回転させて行います。全締め付けトルクの大半がワッシャー＊との摩擦トルクやねじ面の摩擦トルクに使用され、軸力を発生させるボルトの延びに用いられるトルクは1割程度です。締め付けをどんどん進めると、ボルトの延びよりも、金属素材のフランジとナット間の挟み込み力による金属素材の圧縮変形に力が費やされ、軸力が上昇しません。金属素材の性質によって、適切なボルト形状と締結法を選ぶことが重要です。

ボルト締結（8-13-1）

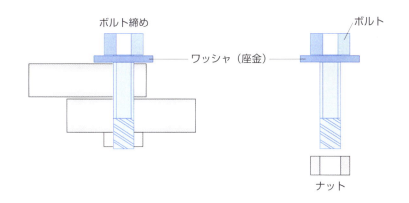

＊**ワッシャー**　ワッシャーはボルトやナットと金属素材の間に挟み込むドーナツ形状の部品。これがなければ締結の力が素材の穴の周囲に力が集中してしまい金属素材が陥没し締結が緩む。ボルト締結には必須の部品。

8-13 機械的接合

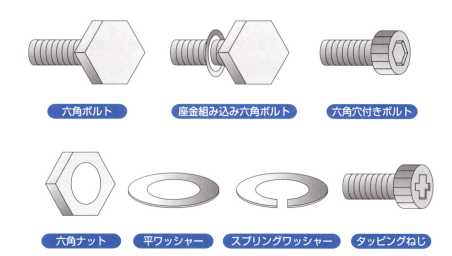

カシメ加工の工学

カシメ加工＊は、カシメ部品を複数の金属素材に圧入して変形させて締結する方法と、自らの塑性変形により機械的に接合する方法があります。

カシメ部品を用いる方法には、ハトメカシメ法とリベットカシメ法があります。

ハトメカシメ法は、金属素材に開けた穴に金属チューブ製のハトメを圧入して、端を押し広げて金属素材を締結します。この方法は金属素材間の締結カシメだけではなく、金属とセラミックなどの異種素材の締結でも利用されています。

リベットカシメ法は、ハトメの代わりに金属製の棒状のリベットを通し、端を叩き潰してかしめる方法です。強度が必要な部分の接合に用いられてきましたが、現在では航空機などで使われる程度です。

自らの塑性変形でかしめる方法は、ハゼカシメ加工、バーリングカシメ加工、ダボカシメ加工などがあります。

ハゼカシメ加工は、接合する金属素材を重ねて折り返したり、組み合わせたりして接合する方法です。缶詰や飲料缶などの気密性が必要な部分の接合に用いられます。

＊**カシメ加工** 部品の一部を変形させて接合すること。金属板の継ぎ目を叩いて密着させて気密化する操作も含む。

8-13 機械的接合

　バーリングカシメ加工は、一方の金属素材にも開けたバーリング突起部をもう一方の金属素材に開けた穴に入れて、バーリング突起物を変形させて接合する方法です。

　ダボカシメ加工は、一方の金属素材にダボと呼ぶ突起物を絞り出し、もう一方の金属素材に開けた穴に入れて、突起物を変形させて接合する方法です。

　カシメ加工は、用途によっても方式を変割ります。

　ハトメカシメ法は、板状の部材同士の接合に利用します。

　リベットカシメ法は、橋梁構造物や形鋼材使用の建造物に用います、東京タワーなどの鉄塔もリベットカシメ法で組み立てられています。

　ハゼカシメ法は、ドラム缶や3ピース缶で利用されています。

　バーリングカシメ法は、薄板板金の接合や銅板と鋼板など通常では溶接できない異種金属板の接合に利用されています*。

カシメ加工（8-13-3）

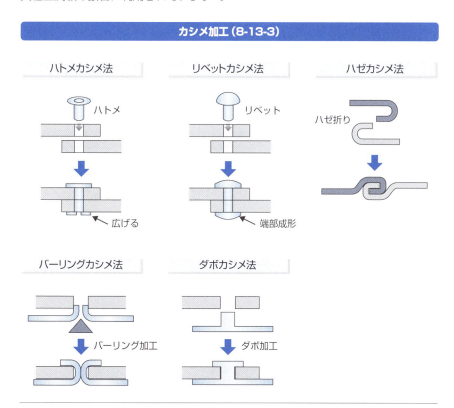

＊…利用されています　いずれも溶接やろう接ができない場合。機械的接合なら常温で可能。水が入らなければ異種金属接合でも接触腐食はない。

311

14 ろうつけ加工

金属のろうつけは、二つの金属素材の間に第三の液体状の低融点金属を置き、ぬれ性を利用しながら固体化し、金属素材間を接合させる方法です。

▶▶ 接着加工の科学

すず亜鉛合金のはんだや銀合金の銀ろうなど、融点の低い合金を溶かして金属素材の間に入れ、凝固させて接着剤として接合に用いる方法が**接着加工**です[*]。接着加工で、金属間が接着するメカニズムを、**はんだ**を例に見ていきましょう。

ぬれ性の良い溶融はんだは、金属素材の表面に置かれると、素材表面に広がり、表面をぬらします。次に、はんだ成分のすずが素材の内部に拡散を始めます。侵入したすずは金属素材と合金層を作ります。はんだが凝固すると、金属素材は、はんだでしっかりと接合されることになります。

接着の際に注意する必要があることは、表面に酸化膜や油付着などがあると接着しにくいため、表面は必ず洗浄することと、加熱による酸化膜の生成を防ぐために断気用のフラックスを塗ることが必要です。

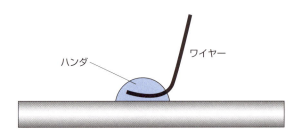

ハンダ付け (8-14-1)

▶▶ ろうつけ接合

ろうつけ接合は、加熱方法とろうつけ材の種類による分類できます。

ろうつけの加熱方法は、はんだコテのように高温部でろうを溶かす方法の他に、

---

[*]…**接着加工です**　正確には、ろう接と呼び、そのなかにはんだ付けとろう付けが含まれる。溶接は金属どうしを溶かして接合するが、ろう接は金属どうしのすきまを埋めて密着させている。接合強度が必要のない電子部品などでの基盤と部品やワイヤの接合に用いる。

8-14 ろうつけ加工

火炎の熱で溶かすガスろうつけ、高周波誘導電流によりろうつけ部表面を加熱する高周波ろうつけ、ろうつけ部に電流を流し、電気抵抗により加熱する電気抵抗ろうつけなどがあります。

接合に使用するろうつけ材は、化学組成により銀ろう、銅ろうや黄銅ろうなど数多くあります。接合する金属素材の種類により、適切なろうつけ材を選びます*。

ロウ付け、接着 (8-14-2)

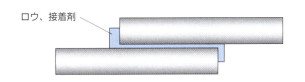

ロウ、接着剤

COLUMN 缶の鉄物語

缶は、缶詰と飲料缶に分かれます。缶詰の条件は、内容物が変質せずに長期保存できることです。一方飲料缶の条件は、簡単に開けられ軽いことです。

缶詰は、米国で発明された蓋底を缶胴に巻き締める2重巻き締め法の大ヒットが大量生産の幕開けになりました。この缶は製缶時のハンダやフラックスが缶内に入らず、衛生缶と呼ばれました。

スチール缶は、胴・蓋・底の3つの部品で作る強度の高い3ピース缶と、底付きの缶胴・蓋の2つの部品からなる軽量の2ピース缶があります。3ピース缶は、真空食品缶や非炭酸系飲料、2ピース缶は食品や内圧の高い炭酸飲料用です。

缶詰は、長年、防食性のため錫めっきをしたブリキ鋼板を用いてきました。しかし錫が高くなったため電気ブリキ、最終的には、表面を化学処理するTFSで錫をクロムに置き換えました。

飲料缶は、コーヒー飲料缶、ビール、炭酸の飲料缶を中心に、大発展を遂げます。軽量化を追求で登場するのがDI缶です。容器の強度を内圧で保持します。する考え方で、絞り加工としごき加工で作り上げました。この時期大流行するイージーオープン蓋（プルタブ）とともに飲料缶の需要を一気に引き上げます。アルミDI缶やスチールDI缶が新商品開発に鎬を削っています。

缶詰の始まりは、ナポレオンが食べ物の長期保存法を、懸賞募集した時です。1808年アペールが瓶詰め法を発明し、後にぶりき缶に置き換わりました。でも6年間詰めた牛乳を発明者本人が試飲するのが判定基準。発明者も命懸けでした。

---

*…を選びます　ろうとは、融点が低い合金。ただしはんだの450℃よりも高い。銀ろうは、銀と亜鉛と銅の合金で下地がアルミニウムやマグネシウム以外の金属に利用。アルミニウムには極低温のアルミろうを使う。黄銅ろうは、銅と黄銅の合金で、鉄と銅などの異種金属の接合に利用。

8-14 ろうつけ加工

 アイアンブリッジ（英国鉄鋼の旅第2話）

セバーン渓谷

「夏草や、強者どもが夢の跡」セバーン渓谷は夏草に覆われていた。渓流には鴨が遊び、涼しげな日陰をそこかしこで作っている。アイアンブリッジは観光地化していた。昔は橋を渡るには料金が必要で、チャールズ王子も0.5ポンド支払って渡った写真がある。今では、だれでも、牛でも馬でも犬でも無料で渡れる。橋の上はなんてことないただのコンクリートの道路である。

アイアンブリッジ

アイアンブリッジは、1779年、コークス高炉から出てきた銑鉄を鋳込んで作った鋳鉄製の橋である。それから約110年後の1889年にパリ万博の際に作られたエッフェル塔は錬鉄であった。エッフェル塔は柔らかくて細い錬鉄をレースを編んだように組み合わせて作られているので優雅である。一方、アイアンブリッジは、鋳鉄を型に鋳込んで作ってある。ゴツゴツしていてまるでプラモデルのような印象がある。

アイアンブリッジはセバーン川にかかっている。製鉄所がある対岸から積出港がある対岸まで、橋ができるまでは船で運んでいた。ところが、セバーン川の水位は、冬は上昇し、夏は川底が見えるという。通行に支障があるというので、橋をかけた。セバーン川は、ウェールズの森を水源にしていて比較的変動が少ない。ダービー一族の屋敷が博物館になっていて、そこにいた説明のおばさんに、「この川は洪水がないんですか？」と質問したところ「過去に3回ある。1722年、1728年、そして3年前だ」となんだかすごい尺度での答えが返ってきた。

橋は無骨だががっしりしている。橋の下を通る遊歩道から手を伸ばせば触ることができる。腐食跡は若干見られるがしっかりしたものである。橋の色は赤色だがこれは建設当初に決めた塗装の色だそうだ。締結は筆者の大好きなリベット止めである。

旧製鉄所跡

橋はこれくらいにして、早朝6時くらいからホテルの朝食時間の8時くらいまで、橋の周辺を歩いてみた。少し離れたところに初期の高炉跡が見える。高炉跡の周りはフェンスに囲まれているが、裏山に登れば裏から見下ろせる。一周するとなかなかの光景である。橋のたもとから、3本の遊歩道が出ていた。いずれもハイキングレベルではなく、登山レベルの険しさである。

一番短い石灰石の焼成炉跡と水車跡のコースに分け入った。夏草が生い茂り、名も知らぬ虫が飛び交う道をひたすら歩くと、突然石作りのキルンの廃墟が現れる。

このアイアンブリッジ近郊は避暑にもいい。いたるところに日陰があり、薫風がそよぎ、せせらぎに鴨が遊び、そして何よりも少し歩くと鉄鋼遺跡だらけだ。博物館も10くらいあり、それらは年間パスポート、しかもシニア料金。なんだか、今後も夏の避暑旅行の候補に入れたくなる地域である[*]。

＊…地域である　2019年7月筆者は現地で、個別で買うよりお得感満載の年間パスポートをシニア料金で購入した。翌年のゴールデンウイークに再訪して使おうという魂胆だった。それが……、コロナよ筆者の楽しみを返してほしい。

II 金属加工技術篇

第9章

金属の型創成

金属の型創成は、型成形や変形加工、除去加工や表面加工により、金属素材を目的とする形状に仕上げていく金属加工操作です。

Ⅱ 金属加工技術篇　第9章　金属の型創成

1 型成形概要——塑性加工①

型創成*は、塑性加工による型成形、プレス加工による変形加工、機械加工による除去加工、研削・研磨による表面加工の4つの要素技術で形成されます。本節では、塑性加工と板プレス加工について解説します。

▶▶ 塑性加工と板プレス加工

金属素材を工具により塑性変形させる方法には、金属素材を加熱したり高い圧力で変形させて、元の金属素材形状と大きく異なる製品形状に塑性変形させる**型成形**と、主に板状の金属素材を塑性加工で成形する**板プレス加工**があります。両者の塑性変形方法は、いくつかの異なる点があります。

型成形を見ると、塑性加工は基本的には圧縮成形とせん断変形で、板プレス加工は引張成形や曲げ成形やせん断成形などの加工モードがあります。塑性加工は塑性変形させやすいように高温で成形する場合もありますが、板金加工は常温加工です。

型創成のための各種型成形の模式図（9-1-1）

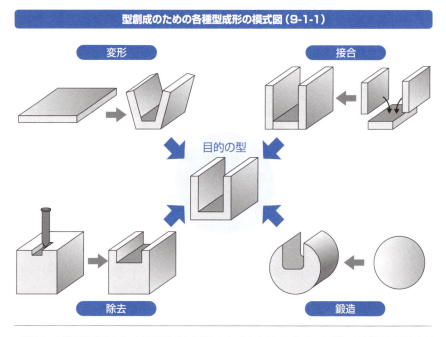

＊**型創成**　金型成型とは異なる、金属加工の形を作り込んでいくための加工プロセスの総称。金属素材を金型から押し出して、ダイの断面形状を持つ材料を作る加工が押し出し成型。冷間や熱間で加工する。

316

▶▶ 型創成の加工温度比較

塑性加工は、再結晶温度を挟んで冷間加工、温間加工、熱間加工に分類されます[*]。塑性加工に影響を及ぼすのは、金属素材の変形抵抗の温度依存性です。一般的には、温度が低い冷間加工は変形抵抗が大きく、再結晶温度より高い熱間加工は変形抵抗が小さい特徴があります。

冷間加工は、変形抵抗が高く、加工すると加工硬化し、加工割れが起こる可能性があります。加工時の変形発熱が大きい、高い寸法精度で加工ができる特徴があります。

温間加工は、冷間加工よりも加工荷重が小さくてすみ、寸法精度は冷間並みのものが得られます。温間加工で避けなければならないのは、青熱脆性温度域です。この温度では、加工時に割れが生じる可能性があります。

熱間加工は、変形抵抗が小さく、変形できる限界も大きいため、金属素材を低荷重で効率良く加工できます。ただし、大気中の高温作業のため、表面での脱炭や、スケール生成による表面荒れなどには注意が必要です。寸法精度は、冷間加工ほどは良くありません。高温で加工素材を扱うため、工具とのわずかな接触や異物の飛び込みなどで表面に傷がつく可能性が高い特徴があります。

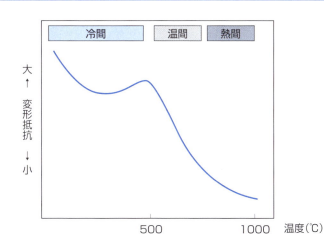

金属加工の加工温度と変形抵抗（9-1-2）

[*]…**分類されます**　塑性加工時に消費されるエネルギの大半が熱に変わり素材温度を上昇させる加工発熱を伴う。実際の加工温度は加工発熱と工具などからの抜熱状態も考慮する必要がある。

9-1 型成形概要──塑性加工①

▶▶ 塑性加工時の欠陥の発生形態

　塑性変形や板プレス加工時の欠陥の発生形態はさまざまです。鍛造加工は側面に張り出してくる表面から割れが生じ、引き抜き加工や圧縮加工では、内部の割れや表面の割れが顕著です。板金加工では、介在物など起点の割れが表面に貫通し、強加工部分では、加工硬化による素材そのものの割れも発生します。

　実際の塑性加工時の欠陥は数多くあります。全ては解説できませんが圧延や加工時に発生する欠陥の名称だけ書き出してみましょう。スケール起因の黒皮残り、ふくれ、異物による押し込み、汚れ、鋳造・圧延方向に割れるラミネーション、端部の耳割れやエッジマーク・エンドマーク、光沢不良、表面割れ、ロールマーク、ロールスクラッチ、チャタリングとびびりマーク、段付き、圧延ずが発生します[*]。

　この他鋳造時の異物や割れが原因で塑性加工時に顕在化する欠陥や、仕上げ圧延や加工で発生するもの、製品や原材料を輸送運搬する際に発生する欠陥もあります。

欠陥の発生形態の模式図（9-1-3）

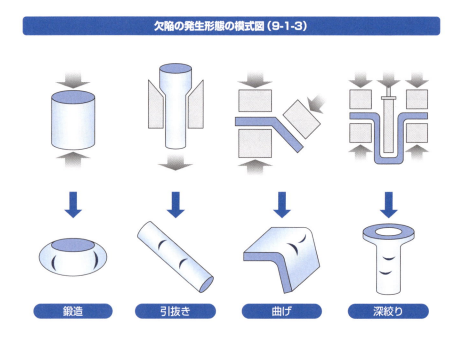

鍛造　　引抜き　　曲げ　　深絞り

[*]…発生します　筆者の会社人生の大半は、この金属欠陥と二人三脚で過ごしてきた。欠陥の絵を描きながら万巻の思いが蘇ってくる。

2 押し出し成形──塑性加工②

金属素材を金型から押し出して、ダイの断面形状を持つ材料を作る加工が押し出し成型です。熱間や冷間で加工します。

▶▶ 押し出し成形

押し出し成形は、加熱した金属素材を圧力がかけられる容器に装入し、容器の一部に開けた金型から金属素材を押し出して、金型の形状を転写しつつ、連続的に型成形します。押し出し成形は、圧縮応力がかかった型成形です＊。

押し出し成形は、対象とする金属素材の種類により、熱間押し出しか冷間押し出しに分かれます。

熱間押し出しは、金属素材の再結晶化温度よりも高温で押し出すため、加工硬化を防ぐことができます。加熱温度は、金属の種類によって異なります。マグネシウムやアルミニウムなどでは400℃、銅は600℃以上、チタンは700℃以上、鋼は1,200℃です。

熱間押し出しは、金型に触れるとすぐに接触面の温度が低下します。断熱と潤滑を兼ねたガラス潤滑法が確立して熱間押し出しが可能になりました。

冷間押し出しは、室温で押し出すため、金属が酸化されず、冷間加工により強度は上昇します。鉛やスズ、ジルコニウム、チタン、モリブデン、バナジウム、ニオブなどが冷間押し出しする金属素材です。

熱間押し出し成形と冷間押し出し成形の対象金属（9-2-1）

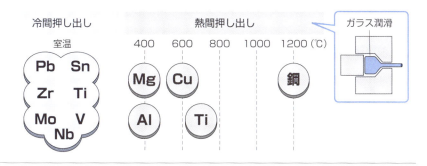

＊…**型成形です** アルミニウムはサッシの枠や、ヒートシンクなど。銅は銅線、銅管など。チタンやマグネシウムは部品が多い。鋼は棒線など。

9-2 押し出し成形──塑性加工②

▶▶ 押し出し加工方式による押し出し成形の分類

　押し出し成形の加工方式*は、直接押し出し法、間接押し出し法、静水圧押し出し法および線材のコンフォーム押し出し法およびパイプ成形法の5つの方式があります。

　直接押し出し法は、容器が固定されていて、一方から圧力をかけ、金型から金属を押し出す方法です。

　間接押し出し法は、金型が固定して、容器を移動させる方法です。摩擦が軽減し、大きな金属素材が使え、押し出し速度も速くすることができます。金型の摩耗も小さく、製品が均一に成形できます。ただし、金属素材表面に欠陥があれば、顕著に目立たせてしまう欠点があります。

　静水圧押し出し法は、加工する金属素材を液体に中に浸漬し加圧します。加工圧を小さくすることができ、展延性を増した加工を行うことが可能です。

　コンフォーム押し出し法は、線材を回転するホイールの溝に装入し、加工発熱や強加工変形により、塑性流動状態にしてダイスから押し出す成型法です。他の押し出し成型法と異なり、線材を連続して供給できます。

各種押し出し成形法の概要（9-2-2）

直接押し出し法

静水圧押し出し法

パイプ成形法

マンドレル

間接押し出し法

コンフォーム押し出し法

＊**押し出し成形の加工方式**　均一な断面の素材を作る方法にはロール圧延法もある。どちらを採用するかは生産量による。ロール圧延法は設備規模が大きくなるが、生産性が良いため大量生産に適している。押出成形法は少量生産に向いている。

9-2 押し出し成形——塑性加工②

パイプ成形法は、マンドレルと呼ぶ心金を金属素材の中央に装入し、金型から押し出して中空のパイプに成形する方法です。金属素材を最初から中空に作っておく方法と、金型に中空を作る工夫を施した方法があります。

▶▶ 押し出し成形法

押し出し工具は、コンテナ、ダイ、ラム（ポンチと呼ぶ場合もある）から構成されます。ラムの押し込む方向と同じ向きに押し出す方法を、直接押し出し**前方押し出し**＊と呼びます。この方法は一見順当な設備構成に見えますが、素材とコンテナの間に大きな摩擦力が働くため、ダイから製品を押し出すには大きな力が必要です。

ラムにダイ穴を開けると、ラムの動きとは逆方向に押し出されます。これを**間接押し出し（後方押し出し）**と呼びます。摩擦抵抗がほとんどないため、最初から軽い力で十分押し出せます。しかし、ラム側に製品が出てくるので、あまり大きな形状のものは作れません。

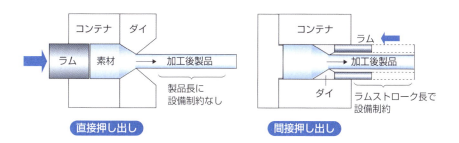

押し出し加工の種類（9-2-3）

▶▶ 押し出し加工のポイント

押し出し加工は、コンテナ内での材料の流れが最も重要な管理ポイントです。流れを支配するのは、素材の性質、素材とコンテナの間の潤滑状態、加工中の加工発熱による温度上昇などです。押し出しで最も注意しなければならないのは、ダイの近傍に存在する加工中に全く素材が動かない領域、**デッドメタル**ができることです。デッドメタルを少なくするために、設計面では最適なダイ角度や形状を考案します。設備面では、コンテナの内部に潤滑を兼ねた高圧液体を封じ込めて摩擦力を小さく

＊**前方押し出し**　どうしても心太（ところてん）があの四角い格子からニュルッとでてくるイメージが頭に浮かんでしまう。

9-2 押し出し成形——塑性加工②

します*。

　鋼の熱間押し出しの場合には、潤滑材としてガラスを用います。銅やニッケルの場合は黒鉛を用います。これを**ユージンセジェルネ法**と呼びます。ダイ穴の形状を複雑にして押し出し加工するためには、アルミニウムでは350℃、鋼では1,100℃以上まで素材をあらかじめ加熱しておく必要があります。

COLUMN　戦う鉄

　古書収集が趣味の筆者の書庫には、いろんなジャンルの金属関連の本があります。そのなかで戦時中の鉄の書籍を紹介しましょう。

　戦争は資源の消耗戦です。鉄鋼も例外ではありません。国内で鉄鋼統制がなされ、昭和16年から19年は様々な啓蒙本が出されました。「戦ふ金属・鋼」「戦ふ鉄鋼」「近代戦と金属」の内容は普通の鉄の近代史ですがタイトルに「戦」が入っています。「戦ふ鉄鋼　鉄鋼増産の手引きとして」は鉄鋼統制会から出版されています。戦争完遂のためには、増産が欠かせない、良い鋼をたくさん生産しよう、との気合入れの文章が続いたあり、鉄鋼生産の歴史が語られます。いずれも、数十ページで、紙質が悪く、製本もホッチキス止めのものもあります。ただ、鉄作りに対する思いは、決して現代人の感覚と差異はありません。むしろ、戦争中という環境下で、純粋に鉄作りを発信しているだけに、その心中を推し量ると、頭がさがります。書籍中に「鉄鋼増産進軍歌」を見つけた時は感無量でした。

＊…**小さくします**　成形条件や潤滑条件を誤ると、製品にシェブロンクラックと呼ぶくの字の亀裂が発生する。

3 引き抜き成形——塑性加工③

引き抜き加工は、金属素材をダイス穴に通し、引き抜くことでダイ穴の断面形状を持つ製品を作る操作です。

▶▶ 引き抜き成形

　線状や棒状の金属素材を、冷間でダイス穴を通して、出側を引張り、より細い径に絞る成型法が**引き抜き成形法**です。金属素材を引っ張るため、引張り応力が働くように見えますが、ダイスの部分では、金属素材は大きな圧縮応力を受けています。圧縮成形のため、大きな加工でも金属素材は破断せずに均質に加工することが可能です。

　引き抜き成形は、非常に大きな圧下率で行います。成形後の金属素材は、加工硬化しているため、その後の加工を行うためには、適度な焼なまし処理を行います。

　引き抜き用治具をダイと呼びます。ダイには、工具鋼、超硬合金、ダイヤモンド、セラミックスなど磨耗性に優れた硬度が高いものを用います。

　潤滑には乾式と湿式があります。乾式潤滑剤は、線材に石灰石鹸を塗るかリン酸皮膜処理を施します。湿式潤滑剤は、脂肪や金属石鹸、鉱物油を用います。

　ダイの穴は、入り口は広くて出口が狭い先細りの形状をしています。これは形状を整えるだけではなく、引き抜き力をダイ穴の面で内側への圧縮力に変え、圧縮成形による破壊限界の向上も兼ねています。この面では摩擦力も働くため、引き抜かれた製品の表面は**バニシ加工***されてよく磨かれ、光沢のある面に仕上がります。

　引き抜き加工方法は、大きく分けると、中が詰まった線材や棒材を加工する単純な引き抜きと、中空の管材を引き抜く方法があります。管材の引き抜きは、管の中に何も治具を入れずダイだけで引き抜く空引き、マンドレルと呼ぶダイ径よりも小さな径の棒を管の中に突っ込んで管をマンドレルとダイの間に挟み引き抜く**マンドレル法**、ダイ穴よりも大きな径の浮きプラグを管の中に入れて管形状と管厚みを制御する**浮きプラグ法**があります。引き抜き加工は、加工精度向上のために冷間で加工され、管の場合ならば注射針のような細いもの、線の加工ならステンレスで5μm、銅やアルミニウムでは10μm程度の径まで加工できます。

---

*バニシ加工　製品の表面に硬い工具を押し付け、表面の塑成変形で表面を平滑化させる操作。引き抜き成形では、ダイがバニシ加工を兼ねる。

9-3 引き抜き成形──塑性加工③

　一度の引き抜きで一気に加工すると、断面減少率（減面率）が非常に大きくなり、加工硬化などで破断に至ります。これを防止するために、何段階かに分けて引き抜きます。線材は、これを**ブロック伸線**と呼んでいます。

　押し出し加工や引き抜き加工では様々な欠陥が発生します。

　押し出し加工では、線状のストリーク、工具面転写のダイスマーク、メタルフローが見えるウエルドライン、粗大組織起因のオレンジピール＊、ビビリがあります。

　引き抜き加工では、金型と製品が擦れる焼き付き、引き抜き時の力の掛かり方による曲がり振れ、切断や口付けする際のチャックきず、素材の肉厚差による偏肉不良、引き抜きと直角方向に入る線状凹凸、製品同士の接触による共ズレがあります。

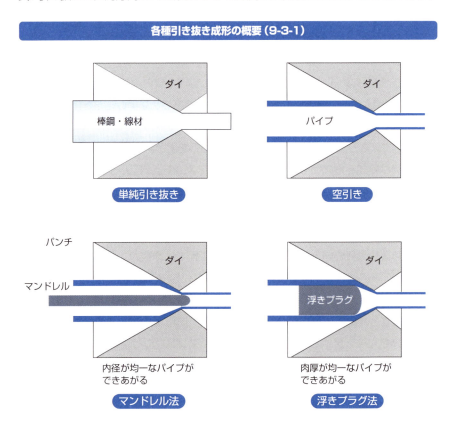

各種引き抜き成形の概要（9-3-1）

＊**オレンジピール**　オレンジの皮のような加工表面肌荒れ。

4 鍛造加工──塑性加工④

鍛造加工は、金属素材を金具で周囲から圧縮変形させ、形状を整えて行く加工操作です*。

▶▶ 圧縮成形の科学

　金属素材の塑性加工は、外部から力を作用させ、引張り応力とせん断応力を内部に働かせて変形させます。塑性変形し続けると、金属素材の中に介在物や硬化部などを起点とした空隙（ボイド）が生じて連結するため、脆性破壊やせん断破壊に至ります。

　金属素材を成形するとき、単純に引張り応力やせん断応力を働かせる場合と、圧縮応力を働かせながらせん断応力を働かせる場合では、内部に発生する応力が異なります。圧縮しながら変形させる方が、破壊に至るまでの変形量が大きくなります。

　内部に圧縮応力が働いている場合、破壊の原因になるボイドが生成しにくくなり、破断を避けながら、変形だけが進行するためです。圧縮成形は金属の展延性を改善します。圧縮成形は、難加工素材でも塑性変形させることのできる成形法です。

無欠陥変形可能限界（9-4-1）

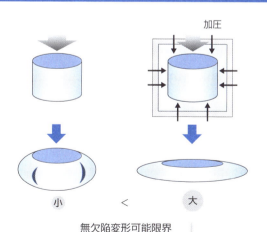

小　＜　大

無欠陥変形可能限界

＊…加工操作です　金属を叩いて伸ばし成形する鍛造は、紀元前15世紀のエジプトの墳墓の壁画にも描かれている古代からある塑性加工法。

9-4 鍛造加工——塑性加工④

▶▶ 鍛造加工の科学

　鍛造加工は、金属素材をハンマーや金型などで叩いて、外部から内部に圧力を加え、圧縮応力を作用させます。金属素材を塑性流動させ、金属素材内部の空隙や粒界などの欠陥を潰し、結晶を微細化し、結晶方向をそろえて、製品形状に仕上げます*。

　いわゆる「鋼を鍛えて強くする」操作は、結晶を細かくし、欠陥を少なくする鍛造を意味しています。

鍛造加工前後の組織（9-4-2）

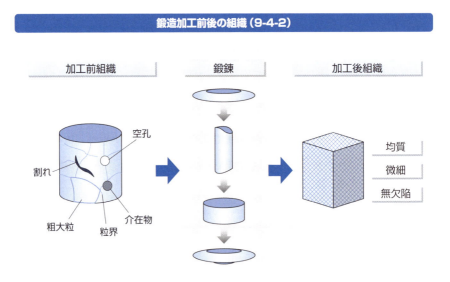

▶▶ 熱間・冷間鍛造と型・自由鍛造

　鍛造は、主に加工する温度とその方法で分類されます。

　温度で分ける方法は、再結晶温度以上に加熱して成形する**熱間鍛造法**と、常温で成形する**冷間鍛造法**があります。熱間鍛造法は、素材の変形抵抗が小さく加工が容易です。冷間鍛造法は、製品の寸法精度が優れています。

　鍛造のための道具で分ける方法は、金型を用いて鍛造する大量生産に適している型鍛造と、ハンマーで叩いて成形する熟練の技が必要で少量生産に適する自由鍛造があります。

＊…**仕上げます**　鍛造は強靭で内部欠陥が少なく、美しい表面肌を持つ金属製品を作り出す。発電タービンローターから自動車・電子機器の精密部品まで巨大なものから小さなものまでが鍛造で作られている。

型鍛造は、金型をセットした鍛造プレス機で金属素材を鍛造加工します。

自由鍛造は、エアハンマーを上下運動させて、下の定盤とハンマーの間に素材を挟み込んで成形します。

▶▶ 実際の鍛造の種類

鍛造とは、素材のかたまりをさまざまな形の工具で押して変形させる、圧縮成形による塑性加工法です。平らな工具を使う**自由鍛造**、型が彫ってある工具を使う**型鍛造**、材料や工具を回転させる**回転鍛造**があります。また、加工するときの温度により、熱間鍛造と温間鍛造、冷間鍛造の3つの種類にも分けられます。この温度と工具の組み合わせで、熱間自由鍛造とか冷間自由鍛造とか呼びます。

熱間自由鍛造は、発電機のローターや船舶のクランクシャフトのような大型製品の少量生産に使います。工具は、大きな製品に対しては液圧プレス、小さなものにはエアハンマーなどが使われます。

熱間型鍛造では、半密閉型鍛造と密閉鍛造（閉塞鍛造）があります。鍛造は上型と下型の間に素材を入れて圧縮成形します。このとき、型には実際の製品になる成形部と、製品のバリになるフラッシュ部、余った素材を逃がすガッタ部＊が彫ってあります。この型設計が設計技術者の腕の見せどころです。

密閉鍛造は、バリも余分な素材も出さない鍛造法です。型容積と素材容積をぴったりにし、かつ素材が型内をうまく流れて製品形状になるように設計します。

自由鍛造（9-4-3）

＊**ガッタ部** 英語ではgutter。車道と歩道の境の溝を指す。金属加工に転じたものと思われる。

9-4 鍛造加工——塑性加工④

▶▶ 密閉型鍛造

　常温で加工する冷間鍛造は、寸法精度が非常に高く、そのまま後処理をすることなく使われます。生産性は非常に高く、小物部品はほとんどこの加工方法で作られます。もともと、アルミニウムや鉛のような軟らかい金属素材を加工していましたが、素材の表面にリン酸塩皮膜を付着させこれを潤滑剤として用いるボンデ処理法がドイツで発明されて以来、鋼にも適用できるようになりました。

　密閉型鍛造には、すえ込みやヘッディングなどの冷間自由鍛造、素材の表面に浅い凹凸を作る**コイニング***、素材の板に浅い凹凸をつける**エンボス加工**などがあります。

　圧印加工（コイニング） は、密閉した金型で金属を強く圧縮して、金属素材表面に金型の形状を転写させます。硬貨の成形に用いられるのでこのように呼ばれます。

▶▶ 回転鍛造

　素材や工具を回転させながら徐々に変形させていく方法は、素材に局所的な変形を与えるだけで、極めて小さな加工力で鍛造を行います。これを**回転鍛造**と呼びます。

　回転鍛造は、加工方法で主に4種類に分かれています。ネジの山形や歯車の歯型を作る丸型や平型のダイを素材に押し付けて転がし、形を転写させる**転造（スレッディング）**、ベアリングの受け座（ベアリングレース）などのような中空の部品を作る**リングローリング**、棒や管の直径を小さくする**スエージ加工**、わずかに傾けたコマのような円すい形の工具を回転させながら素材に押し付ける**揺動鍛造**です。

▶▶ スピニング加工

　薄板素材から立体的な製品を作り出す方法には、いくつか方法があります。工具を回転させながら成形するのが**スピニング加工**です。やかんのような形状を成形する場合を特に**へら絞り**と呼びます。

　スピニング加工は、回転する材料に回転するロールを押し付け、ロールによって形を整えていきます。こういう成形は、製品全体に適用するだけではありません。製品の一部にこの加工を施し、製品を高機能化することも可能です。たとえば、ドラム

***コイニング**　板状の表面に金型形状を転写する加工方法。硬貨（コイン）を作るために発達した方法。

9-4 鍛造加工——塑性加工④

缶やタンクなどにひものようなくぼみや突起部をつけると、製品強度が大幅に向上します。こういう加工を**ビーディング**と呼びます。また、缶の缶胴とふたを結合するのに使う**シーミング**も、ロールによるスピニング加工の一種です。直線状のシーミングや円形状シーミング、ダブルシーミングなど、さまざまな結合に使われます。

▶▶ 転造

転造加工は、棒状の金属素材を転造ダイスに挟み込み、素材を回転させながらダイスを押し込み、塑性変形させる方法です。

転造加工は、棒状の金属素材をねじ加工する方法です。冷間成形では金属素材は塑性流動するため、加工ひずみにより加工強度も高く、ボルトの成形などに適しています。

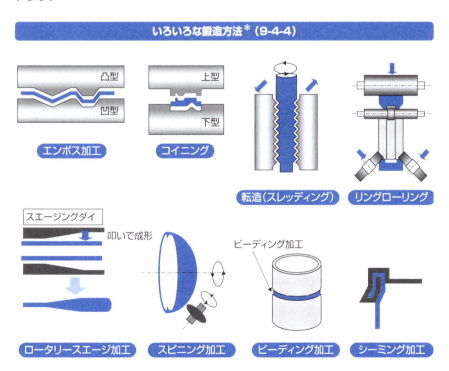

いろいろな鍛造方法*(9-4-4)

*****色々な鍛造方法**　鍛造を適用するメリットは、組織が細かく緻密で均質になる内部品質の均質化、メタルフローライン形成による強度靭性向上があり、機械加工法に比べて加工コストが抑えられる。

5 プレス加工概論 ――プレス加工①

プレス加工は、金型で金属板を挟んで塑性変形させる金属加工方法です。大きく、せん断加工、曲げ加工、絞り加工の3つの加工プロセスに分類できます。

▶▶ 板プレス加工の変形の科学

プレス加工は、曲げ加工と絞り加工の2つの加工プロセスと、加工に先立つ、もしくは加工と同時に行うせん断加工の組み合わせです。板のプレス加工は、板状の金属素材をパンチとダイで挟み込んで、塑性変形させます。圧縮加工が主体の塑性加工と異なり、必ず引張り加工の方向が一つ以上含まれる加工方法です。

プレス加工は、機械部品加工産業などで使われる最重要加工法です*

▶▶ せん断加工

せん断加工は、ブランク加工、穴あけ加工、および総抜き加工が含まれます。プレス加工のダイとパンチをせん断に利用しています。

▶▶ 曲げ加工

曲げ加工は、曲げた後の製品形状により加工名称が異なります。V曲げ加工、U曲げ加工、L曲げ加工、Z曲げ加工の4つの曲げ加工がその典型例です。このほか、帽子の形に曲げるハット曲げ加工、円筒に曲げる丸曲げ加工、曲げ線が直線ではないフランジ加工などがあります。

▶▶ 絞り加工

絞り加工は、ブランク板を円筒形に絞る円筒絞り加工と角筒形に絞る角筒絞り加工が代表です。このほか、板を押し出すようにして膨らませる張り出し加工、円形に穴の開いたブランク板の円形部を伸ばすようにして成形する伸びフランジ加工、通常の絞り加工よりも大きな絞り成形を行う特殊深絞り加工などがあります。

---

*…**最重要加工法です** 破れや裂けなどの加工トラブルや変形や歪みなどの問題も数多く発生する。加工技術だけでなく、その加工法に適した素材材質も必要。

9-5 プレス加工概論──プレス加工①

プレス加工の概要*(9-5-1)

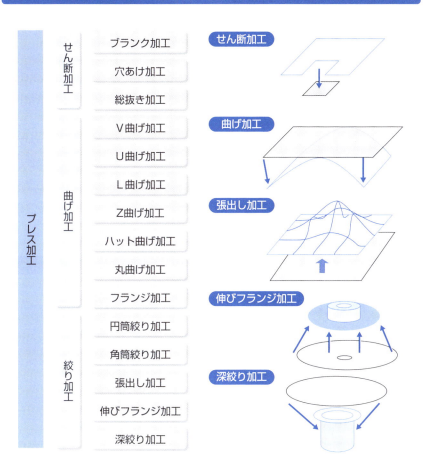

▶▶ プレス加工の主な加工モード

　プレス加工にはさまざまな加工方法がありますが、深絞り加工、張り出し加工、伸びフランジ加工、曲げ加工の4つに代表されます。

　深絞り加工では、フランジの周方向にかかる圧縮と、側壁の絞り加工をする際に発生する伸びがフランジ部分にかかります。このためフランジ部分にしわが寄りやすくなっています。

＊ プレス加工の概要　　プレス加工の3要素は、金型、材料およびプレス機械。加工方法に目が行きがちだが、金型の設計や使用管理、素材の要求特性などが適切に組み合わさって良好なプレス加工が可能。

331

9-5 プレス加工概論——プレス加工①

張り出し加工では、ブランク板の膨らみには2軸、つまり4方向に引張応力が働きます。このため板厚は薄くなります。

伸びフランジ加工は、円形の穴を広げる方向に引張応力が働きます。単軸引張加工になります。

曲げ加工は、板を曲げるような引張方向が異なる力が加わります。このため、片面では引張応力、もう一方では圧縮応力が働きます。板厚方向で順次応力が変化します。

プレス加工で問題になるのは、加工時の割れです。素材が4つの変形モードで加工時に変形限界を超えると割れるため、加工法を満足する材質の素材を選択します。プレスで割れが発生するのは材質だけではありません。金型と素材間の摩擦や加工時の金型の温度なども割れ限界に影響します。冬のプレス開始時は要注意です*。

プレス加工の4つの加工モード (9-5-2)

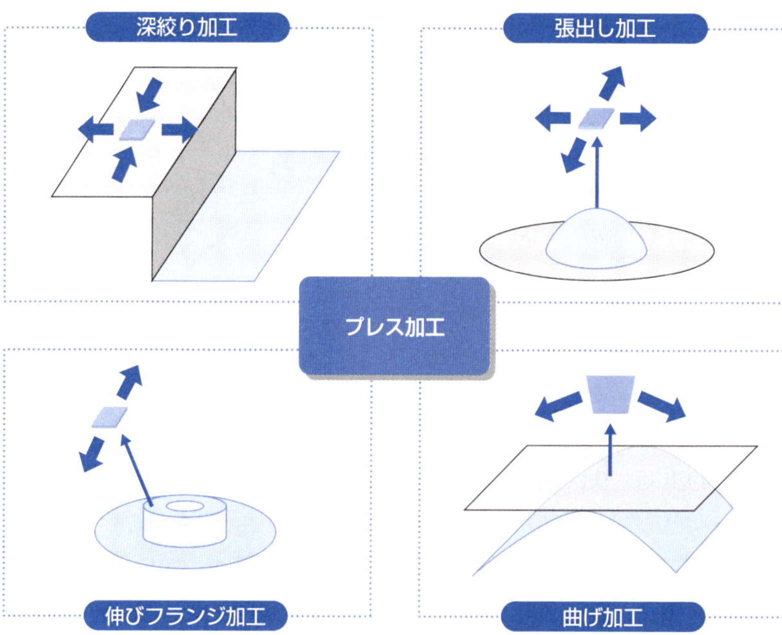

深絞り加工

張出し加工

プレス加工

伸びフランジ加工

曲げ加工

---

*…**要注意です** この他、加工時の順番が問題になる場合もある。引っ張り加工の後張り出し加工するのか、張り出し加工の後引っ張り加工をするかで割れ限界が変化する。後者の加工では素材が割れやすくなる。

6 絞り加工——プレス加工②

絞り加工には、円筒絞り加工と角筒絞り加工があります。絞り加工のしやすさは、絞り比で表されます。絞り比に影響する要因と絞り加工時に発生するトラブルについて見ていきましょう。

▶▶ 絞り加工

絞り加工は、ダイ＊としわ押さえ板にブランク板を挟み込み、パンチでカップ状に絞っていく操作です。パンチに押されたブランク板は、ダイに沿って絞られていきます。ダイとしわ押さえ板で挟まれた部分をフランジ部と呼びます。また、ダイに沿って伸びていくときの流入口をダイ肩、ダイの側面に沿って伸びる部分を側壁部、パンチで押される底を底部、底部と側壁部の境をパンチ肩と呼びます。

中央部がパンチで引き込まれて側面に素材が供給されるため、ダイで挟まれている周囲の部分は、側面に向かって引張応力が発生し伸びます。挟み込んだ部分は円周方向には縮もうとし、しわになります。また、流入している側壁が薄くなって裂ける壁割れや、流入の角部が裂けるパンチ肩割れも発生します。

絞り加工の概念図（9-6-1）

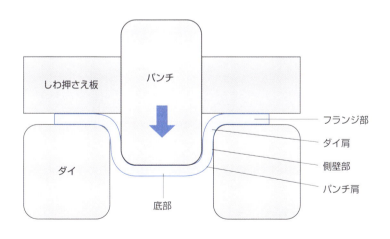

＊**ダイ** 打ち抜いたり成形したりするための型穴。ダイス（dies）という場合もあるが、ダイの複数形。パンチもポンチという場合がある。いかれポンチは、若旦那を意味するぼんちがポンチに変化したもので、こわれたパンチという意味ではない、念のため。

9-6 絞り加工——プレス加工②

▶▶ 円筒絞り加工と角筒絞り加工

絞り加工する形状は、円筒と角筒があります。**円筒絞り加工**は、四周から均等に流入するため、ブランク板は円形にします。**角筒絞り加工**は、側壁の流入が大きいため、角形のブランク板を用います。

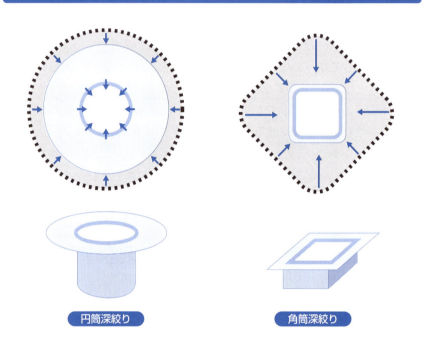

円筒絞り加工と角筒絞り加工の概念図（9-6-2）

円筒深絞り　　　角筒深絞り

▶▶ 絞り比

素材板の絞り加工のしやすさは、**絞り比**を使います＊。絞り比とは、加工前のブランク板の直径を円筒底部の直径で割ったものです。割れが発生する限界まで押し込んだ深さと底面の比を限界絞り比と呼びます。これが大きい素材ほど、より厳しい絞り加工にも耐えられることを意味します。

絞り比に影響を与える要因には、板の形状、ダイの性状、加工温度、および材質があります。

＊…**絞り比を使います**　実際の加工現場では絞り比の逆数である絞り率が使われることが多い。最初の直径の何％の小ささまで絞れるかという感覚。

334

9-6 絞り加工──プレス加工②

　同じ板厚ならばパンチ径が小さいほど良好になり、パンチ径が同じならば板厚が大きいほど絞り比は大きくなり加工性は良好になります。

　ダイ面の潤滑性や加工温度も影響しており、潤滑性がよければ良好であり、加工温度が高温になれば良好になる傾向があります。

　材質面では、伸び特性が良好なほど良好、**r値**＊（**板厚異方性**）が大きなほど良好な傾向があります。絞り比はr値の影響が強く、より深い絞り加工をするためには、高r値の材料を準備する必要があります。ランクフォード値は、金属素材を引っ張って伸びが発生したとき、厚みが薄くならず幅縮みで体積保証する比率です。厚みが薄くならなければ、絞り加工を行っても割れトラブルに至りません。

絞り比に影響する要因（9-6-3）

絞り加工の欠陥

　絞り加工は、割れ欠陥やしわ欠陥との戦いです。絞り加工条件を誤ると、さまざまな欠陥が発生します。絞り加工の割れは、主にダイやパンチに接している部分で発生します。

　底抜けは、加工時にパンチ肩部で割れが発生した場合です。

＊r値　4-12節で詳細解説。

9-6 絞り加工──プレス加工②

フランジ割れは、ダイ肩部で円周に沿って発生した割れです。

側壁破れは、側壁部で発生する三日月形状の割れです。

口部割れは、口部まで絞り加工をした場合、口部から側壁に沿って裂けるように割れます。これらの割れは、局部的に板厚が薄くなったり加工硬化したりして破断したものです。

しわは、フランジや口部、側壁、底部で発生します。しわは絞り加工時に、材料の特性やダイとの摩擦で、流入がうまく行かなかった場合に発生します。フランジしわは、しわ押さえでフランジ部を押さえ込んでも発生してしまうフランジ周方向のしわです。同様に、口周辺しわは円筒の口周辺が波打つ現象です。側壁しわは側壁に入るしわ、底部凹みはパンチで押したあと徐荷した場合に発生する凹みです。

割れや凹みが発生した場合、プレス加工の条件を変更したり、ブランク板の材質を変更したりして、発生しないようにします。プレス加工の条件の調節とは、潤滑剤を増量したり、プレス速度を調節したりすることです。材質の変更は、割れやしわ防止のために必要な特性値を改善した材料を使うことです＊。

円筒絞り加工の割れとしわの典型例（9-6-4）

底抜け／フランジ部割れ／側壁破れ／口部割れ

フランジしわ／口周辺しわ／側壁しわ／底部凹み

＊…**材料を使うことです** これはかなり優しい表現で、割れが発生するとまず材料が疑われ、いい材質の材料を要請されるのが常。割れが発生したとき、金型の肌荒れか潤滑不良か形状設計不良か、プレス温度がおかしくないかなど材料以外の議論ができるようになるためにも関係者間の日頃からの信頼関係が大切。

7 張り出し成形──プレス加工③

　張り出し成形は、主に自動車のパネルやルーフのような広い面積の部品の成形に用いられます。張り出し成形では、変形部全体が加工硬化するため、製品の剛性は非常に高くなります。

▶▶ 張り出し成形

　張り出し成形は、ブランク板の周囲を溝をつけたダイとしわ抑え板で強く挟み込んで拘束し、押し込んで行くパンチの形状を転写する成形法です。金属素材には全方向に向かって引張り応力が働き、**二軸均等伸び**[*]が起こります。

　張り出し成形には、パンチを使って張り出すパンチ張り出し加工と、液体を使って加工する油圧式張り出し成形や液圧バルジ加工があります。

　パンチ張り出し成形は、板押さえでブランク板の周囲を固定し、剛体パンチを用いて張り出します。

張り出し成形技術（9-7-1）

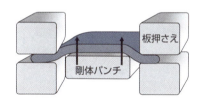

パンチ張り出し成形

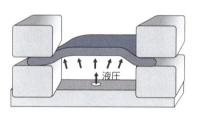

油圧式張り出し成形

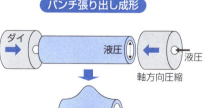

液圧バルジ成形

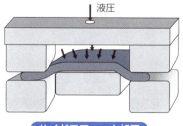

ハイドロフォーム加工

---

[*] **二軸均等伸び**　本書では詳細解説はしないが、複数の加工モードの成形を行う場合、成形順番が異なると極端に限界成形性が悪くなる。特に二軸均等伸びの場合が顕著。

9-7 張り出し成形──プレス加工③

油圧式張り出し成形は、板押さえでまずブランクを押さえます。パンチとダイの代わりにダイ穴に油を充満させ、ブランクを膨らませていきます。変形に必要な塑性変形は、板厚の減少と板の表面積の増加で補われます。

液圧バルジ加工は、液圧を張ることで鋼管を張り出します。管に圧縮応力をかけて変形を容易にし、ダイに倣うまで膨らませます。さらに深く張り出すために、加工と逆方向に応力を負荷して加工性を高める**ハイドロフォーム加工**を用いる場合もあります。

▶▶ 張り出し成形性

パンチの押し込み量を張り出し成形高さと呼びます。張り出し**成形高さ**は、パンチの形状と金属素材とパンチの潤滑性、および金属素材の均等伸びを示す指標であるn値に強く影響されます。n値とは塑性変形中の素材の**加工硬化指数**です。塑性ひずみの絶対値 ε と応力 σ の間には、ひずみが大きくなると、応力も大きくなる傾向があります。完全な1次の比例関係ではなく、上に凸のカーブになり、次第に鈍ってきます。式に書くと、$\sigma = F \times \varepsilon^n$（ここで、n<1）となります。このnがn値*（加工

張り出し成形性（9-7-2）

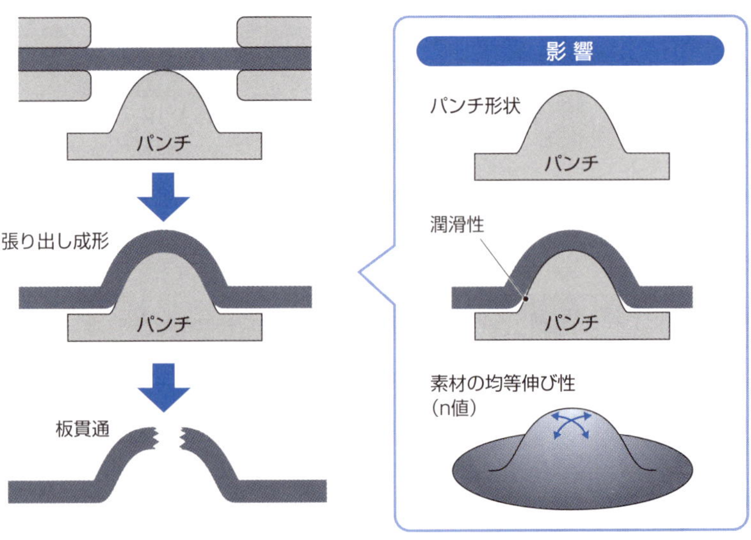

* **n値**　4-12節で詳細解説。

9-7 張り出し成形——プレス加工③

硬化指数）です。単純な応力ひずみの1次式にならないのは、次第に加工され硬化するからです。n値は、炭素鋼で0.2程度、ステンレス鋼が0.4、高張力鋼で0.1程度です。この値が大きいほど、張り出し成形性が増加します。張り出し成形をしても破断しないためには、できるだけ加工硬化の起こらないn値の大きな素材を使います。

管の鉄物語

　管はとても古くから使われてきました。中世、水車を利用して製鉄の火力が強くなり、溶銑を型に鋳造すると鋳鉄管が作られます。鋳鉄は管以外にも、鋳鉄砲や蒸気機関のシリンダーに使われ、産業革命を支えます。そして錬鉄の時代、鉄鋼の時代が訪れます。

　都市部でガス灯が普及に伴い、錬鉄が、ガス管として大量に使われます。電気はまだ発明されておらず、管製造は鍛接接合です。鉄板を丸めて加熱し、接合部を強く押し付けて接合をします。この技術は、ガス管以外にもボイラーチューブや小銃の銃身製造にも使われました。鍛接鋼管法は、現代でも利用されています*。鍛接鋼管をCWやバット溶接鋼管と呼ぶ場合があります。CWは、鍛接鋼管の工業生産方法の発明者Cornelius Whitehouseの頭文字、バットは鍛接を意味します。鍛接造管法は、butt/lap折衷法とでもいう方法でしたが、英国での特許が失効して以来、米国を初め世界中にこの方法は使われ始めます。

　鉄鋼の時代は、一気に押し寄せます。まず利用されるのは継ぎ目なし鋼管です。鋼塊の中心部にピアサーを差し込むマンネスマン穿孔法は、様々な径のパイプやチューブを作り出しました。米国では自動車産業に利用されます。やがて、継ぎ目なし鋼管の独壇場である石油掘削への利用が始まります。油田に利用するパイプは大径化や厚肉化していきます。

　電縫鋼管は、鋼板を曲げ、突き合わせた部分に電気を流し、通電抵抗の発熱で突き合わせ部分を溶接していきます。ボイラー管や材料管などに使われています。中空管の特徴を生かし、棒鋼の軽量化にも利用されています。

　管と鉄の歴史の最後は、大径溶接鋼管です。UO鋼管やスパイラル鋼管と呼ばれる流体を流すだけの用途ではなく、構造材料にも利用される鋼管は、厚肉化、大入熱溶接化、低温靱性化、高強度化といった高度な鋼管を要求されます。サブマージド溶接で作られる鋼管は、天然ガスや石油の輸送設備として利用されます。

　鉄管の造管方法は時代とともに変わっているのです。

*…います　筆者は、鍛接鋼管の製造を身近でみてきたが、未だにその接合メカニズムが自分的に納得できない。実際、高温で焼き上がった真っ赤な鋼板が丸められダイスを通るとくっついている。不思議だ。でも何故？拡散か、ぐいぐい押し込まれて混ざるなためなのか。デリーの鉄柱時代から使われている鍛接接合は筆者にとって未だに謎の技術だ。あくまで自分的な納得感だけだが。

339

8 フランジ加工——プレス加工④

フランジ加工は、曲げ線が曲線の加工です。バーリング加工は、ブランク板に穴を開け、周囲をダイとしわ押さえで抑えた状態で穴にダイを押し込み、押し広げていく加工方法です。

▶▶ 伸びフランジ成形

ブランク板を直角方向に曲げた部分をフランジと呼びます。**フランジ加工**は、曲げ線が曲線の加工です。真っすぐな場合は曲げ加工です。

曲げ線が凸になると、フランジは縮む方向に圧縮されます。これを縮みフランジ加工と呼びます。曲線が凸になっているため、フランジの外側の周長は内側に比べて長くなります。曲げ線に沿って曲げると、外側が圧縮されて縮みます。これを**縮みフランジ加工**と呼び、しわが発生しやすい傾向があります。

曲げ線が凹になると、フランジは伸びる方向に引っ張られます。展開図を見れば、フランジの外側の周長が短く、フランジは伸ばされます。これを**伸びフランジ加工**とよび、割れが発生しやすい傾向があります*。

フランジ加工の展開図と加工図（9-8-1）

縮みフランジ加工　　伸びフランジ加工　　応用フランジ加工

＊…傾向があります　筆者的には、最も割れ感受性が高い加工モード。プレス品は、単純な1種類の加工モードではなく加工モードの組み合わせ。その中で最も割れ頻度が高いのがフランジ成形部。

9-8　フランジ加工──プレス加工④

　実際のフランジ加工は、これらの複雑な組み合わせです。曲げ線が直線と凸の曲線と凹の曲線でできている展開図のフランジ加工をすることは、フランジの外周が縮んだり伸びたりすることを意味します。フランジ加工の設計は、これらの現象を理解し、割れたりしわになったりしない割れ限界内で行う必要があります。

バーリング加工

　バーリング加工は、穴広げ加工とも呼ばれます。ブランク板に下穴抜き加工で円形の穴を開けます。この穴に穴広げ用の円錐形の治具を入れて押し拡げます。穴の周囲は、延びて広がります。バーリング加工では、割れ限界を超えて穴を広げすぎると、穴の周囲に割れが生じます。この割れが板厚を貫通した時点が割れ限界です*。

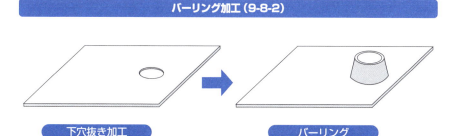

バーリング加工（9-8-2）

下穴抜き加工　　　バーリング

鉄を食べる

　本当に鉄を食べる生物はいませんが、土中にいるバクテリアの中には鉄分を吸収して水酸化鉄にして沈殿させるものがいます。稲や葦の根の周りに管状に水酸化鉄が堆積したものが高師小僧で湿地帯の中に塊状で堆積したものが金糞です。低温で鉄に還元できるこれらの堆積物は古代製鉄での原料になりました。

　人体の赤血球にはヘモグロビンと呼ぶ鉄の化合物が含まれています。人間は食物から適度な鉄分の吸収が必要です。人体に吸収され易い構造をしているのがヘム鉄です。レバーや肉、シジミなどに多く含まれています。ほうれん草やひじきも鉄を含みますが非ヘム鉄なので吸収が良くありません。

＊…割れ限界です　バーリング加工は、例えばトラックや乗用車のタイヤホイールに重量低減かつ意匠性のための穴明けのために実施。板厚が厚いと割れやすくなる。

341

Ⅱ 金属加工技術篇　第9章 金属の型創成

9 曲げ加工──プレス加工⑤

　曲げ加工は、金属素材を成形するために用いられる方法です。曲げ加工で生じるさまざまな現象と、典型的な曲げ加工であるV曲げおよびL曲げについての加工工程について見ていきましょう。

▶▶ 曲げ加工の概要

　曲げ加工と成形加工は、仕上がり形状を見ると一見似ています。ところが、塑性変形過程では両者は大きく異なります。曲げ加工と成形加工の違いは、曲げ線の形状です。曲げ線が直線の場合が曲げ加工、曲線を含む場合がフランジ加工と呼ばれます。

　曲げ加工には、平らな板を曲げる板曲げと円筒状に曲げる円筒曲げがあります。

　曲げ加工の場合は、変形時の伸び以上に材料の伸び限界がある場合は、割れは発生しません。曲げ加工の場合は、割れる限界は、最終形状で決まります。

　一方、成形加工の場合は、変形過程で割れ限界を超えたり、変形順番により割れ限界が変化する場合があり、単純に最終形状では判断できません*。

曲げ加工と成形加工の曲げ線と単純な応力概念図（9-9-1）

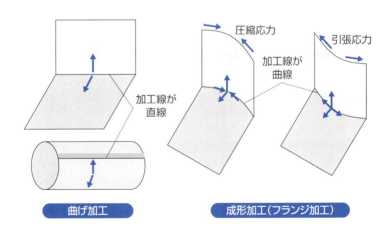

＊…判断できません　とは言え、フランジ加工の方が曲げ加工よりも割れやすい。

342

9-9 曲げ加工——プレス加工⑤

曲げ加工の種類

曲げ加工は大きく分けて、型工具を使って曲げる**型曲げ**と、ロールを用いた**ロール成形**の2つに分類されます。型曲げには4種類あります。V曲げ、U曲げ、**カーリング**、折り曲げです。前2つが曲げ加工の主流で、VやU字形の上下金型を使い、間に挟んだ板を曲げる方法です。カーリングは板を端から型の間に押し込み、カールさせる方法です。素材の端を丸めて安全にするために用いられます。身近な例では、ホチキスの針を止める方法がカーリングです。折り曲げは、固定工具ではなく移動する工具を用いて曲げます。

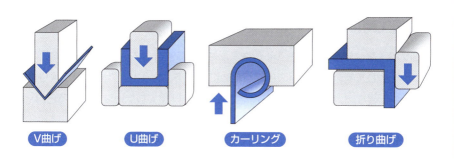

型曲げ加工（9-9-2）

V曲げ　U曲げ　カーリング　折り曲げ

ロール成形は、通常3本のロールを用いて板を円弧状に曲げる**ロールフォーミング**（ロール曲げ）と、型を切った圧延ロールを用いたロール成形があります。前者は、1本のロールを板を挟んで反対側に置き、ロールの軸間距離を調節することにより曲げていきます。後者は、長い製品の場合に用います。同じ断面形状がずっと続く場合に有効です。管の曲げ加工では、管の内部に球を圧入パンチで押し込んで管の内径をそろえる**玉通し加工**＊をする場合もあります。

曲げ加工の注意点はスプリングバックと曲げた後の寸法調整および穴変形です。

スプリングバックは、曲げ加工にはつきものです。パンチを解放すると曲げ部の角度が開き気味になります。曲げ加工は曲げる内側と外側で変形量が異なります。曲げる前に真円に打ち抜いた孔は、加工後は歪みます。こういう変形も含めて曲げ加工方法を設計する必要があります。

＊**玉通し加工**　鉄球を通すことによって、内径が一定のパイプの製造が可能。

9-9 曲げ加工——プレス加工⑤

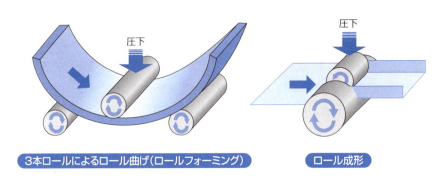

ロールによる曲げ加工 (9-9-3)

3本ロールによるロール曲げ(ロールフォーミング) / ロール成形

▶▶ 曲げ加工時に発生する塑性変形挙動

　曲げ加工をしたときに発生する塑性変形は、主に曲げの内面と外面での伸びの差によって生じます。内面は縮められるために圧縮応力が生じ、外面は引っ張られるために引っ張り応力が生じるのです。このため、曲げ加工した後に徐荷すると、内面は伸び、外面は縮もうとし、外面に反り返る鞍反りが生じます。

　曲げ加工時の材料の変化を中立軸、板厚、応力の分布で見ていくと、変形前に比べて大きく変化しています。中立軸は内側に移動します。また板厚は、曲げ加工で外面側が伸びた分だけ薄くなります。また、板厚方向では、中立軸を原点に、内側が圧縮応力、外側が引っ張り応力になっています。どちらも面上が最も応力が大きくなります。

　曲げ加工をする素材は、薄板だけではなく厚板や鋼材以外の金属を対象にする場合もあります。塑性変形面から見ると加工時に発生する不良は同じあっても、厚みや変形強度が大きく変わると工業的に金型がうまく作れるかは事前に検討する必要があります。加工精度で考慮すべきスプリングバックやパンチや圧下ロールの荷重なども考慮し、加工方法を選択します*。

　塑性変形の状態は有限要素法と変形を精密に測定する計測機器で得られますが、例えばスプリングバックの見積もりでも、材料変形部でのバウシンガー効果*の考慮の仕方など、形状や素材強度が変わった時には注意が必要です。

＊…選択します　選択した後の変形挙動はどう制御するのか。現場実習で、パイプ拡管時の曲がりを、拡管機とパイプの間にポストイットを一枚挟んだだけで修正した職長の手腕は忘れられない。
＊バウシンガー効果　塑性変形させた後、逆方向に荷重を掛けて強度試験を行うと、耐力が低くなる現象。パイプ成形前後の材質変化が顕著。

9-9 曲げ加工——プレス加工⑤

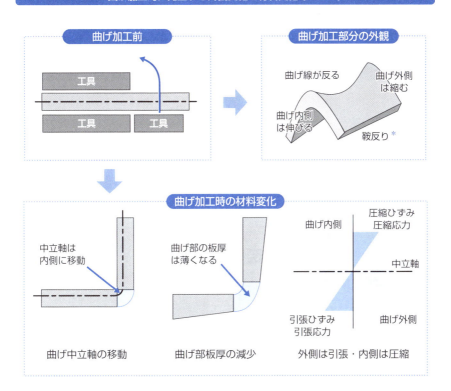

V曲げ加工とL曲げ加工の変形挙動

　曲げ加工は、変形後の形状によって、V曲げ加工とかしL曲げ加工という名称を用います。これらの加工の変形挙動を見ると、変形途中では、材料は必ずしも工具に沿って起こっているわけではありません。

　V曲げ加工の変形挙動を見てみましょう。パンチもダイもV字形状です。V字パンチがブランク板を押し始めるとたわみ始めます。さらに押すと、ダイに接した部分で塑性変形が発生します。さらにパンチを押し下げると、変形した材料がパンチに倣っていきます。最後はパンチとダイで材料を挟み込んで、V字曲げが完成します。

　L曲げ加工も、同様の変形経路を通ります。加工されるブランク板には、ダイと押

＊**鞍反り**　鞍反りが発生するのは、細長い材料を長手方向で曲げる時、硬い材料や強度がばらつく材料を曲げる時、切断面がきたない材料を曲げる時である。対策は曲げダイのサイズを大きくする、安価な強度がばらつく素材を使わない、切断加工精度を上げ切断による残留応力を減らすこと。レベラーで素材ひずみを取る対策も有効。

9-9 曲げ加工──プレス加工⑤

さえに挟まれた部分とパンチで押し下げられて変形する部分があります。曲げ加工の途中では、変形した材料がダイ面に接触したりする場合もあります。曲げ加工の最終段階では、材料はダイとパンチに倣いL字形に加工されます。

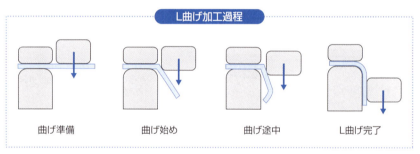

▶▶ さまざまな曲げ加工方法

　V型のダイとパンチを用いて、V字型にブランク板を塑性変形させる操作がV曲げ加工です。同様に、U字型のダイとパンチを用いるのが、**U曲げ加工**です。また、ブンク板をダイと板押させの間に挟み込み、パンチでL字に曲げる操作がL曲げ加工です。Z字型に曲げる**Z曲げ加工**は、いくつかあります。典型的な方法は、L曲げ加工のダイをZ型にしておき、パンチで倣わせる方法です。このほか、V曲げ加工を2回行ってZ字にする方法もあります*。

＊…あります　アルファベットの形状と加工後の形状を重ね合わせて加工法とする。VやUやZなど。

9-9 曲げ加工──プレス加工⑤

さまざまな曲げ加工方法の概念図（9-9-6）

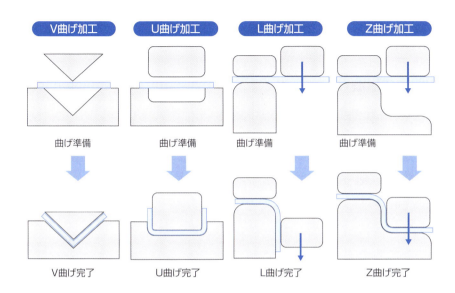

ハット曲げ

　ハット曲げ加工＊は、ブランク板をU字型のダイに合わせてU曲げ加工し、さらに両端部分をL曲げ加工して、帽子を逆さまにしたような形状にプレス成形します。

ハット曲げ加工の概念図（9-9-7）

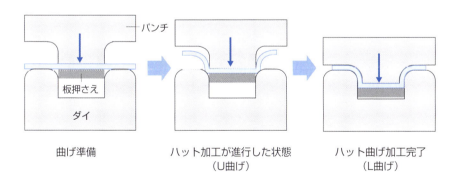

＊ハット曲げ加工　英国紳士がかぶっていたシルクハットの形状の曲げ。4箇所の曲げで5つの面を出すが、これが結構難しい。金型と素材の組み合わせと、素材の機械的性質を考慮する必要があり、製品ができるまで試行錯誤が続く。

9-9 曲げ加工——プレス加工⑤

特徴的な操作は、U曲げ加工途中から、両端のL曲げ加工を行うことです。L曲げ加工のためには、板を固定しておく板押さえが必要です。そこで、ブランク板下には、Uプレス時にパンチと連動して動く板押さえを設置してあります。この板押さえで挟み込んでL曲げを行います。

▶▶ 円筒管成形法

円筒管をプレス加工でつくる方法は、大きく分けて3つあります。UO加工、端部成形UO加工、波状加工です*。

UO加工は、ブランク板をUパンチとUダイでU字型に曲げ加工したのち、U字の上部開口部を円形のプレス金型で閉じていく操作です。最初、垂直に立っていた板は、円形金型に沿って円形に変形します。変形最後の瞬間は、変形する板の向きがほぼプレス金型の動きと垂直方向になります。また、プレス最終段階では、プレス金

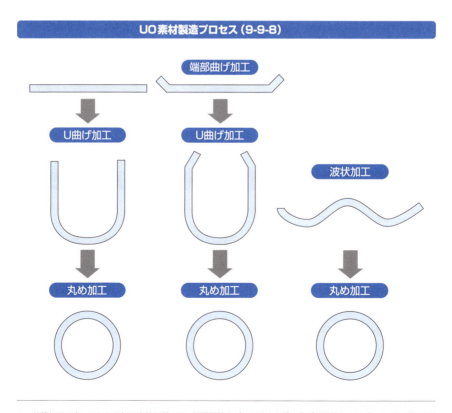

UO素材製造プロセス (9-9-8)

*…**波状加工です**　これらの加工方法以外では、極厚鋼管をプレスで少しずつ曲げて円筒にするプレスベンド加工がある。

9-9 曲げ加工——プレス加工⑤

型は上下で合わさってしまうため、動きが少なくなります。このため、O字に閉じる最終段階での塑性変形が十分でなくなり、梨形状に合わせ部分がとがった形状になることがあります。これを**ピーキング**と呼びます。

ピーキングを事前に防ぐ成形方法が、ブランク板の端部を予成形しておく**端部成形**UO加工です。UO加工のほとんどがこの加工法を採用しています。

波状成形法は、Wの波型にプレス加工したブランク板を中央部で塑性変形させて、口の大きく開いたO型にし、次いでOプレスで口を閉じていく方法です。中央部は、上の凸から下に凸になるまで塑性変形させるため、スプリングバックなどは起こりにくくなります。

スプリングバック

曲げ加工での最大の問題は、**スプリングバック***です。これは、曲げ加工したあと力を抜くと、変形させたものがいくぶん戻ってしまい、製品の寸法に狂いが生じる現象です。変形に、塑性変形だけでなく弾性変形の要素もあることが原因です。この現象は、板厚が薄くなればなるほど、高強度になればなるほど顕著になります。自動車部品などは、薄肉化・高強度化がトレンドになっているためスプリングバックが問題となります。

これを防ぐ方法は3つあります。板の両端に引張力を作用させて型に沿わせてなじませる引張曲げ成形、逆に圧縮力をかけるダメ押し、コンピューター・シミュレーションで塑性加工後の材料の挙動を予測する加工シミュレーションによる金型設計です。

スプリングバックのメカニズム (9-9-9)

成形時 → 成形時の形状　除荷時　スプリングバック

***スプリングバック**　曲げ加工の場合、不可避的に曲げの内側は圧縮、外側は引張りの力が働く。完全に塑性変形して仕舞えばよいのだが、曲げ時に必ずしも塑性変形にならず弾性変形が一部残る。この状態曲げ加工の力を除荷すると、内と外の加工差が生じる。

Ⅱ　金属加工技術篇　　第9章　金属の型創成

10 機械加工概要——除去加工①

　金属素材の一部を除去し、製品の形を作り上げていく操作が機械加工です。金属の機械加工は、切削加工と研削加工があります。

▶▶ 除去加工の理論科学

　金属の除去加工の方法は、大きく分けて機械的に切る方法と溶かす方法があります*。

　機械的に切る方法の手段は、くさびを打ち込んで衝撃を与えて「割る」、くさびを押し込んで「裂く」、くさびを表面にあてて「削る」、砥粒などで「磨く」です。

　溶かす方法の手段は、放電やレーザーなどによる熱を加えて「融かす」、化学反応で「解かす」、化学反応熱で「熔かす」などがあります。

　金属の**除去加工**は、これらの手段を用いて、工業的に金属素材の一部を除去し、製品形状を作り上げる操作です。

　くさびを用いて「割る」「裂く」操作は、くさびの先端から金属素材に亀裂を生じさせ、一定方向に伝播させる方法です。ガラスや金属酸化物のような脆性の素材で、へき開の性質を持つガリウムヒ素結晶の加工に適します。

　くさびを表面に当てて「削る」操作は、除去加工の代表です。削る方法は、超硬ダイスを表面に押し当てる**切削加工**、加工される素材を回転させる**旋盤加工**、ダイス側を回転させる**フライス盤加工**、超硬ドリルを回転させる**ボール盤加工**などがあります。

　砥石を押し付けたり回転させたりして表面を「磨く」加工は**研削加工**です。

　金属表面を部分的に高温にして「融かす」方法は、放電熱を用いる**放電加工**、金属表面への照射エネルギーを用いる**レーザー加工**や**電子ビーム加工**、金属表面への衝突エネルギーで表面の一部を除去する**イオンビーム加工**があります。「熔かす」方法は、ガス酸化反応溶断があります。

　金属表面を酸などで「解かす」エッチング方法には、水を使うウエットエッチングと、真空中で行うドライエッチングがあります。

---

*…あります　筆者の整理で分類している。対象金属が変われば手段も異なり、ここに載せていない技術があれば、表もリバイスしたい。

9-10 機械加工概要——除去加工①

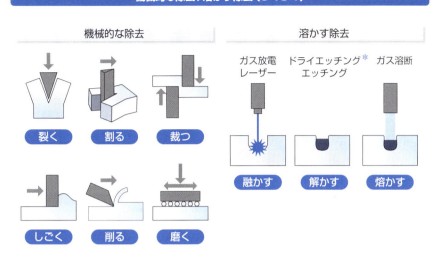

機械的な除去、溶かす除去（9-10-1）

金属を機械的に切る方法

工具を用いて金属を切断したり除去したりする操作には、金属材料を工具の間に挟んで切断するせん断、工具で金属表面を削り取る切削、砥石を用いて表面を削る研削があります。この中で、切削と研削をまとめて**機械加工**と呼びます。

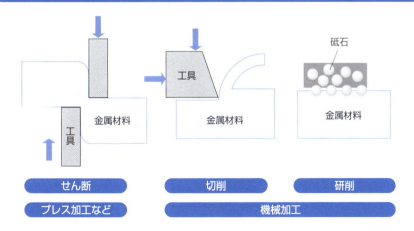

金属を工具で切断・除去するのが機械加工（9-10-2）

＊**ドライエッチング** エッチングは、金属材料に溝や模様を掘る操作。6フッ化硫黄などの反応性ガスを使う。半導体素子を作る際の必須加工技術。

9-10 機械加工概要——除去加工①

▶▶ 機械加工方法

機械加工*は切削加工と研削加工に分類できます。

主な**切削加工**の方法には、旋盤加工、ボール盤加工、フライス盤加工、エンドミル加工、中ぐり加工、歯切り加工などがあります。これらの加工方法の特徴は、それぞれの加工に応じた切削工具と機械装置を用いることです。切削加工では、切削理論に加え、切削工具や切削油などについても理解する必要があります。

主な**研削加工の方法**は、円筒研削、内面研削、平面研削があります。研削加工を実施するには、研削理論の理解と適切な砥石準備が必要です。

主な機械加工方法と工具（9-10-3）

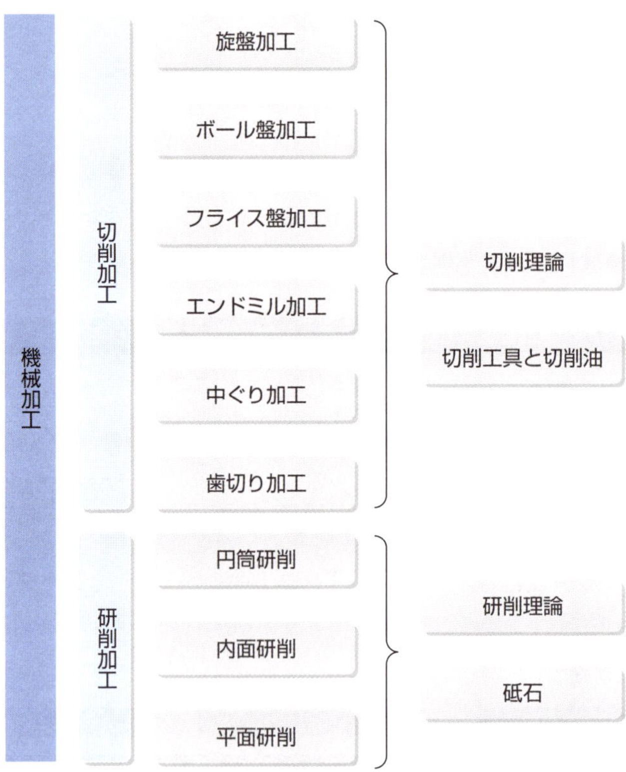

機械加工
- 切削加工
  - 旋盤加工
  - ボール盤加工
  - フライス盤加工
  - エンドミル加工
  - 中ぐり加工
  - 歯切り加工
  → 切削理論 / 切削工具と切削油
- 研削加工
  - 円筒研削
  - 内面研削
  - 平面研削
  → 研削理論 / 砥石

＊**機械加工** 機械加工は英語でMachining。主に機械を使った除去加工を意味する。切削加工はCutting、研削加工はGrinding。

9-10 機械加工概要——除去加工①

▶▶ 主な切削加工方法

　切削加工は、それぞれの加工に用いる工具がそれぞれ異なります。切削しながら形状を作り出す方法は、工具が回転する中、金属材料が回転もしくは三次元的な動きを行うことにより削り出します。それぞれの加工に用いられる工具の種類は多岐にわたります。

　金属材料を回転させながら、バイトと呼ぶ切削工具を押し付けて、表面を削り取る加工方法を**旋盤加工**と呼びます。材料が旋回（回転）することが特徴です。

　固定した金属材料に、ドリルと呼ぶ旋回溝を切った工具で穴を開ける加工方法を**ボール盤加工*** と呼びます。ボール盤加工は、金属材料に穴を開ける加工として、頻繁に用いられています。

切削加工の種類（9-10-4）

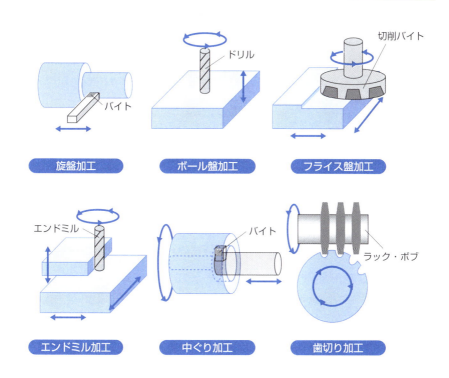

* **ボール盤加工**　ボールとは、英語でboringと書く。円筒形の穴を開けることをボーリングと呼ぶ。

9-10 機械加工概要――除去加工①

　切削バイトを治具にセットし、治具を回転させながら固定した金属材料に押し付けて切削する方法を**フライス盤加工**と呼びます。平面の切削加工だけではなく、穴や溝を掘るような加工もフライス盤加工で行います。

　エンドミルと呼ぶ回転させた切削工具により、金属表面に溝や段差、穴などを掘る加工方法が**エンドミル加工**です。この方法では、金属材料を三次元的に移動させて複雑な形状を削り出すことが可能です。

　固定した治具にバイトを取り付け、円筒の内面を削る方法が**中ぐり加工**です。穴の径を大きくしたり、内面を手入れしたりするために中ぐり加工を用います。

　円盤状の金属材料の周に、歯車を切削する方法が**歯切り加工**です。ラックもしくはボブと呼ぶ切削用の工具を回転させ、円盤の周囲に押し付けて歯車を削り出します。

▶▶ 主な研削加工方法

　研削加工に用いる工具は砥石です。砥石は、金属の切削用の砥粒をバインダーで固めたものです。砥石を回転させながら金属材料に押し付けて表面を削り取ります。砥石は圧縮には強いが、せん断や引張りには弱い性質があります。このため研削には、砥石のまわりを金属材料の表面に押し付ける方向で用います。砥石の上下面を用いると、砥石が壊れる可能性があります。

　円筒形の金属材料の表面を研削するために、円筒も回転させ、回転させた砥石を押し付けながら移動することにより、表面を削り取ります。これを**円筒研削**と呼びます。

　円筒の内面を回転させた砥石で削る加工方法を**内面研削**と呼びます。内面の仕上げ加工には欠かせない加工方法です。

　平板の表面を削る方法を**平面研削**と呼びます。砥石もしくは平板を移動させながら表面を削ります。

　砥石の選定は被研削素材により変えます。一般の鉄鋼や工具鋼はアルミナ砥石を使います。アルミニウムや銅、超硬合金には炭化珪素砥石を使います。焼き入れ鋼材やセラミックスの研削にはダイアモンドや窒化ボロンなどの超砥粒を用います。砥石の選定が適切でないと、うまく研削できず砥石が破損する可能性があります[*]。

---

*…**可能性があります**　砥石の破損は、災害や死亡につながる場合もある。取り扱いの転がすな、落とすな、ぶつけるなから始まり、安全期限を守る、取り付け時の破れかけチェック、最高周速規制を守るなど、砥石の使用時には様々なチェック項目がある。

9-10 機械加工概要──除去加工①

研削加工の概要（9-10-5）

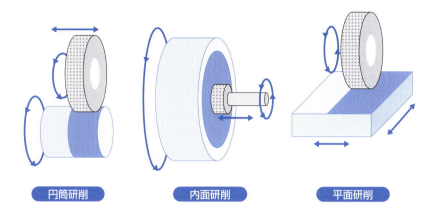

円筒研削　　　内面研削　　　平面研削

COLUMN　木炭高炉

　現在の製鉄業は、高炉法を用いて、鉄鉱石から溶けた銑鉄を作っています。16世紀のヨーロッパでは、すでに高炉法が出現していました。ライン川のほとりのどこかで、高炉が発明され、木炭と鉄鉱石を上から投入し、下から空気を送り込み鉄鉱石から溶けた鉄を取り出しました。

　高炉の中では、鉄が取り出される反応が起こります。高炉では温度が高ければ高いほど、効率的に銑鉄が生産できます。

　高炉の初期は人力のふいごで送風していましたが、川べりでの水車を用いるようになりました。水車になって送風が安定しました。

　資本家が台頭し、資本主義に基づいて、鉄鋼を量産できる高炉は、格好の設備投資先になりました。ただし、高炉法には大きな弱点があります。水車が回せる場所と原料の木炭が豊富にある場所の近傍でしか創業ができません。

　高炉生産のネックは、原料である木炭でした。木炭高炉法は、大量の木炭を消費するため、森林資源が枯渇したのです。ヨーロッパ大陸から英国に移った鉄鋼生産は、英国の森林の消滅で減速します。木炭高炉は、スウェーデンやロシアなど森林資源が豊富な国でしか成り立たなくなりました。英国では森林伐採禁止令が出され、英国の高炉は風前の灯火になりました。危うし英国製鉄業[*]。

---

[*]**危うし英国製鉄業**　ディーンの森やウェールズの森が伐採し尽くされそうになった時、英国の高炉数は最盛期約100基あった。この窮地を救ったのがダービーの石炭高炉。

II 金属加工技術篇　第9章　金属の型創成

11 切削理論と工具——除去加工②

切削加工は切削理論に基づいた加工です。工具により金属材料の表面を除去します。バイトの切削加工時に生成される構成刃先、切削加工時に発生する切削熱、工具の材質とその種類、および工具の形状について概観します。

▶▶ 切削理論の概念

切削は、工具を金属材料の表面に押し付けて、一定厚みの材料を除去する操作です。表面に押し付けられた工具により、金属材料の表面は圧縮されます。金属表面には圧縮によるせん断ひずみが発生し、割れが入ります。工具によって剥がされた表面は、塑性変形を生じ加工硬化が発生します。この加工硬化により剥がされた表面は、途中で折れて切削屑*になります。

切削屑の形状は、工具によるすくい角度や、切削する厚みに相当する切込み、および金属材料の性質により大きく異なります。らせん形に巻いたリボンのように途中で折れずにつながる場合もあれば、バラバラに砕け散る場合もあります。切削屑の形状は、機械加工を行う上で非常に重要な問題です。屑の処理の容易さだけではなく、切削表面の性状にも影響します。

切削の模式図（9-11-1）

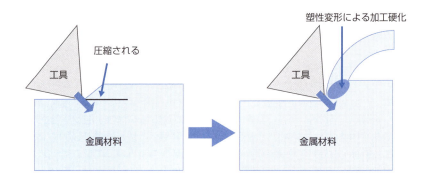

＊**切削屑**　切削理論の中で、重要な要素は切削屑生成の機構。切屑の種類は、良好な流れ型、せん断型、粘い素材のむしり型、脆い素材の亀裂型などがある。材料と切削条件、切削速度、切り込み量、工具のすくい角度などが切屑形状に影響する。

構成刃先

　金属材料を切削するときに、金属材料の一部が工具の先端に付着し、刃先としての役割を果たす場合があります。これを構成刃先と呼びます。

　構成刃先*ができると、切削のための工具を保護する役割を果たす反面、工具の先端の位置を変化させてしまうため、切削面を荒らすという弊害もあります。構成刃先は、適切な状態に保たれる必要があります。

　構成刃先は、切削屑の表面に付着するため、切削屑を詳細に観察すれば発生しているかどうかを観察することができます。鋼材の切削の場合は、600℃以上になると構成刃先は発生しません。構成刃先を調べると、切削温度も推定できます。

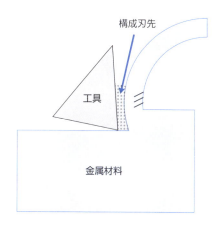

構成刃先（9-11-2）

切削熱

　切削加工をすると、工具と金属材料の接触した部分を中心に熱が発生します。これを**切削熱**と呼びます。工具は切削熱により高温になると、劣化が進行します。このため切削熱がどれくらいになるかを見極めて、適切な材質の工具を用いることが重要になってきます。

　切削熱の源は、工具と金属材料が触れ合うときに発生する摩擦熱と、金属材料が

---

* **構成刃先**　構成は先は、バイト先端に金属が付着し、成長し、脱落するサイクルを繰り返す。

9-11 切削理論と工具──除去加工②

変形するときに発生するせん断加工発熱です。これらの発熱は発生メカニズムは異なりますが、いずれも切削加工の先端部の温度を高温にします。

　加工時の温度は工具の色で判別できます。600℃程度できつね色、700℃でむらさき色、800℃では青色になります。これ以上になると青白くなってきます。加工のときに工具の色を観察することは、切削条件を適切に保つために必要です[*]。

切削時に発生する熱（9-11-3）

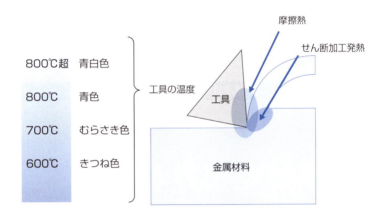

切削工具の種類

　切削加工の作業ポイントは、切削速度と送り速度です。切削速度は、切削工具が回転したり滑ったりして、金属素材との間に摩擦熱を生じさせる相対速度です。早ければ加工能率が上がりますが、摩擦熱も大きくなり、磨耗の進行も早まります。送り速度は、切削工具が金属素材を削る程度です。削り量が大きければ大きいほど加工性能は上がりますが、せん断加工発熱も増加するため、工具に働く反力や衝撃は増加します。切削工具に必要な性質は、高温に耐えられる耐熱性と、磨耗に耐えられる耐摩耗性、衝撃に耐えられる靭性です。

　切削工具は大きく分けて3つの種類があります。工具鋼と焼結工具とダイヤモンドです。

　工具鋼には、高速度工具鋼（ハイス）や鋳造工具が含まれます。切削速度は低いけ

[*]…必要です　切削温度が上昇し過ぎると工具温度であるバイトやチップの温度が上昇し、溶損したり破壊したりする。通常切削油を使い温度を下げる。

れど、送り速度を大きく取れるという特徴があります。焼結工具には、超硬合金工具、サーメット*、セラミックス、窒化ボロンなどがあります。

焼結工具は、より高温度まで耐えられ、耐磨耗性もあるため切削速度が速くても使用することができますが、衝撃に弱く欠けやすいため、送り速度を小さくする必要があります。

ダイヤモンドは、これらの切削工具の中で最も切削速度が大きくできますが、送り速度は小さくしなくてはなりません。ダイヤモンドは精密な切削に利用します。理想の工具は、この耐熱性と耐磨耗性と耐衝撃性に優れているものですが、実用工具ではそのような工具材料がありません。切削条件と切削金属材料の性質をよく考慮して、工具の種類を選択する必要があります。

切削工具の種類と使用方法（9-11-4）

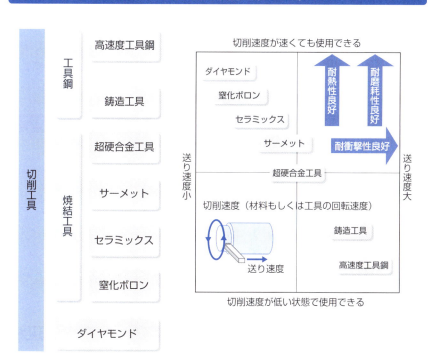

---

* **サーメット**　金属炭化物や窒化物など硬質化合物の粉末を結合材と混合焼結した複合材料の呼び名。セラミックスとメタルを組み合わせた造語。

9-11　切削理論と工具──除去加工②

▶▶ 切削工具の形状

　切削工具の形状は、機械加工の方法によって異なります。バイトと呼ぶ切削工具を先端につけた冶具は、金属材料を回転させる旋盤加工や円筒の内面切削加工、フライス盤にとりつけたバイトで固定した金属材料を研削するフライス盤加工に用います。工具側を回転させる方法では、ドリルやエンドミル＊を用います。これらの形状は、らせん形に成形した棒状の工具です。らせんに沿って切削屑が排出されます。金属材料の穴を開けるために細くしてあるのがドリルです。エンドミルやボールエンドミルは、工具の先端で金属材料の表面を削ることを目的としています。

　金属の切削工具は、バイト、ドリル、エンドミル以外にも、フライス盤で使用するフライスや、穴を削るリーマー、穴をえぐるタップ、ギヤ作成に用いるボブやピニオンカッター、ねじ切りダイス、穴内部を削るブローチなどがあります。

　切削工具に使う材料は、硬く、高温にも耐えるものが用いられます。鋼材では、炭素工具鋼や合金工具鋼、高速度工具鋼などを用途に応じて選びます。さらに、超硬合金、サーメット、ダイアモンド、多結晶CBN（立方晶窒化ボロン）などの材料も用いられます。

切削工具の形状（9-11-5）

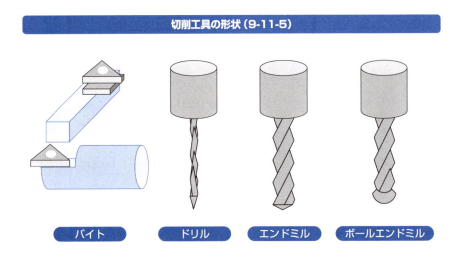

＊**エンドミル**　エンドは端。ミルは粉挽きから転じて粉砕。側面と底面を持つ太い粉砕工具を指す。

360

12 旋盤加工──除去加工③

　金属材料を回転させながら、バイトと呼ぶ工具を押し付けて切削する加工方法が旋盤加工です。円筒形の材料の外周を成形します。旋盤加工の4つの加工パターンと加工方法について説明します。

▶▶ 旋盤加工の形態

　旋盤加工には、大きく分けて4つの加工パターンがあります。

　1つ目は、バイト*を円筒の外周に押し付けて削り、円筒の外形を小さくする**外形削り**です。バイトもしくは金属材料を移動させることで、広範囲な円筒表面を切削します。

　2つ目は、円筒に溝を掘る**突切り加工**です。バイトの位置を固定しておくため、筒の一部分の外周だけを小さくすることが可能です。

　3つ目は、外周削りのバリエーションである**ねじ切り**です。バイトもしくは金属材料の移動と切削を組み合わせて円筒の外周にねじ切りを行います。

　4つ目は、成形しようとする形状のバイトを押し付けながら切削成形を行う**形削り**です。任意の形状のバイトで目的の形状をつくり出します。

旋盤加工の種類（9-12-1）

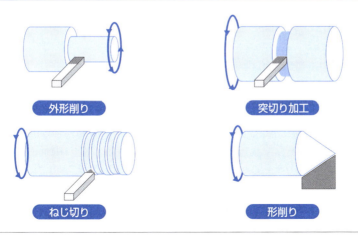

外形削り　　　突切り加工　　　ねじ切り　　　形削り

*　**バイト**　バイトは、旋盤加工の切削工具。蘭語のノミを表すバイテルが訛った和製語のため海外では通用しない。英語ではカッティングツール。

9-12 旋盤加工——除去加工③

▶▶ 旋盤機

　旋盤の構造は普通、金属材料を固定して回転させる旋回装置と、工具をセットして平面方向に移動させる装置とでできています。工具を旋回する金属材料の表面に押し付ける方法は、通常は円筒の側面方向からです。まれに円筒の軸方向から切削することもあります。

旋盤機の構造（9-12-2）

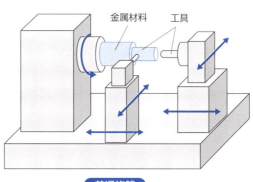

普通旋盤

 コラム　コークス高炉

　コークスを高炉に適用する試験をし始めたのは、初代ダービー＊です。最初は水車から始め、高炉に蒸気機関を採用して強力な送風を行い、一気に温度をあげることを試みました。蒸気機関の採用により、高炉は川沿いから切り離され、好きな場所で生産することができるようになりました。英国の高炉は息を吹き返しました。1790年英国ではコークス高炉が81基、木炭高炉25基でした。

　コークス高炉だけではありません。銑鉄を鋼に変える製鋼プロセスや圧延プロセスも次々発明されていきます。その中心的な役割を果たしたのが、ヘンリー・コートです。コートは、蒸気機関で、錬鉄の圧延機をつくり、反射炉を用いて銑鉄を脱炭するパドル炉を実用化します。

＊**初代ダービー**　ダービー家は初代以降5世まで続く。現地で高炉跡を見学するとダービーが発明家とかいうわけではなく、ダービーが作ったコールブルックデール社が開発を推進していたことがわかる。

13 ボール盤加工──除去加工④

ドリルで金属材料に穴を開ける加工をボーリングと呼びます。ボーリング用の機器がボール盤です。主なボール盤加工と加工機械について見ていきましょう。

ボール盤加工

ボール盤*加工に用いる工具は**ツイストドリル**と呼ばれます。ねじれた溝を持ち、この溝を通して切削油を供給したり、切削屑を排出したりします。

主な加工方法は、ドリルによる単純なドリル穴開け加工、貫通した穴の径を広げるため**穴広げ加工**（**リーマー加工**）、タップをねじ込む**タップ立て加工**などがあります。

この他にも、中ぐり加工や座ぐり加工など、すでに開いている穴の形状を整える加工方法もあります。

ボール盤加工の種類（9-13-1）

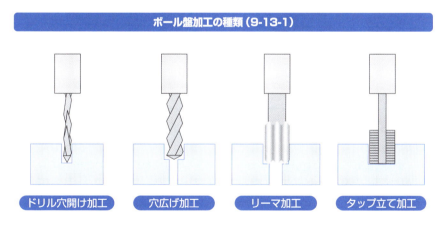

ドリル穴開け加工　穴広げ加工　リーマ加工　タップ立て加工

ボール盤の種類

ボール盤は、ドリルを取り付けて回転させるスピンドル（主軸）を保持して上下に移動させる機能と、加工する金属材料を固定する機能を備えています。

直立ボール盤は、この基本機能だけのものです。材料は固定、もしくは回転盤に

＊ボール盤　ボールとは穴を開ける（boring）の意味。ボール（ball）とは意味が異なる。

9-13 ボール盤加工——除去加工④

乗せられて回転するだけの動きしかしません。

ラジアルボール盤は、スピンドル（主軸）の乗ったアームを保持して上下に移動させる機能と、一方向に移動させる機能を持っています。アームは旋回機能を持っているため、比較的大きな金属材料を固定したまま、多数の穴を加工する場合に用います。

ボール盤の種類 (9-13-2)

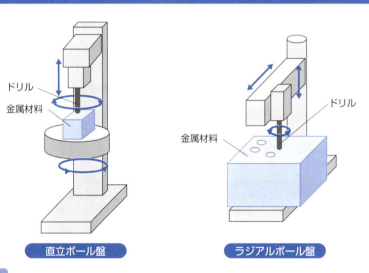

直立ボール盤　　ラジアルボール盤

COLUMN　英国産業革命*

　英国の産業革命のすごいところは、蒸気機関と鉄鋼製造を同時に満足させてしまったことから始まります。蒸気機関を稼働させるには、それまで見向きもしなかった石炭の利用が必要でした。

　石炭を蒸し焼きにして揮発分を乾留したコークスは、ポーラス状で軽く火力が強い利点があります。蒸気機関は、石炭を掘るために地下坑に溜まる湧水を取り除くために発達します。1712年のニューメコン蒸気機関より半世紀経った1765年、ジェームス・ワットが発明したワット式蒸気機関で完成をみました。

　英国は、ダービー一家が高炉法をコークス高炉に変更し、ベッセマーが転炉法を、ヘンリー・コートが圧延法を発明します。産業衰退の一歩手前まで行ったピンチを競争力に変え、鉄鋼業を再建して産業革命を牽引した英国の底力は本当に凄まじいものがありました。

---

*　**産業革命**　産業革命は、現在が4度目らしい。現在のIoTやAIによるものづくりが第4次産業革命、少し前のコンピュータ制御が第3次、電気を使うのが第2次、蒸気と機械化が第1次というわけだ。でもこの産業革命論、世の中の流行はこうかも知れないが、現実は全部混ざっているのではないかと思う。鉄鋼業に身を置くと特にそう感じる。

14 フライス盤加工──除去加工⑤

　フライス盤加工は、金属材料を固定し、工具を動かして切削する金属加工方法です。フライス盤加工は、現場用語では**ミーリング**＊と呼ぶこともあります。主に平面の切削加工を行います。

▶▶ フライス盤加工の種類

　フライス盤加工では、フライス工具とそれを支える治具の組み合わせと、金属材料に対する切削回転方向を変えることにより、平面加工だけではなく、段差を掘ったり溝を掘ったりすることが可能です。

　最もよく使われるのが**正面フライス加工**です。ブレードと呼ぶバイトに似た切削工具を治具に固定し、面に沿って回転させて平面研削を行うものです。

　角フライス加工も同様の切削工具を用い、深く掘って段差をつけます。

　同様の段差をつける方法に、**角側フライス加工**があります。円筒上の治具の側面に沿ってフライス工具をセットし、回転させた側面で段差を切削する方法です。

主なフライス盤加工方法（9-14-1）

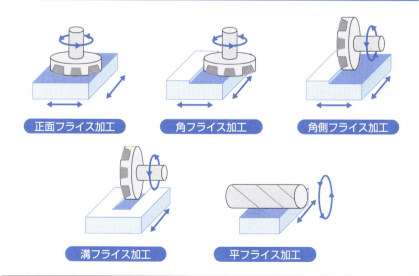

＊ミーリング　フライス盤はmilling machineである。工具を取り付けたフライスをmillと呼んだ。これが転じてミーリングとなった。

9-14　フライス盤加工──除去加工⑤

この工具を用いて平板に切り込むことにより、**溝フライス加工**ができます。

円筒の治具の面積を大きくしてフライス工具を取りつけると、平板を一気に切削することができます。これを**平フライス加工**と呼びます。

▶▶ フライス盤の構造

フライス盤の典型例は**ひざ形フライス盤***です。これは、膝を突き出したような形状の台の上に金属材料を置き、フライス盤を上面に押し付けて切削する構造になっています。全体を上下させる台を「ニー（ひざ）」、中間の前後に動く台を「サドル」、左右に動く台を「テーブル」と呼びます。この3つの台を組み合わせて動かし、金属材料を切削工具に押し付けて、切削形状を制御します。

フライス盤は、一般的には図のような回転工具を回す主軸が垂直方向にある立形フライス盤が主流です。この他にも溝入れ加工や立形でできない加工用に主軸が横方向の横形フライス盤、マシニングセンタに使う門形フライス盤などがあります。

主なフライス盤の構造（9-14-2）

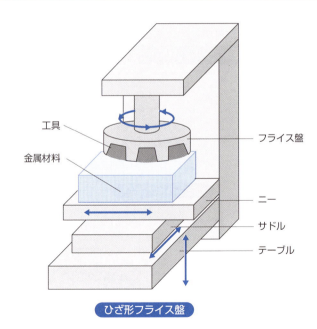

ひざ形フライス盤

*…**典型例はひざ形フライス盤**です　ひざ型以外に機械を支える頑丈な土台を持つベッド型がある。ベッド型は加工品の平行度が高く、常に加工面が一定という特徴がある。

Ⅱ　金属加工技術篇　　第9章　金属の型創成

15 エンドミル加工──除去加工⑥

　エンドミル加工は、底刃と外周刃を持つ棒カッタと呼ぶ工具で、金属材料を切削する加工法です。フライス盤加工の工具と治具が、棒カッタになったものです。エンドミル加工法の種類と、最もよく使うマシニングセンタについて解説します。

▶▶ エンドミル加工法

　エンドミル*加工は、フライス盤加工やボール盤加工とほぼ共通します。金属材料に段差をつける段削り、側面を削る端面削り、ボール加工のように穴を開ける穴開け加工があります。

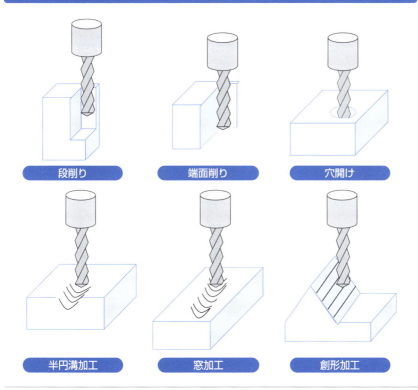

エンドミル加工の種類（9-15-1）

段削り　　　端面削り　　　穴開け

半円溝加工　　窓加工　　創形加工

＊**エンドミル**　フライス盤（mill）の変形で、外周だけでなく底（エンド）にも工具を取り付けたのがエンドミル。フライス盤の基盤がなくなり、棒状のエンドミルカッターに変化した。

9-15 エンドミル加工——除去加工⑥

切削工具のエンドミルは、底刃が平らなものを単なるエンドミル、もしくはスクエアエンドミルと呼び、ボール状に丸くなったものをボールエンドミルと呼びます。ボールエンドミルを用いて半円形の溝を掘る半円溝加工や、窓を掘ったり貫通させたりする窓加工などにも、エンドミル加工が使われます。

エンドミルが最も得意とする加工は創形加工です。三次元的にボールエンドミルの刃先を動かして、立体的な形状を削り出します。

▶▶ マシニングセンタ

創形加工などは、切削を三次元的に行う必要があります。こうした場合、工具を動かしたり金属材料の位置を変えたりすることをいちいち作業者がやっていると、精度が悪くかつ効率が悪い作業になります。そこで登場するのが、数値制御で動かす切削機械です。これを**NC機械**と呼びます。多種類の切削を一台機械で行えるようにしたものが**マシニングセンタ**＊（MC旋盤）です。

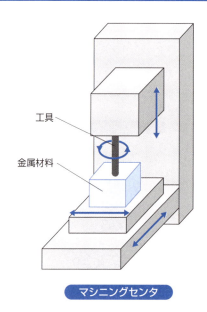

マシニングセンタ（MC旋盤）（9-15-2）

＊**マシニングセンタ**　「中ぐり、フライス削り、穴あけ、ねじ立て、リーマ仕上げなど多種類の加工を連続で行えるNC工作機械」がマシニングセンタの定義。

9-15 エンドミル加工——除去加工⑥

さまざまな加工工具をあらかじめ備えておき、数値制御で適時工具と取り換えて切削作業を自動で行います。マシニングセンタは、金属材料を最初にセットするだけで、あとは長時間に渡る切削加工作業を昼夜を問わず無人でも行うことができるため、大型の加工品や複雑な形状の加工品もつくることができます。

錬金術

錬金術は、今では「胡散臭い」名称の代表格になっています。しかし錬金術は、金属の性質を知り分離する技術分野では大先輩です。

錬金術の起源は、エジプト時代にさかのぼります。エジプトでは、黄金や青銅を既に使いこなしていました。当時の技術者達は、これらの技術をパピルスに書き記しました。その後、ギリシャ・ローマ時代にもこれらの知識は受け継がれていきました。

しかし、この金属を分離する技術は、当時の西洋の宗教とは相容れませんでした。地下にもぐった技術は、直接的な表現ではなく、暗喩と比喩に満ちた表現に変わっていきました。不思議な絵や文字に満ちた書物は謎めいており、次第に低級な金属から高貴な金を作りだす技術のような誤解を与えるようになりました。

西洋では謎めいた技術になりましたが、当時最も科学が進んでいたイスラム圏では、正確に金属の化学的な取り扱い方法と認識されていました。錬金術のことをアルケミーと呼びますが、これはイスラム語でアル（英語のthe）ケミー（現在の化学の意味と同じ）と呼ばれていたことに由来します。

錬金術は、西洋が中世から近世に入ると、科学の光を当てられ、エジプト時代と同様に、金属を分離する技術に戻っていきました。

しかし、科学者の中で錬金術にこだわり、研究を続ける人もいました。イギリスのニュートンはその代表格であり、最後の大物錬金術研究者でした。彼は、様々な科学的な発見をしながら、一方では古代からの錬金術の膨大な研究結果を残しています。

鶴岡真弓の「黄金と生命」*という金属を扱った書籍では、古代人から錬金術、そして現代に至るまでの人類と金属の関わりを、膨大な資料で再現しています。その書のあとがきの最後にこうあります。作者は製鉄所の高炉を見学したそうです。『現代の溶鉱炉でもヒトはけなげな「炎の番人」として生きているのだ（中略）数千年前に、「黄金の生命」を生むべく、最初の炉に火を燈した、鍛治師、錬金術師は、まだそこにいたのである。「前近代は、終わっていない」どころか「太古は終わっていなかった」のだ』と。

金属製造に生涯を捧げている錬金術師の末裔の我々の心に響く名文ですね。

---

*鶴岡真弓の「黄金と生命」　多摩美術大学教授。ケルト文明に造詣が深い。輝きの衰えない黄金と太陽と永遠の生命が古代人の崇拝の対象になっていたとの論証から始まり、縦横無尽に古今東西の金属を語り尽くす名著。筆者にとって文字通りの徹夜本である。

Ⅱ　金属加工技術篇　　第9章　金属の型創成

16 中ぐり加工と歯切り加工
——除去加工⑦

　中ぐり加工と歯切り加工は、機械加工の中でも特殊な加工です。円筒形の金属材料の内面を切削するのが中ぐり加工です。歯車の歯を切削加工で創形するのが歯切り加工です。いずれも特殊な工具を用いて加工を行います。

▶▶ 中ぐり加工

　中ぐり加工＊は、中ぐりをする工具を取り付けるスピンドルと呼ぶ主軸が横方向にある横中ぐり盤と、縦方向にある立中ぐり盤があります。

　中ぐり加工は、切削工具を取り付けた主軸を片持ちで支えながら回転させる方法と、ラインバーを通して支点を作り、両側で支える方法があります。

　切削工具はスピンドルの先端で金属材料と接するため、たわみやブレなどが生じ、加工精度に影響するため、頑丈で大きなスピンドルを備えています。

中ぐり加工の方法（9-16-1）

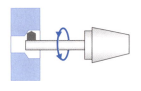

片持ち中ぐり加工

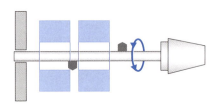

両持ち中ぐり加工

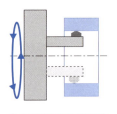

内面倣い中ぐり加工

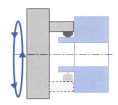

外面倣い加工

＊**中ぐり加工**　中ぐり加工は、加工面が見えず、切削屑が溜まり易いなどの理由で熟練の技が必要な難しい加工。

9-16 中ぐり加工と歯切り加工──除去加工⑦

　中ぐり加工の変形として、回転する軸に切削工具を取り付ける内面倣い中ぐり加工や、外周をする外面倣い中ぐり加工などもあります。

▶▶ 歯切り加工

　歯車は、回転を伝達するために重要な役割を果たします。この伝達のために、歯車の歯は非常に精密に設計されています。この形状を創形する加工法が**歯切り加工**です*。

　歯車は、円盤の周囲に歯を創形してつくり出します。このために用いる切削工具は、ラックカッタと呼ぶ平らな切削工具の往復運動と切削される円盤の回転運動を組み合わせて削り出す方法と、ボブと呼ぶ複数の切削工具が円筒に備わったものを回転させながら円盤を創形する方法があります。

　歯切り加工は、創成法と成形法があります。創成法は高級歯車に用い、歯車形状を削り出します。成形法は廉価な量産歯車に用い、鋳造や歯車鍛造で作られます。

歯切り加工の方法（9-16-2）

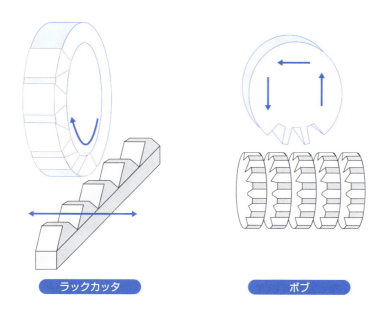

ラックカッタ　　　　　ボブ

＊…**歯切り加工です**　加工法には、歯全体を少しずつ削る歯車創成法と、ひとつずつ削る歯車成形法、高速で削るギヤスカイビングがある。

17 研削加工——除去加工⑧

　研削加工は、砥石を用いた金属材料の表面加工方法です。大きく分けて、円筒研削と平板研削があります*。砥石での研削は、さまざまな欠陥を生み出します。欠陥を防ぐためには、砥石の性質を理解し、適切な研削条件で使用する必要があります。

▶▶ 円筒研削

　円筒形の金属材料の表面を砥石で研削するのが**円筒研削**です。円筒研削には主に3つの方法があります。

　まず、砥石で円筒形の側面をわずかに研削する方法があります。砥石が横方向に移動しながら円筒形側面を削るため、これを**トラバース研削**と呼びます。

　エッジが丸くなった砥石を用いて、円筒物の段差が滑らかになるように研削する方法を**フランジ研削**と呼びます。

　また、特殊な形状の砥石を用いて、細い幅で溝を彫る**溝研削**があります。

円筒研削の種類（9-17-1）

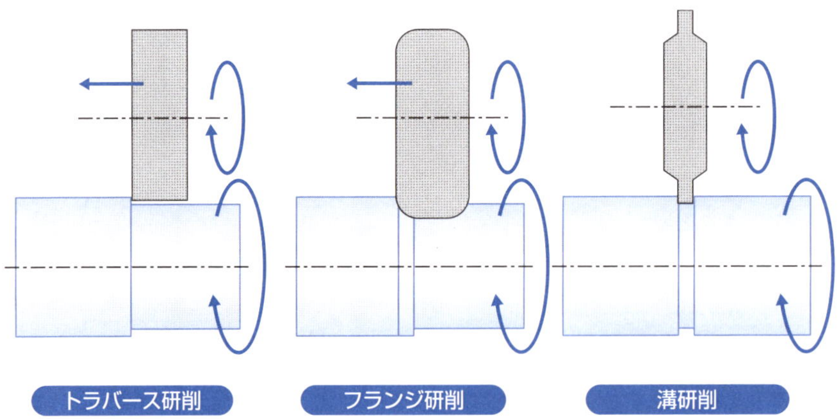

トラバース研削　　フランジ研削　　溝研削

＊…があります　これ以外に、円筒の内部を削る内面研削、砥石で挟み込む心なし研削などもある。

9-17 研削加工──除去加工⑧

▶▶ 平面研削

平板の研削を**平面研削**と呼びます。

回転させている砥石の回転方向と直角方向に、金属素材を動かしていく方法が**トラバース研削**です。

砥石を平板に押し付けることにより砥石との接触面を研削し、溝を掘る方法を**フランジ研削**と呼びます。

砥石と研削方向が一致する方法で段差をつけた研削方法を**クリープフィード研削**と呼びます。

砥石は圧縮には強いけれど、せん断方向の力には弱いため、使いづらい工具です。砥石の使用方法は、円筒の側面を押し付ける方向で利用します。円盤部で使うと、砥石が破損する可能性があります[*]。

平面研削で発生する主要欠陥は、びびり、きずや送りマークおよびワーク精度不良です。いずれも加工時のセッティング不良や砥石の選択ミスなどで発生します。

びびりとは、砥石の動きが加工面に転写する現象です。砥石や加工物の振動、砥石の軸受の遊び、砥石粒度不適切、砥石の使い過ぎなど種々の原因で発生します。

きずや送りマークはフランジ緩みやセンター合わせ不良など設定ミスが原因です。

ワーク精度不良は、砥石の不適切な選択や研削作業の調整ミスで発生します。

平面研削の種類 (9-17-2)

トラバース研削　　フランジ研削　　クリープフィード研削

[*]…**可能性があります**　労働安全衛生法と規則で、砥石の取り替え、準備、作業者などでの必要な教育、資格が決められている。

9-17 研削加工——除去加工⑧

コールブルックデール（英国鉄鋼の旅第3話）

コールブルックデール

　実際の製鉄設備群があるのは、セバーン渓谷から数マイルのCoalBrookDaleという場所になる。地名がそのまま社名になっていて、コールブルックデール社が今でも存在する。

　ここには、製鉄所の設備や装置を用いたオブジェと、歴史を伝える記念館がいくつかある。製鉄所記念館は、社の製品を中心に、1700年代初頭から1900年代半ばまでの製鉄所の歩みが展示してある。

　鋼の時代は、1856年のベッセマー転炉から始まる。社は鋼の時代のずっと前、鋳鉄製品を扱っていた。つまり鋳込み品だ。その製品たるや、例えばまるで生きているかのような猟犬、繊細な透かしが入った巨大な側板、複雑な形状の鉄製のテーブルセットなど、現在なら精密鋳造の部類になる工芸品や工業製品が鋳込まれていたのだ。実に、ピーク時には全世界の7割の鋳造品がここで生み出され、輸出されていた。

ダービー家

　ダービー家も公開されていた。質素倹約をモットーとするクエーカー教徒だったダービー家の家は、一切の装飾を廃したシンプルなものだった。今なら「ミニマリストのお部屋」として紹介されそうな、机と本箱しかない執務室、ゆりかごと小さな箪笥しかない夫人の部屋などが連なる建屋だ。

　しかし、部屋の奥には大きな会議室があり、ここがクエーカー教の本丸があった。クエーカー教は、友人を重んじる。この会議室から。欧州全土のクエーカー教徒へのアクセスがあり、緻密で膨大な販売ネットワークが形成されていたのだ。これが英国の片田舎の製鉄所が一時期世界を制覇した原動力だったのだ。

製鉄所

　製鉄所跡は、どこもかしこもレンガ作りの為、似たような印象である。ローマの水道遺跡のようなレンガ作りの水道が高所を縦横無尽に走り、水力を供給していた。まだ蒸気機関は発明されていない時代だったので水車が動力源であった。

　水車の実物は、ブリスツ・ヒル・ビクトリアンタウン*という昔の作業を現物保存してある場所で見た。上手にはダムによる広大な水源が広がり、そこから水が引かれていた。その水は水車に供給され、驚くほどの強さと速さで回転していた。

　ダービー家は、普通1世がコークス高炉の試験を始め、その後2世が苦労をして成功させた、との発明物語で語られる。現地で見た光景は全然違った。もちろん1世はいた。しかしコークス高炉は1世が作ったコールブルックデール会社が拡大していく最中にたまたまできたものであって、先述の製品は高炉に関係なくガンガン作られていた。そしてなんとダービー家は5世まで続くのだった。1800年代の後半は、鋼の時代になり、鋳鋼の劣勢を挽回できず、1900年に入り会社は消滅した。

＊**ビクトリアンタウン**　アイアンブリッジの近くにある英国ビクトリア女王時代の産業を動態保存してある町。水車や蒸気機関が動いているのが見学できる。パドル炉や蒸気駆動の鍛造設備も見ることができた。

374

II 金属加工技術篇

第10章

金属熱処理

金属の内部組織を整え、表面性質を改善するためには、金属素材の温度を上げてから冷やします。この昇温、冷却の一連の操作を金属熱処理と呼びます。

Ⅱ 金属加工技術篇　　第10章　金属熱処理

鋼材の熱処理体系

金属熱処理には、一般熱処理、表面熱処理、特殊熱処理の3種類があります。一般熱処理は、金属素材を加熱、高温保定、冷却して、所定の組織を得る操作です。

▶▶ 金属熱処理の種類

一般熱処理は、主に金属の内部組織を整える目的で、昇温し冷却する処理です。種類は焼入れ、焼もどし、焼なまし、焼ならしの4種類があります。また、特殊な合金の溶体化処理のための均一化処理もあります。

表面硬化熱処理は、表面加熱による表面の焼入れや処理ガスによる表面の浸炭や窒化により、表面のみ内部よりも硬くする処理です。

特殊熱処理は、雰囲気を大気圧下ではなく、真空中や光輝炉中の無酸化雰囲気[*]、特殊なガス処理雰囲気中で、表層を改質する処理です。

金属熱処理の全体像（10-1-1）

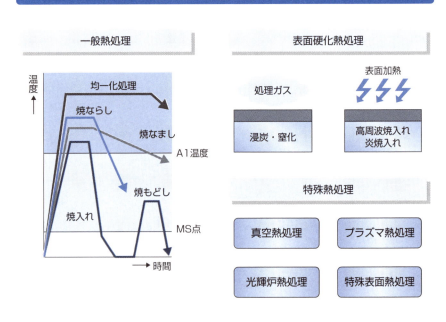

[*] **光輝炉中の無酸化雰囲気**　真空中もしくは、水素、窒素、アルゴンなどで炉内を無酸化性雰囲気として、鋼材を高温加熱する。工業的にはアンモニア分解ガス（水素75％、窒素25％）が用いられる。

376

10-1 鋼材の熱処理体系

▶▶ 一般熱処理の目的

　一般熱処理は、金属素材を加熱、高温保定、冷却して、所定の組織を得る操作です。熱処理前の金属素材は、鋳造組織ままであったり、圧延組織であったり、不均一組織であったり、不均一な析出物があったりし、均等な材質を得ることができません。

　加熱された金属組織は、鋳造ままの組織が消失し、圧延歪みが除去され、不均一な組織が均質になり、析出物が消失します。

　金属組織を高温に保定すると、均質組織が成長し始め、巨大な結晶粒になります。

　高温素材を所定の冷却速度で冷却すると、意図した組織の組み合わせになったり、均質な組織や均質な析出物が得られます。

　一般熱処理は、組織を均質化するための処理です＊。

金属熱処理の目的とメカニズム（10-1-2）

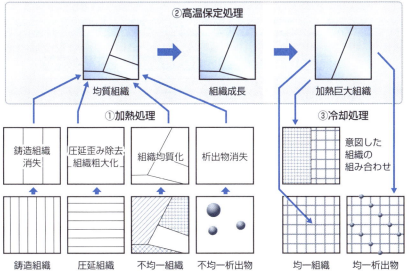

＊…均質化するための処理です　鋼材の均質化は、それまでの様々な組織や非金属介在物を高温加熱してオーステナイト組織にし、均質にしてから冷却することで実現する。

2 鋼材の熱処理の基礎

鋼材の全体熱処理の典型的な処理は、焼入れ、焼もどし、焼なまし、焼ならしです。各熱処理は、鋼材の組織を制御して必要な材質を得るために用います。各熱処理の加熱温度は、鉄炭素二元状態図と密接な関係があります。

▶▶ 鋼材熱処理

焼入れは、A_3*以上に加熱し急冷します。鋼材の材質を硬質化し、強度を向上させて耐食性を向上させ、耐疲労性を上昇させます。

焼もどしはA_1*以下に加熱します。内部応力の緩和、焼入れ硬さの調節、強度を低下させ靭性を向上させて鋼材の材質を調整するなど、マルテンサイト化した組織を要求特性に応じた材質に微調整するためには欠かせません。置き割れを防ぐために、焼入れ後に時間を置かずに行います。

焼なましは、加熱温度が目的によってさまざまです。内部応力の除去、組織の軟化、切削性の向上、組織の改善、炭化物の球状化などに使われています。

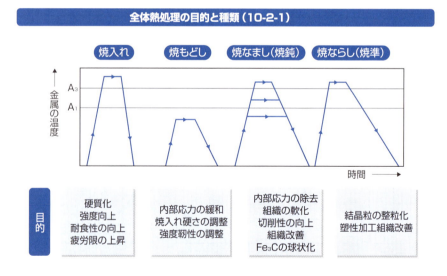

全体熱処理の目的と種類（10-2-1）

＊ $A_3 \cdot A_1$　A_1変態点以上は焼入れできる臨界温度、A_2変態点以下は磁気を帯びる温度、A_3変態点以上でオーステナイトになる温度、A_4変態点以上でδ鉄組織になる温度。

焼ならしはA₃以上に加熱します。結晶粒を整粒化し、鋼の組織を標準的な理想組織*に整えます。

鋼の全体熱処理は、以上の4つの一般熱処理の組み合わせでできています。

等温冷却と等速連続冷却

鋼材の冷却方法は、一定温度を一定時間保持する等温冷却と、一定の冷却速度で冷却し続ける等速連続冷却があります。

等温冷却は、鋼材を加熱温度に保持してオーステナイト化した後に急冷し、所定の温度で、組織の変態を完了させるために必要な時間保持して急冷します。

等速連続冷却は、冷媒により冷却速度を制御します。加熱した鋼材を水中に入れて冷却する水冷は、急冷ともいいます。油中に入れる油冷とともに、焼入れをするときの冷却方法です。空中で放置する空冷は油冷よりも冷却速度が小さく、焼なましに用います。加熱した炉内に放置し、ゆっくり冷やす炉冷は、焼ならしに用います。

等温冷却と等速連続冷却の概要（10-2-2）

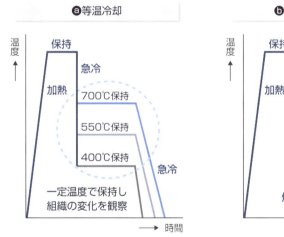
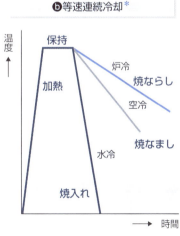

*　**標準的な理想組織**　常温の鋼標準的組織は、炭素の含有量によって変化。0.005％C以下はフェライト組織、、0.005％C以上はフェライトとパーライトの混合組織、0.90％Cの組織はパーライト組織、0.90％C以上はパーライトとセメンタイトの混合組織。

*　**等速連続冷却**　図中に示した冷却方法と熱処理は、一般的な順番の例示をしているだけである。成分が異なれば、同じ冷却でも熱処理が異なる。SCM430などは、焼なましでも焼きが入る、つまり焼入れができる。

10-2 鋼材の熱処理の基礎

温度と鋼材組織の関係

熱処理で生成する鋼材組織は、炭素と鉄が拡散する温度で決まります。

等温保持では550℃以上で拡散変態によるパーライト組織が、200℃以下では無拡散変態のマルテンサイトが、中間温度では炭素だけが拡散するベイナイト*組織が生成します。

鉄と炭素の拡散速度と鋼材組織の関係（10-2-3）

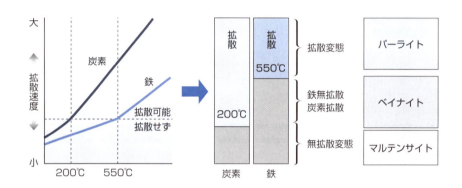

COLUMN 鉄は何次産業か？

　鉄のものつくりで考え込んでしまうことがある。よく、ものつくりの技術論で、自動車産業のものつくりが例に取り上げられた書物を読む。しかし、そこから正直言って、ヒントが得られないケースが多く、途方にくれることが多い。

　筆者の意識が低いのかもしれない。でも鉄鋼業のものつくりは一筋縄ではない。

　鉄鋼業の操業は、機械化、標準は相当進んでいる。だが同じ操業をすると同じ答えがでるほど精錬や鋳造は甘くない。常に目の前の操業を見、設備の状況を見、パフォーマンスをチェックしながら、より良い方向に動かす必要があるのだ。

　この状態は、農業に似ているような気がする。種を蒔く時期、草を引く時期は決まっていても、その通りにやれば良いものができる保証はないだろう。常に天候を意識し、心配し続けているのではないかと思う。筆者が見るところ、鉄鋼業も同じだ。晴れれば心配し、雨がふれば心配するのが鉄鋼業、少々言い過ぎかな。

＊**ベイナイト**　パーライト形成温度と、マルテンサイト形成開始温度の間で生成する準安定構造の組織。オーステナイトの分解で形成されるセメンタイトと微細析出のフェライトで構成される。

3 鋼材の焼入れ

焼入れは、高温にした鋼材を急速に冷却してマルテンサイトを生成させる操作です。焼入れのメカニズムと、焼入れしやすい条件について見ていきましょう。

▶▶ 焼入れのメカニズム

等温冷却は、鋼材を加熱温度に保持してオーステナイト化した後に急冷し、所定の温度で等温保持します。組織の変態を完了させるために必要な時間保持した後に急冷します。

組織の変化に必要な時間は、等温保持する温度で決まります。炭素と鉄の拡散が進行して、組織に変化が現れ始める時間を**変態開始時間**、変態が終了する時間を**変態終了時間**と呼びます。それぞれの現象が現れる温度と時間の関係を曲線で示したものが、**等温冷却曲線**＊です。

等温冷却曲線と等速連続冷却曲線（10-3-1）

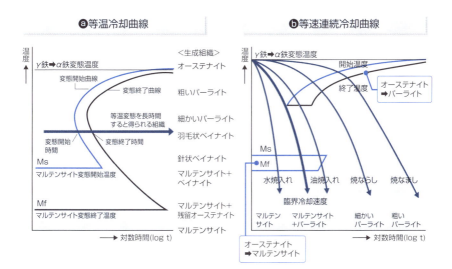

＊**等温冷却曲線** 時どき等温冷却曲線に等速冷却曲線の冷却線を描いて説明するが（筆者もその一人）、これは誤り。でもわかりやすいし、描きやすいので使ってしまう。

10-3 鋼材の焼入れ

等速連続冷却したとき、マルテンサイトが完全に生成する速度が**臨界冷却速度***です。この速度以下では、組織はパーライトなどに変化していきます。これらの関係を示したのが**等速連続冷却曲線**です。

▶▶ 焼入れ性の向上

冷却速度を向上させる以外の方法で、焼入れ性を向上させるためには、等速連続冷却曲線を長時間側に移動させます。有効な方法は、合金の大量添加と加熱粒の粗大化、加工硬化を小さくすることです。合金鋼を使い、十分加熱し、加工硬化を少なくすれば焼入れ性が向上します。

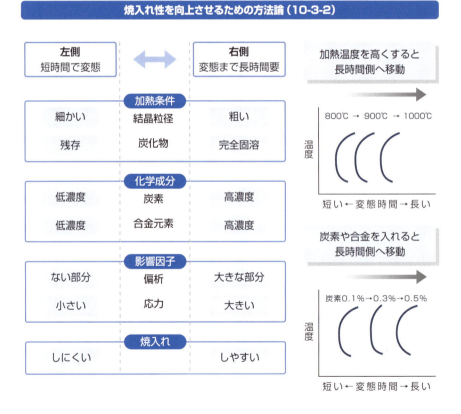

焼入れ性を向上させるための方法論（10-3-2）

***臨界冷却速度** 等速連続冷却をオーステナイト域の温度から続けたときに、マルテンサイト変態する速度。開始温度が高かったり成分がばらつくと速度は変化する。

4 鋼材の焼もどし

焼もどしは、焼入れに続く熱処理として使われます。組織の変態はありませんが、焼もどしマルテンサイト*と呼ぶ組織が生成します。

▶▶ 焼もどしの概要

焼もどしは、焼入れで生成した焼入れままマルテンサイト組織の変態ひずみや熱応力ひずみなどを加熱することで緩和し、鋼材性能のバランスのとれた焼もどしマルテンサイト組織にする操作です。焼もどしは、焼割れの防止、耐衝撃性改善、耐磨耗性の向上、焼もどし硬化を図るなどの材質改善を目的としています。

焼もどしのメカニズム（10-4-1）

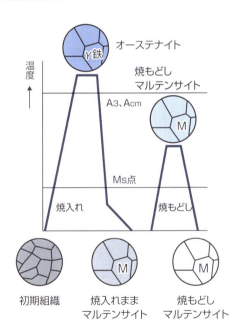

焼もどしの目的
- 焼割れ防止（歪み除去）
- 耐衝撃性（靱性確保）
- 耐摩耗性（内部応力除去）
- 硬化焼もどし（析出）

---

*焼もどしマルテンサイト　250℃程度以下で焼もどしたマルテンサイト。βマルテンサイトと呼ぶ場合もある。

10-4 鋼材の焼もどし

▶▶ 焼もどしの種類

高温焼もどしは、焼入れした組織の硬度を下げて靭性を改善する目的で、200℃以上に上昇させ、組織の改善を行います。

低温焼もどしは、焼入れした組織の硬度を下げずに応力緩和を目的にして、200℃以下の加熱をします。常温より温度を上げることで、ひずみを低減させています。

軟化焼もどしは、調質*とも呼びます。400℃以上に加熱して加工ひずみを緩和し、結晶粒を微細化して強度や靭性を改善します。

硬化焼もどしは、炭化物を析出させる目的で所定の温度まで加熱し保持します。硬度の確保が必要な高速度鋼では、550〜600℃まで加熱して炭化物の析出硬化を行っています。

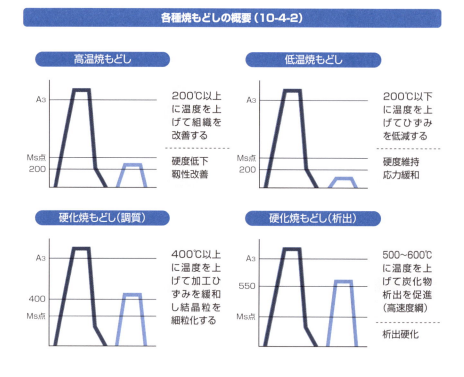

各種焼もどしの概要（10-4-2）

＊調質　均質性と強靭性を調節する処理。構造用鋼で活用する。

384

5 鋼材の焼なまし

焼なましは、鋼材の性質や欠陥の改善のため、目的に応じた加熱温度で処理を行います。焼なましのメカニズムと各種焼なまし方法について見てみましょう。

▶▶ 焼なましの概要

焼なましには、低温での応力除去焼なまし、変態温度以下でできるだけ高温に保持し炭化物を球状化する**球状化焼なまし**、いったんオーステナイト化して組織を制御する**完全焼なまし**、等温変態を促進する**等温変態焼なまし**、不純物を拡散するために高温で保持する**拡散焼なまし**などがあります*。

焼なましのメカニズム（10-5-1）

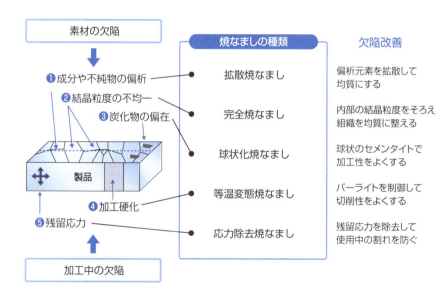

* …などがあります　一般的には鋼の硬さを下げてやわらかくすること。

各種焼なまし方法

完全焼なましは、結晶粒度を均一化して材質を安定にするために、鋼材をオーステナイト化して一定時間保持します。

等温変態焼なましは、高温焼もどしでパーライトの生成を抑制し、被削性を向上させる熱処理です。

拡散焼なましは、高温に保持して、偏析元素を拡散させて、化学成分の均質化を行う方法です。

応力除去焼なましは、部分的な加工硬化や残留応力を除去し、使用中の割れの発生を抑制したり、材質のばらつきを減らします。

球状化焼なましは、炭化物の偏在と炭化物形態の不均一を改善するために、高温で保持して炭化物を球状化*し、炭化物粒径をそろえます。球状化したセメンタイトは加工性をよくし、靭性を改善し、疲労特性を改善します。

鉄の性質

　戦時中の昭和18年に東京市で発刊された、独逸生産文学の翻訳本であるシェンチガアの『小説金属（重金属篇）』（藤田五郎氏訳）に鉄の長所がコンパクトにまとめてありました。

　『鉄はあらゆる金（金属）のうちで、最も賤しくて最も有益な、最も強力でかつ最も柔軟な金属である。鉄は我々のためにその性質を変じる。我々の意のままに、硬くもなれば軟らかくもなり、弾性も帯びれば脆くもなる。鋳鉄にもなれば、鍛鉄にも鋼鉄にもなる。ボイラーは幾気圧をも容れ、T型軌条は橋梁やアーチを支え、歯車は速度と動力とを調節する。旋盤にあっては、鉄が加工材と工人とを一身に兼ねている。鉄は我々の最大の秘密を蔵している。鉄は磁気の秘密と血液の秘密を蔵しているのだ。』

　鉄が賤しいとは、歴史家があちらこちらで書いています。鉄は生活の質を向上させるだけではなく、争いの道具にもなるからです。賤しいが有益な鉄、鉄がなければ戦争も続行できません。戦時中にはたくさんの優れた科学技術書が出版されていますが、戦争遂行には鉄が必要だとの視点です。鉄は我々の望むままに、姿や性質を変えて我々に尽くしてくれるのです。鉄に罪があるわけではありません。鉄を扱う我々がどのように鉄を使うかで良くも悪くもなります。往年のアニメ「鉄人28号」のテーマ曲の歌詞「敵も味方もリモコン次第」なのです。

＊**炭化物を球状化**　炭化物の球状化処理は、オーステナイト化時に残留した炭化物が核になり、徐冷過程で球状に成長する。球状化処理の前処理での残留炭化物の制御が重要。

10-5 鋼材の焼なまし

各種焼なましの概要（10-5-2）

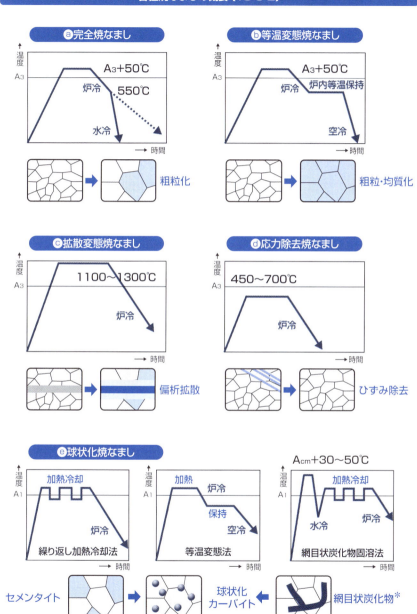

*網目状炭化物　粗大な炭化物が結晶粒界に沿って析出する状態が網目に見える。

6 鋼材の焼ならし

　焼ならしは、加工ひずみが入った組織の内部ひずみを除去し、組織を均質で微細なものにする熱処理です。

焼ならしの概要

　焼ならしは、熱履歴や加工履歴によってさまざまな組織が混じった鋼材を**鋼の標準組織**の理想的な組織にする操作です。ノルマライジングやノルマとも呼ばれます。

　焼ならしは、鋼材を完全にオーステナイト化し、粒径をそろえるために、亜共析鋼ではA_3以上、過共析鋼ではA_{cm}*以上の温度まで加熱して一定温度で保持空冷します。

焼ならしのメカニズム（10-6-1）

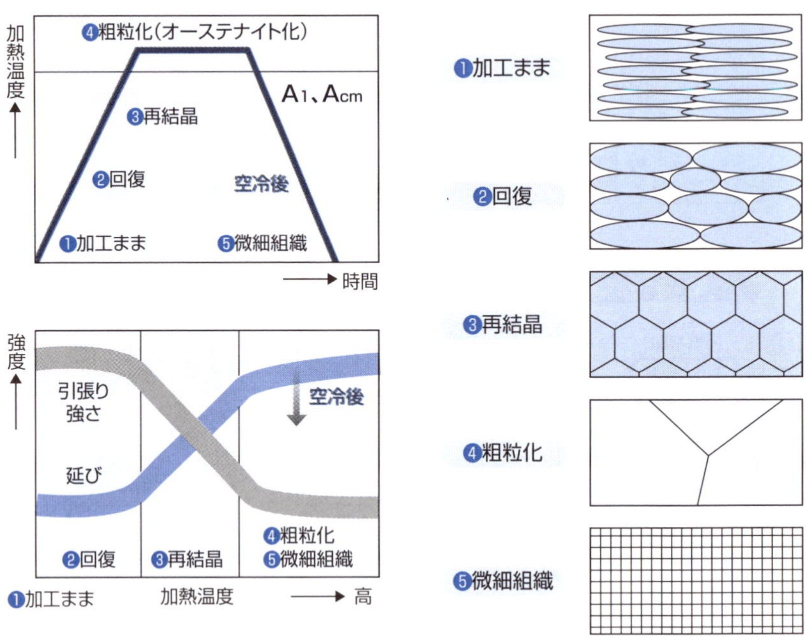

＊A_{cm}　オーステナイトに対するセメンタイトの溶解度線。

10-6 鋼材の焼ならし

焼ならしでは、鋼材の組織が大きく変化します。処理前は、圧延組織が残った加工ままの組織です。これを加熱すると、繊維状の圧延組織が膨らみ、引っ張り強さは低下し、伸びは向上します。これを回復*と呼びます。

さらに加熱すると、組織が成長し、結晶同士でくっ付き出し、大きな結晶になります。これを再結晶と呼びます。

加熱を続けて変態温度を超えると、オーステナイトに変態し、結晶粒は成長し続け粗大結晶粒になります。その後に空冷すると、均質な微細組織になります。この組織が標準組織です。

▶▶ 焼ならし温度

鋼材の組織を標準状態に整える焼ならしは、加熱温度を完全オーステナイト域まで昇温し、その後徐冷します。共析点でもっとも加熱温度が低く、それ以外は温度が高くなる熱処理です。

具体的な焼ならしの方法は、対象金属をオーステナイト温度域まで加熱したあと、直径25mmあたりで30分から1時間温度を保持します。対象材の寸法が変われば保持時間を変化させます。冷却は、加熱後に空中で放冷します。

焼ならしの温度と平衡状態図（10-6-2）

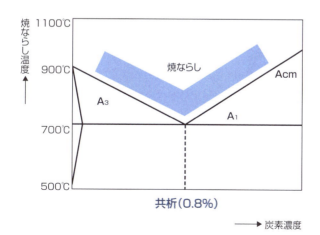

---

* **回復** この説明は、組織の見た目の説明であり、実際の回復は過剰空孔などの点欠陥の消滅と転位の消滅や再配列を意味する。

7 表面熱処理

表面熱処理は、金属素材の表面のみを改質して、安価に機能向上を図る方法です。表面熱処理には、表面硬化処理、表面強化処理および表面改質があります。

▶▶ 表面硬化処理（表面焼入れ）

表面硬化処理は、大きく分けて表面焼入れと浸炭焼入れの2種類があります。

表面焼入れは、鋼材の表面だけをオーステナイトに変態する温度以上に加熱し、冷却する方法です。その後、焼もどしをして表面硬度を調整します。

加熱方法は、高周波や炎、レーザー、電子ビームを用います。レーザーや電子ビームは表面の一部分だけを急速加熱冷却するため、水冷の必要はありません。

▶▶ 表面硬化処理（浸炭焼入れ）

浸炭焼入れは、浸炭処理で表層の炭素濃度を上昇させた後、表面焼入れを行う方法です。鋼材を浸炭雰囲気ガスの炉の中で所定の温度まで上昇させ、浸炭処理を行います。

▶▶ 表面強化処理（窒化処理）

表面強化処理は、鋼材を窒化雰囲気ガス中で加熱し、鋼材表面に窒素を拡散させて表面を強化する方法です。

鋼材中に侵入した窒素は、結晶構造中に侵入するだけでなく、鋼材中の元素と窒化物をつくって成長し、結晶格子構造を歪ませて表面を強化します。活性な窒素が生成しやすい高温の溶融塩浴中に投入して、窒化させる塩浴軟窒化処理もあります。窒化処理では、焼入れは不要です。

▶▶ 表面改質

表面改質は、硫黄を拡散させる**浸硫処理**、水蒸気で表面の酸化物を改質する**水蒸気処理**、炭化物を表面に析出させる**炭化物処理**などがあります。

鋼材表面にダイヤモンド結晶構造に似た炭素相を析出させる**DLC処理**[*]や**CVD**

---

[*] DLC処理　非晶質構造の炭素の薄膜を作る。PDVを用いて高温化で成膜するのが一般的。DLC皮膜は高硬度で低摩擦の耐久性と対腐食性に優れる。

10-7　表面熱処理

（化学蒸着法）、PVD（物理蒸着法）なども表面改質法に含まれます。

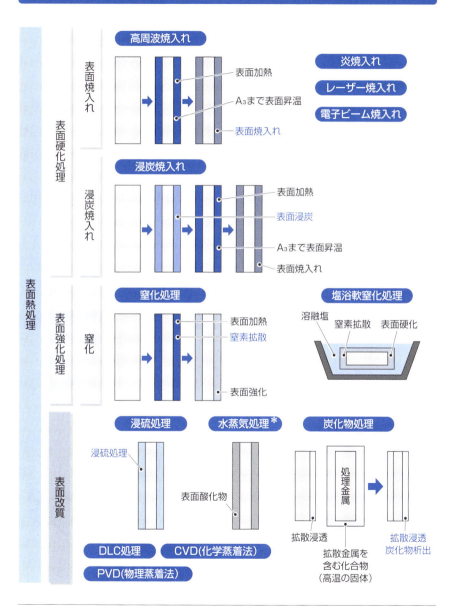

表面熱処理概要（10-7-1）

＊水蒸気処理　ホモ処理と呼ばれ、四三酸化鉄被膜を鋼材表面に形成する。被膜が強固で、防錆、耐食性、耐久性に優れている。

8 表面焼入れ

表面焼入れ法は、高周波焼入れ、炎焼入れ、レーザー焼入れ、電子ビーム焼入れなどの熱源を用いて、金属表面を急速加熱冷却して、表面の焼入れ硬化を図ります。

▶▶ 高周波焼入れ

高周波焼入れ法は、加熱コイルと発信器を用いる設備構成です。銅線を巻いた加熱コイルに交流電流を流し、コイルの内部に電磁誘導による交番磁界＊が発生させます。コイルを鋼材の表面に近づけると、誘導渦電流が発生し、鋼材の電気抵抗によって表面が発熱します。これを誘導加熱と呼びます。

渦電流は鋼材の表面にしか流れないため、高周波加熱は表面熱処理にしか適用されません。

高周波焼入は、電流の周波数と焼入れ深さは反比例します。表面だけ焼入れするには高い周波数にし、内部まで焼入れしたい時には低い周波数に調整します。周波数を高くするとコイル自身も加熱されるため、コイルの水冷装置が必要になります。

高周波焼入れの概要（10-8-1）

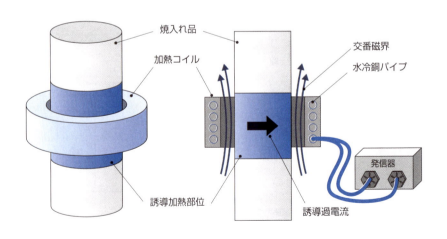

＊**交番磁界** 時間と共に大きさと方向の変化を繰り返す磁界。

10-8　表面焼入れ

▶▶ 炎焼入れ法

　炎焼入れ法は、熱処理対象品の周囲にバーナーを配置し、燃焼炎を表面に吹きつけて急速に加熱・冷却し、表面の焼入れを行う方法です。燃焼は、アセチレンやプロパンなどの中性炎を用います。

　適用鋼材は、機械構造用炭素鋼や機械構造用低合金鋼です。鋼材の表面を硬化させ、耐磨耗性や耐疲労特性を向上させる目的で用います。

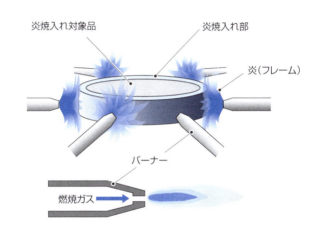

炎焼入れ法のメカニズム（10-8-2）

▶▶ レーザー焼入れと電子ビーム焼入れ

　レーザー焼入れは、エネルギー密度の大きいレーザービームを、炭酸レーザーやYAGレーザー*を用いて発生させて、鋼材の表面に照射し、局所加熱で焼入れを行う方法です。レーザー焼入れは、大気中で処理が可能です。

　レーザー照射で鋼材は急速に局所加熱され、加熱が終わると急速に冷却されます。このため、局所的に自己冷却で焼入れが入るため、焼もどしをしなくてもかまいません。

　電子ビーム焼入れは、真空中で電子ビームを鋼材の表面に照射して加熱し、自己

＊YAGレーザー　イットリウム・アルミニウム・ガーネットを用いた固体レーザー。

10-8 表面焼入れ

冷却で焼入れする方法です。真空中なので脱炭や酸化が発生せず、きれいな表面が得られます。電子ビーム焼入れは、機械部品などの局所表面焼入れ硬化＊などに用います。

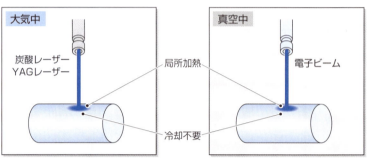

レーザー焼入れと電子ビーム焼入れのメカニズム（10-8-3）

軽い鉄

　鉄は水に浮かぶし、とっても軽くすることができます、こういうと反論する人もいるかもしれません。でも、どんどん軽くなっているんです、比強度は。「比強度、聞いたことないなあ、何？」「解説しよう、比強度について」タイムボカンの口真似です。比強度とは、強度をその金属の密度で割ったものであり、飛行機や自分で動かなければならない乗り物などが意識する指標です。つまり、同じ強度なら密度が小さいものがいいし、できるだけ薄い方がいい。同じ密度なら強さが強い方がいいという、当たり前のことを言ってます。

　同じ断面積では、チタン合金やマグネシウム合金が秀でていて、比強度では鉄は見劣りします。しかし鉄にも軽くする方法はあります。鉄は同じ重さで、270MPaから1.2GPaまで実に5倍の強さのバリエーションを持っています。高強度鋼を使うと、同じ強度を持たせるには、5分の1の断面積で良くなるのです。もちろん使用重量も削減できます。

　軽い鉄とは比重を小さくすることではありません。必要な強度を確保しながら軽くする発想が軽い鉄なのです。

＊**局所表面焼入れ硬化**　照射後加熱部の熱は、内部拡散し鋼材は急冷されて（自己冷却）マルテンサイト変態を起こし硬化する。冷速は、炭素量が0.25％以上の炭素鋼における上部臨界冷却速度より速い。

9 浸炭焼入れ

浸炭焼入れ*は、最も使われている表面熱処理の方法です。浸炭焼入れは、鋼材に浸炭処理を行った後、焼入れ焼もどしを行います。鋼材全体の材質を変えずに、表面だけ容易に硬化し、耐摩耗性や耐疲労特性を向上させます。

▶▶ 浸炭処理技術

浸炭処理は液体浸炭、ガス浸炭、浸炭窒化などの従来の浸炭法に加えて、真空浸炭およびプラズマ浸炭など最新の浸炭技術があります。

▶▶ 従来浸炭法の種類

液体浸炭は、浸炭材として高温溶融塩浴中のNaCNを用います。

ガス浸炭は、浸炭技術の主流です。浸炭剤として、メタノールを使う分解ガス法と炭化水素ガスを用いる変成ガス法があります。

浸炭窒化は、炭化水素ガスとアンモニアガスを用いて、浸炭と窒化を同時に行う方法です。焼入れ性の低い鋼材に適用でき、しかも低温での処理が可能です。

▶▶ 最新の浸炭技術

真空浸炭と**プラズマ浸炭**は、真空下で炭化水素ガスを注入し、真空のまま浸炭するか、グロー放電によってプラズマ化して浸炭します。真空下での浸炭は、浸炭処理後の粒界酸化がなく、表面が美しい製品を生み出します。

真空浸炭技術は、浸炭技術開発と過剰浸炭を防ぐ専用鋼種開発が進んでいます。

真空浸炭用鋼は、鋼材のエッジ部の過剰浸炭を防ぎ強度低下を防ぐ設計鋼種です。

高温浸炭用鋼は、浸炭処理の欠点である保持時間を短縮するようにさらに高温まで加熱できる鋼種です。鋼材中に微細炭化物を析出し結晶粒粗大化を防ぎます。

＊**浸炭焼入れ**　浸炭操作をした後、焼入れが必要。ワーク（材料）全体をオーステナイト域まで加熱する。

10-9　浸炭焼入れ

各種浸炭処理の概要（10-9-1）

浸炭処理		浸炭材	浸炭設備
液体浸炭		塩浴（NaCN）	ガス炉・重油炉
ガス浸炭	分解ガス法	エタノール	不要
	変成ガス法		変成炉
真空浸炭		炭化水素ガス	真空炉
プラズマ浸炭			電気炉
浸炭窒化		アンモニア	雰囲気炉

▶▶ 浸炭操作

　浸炭操作は、浸炭剤から炭素を拡散浸透させ、その後に焼入れすることによって表面を硬化させます。浸炭処理は、高温加熱処理のため、欠陥が発生しやすい*という欠点があります。

　浸炭処理は、浸炭後かならず焼入れを行う必要があります。浸炭は鋼材の表面で炭素を拡散させ、処理材の表層に炭素濃化層を形成させた後、焼入れすることで表層を硬化させています。

　浸炭時間が長いと、過剰浸炭が発生します。鋼材表面直下にセメンタイトが網目状に析出し、使用中の破損原因になります。浸炭温度が高いと粒界酸化が起こり、粒界にアルミナやケイ素、クロムなどの微小介在物が析出し、疲労特性に悪影響を与えます。

＊**欠陥が発生しやすい**　酸化や脱炭などの表面異常、焼われや研磨割れなどの割れ、焼曲がりや焼むらなどの形状不良など。

10-9 浸炭焼入れ

浸炭焼入れの操作概要（10-9-2）

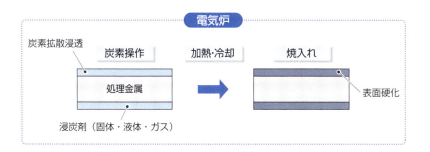

▶▶ 真空浸炭

　真空浸炭処理は、熱処理品を真空中で900℃以上に加熱し、表面酸化物を完全に除去することで、表面が化学反応しやすい活性表面＊にします。

　活性表面になった熱処理品に浸炭性ガスを流すと、急速に浸炭が進行します。活性表面での浸炭力は大きく、大気圧下では通常浸炭しないチタン合金やステンレス鋼などの難浸炭素材にも適用できます。

　真空浸炭処理は、真空中で鋼材を加熱している間に、過剰に浸炭が進行しないようにする必要があります。最近では、雰囲気ガス組成によるカーボンポテンシャル制御を行う高精度雰囲気制御技術が出現し、ばらつきが抑えられて品質が向上しました。

真空浸炭処理の概要（10-9-3）

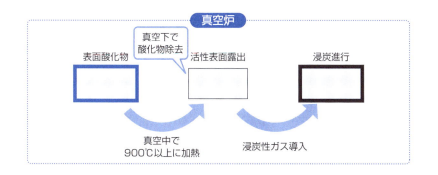

＊**活性表面**　真空熱処理の効果として、金属表面の酸化物を分解する光輝熱処理、脱スケーリング作用、脱脂、金属から脱ガス処理、元素の侵入防止作用などが複合して発生する。この結果、金属表面の化学反応性が極めて強くなる。

10-9　浸炭焼入れ

▶▶ 浸炭窒化処理

　焼入れ処理には、全体焼入れ、浸炭焼入れのほかに、浸炭窒化処理があります。

　浸炭窒化処理は、鋼材中心部まで焼入れる全体焼入れや、表層近傍のみに焼入れする浸炭焼入れとは異なり、硬化深さが0.5mm程度と非常に浅い焼入れ法です。表層近傍の焼入れの深さは、炭素鋼の場合はビッカース硬度H_V350までの深さを指し、**有効硬化深さ**＊と呼びます。

　適用鋼種は、全体焼入れが炭素濃度0.3％以上の炭素鋼や合金鋼、浸炭焼入れはこれらの鋼種以外の低炭素鋼、浸炭窒化処理は低炭素鋼に加えて快削鋼や低合金鋼が対象です。浸炭窒化処理対象材は、通常の浸炭温度よりも低い800℃程度で処理するので、処理温度を高温にすると、鋼材の材質が変わる鋼種が主体です。

浸炭窒化処理の特徴（10-9-4）

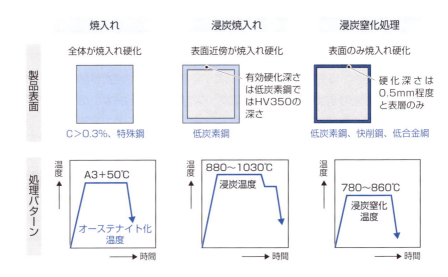

＊**有効硬化深さ**　JISでは焼入れ有効硬化層の計測のために、限界硬さを定義している。C＜0.33％ではHv＝350、＜0.43％ではHv＝400、C＜0.53％ではHv＝450、≧0.53％ではHv＝500と定めている。

10 窒化

窒化処理は、アンモニアガスから生成した原子状の活性窒素*を、表面から処理鋼材内部に侵入させ、表面を強化する表面熱処理法です。窒化には、原子状の活性窒素だけの窒化処理、窒素と炭素が共存する軟窒化処理があります。

▶▶ 窒化の種類

窒化は、ガス窒化とプラズマ窒化が主な処理方法です。

ガス窒化は、最もよく使われる表面処理方法です。真空電気炉を用いて、アンモニアガスの雰囲気ガスを導入して処理します。

プラズマ窒化は、窒化性ガスには窒素を使います。減圧中に窒素を入れて処理品と炉の間に電圧をかけると、処理品の周囲にアーク放電によるプラズマが生じ、窒化が進行します。

軟窒化処理は、プラズマ窒化にメタンガスを加えて浸炭も同時に進行させるプラズマ軟窒化、真空にはせず雰囲気炉の中で窒素ガスと変成ガスを使うガス軟窒化、加熱したシアン化ナトリウムの塩浴中で処理する塩浴軟窒化があります。

各種窒化の概要（10-10-1）

窒化		窒化材	窒化設備
窒化処理	ガス窒化	アンモニアガス	真空炉 / 電気炉
	プラズマ窒化	窒素ガス	
軟窒化処理	プラズマ軟窒化	メタン / 変成ガス	
	ガス軟窒化		雰囲気炉
	塩浴軟窒化	塩浴（NaCN）	ガス・重油炉

***活性窒素** 窒素中で放電しプラズマを発生させると、化学反応性が極めて強くなる。この気体を活性窒素と呼ぶ。

10-10 窒化

▶▶ 窒化処理と軟窒化処理

軟窒化処理は、窒素とアンモニアと二酸化炭素を混合させたガス化炉内でガス同士を反応させ、処理鋼材表面で原子状の活性窒素と活性炭素を生成させます。

溶融槽を使う場合は、シアン酸ナトリウムとシアン化カリウムの混合溶融塩（シアン塩）の浴中に処理鋼材を入れて、高温でイオン化したシアンイオンから炭素と窒素を侵入させます。

浸炭窒化した処理物を焼入れすると既出の浸炭窒化処理になり、徐冷すると軟窒化処理になります。

窒化処理は、熱処理温度が低く、表面熱処理後の歪みが小さいメリットがあります。硬化層は非常に硬いが薄いため、圧力がかかる部位には使えません。

ガス炉窒化処理は、ステンレス鋼以外の材質で利用可能です。ステンレス鋼はクロムが窒化化合物生成を阻害します。窒化表面は乳白色になります。

塩浴軟窒化処理は、全材質に適用できます。窒化表面は灰色です*。

窒化処理と軟窒化処理のメカニズムの比較（10-10-2）

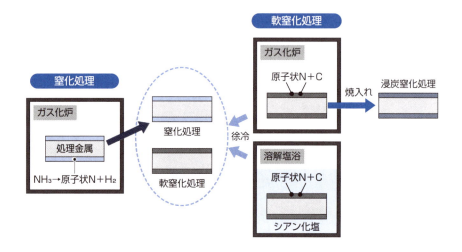

*…**窒化表面は灰色です**　一般的には窒素化合物層の生成により灰色を示すが、表層に窒化層のS相生成の場合にはほぼ未処理品の外観色となる。

第11章

表面技術

　金属の表面技術は、大きく分けて、金属界面技術、金属表面処理技術、耐食・耐熱技術および、金属機能表面の4つの技術分野に分けて解説を展開します。大気中では、金属は必ずさびかスケールが発生します。表面からの環境劣化は避けられません。本章では、金属表面の持つ多彩な魅力を限界まで引き出します。

II 金属加工技術篇　　第11章　表面技術

金属の表面技術体系

　金属の表面技術体系は、金属界面技術、金属表面処理技術、耐食・耐熱技術および、金属機能表面の4つの技術分野に分けました。それぞれの表面技術分野に含まれる技術群を概観しましょう。

▶▶ 金属の表面技術体系の4つの技術分野

　金属表面技術は、金属表面の構造や性質を詳しく見ていく**金属界面技術**、金属の表面に外部から加工を加え性質を大きく変化させる**金属表面処理技術**、金属の持つ欠点である高温劣化を防ぐ**耐食・耐熱技術**および、金属の表面に特殊な加工や変成を付与することで、母材にはない特殊な機能表面を得る技術です。

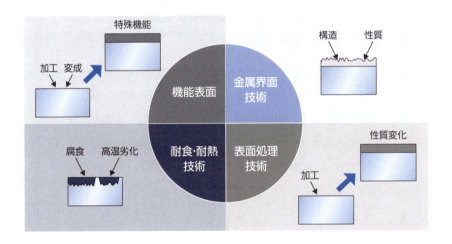

金属の表面技術体系（11-1-1）

▶▶ 金属界面技術

　金属界面技術は、金属表面構造、表面の腐食と酸化＊、金属界面での電気化学反応、金属の界面電位差や水溶液中での状態図などで構成されています。

＊**金属の腐食と酸化**　「人類の文明の最大の難敵は実はさびである」金属表面ではさびをめぐり、環境と表面技術の攻防が続いている。

402

11-1 金属の表面技術体系

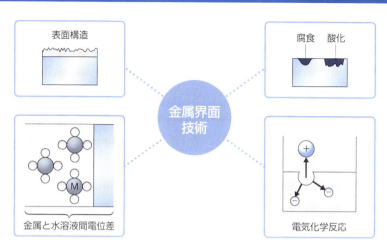

▶▶ 金属の表面処理技術

　金属の表面処理技術は、塗装やめっきなどの表面被覆、表面硬化や浸炭・窒化および表面改質*の二つの大きな流れを見ていきます。

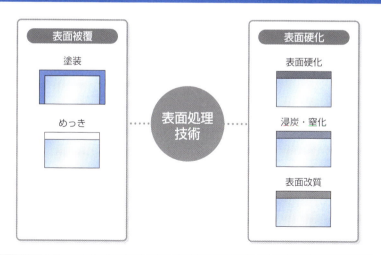

*…および表面改質　表面改質も大半は表面硬化になるため、図中ではまとめて（広義の）表面硬化とした。

403

11-1　金属の表面技術体系

▶▶ 耐食・耐熱技術

　耐食・耐熱技術では、さまざまな腐食のメカニズムと防食技術を概説する耐食技術と、高温での表面酸化防止技術と高温耐食に適した材料を中心と耐熱技術を解説します。

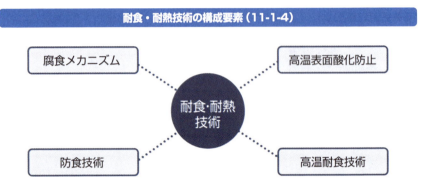

▶▶ 金属機能表面

　金属機能表面では、金属表面機能の中で電位差機能を活用した各種電池技術、活性エネルギーを活用した触媒技術および表面に**傾斜機能**を付与してさまざまな特殊な性質を引き出す金属傾斜表面が含まれます＊。

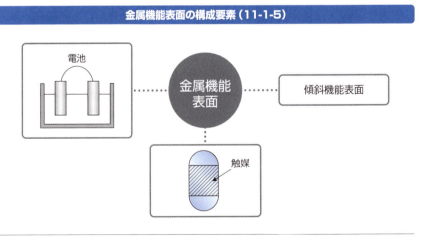

＊…含まれます　例えば表面微細加工（リソグラフ）を施し生体との配向性を増した人工骨再生医療など。

404

2 金属表面──金属界面①

金属の表面は、外部環境との相互作用でさまざまな物理化学反応が起こります。これらを界面現象と呼びます。金属表面はなぜ反応しやすいのか、構造と反応メカニズムについて詳しく見ていきましょう。

金属表面における界面現象

金属は、金属表面を介して、固相、液相、気相の3つの相の外部物質と接します[*]。金属表面近傍を界面と呼び、界面で発生する物理化学現象を界面現象とします。

界面現象は、外部物質の相によって異なります。金属表面が固相の外部物質と接すると、界面では、接着や凝着、摩擦、固体間反応などが起こります。

液相の外部物質と接する場合は、界面電気現象、電極反応、溶解・腐食、濡れ、吸着、触媒作用など、主に液相とのイオン反応が起こります。

異なる相をまたいだ界面現象(11-2-1)

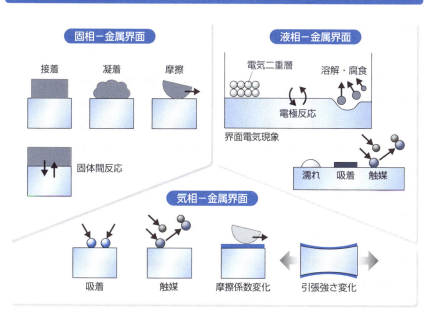

[*]…接します　これは正確ではなく、金属組織内部でも粒径差や成分濃度差、組織差があれば界面を形成し、外部物質と同じ挙動をとる。

11-2 金属表面——金属界面①

気相の外部物質と接する場合は、吸着、触媒作用、摩擦係数変化、引張り強さ変化など、気相との化学反応界面の性質の変化が起こります。

金属表面での界面現象は、表面の外部環境を意識すると、理解しやすくなります。

▶▶ 金属表面が活性な理由

金属表面は、金属内部よりも格段に物理化学現象が起こりやすいのはなぜでしょう。固体内部で結晶構造を作っていた金属**原子間結合**は、表面の外側ではできません。表面は、いわば固体をその面で分断した新生面です。したがって、表面にある金属原子は、何らかの外部環境物質と結合しようとする性質があります*。

金属表面には、無数の欠陥が存在します。金属**格子欠陥**である刃状転位やらせん転位は、内部欠陥の延長で金属面に露出します。金属表面は平坦ではありません。原子の並びが段差になっている部分があります。段差部分を**ステップ**、段差がよじれている部分を**キンク**と呼びます。表面には、原子の抜けた空孔や、表面に吸着した分子があります。内部欠陥と同様に、炭素などの侵入型原子や置換型原子も表面に歪みを与えます。不純物も結晶粒界などに集積し、非金属介在物も顔を出します。この

金属界面での欠陥の種類（11-2-2）

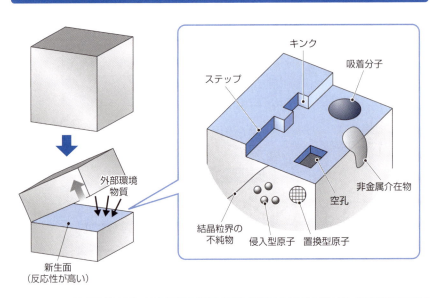

＊…**性質があります**　新生面に触れた原子と化合すること。大気中では酸素とくっつき表面酸化する。

ように、金属表面は、さまざまな欠陥が露出しており、これらの欠陥が界面現象を引き起こします。

▶▶ 金属表面と気体・液体環境との界面現象

　清浄な金属表面が、常温で湿度の低い空気と接した場合、空気中の酸素ガスが金属表面に吸着し、短時間で酸化皮膜を形成します。酸化皮膜の厚みが薄い場合は、可視光線は皮膜を通して金属面まで達して反射します。つまり透明な酸化皮膜ができます。金属の表面が高温の場合は、酸化皮膜が厚く成長し、透明性は失われます。

　湿度が高い室温の空気の場合は、水を含んだ酸化物（鉄の場合は、FeOOH）ができます。これがさびです。鉄の場合は、**赤さび**と呼ばれ、金属内部まで酸化を進行させていきます。水分を含まない酸化物は、**黒さび**と呼ばれ、緻密な酸化物層を形成するため、さびの進行はありません*。

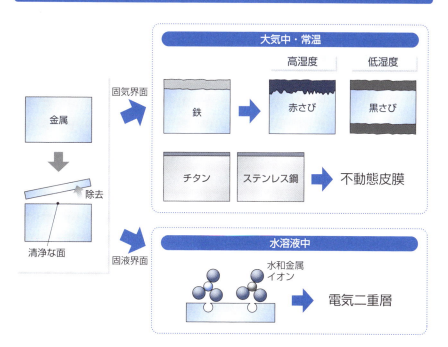

気相、液相と金属表面の界面現象（11-2-3）

＊…**進行はありません**　これは常温常圧の低湿度環境であり、腐食ガスや粉塵が漂ってこないとかの条件が山ほどついた場合である。いくら黒さびでも腐食環境には耐えられない。

11-2 金属表面──金属界面①

　チタンやステンレス鋼などは、湿度や温度などの環境が変化しても、酸化物層が厚くなりにくい性質があります。薄いまま保たれる酸化皮膜のことを**不動態皮膜**と呼びます。

　清浄な金属表面が水溶液と接する場合、金属と液体の間で電位差が生じます。金属は、電子伝導性があります。金属表面には水分子や金属イオンが吸着するので、界面を介して電子の授受があり、電位差が生まれます。表面からわずかに離れた場所では、水和金属イオンが並び、**電気二重層**を形成します。

▶▶ 異種金属間の接触電位差

　金属は、種類に応じて基準となる電位を持っています。金属の自由電子は、電子充満帯、禁則帯の上の電子伝導帯にあります。この電子伝導帯にある電子が持つ最も高エネルギーを**フェルミ準位**＊と呼びます。金属結晶構造中の電子の最低エネルギーを、電子を絶対ゼロ度で無限の真空中に取り出すエネルギーW、最低エネルギーよりもどれくらい電子が充満しているかを示すフェルミ準位がFとすると、金属中の電子のエネルギーは、フェルミ準位にある電子を取り出す仕事を仕事関数Φと定義されます。ここで、$\Phi = W - F$です。

　種類の異なる金属を接触させた場合、両金属のもつ最大電子のエネルギーが共通になります。つまりフェルミ準位が一致するのです。こうした場合、金属Aが持つ仕事関数Φ_Aと金属BのΦ_Bの電位差Eが発生します。$E = \Phi_B - \Phi_A$です。差違Eは、金属が接触したために発生した電位差ということで**接触電位差**と呼びます。接触電位差は、金属の外部環境が水溶液環境になったり電線でつながれたりすると、電流を流し、電池を形成する原動力になります。

　異種金属電位差は、金属接触腐食の原因になります。特に様々な環境で使用される鋼材は、他の金属と組み合わせて使うケースが増えています。単なる接触だけではなく、そこに水が関与することで電池が形成され電流が流れて腐食に至るのです。

　腐食が怖いと普通鋼の鋼板にステンレス鋼ボルトで締結すると、鋼板の締結部に巨大な腐食孔が発生します。これは空中でも水中でも発生するトラブルです。

　ボルト締結で腐食を防ぐためには、鋼板とステンレス鋼ボルトの間に亜鉛テープを挟みます。設計事には異種金属接触腐食が発生の可能性を忘れてはなりません。

＊**フェルミ準位**　電子は電子軌道の中で高エネルギー準位に入る確率が低く、低い準位には存在確率が高い。つまり、電子軌道のエネルギー準位順に並べると、0から100%に変化する。フェルミ準位は確率50%の位置にする。

接触電位差の考え方（11-2-4）

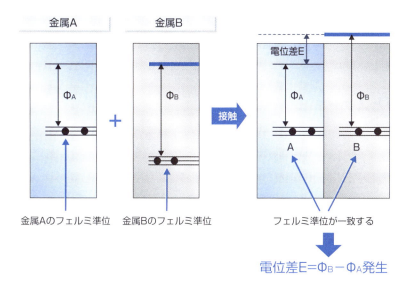

電位差E＝Φ_B－Φ_A発生

地球環境と鉄

　二酸化炭素濃度と温暖化の因果関係は、これまでの地球の歴史では別に珍しい話ではありません。　大気中の二酸化炭素の濃度は二酸化炭素の排出量だけで決まるのでしょうか。排出量といっても、工業で使う物ばかりではありません。我々人類が毎日、スーハーと息をするだけで、毎年20億トンの二酸化炭素が吐き出されると言われています。

　このように二酸化炭素はどんどん発生していますが、一方ではどんどん消費もされています。植物が二酸化炭素を体内に取り込んで酸素を吐き出す光合成です。光合成の半分以上は、実は植物性プランクトンが担っていると言われてます。海が元気ならば、プランクトンが二酸化炭素を固定してくれます。海の元気がなければ、地上で植物を育てても、二酸化炭素は制御できません。

　海洋の植物性プランクトンを活用して二酸化炭素を減らそうという活動があります。海に不足している鉄分を供給してやり、植物性プランクトンの発生を制御しようというのです。鉄分といっても、金属鉄を蒔くのではなく、精錬スラグを海に撒くのです[*]。

---

[*]…撒くのです　海に鉄分を付与すると海が蘇るという説は、「鉄＝地球理論」として提唱されている。実際に荒廃した海が蘇った例も報告されている。

3 さびとスケール──金属界面②

さびとスケールは、似て非なるものです。どちらも金属酸化物を含みますが、その生成機構や構造は大きく異なります。さびとスケールについて詳しく見ていきましょう。

▶▶ さびとスケール

さびとスケールの違いは、生成機構と生成物の構造の違いにあります。

さびは、金属表面の金属原子が、水分や空気中のガス成分である酸素や二酸化炭素と常温常圧で酸化還元反応を起こして生じた腐食生成物です。組織は、酸化物、水酸化物、炭酸塩などが観察されます。英語では **Rust** と呼びます＊。

スケールは、ミルスケールとも呼び、金属が加熱されたときに空気と反応し、金属表面に高温酸化物が付着したものです。組織は、酸素含有量の異なる酸化物層が観察されます。紛らわしいのですが、水に溶けにくい物質が沈殿したものもスケールと呼びます。これは、**Scale** という用語に、金属酸化物の金属表面への沈着物という意味があるためです。後者のスケールには、炭酸塩であるカルシウムスケールやマグネシウムスケール、ケイ酸塩であるシリカスケール、鉄さびの沈着物である鉄塩スケールがあります。

金属のさびとスケールの概要（11-3-1）

＊…**Rust と呼びます**　「ラスト」と発音し、かつては盛況だったが衰退しつつある重工業地域のことをラストベルト（さびついた工業地帯）と呼ぶ。

11-3 さびとスケール——金属界面②

▶▶ さびの特徴、ミルスケールの特徴

「身から出たさび」ということわざがあります。自分の行いが招いた結果で自分が苦しむことを意味します。もともとの語源では、身とは自分のことではなく、刀の「抜き身」つまり刀自身を意味しますので、「刀がさびたのは自分の手入れが悪いからだ」という至極当たり前の意味になります。記憶力や発想力など思考の回転が悪くなったとき「頭がさび付く」ともいいます。これも思考能力が劣化したことを意味しする刀剣から出た言葉です。

さびは、時間とともに進行する性能の劣化です。金属表面のさびも、最初は清浄な表面であっても、手入れを怠ったり環境の変化に対応しなければ次第に進行していきます。

ミルスケールは、高温でしか発生しません。加熱したままで使用される鋼材のことを**黒皮材**と呼びますが、鋼材の表面にびっしりと酸化皮膜が付着しています。常温常圧ではミルスケールは成長しませんので、この皮膜をそのまま利用できればよいのですが、そうは問屋が卸しません＊。黒皮、つまり加熱ままのスケールは、厚みが厚く、必ずクラック（ひび割れ）が入っています。ひび割れから空気や水が浸入し、金属表面でさびを発生させてしまいます。ミルスケールは防さびには利用でき

さびとスケールの模式図（11-3-2）

さび
刀身
↓ 常温 多湿
さび → 性能の劣化

スケール
高温 → ミルスケール（黒皮）
↓
常温 → ひびわれ
↓
→ 水、空気 / さび

＊…問屋が卸しません　筆者の年齢が推し測られる表現。本当は、そうは問屋がおろし大根と書きたいところを我慢。「物事はそう簡単には運ばない」という意味。

11-3 さびとスケール──金属界面②

ないため、必ず鉄球などを叩き付けてスケールを剥ぐショット・ブラストや、酸水槽に入れてスケールを溶かす酸洗などデスケーリング（スケール除去）を行います。

さびの種類と生成機構

腐食生成物であるさびは、表面での化学反応の生成物でもあります。空気中で発生するさびを金属の種類で見てみると、鋼材で発生する赤さびや黒さび、銅の**緑青**、亜鉛やアルミニウムなどの**白さび**があります＊。赤さびや黒さびは、水分と酸素により生成する水酸化物ですし、緑青は、銅表面が酸素、二酸化炭素、塩化物などと反応した複合銅塩です。亜鉛の白さびは、亜鉛めっき表面に現れるかさばった亜鉛酸化物、アルミニウムの白さびは、表面の不動態皮膜が厚く成長した酸化アルミニウムです。

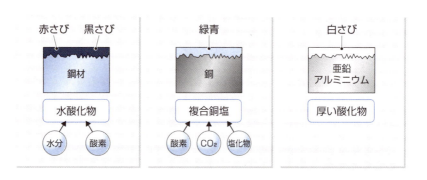

さびの種類の概要（11-3-3）

さび

鋼材が空気中にさらされるときに発生するさびの構造は、外層と内層の二層から構成されます。外層は、*α*-FeOOHを主成分とした赤さびで、内層はFe_3O_4を主成分とした黒さびです。

赤さびは含水酸化物の粒子が凝集した結合力の緩い層です。赤さびには金属の保護作用はなく、赤さびの成長、つまり腐食はどこまでも進行します。黒さびは、水分中の生成したFe^{2+}がさらに酸化されて不溶性のFe^{3+}になり二価鉄酸化物と三価鉄酸化物が共沈したものです。自然に生成される内層にもほとんど防食作用はありま

＊**白さびがあります**　この他に、銅の緑青、鉄や銅の茶さび、亜鉛めっき鋼板にでる黄さびなどもある。

せん。

　さびの生成は、まず水滴が鋼材表面に付着することから始まります。鉄と水が反応して鉄水和イオンが生成し、水滴中に溶け込みます。このイオンと水滴中の水酸イオンにより$Fe(OH)_2$が沈殿し、この沈殿物への酸化がさらに進行し、$\alpha\text{-}FeOOH$に変化します。これが赤さびです。赤さびがさらに酸化されたFe_3O_4が黒さびです。

さびの構造と生成機構（11-3-4）

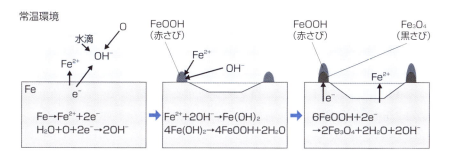

不動態皮膜*

　鋼材のさびで防食するためには、緻密な**不動態皮膜**＊を形成させる必要があります。方法は、緻密な自然酸化物を作る方法と、表面処理により積極的に酸化皮膜を形成させる方法があります。

　緻密な自然酸化物の鋼材の典型例は、ステンレス鋼と耐候性鋼があります。ステンレス鋼は緻密なクロム酸化物、耐候性鋼はさび層の下部に緻密な非晶質層を形成させます。積極的な三価鉄酸化物の生成は、鋼材の表面を強力な酸化剤である濃硝酸に浸すと緻密な酸化膜が得られます。

　不動態皮膜を生じる金属はそれほど多くありません。俗に言う「手にある黒いコーラ」（鉄、ニッケル、アルミニウム、クロム、コバルト）は、大気中で自分で不動態皮膜を作ります。

＊**不動態皮膜**　金属表面に腐食に対抗する酸化物層を形成させること。酸化物は、酸溶液に触れても溶解することがないため、酸化物層に覆われた金属表面には腐食保護機能がある。

11-3 さびとスケール──金属界面②

不動態皮膜のメカニズム(11-3-5)

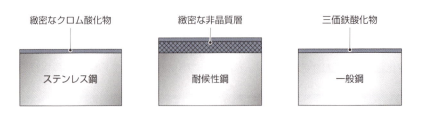

▶▶ スケール

　金属が高温の空気中にさらされて、高温酸化されることで生じる**スケールの構造**は、鋼材成分によって異なります。炭素鋼では、金属側から空気側へFeO(ウスタイト)Fe₃O₄(マグネタイト)Fe₂O₃(ヘマタイト)の**三層構造***になります。ステンレス鋼などFeCr合金鋼材は、さらに内側にCr₂O₃の緻密な酸化物層が生成します。

　スケールは、金属からスケール酸化物中への金属イオンの拡散と、空気から酸素の拡散移動により生成します。鋼材のスケールでは、**ウスタイト**中では鉄イオンの拡散、**マグネタイト**中では鉄イオンと酸素イオン拡散、**ヘマタイト**中では酸素イオンの拡散が成長の律速条件になります。ここで注意するのは、界面での鉄の酸化反応の速度は、成長に影響していないことです。ステンレス鋼などは緻密なCr₂O₃層によりFeイオンの拡散が抑制されスケール生成が抑制されます。また空気中の酸素濃度を低減するとスケール生成速度が低下し、スケール厚みが薄くなります。

スケールの構造と生成機構(11-3-6)

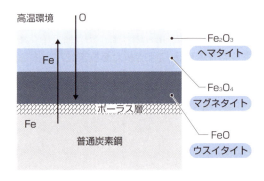

***三層構造**　内側から「ウマへ」と覚える。ウスタイト、マグネタイト、ヘマタイトである。

4 水溶液中の電位とpH —— 金属界面③

金属をアルカリ水溶液に浸しても何も起こりませんが、希塩酸水溶液に浸すと水素が発生して溶けます。また金属に正の電位で電流を流すと、溶け出します。なぜ水溶液のpHと金属にかける電位によって反応したりしなかったりするのか見てみましょう。

▶▶ 水溶液中での鉄の存在形態と腐食の見分け方

金属が水溶液中で腐食するかどうかを判断する基準になるのが、ロシアの科学者マルセイ・プールベ（1904〜1998）が作成した**電位-pH線図**です。**プールベ線図**とも呼びます。腐食、防食、電気めっき、電解析出では必須の線図です。

鉄のプールベ線図を見てみましょう。横軸はpH、縦軸は電位です。電位Eの後ろにvs.SHE＊と書いてあるのは、基準電極が、白金を用いた標準水素電極だという意味です。

横線や斜め線で区切られた領域に存在形態が書いてあります。

Feと記された一番下の領域Aは**不感域**です。電位がマイナス領域で、アルカリ性になると境界の電位はさらに小さくなります。

図の左上部にあるイオン鉄が記された領域Bは、**腐食域**です。酸性で正電位のときに腐食が進行します。一番右上に位置するFe^{3+}の領域は、強酸性水溶液で高電位にするとFe^{2+}の2価イオンがさらに酸化されて3価になることを示します。図中の右隅の強アルカリ領域でも陰イオン$HFeO_2^-$が出現し、腐食域が存在することがわかります。

図の右上部には鉄酸化物が安定な領域C、**不動態域**が存在します。アルカリ性で生成しやすいことが見て取れます。

図中にH_2/H^+と書いてある線は水素、水素イオン平衡反応領域です。水素活量1つまりpH＝0で電位がゼロになります。これより上部では金属表面で水素ガスが発生します。O_2/H_2O線は酸素線で、これ以上上部では酸素が発生します。

＊ **vs.SHE**　vsは対しての意味、SHEはStandard Hydrogen Electrodeの意味。

11-4 水溶液中の電位とpH——金属界面③

鉄の電位-pH線図（11-4-1）

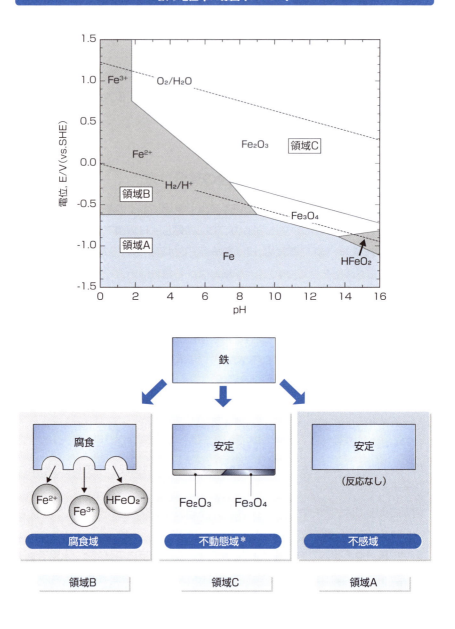

* **不動態域** 不動態皮膜(酸化皮膜)はあるが、不動態域という用語はない。本書では便宜的に領域Cをこのように呼ぶ。

▶▶ 標準電極電位

　金属の電位は、水溶液中に浸した金属電極ともう一方の電極を結んで電位差を作って得られます。電位差は二つの電極の差違でしか観察できません。もう一方の電極の種類が変われば、金属電極の絶対値も変わってしまいます。知りたいのは、金属電極と水溶液の電位差なのでこれは不都合なことです。

　そこで基準になる電極として**標準水素電極**を採用し、この電極の電位をゼロにして観察します。これはすべての水溶液中の金属電位の基本になっています。この電極を使えば、あらゆる水溶液温度で電位ゼロとしましょうと決めました*。

　標準水素電極は、水溶液に浸した白金に水素ガスをバブリングし、電極界面で、水素イオンと水素ガスの酸化還元反応が起こるようにしたものです。電極に選ばれた白金は酸性水溶液で溶けたりアルカリ水溶液で不動態皮膜など作りません。

標準水素電極の概要（11-4-2）

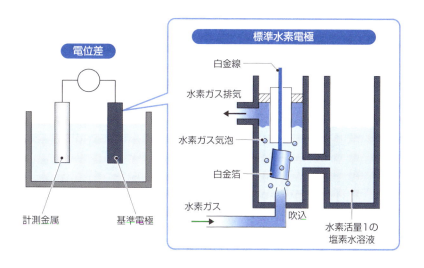

＊…と決めました　これ以外に基準電極は、飽和カロメル電極、銀・塩化銀電極がある。

11-4 水溶液中の電位とpH──金属界面③

▶▶ 金属の電位-pH線図

　金属のプールベ線図は、金属によってそれぞれ形が異なりますが、プールベの著書Atlasに出ている図から、貴金属系、鉄系、卑金属系に分類できます。

　貴金属系は、金や銀などのように、pHに影響されず電位が高い領域で、腐食したり不動態皮膜を作るグループです。金、白金、パラジウムを参考に図示します。

　鉄系は、鉄やクロムのように、電位がマイナス領域でpHがアルカリ性になると不動態皮膜、酸性で腐食が起こるグループです。鉄とクロムを図示します。

　卑金属系は、アルミニウムやベリリウムのように中性水溶液で不動態皮膜を作るグループです。強酸性やアルカリ性では腐食します。

　建築のコンクリートに入っている鉄筋も不動態皮膜を作ります。コンクリートが強アルカリ雰囲気なので鉄筋の表面で鉄水和酸化物を形成するためです。しかし、鉄筋が腐食する場合があります*。コンクリート中にハロゲンイオンや硫化物や硫酸イオンが侵入にした場合、不動態皮膜を消滅させることがわかっています。また、コンクリートそのものがアルカリ性が弱まる場合（中性化）も腐食が進行します。

各種金属の電位-pH線図（11-4-3）

貴金属系　金　銀

鉄系　鉄　クロム

卑金属系　アルミニウム　ベリリウム

貴金属系：不動態域／腐食域／不感域（縦軸：電位 貴←→卑、横軸：PH 小←→大）

鉄系：不動態域／腐食域／不感域

卑金属系：酸性腐食域／不動態域／塩基性腐食域／不感域

*…場合があります　震災で建物が半壊して調査すると、コンクリートの中でアルカリ環境であったはずの鉄筋が腐食していた事例が報告されている。

418

5 金属防食の技術

さびと腐食を防ぐ方法を防食と呼びます。防食には、被覆防食、電気防食、耐食合金の採用および環境制御の4つの方法があります。各方法を詳しく見ていきましょう。

▶▶ 防食というお化粧

金属は、酸化物や硫化物の形で大地に眠っていた鉱石から抽出したものですから、酸素や腐食性ガスと反応して元の形態に戻ろうとするのは自然な現象です。しかし、さびたり、腐食したりするのは、金属を利用する立場からすると不都合な現象です。金属のさびと腐食を防ぐ方法を**防食**と呼びます。

防食には、金属表面を酸素を通さない塗料や腐食しにくい金属で覆う**被覆防食**、金属に電位差を与えて湿潤な環境でも腐食が進行しにくいようにする**電気防食**[*]、金属そのものをさびにくいものを採用する**耐食合金**の採用、および金属表面を取り巻く環境から酸化雰囲気をなくす**環境制御**という4つの方法があります。

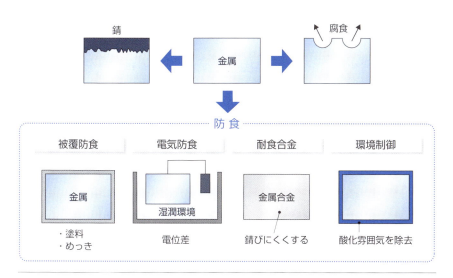

金属防食の概要（11-5-1）

---

[*] 電気防食　英国のデービーが1824年に木造軍艦の外壁に貼られた銅板の腐食を防止するため、亜鉛や鉄の塊を犠牲陽極として試験を行なったのが始まり。試験は大成功だったが、外壁に貝殻がびっしり付いたため採用は見送られた。

11-5 金属防食の技術

▶▶ 被覆防食

金属表面を覆う**被覆防食**には、大きく分けて耐食被覆と金属被覆があります。

耐食被覆には、エポキシ樹脂など耐食性のある有機塗料を表面に塗る塗装、ポリエチレンなどの有機皮膜を表面に貼り付ける有機ライニング、モルタルなどで表面を覆う無機被覆、耐孔食性に優れたリン酸ジルコニウムを積層させる化成処理があります。陽極酸化処理によるアルミニウム表面の不動態化なども耐食被覆です*。

金属被覆には、腐食しにくい耐海水性ステンレス鋼やチタンなどを金属表面に張り付ける金属膜被覆と耐食性に優れた金属めっき処理があります。

構造物の耐久性のためには防食処理は必須技術です。かなり昔の設計は、構造物が腐食を受けることを考慮して腐食代を設計板厚に乗せていました。被覆防食は、対象構造物を皮膜で覆い、水や酸素などの腐食要因から守る工法です。

被覆防食のメカニズム（11-5-2）

非金属被覆

塗装：有機塗料
有機ライニング：ポリエチレン
無機被覆：モルタル
化成処理：リン酸ジルコニウム
陽極酸化処理：アルミニウム不動態化

金属被覆

金属膜被覆：耐海水性ステンレス鋼、チタン
金属めっき処理：亜鉛、アルミニウム

*…**耐食被覆**です　ニューヨークの自由の女神の内部の鉄骨構造には、当初コールタールが塗られていた。

▶▶ 電気防食

　電気防食とは、水中や湿った土中など腐食が進行しやすい環境に置いた金属に電流を流して、腐食しない防食電位まで電圧を上げて腐食を防ぐ方法です。海洋鋼構造物やコンクリート内部の鉄筋の防食に用いられます。

　電気防食には、対象金属よりも低い電位の金属を取り付けて、腐食溶解させる*ことで対象金属の防食を行う**流電陽極方式**と、対象金属に溶解しない電極を取り付けて、直流電圧を印加する**外部電源方式**があります。

　構造物に電気防食を適用する理由は、土壌環境に置かれている構造物にめっきや被覆防食を行うことが困難なためです。もし防食加工を施したとしても、その後の構造物の建造・設置の際に防食加工が破壊されたりする懸念もあります。

電気防食のメカニズム（11-5-3）

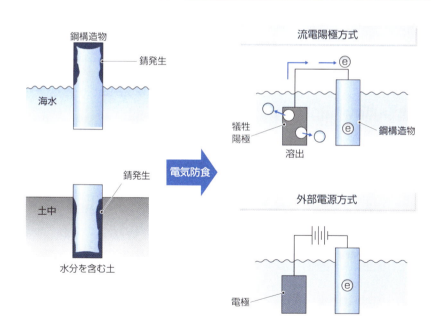

*…**腐食溶解させる**　自分が先に腐食することで、電線に繋がった先の金属に電子を供給し続ける金属を犠牲陽極と呼び、この仕組みを犠牲防食と呼ぶ。

11-5 金属防食の技術

▶▶ 耐食合金

耐食合金とは、海水や酸性・アルカリ性水溶液など孔食、すきま腐食、応力腐食割れなど局所腐食が起こりやすい環境で使用することのできる合金です。腐食環境が決まれば適切な耐食合金を選択できますが、環境が変われば耐食性が損なわれる可能性があります。主な耐食合金は、ステンレス鋼や鉄系合金、ニッケル合金、アルミニウム合金です[*]。耐食合金は、地球環境保全対策や化学工業やエレクトロニクス製造分野で、過酷な腐食環境に接する製造装置用途に開発されています。

クロム12%以上の鉄系合金は、耐候性、耐海水性、耐硫酸腐食用途で利用します。

ニッケル合金は、還元性酸やアルカリに対する耐食性を持ちます。インコネルやはハステロイ、モネルなどの合金名は有名です。

アルミニウム合金は、中性水溶液に耐食性があります。含マグネシウム合金は、良好な耐海水性を有します。

耐食合金の防食メカニズム (11-5-4)

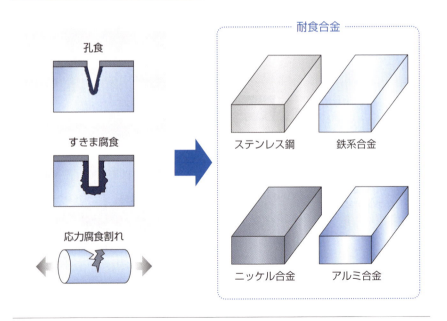

[*]…**アルミニウム合金です**　耐食合金の耐食メカニズムは、合金成分により不動態皮膜を形成させ、内部まで腐食が進行しないようにすること。

▶▶ 環境制御

金属を構造部材として利用する場合、構造物の形態により防食方法が異なります。

空間を密閉する箱形構造体では、除湿および脱酸素剤により内部の水と酸素を除去し、防食を行います。完全密閉できない場合は、乾燥空気や窒素などの不活性ガスを送り込み続け、外気の侵入を防ぎ、結露を防ぐ方法もあります*。

水中環境では、水溶液に腐食抑制剤を利用したり、水溶液のpHをアルカリ性にして鋼の表面に不動態皮膜を作ったりします。

環境制御による防食メカニズム（11-5-5）

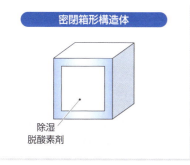
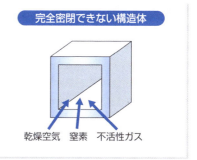
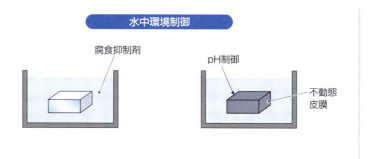

＊…**方法もあります**　これは対象が小さな場合で、ニューヨークの自由の女神の壮絶な防食対策は、ジョナサン・ウォルドマンの「Rust(邦題、錆と人間)」の第1章に描かれている。

II 金属加工技術篇　第11章 表面技術

6 金属表面処理技術 ——金属表面処理①

　表面処理は、金属表面に加工処理を加えて、表面の性質を改善する目的で行います。表面処理技術は、前処理、金属被覆、化成処理、非金属被覆および表面改質の5つの技術体系に分けて解説します。

▶▶ 表面処理技術体系

　表面処理技術には、前処理、金属被覆、化成処理、非金属被覆および表面改質の5つの技術体系があります＊。

金属表面処理技術（11-6-1）

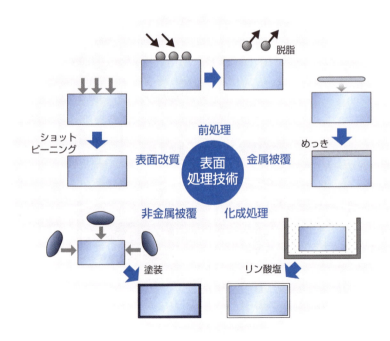

＊…体系があります　このような要素技術で分ける方法以外に、技術名称で分ける方法もある。電解硬質炭化クロムめっきのダイクロコーティングや硬質アルマイトなど。

424

11-6 金属表面処理技術──金属表面処理①

前処理は、素材を機械加工や表面処理する前に、表面を清浄にする操作です。
金属被覆は、表面に異種金属を付着させて耐食性などを向上させる操作です。
化成処理は、金属表面を化学的、電気化学的に処理し機能向上させる操作です。
非金属皮膜は、表面に非金属物質を付着させて内部の金属を保護する操作です。
表面改質は、金属表面に歪みなどを付与し表面機能を向上させる操作です。

▶▶ 金属表面の前処理

　金属表面の**前処理**は、表面技術の中では地味ですが、金属表面処理の出来ばえに大きく影響*する重要な技術です。金属表面の前処理は、金属表面に付着している油脂、酸化物や水酸化物ホコリなどを除去し、清浄な金属面を得る操作です。

　金属表面の前処理は、表面に付着している油脂を除去する**脱脂**、**ショット・ブラスト**や**研磨**などの機械的除さび、酸洗などの化学的除さびがあります。

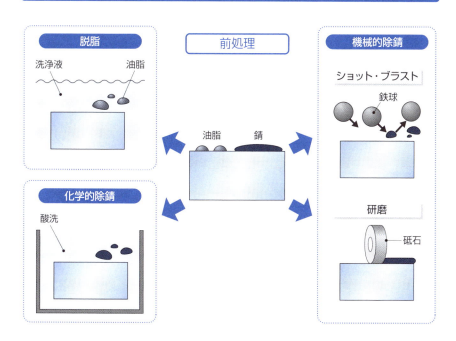

金属表面の前処理（11-6-2）

＊**大きく影響**　前処理不良の場合、めっきならくもりや色むら、剥離、ピット発生、厚み不良などが発生する場合がある。圧延なら、異物押し込みやスケール押し込みなどがある。

11-6 金属表面処理技術──金属表面処理①

▶▶ 金属被覆

　金属被覆方法には、金属を高温で溶かして付着させる**溶融めっき法**、水溶液中で目的金属を電解析出させる**電気めっき法**、制御された空間で金属イオンを表面に付着させる**イオン蒸着法**、金属を火炎などで溶融して吹き付ける**金属溶射法**、金属板を張り合わせる**クラッド法***などがあります。

　鋼板などの構造部材にめっきする理由は、部材の腐食やさびを抑制するためです。腐食を防止するためには、鋼材自身に耐食性を持たせる方法があります。そのためには鋼材全体に合金添加をする必要がありコストアップになります。腐食は鋼材の表面から発生するのですから、表面だけに耐食性を持たせるのは合理的な方法です。

　同様の考え方にクラッド法があります。強度を発揮させるのは挟み込んだ鋼材で行い、耐食性は上下の合金が入った鋼材に分担させます。

金属被覆の概要（11-6-3）

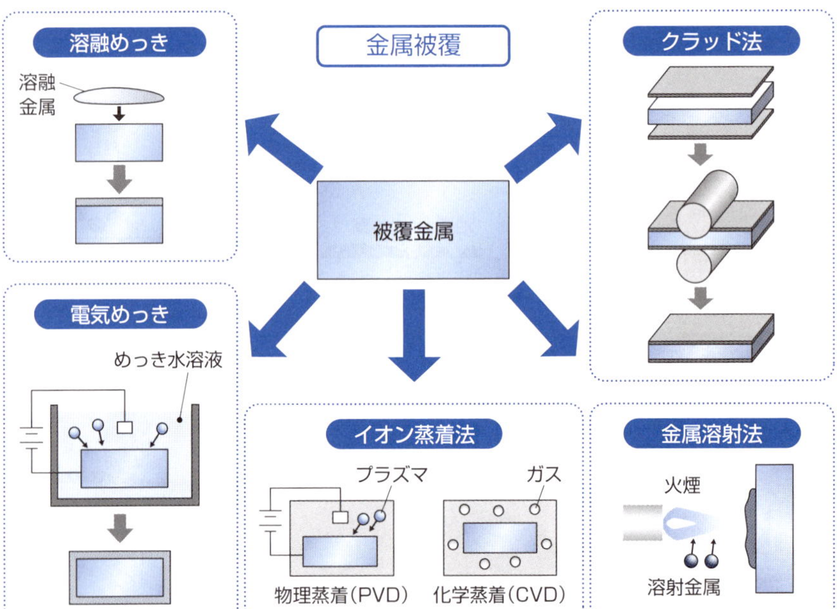

***クラッド法**　圧延や拡散接合では接合できない鍛造材などは、爆発の際の瞬間的な高エネルギーを利用し異種金属を冷間で接着させる爆発圧着法を用いる。

▶▶ 化成処理

　化成処理方法には、アルミニウムの表面に耐食性の酸化皮膜をつくる**陽極酸化処理**、耐食性や潤滑性を持たせるために鋼材の表面にリン酸塩皮膜を生成させる**リン酸塩処理***、亜鉛めっきの表面にクロム酸化物の安定皮膜をつくりめっきの酸化や劣化を防ぐ**クロメート処理**、鋼材表面に緻密な酸化鉄薄膜を生成して耐食性を向上させる**黒染め処理**があります。

　化成処理は、金属表面に電気化学的な処理を施し、表面に安定した化合物を作り、これによって内部の金属の防ぐ方法です。黒染め処理やアルマイトで表面層に染料で着色し、外観を美麗にする効果も化成処理です。

　化成処理とめっきの違いは、防食のために表面に生成している化学物質の化学組成の違いです。化成処理は必ず内部金属との化合物を作ります。表面に内部金属とは異なる化合物が発生したり、他の金属の皮膜が付着する場合はめっきと呼びます。

化成処理の概要（11-6-4）

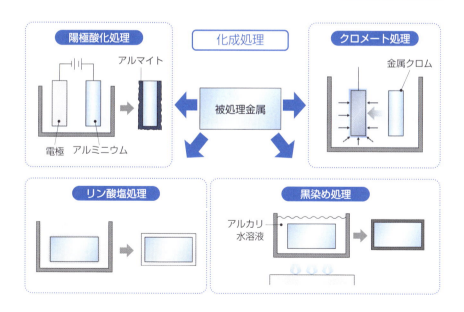

---

* **リン酸塩処理**　リン酸塩の溶液に鋼材を浸漬してリン酸塩皮膜を生成させる処理のこと。

11-6 金属表面処理技術——金属表面処理①

▶▶ 非金属被覆

非金属被覆は、防さび処理の中で主役を占めます。無機材料や有機材料を金属表面に密着させる印刷・塗装、ライニング、コーティングなどがあります。

印刷・塗装は、印刷処理やペイント塗装、スプレー塗装、静電塗装、電着塗装など樹脂や無機材料を金属表面に塗る処理です。

ライニングは、樹脂やゴムやプラスチックなどの有機材料の膜を、金属表面に張り付ける操作です。

コーティングは、セラミックスなど無機材料を金属表面で溶融させて密着させるセラミックコーティングとガラス原料を高温炎で溶かして付着させるガラスコーティング*が主な方法です。

非金属被覆の概要（11-6-5）

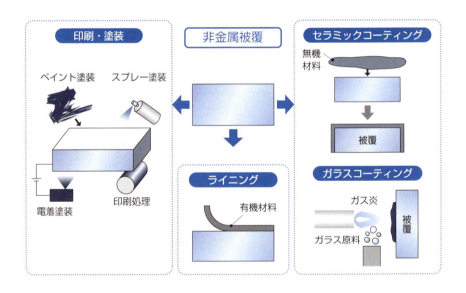

＊**ガラスコーティング** 琺瑯（ホーロー）は、鋼材の表面に釉薬を塗布し、約800°で高温焼成して製造する。

11-6 金属表面処理技術——金属表面処理①

▶▶ 表面改質

　金属表面が固体に接触して動くと、摩擦力が働いて摩耗します。金属表面の改質は、耐摩耗性を向上させるために主に硬化処理を行います*。

　表面改質は、鋼材の表面に炭素を染み込ませて焼入れ硬化させる浸炭処理、窒素を侵入させて窒化物を生成させることで硬化する窒化処理、表層のみ高温加熱後焼入れにして硬化させる高周波加熱、硬質の粒子を金属表面に投射して塑性加工歪みを与える**ショット・ピーニング**などがあります。

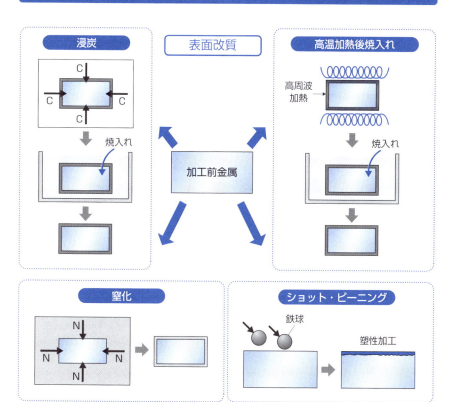

表面改質の概要（11-6-6）

＊…**硬化処理を行います**　耐摩耗性は単に表面硬度を上げるだけでは解決しない。摩耗の原因となる接触物との適切な硬度差、雰囲気温度など使用環境を考慮して対策を策定する必要がある。

7 金属表面の前処理
——金属表面処理②

　表面処理を行う金属素材は、それまでの工程で金属加工を受けています。その結果、表面凹凸は激しく、油脂やさびが残存し、ほこりや切り粉などの異物が付着しています。金属表面の前処理は、これらを除去し表面を均質にします*。

▶▶ 表面の前処理の必要性

　金属前処理を確実に行わなかったときには、油脂やさびが残存したり、表面凹凸が激しかったりして表面処理欠陥の発生原因になります。

　めっきをしたときに、表面残存物がめっき剥離やめっきのふくれを発生させたり、めっき厚みやめっき層の組織がばらついてしみやくもり、模様を発生させます。

前処理の必要性（11-7-1）

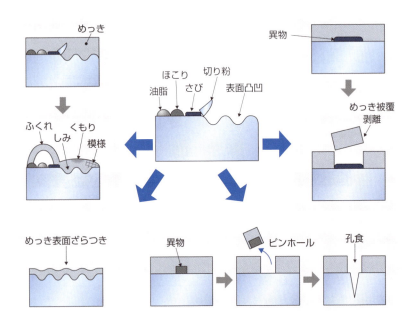

＊…均質にします　俗に「＊＊を制する者が＊＊を制する」と言う言い回しがあるが、表面処理の世界では、「前処理を制する」のが優れた金属表面処理の第一歩。前処理だけで表面処理がうまくいくほど甘くはないが、必要条件ではある。

11-7 金属表面の前処理──金属表面処理②

表面に凹凸があれば表面がざらついてしまい、表面に残存した異物がめっき層の一部に孔（ピット）をつくります。残留物が大きければ、めっき層に大きなピンホールを作り孔食の原因になります。さらに表面欠陥が激しくなるとめっき皮膜が剥離するトラブルになります。

▶▶ 脱脂

脱脂は、金属表面に残存する油脂性の汚れ*を洗浄によって除去する工程です。脱脂方法には、圧延油などの油脂洗浄に適している溶剤脱脂、ほとんどの油を溶解除去するアルカリ脱脂、ケロシンなどに界面活性剤を入れてを安定乳剤として浸漬法やスプレー法で脱脂する乳剤脱脂、金属表面に通電して発生する電解酸素もしくは水素ガスによる撹拌で脱脂する**電解脱脂**などがあります。

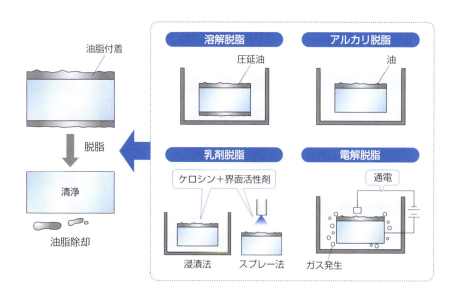

脱脂の概要（11-7-2）

---

* **油脂性の汚れ**　金属表面には、圧延油、防錆油、潤滑油、加工油、切削油、グリスなど、前工程までで使った油脂が付着している。

11-7 金属表面の前処理──金属表面処理②

▶▶ 機械的除さび

　金属表面に生成しているさびやスケールを機械的に取り除く方法には、砂や鋼の粒を表面にぶつける**ショット・ブラスト**、樽状の容器に研磨剤と一緒に金属素材を入れて撹拌することで除さびする**バレル法**＊、研磨剤を固着させた研削布やワイヤーブラシなどを回転させながら表面に擦りつけて除さびする**機械研磨法**があります。

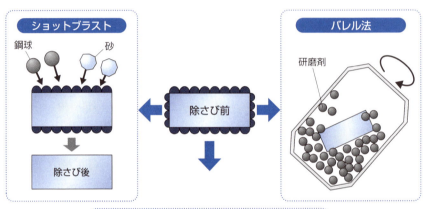

機械的除さび技術の概要（11-7-3）

▶▶ 化学的除さび

　さびやスケールを化学的に除さびして金属表面を清浄にする方法には、表面の酸化膜を短時間の酸液への浸漬で剥離除去する**酸洗法**、通電電解しながら酸洗を行う**電解酸洗法**、特殊な電解液中で電解させて平滑で光沢のある金属面を得る**電解研磨**があります。

＊**バレル法**　バレルとは容器のこと。金属素材の切断バリ除去、熱処理後のスケール、表面処理前の表面仕上げ、光沢仕上げなどを一度に大量に処理でき、仕上がりが均質な加工法。

11-7 金属表面の前処理──金属表面処理②

　酸洗による鋼材の除さびメカニズムは、酸液でスケールを表面から徐々に溶かしていく訳ではありません。表面スケールに割れ目を入れて酸液を浸透させて、鉄との間に局部電池を形成させて鋼材を溶解させスケール除去が進行します[*]。さらに溶解時に発生する水素ガスの圧力でスケール剥離が促進されます。

　酸洗には、短時間の酸洗以外に、長時間浸漬して完全にスケールの除さびを行う**ピックリング**、金属加工によって表面に生じた変質層を除去する**エッチング**があります。**電解研磨**ができる条件は、金属が溶解して電解液と反応し金属錯塩を生じることと、金属表面に**陽極酸化皮膜**が生成できること、酸化皮膜を溶解させやすい電解液であることです。金属表面の凸部に電流が集中して溶かすために、金属表面は平滑になります。

化学的除さび技術の概要（11-7-4）

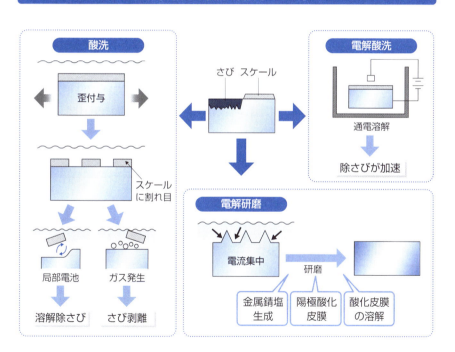

[*]…**進行します**　スケール除去は手段で目的は、金属表面の不純物除去、めっきや塗装の下地処理、金属の耐食性の向上。

Ⅱ　金属加工技術篇　　第11章　表面技術

8　金属被覆——金属表面処理③

　金属被覆は、表面技術の中核をなす技術分野です。金属表面を別の金属層で覆って保護する方法は、耐食性があるが高価な金属をわずかに利用するだけで金属表面を腐食させない極めて合理的な工業技術です。

▶▶ 溶融めっき法

　溶融めっき法には、業界用語で**どぶ漬け法***と呼ぶバッチ法と連続法があります。
　バッチ法は、パイプや溶接加工した鋼構造物を酸洗処理した後、亜鉛浴中に浸漬させて引き上げて表面に溶融亜鉛を付着させる方法です。水道やガス管に用いる亜鉛めっきパイプの製造や鉄塔や橋梁部材の防食めっきに用います。方法は簡単ですが、厚い亜鉛めっきが必要な用途に適する方法です。
　連続法は、板状の鋼材を連続して溶融亜鉛浴に浸漬します。引き上げた鋼板の表面にガスを吹き付けて鋼材表面の亜鉛厚みを制御します。この後、鋼材を加熱することで亜鉛と鋼材表面を**鉄亜鉛拡散合金化反応**させて、めっきの密着性をさらに改善する方法を**合金化処理**と呼び、自動車や建築材などめっき鋼板を加工する部材に用います。

溶融めっき法の概要（11-8-1）

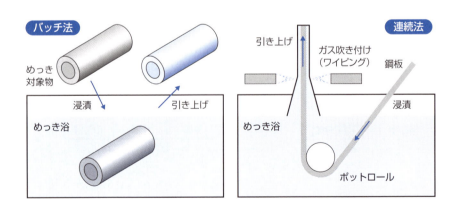

***どぶ漬け法**　溶融亜鉛めっき浴に対象物を浸漬することを、昔の排水溝で汚水が淀んでどろが溜まっている様に例えてどぶとと呼んだ。

11-8 金属被覆——金属表面処理③

▶▶ 電気めっき法

電気めっきの設備は、直流電源と処理溶液槽で構成されます。対象物である金属製品を陰極（マイナス極、アノード）に、めっきする金属電極を陽極（プラス極、カソード）に接続します。処理溶液槽にはめっきする金属イオンを含む金属塩を溶かしておきます。通電すると、金属イオンは陰極の金属製品の表面に析出し、陽極の金属電極から金属イオンが溶け出して減っていきます。

鋼板の表面に連続的に電気めっきする場合は、鋼板を**コンダクターロール**＊により陰極につなぎます。コンダクターロールは表裏独立しているので、両面でも片面選択でも電気めっきすることができます。

電気めっき法は、防さびのほか、装飾や機能性表面など目的に応じて比較的安価に、目的とする金属皮膜を形成できるので、量産品から多種少量品まで加工可能です。密着性が良く、貴重な金属のすぐれた特性を持つ金属皮膜を、種々の金属素材や不導体素材上に付与できます。注意点は、複雑な形状のめっき対象物の場合には、膜厚にばらつきが発生する場合があることと、めっき処理溶液の排水処置が必要なことです。

電気めっき法の概要（11-8-2）

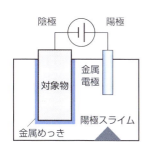

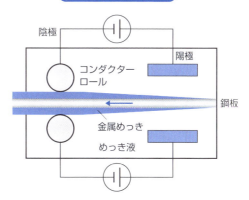

＊**コンダクターロール**　コイル表面に電気めっきをするためにめっき水溶液中で通電するロール。

435

11-8　金属被覆——金属表面処理③

▶▶ 無電解めっき法

無電解めっき法は、水溶液中に還元剤を投入して金属イオンを処理対象物の表面に還元析出させる方法です。電流を流さず化学反応だけでめっきできるため、金属だけでなく半導体や絶縁体にもめっき処理が可能です。また、複雑な形状の処理対象物でも均一にめっきを付着させることが可能です。

無電解ニッケル・リンめっきは、硫酸ニッケルと還元剤の次亜リン酸ナトリウムを用います。処理対象物表面でニッケル析出反応とリン析出反応が同時に起こり、非晶質のニッケル・リン合金が析出します。400℃で熱処理を行うと非晶質層は、ニッケル結晶化とニッケル・リン化合物に分離します。この層はマイクロビッカース硬度＊Hv約1,000の非常に硬質な層です。無電解ニッケル・リンめっきは、硬質クロムめっきを施すことのできない場合の代替めっきや、非磁性であることを利用したハードディスク下地処理などに用います。

無電解銅めっきは、還元剤にホルムアルデヒドを用い、主に非金属板の上への銅めっき層の形成に用います。プリント基板への銅膜生成や、表裏面をつなぐスルーホール、電気めっきの下地処理、小型携帯機器の磁気シールドなどに用います。

無電解めっき法の概要（11-8-3）

＊**マイクロビッカース硬度**　微小な測定荷重をかけ、顕微鏡でしか観察できない数10μmの圧痕を観察する。圧痕の深さも数μmと浅く、めっき層の硬さの測定も可能。

乾式めっき法

乾式めっき法は、溶融金属を用いる溶融めっき法、水溶液を用いる湿式めっき法に並ぶ、金属被覆法の第三のめっき法です。蒸着法とも呼びます。乾式めっき法には、真空中で電気抵抗加熱や誘導加熱熱など熱エネルギーや電子ビームやイオンビームなどの衝突エネルギーで、ターゲットと呼ぶめっき材料を蒸発させて、金属表面に凝集させて膜を作る物理気相生成法(**物理蒸着法**、**PVD**)と、真空中に導入した反応ガスを金属表面で化学反応させる化学気相生成法(**化学蒸着法**、**CVD**)があります*。

化学蒸着法の概要(11-8-4)

熱CVD / **直流プラズマCVD**

溶射法

溶射法は、1910年頃、スイスのM.I.ショープが、幼い息子が鉛の玉をおもちゃのピストルで塀にぶつけているのを見て考案したといいます。金属溶射の原理は、金属や合金、炭化物、窒化物、酸化物などの粉末をノズルから高圧で吹き出し、ガスで溶融しながら吹き飛ばし、金属表面に付着させます。厚膜の溶射層の形成が可能であり、金属以外にもセラミックスやサーメットなどの皮膜の生成は溶射法が必須です。

溶射法は、溶射する材料を何で加熱するのかで呼び名が変わります。フレーム(炎)溶射法と爆発溶射法は**ガス溶射法**、アーク溶射法やプラズマ溶射法、レーザー

＊…あります　蒸着処理は、単独処理以外にも、窒化＋PVD、浸炭＋PVD、湿式めっき＋PVD、CVD+PVDなど様々な複合処理が適用される。主に、金型や切削工具の表面改質に用いる。

11-8 金属被覆——金属表面処理③

溶射法は**電気式溶射法**です。プラズマ溶射は、プラズマ装置で発生させたプラズマガスに溶射粉末を供給し、溶射フレームにして対象物に吹き付けます。溶射層を加熱させることで緻密化し、金属表面と溶射層を合金化します。最近ではロール表面の硬度や耐摩耗性アップしたり、機械部品の耐食性を改善して長寿命化する目的で用います[*]。

溶射法の概要（11-8-5）

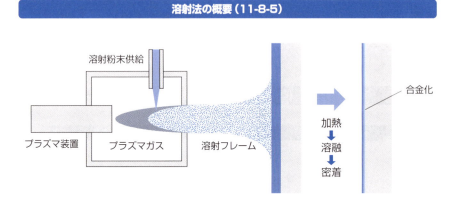

▶▶ 金属クラッド法

　二種類以上の金属や合金を張り合わせて、それぞれの金属の持つ防食性や強度などを分担して活用する方法が**金属クラッド法**[*]です。金属クラッド法は合せ板法とも呼び、間にアルミナなどの剥離剤を挟んだ2枚のクラッド金属を鋼材の母材にサンドイッチ状にして熱間圧延してから剥離する方法と、クラッド材と鋼材を連続して熱間圧延する方法があります。

　軽量高強度の析出硬化型アルミニウム合金の表面に純アルミニウムを張り合わせるアルミクラッドや、軟鋼板にステンレス鋼板を張り合わせたステンレス鋼クラッド、ニッケルやインコネルなどニッケル耐食性に優れた合金を鋼材に張ったものが、化学工業などで用いられています。

---

[*]…用います　とはいえ、コストが高くて、皮膜は多硬質であり、薄膜では耐食性に難がある加工方法である。加工中の騒音対策も必要。

[*]クラッド法　種類の異なる金属を重ねて表面に圧力をかけ（圧延し）異種金属接合する技術。金属間は原子間結合しているので密着性に優れる。

圧延剥離法＊（11-8-6）

圧延剥離法

B
A
A
B
剥離剤

圧延　剥離
クラッド

圧延法

A
B
C
圧延
クラッド

地球の比重「33%」
地球は鉄でできている

　33%とは、地球の質量の3分の1が鉄だってことです。どうやって決めたって？それは「地球の平均密度が約5.5t／m³と計算でき、内部での圧力上昇を考慮すると、1気圧換算で4.0t／m³となります。内部構造は、地震波の伝わり方から推定されており、地殻、マントル、中心核の分布から、構成元素が推定できる」地球の密度を求めてみましょう。

　一度は目にした事のあるニュートンの万有引力の公式は、物体の質量をMとm、距離をRとした時は、

　万有引力＝万有引力定数xMxm÷R²

　一方、地球上の私たちは重力の公式を知っています。

　重力＝mx重力加速度(g)

　そこで地上の私たちは万有引力と重力は同じものとして

　mxg＝万有引力定数xMxm÷R²

　地球の質量は、比重ρと半径を重心間距離Rと置くと

　M＝ρx4/3πR³

　だから

　4/3πρR＝万有引力定数÷g

∴ρ＝3÷(4πR)xg÷万有引力定数

　定数値および計測値は、

　重力の加速度＝9.8(m/S²)
　万有引力定数＝6.672x10⁻¹¹(m³/kg/S²)
　4πR≒2x赤道(40000km) ＝80,000km

∴ρ＝3／80000000x9.8/6.672x10⁻¹¹≒5500kg/m³≒5.5g/cm³

＊**圧延剥離法**　クラッド製造に限らず、アルミニウム箔などの薄膜製造に使われる。間に紙を挟んで圧延し、圧延後剥離させる。この製造方法のアルミニウム箔は、内部の紙に接する面は燻んだ表面色になる。

9 化成処理——金属表面処理④

化成処理は、水溶液中に金属を浸漬して、化学反応や電気化学反応により、金属表面に酸化物や反応生成物の皮膜を生成させる方法です。

▶▶ 陽極酸化処理

陽極酸化処理は、電解溶液中で処理する金属を陽極とし、通電して表面に酸化皮膜を生成させる方法で、アルミニウムの**アルマイト皮膜**[*]が有名です。

陽極酸化処理は、硫酸水溶液を用います。まず、アルミニウムの表面にバリア層と呼ぶ緻密で硬いアルミナ層を作ります。アルミナバリアの成長に伴い、局所的な溶解が進み、多孔質層が成長します。この状態では耐食性が悪いため、水蒸気や沸騰水で処理することで、表面にアルミナ水和結晶を形成させる**封孔処理**を行います。この処理で耐食性は飛躍的に高まります。孔に染料を入れアルマイト表面に着色も可能です。アルマイトは、窓のサッシュやドア、航空機などにも利用されます。

チタンやジルコニウムの陽極酸化皮膜は、光の干渉縞が美しく、装飾品や宝飾品に用いられます。

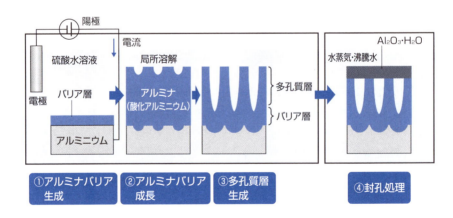

陽極酸化処理（表面酸化皮膜）の概要（11-9-1）

[*]**アルマイト皮膜** 陽極酸化処理を行なったあと、水蒸気で封孔処理を行なうアルマイト処理は、日本で発明された方法。

11-9 化成処理──金属表面処理④

　耐食性が劣るマグネシウム合金は、リン酸化合物とアンモニウム塩の処理液中で陽極酸化処理が行われ、孔が多数あるポーラスでアモルファスな構造の皮膜を形成します。

▶▶ リン酸塩処理

　リン酸塩処理は、鋼材加工や製品仕上げ加工に防さびと潤滑目的で用いる化成処理で、工業商品名をとって**ボンデ処理**やパーカライジングとも呼びます。

　リン酸亜鉛やリン酸マンガンを含む水溶液に鉄鋼製品を浸漬させると、難溶性のリン酸塩が鉄鋼表面の凹凸に沿って析出し、皮膜を作ります。この皮膜は、金属の表面に対して防さび効果があります。皮膜に入り込んだ圧延油により加工性が向上します。さらに、皮膜には金属の凹凸を消し、塗装が皮膜に入り込んで塗装剤のノリを良くする**アンカー効果**＊があるため、自動車の外板の塗装の下地処理にも利用します。

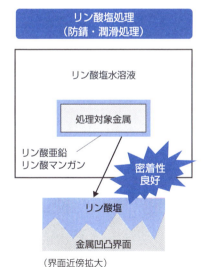

リン酸塩処理（防さび・潤滑処理）の概要（11-9-2）

＊**アンカー効果**　塗装が表面の凹凸やすき間に入り込み、そこで固化することで食い込み接着性を良くする効果。船の錨を降ろす様に例えた表現。アンカリングとも言う。

11-9 化成処理——金属表面処理④

▶▶ クロメート処理と黒染め処理

クロメート処理は、金属材料やをクロム酸や重クロム酸水溶液に浸漬させて、めっき層上にクロム酸化物（クロメート）を被覆させる操作です。鉄鋼製品だけではなく亜鉛合金やアルミニウム表面に被覆にも用います。

クロメート処理は、黒色のものや黄褐色のものが金属表面にゲル状に生成され、乾燥させると非晶質に固化します。クロメート皮膜耐食性と自己修復性＊を持っています。クロメート処理は、三価クロムで金属表面に不動態をつくる操作です。

黒染め処理は、鋼材を水酸化ナトリウム水溶液に浸漬して煮沸し、表面に黒色の酸化鉄（Fe_3O_4）の薄膜を形成させる方法です。

黒染め処理後の鋼材表面は、美しい黒色になります。不均一な厚みで多孔質な酸化鉄皮膜の耐食性は防さび効果がある程度です。

黒染め処理は、塗装の下地処理や、カメラの部品や工具にも用いられます。

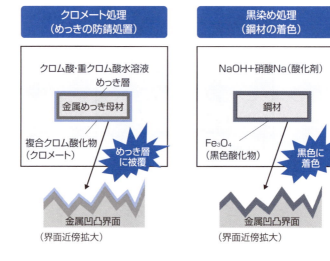

クロメート処理と黒染め処理メカニズム（11-9-3）

＊**自己修復性**　クロメート被覆は薄く破壊され易いが、破壊されても被覆中の六価クロムイオンが移動して修復する効果。

10 電気防食

水中、土中、コンクリート中にある金属は、常に水分と空気に触れており、腐食環境にあります。腐食の進行が速い場所で使用する金属には、電気防食を施しています。

▶▶ 電気防食の使用場所

船舶や港湾設備、高層ビルの建材、埋設鋼管などは腐食が進行すれば、使用上の安全にも関わる事態になります。巨大で広範囲に広がる構造物をすべて表面被覆で覆って防食するとか、環境防食を行うとか、耐食合金を用いるとは考えることはとは現実的ではありません。こういう場合に**電気防食**を用います。

実は、電気防食の歴史は古く、電気が発見された当初、イギリスのデービーによってすでに試みられていますし、木造軍艦の外殻に張られた銅板の防食に鉄や亜鉛の犠牲防食を用いた歴史もあります*。

電気防食の対象金属は、鋼構造材に限らず、アルミニウム合金やステンレス鋼、鉛銅合金なども防食対象になります。

電気防食の使用場所（11-10-1）

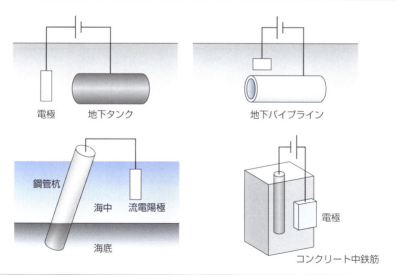

*…歴史もあります　日本でも1919年戦艦三笠に電気防食用の亜鉛犠牲陽極が艤装された。

電気防食の原理

電気防食には、アルミニウム合金などを鋼構造物につなぎ腐食電流の流出を防ぐ**アノード防食**である**犠牲陽極法**と、直流電流の負極を構造物に直接つなぐ**カソード防食**である**外部電極法**があります。いずれの方法も構造物を陰極にしておき、海水中への金属イオンの溶出を防ぎます。船舶や海洋構造物など、海水に浸かる構造物には電気防食が欠かせません*。

アノード防食に陽極として用いる金属は、構造物よりも卑な金属を用います。鉄鋼に対しては、アルミニウムが使われます。防食材料には、使用環境に応じた耐食性のある耐食鋼や耐食金属を選びます。通常の大気中から海浜飛沫が多い場所かといった使用環境が、材料を決める根拠になります。

防食材料は、その表面に保護スケール層を生成させ、大気や海水から内部金属を守ります。代表的な材料に、ステンレス鋼があります。ステンレス鋼は、クロムを含有しているのが特徴です。クロムを13%以上含有すると金属表層で緻密なクロム酸酸化物を形成して、大気腐食の防止を行います。

電気防食の原理（11-10-2）

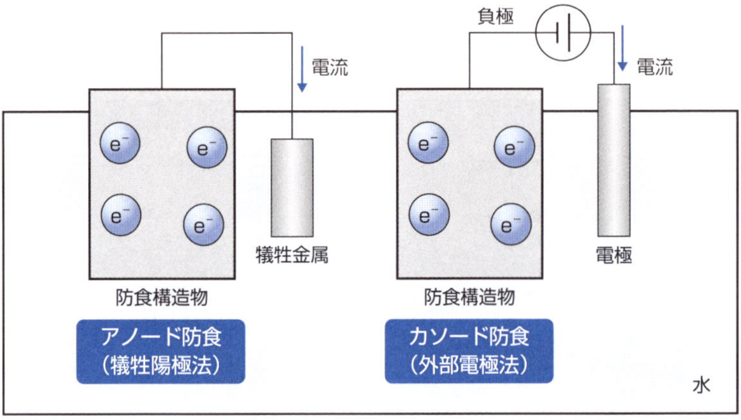

---

*欠かせません　東京湾アクアラインのトンネルは100年耐用のアルミニウム合金陽極が設置されている。

11 ショットブラスト・ショットピーニング

ショットピーニングとは、金属表面に硬い球状の粒子をぶつけ、表面に凹凸をつけたり塑性変形をさせたりする操作です。ショットピーニングは、現在最も着目されている金属表面性質の改質技術です。

▶▶ ショットピーニングとは

　金属の表面に硬質の球状粒子をぶつけて反発させると、運動エネルギーで金属表面に塑性変形が生じ、歪みが発生します。無数の粒子を金属表面にぶつけると、金属表面に加工硬化層が形成され、疲労をはじめとする様々な特性が改善します。これを**ピーニング**と呼びます。

　ショットピーニングの特筆すべき最近の進歩は、チタン合金やアルミニウム合金の表面をナノ結晶化させる技術です。金属表面にショットピーニングを施すと、ナノ結晶層を形成し、表面の硬度や耐摩耗性を向上させることができます。

　さらに、水ジェットやレーザーを使うショットピーニングなどの技術も開発されています。ショットピーニングは多くの産業での応用が期待されており、特に航空宇宙、自動車、エネルギー分野での使用が拡大しつつあります。

ショットピーニングの原理（11-11-1）

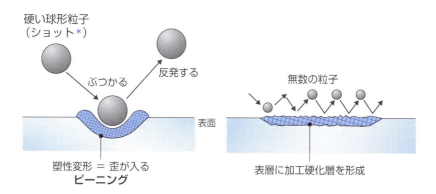

＊ショット　ショットはshotで、ショットガンのように発砲する、発射する意味がある。撮影のショットはshootの過去形で、ナイスショットになる。サッカーでゴールするのは現在形でシュート。ここでは発射する玉（主に鋼球）のこと。

11-11 ショットブラスト・ショットピーニング

▶▶ ショットピーニングの効用①

　金属疲労は、金属に変形しない程度の力（応力）が繰り返し作用すると、限界回数を超えると突然表面から破壊する現象です。繰り返される応力の変化が大きいと、小さな回数で破壊します。応力が小さくなると、破壊するまでの回数が増加し、応力が金属特有の大きさ以下では疲労が発生しなくなります。これを**疲労限**と呼びます。

　ショットピーニングを付与した表面は、この疲労限は非常に高くなります。つまり、大きな繰り返し応力でも疲労しなくなります。

　ショットピーニングが金属疲労を改善するメカニズムは、4つあります。

　まず、投射材が金属表面に高速で打ち込まれると、表面が塑性変形し、圧縮残留応力が発生します。金属疲労は引張応力により起こるため、応力が相殺して疲労亀裂が進展しません。次は表面硬化です。塑性変形が進んだ表面の結晶粒は微細化し、表面は硬くなります。耐摩耗性や耐疲労性を向上させ、微小な疲労亀裂の発生が抑えられます。3番目は、亀裂の分散です。表面の微細な凹凸は、疲労亀裂を分散させます。最後は、表面欠陥の閉塞です。圧縮応力は生じた亀裂を封じ込めます。

　航空機エンジンや自動車部品など、疲労強度が重要な部品にはショットピーニングは不可欠な処理技術です*。

金属疲労の改善（11-11-2）

＊…**不可欠な処置技術です**　なぜ全ての鋼材にショットピーニングを適用しないのか不思議なくらい表面欠陥が激減する。普通鋼でも特殊鋼でも効果がある優れた表面改善技術である。

11-11 ショットブラスト・ショットピーニング

▶▶ ショットピーニングの効用②

　ショットピーニングの効用は、疲労改善以外にも、潤滑性、耐摩耗性が改善したり、表面傷がつきにくくなったり、表面を硬くする効果があります。

　潤滑性は金属表面に異物が付着しにくくなり摩擦が減少する効果です。金属表面に**ミクロディンプル**と呼ぶ微細な凹凸をつけることによりこの効果が生まれます[*]。

　金属表面が硬くなることで**耐摩耗性**は改善します。表面を硬くする方法は表面焼入れや浸炭処理などがありますが、ショットピーニングは金属表層に塑性変形域を形成させて表面を硬くします。

　金属表面に圧縮残留応力を生じさせると、表面できた傷開口部を塞ごうとします。ショットピーニングは表面に玉をぶつけて圧縮応力を発生させるので、表面傷ができにくくなります。

　焼き入れ鋼材に不可避的に残ってしまう残留オーステナイト組織は、表面の材質を劣化させます。ショットピーニングを施すと、表層の残留オーステナイト組織をマルテンサイトに変態させる**応力誘起変態**が起こり、均質で硬い表層組織が得られます。

ショットピーニング効果（11-11-3）

【 表面の凹凸 】
ミクロディンプル
潤滑性・磨耗性向上

【 表面の硬さ 】
塑性変形
表面のみ硬くなる
摩耗性向上

【 残留応力 】
きずは閉じる
圧縮圧力＝表面疵に強い

【 表面組織改善 】
焼入れ表面　　改善
残留組織
マルテンサイト　均一なマルテンサイト

＊…**生まれます**　金属表面と上に乗った物体の接触面積が激減するため、摩擦力が少なくなる。

11-11 ショットブラスト・ショットピーニング

▶▶ 投射目的

　金属表面に球状粒子を投射する目的は、①**付着物除去（クリーニング）**、②**粗地（下地）調整**、③**ショットブラスト**、④**ショットピーニング**の大きく4つに分類されます。

　付着物除去（クリーニング）は、粒子を表面に軽く吹き付けるだけで、砂やホコリなどの表面付着物を払い落とします。

　粗地（下地）調整*は、表面を清浄化し、次の加工のための準備である下地つくりを行います。

　ショットブラストは、硬球をぶつけることで、金属表面に生成しているスケールや塗料やバリを除去します。

　ショットピーニングは、疲労特性改善、凹凸付与、表面硬さ、残留応力、組織改善、封孔効果、削食などを改善します。

ショットピーニングの目的 (11-11-4)

①付着物除去（クリーニング）
付着物をはらい落とす

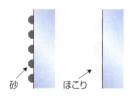

②粗地調整（下地）
- 表面清浄化
- 下地つくり（次の加工の下準備）

③ショットブラスト
下地からはがす

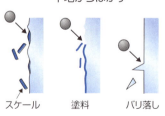

④ショットピーニング

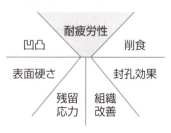

* **粗地調整**　塑性加工（圧延、鍛造）の前やメッキ、塗装の前段階で表面を均質に整える。同様の効果は酸洗や電清でも得られる。

11-11 ショットブラスト・ショットピーニング

▶▶ 投射材

投射材は、大きく分けて、①**セラミックス・ガラス系**、②**金属系**、③**樹脂・植物系**の3つがあります。

セラミックス・ガラス系は、主にクリーニング、下地つくりに用います。

金属系は、ショットブラスト・ショットピーニングに用います。

樹脂・植物系は、主に樹脂材料に用います。

ショットピーニングの投射材（11-11-5）

		クリーニング	下地	ブラスト	ピーニング
セラミック系	アランダム	○			
	ガーネット		○		
	ジルコニア		○		
ガラス系		○	○		
金属系	鉄粉			○	
	スチールショット			○	○
	スチールグリッド			○	
樹脂系		○	（樹脂材料向け）		
植物系		○	（樹脂材料向け）		

インド鋼の先祖

「ダマスカス模様」や「ダマスカス刀」という言葉を聞いたことがありますか。ダマスカス刀は、非常に鋭利で、刀身に美しい波模様が浮き出しています。この模様がダマスカス模様です。最近売られている鳴門巻きのような模様ではありません。あの模様は組成の異なる2種類の鋼材を重ねて圧着し、折り返し鍛造して作ります。本物のダマスカス模様はパターンがありません。

驚いたことに、本物のダマスカス刀を完全に溶かして固めても、また模様が浮き出します*。鳴門巻き模様のものは溶かすと、模様は無くなります。

ダマスカス刀の素材は、インドのウーツです。ウーツとはインド鋼の現地での呼び名です。2000年以上前から南インドで製造され、中東に輸出され、シリアのダマスカスで刀に鍛錬されてこの呼び名になりました。

続きはいずれ別の書籍「日本刀とダマスカス刀」でゆっくりお話しします。

---

*…浮き出します　ただし、この記述は200年前のファラディの論文に出てくるだけで、真偽が確かめられない。ウーツはベッセマー転炉での鋼の普及とともに、生産が消滅した。

11-11 ショットブラスト・ショットピーニング

▶▶ ブラスト設備──加工方法①

　ブラスト＊設備は、**サンドブラスト**と**ブロアブラスト**があります。

　サンドブラストは、昔、砂を投射材として使っていたときの名残りの呼び名で、現在では鋼球や鋳鉄球を用います。コンプレッサーで圧縮した空気を、タンクに入った投射材とともに金属表面にぶつけます。

　ブロアブラストは、ブロアで圧縮した空気と投射材を混合して使用します。サンドブラストよりも小さな投射速度です。

　ブラストにはこういう分類以外にも、投射材によって分ける方法もあります。

　ショットブラストは、小さなショットと呼ぶ小さな金属球を使って、表面を打ちつけることで清浄化します。主に大型の金属構造物や鋳物に使用されます。

　ウェットブラストは、水と研磨材を混ぜて使用し、粉塵が少ない方法です。

　バイブラストは、バイブレーションと研磨材を組み合わせ、表面処理と同時に微細な振動で表面研磨をして仕上げを行います。

ブラスト設備（11-11-6）

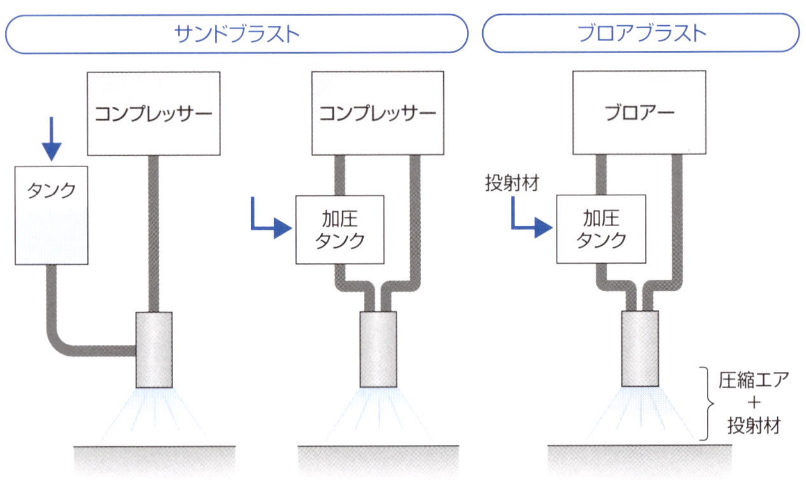

＊**ブラスト**　天然の石が砂に磨かれて角が取れるのもブラスト効果。

▶▶ ピーニング設備──加工方法②

ピーニング*設備は、運動エネルギーや高圧によって高エネルギーを表面に与えて、塑性加工する設備です。

投射体型は、高速の回転体に投射材を投入し、遠心力で非常に大きなエネルギーで金属にぶつけ、圧縮残留応力を表面に発生させます。

レーザーピーニングは、水中で金属表面にレーザー照射することで得られます。金属表面ではプラズマが発生し膨張しようとします。しかし、水によってプラズマは封じ込められているため瞬間的に高圧になり、圧縮残留を金属表面に付与することができます。

ピーニング方法にはこれ以外にも、圧縮空気を使用してショットを加速させる**エアブラスト式**があります。この方式は、精密部品や小型部品に適しています。

水ジェットピーニングは、高圧水流によりショットを加速させる方式です。水とショットを組み合わせて使用するため、冷却効果が得られ、ショットの衝突による表面の発熱による熱影響を最小限に抑えることができます。

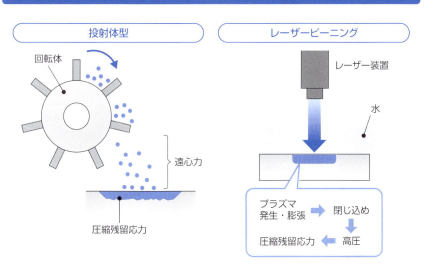

ピーニング設備（11-11-7）

＊ピーニング　本来は溶接金属をハンマーなどで打ち延ばし材質改善をする操作。転じて、金属表面に投射物をぶつけて冷間加工する意味も含むようになった。

11-11 ショットブラスト・ショットピーニング

▶▶ ショットピーニング最新技術

最近、ショットピーニングの適用範囲が広がりつつあります。本来目的の疲労き裂防止だけでなく、食料ロス防止にも使われます*。

構造物疲労亀裂防止で適用が多いのは、橋梁や高速道路橋脚などです。従来は塗装剥がしに使っていたスチールグリッドの代わりに、スチールショットピーニングを施しています。表面に圧縮残留応力が付与され、疲労亀裂の発生を防止することができます。

食料品残留防止して、食品ロスを抑えます。食品の製造過程で微細な粉末を扱う際、金属表面に付着したり、投入孔の残留付着物が問題になります。表面のピーニングで凹凸を付与することで、粉体の付着を抑えることが可能になります。

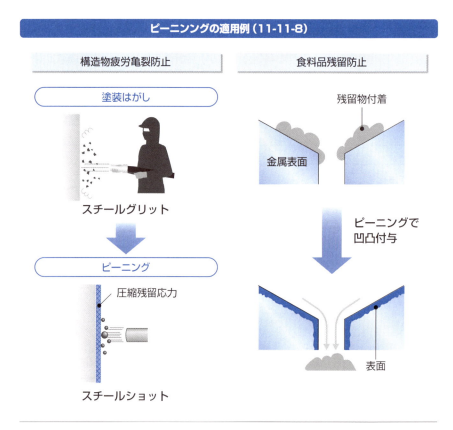

ピーニングの適用例（11-11-8）

*…**使われます** ショットピーニングにも注意点がある。表面の粗さが大きく異なること、鉄球が磨耗したり割れること、ショット前の深い欠陥が防げないこと、および表面温度が上がってしまうと残留応力がなくなることである。

Ⅱ 金属加工技術篇

第12章

金属三次元造形技術

　三次元積層造形法は、かつては3Dプリンタと呼ばれていました。現在金属分野で活用されており、積層製造、英語ではアディティブマニュファクチャリング（AM）と機能名称で呼ばれるようになりました。AMの基礎技術を概説します。

Ⅱ　金属加工技術篇　　第12章　金属三次元造形技術

金属三次元造形技術の基礎

金属三次元造形技術は、これまでの金属加工法に比べ、より複雑な形状などを造形できる技術です。新しい原理の造形法であるAMの特徴を見ていきましょう。

▶▶ 6番目の金属加工法

金属の製造・加工法には、鋳造、鍛造、機械加工、プレス加工および粉末加工の5つの従来からの形創成技術があります。金属三次元造形技術は、造形原理が他と異なる6番目の金属加工法です。

三次元積層造形法は、かつては**3Dプリンタ**＊と呼ばれていました。CAD情報を元に産業用から個人用までの3D製品を樹脂系の素材で作り上げてきました。金属粉を用いた三次元積層造形はまだ発展の途上にあります。

広く認知されてきた3Dプリンタは、次第に積層製造、英語ではアディティブマニュファクチャリング（AM）と機能名称で呼ばれるようになりました。機械加工に用いる切削や研削などの除去技術に対し、AMは付加技術を意味しています。

三次元積層造形法の位置付け（12-1-1）

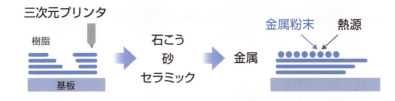

＊**3Dプリンタ**　3次元的CADモデルで、立体構造の物体をつくりだすことができる技術。

454

12-1 金属三次元造形技術の基礎

AMの特徴

　AMは、3D-CADなどの三次元情報を用い、平面に薄く切った位置情報に基づいて、金属粉末を一層ずつ積み重ねて立体を造形します*。

　AM製品の主要な特徴は、三次元構造だけでなく組成や材質まで変化させた製品を作りあげられることです。具体的には、

①他の金属加工法では造形困難な複雑形状な構造物が製造できる

　鋳造や切断では加工できないような入り組んだ複雑な外部構造、内部構造が製造可能です。

②格子状の構造が製造できる

　細かい格子状構造や連続的に変化する格子構造の製造が可能です。

③複数の格子構造が組み合わさった入れ子構造が製造できる

　従来の金属加工では実現困難な構造物でも発想さえあれば製造可能になります。

④傾斜組織、複数組成の構造体が製造できる

　構造体の場所によって素材や組成を変えることが可能です。また、素材や組成を連続的に変化させることもできます。

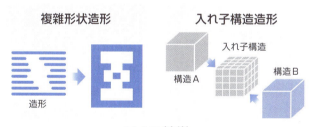

三次元積層造形法の特徴（12-1-2）

＊…立体を造形します　AMの立体造形は生産性と加工精度が問題となる。

2 AMの特徴と課題

現在実用化されている主要付加技術は、パウダーベッド法、パウダーデポジション法およびパウダージェッティング法です*。

▶▶ パウダーベッド法

パウダーベッド法は、樹脂造形で用いられている光重合硬化（光造形）と酷似した方法です。金属積層造形法では最もよく使われる方法です。

パウダーベッド法は、金属粉体を一層毎に敷き詰め、その層にレーザー光線や電子ビームを照射することで金属粉を溶融させ焼結させる方法です。一層の加工が終わると、再び金属粉を敷き詰めて作業を繰り返します。加工が終わると未焼結の金属粉を除去して造形物を取り出します。

パウダーベッド法は、加工は簡単ですが、金属粉体を加工物を含む立方体分必要となり製造コストが高価になる難点があります。

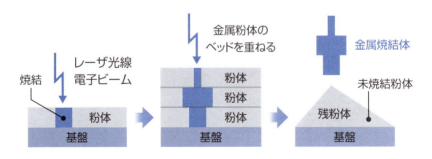

パウダーベッド法の概念図（12-2-1）

▶▶ パウダーデポジション法

パウダーディポジション法は、金属粉を造形部分に供給すると同時にレーザー光線照射を行い、溶融し焼結させる造形法です。

パウダーディポジション法は、既存の構造物の補修や、単純構造の大型構造物の製造に利用されます。

＊…パウダージェッティング法です　他にも、指向性エネルギ堆積、材料吐出堆積、シート積層なども開発されている。

12-2 AMの特徴と課題

　パウダーディポジション法の特徴は、様々な付加造形が可能です。回転テーブルを使用すると全周方向から造形ができます。また金属粉の供給経路を決めておけば異種金属の積層造形が可能です。使用粉末も安価なものが使用できます。

　デメリットとして、パウダーの吹き付けはパウダーロスが4割もあるため貴重な原材料の消費量が多くなることがあげられます。

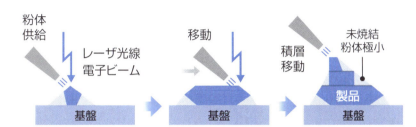

パウダーデポジション法の概念図（12-2-2）

▶▶ パウダージェッティング法

　パウダージェッティング法は、金属粉末にバインダーを吹き付け固化させ、選択的に立体造形する方法です。成形した後、バインダーを除去し焼結して造形物を作ります。**金属粉体射出成形法**（MIM）と同じ硬化方法です*。

　パウダージェッティング法は、粉末自身が造形物を支えるため、特別な変形防止設備は不要です。造形速度は速く大量生産に向いています。海外では自動車の部品をAMで実用化されています。また結合材に着色可能で消費材の製造にも適します。

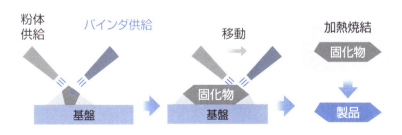

パウダージェッティング法の概念図（12-2-3）

＊…同じ硬化方法です　図7-6-5にMIMの成形手順を示すが、パウダージェッティング法と酷似している。

457

12-2　AMの特徴と課題

▶▶ レーザー光線溶融法と電子ビーム溶融法

　AMで金属粉を溶融させるエネルギー源には、レーザー光線と電子ビームの2種類があります。一般的にはレーザー光線溶融法が用いられますが、二つの溶融法には加工時の特徴があり用途により使い分けます。

　レーザー光線溶融法は、常温の不活性ガスの造形雰囲気＊で加工します。加工生産性は悪いが高精度加工が可能で、幅広い金属粉の使用が可能です。

　電子ビーム溶融法は、真空下で加工します。加工生産性は良いが加工精度はレーザー光線に比べて悪い特徴があります。

　電子ビーム溶融法は、加工前に金属粉を高温予熱する必要があります。高温雰囲気での成形のため、高温で使用する部材では製品歪みが小さくなるという利点があります。加工前に減圧真空操作が必要で装置価格が高価になるなど課題もありますが、金属粉の空気酸化を防ぐことも可能になり、チタン系など高融点金属の加工に適しています。

レーザー光線溶融法と電子ビーム溶融法の特徴の比較（12-2-4）

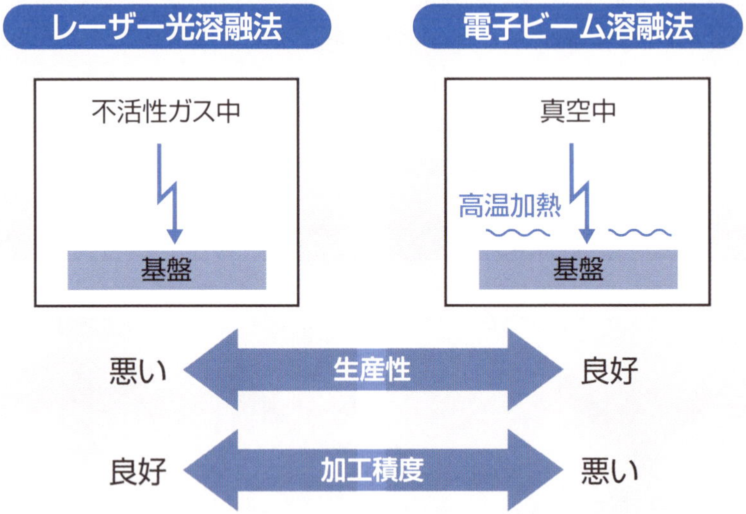

レーザー光溶融法	電子ビーム溶融法
不活性ガス中 ↓ 基盤	真空中 ↓ 高温加熱 基盤

悪い ←　生産性　→ 良好
良好 ←　加工精度　→ 悪い

＊**常温の不活性ガスの造形雰囲気**　アルゴンもしくは窒素でガス置換したもの。

III 金属素材篇

第13章

金属の分類

　金属の分類には、様々な視点があります。身の回りの金属から見る方法、定義をして分ける方法、用途による分類などが考えられます。用途による分類は、構造材や電子・磁性材料、機能材料に分けてみていきましょう。使用量の視点から見た分け方もあります。

Ⅲ 金属素材篇　　第13章　金属の分類

金属が支える私たちの文明

　一番簡単な金属の知り方は、身の回りにある金属について興味を持つことです。ここでは、筆者夫婦の作詞作曲の「金属ラプソディ」の音色に合わせて身の回りの金属をみていきましょう。曲は、あとがきのWEBアクセスQRから聴けます。

▶▶ ある日の午前の光景

　ある日、道を歩いていると高いビルが目に入りました。「ビルがこんなに高いのは鋼が支えるおかげです」そこへ、スマートフォンにメールが届きました。「いつでもメールが読めるのは、(電子機器につかわれている) レアメタルのおかげです」最近のスマートフォンはとても画面が大きいです。そうだ、「液晶画面にはインジウム(ITO)」が使われている。電池に思いを馳せます。「バッテリーには (昔は) 水素吸蔵*(合金、今ではリチウムイオン電池が使われてます)」ベンチでパソコンを取り出しました。電源をいれると直ぐに情報が読み出せます。パソコンを見ながら「(昔は) ハードディスクはネオジウム (磁石が使われていたけど、今では半導体のSSDになっているなあ)」空を見上げます。「金属、金属、金属ラプソディ (狂想曲、のようだな)」

ある日の午前の身の回りの金属のある光景 (13-1-1)

音楽 (YouTube)「金属ラプソディ」

＊水素吸蔵　正確には負極に水素吸蔵合金、正極にオキシ水酸化ニッケル、電解液に水酸化カリウムなどのアルカリ水溶液で構成されるニッケル水素電池。充放電できる二次電池。

460

ある日の午後の光景

　空を見上げると「飛行機軽々飛べるのは、ジュラルミンのおかげです」とふと気づきます。でも、最新の飛行機はジュラルミンからチタンへ、そしてCFRP、つまりプラスチックでできています*。もうジュラルミンが飛行機に使われているというのは昔話になってしまったなあ。そうだ、提出必要な書類がありました。「いつでもコピーができるのは」コンビニのコピー機に入っているトナー定着用に使う「セレンとテルルのおかげです」でも最近はなんでもペーパーレスになってしまい印鑑を押すために印刷する書類も絶滅危惧種になってしまいました。心を落ち着かせようとイヤホンを取り出して耳に差し込みながら考えます。昔、ウォークマンを聞いていた時、イヤホンはなんて言わず「携帯スピーカーは」って言ってたなあ、そうだあれは確か当時世界最強の「サマコバ磁石」だったな。歌人の俵万智が発明者の父親を短歌に詠んでいたっけ*。これから訪問する筑波の研究所にある「超伝導には」「ニオブとチタン」でできた導管が必要でした。「形状記憶」合金は「ニチノール」が有名でしたね。空を見上げます。「金属、金属、金属ラプソディ(狂想曲、のようだな)」

ある日の午前の身の回りの金属のある光景（13-1-2）

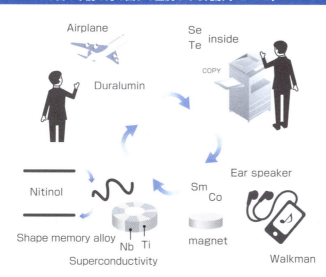

*…てできています　CFRPは炭素繊維で強化したプラスチックのこと。
*詠んでいたっけ　「ひところは『世界で一番強かった』父の磁石がうずくまる棚」

製鉄所で働いて

「鉄は国家なり」このようなことを言った人はいません。しかし、なんとなくこういう論が、鉄鋼メーカー以外のところで語られているのを見聞きする場合があります。「鉄鋼は産業の米だからな」こういう言い方もあります。でも、本家の農業ですらグローバル化の荒波にもみくちゃにされています。ましてや鉄などは、海外の安価な鋼材がいくらでも押し寄せる時代になっています。

「皆さんの誇れる点を挙げてください」時々、工場見学のお客様から聞かれることがあります。先方は技術力とか伝統とかを期待されているのは明らかですが、私たちの答えは「選んで頂ける事」です。安い鋼材が必要なら、海外の鋼材が使われます。100円均一ショップでなんでも売っているのと同じです。でも、お客様に必要な鉄は、本当にそうでしょうか。国内のみならず海外の競争相手との競争に勝っていかなければならないアイテムの一つはコストであるのは明白です。でも、勝ち続けるために必要なのは、品質やデリバリーもあります。常に開発し、改善していく、そして何よりも、自分たちに合った鋼材が必要ですよね、とお話しします。日本の鉄鋼メーカーは海外製のカップ麺を売っているのではありません。もちろん空腹を満たすだけのお客様はそれでもいいでしょう。しかし、長い競争を勝ち続けなければならないお客様に必要な鋼材は、暑い日には少し塩味を強く、お疲れ気味の時は甘みをつけて、変わりたい時は、アクセントをつける、そういったウドン、ではない鋼材を提供し続けているのです。鉄鋼が海外に進出するのは、日系メーカーが進出されている先に限られているのは、目を凝らせば見えてきます。日本の鉄鋼業の存在意義は、国産の日系の企業が元気に国際競争力を勝ち抜いていくための礎になろうとしているのです＊。

また、ある時某新聞社の記者からこんな質問を受けた事があります。「田中さん。金に糸目をつけなければどんないい鉄ができますか？」筆者の答えはこうでした。激昂して見せたのです。「ばかやろう。金に糸目をつけないだと。見損なうなよ。俺らは入社以来、一度も金に糸目を付けなかったことがない。いつも糸目をつけている。なんでかわかるか？」「わかりません」「僕たちが中国や欧州と手を組む理由は？」「世界制覇かな？」「違う！世界に出ていくのは日系企業が出て行ってそこで世界と戦うための鋼材を供給するためや。そして、そのいい鋼材を安く提供するためや」ですから、鉄鋼業はいつも歩留を上げようとします、厳しいコスト削減をしようとします。1トンでも多く、1円でも安くお客様に鋼材をお届けしたい、こういう本能で鉄作りをしているのが、明治以降、いや幕末から、延々と続く日本の鉄鋼業の性です。

＊…いるのです　製鉄の特徴を話すとき、一番お客様にわかりやすいのは、料理の例え話をすること。ある見学対応のとき、最初から最後まで料理の話をして「よくわかりました」と感謝されたこともある。相性がよいのだろう。

2 金属の分類

金属の分類法には、金属の性質に着目した分け方や、金属群に分けた細分類、工業的視点の分け方があります。本節では、金属の分類方法について解説します。

▶▶ コモンメタルとレアメタル

金属を大きく分けると、鉄、銅、鉛など古くから使われている**コモンメタル**と、それ以外の金属があります。それ以外の金属を総称して**レアメタル**と呼びます。

コモンメタルは、精錬が容易で世界各地で生産されており、広く産業で使われてきた金属が多く含まれます。昔からなじみがあるために、漢字で書ける金属が多いのも特徴です。レアメタルは、コモンメタル以外の非鉄金属のうち、使用量や用途が限られているものを総称します。レアメタルという呼び方は、日本独特のものでした。外国ではマイナーメタルやクリティカルメタルと呼ばれてきましたが、最近ではレアメタルも認知されてきました。「レアメタルは31種47元素である」という言い方がありますが、これは、日本の経済産業省で定義されたグループです。たとえば貴金属の白金やパラジウムは含まれますが、ロジウムやイリジウムは定義には含まれません。このように狭義のレアメタルだけではなく用途や性質で範囲を拡張してレアメタルを見ていく必要があります*。

コモンメタルとレアメタルを定義する際、金属の資源に由来する定義と金属の性質に由来する定義があります。両者の差異を見るためにはこれらを比較します。

金属の資源に由来する定義には、地殻の存在量が多いか少ないか、鉱物資源が分散しているか偏在しているか、高品位の鉱石があるかないかがあります。

金属の性質に由来する定義には、従来の産業に用いられているか最先端技術に用いられるようになってきたのか、金属の精錬が困難か容易か、などがあります。

＊…必要があります　日本の使用量実績から選定している。電子産業がない地域や国にとって、必要ない金属でも、日本に必要なものはレアメタルとなる。

13-2 金属の分類

コモンメタルとレアメタル（13-2-1）

軌道	s軌道		d軌道										p軌道				
族	1A	2A	3A	4A	5A	6A	7A	8A	8A	8A	1B	2B	3B	4B	5B	6B	7B	0
同期	1	2	3	4	5	6	7	8	9	10	11	12	13	14	15	16	17	18
1	1 H																	2 He
2	3 Li	4 Be											5 B	6 C	7 N	8 O	9 F	10 Ne
3	11 Na	12 Mg											13 Al	14 Si	15 P	16 S	17 Cl	18 Ar
4	19 K	20 Ca	21 Sc	22 Ti	23 V	24 Cr	25 Mn	26 Fe	27 Co	28 Ni	29 Cu	30 Zn	31 Ga	32 Ge	33 As	34 Se	35 Br	36 Kr
5	37 Rb	38 Sr	39 Y	40 Zr	41 Nb	42 Mo	43 Tc	44 Ru	45 Rh	46 Pd	47 Ag	48 Cd	49 In	50 Sn	51 Sb	52 Te	53 I	54 Xe
6	55 Cs	56 Ba	La系列	72 Hf	73 Ta	74 W	75 Re	76 Os	77 Ir	78 Pt	79 Au	80 Hg	81 Tl	82 Pb	83 Bi	84 Po	85 At	86 Rn
7	87 Fr	88 Ra	A系列	104 Rf	105 Db	106 Sg	107 Bh	108 Hs	109 Mt	110 Ds	111 Rg	112 Cn	113	114 Fl	115	116 Lv		

No記号 コモンメタル　No記号 レアメタル　No記号 その他

希土類

軌道	f軌道
La系列 ランタノイド	57 La　58 Ce　59 Pr　60 Nd　61 Pm　62 Sm　63 Eu　64 Gd　65 Tb　66 Dy　67 Ho　68 Er　69 Tm　70 Yb　71 Lu
A系列 アクチノイド	89 Ac　90 Th　91 Pa　92 U　93 Np　94 Pu　95 Am　96 Cm　97 Bk　98 Cf　99 Es　100 Fm　101 Md　102 No　103 Lr

▶▶ コモンメタル

　おおよその**コモンメタル**の定義は、「地殻中に存在量が多くて、産出地域が分散しており、高品位の鉱石があり、単体金属を取り出して利用しやすく、従来の産業技術を支えてくれた金属」となり、鉄や銅を思い浮かべると納得できます。これまで人類の歴史の中で、大量に使われてきた金属を普遍金属（コモンメタル）と呼びます。「鉄、アルミニウム、亜鉛、錫、金、銀、水銀、鉛、銅」と、アルミニウムを除くと*、漢字で書くことができるほど、古くから知られてきました。

　コモンメタルの特徴は、地球上に大量に存在しており、純度の高い鉱石が採取できる場所が広く分布しており、古代の技術でも精錬が容易だったということです。アルミニウムだけは精錬に電気が必要な金属なので19世紀の使用開始ですが、それ以外は紀元前から採取されていました。

　コモンメタルは、必ずしも埋蔵量が十分というわけではありません。銅鉱石などは古代から採掘されてきましたが、経済的合理性のある採取ができる含有量の鉱石は枯渇しつつあります。使用量が多いだけに枯渇リスクは大きいといえます。

***アルミニウムを除くと**　アルミニウムを鋁（金偏に呂）と書く場合があります。

13-2 金属の分類

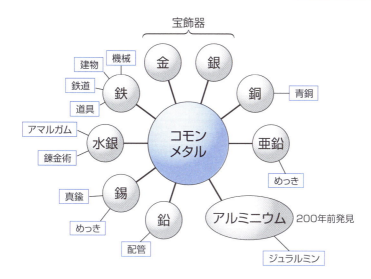

レアメタル

　レアメタルの定義は、「地殻中の存在量が少ないか、産出国が偏在しているか、高品位の鉱石が少ないか、最近突如として先端技術に欠かせないと認知されたか、単体金属を精錬分離するのが極めて困難か、この元素の添加が既存技術には必要不可欠の金属かである」と定義されます*。レアメタルはこの条件が1つでも当てはまる金属です。

　レアメタルを用途別に分類すると、鉄鋼合金用、電子・電池用途、磁性材料用途、触媒用途および機能性材料用途のレアメタルに大別できます。

　鉄鋼合金用途のレアメタルは、鋼材の材質を改善するために用います。マンガンのように強度アップのために添加する元素、ステンレス鋼のように特殊用途のために一定量合金を添加する元素、熱処理過程で炭化物析出を行い強度・靭性バランスをうまく調節する元素などがあります。

　電子・電池用途には、発光ダイオードや半導体レーザーなどの半導体デバイスや二次電池や燃料電池としての用途があります。

　磁性材料用途には、永久磁石や磁歪材料、磁気冷凍などの磁性素材や、超伝導線

*…定義されます　経済産業省で扱う資料に記載。レアメタルは日本で使う和製英語で、英語ではマイナーメタルと呼ばれ、レアメタルは希土類元素の意味になる。

13-2 金属の分類

材の線やジョセフソン素子などの超伝導素材としての用途があります。

触媒用途には、自動車排ガス用の三元触媒などの環境浄化触媒や酸化チタンによる光触媒が、主な用途としてあります。

機能性材料用途としては、液晶の透明電極用のITOや光通信用のフッ化ガラスに用いるニューガラスや磁気光学媒体や固体レーザー発振結晶など光学機器素材としての利用方法があります。このほか、機能性材料用途は急速に拡大しています。

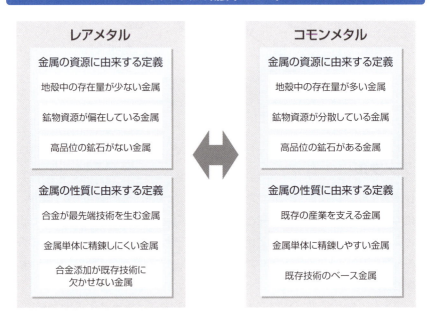

レアメタルの概要（13-2-3）

▶▶ レアメタルとコモンメタルの特徴

レアメタルとコモンメタル*は、①地殻中の存在量が豊富か希少か、②地域偏在性、つまり鉱石の産出が数か国に集中しているか多国にまたがっているか、③生産量が数億トン規模か数千トン規模か、④精錬が容易か困難か、⑤先端技術に使われているかどうか、という5つの指標で評価すると、特徴と傾向が見えてきます（次の図）。

コモンメタルの代表格である「鉄」を基準にして、他のコモンメタルである「非鉄金属」を見ると、地殻存在量を除き、ほぼ鉄と同じような傾向を示します。

＊**コモンメタル** コモンメタルは、昔から大量に使われてきた金属を意味し、レアメタルの対語で使われる。

13-2 金属の分類

レアメタルとコモンメタルの特徴比較（13-2-4）

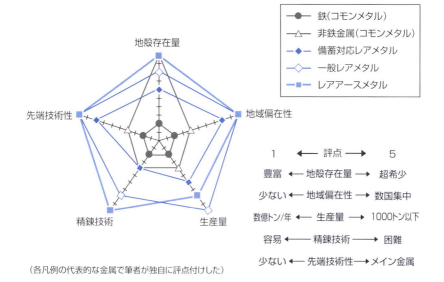

（各凡例の代表的な金属で筆者が独自に評点付けした）

　レアメタルを3つに分類し、鉄鋼の合金用添加元素である「備蓄対応レアメタル」「一般レアメタル」「レアアースメタル」としてみます。備蓄対応レアメタルを除く2つのレアメタルの地域偏在性は際立っています。また、先端技術性も同様な傾向を示します。

　この5つの指標を使うと、それぞれの金属の特徴を言葉で説明できます＊。例えば、鉄は「地殻に豊富に存在しており、鉱石の産出は多国にまたがり、生産量が多く、精錬が容易で、古くから使われてきた金属」と記述できます。一方レアアースメタルは、「地殻の存在が希少であり、しかも数国に偏在しており、生産規模は小さく、精錬がきわめて困難なのだが、最先端技術には欠かせない金属」と記述できます。正確さには少々欠けますが、それぞれの金属の特徴を述べるときには便利な指標です。

レアメタルはレアではない？

　レアメタルは、希少という言葉どおり地殻存在量が少ないのが特徴です。しかし、その比率をみると、コモンメタルとそれほど大差ありません。

＊…説明できます　この手の図解は、作った本人が「これはいい説明だ」と思っているだけの場合が多い。この図もその一つでごちゃごちゃ感が否めない。

13-2 金属の分類

レアメタルとコモンメタルの地殻存在率（13-2-5）

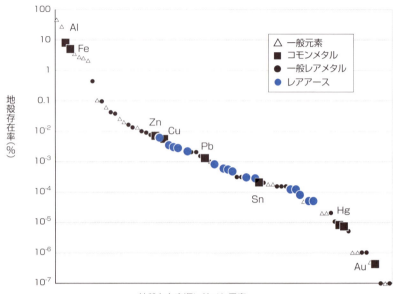

鉄やアルミニウムは別格としても、レアアースメタルを除く一般レアメタルはコモンメタルよりもむしろ多いのが特徴です＊。レアアースメタル一つひとつの構成元素の存在量と、コモンメタルの存在量がほぼ同等です。レアメタルは必ずしも希少な金属ではありません。

コモンメタルは昔から使われてきた金属です。鉱石からの取り出しが容易な理由としては、これまでにみてきた精錬の容易性以外にもう一つ、濃縮率があります。金属が鉱石に高濃度で濃縮されているかどうかという視点です。例えば金の濃縮率は1万倍、銀や鉛では2500倍もあります。これだけ濃縮していれば、採取も精錬も容易です。一方レアメタルは、タリウムTaやスカンジウムScなどは鉱石を形成しません。

また、他金属鉱石の構成金属の一部に置換して存在するものもかなりあります。もちろんクロムCr、マンガンMn、ニッケルNiのように独自の鉱石を作り濃縮するものもあります。

＊…**特徴です**　多くても使えない金属がほとんど。例えば、地面の砂はレアアースメタルが含まれるが経済的合理性を持った分離ができない。

COLUMN 鉄の切手[*]

　1969年、ブータン王国で8枚の奇妙な切手が発売されました。鉄の切手です。素材が鉄であるばかりではなく、描いてある絵柄も製鉄の歴史的な風景を描いてあります。

　切手に使ってある鉄は、当時世界最大の鉄鋼メーカーである米国のUSスチールが作った0.001インチ厚みの鉄箔に錫めっきをしたものです。現在でも25ミクロンの厚みのホイールを作ろうとするととても困難ですが、50年以上前には実現していたんですね。

　切手は、歴史に従って絵が描かれています。

　第一の切手は、紀元前18世紀のヒッタイトの鉄作りです。赤茶けた山と炉に鉄鉱石を装入する女性が浮き上がって見えます。

　第二の切手は、ダマスカス刀の交換風景です。商人が持ってきた刀を天秤に乗せ、富豪が袋から黄金を乗せています。

　第三の切手は、米国初のボストン郊外にあったサーガス製鉄所の光景です。水車が回る一貫製鉄所は、現在は復元されています。

　第四の切手は、ビーハイブコークス炉操業です。コークスを作業者がスコップで取り出しています。馬が石炭を運んできました。

　第五の切手は、ベッセマー転炉の初操業光景です。炉底から吹き込まれた空気と反応して、炉口から溶鋼が吹きこぼれています。

　第六の切手は、熱間圧延機の操業風景です。蒸気や圧延鉄がダイナミックに描かれ、絵から騒音と熱気が伝わります。

　第七の切手は、夜間の製鉄所の光景です。銑鉄やスラグの放つ光が夜空を赤く染めています。不夜城の名にふさわしい構図です。

　第八の切手は、未来の鉄です。当時のアメコミ紙に載っていそうな、空を走る車、透明な鉄、曲がりくねった道が眩しい絵です

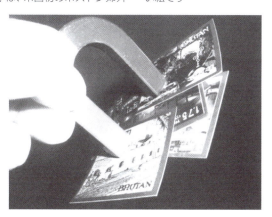

---

[*] **鉄の切手**　筆者が所蔵しているものは、二代目の8枚の切手。初代の8枚は書斎の中で行方不明になった。再び海外ネットオークションで入手したもの。

III 金属素材篇　　第13章　金属の分類

3 金属の用途による分類

　レアメタルの性質を明らかにするため、用途や種類で分類してみましょう。漠然とした個々の元素名の羅列から、少し理解が深まります。

▶▶ 元素の分類

　天然元素を大きく分類すると、**非金属**・**半金属**と**金属**に分けられます。非金属は、**希ガス**や**ハロゲンガス**、**カルコゲン**＊とよばれる酸素Oや硫黄Sなどです。半金属は、ケイ素Siやヒ素Asなどで金属的な性質を示します。

　金属は、3つに分類できます。ナトリウムNaやカリウムK、カルシウムCaのようなミネラル、従来から利用してきたコモンメタル、そしてレアメタルです。

▶▶ 金属の用途による分類

　金属を用途によって分類してみましょう。鉄鋼素材である鉄Feや非鉄金属素材であるアルミニウムAl・銅Cuといった**構造材用添加金属**、**電子・磁性材料金属**、そして**機能材料金属**です。

　構造材用添加金属としては、コモンメタルと組み合わせて高機能な素材を作るか、レアメタル自身がもつ優れた性質を利用します。電子・磁性材料としては、半導体や電池、磁石などの磁性材料、超伝導材料などに利用します。機能材料としては、触媒や光学機器素材、新機能を付与したセラミックスやガラスとして利用します。

▶▶ 元素の種類による分類

　レアメタルは、大きく分けて鉄鋼などへの添加元素と、それ以外に分けられます。鉄鋼への合金としての添加元素は、かつて国家備蓄対象になっていた7種類の金属群と、微量添加して鋼の性質を改善する**マイクロアロイ**とよばれるチタンTiとニオブNbの2種類です。

　それ以外の元素は、**典型元素**の**アルカリ金属**、**アルカリ土類金属**が計6種類、**希土類金属**が17種類、**高融点金属**4種類、**準典型金属**や**半金属**から9種類、**貴金属**の2種類の計47元素です。

＊**カルコゲン**　ギリシャ語で鉱物を作る元素という意味。酸素、硫黄、セレン、テルル、ポロニウム。とくに硫黄、セレン、テルルを親銅元素と呼ぶ場合もある。

13-3 金属の用途による分類

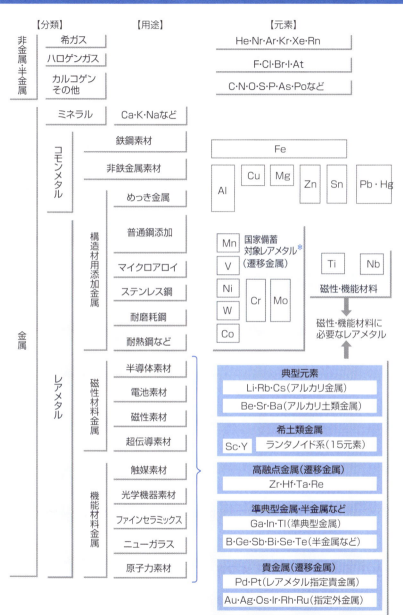

***国家備蓄対象レアメタル** 現在ではこれ以外も備蓄対象になっている。図25-1-3参照。

Ⅲ 金属素材篇　第13章　金属の分類

 ## 構造材に使われる金属

構造材に使われるレアメタルは、主に鉄鋼製品や銅Cu、アルミニウムAlなどのコモンメタルへ添加して合金を作る金属です。備蓄元素とマイクロアロイが対象です。

▶▶ 構造材用レアメタル

構造材用に用いられるレアメタルは、周期表で鉄Feを挟んで、両側に広がる3d周期の遷移金属と、その仲間のニオブNb、モリブデンMo、タングステンWなどです。これらのレアメタルは、大量生産される鉄鋼に添加されてさまざまな特性をもつ合金鋼になります。また、銅Cuやアルミニウム Alなどへ添加されて、強度を大幅に向上させます。

構造材などに使われるレアメタル（13-4-1）

軌道	s軌道			d軌道									p軌道					
族	1A	2A	3A	4A	5A	6A	7A		8A			1B	2B	3B	4B	5B	6B	7B	0
周期	1	2	3	4	5	6	7	8	9	10	11	12	13	14	15	16	17	18
1																		
2														5 B				
3														13 Al				
4				22 Ti	23 V	24 Cr	25 Mn	26 Fe	27 Co	28 Ni	29 Cu	30 Zn						
5				40 Zr	41 Nb	42 Mo					47 Ag			50 Sn				
6						74 W					79 Au	80 Hg		82 Pb				
7																		

軌道					f軌道			
La系列 ランタノイド								
A系列 アクチノイド								

凡例：No 記号 コモンメタル　　No 記号 レアメタル

▶▶ 鉄鋼との相性がよいレアメタル

レアメタルの中でも、鉄鋼と合金を作るのは、相性がよい元素だけです。金属の原子半径が、鉄原子半径の15%以内の場合、鉄と**置換型固溶体**＊を作ります。周期表

＊**置換型固溶体**　固溶体とは、2種類以上の元素が互いに溶け合い、全体が均一の固相となっているもの。置換型固溶体とは、溶媒原子の代わりに溶質原子が置き換わるもの。それぞれの原子の大きさが同じぐらいだと、置換が行われやすい。

で鉄の近傍にある金属はすべてこの範囲のものです。これらの元素は鉄と相性がよい元素です。鉄の原子半径よりも小さな炭素Cや窒素Nの場合は、**侵入型固溶体**＊を作ります。

　金属の原子半径が鉄の原子半径の15％以上ある場合は、その金属は鉄に固溶しません。こういう元素は、構造材には使用できません。ナトリウムNa、マグネシウムMg、カリウムK、カルシウムCaなどがその対象ですが、これらのミネラルは鉄には溶けません。

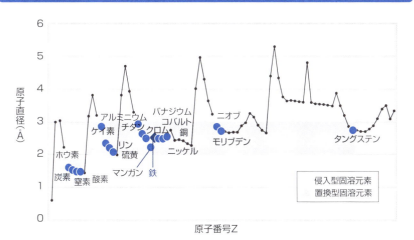

鉄と合金を作る元素の原子直径（13-4-2）

構造材の具体的用途

　構造材に用いられる金属は、鉄鋼ベースと非鉄金属ベースがあります。レアメタルの鉄鋼への用途は、鋼材への用途に応じた添加合金としてです。機械構造材、耐熱材、ステンレス鋼、HSLA（低合金高張力、NbやVを微量添加するためマイクロアロイとも呼ぶ）鋼および工具鋼や耐摩耗鋼などの特殊用途鋼などです。いずれも、複数のレアメタルを添加して高機能材料を産み出しています。

　非鉄金属では、アルミニウムをベースにしたジュラルミンや、チタン基、銅基、ニッケル基をベースにしてさまざまな用途の合金を作り出しています。

　構造材は金属の使用用途の大半を占め、用途毎に規格化や標準化が進んでいます。

＊**侵入型固溶体**　原子半径の小さい元素（水素H、炭素C、窒素N、ホウ素B、酸素Oなど）が、金属結晶格子の原子間のすきまに侵入するもの。

13-4 構造材に使われる金属

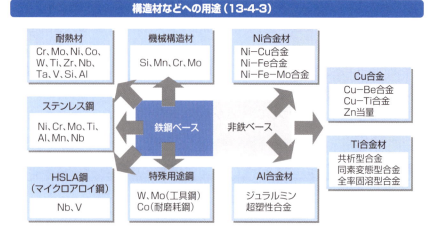

▶▶ オーステナイトを作るか、フェライトを作るか

鋼とは、鉄Feと炭素CもしくはセメンタイトFe_3Cとの合金です。鋼に添加したレアメタルは、原子径や結晶構造で決まる性質に従い、γ鉄を安定化させるかα鉄を安定化させるか、いずれでもない、の3つのグループに分類できます。γ鉄は**オーステナイト**とよばれ、面心立方構造をもちます。α鉄は**フェライト**とよばれ、体心立方構造をもちます。

添加するとAr_3を低下させてオーステナイトの温度領域を広げる元素を、**オーステナイトフォーマー**＊とよびます。マンガンMnやニッケルNi、コバルトCoおよび窒素Nや炭素Cなどがこの元素群に属します。これらの元素は、単独でもオーステナイトと同じ面心立方構造であり原子径がオーステナイトよりも小さい特徴があります。オーステナイトにうまく溶け込み、より低い温度までオーステナイトを維持する方向にはたらきます。

添加するとAr_3を上昇させ、より高温からα域を出す元素をフェライトフォーマーとよびます。クロムCrやバナジウムV、モリブデンMo、タングステンWおよびケイ素SiやリンPなどがこの元素群になります。オーステナイト寸法に比べて原子径が大きな元素で、常温で体心立方構造のものが多い傾向にあります。

Ar_3に影響しない元素は、ニオブNbやボロンBやビスマスBi、硫黄Sなどで、オーステナイトに固溶しません。

＊**オーステナイトフォーマー**　鋼材の添加合金の種類を示すキーワードで、オーステナイト安定化元素ともいう。

13-4 構造材に使われる金属

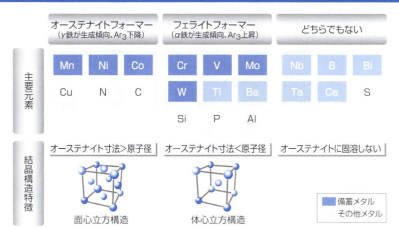

鋼にこれらの元素を適切に添加し、圧延や熱処理により組織制御を行い、目的とする材質の鋼材を得ることを**材質設計**とよびます。

実際の材質設計は、これらのオーステナイトフォーマー元素、フェライトフォーマー元素、どちらでもない元素を適量組み合わせます。特に、どちらでもない元素は金属中に析出物を作り出し性質を大きく変えるBやNbなどが含まれます。熱間圧延プロセスでの温度条件などを考慮しながら、鋼材を作るプロセスに沿った材質設計をします。これは鉄鋼製造のすり合わせ技術の極地であり、他者や他国が真似できない品質の鋼材を作り出す原動力になってきました。

▶▶ 炭化物を作るか、炭化物へ固溶するか

レアメタルは、鋼中の炭素と化合して炭化物を作るか作らないか、他の炭化物※へ固溶するかしないかで4つのグループに分けられます。他の炭化物には、鉄と炭素の炭化物Fe_3C（**セメンタイト**）も含まれます。

自分自身が炭化物を作り、他の炭化物にも固溶する元素は、クロムです。この性質は、クロムを大量に添加するステンレス鋼で、孔食や**σ相脆化**の現象を引き起こします。

自分自身が炭化物を作るが、他の炭化物には固溶しない元素は、たくさんあります。モリブデン、タングステン、バナジウム、チタン、ニオブは、炭化物を鋼中に析出させ、材質の微細化や硬度向上などに利用されます。

※**炭化物**　炭素との化合物の総称。イオン性炭化物のほか、炭化ケイ素などの共有結合性炭化物や金属結晶構造のすき間への侵入型炭化物がある。

13-4 構造材に使われる金属

主要元素の炭化物生成と炭化物への固溶の関係（13-4-5）

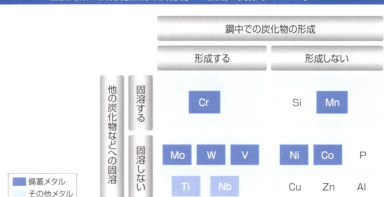

　自分自身が炭化物を作らない元素は、2種類あります。まず、セメンタイトに固溶することで鋼の組織制御にも利用できるケイ素やマンガンです。これらの元素は、鋼の材質（強度）制御には欠かせません。次に、セメンタイトには固溶せず、マトリックス*に溶け込むことで固溶強化に利用する元素です。銅やニッケル、コバルト、リンやアルミニウムなどがこのグループに入ります。

　これらの炭化物の生成の有無やセメンタイトへの固溶の有無を考慮して、材質設計を行います。

▶▶ 主要レアメタルの鋼の組織制御・材質に及ぼす影響

　主要レアメタルが、鋼の組織制御や鋼の材質に影響を与える主な役割を、次の図にまとめました。Mn～Wが備蓄レアメタル、Nb～Bがその他レアメタルです。備蓄レアメタルは、鋼の添加元素として有効に利用されていることがわかります。

　鋼の組織制御には、目的とする組織そのものの性質を熱処理で制御する**焼入れ性**、組織の粒径を制御する**結晶の微細化**、そして炭化物の析出硬化による組織強化を行う**炭化物生成**などがあります。

　組織制御の結果得られる鋼の材質は、耐食性、耐磨耗性、高温強度や低温靭性などの項目により評価します。

＊**マトリックス**　合金の体積の大部分を占める組織のこと。

13-4 構造材に使われる金属

主要レアメタルの鋼の組織制御・材質に及ぼす影響（13-4-6）

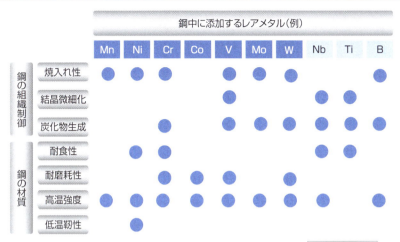

英国王立研究所（英国鉄鋼の旅第4話*）

王立研究所への道

英国で鉄鋼遺跡巡りを堪能した筆者は、ロンドンに昼過ぎに戻った。この時点から翌日の夜の帰国の飛行機の時間までの間に、王立研究所の所蔵物（だと思われる）ファラディの木箱の中に入っている（と思われる）合金サンプルを一目見ることだけに時間を使おうと決意していた。

王立研究所は、地図で見つけてあった。出かけてみると外観がとてもいかめしい建物だ。建物の案内図を見るとファラディミュージアムは地下にある。迅る心を落ち着かせながら階段を降りた。ファラディの研究室が眼前に広がっている。でも部屋はガラスで仕切られいた。

ファラディの部屋

部屋を観察すると、電磁気の大家だけあって金属学の実験設備は坩堝や加熱炉くらいしか見当たらない。合金が入っているとハドフィールドが100年前の本に書いてある木箱は……、至る所に置いてある。どれが本物の木箱かわからない。

研究室の前で悩むこと小一時間。とうとう根負けして木箱を探すのは諦めた。階段を登ると受付があった。受付の前で天啓が降りてきた。「聞くのだ、ここで」何かが乗り移ったかのように筆者は片

---

*英国鉄鋼の旅第4話　この話は実話である。

477

13-4 構造材に使われる金属

言の英語で受付の若者に話しかけていた。「ワタシ、ジャポーネ。ジャパンカラ来タ。ファラディノ木箱見タイ、プリーズヨ」「何を見たいって？」「コノファラディノ木箱、コレヨ」「展示品しか見せられない」「ソコヲ、プリーズ、プリーズ、プリーズ」「わかった。おじさん少し待って。そう言えば誰か木箱の話をしていたな」「プリーズ」「わかったから。うん、そうなんです。え？いいんですか。キュレータを捕まえた。今来るから待ってて」「感謝感激雨あられ」「何ですか、その言葉？」「これは日本人がうれしくて感謝する時に発する呪文です」

いよいよご対面

キュレータがやってきた。「OK、ついてきな。日本人だって？」「はい、金属エンジニアです」「あの隅っこにある木箱だよ」「あれかあ、中身見たいなあ」「うーん、まあいいよ。見せてあげるよ」「え、いいんですか。感謝感激雨あられ」「何それ？」（以下同文……）

キュレータはがらっぱちな女性だった。「なぜこんなサンプルなんか見たがるの」「だってファラディですよ。金属ですよ」「ほらこれだよ」「錆びてないですね」「そう。ファラディはステンレスを作ったんだよ」「1820年ですね」「よく知ってるね」「ハドフィールドの本で読んだんです」「あら、ハドフィールドも知っているの。ここの所長だったのよ」

サンプルには触らせてはもらえなかったが間違いなく錆びていなかった。「すごいなあ。感激です」「まあ、こんなサンプルを見に来たのは君がファーストマンだよ」ハドフィールド以降1世紀ぶりの2番目の目撃者になってしまった。「この木箱に貼ってある紙はファラディの直筆だよ。劣化するといけないので触ったりフラッシュ光らせては……て言うてる最中にフラッシュ光らせるな！」キュレータとは同好の士。本当に楽しいひとときを過ごした。ミッション・インポシブル、これにて完了*。

---

*…これにて完了　本当はここからが本番で、なぜ錆びていないか、200年後の現代の調査能力で調べたいところである。

478

III　金属素材篇　　第13章　金属の分類

5　電子・磁性材料に使われる金属

レアメタルは、電子材料にも使われています。半導体や電池、超伝導素材などのほか、磁性材料にも幅広く適用されています。

▶▶ レアメタルが使われている電子・磁性材料

　レアメタルは、電子材料や磁性材料にも使われます。**電子材料**とは、半導体素材、電池などで、電子機器の部品に使われている材料です。**磁性材料**とは、永久磁石や超伝導素材などです。レアメタルは、これら材料に優れた性質を与えます。

　半導体素材は、ICやLSIなどのような半導体デバイス、熱放射や発光（ルミネセンス）機能をもつ発光ダイオードに代表される発光素子、および半導体レーザーなどの固体レーザーがあります。電池では、一次および**二次乾電池**＊や燃料電池などにレアメタルが使われています。

レアメタルが使われている電子・磁性材料（13-5-1）

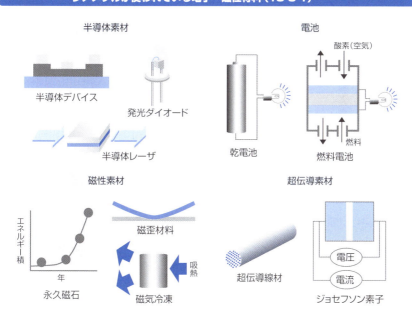

＊**一次および二次乾電池**　一度完全に放電してしまったら捨ててしまうことになる、使い切りのタイプが一次電池。充電して繰り返し使えるものが二次電池。

479

13-5 電子・磁性材料に使われる金属

磁性素材は、レアアースメタルの独壇場です。レアアースメタルを精緻に使いこなすことにより、永久磁石の性能は飛躍的に向上しました。このほか、磁歪現象や磁気冷却現象を用いた新しい素材も生まれてきました。

超伝導素材は、1980年代後半の常温超伝導ブームで一躍有名になりました。超伝導線材による超伝導コイルの製造や、**超伝導現象*** を利用したコンピュータのジョセフソン素子など、興味の尽きない超伝導素材は、レアメタルなしでは作ることができません。

▶▶ 電子・磁性材料に用いる主要レアメタル

各電子材料別に用いられるレアメタルの種類を、次ページで一覧表にまとめました。**半導体素材**は主にガリウムGaやヒ素As、インジウムInなどが使われています。**電池の素材**としては、二次電池にはリチウムLiやニッケルNi、燃料電池にはチタンTiやバナジウムV、クロムCrなどを用います。

磁性素材は、コバルトCo、ニッケルなどの磁性金属が欠かせません。永久磁石ではレアアースメタルとの組み合わせ、磁気記録では単独で、磁歪材料や磁気冷却材料ではレアアースメタルと組み合わせます。

超伝導材料は、大きく分けて金属系超伝導材料とセラミックス系超伝導材料があります。金属系の材料はチタンTi、ニオブNb、モリブデンMoを組み合わせた合金を用います。セラミックス系材料には、さまざまなレアメタルの組み合わせがあります。

このように電子材料は、さまざまな電子特性を最大限に発揮させるために、レアメタルのもつ電子的な特徴を利用します。例えば遷移金属であればd軌道電子、レアアースメタルであればf軌道電子など、特異な動きをする電子軌道を利用します。半導体素材には半導体金属そのものだけではなく、半金属を組み合わせるなどして、**電子バンド*** のギャップを適切に操作して必要な特性を出しています。これらの材料の設計には、レアメタルのもつ電子・磁性特性の理解が必要です。

電子・磁性材料はこれからの脱炭素化の技術の流れの中で、更に改善や改良が求められています。自動車などの輸送機器がガソリンから電気に転換するということは、熱やガス膨張が生み出すエネルギーから電子・磁性材料による電気エネルギーの動力へ変換が必須になります。

---

* **超伝導現象**　物質の電気抵抗が、超伝導転移温度以下でゼロになること。
* **電子バンド**　固体中での電子は、原子の並びの周期性によって決定される特別なエネルギー状態になる。これを電子バンドとよび、エネルギーが低いバンドを価電子バンド（価電子帯）、高いバンドを電子伝導バンド（電子伝導帯）とする。バンド間のエネルギーの差異をギャップとよぶ。

13-5　電子・磁性材料に使われる金属

各電子・磁性材料の主要レアメタル（13-5-2）

技術要素名	半導体素材：半導体デバイス	半導体素材：発光ダイオード	半導体素材：半導体レーザー	電池：一次電池	電池：二次電池	電池：燃料電池	磁気素材：永久磁石	磁気素材：磁気記録	磁気素材：磁歪材料	磁気素材：磁気冷凍	超伝導素材：金属系超伝導	超伝導素材：セラミックス系
Li					○							○
B							○		○			
Ti				○							○	○
V				○								
Cr				○	○	○						
Mn			○		○							
Co					○	○						
Ni				○	○	○	○					
Ga	○	○	○									
Ge	○											
Se	○	○										
Sr							○					○
Y												○
Nb											○	
Mo											○	
In	○	○	○									
Sb	○											
Te	○											
Ba							○	○				○
RE						○	○		○	○		○
Tl												○
Bi	○											○

RE：レアアースメタル

▶▶ 半導体レアメタル

　半導体に用いる元素は、12族から16族に属します。単独で半導体になる元素は、14族（4b族、Ⅳ族）のケイ素SiやゲルマニウムGeで、これらを**元素半導体**とよびます。最も早く半導体として用いられた元素がゲルマニウムGeです。現在ではゲルマニウムは使われず、ケイ素が主役になっています。

　元素半導体には、伝導電子を与えてn型半導体にする**電子供与体（ドナー）**として5b族（Ⅴ族）のリンPが用いられ、正孔を作りp型半導体にする**電子受容体（アクセプター）**として3b族（Ⅲ族）の元素が用いられます。

　複数の元素で作る半導体を**化合物半導体**とよびます。14族をはさみ、13族（3b族、Ⅲ族）と15族（5b族、Ⅴ族）の組み合わせでできる半導体が、Ⅲ－Ⅴ族化合物半導体、12族（2b族、Ⅱ族）と16族（6b族、Ⅵ族）の組み合わせでできる半導体がⅡ－Ⅵ族化合物半導体です。

　Ⅲ－Ⅴ族化合物半導体は、レアメタルのガリウムGa、インジウムInが主に用いられ、電子デバイスに用いるガリウムヒ素（GaAs）、インジウムリン（InP）、青色ダイオードの窒素ガリウム（GaN）などの半導体だけではなく、半導体レーザーなどに用いられる組み合わせを生み出しています。

　Ⅱ－Ⅵ族化合物半導体は、ZnS、ZnSe、ZnTeおよびCdTeなどがありますが、いずれも金属間化合物です。これらは可視光の発光素材として用いられています。

　半導体は一般に高温になると、電気伝導率が大きくなり半導体の機能を果たしません*。そうした中で化合物半導体は、高温でも使えるBN、BPやSiCなどの高温半導体となることができます。

　半導体の種類は、個別で見ていてもなかなか理解できません。目的材質を決めてから、図に示すように半導体の組み合わせを決定していきます。化合物の組み合わせは族の組み合わせであり、その中で最適な組み合わせを見つけ出します。

　詳細な組み合わせ議論は他書に譲るとして、ここでは半導体元素の組み合わせが合理的に決定できることを見ていただければ幸いです。半導体の組み合わせ表は、電気・磁性材料開発の大海に乗り出す時の羅針盤といえます。

＊**機能を果たしません**　半導体には使用温度がある。最大作動温度はジャンクション（PN接合の意味）温度と呼ぶ。

13-5 電子・磁性材料に使われる金属

半導体の種類（単元素半導体・化合物半導体・高温半導体）(13-5-3)

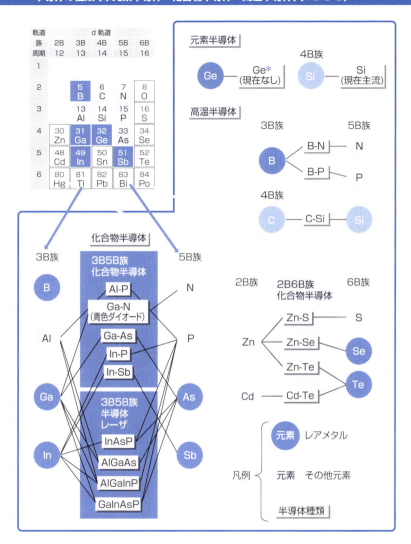

*Ge（ゲルマニウム） 一石ラジオは、大昔の科学好きの子供の憧れ。電子ブロックで作った回路でラジオ放送が流れてきたときの興奮を思い出す。

Ⅲ 金属素材篇　第13章　金属の分類

6 機能材料に使われる金属

機能材料は、主にレアメタルがもつ化学的な性質や物理的な性質を応用します。電子の動きも利用しますが、主に光の挙動を制御するために使っています。

▶▶ 機能材料に欠かせないレアメタル

機能材料とは、その材料そのものが特徴的な利用価値をもつ材料のことです。触媒、光学機器素材、ニューガラス、ニューセラミックスなどが主な用途分野です。このほか、原子炉用の素材としての用途もあります。

触媒の分野では、通常の化学産業で利用されている触媒の大半がレアメタルで作られています。身近なところでは、三元触媒として知られる自動車排気ガス浄化装置などに代表される環境浄化触媒があります。最近ではチタン酸化物のもつ光触媒作用＊を用いた製品も数多く出現しています。

レアメタルが使われている機能材料（13-6-1）

触媒
- 環境浄化触媒
- 光触媒

光学機器素材
- 磁気光学媒体
- 固体レーザ発振結晶
- 蛍光材料

ニューガラス
- ITO（透明電極）
- 光通信用フッ化ガラス

ニューセラミックス
- ガスセンサー
- 切削工具
- 磁気ヘッド

＊**光触媒作用**　光のエネルギーを使って触媒としてはたらく作用。防汚、防曇、抗菌、空気浄化、水浄化など多方面での応用が進められている。

13-6　機能材料に使われる金属

　光学機器素材は、普段はあまり気付きませんが、最も身近で使われています。演色性とよぶ太陽光などに近い色を出す能力に優れた三波長蛍光灯などには、レアアースメタルのルミネセンス機能を利用します。このほか、磁気光学媒体や固体レーザー発振結晶など、外部から入ってきた光をさまざまなモードに変換する機能を利用した素材も、CD（コンパクトディスク）などの読み取り装置として活躍しています。

　ニューガラスは、最近一番の注目素材です。透明電極として知られるITO（インジウムスズ酸化物）は、可視光線を通し、しかも導電性に優れているため、液晶表示電極に最適です。パソコンや液晶テレビの普及が、爆発的なインジウムIn使用量の伸びを招きました。

　このほか、光通信用のフッ化ガラスにはレアアースメタルが欠かせません。さらに高弾性ガラスのように物理的な特性に優れたガラスや、光学特性に優れた機能ガラス、耐食性に優れたガラスのように、機能特性を従来ガラスよりもはるかに改善したガラスが、レアメタルの添加によって得られます。

　ニューセラミックスは、レアメタルの酸化物がもつ優れた特性を利用します。安定化ジルコニアのようにガスセンサーの素材になったり、磁気ヘッドに使われたり、炭化物やチッ化物のもつ高硬度機能を利用しています。

▶▶ 各機能材料の主要レアメタル

　機能材料としての特性は、電子材料と異なり、電子軌道のもつ特性そのものはほとんど使いません。外部からのエネルギーや物質のはたらきかけに対し、特徴的な反応を示す機能を利用しています。なかでもレアアースメタルは、ほぼ似通った化学的・光学性質を示す元素がほんのわずかな違いで14種類[*]も揃っているため、触媒や光学系機能材料には欠かせません。一番望ましい機能を示す元素を選ぶだけで最適化できる魅力が、レアアースメタルにはあります。

　各種機能材料を設計する時、レアメタルやレアアースメタルを用いて最適設計する手法は新機能開発や機能向上には役立ちます。しかしレアアースメタルは、中国などの一国が独占しているため供給不安定になる場合がありました。レアメタルは、より供給が安定している元素を用いる方向に転換していく必要があります。

＊**14種類**　プロメチウムPmは人工元素であるので除く。

13-6 機能材料に使われる金属

各機能材料の主要レアメタル（13-6-2）

機能材料 技術要素名	触媒:触媒	触媒:環境浄化触媒	触媒:光触媒	光学機器素材:磁気光学媒体	光学機器素材:発光体・蛍光体	光学機器素材:EL*	光学機器素材:固体レーザー結晶	ニューガラス:ITO（透明電極）	ニューガラス:光通信用ガラス	ニューガラス:特性改善ガラス	ニューセラミックス:ガスセンサー	ニューセラミックス:磁気体	ニューセラミックス:切削・快削
Li							○						
Be							○			○			
B					○					○			
Sc	○						○						
Ti	○		○									○	○
V	○						○						
Cr	○											○	
Mn		○			○								
Co													
Ni	○	○										○	
Ga					○					○			
Ge	○									○			
Se										○			
Rb													
Sr					○	○						○	
Y					○		○						
Zr	○										○		
Nb			○										
Mo	○												
Pd	○	○											
In					○			○		○			
Te										○			
Cs										○			
Ba					○								
Re					○	○			○	○			
Ta										○			
W	○												
Pt	○	○											
Tl										○			
Bi										○			

RE:レアアースメタル

＊EL エレクトロルミネセンスは、半導体に電圧をかけると電子がエネルギーをもらい、より高エネルギーの軌道まで励起し、その電子軌道から元の軌道に戻るときにエネルギーを光として発光する現象。電子軌道間のエネルギーギャップは一定なので、一定波長の光が出る。

Ⅲ　金属素材篇　　第13章　金属の分類

7 使用量に見る分類

レアメタルの国内使用量は、3つのグループに分けられます。使用量と地殻に存在する割合には強い相関があります。

▶▶ 地殻に含まれている割合と、レアメタルの使用量

レアメタルの使用量は、大きく分けて年間100トン未満、1万トン未満、および1万トンを超える3つの元素グループに分けられます＊。備蓄対象になっているレアメタルの大半は、年間1万トンを超える使用量があります。

レアメタルの地殻に含まれる割合と国内使用量（13-7-1）

地殻に含まれる割合 ＼ 国内使用量	100トン/年未満	10000トン/年未満	10000トン/年以上
10 ppm 未満	Re, Hf, Be, Se, Tl, Ge, Te, Pd, Pt	Cs, Ta, In, Bi, Sb	W, B, Mo
100 ppm 未満	Rb, その他ランタノイド	Ga, Y, La, Nb, Nd, Ce	Li, Co, Ni
100 ppm 以上	Sr		V, Cr, Mn, Ba, Zr, Ti

（備蓄レアメタル：W, Mo, Co, Ni, V, Cr, Mn）

地殻に含まれる割合でみると、モリブデンMoやタングステンWなど非常に希少な金属や、コバルトCoやニッケルNiのような希少な金属も、1万トン以上使用して

＊…分けられます　説明用に作った図解で、かなり強引に分けた。

13-7 使用量に見る分類

います。これらの金属は、地殻に含まれる割合が希少でも鉱石として濃化しており、使用しやすい状態で産出します。一方、100トン未満の使用量のレアメタルは、もともと地殻に含まれる割合が小さいうえに、単独の鉱石として存在せず、他の鉱石の元素と一部置換しているだけの非常に低濃度な鉱石しかありません。他の金属の精錬に出る際の副産物として回収される場合がほとんどです。

▶▶ 地殻に含まれる割合と国内使用量の関係

レアメタルの使用量は、用途の拡大によって大きくなります。しかし、レアメタルの使用量は、資源の有限度*によっても大きく制限されています。希少な金属は、少量しか使用していません。全レアメタルの地殻に含まれる割合と国内使用量の関係には、大きな相関関係があります。

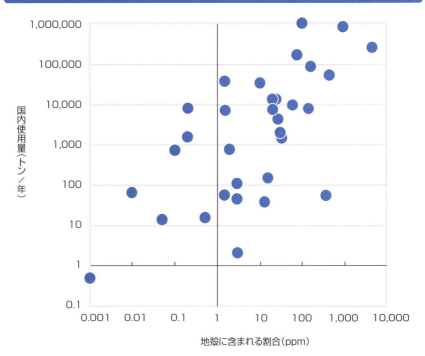

レアメタルの地殻に含まれる割合と国内使用量の関係（13-7-2）

*…有限度　資源の取り出しやすさの意味。取り出せなければどれだけ含まれていても使えない。

III 金属素材篇

第14章

鉄と鋼の性質と用途

　鉄と鋼は、金属の使用量の大半を占めます。鉄や鋼が古くから利活用されてきた理由は、鉄と鋼の性質によります。
　本章では、鉄や鋼の持つ性質を概観し、その多岐にわたる用途についてみてきましょう。

1 鉄の性質

鉄は他の金属と異なる性質をいくつも持っています。鉄の持つ特異な性質は、鉄の素材としての利便性を高めています。

▶▶ 鉄の特徴

鉄の特徴は、常温で磁性を持つこと、変態回数が多いこと、各種金属と合金を持つことです。鉄と炭素は分離不能＊で、両者の合金が鋼です。鉄の特徴とされている現象のほとんどは鋼の特徴です。鋼は、強度の幅が広い素材です。

鉄の特徴を生み出す三大性質（14-1-1）

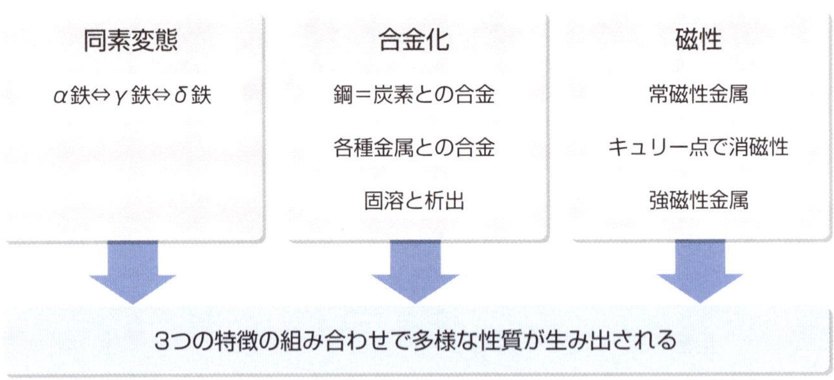

同素変態	合金化	磁性
α鉄⇔γ鉄⇔δ鉄	鋼＝炭素との合金 各種金属との合金 固溶と析出	常磁性金属 キュリー点で消磁性 強磁性金属

3つの特徴の組み合わせで多様な性質が生み出される

▶▶ 常磁性

常温で磁性がある金属は、鉄とコバルトとニッケルです。**常磁性**とは、外部磁場があると磁気を帯びたままになる性質です。磁化が強く続く強磁性、元に戻る軟磁性があります。キュリー温度以上への加熱で磁気は消えます。

＊**分離不能** 実際は、99.9999％まで高純化した鉄は、これまで知られていた鉄の性質と異なった優れた延性、展性を示し、耐食性を持つ。超高純鉄は、黄金のような性質を示す。

14-1 鉄の性質

鉄は磁化されやすい（14-1-2）

▶▶ 相変態

　鉄の結晶構造は、低温時のα鉄体心立方構造、高温時のγ鉄面心立方構造、超高温時のδ鉄体心立方構造の3種類があります。鋼の温度を変化させると、同一成分でも異なる結晶構造に変わります。これが鋼の**相変態**です。鋼の相変態は、鋼の組織の多様性を生み出します*。

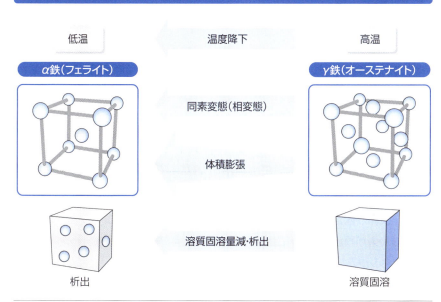

温度が変わるだけで相変態を起こす（14-1-3）

＊…生み出します　筆者のイメージでは、γ鉄はスポンジに水を含ませたもの。α鉄になると、水が絞り出されて、組織が変化する。こう想像するとわかりやすい。この例の水が鉄では炭素に相当。

14-1 鉄の性質

▶▶ 合金

二元系合金の固溶限界は、**原子容積効果**（原子半径）の他に電子濃度による限界、化学的親和力効果などが影響します。ここでは原子半径で説明します。

鉄は、原子半径が±15%以内*の金属とさまざまな比率で蘇生が均一な固溶体をつくります。これを合金と呼びます。鉄原子と置き換わるマンガンなどの置換元素と、鉄の結晶構造の隙間に入り込む炭素などの侵入元素があります。

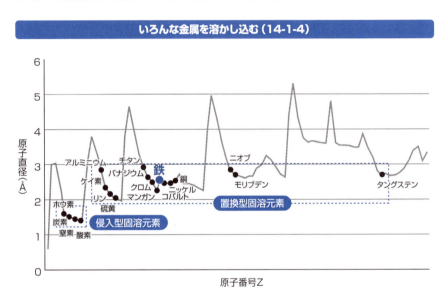

いろんな金属を溶かし込む（14-1-4）

鉄と完全に固溶する元素は、コバルト、クロム、マンガン、ニッケル、チタンおよびバナジウムです。これらは二元系の全律固溶になります。大量に固溶するのはアルミニウムや珪素、アンチモンです。固溶しにくい元素は、炭素や銅、ニオブ、リン、チタンなどがあります。固溶しにくいこれらの元素は、鉄が液体から固体に変化する凝固の際に凝固界面に濃化し、鋼材の中で濃度が濃い部分である偏析を引き起こします。炭素が固溶しにくいのは意外ですが、鉄の常温組織であるフェライト（α鉄）には炭素が固溶できないことから理解できます。全く固溶しない元素は酸素や鉛、マグネシウムなどです。

＊…±15%以内　これはヒューム・ロザリーの法則と呼ぶ二元系合金の固溶のしやすさを示す指標である。

2 鋼材の性質

鉄は元素名です。鉄は、他の元素と混じることで性質の多様性を広げてきました。特に炭素との結びつきは深く、鉄炭素合金を鋼と呼び、大素材分野です。

鋼材の性質

鋼材は、化学成分、組織、形状で鋼材規格が決まります。材質はこれらの組み合わせの中で得られます。たとえば、板厚が異なると同じ成分でも強度が変化するため[*]、所定の材質を得るために組織を成分や組織比率を微調整します。

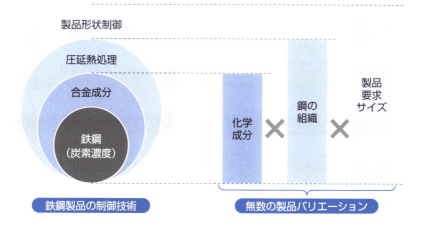

鋼材の性質を生み出す三大要素（14-2-1）

多様性

鉄の多様性は、磁性、変態、合金によってもたらされます。炭素と鉄の合金である鋼は、熱処理による変態によって、異なる結晶構造をもつ複合組織を生み出し、多様な要求に対応する鋼材を作り出すスーパースターです。

---

[*]…変化するため　これが作り込みの難しいところ。板厚が異なると、板厚中央部の冷却速度が異なるため、組織制御がばらつき、目的通りの材質にならない場合がある。

14-2 鋼材の性質

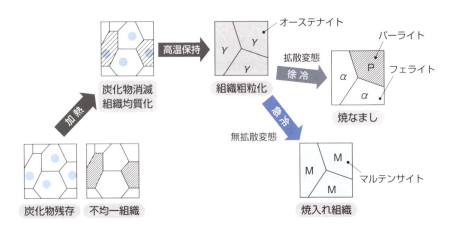

熱処理をするだけで組織制御ができる（14-2-2）

▶▶ 鋼材方程式

　鉄鋼業の鋼材製造技術は、顧客の要求によって育てられています。「低温で安定な」「耐熱性の」「高強度の」「耐食性の優れた鋼材が欲しい」などと多様な要望を、鋼の成分と組織と形状を制御するだけで同じプロセスで作り出しているのです。

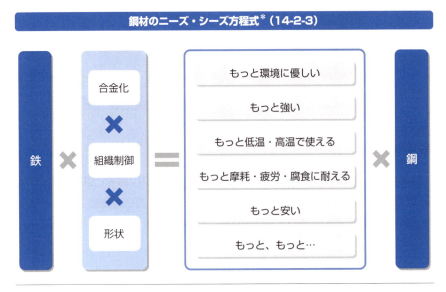

鋼材のニーズ・シーズ方程式*（14-2-3）

＊**鋼材のニーズ・シーズ方程式**　「鉄鋼での操作は、鉄を素材に成分と作り込み条件を制御するだけで、様々なニーズに応じた材質を持つ鋼を提供すること」と読む。

化学成分

鋼の鋼材規格の5元素は、C、Si、Mn、P、Sです。また脱酸のためにAlを、所定の材質のために、焼入れ元素や炭化物形成元素を添加します。不純元素を除去し、微量元素を添加することが高強度化、高級化成分設計です。

鉄鋼の化学成分（14-2-4）

鋼の5元素*

- 【C】　硬さ、強さ増加。もっとも重要な元素
- 【Si】　硬さ、強さを増す元素
- 【Mn】　焼入れ性、靱性を向上
- 【P】　有害元素、冷間脆性悪化、偏析
- 【S】　有害元素、熱間脆性悪化

組織

鋼の組織は、炭素との組み合わせで、フェライト、パーライト、マルテンサイト、ベイナイト、鉄炭化物のセメンタイトがあります。鋼の材質は、化学成分組成の制御とこれらの組織の比率と粒径を制御して得られます*。

鉄は含有する炭素濃度で、鋼と鋳鉄に分類できます。鋼は炭素濃度が2wt%以下です。2wt%以上になると鋳鉄に分類されます。直接還元法で鉄を得ていた時代には、炭素がほとんど含有しない鉄があり、錬鉄と呼ばれていました。現在では、炭素を含まない極低炭素の場合も極低炭素鋼と呼びます。

鋼の組織は、高温ではγ鉄（オーステナイト）ですが、冷却すると冷却速度によりさまざま組織の混合相が得られます。これが鋼材の質の多様性を生み出します。

鋳鉄は、除冷すると白鉄になり、冷速を制御しながら冷却すると球状黒鉛鋳鉄、ねずみ鋳鉄、可鍛鋳鉄を得ることができます。

---

*　**鋼の5元素**　鉄鋼に関わるとまず覚えるのは、この5種類の元素。PやSは、材質改善のために規制されることが多い。
*　**…得られます**　途中過程はわからないが、冷却と成分だけで最終的な組織を作り上げていく。

14-2 鋼材の性質

化学成分と冷却でさまざまな組織を産む（14-2-5）

鋼（鋼鉄＝鉄鋼）			鋳鉄
≦0.02%	0.02〜0.8%	0.8〜2%	2〜4.5%
γ鉄			γ鉄+Cm

徐冷		α鉄+P	P	P+Cm	白鉄
急冷	α鉄		P+B	P+B+Cm	球状黒鉛鋳鉄
		α鉄+P	B	B+Cm	ねずみ鋳鉄
			M	M+Cm	可鍛鋳鉄

γ鉄：オーステナイト　α鉄：フェライト　P：パーライト
B：ベイナイト　M：マルテンサイト　Cm：セメンタイト

▶▶ 形状

　鋼の呼称には、コイル、プレート、バー、ロッド、ワイヤー、パイプ、チューブ、シートなど断鋼材形状と材質を組み合わせます。鋼材の材質は、形状ごとに決められているため、同じ要求でも形状が変われば成分、組織が変わります＊。

主要鋼材形状（14-2-6）

鋼帯（コイル）　形鋼　線材（ワイヤー）
鋼板（プレート）　棒鋼（ロッド）

＊…組織が変わります　要求材質は、形状と成分と組織の3つの組み合わせで満足させる。これが鋼材設計の醍醐味。

⏩ 強さ

鋼材の強さは、引張り強さで示します。板や丸棒など所定のサンプルを引っ張ると、鋼材は伸びます。最初は弾性変形、やがて塑性変形します。この弾性塑性の変化点が降伏点、壊れる寸前に最高の応力を示す点が引張り強さです。壊れた時点のひずみが鋼材のひずみになります。強さは鋼材の最重要規格[*]です。

一般鋼と軟鋼の引張り強さ曲線（14-2-7）

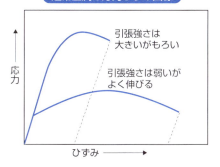
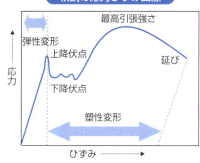

奇跡の惑星、鉄の星地球の誕生（その1）

　惑星には、主に気体で構成されるガス惑星と、固体で構成される岩石惑星があります。木星や土星などはガス惑星です。水星、火星、金星、そして地球は岩石惑星です。特に地球は鉄元素が大きい部分の素材で形成されました。

　岩石惑星の形成は壮絶です。カンラン石のような岩石でできた小惑星と鉄塊でできた小惑星同士が、引力に引かれてぶつかり合い、衝撃で生み出された高熱で溶融して溶け込み合います。

　大きくなった惑星は、引力が生み出す重力が引き寄せる力でますます小惑星を引き寄せます。原始の地球は、灼熱の表面に小惑星や隕石が無数に降り注いでいました。これが長い時間をかけて、繰り返されました。

＊**最重要規格**　鋼材の分類には欠かせないという意味で最重要とした。

3 鋼の実在結晶構造

　鉄の実在結晶構造は、合金成分や凝固組織、加工条件や熱処理で異なってきます。特に鉄炭素合金である鋼は、様々な形態の組織が観察されます。鋼の組織を詳しく見ていきましょう。

▶▶ 鋼の組織の変化

　鋼の組織は、鋳造から製品に至るまで大きく変化し続けます。液体状の溶鋼は、鋳造されると鋳片の**凝固組織**になります。これを加熱炉で加熱すると**加熱γ粒**に変化します。これを熱間圧延すると**混合組織**に、それを冷間圧延すると**圧延繊維組織**になり、焼鈍すると**再結晶組織**に変化します。

　各々の組織は、合金成分や直前までの鋳造・加熱・圧延などの加工熱履歴の影響を受けています。つまり、最終工程で得られる組織は、成分や加工工程を工夫することで、目的とする組織に制御することができます＊。

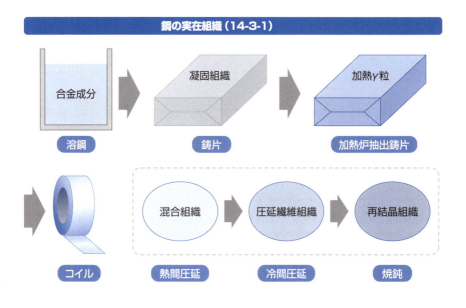

鋼の実在組織（14-3-1）

＊…**制御することができます**　設備仕様や形状により詳細な条件擦り合わせが必要。文で書くと簡単に見えるが。

14-3 鋼の実在結晶構造

▶▶ 鋳造組織

鋼の実際の**凝固組織**は、様々な鍛造組織から構成されています。鋳片の凝固は周囲から内部に向かって進行します。

鋳片の表層では凝固が非常に早く進行するため、**チル晶**と呼ぶ微細でち密な層になります。少し内部に入った凝固の初期には、凝固の進行方向は伝熱方向と正反対の方向になり、**樹枝状晶（デンドライト）**が成長します。さらに内部の凝固中期では、伝熱のための熱勾配が小さくなり、等軸晶が発生する場合もあります。凝固末期では、溶鋼が凝固組織の隙間に取り残され、溶質成分が濃化する**中心偏析**と呼ぶ現象が発生します。

鋼加工の最も初期の操作である鋳造によって得られる組織は、鋳片断面を見ると、非常に変化に富んだ、最終製品の材質のばらつきなどに影響する組織になっています。

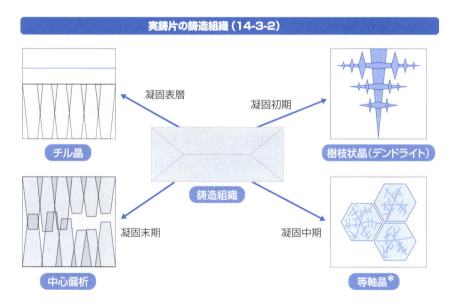

実鋳片の鋳造組織（14-3-2）

▶▶ 鋼の鋳片の加熱組織

鋼の鋳片の実際の加熱組織は、鋳造組織とは別の**加熱γ粒**ができています。加熱

＊**等軸晶**　溶けた金属中で凝固が始まり、柱状晶や板状晶が四方八方に等しく成長した凝固組織。

14-3 鋼の実在結晶構造

後の鋳片の組織を観察すると、表面には加熱中に発生した**スケール**が存在し、鋳造組織である**チル晶**や**デンドライト**が見えます。これらの鋳造組織とは無関係に、界面が観察されます*。これが**加熱γ粒界**です。オーステナイト粒界エッチングをすれば、より鮮明に見えます。加熱γ粒は鋼がオーステナイトに変態した際にできたもので、高温に加熱されればされるほど、長時間保持されるほど大きくなります。

加熱γ粒の大きさは、その後の**熱間圧延**で得られる組織の形態を決めます。合金成分や得ようとする圧延組織を考慮して、鋳片の加熱温度を決めます。

鋳片の加熱組織（14-3-3）

加熱スケール / チル晶 / 樹枝状晶（デンドライト） / 加熱γ粒界 / 加熱γ粒

▶▶ 鋼の圧延組織

鋼の圧延組織は、**熱間圧延**と**冷間圧延**で異なります。圧延とは、加工する鋼材を上下2本のシリンダー状のロールの間を通しながら押し潰す操作です。鋼材の厚みを薄くする操作は、ミクロ的に見ると鋼の組織の一つ一つを薄く長く延ばす操作です。

加熱した鋳片の圧延は、加熱γ粒を延ばしていきます。高温域では、延ばされた組織はすぐに再結晶してしまいます。これを**回復**と呼びます。低温域では再結晶しにくくなり、γ粒はパンケーキ状に薄くなり固定されます。さらに冷却されると、このγ粒から**α粒**（**フェライト**）や**パーライト**などが析出してきます。これが**熱間圧延組織**です。

冷間圧延は、これらの組織をさらに薄く延ばす操作です。圧延時には鋼に与えられる加工エネルギーは熱として放散するほか、フェライトなどの加工歪として残存します。**冷間圧延組織**は、加工歪を内包した伸長α粒の繊維状組織になっています。

---

*…**観察されます**　エッチング方法により、凝固組織が見えたり加熱組織が見えたり組織を浮き出させることが可能。

14-3 鋼の実在結晶構造

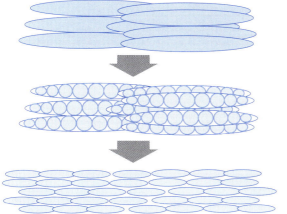

圧延組織の模式図（14-3-4）

熱間圧延組織
（伸長γ粒）

冷却圧延繊維状組織
（α粒+パーライトなど）

再結晶組織
（伸長α粒など）

▶▶ 鋼の熱処理に用いる変態線図

　鋼の熱処理と得られる組織を見るためには、**変態線図**を用います。変態線図は横軸に時間、縦軸に温度で表現します。鋼の実在組織は、温度が下がっていく過程で、オーステナイト（γ鉄）が実在結晶組織に変化することで生じます。

　ある温度で一定に保持したときにどのような相変態をするのかを調べたものが**TTT曲線**（**等温変態線図**）です。この図は、左側から右側に目を走らせて読みます。縦軸のある温度で左側に移動していけば、変態を開始する時間があり、やがて変態が終了する時間になります。この2つの点を結んだのが**変態開始曲線**と**変態終了曲線**です。さらにその温度の保持で生成する組織も知ることができます。図のA1温度以上では変態をしません。MsやMfは、**マルテンサイト変態**の開始温度と終了温度を示します。この温度まで一気に下げると、生成組織はマルテンサイトを含んだ組織になります。図中には、**パーライト**や**ベイナイト**が得られる温度も示しています。

　温度を連続して下げていくときの変態を示した図が**CCT曲線**（**等速連続冷却変態線図**）です。図中の左上から右下に描いた曲線が、たとえば1℃／秒という等温度降下線です。横軸の時間が対数になっているので曲線になります。各々の冷却速度で得られる組織は、図中の欄外に記載しています*。

＊…記載しています　記載組織は典型例であり、実際には化学組成によりこれらの複合組織が観察される。

14-3 鋼の実在結晶構造

TTT曲線とCCT曲線（14-3-5）

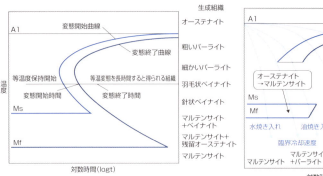

TTT曲線（等温変態線図）　　　CCT曲線（連続冷却変態線図）

▶▶ パーライト

パーライト*とは、鋼の共析反応の結果得られる組織です。**共析**とは、単一固相が2つの異なる相に分離する現象です。パーライトの場合は、**フェライト**（α鉄）と鉄炭化物である**セメンタイト**（Fe_3C）に2相分離したものです。層状に分離する性質を持っています。得られる組織は、炭素濃度で変わります。共析点の炭素濃度である0.8%の場合にはパーライト単相、少ない場合にはフェライトが最初に析出し（初析フェライト）、多い場合にはセメンタイトの析出物とパーライトの混合組織になります。

パーライト組織の模式図（14-3-6）

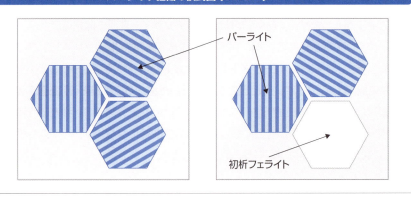

＊パーライト　金属組織研究の初期の頃、光学顕微鏡で観察していると真珠（パール）のように輝いて見えたため命名された。

ベイナイト

ベイナイト*は、オーステナイト相から直接析出します。同様の析出挙動をする組織には、**マルテンサイト**があります。

ベイナイトは、冷却速度や析出温度に応じて形態が異なります。高い温度で析出する場合は、羽毛状ベイナイトになります。低い温度では、針状ベイナイトになります。

ベイナイトの析出起点は粒界が多く、オーステナイト粒界から粒内に向かって成長していきます。

ベイナイトの模式図（14-3-7）

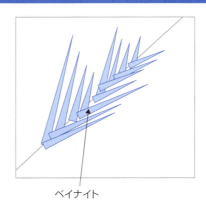

ベイナイト

マルテンサイト

マルテンサイト*は、実在結構構造の中でもとりわけ特殊な構造をしています。純粋な鉄の相変態ではγ鉄がα鉄に相変態します。

マルテンサイトは、このような理想的な変態挙動をしません。冷却速度があるしきい値を超え、冷却停止温度がそれ以降の鉄、炭素拡散が起こりにくい温度まで下がっている場合、結晶構造を大きく変化させることなく疑似変態をしようとします。これが**マルテンサイト変態**です。面心立方構造が体心立方構造に変わるのではなく、面心立方構造が、せん断変形をすることにより疑似的に変態をしたようになります。

マルテンサイトには、針状の**ラス状マルテンサイト**と**板状マルテンサイト**、もし

＊**ベイナイト**　米国の冶金学者エドガー・ベインに因んで命名された。
＊**マルテンサイト**　独国の冶金学者アドルフ・マルテンスに因んで命名された。

14-3 鋼の実在結晶構造

くは**レンズ状マルテンサイト**があります*。各々の形態は、マルテンサイト変態の温度履歴が大きく影響します。

マルテンサイトの形態の模式図（14-3-8）

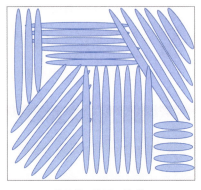
ラス状マルテンサイト

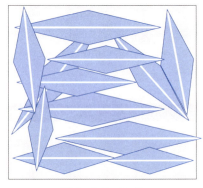
板状マルテンサイト

▶▶ 実在結晶構造と強度の関係

　実在の結晶構造は、オーステナイトからの相変態がどの温度で進行するかで決まってきます。50%変態が完了する温度を横軸に取ると、650℃以上でパーライト組織になります。450℃以上650℃ではベイナイト組織、450℃未満ではマルテンサイトになります。

　これらの組織は、それぞれに特徴的な強度があります。

　鋼の実在結晶構造が、鋼のおよその強度を決定します。パーライトは400MPa程度、ベイナイトでは1GPa程度まで、マルテンサイトで1GPa以上の強度がある組織です。

　実在の鋼材の相は、これらの結晶構造からなる組織の複合混合相になります。パーライト、ベイナイト、マルテンサイトに加えフェライト、セメンタイトが組み合わさります。実在の鋼材の強度は、この複合混合相で得られるものです。

　実在の鋼材は、厚み方向で加工条件や冷却条件が異なります。このため厚み方向組織の複合混合相が異なる場合があります。このため強度もばらつきます。

---

*…あります　元京大の牧先生の論文では、生成温度により、ラス以外に、バタフライ、レンズ、薄板状のマルテンサイトに変化すると記載されている。ラスかラス状か記述が揺れているので本書ではラス状とした。

14-3 鋼の実在結晶構造

鋼の組織と引っ張り強度の関係（14-3-9）

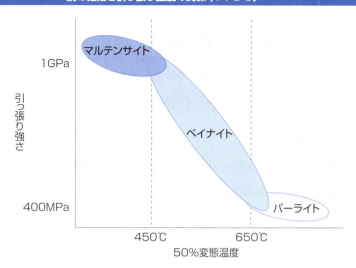

COLUMN 奇跡の惑星、鉄の星地球の誕生（その2）

　灼熱の塊の内部では、地球自身の重力によって重い鉄が内部に向かって沈降しコアと呼ぶ鉄の中心核が、岩石はマントルと呼ぶ岩石層に分離していきました。

　地球の奇跡はここから始まります。地球は、なんと3分の1の質量が鉄でできています。中心核の内部の鉄は、芯の部分に当たる内核は固体鉄、その周囲は流動性の鉄でできています。地球は自転することにより、中心核の鉄が電流を生み出し、磁場を発生させています。太陽風などから地表を守る地磁気の誕生です。

　やがて、冷却してきた地球からは気体がどんどん抜け出します。一部の気体は地表表面に留まり、水分を含んだ窒素と二酸化炭素の大気が生み出されました。さらに温度が下がり、大気中の水分が豪雨となって地表に降り注ぎました。雨水はまだ高温の地表で蒸発を繰り返し、気化熱で地表から熱を奪いました。そして、原始の地球が生まれました。

　原始の地球は、窒素と二酸化炭素の大気と炭酸の海から始まりました。炭酸の海は地表を溶かしてカルシウムを溶け込ませ、炭酸カルシウムになりました*。

---

*炭酸カルシウムになりました　海水は炭酸から真水になった。これで海に生物が生まれる環境が整った。

III 金属素材篇　第14章　鉄と鋼の性質と用途

4　鉄と各種素材との比較

鉄鋼と各種素材との性質や製造・利用のしやすさの比較は、鉄の持つ特徴を浮かび上がらせます。鉄は素材の中で必ずしも優れた性質を持っているわけではありません。しかし、製造しやすく、利用しやすい素材であることは間違いありません。

▶▶ 鉄と比較する素材

鉄鋼と比較する素材は、金属素材仲間のアルミニウムとチタン合金、非金属素材の代表格のコンクリート化学素材のホープの炭素繊維をとりあげます。

年間世界生産量から見ると、概算値比較になりますが、コンクリートの82億トンが最も多く、次いで鉄鋼の18.6億トンと続きます。アルミニウム地金が5.7千万トン、チタン合金が33万トン、炭素繊維で15万トンであり、素材としては鉄とコンクリートが群を抜いています*。

用途比較では、鉄鋼がほとんどの産業と関連しており、用途が多岐に亘る一方で、コンクリートは土木建築用と用途が限定されています。そのほかの素材では、チタン合金と炭素繊維がその性質を生かして特殊な分野で利用が拡大しています。

各種素材の世界年間生産量と用途（14-4-1）

素材	年間生産量（著者調べ概算値）	用途
鉄（鋼鉄）	18.6億トン	多岐に亘る（1-8節参照）
アルミニウム合金	5700万トン	多岐に亘る
チタン合金	33万トン	航空・建材・機能性材料
コンクリート	82億トン	建築用素材
炭素繊維	15万トン	航空・自動車・電子機器

＊…群を抜いています　第2版出版の2021年時点での筆者調べ。毎年数値が大きく変化する。

素材の性質比較

　素材の性質を筆者の主観を交えて比較しました。数値で示すことのできるものは図中に記載したので参考にしてください。

　素材評価としては比強度＊で比べる方法もありますが幅があるので、素材**比重**が軽いを優れている、重いを劣っているとしました。最も軽いのは炭素繊維、最も重いのが鉄鋼です。**引張強度**は炭素繊維が最も多く、次いでチタン合金と鉄鋼がほぼ並びます。アルミニウム合金は強度は期待できず、コンクリートの引張強度は極めて小さく使用には圧縮強度を利用します。

　耐食性は、塩基性環境以外にはほとんどの環境腐食に耐えるチタン合金が最も優れています。一方、鉄鋼材料は様々な環境でも腐食しやすく錆びやすいため、最も低い評価になります。耐熱性は炭素繊維が1500℃まで耐えることができ、次いで鉄鋼の1100℃、最も耐熱性がないのがアルミニウム合金の300℃となります。

　こうすると鉄鋼は特徴のない、ありふれた素材に見えてしまいます。

各種素材の性能を比較①（14-4-2）

優れている → 劣っている

素材の性質						
比重	炭素繊維 ≒1.8	コンクリート 2.3	アルミニウム合金 ≒2.7	チタン合金 4.5	鉄（鉄鋼） 7.8	
引張強度 Kgf/mm²	炭素繊維 100〜500	チタン合金 60〜180	鉄（鉄鋼） 20〜200	アルミニウム合金 20〜80	コンクリート 〜4	
耐食性	チタン合金 腐食環境でも耐える（塩基性環境を除く）	炭素繊維	アルミニウム合金	コンクリート	鉄（鉄鋼） 錆やすい	
耐熱性	炭素繊維 ≒1500℃	鉄（鉄鋼） ≦1100℃	チタン合金 ≒900℃	コンクリート ≒500℃	アルミニウム合金 ≦300℃	

＊**比強度**　引張強度を密度（比重）で割ったもの。値が大きいほど軽くて強い。自動車や飛行機のような自分が移動する構造物には比強度が重要になる。

14-4 鉄と各種素材との比較

▶▶ 製造・使用特性

　製造時の加工性や溶接性、使用している間の品質、重量当たりの価格、リサイクル性、原料・資源の調達の容易性の観点から比較しました。鉄鋼は、この観点から見ると総合的に優れています。

　加工性・接合性では、鉄鋼は非常に優れた素材です。熱間でも冷間でも加工が可能です。次いで、金属素材と炭素繊維が続きコンクリートが最も加工性・溶接性の悪い素材です。コンクリートは固まってしまうと全く加工や接合ができません。

　使用品質は、市場に出てからの品質のばらつきをいいます。鉄は錆びたり摩耗したり疲労したりしますが、対応策がすでに講じられています。チタン合金、アルミニウム合金と次いで、炭素繊維、コンクリートの順番で使用時の信頼性が下がっていきます。

　また価格、リサイクルおよび原料・資源の調達のしやすさでは、鉄鋼が非常に優れています。

　鉄鋼は他の代表素材と比較すると、材質ではそれほど特徴はない＊が、製造・使用特性からみると圧倒的に利用しやすい素材だといえます。

各種素材の性質を比較②（14-4-3）

＊…特徴はない　コラム「鉄の長所」に鉄をローマ人になぞらえて表現しているが、さしたる特徴のない鉄がなぜこんなに使われるのか謎である。

5 鋼材の用途

鋼材は、どれも同じではありません。問い「自動車はなんでできている」。答え「鉄」。ここまでひどくはなくても、何となく鋼材はどれも同じだと考えていませんか？ 鋼材は千差万別細分化されて、多品種小ロット生産をしています。

▶▶ 鋼材の呼び方

鋼材にはさまざまな呼び方があります。ニオブ鋼とかニッケル鋼など主に含まれる化学成分で呼ぶ方法、共析鋼など組織名称で呼ぶ方法、ステンレス鋼や耐火鋼など性質で呼ぶ方法、自動車用鋼や工具鋼など用途で呼ぶ方法があります。

鋼材の性質は規格化されて、一定範囲のばらつき範囲に制御されます。日本では、**日本産業規格（JIS）**＊で統一されています。**JIS鋼材**は主に用途で分類されています。**鋼材規格**は、国ごとに異なっています。

同じ鋼材でも、化学成分で呼ばれたり用途で呼ばれたりする、複数の名称を持つものがあります。用途で呼ばれる鋼材は、使用が名称の用途に限定されるわけではありません。用途に必要な性質を備えていれば、使用することができます。

鋼材の呼び方一覧（14-5-1）

鋼材の名称		分類	内容
	性質で分類	化学成分での分類	主な添加合金（例：ニオブ鋼）
		組織名称での分類	主な組織名（例：共析鋼）
	用途で分類	用途での分類	用途分野（例：自動車用鋼）
		JISでの分類	JIS分類（普通鋼、特殊鋼）

＊**日本産業規格（JIS）** 2019年7月日本工業規格から改称された。

14-5　鋼材の用途

　鋼材の用途は多岐に渡ります。ここでは使用量の多い用途である土木・建築用、エネルギー用、輸送機械用、民生品用の4つの鋼材使用分野について解説します。

　土木・建築用鋼材は、橋梁用鋼材、吊橋用鋼材、建築用鋼材、土木用鋼材などがあります。建築用鋼材にはH形鋼やボックス柱、土木用鋼材鋼材には地盤安定化のためのスパイラル鋼管や土留に利用する鋼矢板や鋼管矢板があります。

　エネルギー用鋼材には、石油やガス輸送鋼管、掘削基地になる海洋構造物、タンク用鋼材、プラント用鋼材、掘削用油井管、水力発電用ペンストックがあります。

　輸送機器用鋼材には、自動車用鋼材、船舶用鋼材、鉄道車両用鋼材、ショベルカー用の耐摩耗鋼板があります。自動車用鋼材には、車体に使う成形性の良い薄鋼板や足回りや構造部材のハイテン材など、サイズや材質の異なる鋼材が使われます。

　民生品用鋼材は、家電製品の筐体に使う鋼材、飲料缶やドラム缶に使う鋼材、モーターなどの電気部品に使う電磁鋼板や薄型テレビの筐体などがあります。

　鋼材の用途は、構造部材だけではなくめっきをしたりステンレス鋼を使う表面の美麗さを満足させるものや、火事やタービンなどの高温にも耐える鋼材、金属を削り変形させるための工具鋼、軸受鋼やバネ鋼など、世のあらゆるニーズに応えます。

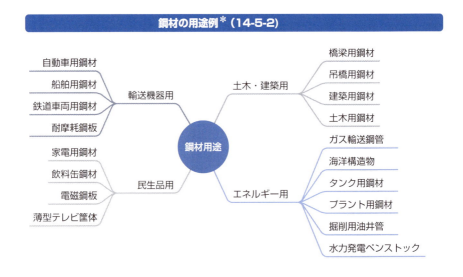

鋼材の用途例[*]（14-5-2）

[*] **鋼材の用途例**　用途例は、筆者が製造に関与したものを中心に挙げている。これ以外にも色々あろうがご容赦願う。

6 JIS鋼材

JIS鋼材の種類を見ると鋼材体系の概略がわかります。鋼材は、普通鋼と特殊鋼、および鋳鉄などの別種があります。ここではJIS鋼材記号を中心に見ていきます。

JIS鋼材材質記号体系*

　普通鋼と特殊鋼の違いは、最終製品で熱処理の有無です。製鉄所で作った素材を加工してそのまま使うのが普通鋼、熱処理を行い最終組織を作り込む鋼材が特殊鋼です。普通鋼には、SS(一般構造用圧延鋼材)、SM(溶接構造用圧延鋼材)、SN(建築構造用圧延鋼材)、SB(ボイラ及び圧力容器用鋼板)、SPC(冷間圧延鋼板及び鋼帯)があります。SBは、鋼管になればチューブのTが割り込んでSTB、合金が入るとAがついてSTBAになります。SPCのPは鋼板(プレート)を意味し、Cは冷間、Hは熱間です。めっきするとめっき(ガルバー)のGがついてSPG、ぶりき(錫)を乗せるとSPTです。

　特殊鋼は、工具鋼のSK(KはKOUGUの頭文字)と特殊用途(スペシャルユース)のSUにです。工具鋼は軸受鋼のJ(JIKUUKE)でSUJ、ばねのP(sPring)でSUPになります。ステンレス鋼はS(Stainless)でSUSです。別種には、鍛鋼品のSF、鋳鋼品のSC、鋳鉄品のFCなどがあります。

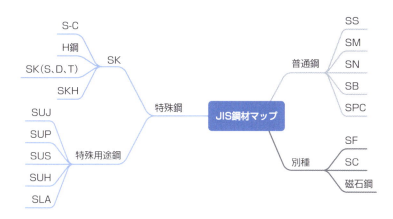

JIS鋼材材質記号マップ (14-6-1)

＊**JIS鋼材材質記号体系**　JIS鋼材は記号の読み方を習得すればそれなりの会話が可能。製造現場でひっきりなしにくる熱処理検討依頼に一番役立つ知識である。筆者的には一番のおすすめの知識。

▶ JIS鋼材記号で間違いやすいポイント解説

　JIS鋼材規格は、鋼材を理解するためには非常に有用ですが、紛らわしい点もあります。たとえばSS400は400MPaの強度をもつ普通鋼、S45Cは炭素濃度0.45%機械構造用炭素鋼、FC200は強度200MPaのねずみ鋳鉄です。よく似た記号と数字でも、記号の意味が異なります。

　一般構造用圧延鋼材は、圧延コイルに切断加工という金属加工を加えることで製品になります。構造部材として利用されますが、強度さえ満足していれば、成分の指定はほとんどありません。構造部材をできるだけ安くする目的の鋼種です。

　機械構造用炭素鋼は、鋼材に焼入れ焼なましといった熱処理をすることで、製品の材質をつくり込みます。炭素濃度の指定があるだけでなく、浸炭などの表面熱処理により、さらに表面硬度を向上させます。

　ねずみ鋳鉄*は、流動性のよい溶鉄を用います。鋳型に流し込んで固まった欠陥の少ない鋳物を熱処理して作り込みます。

SSとSCとFCで注意すべきポイント (14-6-2)

	SS400	S45C	FC200
記号の意味	一般構造用圧延鋼材	機械構造用炭素鋼	ねずみ鋳鉄
数字の意味	引っ張り強さ400MPa	炭素濃度0.45%	引っ張り強さ200MPa
鋼種特有のおもな処理	圧延コイル → 金属加工（切断加工）→ 製品 ①炭素などの指定はない ②浸炭や熱処理はしない ③加工だけで利用する ④廉価な素材	熱処理（加熱冷却）→ 製品 ①炭素成分指定がある ②浸炭や熱処理を行うことが必須条件 ③廉価で性能の高い素材	鋳造（注湯凝固）→ 熱処理（球状化処理）→ 製品 ①良鋳造性の銑鉄を鋳込む ②欠陥の少ない鋳物を製造する。 ③熱処理で性質を改善する

＊**ねずみ鋳鉄**　破面がねずみ色をしているためにこんな名前になった。ねずみの格好をしているわけでない。

機械構造用鋼材

　機械構造用鋼材は、熱処理をしない普通鋼と材質を作り込む合金鋼があります。

　機械構造用合金鋼は、強靭鋼、高張力鋼、表面硬化用鋼の3つの鋼種があります。

　強靭鋼は、歯車やクランク軸、作業機械のブレード(刃)などに用います。引張り強さが800MPaを超えており、かつ衝撃にも耐える靭性を備えている鋼材です。

　高張力鋼は、おもに強度と溶接性を両立させた鋼材です。溶接性を確保するため炭素濃度を0.2%以下に抑え、マンガンやケイ素を添加して強度靭性を確保します。用途は、橋梁や鉄塔、クレーンなどの製品厚が大きく、溶接され、しかも強度と靭性が要求される構造部材、自動車ボディー用鋼材などです。構造部材や輸送機械の構造設計が高強度化、大型化、軽量化を志向しているため、ますます高張力鋼採用のニーズが高まっています。

　表面硬化用鋼は、表面熱処理で浸炭したり窒化する鋼材です。鋼材中には、炭素と化合物をつくるクロムやモリブデン、窒素と化合物をつくるクロムなどが添加され、全体熱処理で鋼材の材質を確保したうえで、さらに表面を硬化させます。シャフトやポンプ部品のように、稼働部や摺動部に用いられます。

機械構造用鋼材の用途 (14-6-3)

機械構造用合金鋼

強靭鋼	高張力鋼	表面硬化用鋼
	Cr鋼	
	CrMo鋼*	
	NiCr鋼	
	NiCrMo鋼	
	SiMnNb鋼	
	SiMnMoV鋼	
		AlCrMo鋼

＊ **CrMo鋼**　代表的なものにSCM430がある。この記号の先頭のSはスチール、2番目のCはクロム、3番目のMはモリブデン、4番目の4はたくさん入っているという意味、続く30は炭素が0.30%入っているという意味。「炭素30のクロモリ鋼ですね」と言えば、「お、こいつできるな」となる(かもしれない)。

14-6　JIS鋼材

▶▶ 工具鋼

工具鋼には、工具用工具鋼（SK）と金型用工具鋼（SKD、Dはダイ）があります。

工具用工具鋼は、安価な炭素工具鋼、高価だが焼入れ性がよく耐磨耗性を改善した合金工具鋼、高温軟化特性向上のためにタングステン等を大量添加した高速度鋼（ハイス*）があります。炭素工具鋼はスパナやレンチ、合金工具鋼の切削用はドリルやエンドミル、耐衝撃用は打ち抜きポンチ、ハイスは切削バイトに用います。

金型用工具鋼（SKD）は、冷間金型用と熱間金型用に分かれます。パンチやダイに使われる冷間金型は、硬く強度の高い素材を繰り返し大量に処理します。コイル圧延用の熱間圧延ロールやシートバー圧延用の孔型ロールに使う熱間金型工具鋼は、加熱冷却を繰り返しても熱疲労が起こりにくい性質の鋼材です。

＊ハイス　高温での軟化を防ぐため、クロム、タングステン、モリブデンおよびバナジウムを添加した鋼材。ハイスとは、「ハイスピード（高速度）で切削可能な工具」から来ている。

14-6　JIS鋼材

▶▶ 軸受鋼

　軸受鋼（SUJ）＊の用途は、中心部の軸を周囲で支えるすべり軸受け、ベアリングの内側と外側を支えるころがり軸受け、およびクランク軸の3つに大きく分けられます。軸受鋼に必要な性質は、硬くて強度が高く、粘り強く、形状の経時変化がなく、ころがり疲労やすべり疲労が少なく、磨耗しにくいことです。

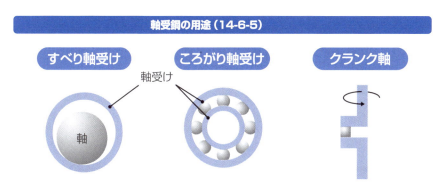

軸受鋼の用途（14-6-5）

▶▶ ばね鋼

　ばねに使う鋼材は、熱間でばねの形状に成形してから熱処理を行って使うばね用鋼（SUP）＊と、冷間で成形して加工ひずみを利用する種々の鋼材があります。

　熱間成形でつくるばねは、コイルばねや板ばねです。冷間成形でつくるばねは線材からつくる線ばねや薄い鋼板からつくる薄板ばねがあります。

ばね鋼の用途（14-6-6）

熱間成形：コイルばね、板ばね
冷間成形：線ばね、薄板ばね

＊SUJ　SUJのJが軸受（JIKUUKE）のJと知ったときの衝撃は相当大きかった。
＊SUP　SUPのPがスプリング（SPRING）の2番目の文字Pと知ったときの衝撃は破壊的であった。一番目のSは、すでに使われていたための処置。もっと厳かな命名であってほしかった。

515

▶▶ ステンレス鋼（SUS）

クロムを11％以上入れると、鋼材表面にクロム酸化物の不動態皮膜をつくり耐食性にすぐれた鋼材になります。主な鋼材の組織はマルテンサイト系、フェライト系およびオーステナイト系です。このほかに二相組織と析出硬化系があります。

マルテンサイト系SUSは、クロムを13％含みます。ステンレス鋼中ではもっとも錆びやすく、低温脆化するので廉価です。

フェライト系は、クロムを18％含みます。マルテンサイト系よりも材質特性は良好ですが、**475℃脆化**と呼ぶ、衝撃値が著しく低下する加熱温度域があります。加熱で粒界近傍のクロム濃度が低下し、材質が極端に悪くなります。

オーステナイト系*は、クロムを18％、ニッケルを8％含む高級SUSです。SUS304が代表鋼種で、非磁性であり、錆びにくく、耐熱性があって低温脆化しません。

主なステンレス鋼の成分と性質（14-6-7）

組織		マルテンサイト系	フェライト系	オーステナイト系
代表成分		13Cr	18Cr	18Cr-8Ni
代表鋼種		SUS410	SUS430	SUS304
材質特徴	磁性	磁性あり	磁性あり	非磁性
	錆びにくさ	錆びやすい	中間	錆びにくい
	引っ張り強さ	540N/mm²〜	450N/mm²〜	520N/mm²〜
	耐熱性・475℃脆化	耐熱性あり	475℃脆化	耐熱性あり
	低温脆化	低温脆化あり	低温脆化あり	低温脆化なし
	粒界脆化	あり	なし	なし
	応力腐食割れ	なし	なし	あり（塩化イオン下）
	相脆化	なし	あり	あり
	孔食	あり	あり	あり

＊**オーステナイト系** 常温でも同素変態せずに、鋼の高温組織であるオーステナイト構造（面心立方構造）を保つ。面心構造の金属は低温に強く、磁性を持たない。

III 金属素材篇

第15章
ベースメタルの性質と用途

　ベースメタルは、アルミニウム、銅に加えて、亜鉛、錫および金・銀・貴金属があります。特徴は、古くから人類が利用してきたなじみの深い金属なので、日本語の漢字があることです。アルミニウムだけが例外で、まだ利用を初めて200年程度しか経っていないのでカタカナ表記になります。

III 金属素材篇　第15章 ベースメタルの性質と用途

 アルミニウムの性質

アルミニウムの性質は、軽い、柔らかい、さびないです。ジュラルミンは、銅などを用いた高強度アルミニウム合金です。

▶▶ 軽金属アルミニウム

アルミニウム、チタン、マグネシウムは**軽金属**＊と呼びます。アルミニウムは、鉄に比べて比重が3分の1です。熱や電気の伝導性が良く、加工性に優れます。融点が低く高温使用には耐えられませんが、低温靭性が良好です。

軽金属でのアルミニウムの位置付け（15-1-1）

項目　（単位）	鉄	アルミニウム	マグネシウム	チタン
結晶構造	体心立方格子	面心立方格子	六方最密格子	六方最密格子
冷間加工	しやすい	しやすい	しにくい	しにくい
融点(℃)	1535　比較ベース	660　溶けやすい	650　溶けやすい	1668　溶けにくい
密度(g/cm^3)	7.9　比較ベース	2.7　鉄の1/3	1.7　鉄の1/4.5	4.5　鉄の1/1.75
ヤング率(kgf/mm^2)	21000　比較ベース	7050　軟らかい	4570　軟らかい	10850　鉄の半分
熱伝導率(cal/cm^2/s/K/cm)	0.15　比較ベース	0.49　伝わりやすい	0.38　伝わりやすい	0.041　伝わりにくい
線膨張係数(×10^{-6}/K)	12　比較ベース	23　熱膨張が大きい	25　熱膨張が大きい	8.4　熱膨張が小さい
電気抵抗($\mu\Omega\cdot$cm)	9.7　比較ベース	2.7　通しやすい	4.3　通しやすい	55　通しにくい
値段＊(円/kg)	約100(高級鋼)	約300(新地金)	約200	約1500(スポンジチタン)

▶▶ 雰囲気環境との反応のしやすさ

金属の反応のしやすさは、空気中で酸化膜を形成するか、高温蒸気中で酸化するか、空気中で酸化するか、水中で酸化するかの4段階で分けられます。アルミニウムは、水との酸化反応は起こりませんが、空気中で酸化します。

＊**軽金属**　軽金属とは比重がおよそ5以下の金属。アルミニウム、マグネシウム、チタン以外に、ベリリウムやアルカリ金属、アルカリ土類金属が該当する。

15-1 アルミニウムの性質

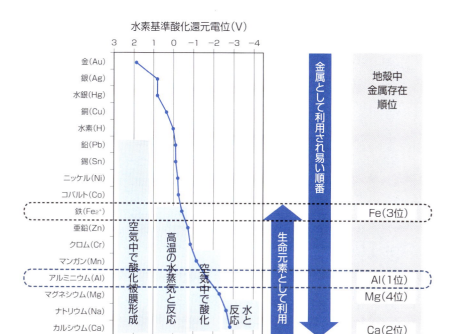

▶▶ アルミニウム合金

　アルミニウム合金には、塊を成形加工して使用する展伸材と溶融金属を鋳込み成形する鋳造品があります。

　展伸材には、加工後熱処理をしない非熱処理型と熱処理をして材質を作り込む熱処理型があります。非熱処理型は熱間加工ままや冷間加工まま、鍛造整形ままで利用します。送電線や缶や建材などに利用されます。熱処理型に、析出効果を利用して強度を確保するジュラルミンが含まれます。

　鋳造品にも非熱処理型と熱処理型があり、構造部材や部品に使われています。

　アルミニウム合金は、用途に応じた成分や熱処理方法がJIS等で決まっています。

＊**アルミニウムの環境との反応性**　酸化還元電位でみると、生命元素としての利用しやすさと金属として利用されやすさは正反対の順番になる。

15-1 アルミニウムの性質

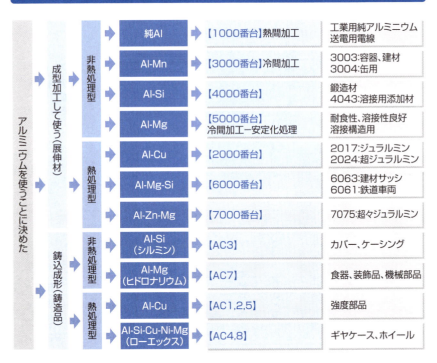

アルミニウムと合金の種類（15-1-3）

▶▶ 時効析出

　ジュラルミンは、アルミニウム合金です。微量添加した銅がじわじわマトリックス中に出てくる時効析出で、**GPゾーン**＊を生成させ、鋼並みの強度を持ちます。過時効させると、析出物が不整合になり、強度は落ちます。

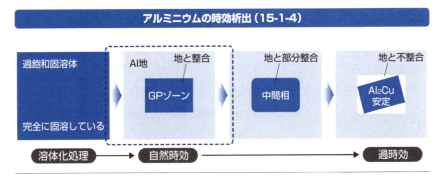

アルミニウムの時効析出（15-1-4）

＊GPゾーン　2人の発見者の名前からGuinier-Preston(GP)Zoneと呼ぶ。彼らがX線ラウエ斑点解析から発見した面上に析出する溶質原子のプレート。このプレートが時効硬化を引き起こす。

アルミニウムの特徴（良い面）

●軽い（軽量性）

アルミニウムの比重は2.71で、これは実用金属の中で2番目に軽く*、鉄の3分の1の軽さです。軽いことは、アルミニウムを用いる最大の魅力です。この魅力は、航空機に活かされました。400MPa鋼と同程度の強度を持つアルミニウム合金をジュラルミンとよびます。ジュラルミンはまず、飛行機の骨格に使われました。その後、500MPa級の超ジュラルミンが戦闘機用に開発されました。さらに超々ジュラルミンが第二次世界大戦中に日本で発明され、ゼロ戦に使われました。アルミニウム合金は航空機と戦争の歴史とともに発達してきたのです。

現在では、新幹線の車両でもアルミ合金の車体があります。アルミニウムは、無塗装でも耐食性が良く、メンテナンスも簡単なうえ、ステンレス製の車体に比べて、約半分の軽さです。自動車でも構造体の一部やダイカスト部品に使われます。

●柔らかい（加工性）

深絞り性を生かしたアルミ缶、押し出し性を生かしたアルミサッシ、切削性を生かした機械加工部品、鋳造性を生かしたダイカスト部品、展延性を生かしたアルミ箔などは、身の回りでよく見かける道具や家具などに使われています。

●錆びない（耐食性）

アルミニウムは酸化不動態被膜を作るので、待機中で良好な耐食性を持ちます。さらに、日本人の生んだ大発明、アルマイト処理（陽極酸化処理）で人工的に安定アルミナ被膜を作り、日本人が大好物だったいわゆる日の丸弁当を可能にしました。アルミ製の弁当箱では、梅干しのクエン酸成分によってフタの表面が溶けてしまっていたのが、アルマイト処理をすることで耐食性を持つようになったのです。純アルミニウムは中性溶液だけでなく、酸にも海水にも耐えます。飲料缶、タンク、化学用機器や、小型船舶や大型船の上部構造・内部などに用いられています。

●電機や熱をよく伝える（熱伝導性・電気伝導性）

銀と銅に次いで熱伝導性、電気伝導性が良好です。熱伝導性を生かして冷凍・冷

＊実用金属の中で2番目に軽く　一番目はベリリウムの1.69。

15-1　アルミニウムの性質

蔵機器の熱交換器などに、電気伝導性を生かして送電線や配電線、ブスバー（電線の差込）、モーターの巻き線などに用いられます。

● 低温でも強い（低温靭性）

面心立方格子の金属は、低温靭性に優れます。アルミニウムも銅やオーステナイト系ステンレスと同じように液化天然ガスの冷凍・冷蔵装置用途に用いられます。

● 装飾性が良い

陽極酸化処理溶液をコントロールして酸化膜に色をつけたカラーアルマイト加工で着色が可能です。樹脂塗装性も良好です。これらの特徴から家具に用いられます*。

▶▶ アルミニウムの特徴（注意する面）

アルミニウムは軟らかく、わずかな外力で変形したり疵がついたりします。また、アルミニウムはアルマイト処理をしているアルミニウムの印象が強く、錆びにくいものと考えてしまいがちですが、地金表面にゴミや腐食物質が付着すると錆びます。

アルミニウムは加工しやすいのですが、弾性が小さいため、使用場所が限られます。溶接も非常に難しく特殊な技術が必要です。

また、熱に弱く膨張しやすいため、使用場所の温度変化を考慮して使う必要があります。200℃以上にまで上がる場所では、使用を避ける必要があります。

アルミニウムは原料の多くをリサイクルでまかないますが、何にリサイクルされるかが問題です。アルミニウムは強度を確保するために、精錬時に数％のマグネシウムが添加されます。例えばアルミ缶の上蓋やリップは5％程度添加されます。リサイクルされてきたアルミニウムは、添加元素で汚染されているため、鋳物やサッシなどの鋳造品の原料にしかならない場合もあります。

こうした課題を認識したうえで、適用の拡大を図る必要があります。

＊…用いられます　家具だけではなく、家電製品やPCにも用いられる。

15-1 アルミニウムの性質

アルミニウムの長所と短所（15-1-5）

アルミニウムの長所	アルミニウムの短所
軽い（鉄の1/3）。	鋼と同じ重量で同一強度を出すためには、合金化が必要。
加工性が良い。	弾性がない（強度部材には使いにくい）。 疵付きやすい（外力で変形しやすい）。 溶接が非常にしにくい。
アルマイト処理で錆びない。	アルマイト処理していないアルミニウム地金は、湿潤環境やホコリ付着で錆びる。
電気や熱を伝えやすい。	電磁波を反射する（電子レンジには使えない）。
低温でも強い。	高温には弱い（660℃で溶ける）。 熱膨張しやすい（使用場所の環境が限定される）。
装飾性が。良い	塗装しにくい（下地処理を厳格にする必要がある）。
リサイクルできる。 地金を製造するよりもはるかに安い	リサイクルには、アルミニウム合金の種類別の分別回収が必要（低規格へのリサイクル）。

奇跡の惑星、鉄の星地球の誕生（その3）

鉄と地球の物語は終章を迎えます。

地表では、大量の巨大な植物が成長し倒壊し、層をなしました。地層になった植物は化石になり、炭素分だけは残りました。これが石炭です。海水中では、炭酸カルシウム、つまり石灰石が層をなしました。また、生命活動が活発な地域では酸素分が多く、海水中での酸素が酸化鉄、つまり鉄鉱石を生み出しました。石炭、石灰石、鉄鉱石の登場です。これらは現在の鉄鋼業の原材料そのものです。

鉄は、物質を循環の優等生です。小さくはヘモグロビン＊のような生命維持のための鉄の輪、鉄鋼生産のための原料の輪、地殻の中では鉄イオンを含む水が表層と内部を循環しています。地球は鉄によって成り立ち、鉄によって生かされています。私たちの星地球は鉄の星なのです。

＊ヘモグロビン　人間の赤い血液の組成。鉄が中心に存在する。貝やイカなどの青い血はヘモシアニンで銅が中心、マグネシウムが中心はクロロフィル（葉緑素）で植物の生命維持に使われる。

2 銅と銅合金の性質

銅は、古代から道具として使用されてきた重要な金属です。精錬が容易な上、多彩な性質により人類の進歩に貢献してきました。

▶▶ 銅の種類

粗銅で純度98～99%であったものが、**電気銅**では99.96%以上に純度が上がっています。しかし電気銅は、まだまだ硫黄などの不純物が含まれています。工業用の純銅にするには、さらに不純物を取り除く作業をしなくてはなりません。

作業方法により、タフピッチ銅、リン脱酸銅、無酸素銅と銅製品の名称は異なります。

タフピッチ銅は、タフピッチ（硬い松やに）という言葉通り、赤松の丸太を溶けた銅に放り込んで、松やにから発生する水素、一酸化炭素、メタンなどにより、酸化銅を還元させる方法をとっていました。現在では天然ガスを用います。酸素が300ppmほど残留しており、水素病が発生するのはこの銅です。

リン脱酸銅は、酸化物の還元にリンを使います。

無酸素銅*は、酸素が銅中に3ppm以下しか存在しないので、電流や熱を伝えやすい性質を持っています。**電気銅**を真空中か還元ガス雰囲気で溶解して作ります。

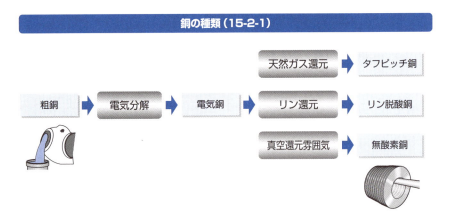

銅の種類（15-2-1）

***無酸素銅** 真空中、または窒素および一酸化炭素の混合ガス中でつくられる銅。特に電気伝導度が高い。

15-2 銅と銅合金の性質

▶▶ 銅合金

　銅は、加工が容易で耐食性に優れており、強度も比較的強く、電気伝導性や熱伝導性に優れます。銅は冷間加工をすると硬くなります。引張強さで約2倍程度になりますが、350℃以上に加熱すると元の状態に戻ります。

　銅の主要合金には、亜鉛を含む**黄銅**（もしくは真鍮）、スズを含む**青銅**、ニッケルを含む**白銅**（キュプロニッケル）やニッケルや亜鉛を含む**洋銀**があります。

　黄銅は真鍮と呼ばれます。Cu-Zn合金で、他にもPb、Sn、Al、Mn、Feなどを添加して性質を改善しています。CuにZnを混ぜると、広い範囲で固溶体を作ります。38%まではα固溶体で冷間の加工性に優れます。38〜43%でα＋β固溶体となり、硬さが増してきて、冷間には向かず、熱間加工で成形します。Znが43%を超えると硬くなってγ相が生成するので、通常は43%を超えない範囲で製造します。

銅合金の種類（15-2-2）

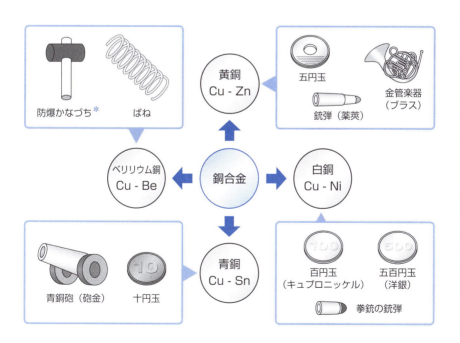

＊**防爆かなづち**　ベリリウム銅は摩擦や衝撃を加えても火花がでないため、引火性や爆発性のある物質を扱う場合用いる。ただし、銅はアセチレンと非常に良く反応するので使用不可。

15-2 銅と銅合金の性質

　ニッケルのみ含む**白銅**の用途は、耐高温、耐海水性を生かした復水器や熱交換機、貨幣に用いられます。ニッケルと亜鉛を含む洋銀は主に装飾に用いられます。

　ベリリウム銅は、Beを1.6～2%、コバルトとニッケルを入れた合金です。耐食性が良く、熱処理前は加工されやすく、熱処理後は、時効硬化処理により特殊鋼並の強度（100～150kgf/mm^2）を持ちます。導電性やばね特性に優れています。

▶▶ 貨幣金属としての銅合金

　現在の日本で流通している貨幣は、6種類です。1円玉硬貨のアルミニウムを除き、**黄銅**の5円玉、**青銅**の10円玉、**白銅**の50円玉と100円玉および**ニッケル黄銅**の500円玉と、硬貨は銅合金でできています*。現在の日本では、記念硬貨を除き銀貨や金貨はありません。

　金属を貨幣に使う硬貨は、体積当たりの価値が高く耐久性もあり、運搬性にも優れている理由で古代から使用されてきました。硬貨の価値を一定にするために、重量や含有量を一定にすることが求められ、鋳造や加工によって定型の硬貨が作られました。金貨や銀貨は交換に利用する貨幣に適していました。

現行の貨幣の素材金属の組成比（15-2-3）

	一円	五円	十円	五十円	百円	新五百円
	アルミニウム	黄銅	青銅	白銅	白銅	ニッケル黄銅
銅（Cu）		60%	95%	75%	75%	72%
ニッケル（Ni）				25%	25%	8%
亜鉛（Zn）		40%	3～4%			20%
スズ（Sn）			1～2%			
アルミニウム（Al）	100%					

*…**銅合金でできています**　銅には微量でも雑菌を死滅させる殺菌作用があるため適用。一円玉は、銅を使うと原料価格が価値を超えるため安価なアルミニウムを用いる。

3 亜鉛と錫の性質と用途

古くから、鉄板への亜鉛めっきをトタン、錫めっきをブリキと呼んできました。鉄の欠点である錆現象を防ぐために、亜鉛や錫で表面を覆う操作がめっきです。いずれもめっき層が破壊されても、犠牲防食作用と呼ぶ亜鉛や錫が先に溶けて、鉄の錆発生を抑制する働きがあります。

▶▶ 亜鉛の性質と用途

亜鉛Znは、銅との合金である真鍮（黄銅）として古くから使われてきました。洋白（洋銀）は、貨幣にも使われるニッケルと銅と亜鉛の合金です。

金属亜鉛は、100℃で展性と延性があり薄板の製造が可能です。電気伝導性が良好で、マンガン電池などの外筒の負極として使われています。

亜鉛の最大の用途は、鋼材への亜鉛めっきです。亜鉛めっきには、建材や構造物に使われる溶融亜鉛めっき、電化製品などに用いる美麗な電気亜鉛めっきに加え、自動車のボディに使われる合金化溶融亜鉛めっきなどがあります。現在では、溶融亜鉛めっきをトタンと呼び*、合金化溶融亜鉛メッキは、GAなどと呼びます。

合金化溶融亜鉛めっきは、溶融亜鉛めっき鋼板を加熱することで亜鉛と鉄の拡散を促進させ合金化しています。鉄と亜鉛が合金化することで下地の鋼材と密着性が良く、かつめっきへの塗装性に優れていることから、プレス加工後塗装する自動車のボディに用いられています。

亜鉛は、全金属の中で鉄、アルミニウム、銅に次ぐ4番目の利用量があります。ただ、他の金属のように主役になる用途がなく、いわば名脇役のような存在です。

亜鉛の用途は性質と不可分です。鋼材よりイオン化傾向が大きいために、鋼材に接触させたり表面に皮膜としておくだけで鋼材を腐食から守ります。融点が約420℃と低く低温で加工しやすいため、アルミニウムやマグネシウムとの合金は鋳造成形可能です。銅との合金は真ちゅうは板、条、棒などに容易に加工できます。

---

*トタンと呼び　中国では亜鉛のことを土丹と呼んでいたが、別書ではトタンはインドから伝わった外国語とある。インドでは亜鉛をトタネガと言ったが、これはポルトガル語のトタネカで、これはペルシャ語の酸化亜鉛ツタナカの事。つまりトタンは亜鉛を意味した。日本では亜鉛めっき鋼板をトタン引きと呼んでいたが、これが縮まってトタンとなった。

15-3 亜鉛と錫の性質と用途

亜鉛の性質と用途（15-3-1）

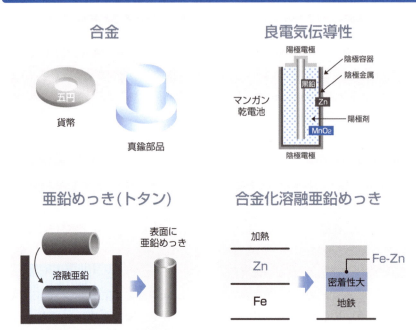

▶▶ 錫の性質と用途

　錫（スズ）Snには、結晶構造が3種類あります。室温では白色スズと呼ぶβ-Snです。13℃以下に温度が下がると、灰色スズと呼ぶα-Snに変態します。α-Snは、半導体の性質を示し、非常にもろくかつ膨張します。スズを161℃以上に加熱すると正方晶構造のγ-Snになります。かつてナポレオンのロシア遠征では、フランス軍の冬服の錫製のボタンがα-Snに変態し、ふくれて粉々になってしまい、酷寒のロシアで兵士が大勢死にました。変態は徐々にしか起こらず、白色スズが灰色スズに変わっていく様子は、まるでスズに伝染病が蔓延しているように見えたため、スズペストと呼ばれました。

　錫の用途は多岐にわたります。鉛と低融点の合金をつくる性質を利用したハンダは金属の接合に欠かせません。銅との合金である青銅は古くから、道具や武具や彫像の素材として用いられています。もっとも有名なブリキ*は鉄板の上に錫をめっ

＊**ブリキ**　ブリキは英語ではティンプレート（錫鋼板）であり、ドイツ語では白い板を意味するブレヒ。オランダ語はブリキ。日本ではオランダ語を音訳して缶を作る鉄の薄い板をブリキと呼んだ。ブリキもトタンもJISではぶりき、とたんとひらがな表記すると定められているが、ほとんどの書籍ではブリキ、トタンと書いている。

15-3 亜鉛と錫の性質と用途

きして作ります。232℃という低融点で液体になる性質を利用し、板ガラスを上に浮かせて作るフロートガラスにも利用されています。液晶パネルには欠かせないITO（インジウム・錫・酸化物）にも利用されています。

錫めっきのブリキは、飲料缶や一般缶、18リットル缶、ドラム缶など大部分が缶に用いられています。

錫は、展性・延性に優れた金属で容易に変形させることが可能です。漢字の錫は、金属の金と容易の易を組み合わせた文字で、容易に変形できる金属という意味です。

錫を加工変形させるときに発生する錫鳴き*という現象があります。純金属の錫を曲げると、微かなチキチキという音が聞こえます。これは双晶変形による亀裂音であり、内部に欠陥が発生したものではありません。

錫の性質と用途（15-3-2）

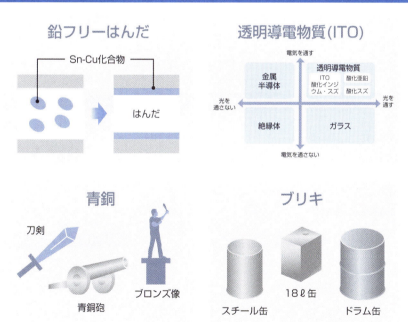

---

*錫鳴き　錫の変形時に音が出ても、鋼材のように降伏や破壊音ではない。このため変形させて錫鳴き音を楽しむ錫製品もある。

4 水銀と鉛の用途

歴史的にみると、水銀と鉛は人類の文明の発展に役立ってきました。しかし、深刻な健康被害が認識されてくると、用途は次第に限定的になってきました。

▶▶ 水銀の用途

水銀Hgは体温計や寒暖計、歯科用義歯に使ってきました*。現在では、小規模の金製錬、塩化ビニル製造工業や塩素アルカリ工業、電池製造に利用されるだけです。

▶▶ 水銀に関する水俣条約

有機水銀が原因の水俣病に代表される公害病が過去の日本のみならず世界中の発展途上国で蔓延しています。2002年水銀の人への影響や汚染実態をまとめた世界水銀アセスメントが公表され、2017年には水銀に関する水俣条約として発効しました。

水銀の使用削減や停止に向けて世界的な取り組みが始まっています。

水銀が利用されている製品例（15-4-1）

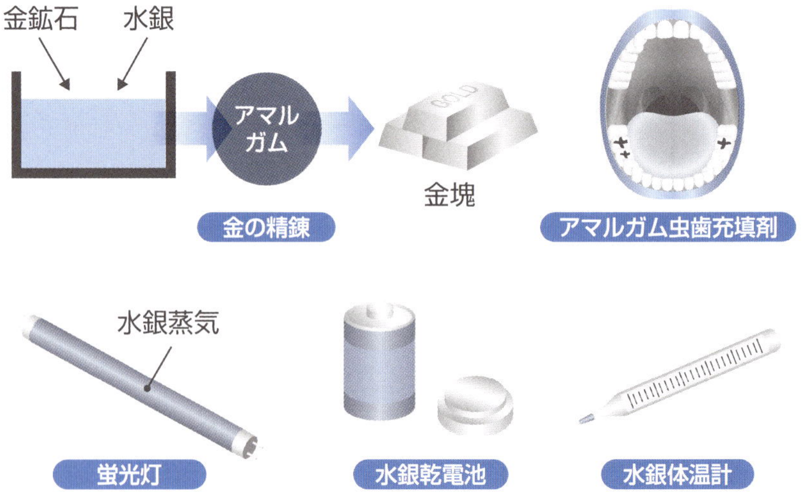

金鉱石　水銀　→　アマルガム　→　金塊
金の精錬

アマルガム虫歯充填剤

水銀蒸気
蛍光灯　　水銀乾電池　　水銀体温計

＊…使ってきました　思えば、筆者の子供の頃、水銀は身近にあった。割れた体温計から水銀を取り出して手の上でころがしていた記憶がある。

15-4 水銀と鉛の用途

▶▶ 鉛の用途

加工しやすい**鉛Pb**は水道管、化粧用おしろいの白色顔料として使われました[*]。現代は鉛蓄電池、鉛ガラス、ステンドグラス、放射線遮蔽防護服に利用されます。

鉛と錫の合金が低融点のはんだで、金属接合や電子部品回路組立てに利用します。

▶▶ 無鉛化

鉛を長期摂取したり有機鉛化合物を摂取すると鉛中毒症状を起こすことが認識されると、鉛を排除する動きがでてきました。

欧州RoHS指令で鉛が禁止物質となって以来、鉛を含むはんだを使った電子部品が輸出できなくなりました。そこで鉛を使うわない錫ー銀ー銅系組成の鉛フリーはんだが開発されました。

鉛が利用されている製品と無鉛化（15-4-2）

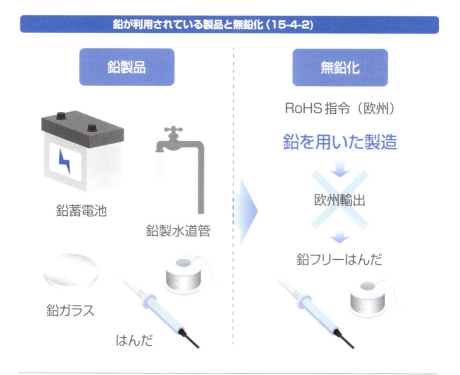

---

[*]…**使われました** 古代から近代まで鉛は、柔らかくて加工しやすい金属として水道管やワインカップなどに利用されてきた。

15-4 水銀と鉛の用途

君はエッフェル塔を見たことがあるか？

　君はエッフェル塔を見たことがある？写真で見た、登ったことがある、下から写真を撮った。そう、色々な見たがあるだろう。ではエッフェル塔に刻まれた科学者、技術者72人の科学・技術の英雄の名を見たことがあるだろうか。

　ナントに行った帰りに、まだ19時過ぎで陽も高く、突然エッフェル塔を訪れようという気になった。メトロで近くまで行き、エッフェル塔に登ろうと近寄ると、雲霞の如く人が群れていた。これはいかんと、登るのを諦め、スケッチを始めた。

　スケッチをしている最中に、なんだか文字が目に飛び込んだ。ちょうど展望台の下あたりに、なんだか文字が見える。なんだろう、目を凝らして見ると、SEGUIN、LALANDEなどという謎の文字列に混じって、LAVOISERという名前が見えた。AMPELEもいる。ラボアジェ、アンペール？19世紀の仏国の科学者の名前である。夢中で塔の周りを巡りながら、知った名前を探すと、ゲーリュサック、カルノーがいる。ポワソンもフーリエもいる。当時のフランスは科学技術のメッカであった。綺羅星のごとく科学者や技術者が群れをなしていたのだ。その中で、設計者のエッフェルは、自分のセンスで英雄を決め、塔に刻んだのであろう。

　パリの大伽藍には、聖人の名が刻まれている。シャトーには王の名前が、刻まれている。エッフェルは、きっとこの塔を科学技術の大伽藍に見立て、4つの面に各々18名、計72名の名を刻んだのだ。

　当時のパリは、既に工業化が先行していた英国に対し、大きく出遅れているという危機感があった。米国の科学技術を見てきた人々は、科学技術の発展が人類をより良い世界に導くという宗教に似た信念を描き始める。その中心にいたのが、サン・シモンであり、科学技術を信仰する人々のことをサン・シモン派と呼ぶ。

　サン・シモン派は、エッフェル塔を自分たちの宗教の伽藍に見立て、長文の、祭文を発表していた。

主よ、我が神殿を汝に示さん。
神殿の丸き柱は
中空の
鋳鉄を
束に重ねたり
新しき神殿のパイプ・オルガン
鳴り響く
鉄骨は
鉄と鋳鉄と鋼鉄と
銅と青銅で作られて＊
建築家は円き柱を鉄骨を
管楽器に弦楽器を重ねるごとく
見事重ねて完成す。」
（鹿島茂「絶景、パリ博覧会」より）

　万国博覧会での超近代的な建造物は科学の神殿に近い気持ちだったんだろう。1889年パリ万博は、こういう産業者による産業者のための社会体制を築くべく、全産業者が団結しなければならないと説く空想的社会主義思想が広がっていたのだ。

＊…作られて　祭文はこうだが、実際のエッフェル塔は、錬鉄（柔らかい鉄）で作られた。

III 金属素材篇

第16章 レアメタルの性質と用途

レアメタルには、数多くの金属が含まれます。典型金属、3d遷移金属、高融点金属、半金属、貴金属およびレアアースメタルという切り口で金属の性質と用途をみてみましょう。

III 金属素材篇　第16章　レアメタルの性質と用途

チタンの性質と用途

　チタンは、地殻金属元素中アルミニウム、鉄、マグネシウムに次いで、4番目に埋蔵量が多い元素です。丈夫でさびにくく、人体にアレルギーを起こさせない金属です。

▶▶ チタンの特徴

　チタンTiの特徴は、軽くて強いことです。強度を密度で割った比強度では、鉄の3倍近くあります。チタンの密度はアルミニウムに次いで小さく、融点が鉄よりも高く、電気や熱が伝わりにくい金属です。また、チタンは過酷な使用環境にも耐えられます*。

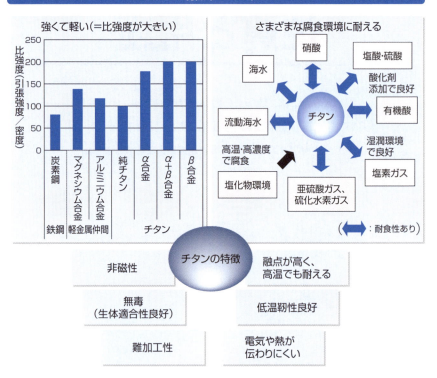

チタンの特徴（16-1-1）

＊…**耐えられます**　チタンは、塩素ガスに対して湿っていれば耐食性があるが乾燥塩素ガスでは急激な反応をする。高温高濃度の塩化物環境では不動態域が狭く反応する。

16-1 チタンの性質と用途

特筆すべき特徴は、多くの腐食環境で耐食性があることです。硝酸のような酸化性の腐食環境でも良い耐食性を示します。海水にも強い特徴があります。

チタンの特徴は、軽くて強いことです。強度を密度で割った比強度では、鉄の3倍近くあります。チタン合金の主な3種類は、それぞれ性質が違います。

α合金は、アルミニウムの添加で変態温度が上昇します。高温まで組織が安定しています。

α+β合金は、Ti-6Al-4Vです。加工性や溶接性、機械特性も良い合金です。材質のバランスがとれており、世界で生産されている構造用チタン合金の約3分の2を占めます*。

β合金は、熱処理で1500〜1800MPaまで強度アップします。冷間加工性が良好です。

チタン合金の種類（16-1-2）

金属・合金種類	化学成分	熱処理	特徴
純Ti	100%Ti	焼なましのみ	（比較対象）
α合金	Ti-5Al-1 Mo-1V	焼なましのみ	高温および低温で安定。極低温で延性、高温で耐クリープ性あり。
α+β合金	Ti-6Al-4V	溶体化処理	強度・延性・靭性のバランスに優れ、さまざまな形状への加工が可能。
β合金	Ti-15V-3Cr-3Al-3Sn	溶体化処理	冷間加工性に優れ、熱処理により高強度が得られる。

▶▶ チタンの用途

チタンは、その特徴的な性質を生かして、生活用品、医療器具か海洋構造、航空宇宙まで、幅広い分野で使われています。中でも、金属アレルギーを起こさないことから、肌に直接触れる時計、眼鏡、ブレスレッドなどに使われています。人体に対して無毒で清潔なことから、医療分野での使用拡大も進んでいます。また、酸化チタンの光触媒性を利用した建造物の汚れ防止外壁などにも利用されています。

チタンの用途は、チタンの性質のメリットとチタンが素材として持つデメリットのなかから選択されています。

---

*…**占めます**　α+β型合金は溶体化処理と時効処理で強度を向上させることができる。

16-1 チタンの性質と用途

　チタンのメリットは、耐食性に優れ軽いことです。さらにチタン合金を適切に選べば構造材としての強度も得られます。融点は鉄の1530℃よりはるかに高い1660℃まで溶けません。人体と反応しないため安全性は高く医療用にも利用可能です。

　チタンの最大のデメリットは値段が高いことです。このため鉄よりも数々の優れた性質を持ちながら、使用拡大ができていません。また、チタンは硬くて加工が困難です。溶接もプレス加工も切削も困難です。

　このようなチタンのメリットとディメリットの比較の中で、ゴルフクラブや、化学プラントの配管や、橋脚の腐食防止板などに利用されているのが現状です*。

チタンの用途（16-1-3）

分野	チタン合金使用例	軽量・高強度	高融点	耐腐食	低温靭性	無毒性	低伝熱・電導
宇宙・航空	ロケットエンジン	◎	◎	◎	◎		
	ジェット機機体	◎			◎		
	エンジン	◎	◎	◎			◎
建築	ドーム外壁	◎		◎			◎
	屋根	◎		◎			◎
レジャー	ゴルフドライバーヘッド	◎					
オートバイ	チタンマフラー	◎	◎	◎			
日用品	メガネフレーム	◎				◎	
	宝飾品					◎	
	刃物・食器			◎		◎	
	調理器具	◎	◎	◎			
医療	歯科医療			◎		◎	
	人工骨			◎		◎	
海洋構造	海洋構造物		◎	◎	◎		
	深海潜水艇	◎					
工場プラント	化学タンク	◎		◎			
	ボイラー交換器	◎		◎			

ゴルフクラブ　**化学プラント**（チタン合金）　**橋脚**　**外壁**（TiO₂ 光触媒）

---

*…**現状です**　チタンの最近の用途は、色彩をスケール厚み制御や陽極酸化で作りだせる利点を活かし、お寺の瓦やコップなどに利用されている。熱伝達率が低いチタンで作ったコップは、液体が温まったりしないが、ビールはやはり冷たいコップの方がいいかも。

536

2 マグネシウムの性質と用途

マグネシウムは、実用金属の中でも最も軽くて強い、つまり比強度が大きい金属です。有能で多様な特性を持つマグネシウムについて見てみましょう。

▶▶ マグネシウムの成形方法

マグネシウムMgは融点が650℃と低く、簡単に溶かすことができるため、現在の成形の主流はダイカスト法やチクソモールド法です。自動車大型部品などの一体複雑形状製品の成形に向けて、量産性、高精度、品質安定を目指して、成形加工技術の開発や改善が進められています。

マグネシウムの成形方法（16-2-1）

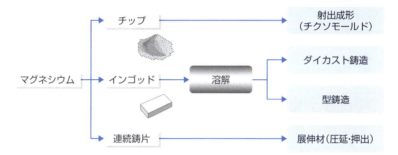

▶▶ マグネシウムと合金の性質

マグネシウムは、海水中で鋼の電気防食に用います。マグネシウムはもともと海水中に含まれているので、海を汚染する心配もありません。

マグネシウムは、結晶構造が六方最密構造なので、常温でのすべり系が限定されており、冷間加工性は非常に悪く、高温での熱間加工となります[*]。

マグネシウムは、希土類のLa（ランタン）、Ce（セリウム）、Zr（ジルコニウム）を添加した耐熱軽量合金として、鋳物を作り、高温でのすべりを抑え、300℃程度でもアルミ合金と同等の強度を持ちます。

---

[*]…**高温での熱間加工となります**　低温で加工が志向されている。例えば結晶粒系を細粒に制御し、200℃程度の低温鍛造すれば金型寿命が伸びる。

16-2　マグネシウムの性質と用途

　またマグネシウムは、制振性に優れます。軽量金属で制振性に優れるのは、常温ですべり系が固定されているためです。転位が動かず、外部から加えられた振動は、転位の振動による内部摩擦の熱エネルギーに変換されてしまいます。

　マグネシウムのヤング率は、鋼の約5分の1です。このため、外部からの急激な力の付与に対して弾性変形しやすい性質があり、打痕などが付きにくい特長＊があることから、旅行用トランクのカバーや電子機器の筐体に用いられています。

　また、広い周波数帯での磁気シールド特性に優れています。電子機器の成型品の70％はマグネシウム合金で作られます。

　マグネシウムは鉄の6分の1の切削抵抗しかなく、高速で切削加工が可能です。

　マグネシウムの特筆すべき性質は、温度による寸法の変化が小さいことです。

　実際のマグネシウム合金の最大需要は自動車部品です。アルミニウムへの添加合金としての利用を含めると多くのマグネシウムが自動車に利用されています。

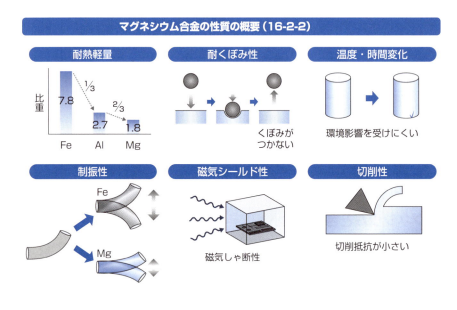

マグネシウム合金の性質の概要（16-2-2）

＊**打痕はつきにくい特長**　耐デント性。当たってもくぼみがつきにくい性質。

3 典型金属レアメタルの特徴と用途

典型金属レアメタルは、リチウムLi、ベリリウムBe、ルビジウムRb、セシウムCs、ストロンチウムSr、バリウムBaの6金属です。いずれも特殊な能力をフルに発揮しています。

▶▶ 二次電池でひっぱりだこのリチウム

リチウムLi＊は、最近のモバイル機器の電源として使用量が急激に増加しています。携帯ゲーム機や腕時計などに使うリチウムボタン電池は、放電すると廃棄する使い捨て電池（一次電池）です。パソコンは、何度でも充電が可能な二次電池であるリチウムイオン電池をバッテリーとして使います。このほか、電気自動車で用いるアルカリ蓄電池にもリチウムが使用されます。

リチウムを使った電池は、起電力が高く大容量であるため、需要量は増加の一途です。

リチウムLiの特徴と主要用途（16-3-1）

レアメタル	元素記号	分類	元素番号	族	電子配置	融点	沸点	密度
リチウム	Li	アルカリ金属（典型金属）	3	1A/1	$2s^1$	180.5℃	1347℃	0.534

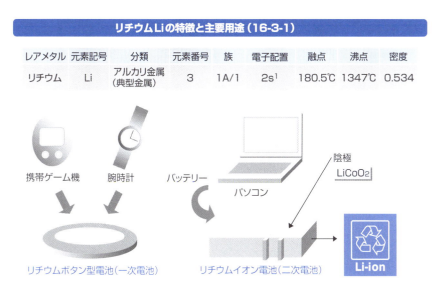

＊**リチウムLi** リチウムに関する情報は、JOGMECのホームページ「リチウム生産技術概略―現状および今後の動向―」に詳細解説がある。最近では原料が、チリのかん水から豪州鉱石を中国に送り生成する生産工程に置き換わっている。

16-3 典型金属レアメタルの特徴と用途

▶▶ 銅合金で優れた用途を創出するベリリウム

　ベリリウムBeの用途の大部分は、銅にベリリウムを2％程度まで添加した**ベリリウム銅合金**です。銅合金中で最大の強度と非常に優れたバネ特性があり、かつ導電性もあるため、板ばねや溶接ワイヤーの導管、高温域スピーカーのコーン、スイッチの接点などに用いられます。また、当たっても火花が出ない特性を生かし、火気を嫌う場所で使用する安全工具などに用います[*]。

　ベリリウム単独の使用方法としては、中性子を透過しない性質を用いた原子炉構造材などにも使われますが、量的にはわずかです。

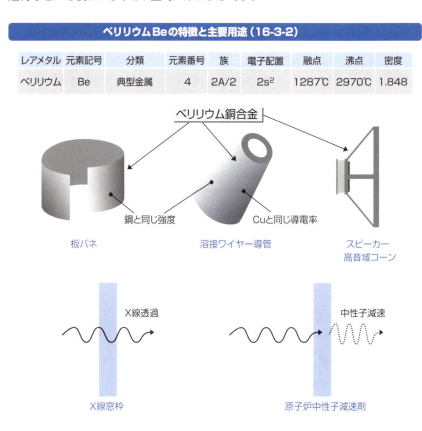

ベリリウムBeの特徴と主要用途（16-3-2）

レアメタル	元素記号	分類	元素番号	族	電子配置	融点	沸点	密度
ベリリウム	Be	典型金属	4	2A/2	$2s^2$	1287℃	2970℃	1.848

---

[*] … **安全工具などに用います**　ベリリウムの持つ硬化機能を利用し、銅の硬度や強度を向上させハンマーなどに利用できる。火花がでないのはベリリウムであるためではなく銅だから。

16-3 典型金属レアメタルの特徴と用途

▶▶ 低温で融解するルビジウムとセシウムは原子時計の心臓部

ルビジウムRbと**セシウムCs**は、どちらもアルカリ金属で性質が似ています。人体の温度程度で融解する金属は、この2つの元素以外にはガリウムGaと水銀Hgくらいです。

国内では、ルビジウムはほとんど使用されていません。セシウムは、硝酸物や水酸化物化合物の形態で輸入され、合成樹脂の触媒として用いられています。

ルビジウムとセシウムの性質を用いた用途は、**原子時計**です。いずれの元素も、共振周波数近傍のマイクロ波を照射すると、特定周波数の電磁波を発振します。これが、高精度の時計になります。原子時計は、テレビ局の時報やGPS衛星への時刻の提供に用いられます*。

ルビジウムRbとセシウムCsの特徴と主要用途（16-3-3）

レアメタル	元素記号	分類	元素番号	族	電子配置	融点	沸点	密度
ルビジウム	Rb	アルカリ金属（典型金属）	37	1A/1	$5s^1$	39.31℃	688℃	1.532
セシウム	Cs	アルカリ金属（典型金属）	55	1A/1	$6s^1$	28.4℃	678℃	1.873

常温（人体温度）で融解する金属

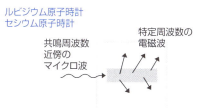

ルビジウム原子時計
セシウム原子時計

＊…提供に用いられます　自動的に時刻を合わせる電波時計が受信する電波は、セシウムの励起マイクロ波の波長により補正された原子時計による日付・時刻情報電波を受信して合わせる。

X線を防ぎ赤い火花をだし磁石になるストロンチウム

ストロンチウムSr*は、身近なところではテレビのブラウン管のガラスに添加されています。ストロンチウムは、X線のガラス透過を遮断します。

ストロンチウムは、炎色反応では深赤色を発光します。花火の火薬だけではなく、自動車故障時の発炎筒火薬に用いられています。

ストロンチウムは、磁気異方性の大きな硬磁性フェライト磁石を作るための必須元素です。このほか、セラミックスコンデンサーにも使います。また、亜鉛精錬での脱鉛用に利用します。

ストロンチウムSrの特徴と主要用途（16-3-4）

レアメタル	元素記号	分類	元素番号	族	電子配置	融点	沸点	密度
ストロンチウム	Sr	アルカリ土類金属（典型金属）	38	2A/2	$5s^2$	769℃	1384℃	2.540

Sr添加X線遮光ガラス

テレビブラウン管

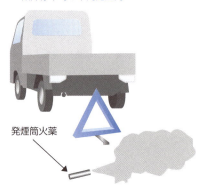

故障停車時の車両発煙筒

発煙筒火薬

SrFe₁₂O₁₉

磁気異方性の大きな
硬磁性フェライト磁石

＊**ストロンチウムSr** ストロンチウムはカルシウムと同じアルカリ土類金属でよく似た挙動をするため骨格にも含まれる。

16-3 典型金属レアメタルの特徴と用途

▶▶ 胃検診に大活躍、磁石やガラスやブレーキパッドにも使うバリウム

バリウムBa*は、胃検診時に飲む硫酸バリウムがX線造影剤として有名ですが、胃酸にも全く溶けない硫酸バリウム以外は、毒性が強く危険です。

主な用途としては、炭酸バリウムをブラウン管などの管球ガラスに添加したり、フェライト磁石の原材料にします。ほかには、硫酸バリウムを自動車の塗料の増量剤やブレーキの磨耗剤として使います。

特殊な用途としては、チタン酸バリウム($BaTiO_3$)が、ペロブスカイト型構造とよぶ非常に分極しやすい構造になるため、誘電体として大容量コンデンサーや圧電材の原材料として使われています。

バリウムBaの特徴と主要用途（16-3-5）

レアメタル	元素記号	分類	元素番号	族	電子配置	融点	沸点	密度
バリウム	Ba	アルカリ土類金属（典型金属）	56	2A/2	$6s^2$	729℃	1637℃	3.594

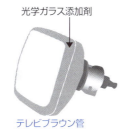

光学ガラス添加剤

テレビブラウン管

$BaFe_{12}O_{19}$

磁気異方性の大きな
硬磁性フェライト磁石

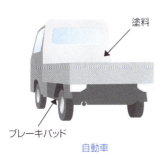

塗料

ブレーキパッド

自動車

$BaSO_4$

X線造影剤

胃検査

***バリウムBa** バリウムはギリシャ語で重いという意味。胃検診でお馴染みの硫酸バリウムを含む重晶石は光を当てると蛍光を発するので、錬金術では珍重されていた。

Ⅲ　金属素材篇　　第16章　レアメタルの性質と用途

3d遷移金属レアメタルの特徴と用途

　3d遷移金属レアメタルには、クロム、ニッケル、マンガン、バナジウムなど馴染みの深い金属が含まれます。鋼の合金に使われる以外の用途と特徴をみていきます。

▶▶ 地味だが特殊鋼には欠かせないバナジウムは硫酸触媒の必須元素

　バナジウムV*の用途としては、鉄鋼へ添加するフェロバナジウム合金が使用量の大半を占めます。高張力鋼や工具鋼などの特殊鋼の製造には欠かせません。Ni基耐熱合金（**スーパーアロイ**）にも必要な元素です。

　これ以外の用途としては、五酸化バナジウムのまま、硫酸製造設備の触媒として使います。

バナジウムVの特徴と主要用途（16-4-1）

レアメタル	元素記号	分類	元素番号	族	電子配置	融点	沸点	密度
バナジウム	V	遷移金属	23	5A/5	$3d^4 4s^2$	1887℃	3377℃	6.110

▶▶ ニクロム線でおなじみのクロムは、鋼と組めばスーパーメタルに大変身

　クロムCrは、ニッケルNiとの合金の**ニクロム**が有名です。電気抵抗が大きくて、使用上限温度が約1000℃の高温発熱体として利用できます。

　クロムの使用量の大半は、ステンレス鋼の原料です。13％以上のクロムを鋼に含有させることで、耐食性に強い鋼を作り出します。

　クロムはこのほか、耐熱合金（スーパーアロイ）の添加物としても用いられます。

＊**バナジウムV**　鉄鋼では、フェロバナジウムを添加して炭化バナジウムを析出させる。組織を細かくしたり強度をあげたりして材質を改善する優れもの。

16-4 3d遷移金属レアメタルの特徴と用途

クロムCrの特徴と主要用途（16-4-2）

レアメタル	元素記号	分類	元素番号	族	電子配置	融点	沸点	密度
クロム	Cr	遷移金属	24	6A/6	$3d^5 4s^1$	1860℃	2671℃	7.190

ニクロム線（Ni・Cr） → 電熱ヒータ

ステンレス鋼（Cr・Ni） → 調理場のシンク

スーパーアロイ → 航空機エンジンタービン

▶▶ 鋼との合金で本領発揮、マンガンは乾電池にも使える

マンガンMn＊は、鉄鋼に添加して普通鋼や特殊鋼などのマンガン合金鋼として使います。鋼の高張力を引き出す最適の添加元素です。

マンガンMnの特徴と主要用途（16-4-3）

レアメタル	元素記号	分類	元素番号	族	電子配置	融点	沸点	密度
マンガン	Mn	遷移金属	25	7A/7	$3d^5 4s^2$	1244℃	1962℃	7.440

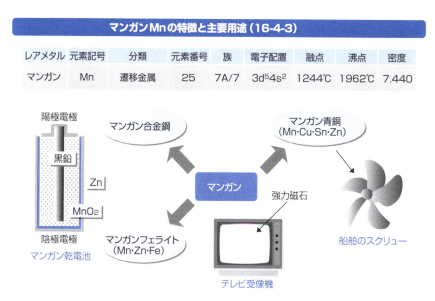

鉄鋼以外へのマンガンの用途は、マンガン青銅として船舶のスクリューに用いたり、アルミニウムAlに添加されて、3000台のAl-Mn系合金としてアルミ缶などに使用

＊マンガンMn　最近の需要は、自動車用リチウムイオン電池の正極材料としても需要が激増。

16-4 3d遷移金属レアメタルの特徴と用途

したりします。さらに安価なマンガンフェライト磁石の原材料として利用します。

またマンガンは酸化マンガンとして、一次電池であるマンガン電池やアルカリ電池の陽極物質として用います。

▶▶ 磁性材料に必須元素のコバルト

コバルトCo*は、磁性材料には欠かせません。3d遷移元素の中で強磁性をもつ3つの元素（鉄Fe、コバルト、ニッケルNi）のなかで、単原子では最大の有効磁気モーメントをもつコバルトは、レアアースメタルと組み合わせることで強力な磁性材料になります。アルニコ磁石やサマリウム・コバルト磁石は、ネオジム・鉄・ボロン磁石が出現するまでは、強力永久磁石の代名詞でした。一世を風靡したウォークマンのイヤースピーカーのクリアーな音は、コバルトなしでは得られません。

コバルトは、リチウムイオン電池の陰極にも使用します。リチウムの需要の増加とともにコバルトの需要も高まっています。

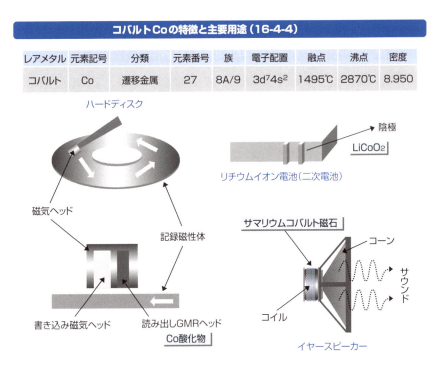

コバルトCoの特徴と主要用途（16-4-4）

レアメタル	元素記号	分類	元素番号	族	電子配置	融点	沸点	密度
コバルト	Co	遷移金属	27	8A/9	$3d^7 4s^2$	1495℃	2870℃	8.950

＊**コバルトCo** コバルトは、コンゴやカナダ、ザンビアなどで銅やニッケルの副産物として採取される。電気自動車のリチウムイオン電池の需要の高まりで今後も供給の安定が課題になる。

16-4　3d遷移金属レアメタルの特徴と用途

コバルト酸化物は、ハードディスクの記録磁性体の記録を読み出すGMRヘッドに用います。GMR（Giant Magneto Resistive Effect）ヘッドは、MRヘッドの性能を大幅に向上させたもので、ハードディスクの磁気ヘッドに必須の部品です。

またコバルトは、Co基超耐熱合金（スーパーメタル）のベース成分として用いられ、ジェットエンジンなどの高温使用環境の部品に用いられます。

▶▶ 形状記憶、燃料電池、水素吸蔵と、新材料に引っ張りだこのニッケル

ニッケルNi*は、ステンレス鋼に用いる用途が大半です。このほか、ニッケルめっきが続きます。この2つの用途以外では、磁性材料、電池、フェライトの原料などが続きます。

ニッケルは、クロムCrと合金を作ってニクロムを作り、チタンTiと合金を作って形状記憶合金であるニチノール合金（NiTi合金）を作ります。また、ランタンLaと合金を作って水素吸蔵合金であるLaNi5を作ります。カドミウムCdとの組み合わせの二次電池はニッカド電池とよばれます。ニッケル水素電池は、水素吸蔵合金を利用した二次電池です。

磁性材料でもニッケルは、アルミニウムAlとコバルトCoを組み合わせてアルニコ磁石と名づけられた永久磁石を生み出しました。

燃料電池の陰極にはニッケルが欠かせません。ニッケルとジルコニウム酸化物から燃料電池用電極が得られます。

ニッケルNiの特徴と主要用途（16-4-5）

レアメタル	元素記号	分類	元素番号	族	電子配置	融点	沸点	密度
ニッケル	Ni	遷移金属	28	8A/10	$3d^8 4s^2$	1453℃	2732℃	8.902

NiTi合金 — 形状記憶ブラジャー

陰極 Ni-ZrO$_2$／酸化剤／燃料／排ガス — 燃料電池陰極

水素吸蔵合金（LaNi5） — ニッケル水素電池

---

*ニッケルNi　ニッケルはメッキ材料としても利用する。金属ニッケルを使うニッケルメッキ、無電解ニッケル皮膜などは耐摩耗性や装飾性に優れている。ニッケル層の上にクロムを使うクロムメッキ。炭化ケイ素と組み合わせる複合メッキなどもある。

Ⅲ 金属素材篇　第16章　レアメタルの性質と用途

5 高融点遷移金属レアメタルの特徴と用途

融点遷移金属レアメタルは、いずれも融点が1800℃を超える金属です。ジルコニウムZr、ニオブNb、モリブデンMo、ハフニウムHf、タンタルTa、タングステンWおよびレニウムReが高融点レアメタル仲間です。

▶▶ 機能セラミックスに欠かせないジルコニウムは原子力にも利用

ジルコニウムZrは、ジルコン（$ZrSiO_4$）やジルコニア（ZrO_2）などの酸化物を、鉄鋼業の製銑や製鋼工程の耐火物として使います。

ジルコニアは機能性耐火物としても利用できます。融点が高いため、粉末法で組成調整を行い、焼結法などで成形します。この独特の製造方法を利用して、セラミックセンサーとしての機能をもたせたり、ニューセラミックス＊として耐熱高強度セラミックスや超硬度セラミックスとして利用します。

金属ジルコニウムは、少量のスズSnや鉄Feとジルカロイ合金を作ります。中性

ジルコニウムZrの特徴と主要用途（16-5-1）

レアメタル	元素記号	分類	元素番号	族	電子配置	融点	沸点	密度
ジルコニウム	Zr	遷移金属	40	4A/4	$4d^2 5s^2$	1852℃	4377℃	6.506

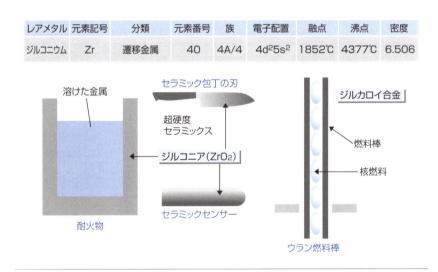

＊**ニューセラミックス**　セラミックに利用される天然原料から特定成分を取り出し、高純度材料作り成形したもの。

16-5　高融点遷移金属レアメタルの特徴と用途

子の吸収が少なく、高温水に対して耐食性がよいため、原子力核燃料の燃料棒として利用されています。

▶▶ 鋼の添加元素から超伝導体の主役へと大抜擢のニオブ

ニオブNbは、大半がフェロニオブの形態で輸入されます。そのまま鋼材への添加物として利用され、高張力鋼やステンレス鋼の強度を向上させます。このほか超耐熱合金（スーパーアロイ）の主要元素として利用されます。

ニオブは、実用超伝導体線材の主要元素です。人体診断装置のMRI*は、高磁場発生コイルが必要です。この磁場を作り出すためにニオブやニオブ化合物の超伝導物質で作った線材を用います。

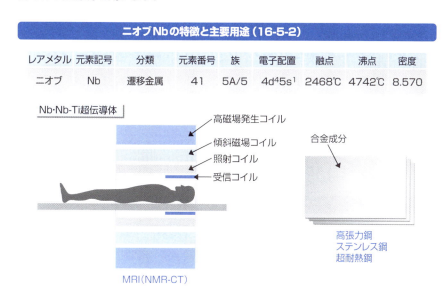

ニオブNbの特徴と主要用途（16-5-2）

レアメタル	元素記号	分類	元素番号	族	電子配置	融点	沸点	密度
ニオブ	Nb	遷移金属	41	5A/5	$4d^4 5s^1$	2468℃	4742℃	8.570

▶▶ 鋼と組んでスーパーアロイになるモリブデンは固体潤滑に最適

モリブデンMoは、鋼材へ添加して高速度鋼（モリブデン鋼）として刃物や切削工具に利用したり、シームレス鋼管などの構造用合金に利用したりします。また、超耐熱合金（スーパーアロイ）の主要元素として利用されています。

＊MRI　Magnetic Resonance Imagingの略。核磁気共鳴画像法。

16-5 高融点遷移金属レアメタルの特徴と用途

このほかの用途としては、薄片状の結晶になる硫化モリブデンをグリースに混ぜ、高速回転部のベアリング用固体潤滑剤として利用します。

モリブデンMoの特徴と主要用途（16-5-3）

レアメタル	元素記号	分類	元素番号	族	電子配置	融点	沸点	密度
モリブデン	Mo	遷移金属	42	6A/6	$4d^5 5s^1$	2617℃	4612℃	10.220

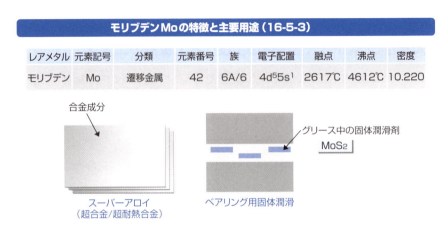

▶▶ 原子炉制御棒に利用されるスーパーアロイ組成のハフニウム

金属**ハフニウム**は、中性子の吸収率が高く＊、原子炉に制御棒として挿入することで炉内反応を制御します。またハフニウムHfは、原子スーパーアロイの添加元素として用いられジェットエンジンなどに用いられます。

金属ハフニウムは、電子・光学機器としても、X線管や放電管などに利用されます。ハフニウムカーバイドは切削加工バイトとして利用されます。

ハフニウムHfの特徴と主要用途（16-5-4）

レアメタル	元素記号	分類	元素番号	族	電子配置	融点	沸点	密度
ハフニウム	Hf	遷移金属	72	4A/4	$4f^{14} 5d^2 6s^2$	2230℃	5197℃	13.310

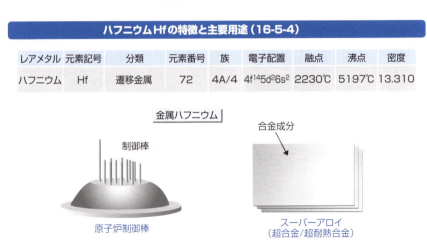

＊**中性子の吸収率が高く**　金属学的には「中性子の反応断面積が大きい」と表現。中性子が飛んできた時、面積が大きいほど命中する確率が高まる。吸収率が高まることを断面積が大きいと表現するのがルール。

16-5 高融点遷移金属レアメタルの特徴と用途

▶▶ コンデンサーとインプラント治療に活躍のタンタル

タンタルTaは、コンデンサーとしての利用が最も多い元素です。タンタルコンデンサーは、陰極に金属タンタルを、その周囲に二酸化マンガンの層を置き、周囲をグラファイトで覆います。タンタルは誘電率が大きく、大容量の電荷を蓄えることが可能で、コンデンサーとして最適です。極性があるため、陽極と陰極を間違えると破損します。

タンタルは、人体に対して無害な金属なため、人工骨や歯のインプラント治療の人工歯根に利用されます。また、タンタル炭化物は、非常に硬度が高いTaCです。タングステン炭化物WCと組み合わせて、超硬度工具に利用されています。

タンタルTaの特徴と主要用途（16-5-5）

レアメタル	元素記号	分類	元素番号	族	電子配置	融点	沸点	密度
タンタル	Ta	遷移金属	73	5A/5	$4f^{14}5d^36s^2$	2996℃	5425℃	16.654

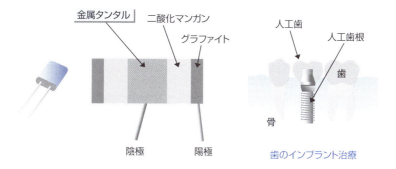

歯のインプラント治療

▶▶ フィラメントと切削工具の老舗（しにせ）元素のタングステン

タングステンW*は、フィラメント金属としては有名です。金型や切削工具などの特殊鋼に添加するフェロタングステンと、超硬度工具として利用する炭化タングステンが、大半の使用量を占めます。タングステン銅合金などは電気部品や接触子、放電加工の電極など高融点を利用した用途に用いられています。

＊タングステンW　タングステンと金の密度はどちらも19.3であり、比重ではアルキメデス氏でも区別がつかない。そこでタングステン塊の表面に金メッキをすると金塊になる。これは、筆者の銀婚式の金のペンダントと同じ手法。その道のプロでも騙されることがあるらしいので要注意。

16-5 高融点遷移金属レアメタルの特徴と用途

タングステンWの特徴と主要用途（16-5-6）

レアメタル	元素記号	分類	元素番号	族	電子配置	融点	沸点	密度
タングステン	W	遷移金属	74	6A/6	4f^{14}5d^{4}6s^2	3410℃	5657℃	19.300

白熱電球　　　切削工具鋼

▶▶ レニウムは質量分析装置で活躍

　レニウムRe＊は、レアメタル中で最も産出量が少ない金属です。レニウムは、Ni基スーパーアロイに添加します。用途は、火力発電所のタービンプレートやジェットエンジンに使われます。また、融点が高く化学的に安定なため、質量分析計のフィラメントとして、タングステンWやモリブデンMoとの合金が使われています。白金Ptとの合金は石油精製装置の触媒として使われます。

レニウムReの特徴と主要用途（16-5-7）

レアメタル	元素記号	分類	元素番号	族	電子配置	融点	沸点	密度
レニウム	Re	遷移金属	75	7A/7	4f^{14}5d^{5}6s^2	3180℃	5596℃	21.020

スーパーアロイ（超合金/超耐熱合金）　　　質量分析計

＊**レニウムRe**　レニウムは日本人とニアミスをしている。1906年日本人小川正孝は、ロンドンで43番目の元素（現在のテクネチウム）を発見し、ニッポニウムと名付けた。でも実は75番目のレニウムだったため他者が追試ができず発見は消えた。その後、計算間違いが発見され実は43番ではなく75番のレニウムを発見していたことが後で判明する。でも後の祭り。残念！

6 半金属レアメタルの特徴と用途

主に半導体に使われるレアメタルは、13族から16族に属するホウ素B、ガリウムGa、ゲルマニウムGe、セレンSe、インジウムIn、アンチモンSb、テルルTe、タリウムTl、ビスマスBiの9つです。それぞれの特長を生かして、電子デバイスや光ファイバー、超伝導材料などに利用されています。

▶▶ ガラス繊維やガラスに利用されるホウ素

ホウ素Bは、主にFRP*（繊維強化プラスチック）の補強用繊維にホウ素ガラスとして用いられます。繊維が長いガラス長繊維はFRP船の船殻などの補強に、ガラス長が短いガラス短繊維は建築物のFRPに用いられます。

石英ガラスに酸化ホウ素を添加すると、急加熱や冷却に強く衝撃にも強いホウケイ酸ガラスになります。耐火ガラスとして調理道具に用いられたり、自動車用ガラスに用いられます。

ホウ素Bの特徴と主要用途（16-6-1）

レアメタル	元素記号	分類	元素番号	族	電子配置	融点	沸点	密度
ホウ素	B	半金属	5	3B/13	$2s^2 2p^1$	2092℃	2340℃	2.340

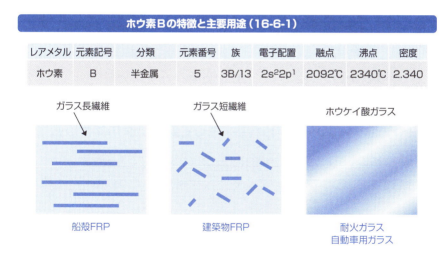

---

* FRP　Fiber Reinforced Plasticsの略。

16-6 半金属レアメタルの特徴と用途

▶▶ 新世代半導体ガリウムは、電子デバイスで大人気

　ケイ素Siやゲルマニウム Geのように、単独で半導体になる14族の元素と異なり、13族のガリウム Gaは単独では半導体の性質をもちません。15族と化合物を作り半導体の性質が発現します。

　ガリウムの最も多い利用方法は、化合物半導体のGaAsです。GaAsは、半導体デバイスに用いられます。GaAsは発熱量が小さく、モバイル機器の小型化にともない、Si半導体からGaAs半導体へと移り変わってきました。

　ガリウムは、**発光ダイオード**（**LED**）としても利用されます。GaPは赤色や黄緑色の発光ダイオード、GaNは青色の発光ダイオードになります。光の三原色をガリウム化合物で作り出しています。

ガリウムGaの特徴と主要用途（16-6-2）

レアメタル	元素記号	分類	元素番号	族	電子配置	融点	沸点	密度
ガリウム	Ga	典型金属	31	3B/13	$3d^{10}4s^24p^1$	27.78℃	2403℃	5.907

低発熱半導体デバイス　　光の三原色を発光ダイオードで発色

▶▶ 触媒や光ファイバーに使われる、古くて新しいゲルマニウム

　ゲルマニウム Geは、かつては半導体として用いられたこともありましたが、すぐにケイ素Siに取って代わられました。今では、半導体としての利用はほとんどありません。

　ゲルマニウムの利用方法は、PET＊重合反応装置の触媒です。これは二酸化ゲルマニウムを利用します。このほか、光ファイバーのコア部に添加して光の伝播改善に利用します。また、蛍光灯やブラウン管への利用方法もあります。

＊PET　ポリエチレンテレフタレートの略。

16-6 半金属レアメタルの特徴と用途

ゲルマニウム Geの特徴と主要用途（16-6-3）

レアメタル	元素記号	分類	元素番号	族	電子配置	融点	沸点	密度
ゲルマニウム	Ge	半金属	32	4B/14	$3d^{10}4s^24p^2$	937.4℃	2830℃	5.323

▶▶ コピー機の心臓部でひっそりと活躍するセレン

セレンSe*は、コピー機の感光ドラムに使われています。

セレンSeの特徴と主要用途（16-6-4）

レアメタル	元素記号	分類	元素番号	族	電子配置	融点	沸点	密度
セレン	Se	非金属（カルコゲン）	34	6B/16	$3d^{10}4s^24p^4$	217℃	684.9℃	4.790

コピー機で複写する原理は、この感光ドラムにあります。感光ドラムは、アルミニウム合金管の表面にアモルファスセレン・テルル合金もしくはアモルファスαセレンを蒸着してあります。これは半導体ですが、暗所では絶縁体に、光を当てれば導体に変化します。感光ドラムに光を当ててからトナーをかけると、光が当たらなかった部分が絶縁体のままなので、トナーが付着します。模様や文字上にトナーを付着

＊**セレンSe** セレンは人体の必須ミネラル。水銀を無毒化したり血栓予防にも効果があるそうだ。

16-6 半金属レアメタルの特徴と用途

させたまま、定着ローラーと感光ドラムの間に紙を挟んで電圧をかけると、紙側にトナーが転写し、昇温により焼き付けが起こります。

感光ドラム以外には、セレンはガラスの着色料として利用したり、鋼に添加して快削鋼として利用します。

▶▶ 透明電極でレアメタルの代表格に大ブレークしたインジウム

インジウム In は、これまであまり用途のないレアメタルでした。ところが2000年ごろから、一気に使用量が増加傾向になりました。レアメタルの代表として話題の元素がインジウムです。

インジウムの主要用途は、透明電極です。ITO＊とよぶインジウムとスズSnの酸化物は、導電性の透明物質になります。こうして光を透過する電極として、液晶パネルや太陽電池に使われています。ブラウン管やCRT＊は、液晶パネルに置き換わりつつあり、液晶パネルの増産とともに、レアメタルの認知度が格段に上昇してきました。

インジウム In の特徴と主要用途（16-6-5）

レアメタル	元素記号	分類	元素番号	族	電子配置	融点	沸点	密度
インジウム	In	典型金属	49	3B/13	$4d^{10}5s^25p^1$	1566℃	2080℃	7.310

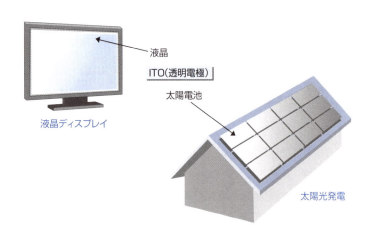

＊ITO　Indium Tin Oxideの略。酸化インジウムスズ。
＊CRT　Cathode Ray Tubeの略。陰極線管。

16-6　半金属レアメタルの特徴と用途

▶▶ 自動車用途に使われるアンチモン

　アンチモンSbの最大の利用先は、難燃助剤です。建築や船舶、車両、航空機などで使用する木材やプラスチック、繊維や紙、各種樹脂は、燃えにくくするために、難燃材の使用が義務づけられています。主にハロゲン系の難燃剤は、燃焼するときはハロゲンガスを放出し、燃焼を防ぎます。これを手助けするのがアンチモン合金です。

　これ以外の利用先は、蓄電池の陰極電極に用いる鉛アンチモン合金、特殊鋼の添加剤や、塗料の黄色顔料などです。

アンチモンSbの特徴と主要用途（16-6-6）

レアメタル	元素記号	分類	元素番号	族	電子配置	融点	沸点	密度
アンチモン	Sb	半金属	51	5B/15	$4d^{10}5s^25p^3$	630.63℃	1635℃	6.691

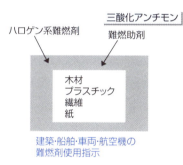

建築・船舶・車両・航空機の難燃剤使用指示

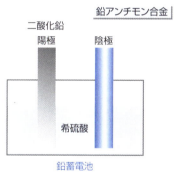

鉛蓄電池

▶▶ 書き換え可能DVDに使われるテルルは、着色用にも使う

　テルルTe*は、鋼材に添加して快削鋼として自動車部品などに用いられます。陶磁器やガラスなどの着色添加物が使用方法として続きます。

　特殊な使い方としては、書き換え可能DVDの記憶層にゲルマニウムGe・アンチモンSb・テルル系の相変化記憶合金があります。テルルとセレンSeの金属間化合物は、コピー機の感光ドラムなどに利用されます。

＊**テルルTe**　語源はラテン語で地球（テラ）。竹宮恵子のSF漫画「地球（テラ）へ」は筆者の学生時代の思い出と共にある。

16-6　半金属レアメタルの特徴と用途

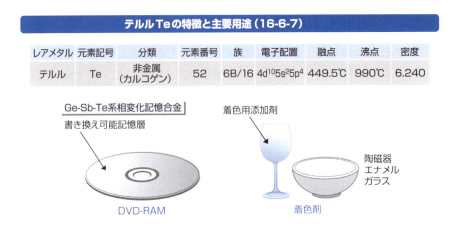

化合物は光ファイバーから毒団子まで用途が広いタリウム

タリウムTl*は、ガラスの材料が最も多い使用方法です。

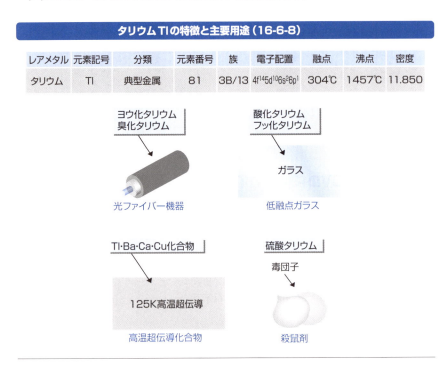

＊**タリウムTl**　タリウムは水銀と鉛に挟まれた周期表の位置にも関わらず、カリウムと挙動が似ている。人体に入ると置き換わり、毒性を持つことで知られている。

低融点ガラスを作るために、酸化タリウムやフッ化タリウムを添加剤として使用します。また、ヨウ化タリウムや臭化タリウムは光ファイバーに用いられます。金属タリウムは、銀と耐食性に優れた合金を作ります。タリウムは、高温超伝導化合物の構成材料として用います。

タリウムは毒性が強く、特に硫酸タリウムは、毒団子に入れる殺鼠剤として使用します。

▶▶ スプリンクラーや高温超伝導ケーブルと多彩な用途のビスマス

ビスマスBi*は、鋳鉄やアルミニウム合金などへの添加剤としての用途が最も多く、ついでフェライト磁石に利用されています。低融点の合金を作ることから、火災時に熱で溶けて消火水が噴出する構造の火災用スプリンクラーとしての用途もあります。高温超伝導材にもストロンチウムSrやカルシウムCa、銅Cuなどと組み合わせて使われます。

ビスマスBiの特徴と主要用途（16-6-9）

レアメタル	元素記号	分類	元素番号	族	電子配置	融点	沸点	密度
ビスマス	Bi	典型金属	83	5B/15	$4f^{14}5d^{10}6s^26p^3$	2713℃	1610℃	9.747

フェライト磁石

火災用スプリンクラーの口金

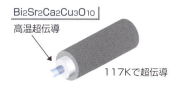

高温超伝導ケーブル

＊**ビスマスBi**　ビスマスの単体結晶は立体迷路のようだ。観賞用にするなら簡単に通販でも買える。

III 金属素材篇　第16章　レアメタルの性質と用途

7 貴金属の性質と用途

貴金属は、大きく分けて金と銀、白金属およびパラジウム族があります。貴金属は装飾品で使われるほか、特異な特長を生かしてさまざまな産業で用いられています。

▶▶ 貴金属の分類

貴金属*は、存在が希少な遷移金属群で、8つの元素が属しています。分類方法には、金・銀とそれ以外の金属を意味する広義の白金属元素に分ける場合と、性質が似通っている白金Pt、イリジウムIrおよびオスミウムOsを**白金族元素**、ルテニウムRu、ロジウムRhおよびパラジウムPdを**パラジウム族元素**に分ける場合があります。

貴金属類は、融点が高く、酸やアルカリに侵されにくい耐食性を持つ金属です。

密度は、銀の10.5、パラジウム族が12、金が19.3、白金族が21から22です。

硬さもまちまちで、白金とパラジウムは非常に柔らかいのですが、ルテニウムやイリジウムは固く、オスミウムは金属の中でも最高の硬さです。

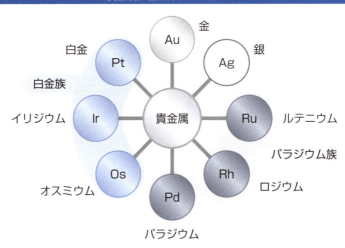

貴金属の種類（16-7-1）

***貴金属**　貴金属は、化合物をつくりにくく、希少性のある金属。要は錆びにくい金属。鶴岡真弓さんの「黄金と生命」では、古代人は錆びない金属を不老不死の象徴とみなしていたと語られている。

16-7 貴金属の性質と用途

▶▶ 排ガス処理に欠かせない、体にも優しいパラジウム

パラジウムPdの最も多い用途は、自動車排気ガス浄化装置に用いられる**三元触媒***です。排気ガスの中には、還元性の一酸化炭素、炭化水素と、酸化性の窒化物と酸素の残量が含まれます。この排気ガスなどを適切な温度条件で三元触媒に導き通過させるだけで、二酸化炭素や水や窒素などの無害な組成のガスに変化させることが可能です。このほか、石油化学工業の水素化触媒として利用します。

パラジウムPdの特徴と主要用途（16-7-2）

レアメタル	元素記号	分類	元素番号	族	電子配置	融点	沸点	密度
パラジウム	Pd	白金族	46	8A/10	4d^{10}	1552℃	3140℃	12.020

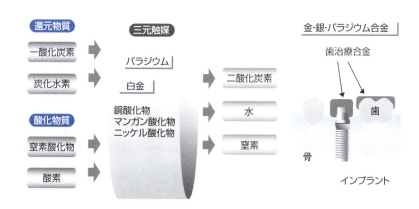

自動車排気ガス浄化装置　　歯のインプラント治療

パラジウムは、金や銀と組み合わせて人体に無害な合金を作ります。この性質を利用して歯科医療合金として、歯のインプラント治療に用います。さらに、錆びにくい性質を利用して宝飾品に使用したり、導電性を利用して電気接点やロウ付け溶接用材料に用います。

***三元触媒**　三元とは、三つの有害物質、炭化水素、一酸化炭素、窒素酸化物を、白金、パラジウム、ロジウムを組み合わせて触媒とし、無害な化合物に分解する意味。

16-7 貴金属の性質と用途

▶▶ ガラスるつぼや熱電対、装飾品と多様な使い方の白金

白金Ptは、パラジウムと同様、自動車排気ガス浄化用三元触媒に用います。そのほかの利用方法としては、硫酸やシリコン製造用の触媒に用います＊。

白金は、パラジウムやロジウムRhと合金を作り、錆びなくて加工しやすい性質を利用して、指輪やペンダントなどの装飾用材料に使用します。導電性を利用して電気接点に利用したり、高温用熱電対の素材に用います。

白金は、他の材料と反応しにくく、高性能ガラス用のるつぼにも使用されます。

白金Ptの特徴と主要用途（16-7-3）

レアメタル	元素記号	分類	元素番号	族	電子配置	融点	沸点	密度
白金	Pt	白金族	78	8A/10	$4f^{14}5d^96s^1$	1172℃	3830℃	21.450

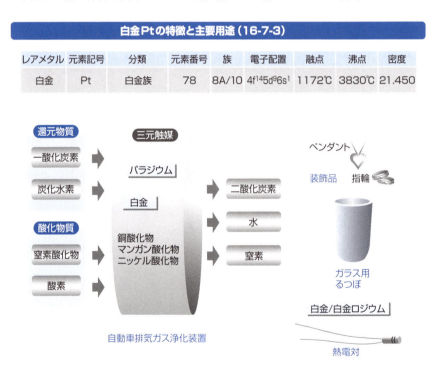

▶▶ 貴金属の用途

金Auは、大気中でさびないことから昔から装飾品に使われてきました。展性に優れ、薄く広げて金箔にしたり、導電性が非常に優れていることから電気接点に利用されています。

＊…に用います　白金の用途はガソリン自動車用触媒が半数を占める。白金価格は自動車業界の影響を受けやすいため、今後の脱ガソリンなどの影響は良く見ておいた方がよい。

16-7 貴金属の性質と用途

　銀Agは、大気中でさびないことから、金と同様に装飾品として利用されてきました。硫黄と反応して黒化することから銀塩写真、熱や電気の良伝導体であることから電気接点として利用されています。

　非常に硬い**イリジウムIr**は、万年筆のペン先などに使われます。水素吸蔵性に優れている**パラジウムPd**は、水素吸蔵合金として用いられます。歯科の治療で用いる銀歯は、金銀パラジウム合金で作ります。

　貴金属の中で最も高価な**ロジウムRh**は、化学的に非常に安定しており、王水でも溶かすことはできません。光反射率が白金族中最大であり装飾品の割金やメッキに適します。プラチナの副産物の**ルテニウムRu**は、貴金属中最大比重の**オスミウムOs**[*]と合金にして工業用触媒や万年筆のペン先に用います。

　貴金属共通のさびない性質により、いずれの元素も装飾品に用いられます。また、酸やアルカリの腐食に強い性質は、金属表面を汚染されずに露出させておけるため、触媒として利用されます。

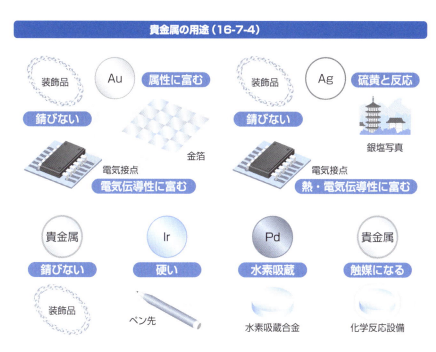

貴金属の用途（16-7-4）

[*] **オスミウムOs**　密度が22.6と最も重い元素。揮発性があり「臭い金属ナンバーワン」と言われる。

III 金属素材篇　　第16章　レアメタルの性質と用途

レアアースメタルの特徴と用途

　レアアースメタル（希土類金属）は、スカンジウム Sc、イットリウム Y とランタノイド系 15 元素を含む一大グループを形成しています。レアアースメタルは、それぞれのもつ特長をうまく生かし、半導体や磁性材料や機能材料に利用されています。

▶▶ 昼光色のメタルハライドランプで野球場を照らすスカンジウム

　スカンジウム Sc は、ウラン精錬の副産物としてわずかに得られます。生産量が少ないため、利用技術も限られます*。

　スカンジウムは、野球場などの夜間照明のライトに用いられるほか、メラルハライドランプに用いられます。ヨウ化スカンジウム（ScI3）を封入して電圧をかけると、日光色と同じような発光周波数をもつ強い光を発色します。

スカンジウムScの特徴と主要用途（16-8-1）

レアメタル	元素記号	分類	元素番号	族	電子配置	融点	沸点	密度
スカンジウム	Sc	希土類金属（レアアースメタル）	21	3A/3	$3d^1 4s^2$	1541℃	2831℃	2.989

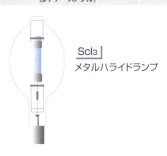

ScI3
メタルハライドランプ

野球場夜間ライト

▶▶ YAGレーザーや永久磁石、カラーテレビに高温超伝導と大活躍のイットリウム

　イットリウム Y は、利用方法としては YAG レーザーが有名です。

＊…**利用技術も限られます**　Al-Sc 合金は軽いが強度があり、ロシアではミグ戦闘機に使われていた。戦時中に雑誌「金属」にはスカンジウムを航空機に使うというロシアの戯曲が掲載されていた。高級自転車のフレームに使われているが最近では炭素繊維に押されて一時期ほど話題にはならない。

16-8 レアアースメタルの特徴と用途

イットリウムYの特徴と主要用途（16-8-2）

レアメタル	元素記号	分類	元素番号	族	電子配置	融点	沸点	密度
イットリウム	Y	希土類金属(レアアースメタル)	39	3A/3	$4d^1 5s^2$	1522℃	3338℃	4.472

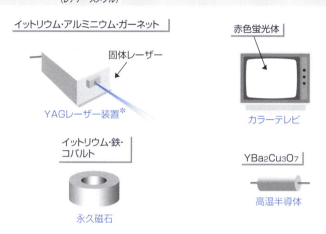

このほか、高温半導体の組成や赤色蛍光塗料、イットリウム・鉄・コバルト永久磁石などへの利用もあります。

イットリウムは、コンデンサーなどの誘電体としての利用や、燃料電池の固体電解膜などにも利用されます。

▶▶ レアアースメタルの先駆元素ランタンは、いまでも水素吸蔵合金の主役

ランタンLaは、セリウムCeとの合金であるミッシュメタルとして、ライターの火打ち石として利用されています。ミッシュメタルは、レアアースメタルを完全に分離しないで還元精錬し、さまざまなレアアースメタルが混合した合金で安価です。ミッシュメタルは、水素吸蔵合金の$LaNi_5$の代わりに$MMNi_5$（MMはミッシュメタルの略）として利用され、ランタンと同程度の性能をもちながら、コストを引き下げることに役立っています。

ランタンは、光学レンズへの適用が主な利用方法です。屈折率が高くて光の分散が少ない高性能のガラスのため、カメラや天体望遠鏡の屈折レンズに利用されます。

ランタンは、La－Co系のフェライト磁石や三元触媒にも利用します。使用量は少ないですが、高温超伝導体や蛍光ランプの緑色の発色蛍光体にも欠かせません。

＊YAGレーザー装置　レーザー溶接では、金属部品のスポット溶接や異種金属溶接などに利用。微細加工から厚板溶接まで加工範囲が広い。最近ではエネルギの与え方を工夫してしみそばかすなどの治療・美容用にも使われる。

16-8 レアアースメタルの特徴と用途

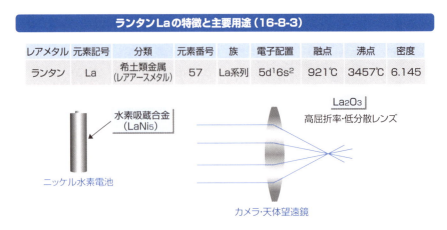

▶▶ 火打ち石でデビューのセリウムは、紫外線を通さないガラスや研磨剤で大活躍

　セリウムCeは、レアアースメタルの中で最も多く使用されています。利用の大半は、ガラス研磨材です。液晶ガラスやブラウン管の面を研磨するには、酸化セリウムの粉末を使用します。

　セリウムは、ガラスに添加すると紫外線を吸収するため、自動車フロントガラスに添加されています。これ以外では、蛍光ランプなどの蛍光体へ利用されています。

　セリウムはミッシュメタル*の主成分です。古くはランタンと同様に火打ち石として利用されていました。

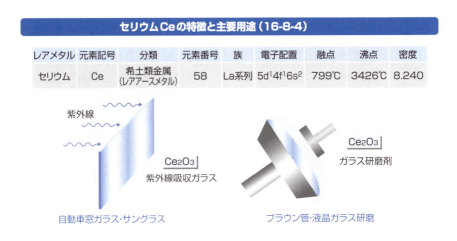

＊ミッシュメタル　ドイツ語で混合した金属の意味。希土類金属は分離が難しいため、鉱石を混合状態で還元して合金化したもの。

黄色の着色料に最適のプラセオジム

プラセオジムPrは、ジジムとよぶプラセオジム、ネオジムNd、サマリウムSm、ユウロピウムEuの集まりから、分離操作の末発見されました。レアアースメタルは非常に化学性質が似通っているため、分離技術や分光学のような検査技術の発達により、ようやく分離が可能になりました。

プラセオジムは、酸化プラセオジウムを陶磁器などに混ぜたり、うわぐすりとして使用する方法が主です。プラセオジムイエロー*とよぶ明るい黄色になります。

プラセオジムPrの特徴と主要用途（16-8-5）

レアメタル	元素記号	分類	元素番号	族	電子配置	融点	沸点	密度
プラセオジム	Pr	希土類金属(レアアースメタル)	59	La系列	$4f^3 6s^2$	931℃	3512℃	6.773

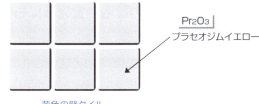

黄色の壁タイル

史上最強磁石で大ブレークのネオジムはYAGレーザーでも使う

ネオジムNdは、最強の永久磁石であるネオジム・鉄・ボロン磁石で、使用量が激増しました。それまでの3d遷移金属系磁石の10倍、先行していたレアアースメタル磁石の数倍の最大エネルギー積をもつネオジム・鉄・ボロン磁石の出現で、さまざまな電子機器の小型化や高性能化が進みました。例えばスピーカーに使われると、小型で高出力のスピーカーになります。強力小型磁石は超小型モーターに適用され、ビデオデッキや種々のディスクドライブにも利用されています。

またネオジムは、YAGレーザーの活性化イオンとしても利用されます。

---

*プラセオジムイエロー　ジルコンに4価のプラセオジムイオンが固溶したもの。

16-8 レアアースメタルの特徴と用途

ネオジムNdの特徴と主要用途（16-8-6）

レアメタル	元素記号	分類	元素番号	族	電子配置	融点	沸点	密度
ネオジム	Nd	希土類金属（レアアースメタル）	60	La系列	$4f^4 6s^2$	1021℃	3068℃	7.007

ネオジム・鉄・ボロン磁石
永久磁石
コーン
コイル
サウンド
小型強力磁石
スピーカー

活性化イオン：Nd^{3+}
固体レーザー
YAGレーザー装置

▶▶ 半減期の短いプロメチウムは原子力電池や蛍光板にも使われた

プロメチウムPmは、ウランUの核分裂の過程で発生する元素です。どの同位体※も半減期※が短い放射性元素で、天然鉱石からの分離は困難です。このため、工業製品としては利用されません。かつて、原子力電池や自発発光を利用した時計などの蛍光板で利用されたこともありましたが、いまでは使用されていません。

プロメチウムPmの特徴と主要用途（16-8-7）

レアメタル	元素記号	分類	元素番号	族	電子配置	融点	沸点	密度
プロメチウム	Pm	希土類金属（レアアースメタル）	61	La系列	$4f^5 6s^2$	1168℃	2700℃	7.220

原子力電池
宇宙探索機の電源

蛍光板
（安全性の問題があり使用中止）
夜光腕時計

※同位体　同位体化学的に同じ性質をもつ元素で、質量（重さ）の違うもののこと。
※半減期　半減期放射能の強さが、元の強さの半分になる時間のこと。

16-8 レアアースメタルの特徴と用途

ウォークマンのイヤースピーカーで一世を風靡したサマリウム

サマリウムSmは、サマリウム・コバルト磁石として使用されます。この磁石はウォークマンのイヤースピーカー（ヘッドフォン）などに組み込まれ、携帯音楽プレーヤーと組み合わされ、クリアーな音を出しました。

サマリウム・コバルト磁石とネオジム・鉄・ボロン磁石では、一長一短があります。サマリウム・コバルト磁石は、熱安定性に優れます。また、鉄など錆びる元素を使っていないため耐食性に優れます。短所は、高価なコバルトを使うため値段が高いことです。お互いの長所短所を生かしながら、レアアースメタル磁石として、どちらも活躍しています。

サマリウムSmの特徴と主要用途（16-8-8）

レアメタル	元素記号	分類	元素番号	族	電子配置	融点	沸点	密度
サマリウム	Sm	希土類金属（レアアースメタル）	62	La系列	$4f^6 6s^2$	1077℃	1791℃	7.520

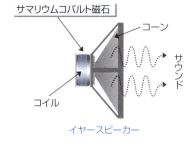

イヤースピーカー

希土類の赤色蛍光体はユウロピウムから始まった

ユウロピウムEuは、主にカラーテレビのブラウン管に使用されています。蛍光塗料に添加すると、鮮やかな赤色に発色します。また、蛍光ランプの蛍光塗料にも添加されています。蛍光ランプには、高演色型蛍光ランプがあります。これは、蛍光ランプでものを照らす際、できるだけ太陽光に近い色にするため、人間の目に感じる色を強調して発色させるランプです。

ユウロピウムは、カラーテレビ発売の初期のころ、テレビのネーミングにも使われました*。希土類を使った輝度が高くて鮮やかな画面のテレビ、ということだったようです。

---

*使われました　キドカラーテレビ。キドとは希土類のこと。「うちのテレビにゃ色がない。隣のテレビにゃ色がある。あらまきれいとよく見たら、サンヨーカラーテレビ」純真な心の小学生は、将来世俗にまみれてキド、もとい希土類を解説するハメになるとは思いもよらなかっただろう。

16-8 レアアースメタルの特徴と用途

ユウロピウム Eu の特徴と主要用途（16-8-9）

レアメタル	元素記号	分類	元素番号	族	電子配置	融点	沸点	密度
ユウロピウム	Eu	希土類金属（レアアースメタル）	63	La系列	$4f^7 6s^2$	822℃	1497℃	5.243

カラーテレビ　　蛍光灯

▶▶ 原子炉制御棒組成のガドリニウムは光磁気ディスクにも使う

　ガドリニウム Gd は、Gd 合金として、光磁気ディスクの書き換え可能記憶層として利用されています。また、中性子を吸収するため、原子炉制御棒としても使われています。

　変わった用途では、ガドリニウムがもつ磁気熱量効果を利用した磁気冷却材や、磁性材料にも利用されています*。

ガドリニウム Gd の特徴と主要用途（16-8-10）

レアメタル	元素記号	分類	元素番号	族	電子配置	融点	沸点	密度
ガドリニウム	Gd	希土類金属（レアアースメタル）	64	La系列	$4f^7 5d^1 6s^2$	1313℃	3266℃	7.900

光磁気ディスク　　原子炉制御棒

＊…利用されています　ガドリニウムの持つ中性子捕獲能力が飛び抜けて優れた性質を利用し、スーパーカミオカンデの純粋タンクには 0.01wt% のガドリニウムが溶かされている。超新星爆発で飛んでくるニュートリノは水にとび込み陽子とぶつかり中性子を叩き出す。これを捕捉する目的。

▶▶ 蛍光体や光磁気ディスクだけではなく磁気歪でも活躍するテルビウム

テルビウムTbは、カラーテレビのブラウン管の緑色蛍光体に用いられます。テルビウム・鉄・コバルト合金が光磁気ディスクの書き換え可能記憶層に使用されています。

テルビウム・ジスプロシウム・鉄合金は、磁気歪を発生させます。プリンターの印字ヘッドはこの性質を利用しています。

テレビウムTbの特徴と主要用途（16-8-11）

レアメタル	元素記号	分類	元素番号	族	電子配置	融点	沸点	密度
テルビウム	Tb	希土類金属（レアアースメタル）	65	La系列	$4f^9 6s^2$	1356℃	3123℃	8.229

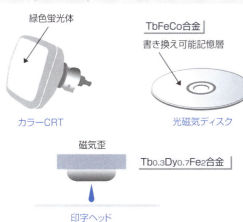

▶▶ 光磁気ディスクと蛍光塗料に使うジスプロシウムは、ネオジム磁石の助っ人

ジスプロシウムDyは、光磁気ディスクに使います。また、テルビウムとの化合物は、磁気歪を発生させます。特徴的な利用方法としては、蛍光塗料の蓄光材として非常時の誘導標識に使われます。

ジスプロシウムの最近の使い方としては、ネオジム・鉄・ボロン磁石の保磁力を大きくするために添加される方法です。この使用量が非常に増加してきています[*]。政府の「希少金属代替材料開発プロジェクト」は、ジスプロシウムの使用量を、現在から30％削減をすることを目標にしていました。

---

[*]…増加してきています　電気自動車で、より高温でも保持力のある磁石の利用が激増している。

16-8 レアアースメタルの特徴と用途

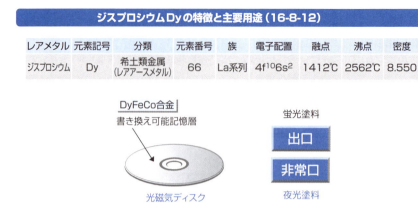

▶▶ 医療用レーザーの決め手はホルミウム入りのYAGレーザー

　ホルミウムHoは、YAGレーザーの添加物として利用します。ホルミウムレーザーは発熱量が小さく、人体の中に挿入して患部をレーザー切断する医療用レーザーとして利用されます。

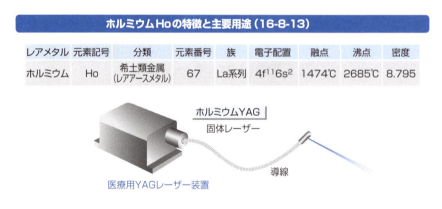

▶▶ 光ファイバーや色ガラスに添加するエルビウム

　エルビウムErは、光ファイバーへ添加します。光信号は、エルビウムを添加した光ファイバーの中で増幅されます。

　エルビウムは、YAGレーザーの添加物として利用します。ホルミウムレーザーと

同様に医療用レーザーとして使われます。

エルビウムは酸化エルビウムとしてガラスに添加すると、ガラスを綺麗なピンク色に着色させます。

エルビウム Er の特徴と主要用途（16-8-14）

レアメタル	元素記号	分類	元素番号	族	電子配置	融点	沸点	密度
エルビウム	Er	希土類金属（レアアースメタル）	68	La系列	$4f^{12}6s^2$	1529℃	2863℃	9.066

光ファイバー

色ガラス

ツリウムはファイバーや色ガラスだけでなく放射線量計にも使う

ツリウム Tm は、エルビウムと同様、光ファイバーへ添加します。また、ガラスの着色剤や、YAGレーザーの添加物としても利用します。

ツリウムは、放射線量計としての利用方法があります。放射線を吸収したあと、加熱すると蛍光発色する性質を利用して、放射線量を測ります。こういう現象を、**熱ルミネセンス**とよびます。

ツリウム Tm の特徴と主要用途（16-8-15）

レアメタル	元素記号	分類	元素番号	族	電子配置	融点	沸点	密度
ツリウム	Tm	希土類金属（レアアースメタル）	69	La系列	$4f^{13}6s^2$	1545℃	1950℃	9.321

光ファイバー

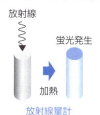

放射線量計

色ガラス

色ガラスに使用のイッテルビウム

イッテルビウムYbは、エルビウムと同様、ガラスの着色剤としても利用します。また、YAGレーザーの添加物として利用します。

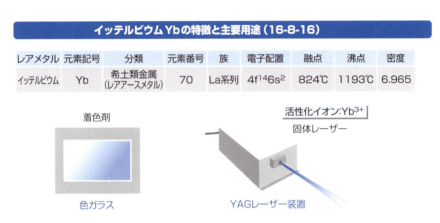

イッテルビウムYbの特徴と主要用途（16-8-16）

レアメタル	元素記号	分類	元素番号	族	電子配置	融点	沸点	密度
イッテルビウム	Yb	希土類金属（レアアースメタル）	70	La系列	$4f^{14}6s^2$	824℃	1193℃	6.965

実験室でしか使わないルテチウム

ルテチウムLuの利用方法は、現在のところ研究以外にはありません。分離に非常に手間がかかるため、単離して利用するまで量的に確保できないためです。

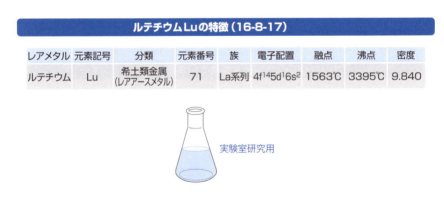

ルテチウムLuの特徴（16-8-17）

レアメタル	元素記号	分類	元素番号	族	電子配置	融点	沸点	密度
ルテチウム	Lu	希土類金属（レアアースメタル）	71	La系列	$4f^{14}5d^16s^2$	1563℃	3395℃	9.840

IV 金属製造篇

第17章

採鉱・精錬技術

金属の製造には、鉱石を地殻から取り出し、精錬し、精製し、加工する工程が必要です。採鉱、選鉱、予備処理、精錬する一連の操作の流れをみていきましょう。

Ⅳ 金属製造篇　　第17章　採鉱・精錬技術

金属の製造技術

金属の製造技術は、採鉱、冶金・金属精錬および金属加工の製造プロセスの要素技術を見る方法と鉱石の産出形態で分類する方法があります。

▶▶ 金属の製造

金属の製造には、鉱石の**採鉱**、有用な鉱石を濃化させる**選鉱**、鉱石を精錬に適した形態や組成にする**鉱石予備処理**、鉱石の性質に応じて金属を分離回収する**金属精錬**、および**金属精製**と**金属創形**の工程があります。

採鉱には、鉱石を鉱山などから採取する狭義の採鉱、鉱石の**粉砕**、**整粒**が含まれます。採鉱した鉱石を**粗鉱**とよびます。粗鉱から目的とする鉱石を、**比重選鉱**や**浮遊選鉱**、**磁力選鉱**などで選鉱し精鉱にします。精鉱は、水分を除去する**乾燥・煆焼**、鉱石を酸化する**焙焼**、焼き固める**焼結**などの予備処理を行います。精錬では、金属を金属化合物から還元分離します。熱を使う**乾式精錬**、溶媒に溶解して化学反応を利用する**湿式精錬**および電気による**電解精錬**があります。この金属はまだ不純物を含みます。精製により不純物を取り除き、精製金属とします。

これらの製造技術は、金属の性質、共存する不純物などにより、最適な精錬を採用し、組み合わせて使います*。

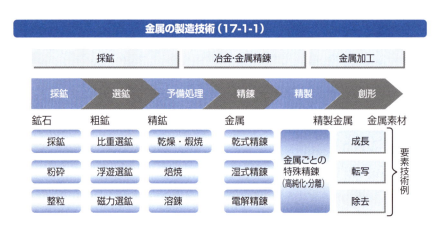

金属の製造技術（17-1-1）

＊…使います　筆者の大学時代に学んだ資源工学科の前身は採鉱・冶金学科であった。この章は今回の改訂版でどうしても充実させたかった。金属関連の書籍を執筆し続けてようやく辿り着いた章の感が強い。

17-1 金属の製造技術

▶▶ 鉱石による金属元素の分類

　金属元素は、鉱石により分類することができます。金属独自の鉱石をもつ元素と、独自の鉱石をもたず、他の金属元素製造時の副産物※として産出する元素があります。レアメタルの中で副産物として産出する元素は、13族から16族の周囲にかたまっています。半導体に用いる元素が主体です。このほかコバルトCoやレニウムReなども、ニッケルNiやモリブデンMoの副産物より製造されます。

　副産物として産出する元素は、主産物の精錬に頼っています。これらのレアメタルは、現在十分な供給があっても、主産物の精錬が中断すると製造できなくなります。例えば、2005年に国内の亜鉛精錬が中止されましたが、亜鉛Znの副産物であるインジウムInの採取ができなくなってしまいました。国外でも、同様の状況がこれまでも起こっています。独自鉱石をもつ金属の供給元の情報も大切ですが、副産物金属の主産物の需給状況には注意を払う必要があります。

鉱石の産出状況による金属元素の分類（17-1-2）

軌道	s軌道		d軌道										p軌道					
族	1A	2A	3A	4A	5A	6A	7A	8A			1B	2B	3B	4B	5B	6B	7B	0
周期	1	2	3	4	5	6	7	8	9	10	11	12	13	14	15	16	17	18
1																		
2	3 Li	4 Be											5 B					
3													13 Al					
4			21 Sc	22 Ti	23 V	24 Cr	25 Mn	26 Fe	**27 Co**	28 Ni	29 Cu	30 Zn	**31 Ga**	**32 Ge**		**34 Se**		
5	**37 Rb**	38 Sr	39 Y	40 Zr	41 Nb	42 Mo				46 Pd	47 Ag		**49 In**	50 Sn	51 Sb	**52 Te**		
6	55 Cs	56 Ba	La系列	72 Hf	73 Ta	74 W	**75 Re**			78 Pt	79 Au	80 Hg	**81 Tl**	82 Pb	**83 Bi**			
7																		

凡例：No記号 独自に産出／No記号 副産物として産出／No記号 独自に産出（コモンメタル）

軌道	f軌道														
La系列 ランタノイド	57 La	58 Ce	59 Pr	60 Nd		62 Sm	63 Eu	64 Gd	65 Tb	66 Dy	67 Ho	68 Er	69 Tm	70 Yb	71 Lu
A系列 アクチノイド															

※ **副産物**　主要金属の製造工程で不可避的に得られる金属。主要金属製造の量や製造工程の変動があればたちまち供給が不安定になる。

577

2 採鉱・粉砕 ── 採鉱法①

採鉱と粉砕は、金属製造の最初の一歩です。地殻に存在する鉱床から鉱石を取り出す方法と、鉱石を粉砕する方法をみていきましょう。

▶▶ 採鉱方法

　目的とする金属を含む岩石を**鉱物**＊とよびます。有用な鉱物の単独もしくは他の鉱物との集合体が**鉱石**です。鉱石の集合体を**鉱床**とよびます。

　鉱床から鉱石を掘り出す作業が採鉱です。**採鉱**は、鉱床があればどこでもできるわけではありません。まず、鉱石に含まれる鉱物品位が稼業する最低品位以上なければなりません。また、鉱山を経営し続けられる鉱床規模も必要です。採鉱した鉱石を搬送する手段も大切です。

　採鉱方法は、鉱床の存在状態により変わります。鉱床が地表か地表近傍にある場合は、地表から採掘する**露天掘り**を行います。作業は地上で行うため、作業が容易で作業環境を整える費用も少なくてすみます。ただし、悪天候などによる作業中断などの不利な点もあります。鉱床が地下の場合は、**坑内掘り**を行います。鉱床がある場所まで掘り下げ、鉱床を伝って採掘を行います。坑内掘りは、坑内の作業環境を整えるために排水、換気、坑道支保などの作業が数多くあります。

　採鉱方法は、発破（爆破）などで鉱床を破壊し、粗鉱石を採鉱、搬送し、積み出し

採鉱方法（17-2-1）

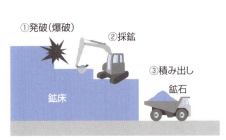
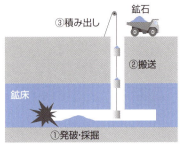

＊**鉱物**　間違っても「石ころ」と言ってはならない。資源鉱物の専門家に「石ころとは何事だ。有用な鉱物を含むものは鉱石と呼べ」と怒られたことがある。

ます。現在では機械化がかなり進み、以前に比べれば作業環境もよくなりましたが、それでも苛酷な環境の下で行われています。

▶▶ 鉱石の粉砕

鉱石を選別するにはまず、目的鉱石とそれ以外の鉱石に選別できる大きさに、鉱石を粉砕する必要があります＊。その大きさは、鉱石の顕微鏡観察などにより決まります。

鉱石の粉砕は、物理的な衝撃を鉱石に与えることで行います。鉱石を粗砕きするには、ジョークラッシャーやジャイレトリ破砕機、ディスク破砕機などを用います。**ジョークラッシャー**は、往復運動する顎部で鉱石を砕きます。さらに細かくする場合は、この粗砕きした鉱石を鋼棒や鋼球などと一緒に回転ドラムの中で回転させてかき混ぜ、粉砕します。この設備は、**ロッドミル**や**ボールミル**とよばれます。こうして細かくなった鉱石が**粗鉱**です。

使用機械や粉砕大きさは、鉱石の硬さなどの性質と、続く選鉱作業の種類により決定します。また、この粗鉱は、機械ふるいにより、所定の大きさに分粒されます。

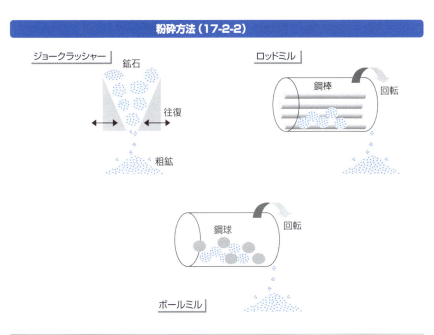

粉砕方法（17-2-2）

＊…**必要があります**　粉砕作業は鉱物に限らず、リサイクル廃棄物から金属資源を回収する際必ず必要になる工程。部品から有用金属を取り出すためには、製品を粉々に粉砕してから分離する。

3 選鉱 —— 採鉱法②

　選鉱は、精錬の前段階で必要な工程です。有用な金属を含む鉱物を、物理的、化学的、磁力的な方法で濃縮します。

▶▶ 選鉱概念

　天然に産出する鉱石は、有用な金属を含む鉱物だけであることはまれです。ふつうは目的以外の鉱物や岩石を含みます。有用な金属を含む鉱物以外を脈石とよびます。
　選鉱は、この目的鉱石と脈石（ガング）を分離する操作のことです。分離して目的鉱石の濃度を高めたものが精鉱です。

選鉱の概念（17-3-1）

粗鉱 → 選鉱 → 精鉱
　　　　　　↘ 脈石（ガング）

▶▶ 選鉱の方法

　選鉱方法には、比重選鉱、重液選鉱、浮遊選鉱、磁力選鉱、静電選鉱などがあります。
　比重選鉱とは、目的鉱石と脈石の比重差を利用して、振動テーブルやスパイラル状の選別樋で分離します。水流を利用して鉱石を分離する方法も、比重選鉱の一種です。
　重液選鉱は、比重選鉱と同じく鉱石と脈石の比重差を利用します。比重を調節した重液中で沈降分離させます。最近では、液体に水溶性の安価な磁性流体を用い、磁力を印加することで見かけ比重を任意に作り出し、目的の比重の鉱石を分離する技術もでてきました。これは、スクラップなどからの金属の回収にも適用されています。
　浮遊選鉱は、鉱石中の金属分と錯体を作る**キレート試薬**を捕集剤として用い、粉末鉱物粒子と反応させ、目的鉱石だけを吹き込んだ空気とともに浮上させる方法です。鉱石の選鉱法で一番よく使われています＊。

＊……**一番よく使われています**　筆者の大学時代の専攻は資源精製技術で、卒論修論は浮遊選鉱法であった。

17-3 選鉱 — 採鉱法②

　このほか、磁力を用いて磁性鉱石と非磁性鉱石を分離する**磁力選鉱**、高電圧を使って導電性の粒子をひきつける**静電選鉱**などがあります。

　選鉱法で、目的鉱物の品位を上げた鉱石を**精鉱**とよび、製錬の原料になります※。

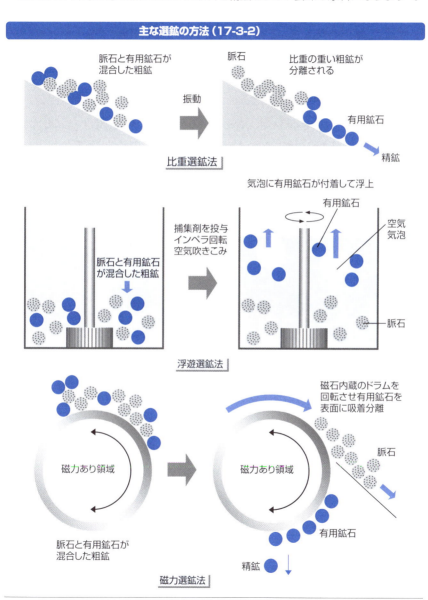

主な選鉱の方法（17-3-2）

※…原料になります　選鉱法は、鉱石を対象にするだけではなく、都市鉱山（市中）からのリサイクル資源の分離にも利用される。

4 予備処理　乾燥・煆焼・焙焼・溶錬

精鉱は、付着水分を除去する乾燥、化学結合している水分などを除く煆焼、鉱石に化学反応をおこさせて精錬しやすくする焙焼による予備処理を行います。

▶▶ 乾燥と煆焼の概念

精鉱に作業の妨げになるほど水分がある場合は、レンガや鉄板の上で100°C程度に加熱し、精鉱の表面に付着した水分を蒸発させます。この操作を**乾燥**とよびます。

鉱石と化学的に結合している結晶水や炭酸塩鉱物は、100°C以上に加熱し、水分や二酸化炭素を化学分解し蒸発させます。これを**煆焼**＊とよびます。

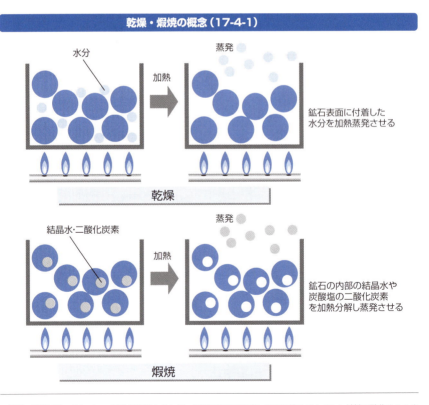

乾燥・煆焼の概念（17-4-1）

＊**煆焼**　英語ではcalcination。焙焼や精錬よりも低い温度で鉱石を加熱。石灰を焼いてセメント材料の酸化カルシウムをつくる操作と同じため、カルシネイションを使う。

17-4 予備処理 乾燥・煆焼・焙焼・溶錬

焙焼の概念

　鉱石を溶融温度に加熱し、周囲の気体と化学反応させる操作が**焙焼***です。鉱石を精錬しやすく改質したり、鉱石に含まれる成分を気化除去するために行います。

　焙焼の種類は、対象鉱石と反応剤との組み合わせで、**酸化焙焼**、**硫酸化焙焼**、**還元焙焼**、**塩化焙焼**、**フッ化焙焼**などがあります。特に**硫化鉱**は精錬しやすいように化学組成を調節します。焙焼は、レアメタル製造には欠かせない予備処理です。

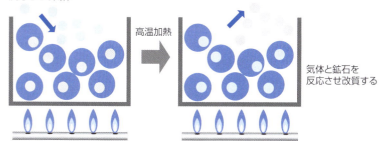

焙焼の概念（17-4-2）

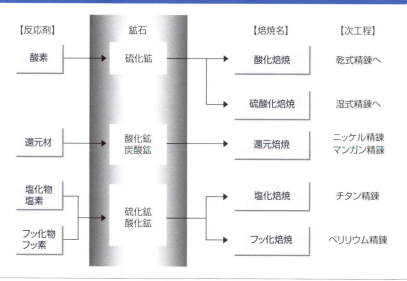

焙焼の種類（17-4-3）

* **焙焼**　英語では、Roasting。

17-4　予備処理　乾燥・煆焼・焙焼・溶錬

▶▶ 溶錬の概念

　鉱石や粗金属を溶融状態で精錬する操作が溶錬*です。鉱石は酸化物や硫化物です。

　溶融精錬操作には酸素を吹き込む酸化溶錬と還元材を投入する還元溶錬があります。

　酸化溶錬プロセスには、高炉溶銑の炭素やケイ素などの不純物を取り除く転炉や、硫化銅を酸化銅に改質する銅溶鉱炉があります。転炉で純酸素を吹きつける操作は吹錬と呼びます。

　還元溶錬プロセスには、鉄鉱石に一酸化炭素や固体炭素を反応させて溶銑を産む高炉や、酸化鉛を溶融還元する鉛溶鉱炉があります。

　酸化溶錬も還元溶錬も、精錬に必要な化学反応を進めるために、必要な量の燃料や造滓溶剤、還元剤、酸素量などを正確に見積もり、反応炉内に適正な反応時期に装入したり吹き込んだりする必要があります。

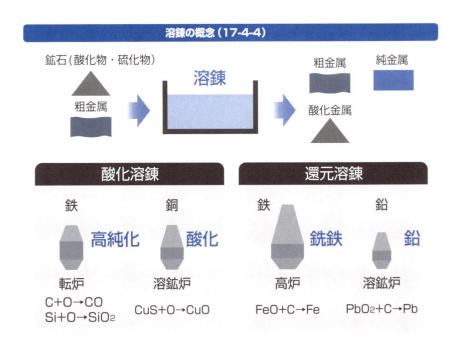

溶錬の概念（17-4-4）

*溶錬　英語では　smelting。

5 乾式精錬

乾式精錬は、目的とする鉱石や精鉱、中間反応物を加熱することにより、金属に還元する操作です。ここでは、通常の精錬に加え、高純化のために行う金属精製についても解説します。

▶▶ 乾式精錬の概要

乾式精錬には、鉱石や精鉱を溶鉱炉で溶かす**溶融精錬**、マットやスパイス*をさらに還元する**マット・スパイス精錬**、鉱石を塩化物などの揮発性の化学成分に変化させ、乾留*する**還元・揮発精錬**などがあります。

乾式精錬で得られた金属は、まだ不純物を含む粗金属です。これを高純化するためには、**帯状溶融法（ゾーンメルティング法）**や**高純化精錬**で不純物を金属より追い出す操作を行う場合があります。これらの操作を**金属精製**とよびます。

乾式精錬の概要（17-5-1）

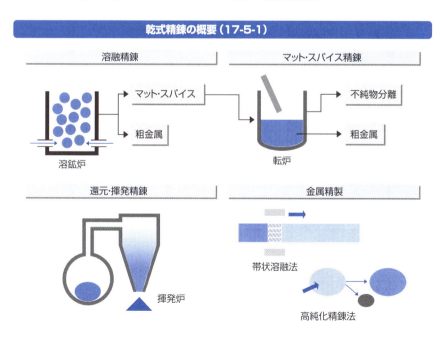

＊**マットやスパイス** スパイス乾式精錬での中間生成物。
＊**乾留** 乾留高温にして揮発させたのち固化する操作。

▶▶ 溶融精錬

　溶融精錬は、鉱石や精鉱を溶鉱炉内に装入し、高温空気を吹き込んで溶融します。溶融金属、マット、スパイスなどの中間生成品として目的金属を回収する処理です。

　処理する鉱石の種類により、処理で得られる精錬物が異なります。硫化鉱の場合、溶融金属と硫化物混合相のマットが生成し、ヒ化鉱の場合は、溶融金属とヒ化物混合相のスパイス（ヒカワ、砒）が生成します。いずれの鉱石の場合も、高温空気が鉱石中の硫黄分などと反応し発熱するため、熱源や還元剤は使用しません。

　一方、鉱石が酸化鉱の場合は、熱源や還元剤として炭素分を含んだコークスなどを用います。生成するのは溶融金属と**スラグ（鉱滓）**＊とよばれる酸化物混合相です。

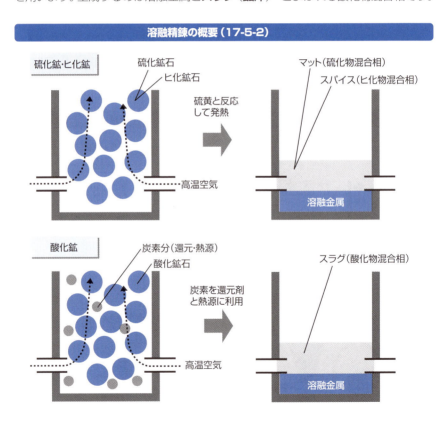

溶融精錬の概要（17-5-2）

＊**スラグ（鉱滓）**　金属製錬の際、脈石と呼ぶ主要鉱石以外の不純物や、脱酸生成物などが、溶融金属の表面に浮かぶ。組成はイオン性酸化物。

マット・スパイス精錬

マット精錬は、硫化物混合相の中に溶け込んだ不純物をスラグの中に分離回収する方法です。特に、マット中の鉄分は不純物としてスラグに分離します。

例えばニッケルNi精錬の場合、硫鉄ニッケル鉱を用いますが、そのまま還元してしまうと、鉄Feとニッケルの合金になります。ニッケル単独で回収するためには、マット中にある鉄硫化物とニッケル硫化物を分離しなければなりません。硫化物を高温で空気と反応させると、鉄硫化物が優先的に酸化されスラグに移ります。その後、マット中のニッケルが酸化されます。このように、鉄分を除去しながら最終的には目的金属の酸化物を作り出す精錬が硫化鉱のマット精錬およびヒ化鉱のスパイス精錬です。

マット精錬は溶鉱炉以外にも、燃焼ガスを利用する**反射炉***、電気による発熱を利用する**電気炉**などがあります。

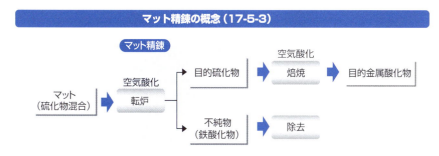

マット精錬の概念（17-5-3）

還元精錬

金属を取り出す過程で必ず通る精錬工程が、還元精錬です。主に酸化物を気体、液体、固体還元剤で酸素を取り除き、目的金属を採取します。金属の性質により、還元精錬と還元剤を使い分けます。

気体還元は、還元剤として水素、一酸化炭素、メタンおよび金属蒸気を用い、酸化物を還元して金属を生成します。処理が容易で生産性も高い精錬方法です。

液体還元は、チタンTiやジルコニウムZrの精錬で用います。あらかじめ塩化物に塩化焙焼した中間生成物を液体マグネシウムMgにより還元し、金属チタンやジル

---

* **反射炉**　加熱に燃焼ガスを用いて金属を融解させる炉。西洋では１８世紀ごろ、日本では１８世紀に韮山反射炉など鉄鋼製錬に用いられた。現在でも非鉄金属の製錬で利用されている。

17-5 乾式精錬

コニウムを得る方法です。酸素や炭素を金属中に含有すると材質が悪くなる材料には、液体還元を用います。こうしてできた金属は、気孔が多いスポンジ状で、スポンジチタンなどとよばれます。

固体還元は、一酸化炭素では還元できないシリコン、アルミナ、マグネシア、酸化クロムなどの酸化物を固体炭素で還元する方法です。電気炉でよく用いられます。ほかに、アルミニウムを還元剤に用いて瞬時に酸化金属を還元するテルミット法*、金属カルシウムを用いるフッ化ウラン還元法などがあります。

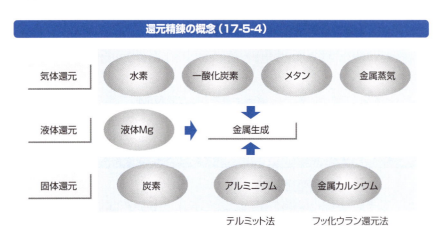

還元精錬の概念（17-5-4）

▶▶ 揮発精錬

金属や金属化合物の中には、比較的低温で蒸気圧が高いものもあります。揮発精錬（**蒸留精錬**ともよぶ）は、この性質を利用して、不純物を分離したり、目的中間生成物を取り出したりする精錬です。

金属では、カドミウムCd、亜鉛Zn、マグネシウムMg、水銀Hgなどが適用できます。バリウムBaでも実用化されています。金属の硫化物では、亜鉛、カドミウム、水銀、スズSn、鉛Pb、ヒ素Asおよびアンチモン Sb硫化物です。金属の酸化物では、ヒ素、セレンSe、ゲルマニウムGe、アンチモンおよびモリブデンMo酸化物です。金属の塩化物は中間生成物として揮発精錬を用いる場合があります。チタン精錬のほかに、ハフニウムHfやゲルマニウムの精錬でも用いられます。

---

*テルミット法　アルミニウムの粉末と酸化物粉を混ぜても反応しないが、火をつけると瞬時にアルミニウムの還元反応が進む。

17-5　乾式精錬

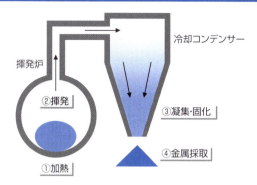

帯状溶融法と高純化精錬

　帯状溶融法は、**ゾーンメルティング法**＊ともよばれます。帯状溶融法は、目的金属以外の不純金属を含んだまま固溶体になった合金から不純金属を取り出す目的で使われます。合金をいくら溶解しても不純金属を取り出すことは困難ですが、溶融と凝固を繰り返すと、不純金属が凝集してきます。帯状溶融法は、合金の棒の周囲に加熱コイルを置き、部分的に帯状の加熱溶解を行います。その後少し移動すると溶融部は凝固し、新たに溶融する部分が帯状にでてきます。これを何度も繰り返しながら棒の端から端まで移動させると、最終端に不純物が濃化した部分が残ります。この部分を除去すると、高純化された棒が得られます。

　高純化精錬は、レアメタルのような目的金属がもつ優れた特性を電子素材などに用いる場合は必須の精錬工程です。不純物をわずかでも含むと、素材としての特性に悪影響を及ぼします。

　高純化精錬方法は、目的金属と不純物によりさまざまあります。不純物の凝固時の晶出挙動を利用する**溶離法**、目的金属とは溶け合わず不純金属とだけ溶け合う別の金属を用いて除去する方法、高融点の金属間化合物を作り、溶解除去する方法、蒸留により目的金属を得る方法などがあります。

　特殊な方法では、水銀Hgと目的金属の低融点合金を作り、加熱して水銀のみを蒸発させる**アマルガム法**があります。金や銀をめっきする方法として、古くから用いられています。

＊ゾーンメルティング法　トランジスタに必要な高純度半導体半金属であるゲルマニウムを効率的に使う方法として開発された。

589

17-5 乾式精錬

帯状溶融法・高純化精錬の概念（17-5-6）

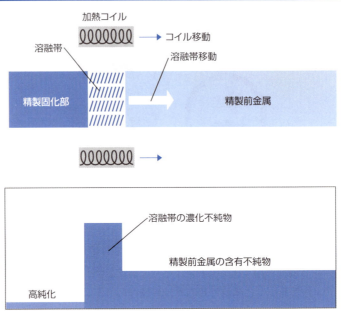

アマルガム法の概念*（17-5-7）

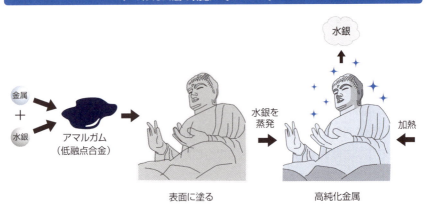

＊**アマルガム法の概念**　奈良の大仏は金アマルガムを銅仏像の表面に塗り、加熱して水銀を蒸発させて金メッキした。

6 湿式精錬

　湿式精錬は、鉱石や精鉱中の目的金属を適当な水溶液溶媒で金属イオンとして溶出させ、化学的な方法で金属イオンを還元させて採取する方法です。

▶▶ 湿式精錬の概要

　湿式精錬には、鉱石や精鉱や中間生成物を、適当な水溶液溶媒を用いて水中に溶出させる**浸出法**、水溶液中から有機溶媒へ金属イオンを移動させる**溶媒抽出法**、イオン交換樹脂[*]に特定イオンを吸着させる**イオン交換法**、水溶液中からイオンを還元して金属や化合物を晶出沈殿させる**金属・化合物採取法**があります。

湿式精錬の概要（17-6-1）

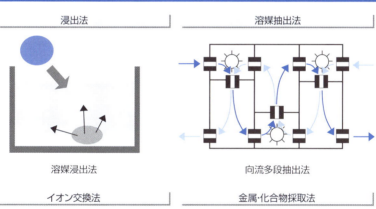

浸出法／溶媒抽出法

溶媒浸出法　　　向流多段抽出法

イオン交換法

イオン交換樹脂

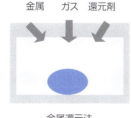

金属・化合物採取法

金属　ガス　還元剤

金属還元法

＊**イオン交換樹脂**　粒状のイオン交換基を持つ樹脂。交換基には陽イオン用、陰イオン用があり、かつ水溶液の水溶液のpHによっても性能が変わる。水溶液中の金属イオンを選択的に吸着排出することが可能。

17-6 湿式精錬

▶▶ 浸出法

　浸出法は、浸出対象の金属酸化物や焼結鉱石や金属硫化物などを適当な溶媒に金属イオンとして溶かし、難溶性の不純物を残さとして残す方法です。溶質に用いる水溶液により、水抽出、酸抽出、アルカリ浸出に分かれます。酸浸出には亜硫酸浸出や硫酸浸出、硝酸浸出、フッ酸浸出があります。対象材によって使い分けます。

　溶媒は、化学的に安定で、目的金属の溶解が簡単で、しかも溶液での目的金属の還元が簡単な溶液を選びます。

　浸出法は、複数の金属を含む鉱石や中間製品から目的の金属を的確に抽出することができるため、レアメタルの精錬には欠かせないプロセスの一つです[*]。

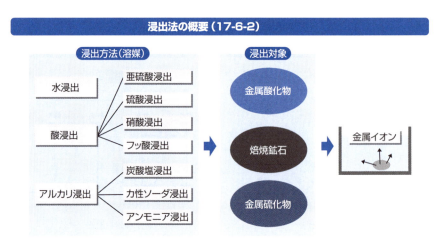

浸出法の概要（17-6-2）

▶▶ 溶媒抽出法

　お互いに溶解しない水溶液と有機溶液の間で金属イオンを分配させ、水溶液から有機溶液に金属イオンを抽出する方法が溶媒抽出法です。抽出のためには、適当な有機化合物を選ばなければなりません。水と混ざらないこと、水溶液から目的イオンを錯体の形で抽出できること、目的イオン以外は抽出しないような選択性をもつこと、取り扱いに危険がなく安全なことなど条件が厳しく、適用金属に応じた選択が必要です。

---

[*]…プロセスの一つです　実際には鉱石や粗金属の種類に応じて浸出プロセスを組み合わせて取り出す複雑な工程になる。

17-6 湿式精錬

　向流多段抽出法は、水相と有機相がお互い向かい合うような流れになるように設計されています。混合区域がいくつかあり、ここで水相と有機相がかくはん混合され、抽出されます。この操作で、有機相出口では、有機相に抽出されやすい金属イオンが濃縮し、水相出口では、有機相に抽出されにくい金属イオンが濃縮されます。

　向流抽出セルを多段に組み合わせると、水相の出側と有機相の出側では、濃化した金属イオンが抽出されます。溶媒抽出法は、レアメタルのなかでも特にレアアースメタルを分離回収するために有効な方法です。この向流多段抽出法を適用することで、分離困難な金属の分離回収が可能になりました*。

向流多段抽出法（17-6-3）

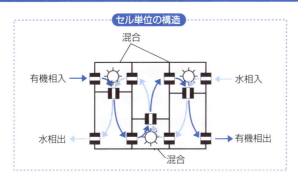

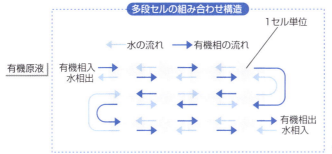

＊…**分離回収が可能になりました**　特にレアアースメタルは、お互いの化学的性質が非常に似通っている。これを分離するためには僅かな化学的差異を捉える溶媒抽出法が必須。

電解精錬

電極を通して電解質水溶液もしくは溶融塩に直流電流を流すと、電極上で金属イオンの還元が起こり、金属が析出します。これを電解精錬とよびます*。

▶▶ 電解精錬の概要

電解精錬には、電解質水溶液を介して一方の電極の粗金属を溶解し、他方の電極に金属を析出させる**水溶液電解法**と、高温で溶融させた金属塩に電極を差し込み、溶融塩の金属を分解析出させる**溶融塩電解法**があります。水溶液電解法は粗金属の高純化に用い、溶融塩電解法は水素や炭素などによる直接還元が困難な金属の分離に用います。

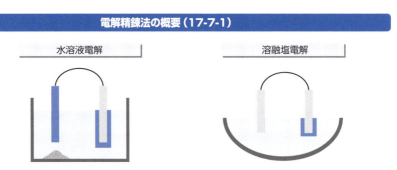

電解精錬法の概要（17-7-1）

水溶液電解 / 溶融塩電解

▶▶ 水溶液電解法

水溶液電解法は、電解質の水溶液と粗金属の陽極、粗金属と同じ種金属もしくは異種金属の陰極で構成されています。直流電流を流すと、陽極の粗金属から電解質水溶液に金属イオンが溶解します。陰極では、金属イオンが電子を受け取り還元することにより金属が析出します。陰極に析出した金属は非常に純粋です。金属の高純化のため、水溶液電解法が用いられます。

陽極の下には、粗金属に含まれていた不純物で、水溶液に溶け込まなかった電気的に貴な金属の泥（**スライム**）が溜まります。これを**陽極スライム**とよびます。副産物として採取されるレアメタルの主原料がこの陽極スライムです。

---

*…**電解製錬とよびます** 1800年にボルタが電池を発明して以降、電気利用が始まった。精錬法としてはまだ200年程度の新しいプロセス。

水溶液電解法の概要(17-7-2)

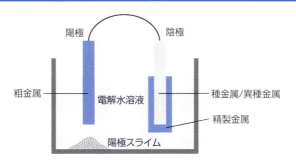

溶融塩電解法

イオン結晶の金属塩を加熱溶解すると、イオンが移動しやすくなります。これを**溶融塩**とよびます。溶融温度を下げるために、他の溶融塩を混ぜて複合溶融塩にしたり、溶融フッ化合物を用いたりします。溶融塩に浸漬した電極に直流電流を流すと、陰極上に金属塩から還元された精製金属が析出します[*]。

溶融塩電解法は、レアメタル製造法で金属を得るために非常によく用いられる方法です。アルカリ金属のリチウムLiや、アルカリ土類金属のベリリウムBe、ストロンチウムSr、バリウムBaなどをはじめとし、レアアースメタルのセリウムCeやランタンLa、高融点金属のモリブデンMo、タングステンW、タンタルTa、ビスマスBi、チタンTi、ジルコニウムZrなどにも用いられます。レアメタルだけではなく、アルミニウムAlやマグネシウムMgなどの金属精錬にも用いられる、非常に汎用性の高い金属精錬方法です。

溶融塩電解法の概要(17-7-3)

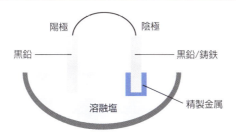

[*]…**析出します** 溶融塩電解法を使うのは、イオン化傾向の大き過ぎて水溶液では析出できない、例えばナトリウムなどの製造のため。ナトリウムなどは仮に水溶液中で生成したとしても水と反応してしまう。

恥ずかしい鉄

　確か2014年の7月14日でしたが、世界文化遺産（後の明治日本の産業革命遺産）申請のための発足会があって、記念パーティに潜り込みました。当時の安倍首相を始め大臣や大勢の県知事、鉄鋼会社幹部を含む総勢2千人以上の大集会でした。

　筆者の目的はただ一つ、パーティに参加している外国委員に接触することです。このメンバーは、決定の際の投票をする人たちでした。パーティには委員が数人出席していました。イギリスのサー会長、ドイツの委員2名、陽気なアメリカ人、フランスの女性委員などです。この人達に会場で接触しては話しかけ、持参のプレゼントを渡して回る私設応援団を勝手にやっておりました。英語に不自由な筆者は勇気を振り絞り話しかけました。「私は日本で鉄づくりをしています。これはあなたへのお近づきのプレゼントです。」プレゼントは、筆者と奥さんで縫った裏がパッチワークになっていて表に旧漢字の「鐵」と刺繍してある風呂敷でした。外国の方は皆、漢字に興味津々、風呂敷にオリエンタルを感じるようです。「ミスター、これはあなたが作ったのですか？」「いえ、私とワイフが皆さんのために作りました」「ワンダフル、記念に頂いていいですか？」「もちろんです。ぜひ奥様にお渡しください」「ノー、私のオフィスに飾っておきます」

　一人一人、このノリで話しかけて行きました。酔いも手伝い、口も滑らかです。

ドイツ委員がフランス女性委員に風呂敷を自慢しているのを見つけると、素早く駆け寄ります。フランス委員は「いいなあ、欲しいなあ」と言っています。そこへ「やっと見つけました。これを受け取ってください」「おー、いいの？」「どうぞどうぞ」「ワオ、トレビアン！」

　応援が効いたかどうかわかりませんが、その後の選挙で、一日中遅れで産業文化遺産に選ばれたのは筆者的には嬉しい出来事でした。決定が遅れた夜に写真付きのメールが来ました。韮山反射炉を作った江川英龍の子孫の江川家の当主を囲む会からです。「お祝いパーティをやろうとして集まっていたら延びちゃいました」

　因みに、鐵の風呂敷は、中国をはじめ、インド東南アジア鉄鋼協会のメンバーなど数十人にプレゼントしています。数年前インドに技術協力に行った時、先方の幹部の部屋の壁に風呂敷が飾ってあってびっくりしました。ただその時、インド人から「品質管理部長の立場から一言言わせてもらいますが、この漢字どこか変ではないですか」そうです。刺繍した時、払いが無い文字にしてしまったものが混じっていることにようやく気づきました＊。もし、これをお読みのみなさんのなかで誤った鐵の漢字を刺繍してある風呂敷を発見されたら、筆者のチョンボだと国際的に言い訳しておいていただければ幸いです。鉄屋が鉄の字を間違うなんて、恥ずかしい限りです。

＊…気づきました　鐵の文字は、一辺1mの黒い布から、一文字だけ切り出し、それを風呂敷に縫いつけていきます。その型紙がすぐにダメになるので毎回刺繍をする時、字を描いていました。その時払いを入れるのを忘れた文字の型紙ができたようです。

IV 金属製造篇

第18章

鉄鋼製造技術

鉄鋼生産は、製銑・製鋼プロセスで鋼材を作り、熱間圧延、冷間圧延で形状・材質を作り込みます。脱炭素化社会を目指す時、鉄鋼製造法も大きく変化する可能性があります。鉄鋼生産の基本とその将来のプロセスについて概説します。

Ⅳ 金属製造篇　第18章　鉄鋼製造技術

主な鉄鋼生産プロセス

　鉄鋼の生産プロセスには大きく分けて、銑鋼一貫プロセスと電炉プロセスの2つがあります。

▶▶ 銑鋼一貫プロセス

　全世界の鉄鋼生産の約7割を占める**銑鋼一貫プロセス***は、高炉と転炉の組み合わせで鉄鋼を作るプロセスです。**高炉**で鉄鉱石から**溶銑**を製造し、**転炉**で溶銑から

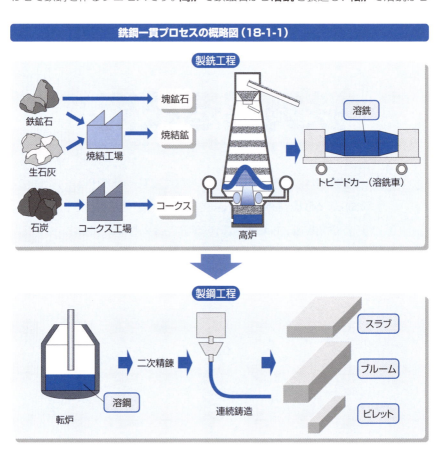

銑鋼一貫プロセスの概略図（18-1-1）

***銑鋼一貫プロセス**　製銑と製鋼が同じ場所にあり溶けた溶銑をそのまま製鋼工程に運ぶプロセス。昔は、銑鉄を作って固める工場と銑鉄を買ってきてそれを溶かして製鋼する工場が別れていることが普通だった。

598

溶鋼を作ります。**二次精錬**で高純化した溶鋼を**連続鋳造**で凝固させます。できあがった鋳造品は、形状により**スラブ**や**ブルーム**、**ビレット**とよばれます。鋳造品は、加熱後熱間圧延されます。圧延品は、熱間圧延ままで使用されたり、冷間圧延後使用されたり、めっき処理をしたりする複数の工程を通り、鉄鋼製品になります。

▶▶ 電炉プロセス

　電炉プロセスは屑鉄（鉄スクラップ）を主原料として電炉で溶解し、溶鋼にします。このあとのプロセスはほぼ、銑鋼一貫プロセスと同じです。

　電炉プロセスは市中から回収したスクラップを使用するために、不可避的に銅やニッケル、亜鉛などの不純元素が混入します。このため、高機能の材料特性を要求されない汎用鋼の製造に適してます。

　銑鋼一貫プロセスは、間接製鉄法と呼びます。製鉄法には直接製鉄法と間接製鉄法があります。直接製鉄法は鉄鉱石などの酸化鉄を直接ガスで還元する方法です。昔のたたら法なども直接製鉄法です。直接製鉄は一見効率が良いように見えますが、固体状態で還元が終わるため、鉄鉱石に内包される不純物が除去できません。

　間接製鉄法は、高炉や転炉で溶銑や溶鋼をつくるため不純物が浮上除去されます。高清浄鋼を得るためには、一旦溶銑を作ってから炭素を除去するプロセスが必要です＊。

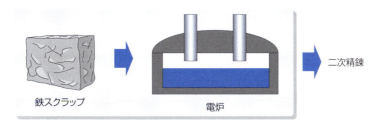

電炉プロセスの概略図（18-1-2）

鉄スクラップ → 電炉 → 二次精錬

＊…**プロセスが必要です**　溶銑から炭素を除去する工程を鋼を作るという意味で製鋼と呼びます。

2 製銑プロセス

銑鋼一貫プロセスの起点は、溶けた銑鉄を作り出す高炉です。数百年の間、高炉法の基本は変わっていません。非常に寿命の長い製造技術です*。

▶▶ 高炉操業

高炉操業とは、高炉上部から原料として鉄鉱石とコークスを層状に装入し、下部から高温の空気を吹き込む作業です。現在は、鉄鉱石だけではなく、鉄鉱石の粉鉱と石灰石を焼固めた**焼結鉱**も用います。

コークスとは、石炭を蒸し焼にして揮発分を蒸発させ、焼固めたものです。高炉の下部になっても圧壊しない強度を持ちながら、通気性のよい気孔（ポーラス）を持つような石炭を選ぶ必要があります。コークスの性質は高炉の重要な操業指標です。

高炉下部の羽口から吹き込まれた高温の空気は、微粉炭やコークスと反応し、一酸化炭素（CO）になり、炉内を上昇します。一酸化炭素は、鉄鉱石と出合うと酸素を奪い二酸化炭素となります。酸素を奪われた鉱石は鉄に変化します。これが**鉄鉱石の還元反応**です。二酸化炭素は炉内のコークスと反応し、再び一酸化炭素に変化して炉内の上昇を続けます。そしてこの一酸化炭素は、また鉄鉱石と反応します。この反応の繰り返しを、炉の上部まで継続的に続けます。

反応に必要な熱は、高温の空気によるコークスの酸化熱です。この熱により、還元された鉄は、炉の下部で溶解し、液滴になって炉の下部に集まり、溶銑になります。焼結鉱に含まれた石灰分は、鉄鉱石に含まれる脈石の組成と反応し、スラグとなって溶銑の上部に浮遊します。溶銑は、炉内で大量のコークスと共存するため、炭素分を溶解限の4％まで含有します。

高炉から排出される物質は、上部から一酸化炭素と窒素の混合ガス、下部からはスラグと溶銑です。混合ガスは**BFG（高炉ガス）**とよばれ、製鉄所内のエネルギー源として使われます。スラグは**高炉スラグ**とよばれ、路盤材などにほぼ100％再利用されています。

＊…**寿命の長い製造技術です**　高炉法の原型は、14世紀から15世紀のドイツライン川流域で既に存在した。

高炉の大きさ

　高炉は、ダイナミックな還元容器です。原料が溶銑に変わる反応時間はおよそ8時間なので、生産性やエネルギー効率を上げるためには、大容量設備にする必要があります。そこで炉容積がどんどん大きくなり、今日では、5500m³以上もある巨大高炉があります。巨大化すればするほど、より高度な操業・原料の管理と制御が必要になります。

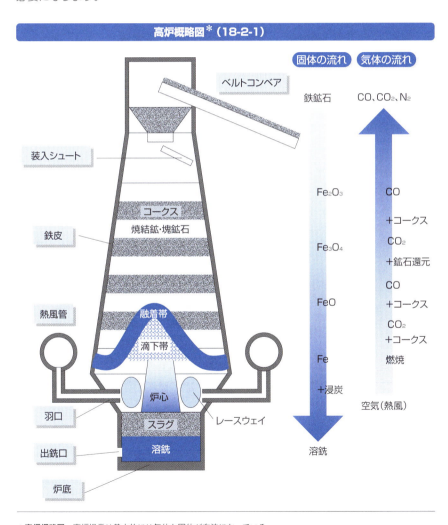

高炉概略図*（18-2-1）

＊**高炉概略図**　高炉操業は基本的には気体と固体が向流になっている。

3 転炉──製鋼プロセス①

銑鋼一貫製鉄で、銑鉄を鋼に変化させるプロセスが転炉です。溶銑の表面に純酸素ガスを吹き付けるだけで炭素分を除去します。

▶▶ 精錬工程

精錬とは、溶けた金属の成分調整をしたり高純化したりする処理のことです。銑鋼一貫製鉄では**溶銑予備処理**、**一次精錬**（**転炉精錬**）、**二次精錬**とよびます。

溶銑予備処理は、溶銑中のリンや硫黄などの不純物をあらかじめ減少させます。これを**脱リン処理**、**脱硫処理**とよびます。一次精錬は、主に脱炭を行う処理です。二次精錬には脱ガス処理と脱硫処理、カルシウム処理＊などが含まれます。これらの処理と合金添加が主な役割です。

▶▶ 転炉法

転炉法は、溶銑に酸素を吹き付けて脱炭し、溶鋼に変える方法です。原料は、溶銑の他、型銑（冷銑）やスクラップも装入します。合金を装入する場合もあります。

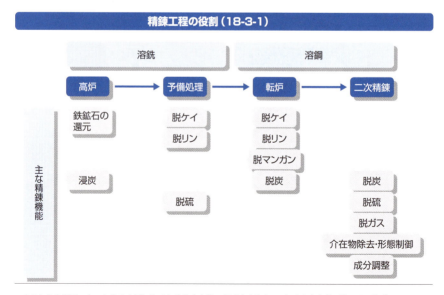

精錬工程の役割（18-3-1）

＊**カルシウム処理** カルシウムを添加して有害な介在物の組成を変化させ、無害な介在物形態にする操作。

18-3 転炉──製鋼プロセス①

転炉の熱源は、溶銑中の炭素です。4%程度あった炭素は**酸素ランス**により溶銑面に吹き付けられた酸素と反応し、一酸化炭素として溶銑から出ていきます。これを**脱炭反応**とよびます。この際、発熱反応となるため溶鋼の温度が上昇するのです。脱炭すると自然と温度が上昇する転炉は、非常に巧妙にできた反応プロセス*です。転炉には、副原料として生石灰を入れます。生石灰は、溶銑中のケイ素やマンガン、リンの酸化物と溶けあい、スラグを作り出します。スラグの塩基度(CaO/SiO_2)を所定の濃度に制御することが、高純鋼を作るための一次精錬のポイントです。このスラグ塩基度が、溶鋼の上に浮いたスラグ中にリン酸化物を濃縮する**脱リン反応**の進行のしやすさを決めます。

転炉操業の管理ポイントは、脱炭を所定の炭素濃度で停止することと、所定の溶鋼温度を確保することです。溶鋼温度は、合金を入れて降下するぶんと、二次精錬などで降下するぶんを考慮して決められます。脱炭と溶鋼温度を同時に所定の目標値に制御するために、吹錬の途中で、**サブランス**により溶鋼サンプリングと温度、溶鋼炭素濃度を同時に計測します。この計測値をもとに、精錬の終点を自動的に決定する仕組み(**ダイナミック制御**)を用いて精錬処理を終了します。

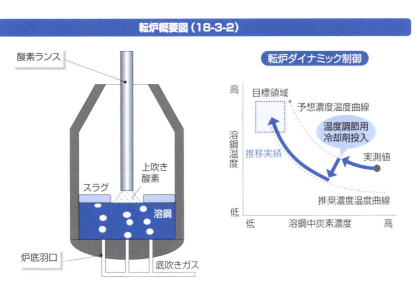

転炉概要図(18-3-2)

---

*　**巧妙にてきた反応プロセス**　転炉が発明される前の製鋼炉である平炉やパドル炉、るつぼ炉では、燃料を燃やして溶鋼の温度を上げていた。

IV 金属製造篇　第18章 鉄鋼製造技術

4 二次精錬——製鋼プロセス②

　高級鋼を製造する際には、溶鋼中の不純元素や介在物を除去したり、介在物の形態を変えて無害化する高純化操作が必要になります。この操作を行うプロセスを二次精錬とよびます。

▶▶ 不純元素の除去

　不純元素の除去は大きく分けて3つあります。**脱炭**、**脱ガス**、**脱硫**です。

　脱炭は、IF鋼（極低炭素鋼）などで、炭素を数十ppm以下に高純化する操作です。未脱酸で減圧すると、溶鋼中の炭素が酸素と結び付き溶鋼から出ていきます。

　水素や窒素のような溶鋼ガス成分は、減圧下に溶鋼面を露出させ、アルゴンなどでバブリングなどをすると、真空中に排気されていきます。これが脱ガスです。脱炭と脱ガスは、必ず減圧設備、例えばRH、DH、REDAなどの設備の槽内で、溶鋼面を減圧にさらす必要があります。

　脱硫は、大気圧下で処理します。生石灰の粉末を溶鋼に吹き込んで硫黄と反応させる操作（**トランジトリー反応**）や、脱硫に適した組成のスラグを溶鋼の上に浮かせてかくはんし、スラグ中に硫黄を取り込む操作（**パーマネント反応**）で溶鋼からスラグ中へ硫黄を除去します。

▶▶ 介在物の除去

　介在物の除去は、転炉吹錬で溶鋼中に大量に存在する酸素をアルミニウムで脱酸したときに生じる**アルミナ***を効率良く除去する操作です。不活性気体のアルゴンで鍋底のポーラスプラグからバブリングをしてアルミナを凝集合体させて浮上させたり、粉体を吹き込んで粉体と反応したアルミナを除去する操作を行います。

▶▶ 介在物形態制御

　介在物形態制御で最も使用されているのは、**カルシウム処理**です。カルシウムとシリコンの合金を、粉体吹き込み法やワイヤー添加方法で溶鋼中に入れ込みます。カルシウムが、アルミナと反応してカルシウムアルミネートに変化（**低融点化形態**

＊**アルミナ**　酸化アルミナ。Al_2O_3と書くこともある。脱酸で不可避的に生じ、鋼材中に残存すると欠陥の原因になる。

18-4 二次精錬──製鋼プロセス②

制御）したり、硫黄と反応してCaSに変化（**高融点化形態制御**）したりすることで、有害な介在物や不純物が無害化されます*。

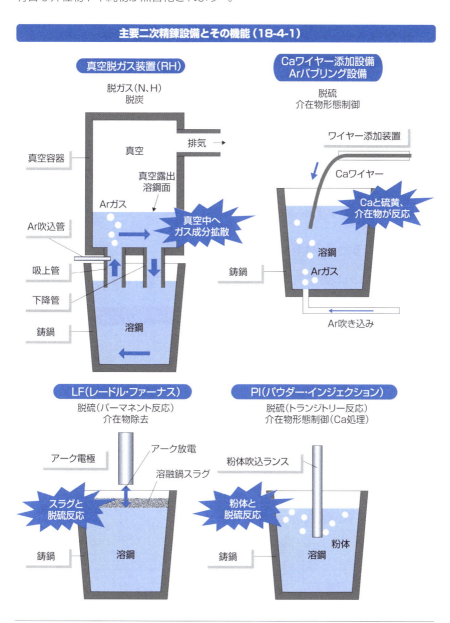

*…**無害化されます** 有害か無害かは、鋼材を使った最終製品で外観や使用上の問題が生じるか否かで決まる。

5 鋳造プロセス

　溶鋼は、鋳造プロセスで凝固し、固体の素材へ形を変えます。凝固する際の操業状態で、偏析や介在物、表面疵のようなさまざまな欠陥が発生します。この欠陥をできるだけ防ぐことが、安定した品質の鉄鋼製品を作り出す第一歩です＊。

▶▶ 鋳造プロセスの概略

　溶鋼を凝固させる操作を**鋳造**とよび、連続して鋳造する工程を**連続鋳造プロセス**とよびます。代表的な連続鋳造設備は、大きく分けて３つの部分からなります。溶鋼を鋳鍋から分配する**タンディッシュ**と鋳型内に導く**浸漬ノズル**、溶鋼を固めて凝固殻を作る**鋳型（モールド）**、周囲から凝固殻を水スプレーや気水で冷却する**二次冷却帯**です。

▶▶ タンディッシュと浸漬ノズル

　タンディッシュは、鋳鍋からロングノズルで断気された状態で溶鋼を受け入れます。

連続鋳造プロセスの概略（鋳造回り）（18-5-1）

＊…第一歩です　筆者の鉄鋼生活のほぼ100％がこの第一歩に関わってきた。第一歩と書きながら40年経過してもまだ第一歩を踏みしめている。技術が進化していないのか筆者が進化していないのか、それともその両方か。悩ましく奥の深いのが鋳造プロセスだ。

18-5 鋳造プロセス

いったん溜めた溶鋼を、ストッパーやスライディングノズルで注入量を制御しながら、浸漬ノズルを通してモールドに注ぎ込みます。これらはすべて耐火物でできています。注入量の制御が困難でばらつきが大きく、品質のばらつきにも影響します。

鋳型（モールド）

モールドは、四方を水冷銅板で囲んだ箱です。鋳造のスタート時にはダミーバーヘッドとよぶモールドの底を取り付けます。モールドに注入された溶鋼は、水冷銅板によって冷やされ、初期凝固が湯面部近傍で起こります。溶鋼とモールドが直接触れないようにするため、モールドには**パウダー**とよぶ低融点の粉末を投入します。

最近では、リニアモータの電磁石により磁場を発生させて溶鋼の流動を制御する**電磁かくはん装置**や**電磁ブレーキ**もモールドに設置されています。

二次冷却

二次冷却帯＊において凝固殻は、ロールで支えられ、水スプレーや気水スプレーで外部から冷却されます。二次冷却水量は、鋼種により厳密に標準で決められています。二次冷却水量が適切でないと鋳造内部や鋳片表面に割れが発生したりします。

二次冷却帯は、凝固殻の中に入った溶鋼を周囲から冷却する部分です。この二次冷却帯の凝固末期では、ロール間隔を精密に制御します。凝固収縮量を補償して溶鋼の流動を軽減し、中心偏析の改善対策も行います。

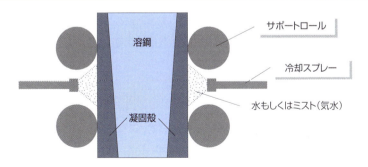

連続鋳造プロセスの概略（二次冷却帯）（18-5-2）

＊**二次冷却帯** 鋳型で溶鋼を冷やして固める操作が一次冷却。二次冷却はその次に鋳片にスプレーで水をかけて冷却する操作。

6 熱延プロセス（加熱炉、デスケーリング、熱間圧延）

鋳造された鉄鋼製品は鋳片とよばれます。鋳片を加熱し、高温の状態で圧延して所定の形状材質に作り込んでいきます。この工程の代表が、コイルを作る熱延です。

▶▶ 熱延プロセス

「鉄鋼は温かくて軟らかい」—と言うと誤解を招きそうですが、本当に軟らかくて温かいのです。ただし軟らかいのは、圧延素材が900℃程度の場合です。温度が上昇すると加工を受ける素材の熱間強度は低くなり、熱間変形抵抗は室温に比べて約10分の1に小さくなるため、わずかな**ロール荷重**で塑性変形を起こさせることができます*。

ロール荷重とは全圧下力をロール接触長で割った値で、熱延では1.5～2トン/mm程度の低い荷重で変形させています。温かいのは、高温で圧延するばかりではなく、圧延により塑性変形を受けた素材が加工発熱をするためです。熱間圧延は、鋳造した鋳片を加工する最初の段階です。

▶▶ 加熱炉

鋳造されたばかりの鋳片は、その形状によりスラブ、ブルーム、ビレットとよばれます。この鋳片を熱間圧延に必要なオーステナイト温度まで加熱する設備が**加熱炉**です。銑鋼一貫製鉄所では、加熱炉の燃料は、コークスを製造する際に発生する水素を主原料とした**COG**（**コークス炉ガス**）を用います。加熱炉内で、鋳片は1000～1200℃の所定の温度まで加熱します。

▶▶ デスケーリング

高温の鋳片の表面は空気中の酸素と反応して、**スケール**とよぶ酸化鉄に覆われます。このまま圧延すると、スケールを表面に押し込んで欠陥になるため、高圧水を圧延直前のスラブやコイルの表裏面に吹き付けてスケールを吹き飛ばします。この操作を**デスケーリング**とよびます。

＊…**起こさせることができます**　筆者は熱延の圧延でスラブからコイルに簡単に伸ばされていく真っ赤な鋼材を見るたび「鉄って焼いたお餅のように柔らかいんだ」と実感したものだ。

18-6 熱延プロセス（加熱炉、デスケーリング、熱間圧延）

スケールには、加熱炉の中でできる**一次スケール**と、圧延中にできる**二次スケール**があります。一次スケールは厚みが数mmもある厚いものです。二次スケールは数十μm程度です。いずれのスケールも、デスケーリングで表面から除去できない場合は、スケール欠陥になります。スケールの圧痕だけの場合もあれば、スケールを巻き込むものもあります。

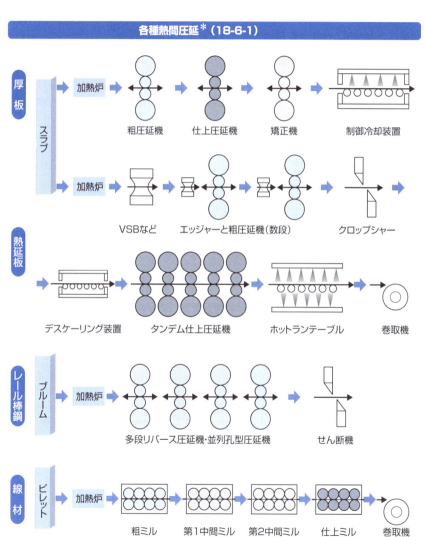

各種熱間圧延＊（18-6-1）

＊**各種熱間圧延**　製造品種に関わらず、熱間圧延工程は、加熱炉、粗圧延、仕上げ圧延で構成されている。

18-6 熱延プロセス（加熱炉、デスケーリング、熱間圧延）

▶▶ 熱間圧延

　薄板の圧延は、**連続熱間圧延（熱延）**で行います。加熱炉から抽出した鋳片はデスケーリング後、幅調整のために幅方向圧延され、そのあと粗圧延機により厚みが30〜50mmの半製品にされます。粗圧延機は、通常数基設置されており、それぞれの圧延機では往復しながら圧延する**リバース圧延**を行います。半製品は圧延機を複数台並べた**タンデム仕上げ圧延機**で連続して圧延されて熱延製品になります。厚板材はリバースの粗圧延機と仕上げ圧延機を用います。

　熱間圧延で重要な指標は、各圧延機での圧延温度と圧下量です。また、熱延では、圧延を終了する温度や圧延したコイルを巻き取る巻取機（**ダウンコイラー**）近傍でのコイル温度も管理ポイントになります。

▶▶ 制御圧延と制御冷却

　厚板圧延で、仕上圧延の温度と圧延量を正確に制御し、材質を作り込む方法を**制御圧延**とよびます。圧延直後、冷却開始温度と停止温度および冷却速度を制御して冷却する方法を**制御冷却**とよびます。制御圧延と制御冷却を駆使して材質を作り込む方法を**TMCP**＊（Thermo-Mechanical Control Process）とよび、高級鋼の製造に適用されています。

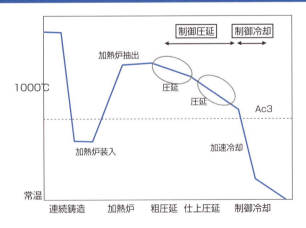

厚板TMCP（制御圧延制御冷却）の温度パターン（18-6-2）

＊TMCP　熱間圧延時の各工程での圧延温度や冷却開始終了温度を計測し、操業設計通りに温度制御することで鋼材材質を作り込む技術。

7 冷延プロセス（酸洗、冷間圧延、焼鈍炉）

冷間圧延とそれに続く焼鈍プロセスは、薄板コイルを薄くするだけではなく、表面の美麗さや材質、形状などを作り込むプロセスです。冷延工程をみていきましょう。

▶▶ 冷薄製品

鉄鋼のコイルの肌はすべすべしています。これは冷間圧延（冷延）されたためです。冷延されたコイル肌は非常に平滑です。また、薄く青光りしている場合もあります。冷延コイルは、厚さ1mm以下の冷薄製品になるだけではなく、電気メッキ鋼板や溶融亜鉛メッキ鋼板の原板にもなります。

▶▶ 冷延プロセス

冷延プロセスは、大きく分けて**酸洗**、**冷間圧延**、**焼鈍**工程からなりたちます。それぞれ単独の工程ですが、酸洗と冷延を連続化したり、3工程を連続化する*プロセスなどもあります。

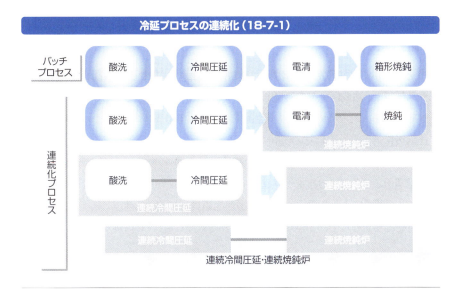

冷延プロセスの連続化（18-7-1）

＊**連続化する** 生産性向上のため日本鉄鋼業は各製造プロセスで連続化を進めてきた。冷延プロセスはその最先鋒を担って連続化に取り組んだ。

18-7 冷延プロセス（酸洗、冷間圧延、焼鈍炉）

▶▶ 酸洗工程

　酸洗工程では、熱延原板の表面についているスケール＊を塩酸で溶かして洗い流します。スケールが付着したままで冷延すると表面にスケールをかみ込むためです。酸洗工程では、途中でコイルを止めることができません。そこで、酸洗槽の前後に**ルーパー**とよぶコイルのバッファーをあらかじめ作っておき、コイルをつないだり、検査をしたりする時間を確保します。

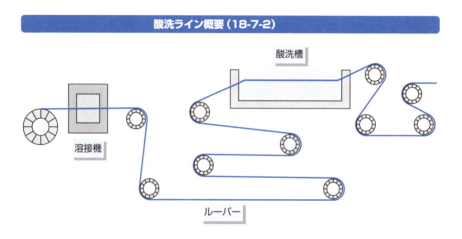

酸洗ライン概要（18-7-2）

▶▶ 冷間圧延工程

　冷延工程は、単独の冷間圧延機でコイルを往復させながら薄く圧延していく**リバース圧延**と、冷間圧延機を連続して並べておき一気に圧延してしまう**タンデム圧延**があります。タンデム圧延は大量生産に適しています。

　圧延後に得られる冷延材の表面やコイルの形状は、冷間圧延機のワークロール肌の粗度や圧延油で決まります。

　冷延済みコイルは、おおよそ熱延コイルの板厚の数分の1まで厚みが薄くなっています。冷延時に入った歪みは鋼材の組織を繊維状に伸ばします。組織に入った歪は鋼材を固くするため、冷延済みコイルは熱処理をしなければ利用できません。

＊**スケール**　熱延ままのコイル表面に冷却過程で不可避的に生じる表面酸化物。

18-7 冷延プロセス（酸洗、冷間圧延、焼鈍炉）

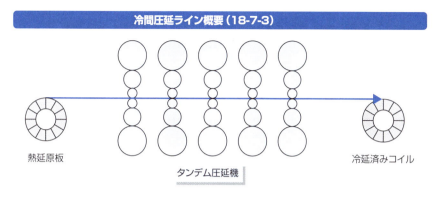

焼鈍工程

　焼鈍工程*は、箱型焼鈍炉にコイルのまま入れる**バッチ焼鈍**と、コイルを巻き戻しながら焼鈍炉を通す**連続焼鈍**があります。バッチ焼鈍では全工程で10日ほどかかりましたが、連続焼鈍では10分間ほどになり、大幅に生産性は向上します。

※ 焼鈍工程　冷間圧延でコイルに付与された歪みは、時効効果で変化する。時間が経過したり使用温度によって鋼材材質が変化させないため、焼なましを行い材質調整を行う。

8 種々の鉄鋼製造プロセス

鉄鉱石を原材料とする主な鉄鋼製造プロセスは、いずれも石炭や天然ガスのような炭素源を用いて鉄鉱石を還元するプロセスです。最近の脱炭素化の流れのなかで、COURSE50や水素製鉄法などが提案されています。

▶▶ 各種鉄鋼製造法

鉄鉱石を原材料とする主な鉄鋼製造プロセスは、高炉法、直接還元法、COREXおよび溶融還元炉です。

高炉法は、鉄鉱石をガス還元率70%程度で溶銑へ還元溶錬します。その後溶銑中の炭素を酸素を吹き付けて酸化溶錬で脱炭し溶鋼を作ります。

直接還元炉法は、鉄鉱石を天然ガスで固体還元し、電気炉で溶解精錬します。

COREX*は、高炉法の小型版ですがガス還元率は90%あり、還元鉄の溶解も同時に起こっています。

溶融還元炉は、鉄鉱石と還元剤を炉内に入れて還元溶錬した後、転炉で酸化溶錬で不純物を酸化除去します。

現在の鉄鉱石から製錬して鉄を得る製鉄プロセスは、95%程度が高炉法です。残りが天然ガスが豊富な中東の製鉄で用いられている直接還元炉法です。

この4つのプロセスは、いずれも鉄鉱石を石炭や天然ガスを用いて鉄鉱石を還元する方法で、製錬で不可避的に一酸化炭素(のちに空気中で燃えて二酸化炭素になる)を発生させます。

これから話題になる二酸化炭素排出量を削減から、実質排出量ゼロを鉄鋼業で実現するプロセスの実現は、現在のプロセスを選択すれば良いのではなく、原理的にデザインし直さなければならない課題です。

電気炉法は、スクラップを主原料とするプロセスです。スクラップは高炉で生産される鋼材から発生するのです。

---

* COREX 還元シャフト炉と溶融ガス化装置炉で銑鉄を作る。高炉法のようなコークス炉や焼結炉が不要のため効率が良いとされている。

18-8 種々の鉄鋼製造プロセス

炭素源を用いる鉄鋼製造プロセス（18-8-1）

高炉
鉄鉱石／石炭 → 高炉（ガス還元比率70%）→ 転炉

直接還元炉
鉄鉱石／天然ガス → 直接還元炉 → 電気炉

COREX
鉄鉱石／石炭 → COREX（ガス還元比率90%）→ 転炉

溶融還元炉
鉄鉱石／石炭 → 溶融還元炉 → 転炉

▶▶ COURSE50、水素還元法

　従来法はいずれも、鉄鉱石や天然ガスなどの炭素源を用いて還元精錬します。この際、生成物は鉄（鋼）と不可避的に発生する温室効果ガスの二酸化炭素です。

　COURSE50＊計画は、還元精錬の一部を水素で代替して二酸化炭素の発生量を低減させ、発生した二酸化炭素は分離・回収します。

　水素還元法は、還元剤に水素ガスを用います。原理的には、精錬による生成物は、鉄と水だけです。未来の鉄鋼製造プロセスとして注目を浴びています。

　COURSE50は、これまで日本鉄鋼連盟と鉄鋼各社が進めてきた二酸化炭素排出量削減のための高炉操業の開発と実機化計画です。2030年までに試験高炉を実機化する計画です。現在、世界で最も二酸化炭素削減に近い開発と言われています。しかし、鉄鋼のゼロカーボン化、**ゼロカーボンスチール**の実現要請には、時間軸が合いません。

＊ COURSE50　日本が国内共同開発している高炉法での二酸化炭素対策。CCS（二酸化炭素回収・貯蔵）をめざしている。

18-8 種々の鉄鋼製造プロセス

　水素還元法は、これまでの高炉法とは鉄鉱石の還元原理が異なるプロセスです。何らかの方法で水素源を調達し、この水素ガスで鉄鉱石を還元する方法です。得られるのは鉄と水で、ゼロカーボン化には有効な手段といえます。しかし、このプロセスはアイデアは紙に書き下すことは可能でも、実際に経済的合理性を持ち、品質が確保できるものになるかどうかは現在進行形です。日本鉄鋼連盟の表明文＊にありますが、「これまで数百年かけて磨いてきた技術とは全く異なる原理の技術を2030年までに確立する必要がある」のです。

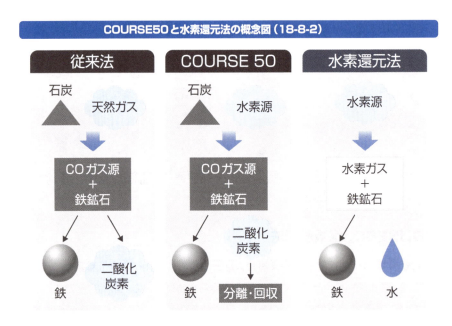

COURSE50と水素還元法の概念図（18-8-2）

＊**日本鉄鋼連盟の表明文**　ゼロカーボン・スチールの解説中の表現。水素還元は吸熱反応であるため技術的課題が多くある。

Ⅳ 金属製造篇

第19章
ベースメタル製造技術

ベースメタルは、昔から普遍的に使用されてきた金属と定義します。アルミニウム、銅、貴金属、および錫・亜鉛・鉛の製造方法をみていきましょう。

Ⅳ 金属製造篇　第19章 ベースメタル製造技術

1 アルミニウム精錬概要

アルミニウムの精錬は、バイヤー法とホール・エルー法の組み合わせです。その技術の概要と原料についてを見てみましょう。

▶▶ アルミニウム製造に必要な資源

アルミニウム製造時に必要な資源は、アルミナの原料のボーキサイトと製造時の電力資源です。特に、安価な電力資源としての水力発電設備が必須になります*。そのほか、溶融塩や電極などの消耗品も欠かせない資源です。

鉱物資源と電力資源（19-1-1）

鉱物資源	電力資源
アルミナ	電源
ボーキサイト	水力発電
明礬石	重油火力発電
ばん土頁岩	石炭火力発電

その他資源

苛性ソーダ、氷晶石、フッ化アルミニウム
陽極、焼成コークス、ピッチ、カソード

▶▶ バイヤー法

バイヤー法は、ボーキサイトを原料として高純度のアルミナを作り出す、効率の良い精錬方法です。ボーキサイトを高濃度の苛性ソーダと反応させ、アルミニウムを可溶性のアルミン酸イオンにし、加熱後アルミナを得ます。

＊…**必須になります**　アルミニウムが「電気の缶詰」と言われる所以である。

19-1 アルミニウム精錬概要

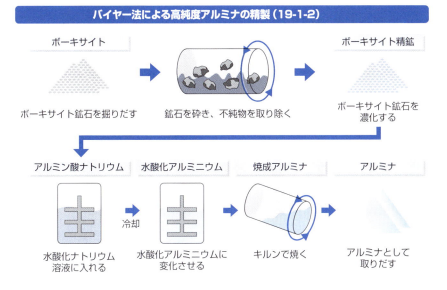

▶▶ ホール・エルー法

　ホール・エルー法は、高純度のアルミナを原料にして、溶融塩電解法でアルミニウムを析出分離する方法です。高温の溶融塩にアルミナを溶かし、電気分解する方法が、アメリカとフランスでほぼ同時期に開発されました[*]。

＊ **開発されました** 米国人チャールズ・マーティン・ホールと仏人ポール・エルーが、まったく面識も共同研究もなく独立して同じ技術を確立した。二人は、生まれた年も同じ、発明した年も同じ、死んだ日も同じ。アルミニウム製造の米国での特許はこの二人の他、日本で金属学を初めて教えた独人クルト・ネットーもアルカリ金属での還元法で出している。

619

19-1　アルミニウム精錬概要

▶▶ アルミニウム製造原単位

バイヤー法とホール・エルー法でアルミニウムを１トン製造するために必要な資源は、ほぼ決まっています。約4.5トンのボーキサイトから、２トンの精製アルミナを製造し、約16,000KWHの電力を用いて電解精錬します。

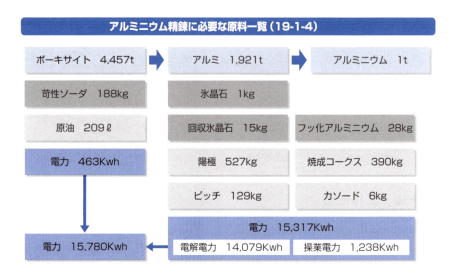

アルミニウム精錬に必要な原料一覧（19-1-4）

▶▶ アルミニウム製造

電力アルミニウム１トンを製造するためには、約16,000KWHが必要になります。アルミニウム生産能力を設定すれば、必要な発電能力が計算できます。年産20万トンのアルミニウム工場には、約38万KWHの能力を持つ発電所が必要です。

アルミニウムの製錬には膨大な電力が必要となります。太平洋戦争中日本は急峻な河川を用いた水力発電数多く築いていたのです。終戦直前、ダムによる水力発電も国の施設に供出され、終戦後、戦後賠償として発電機が渡されて、ダムによる水力発電が壊滅しました*。その後、コストの安い石炭火力や石油火力発電所を作り、オイルショック後高騰する電力料金に耐えきれず、アルミニウム製錬が終わります。

＊…壊滅しました　国への供出が遅れて終戦を迎えた昭和電工のダムだけは水力発電が残り、2014年まで国内唯一のアルミニウム精錬工場として稼働していた。

19-1 アルミニウム精錬概要

筆者が計算したアルミニウム新地金生産に必要な電力（19-1-5）

アルミニウム生産能力 ＝ 20万トン/年

必要な電力単位 ＝ 15780Kwh/t

必要な電力
＝ 20万トン/365/24 × 15780Kwh/t
＝ 36万Kwhの発電能力

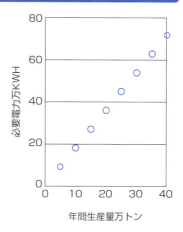

COLUMN　さびと鉄

　鉄の生まれ故郷は地面です。鉄鉱石として眠っていたのを、掘り起こされ、酸素と無理やり引き離され、鉄になります。鉄の本能は、酸素と結びつくことです。地上で、鉄として活躍していても、いつも酸素と結びついてさびようとします。

　鉄は酸素があるだけではさびません。さびるには、湿気や水分という第三の要因が共存することが必要なのです。

　さびる現象は、鉄の表面で水と鉄が反応して、水和物FeOOHを作ります。これが赤さびです。これから水分が揮発したものが、黒さびです。赤さびはもろく、黒さびは緻密です。

　さびの進行は、鉄の表面を侵食し、鉄の材質を劣化させます。できるだけ本能に逆らい、さびない条件をつくる必要があります。鉄が地球の大気中で酸化物に戻ろうとする本能を止めることはできません。しかし、酸化を遅らせることはできます。

　アラン・ワイズマンの「人類の消えた世界[*]」に錆びとの戦いをやめた後の世界が描かれていました。20年で鉄道橋を破壊し、100年であらゆる橋が落ち、数千年で地上から建造物が消え去ります。放射性元素同じくほとんどの金属で半減期があるといいます。数千年経つと鉄は酸化鉄にもどり鉱物性の構造物以外はなくなります。あたかもエジプトのピラミッドを見るように金属が抜け去ったビルやダムをみて未来人は、我々の金属文明を思い描くことができるでしょうか。

[*] **人類の消えた世界**　この本は、ジョナサン・ウォルドマンの「錆と人間」で引用されていたので知った。終末本の一種かもしれないが、こういう極端な妄想をしてみると、我々が錆に対して行っていることの意味が少しは理解できたような気がする。

IV 金属製造篇　第19章　ベースメタル製造技術

2 銅製造プロセス

銅は、古代から道具として使用されてきた重要な金属です。精錬が容易なうえ、多彩な性質により人類の進歩に貢献してきました。

▶▶ 銅の種類

粗銅で純度98〜99%であったものが、電気銅では99.96%以上に純度が上がっています。しかし電気銅は、まだまだ硫黄などの不純物が含まれています。工業用の純銅にするには、さらに不純物を取り除く作業をしなくてはなりません。作業方法により、**タフピッチ銅**、**リン脱酸銅**、**無酸素銅**と製品の名称は異なります。

タフピッチ銅は、タフピッチ（硬い松やに）から発生する水素、一酸化炭素、メタンなどにより酸化銅を還元させる方法をとっていました。現在では、天然ガスを用いています。酸素が300ppm程度残留している。**水素病**が発生するのはタフピッチ銅です。リン脱酸銅は、酸化物の還元にリンを使います。無酸素銅は、酸素が銅中に3ppm以下しか存在しないので、電流や熱を伝えやすい性質を持っています。電気銅を真空中か還元ガス雰囲気で溶解して作ります。

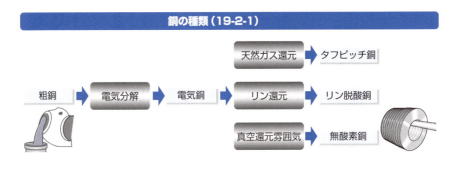

銅の種類（19-2-1）

▶▶ 銅

銅は、硫化銅を乾式精錬で得る方法が一般的です。まず掘り出された鉱石を、選鉱法によって、銅含有量を増加させます。選鉱された銅鉱石は、乾燥、焙焼の前処理を行った後、炉に入れ熱風（加熱した空気）を吹き込み、銅を含んだ**カワ**＊とケイ酸

＊**カワ**　銅精錬時に生成する主にCu-Fe-S系の鉱物相。

19-2 銅製造プロセス

などを含んだ**カラミ**に分解します。この炉を**自溶炉**といいます。

カワは、硫化銅を多く含みます。カワを転炉に入れて空気を吹き込み、銅を遊離させ、**粗銅**ができあがります[*]。この粗銅を鋳造し粗銅陽極をつくり、電気分解工程で硫酸銅溶液中で電気分解して純度の高い銅を作り上げます。これを**電気銅**といいます。

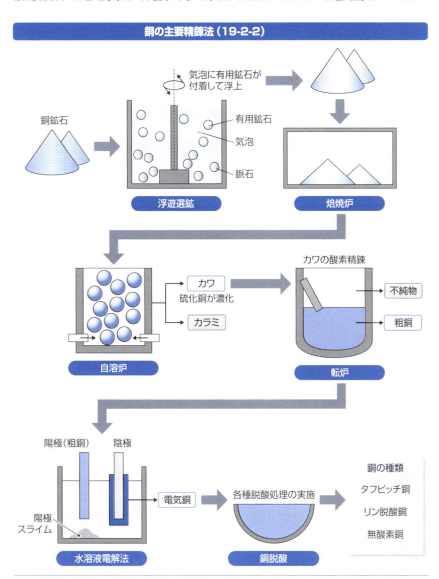

銅の主要精錬法 (19-2-2)

[*]…できあがります　焙焼を使わず、自溶炉で硫化鉱を酸化し、マットとスラグを得る方法もある。銅製精錬には色々な種類が存在する。

IV 金属製造篇　第19章 ベースメタル製造技術

3 貴金属製造プロセス

　貴金属は、金・銀と白金族に分けられます。貴金属の採鉱・精錬方法は産地や含有量により場所により異なりますが、主要な精錬の概念を見てみましょう。

▶▶ 金と銀の精錬

　金と銀は、自然金や自然銀が存在します。金・銀が古代より広く用いられてきた背景には精錬のしやすさがあります。

　現代の精錬を見る前に、昔の精錬法である**アマルガム法**と南蛮吹き法（灰吹き法＊）をみてみましょう。アマルガム法は、水銀が他の金属と容易に合金を作りやすく、かつ加熱すると容易に水銀が蒸発する性質を利用した精錬法です。

金・銀の精錬法（昔と現在）（19-3-1）

＊**灰吹き法**　以前、ある大学の先生から相談があった。サンスクリット語で仏典の研究をされていた先生だった。「灰から仏を取り出す」という言葉を、これまでは空や無から仏がやってくると訳されていた。筆者が出していたメルマガで灰吹法を知って「灰吹法で黄金仏を作った」という意味かもしれないと悟ったというものだった。数千年の翻訳の謎のお手伝いになったのかもしれない。

624

19-3 貴金属製造プロセス

　灰吹き法は、金銀を含有する粗銅と鉛を混ぜて溶解し、その後空中で加熱すると鉛は酸化されて、金だけが残存する性質を利用した精錬法です。酸化した灰の中から金が取り出されるため「**灰吹き**」と呼ばれました。

　現代の金・銀の原材料は、主に金・銀含有鉱石から採取する方法、リサイクル回収、湿式精錬で抽出する方法で得られます。銅電解スライムの湿式精錬は、スライムから銅や鉄を除去した沈殿物を原料にします。まず塩化抽出すると、銀が塩化銀で得られます。ついで抽出液から金を抽出する方法です。この抽出後液にはまだ白金族が残っているため、続けて精錬する場合もあります。リサイクル精錬は、低濃度含有の銅や鉛精錬残渣が原材料になります。処理のしやすさや回収の手間からみると低濃度原料は、発生量が大量で発生場所が限られている精錬所内のものを使います。高濃度の原材料は回収・精錬が経済的合理性がある場合に行います。

白金族の精錬

　白金族は、化学的性質が似た元素が多く、段階的な溶媒抽出法を用いて分離精錬します。白金族の原料は金・銀を抽出採取した残渣を用います。条件を整えた溶媒抽出を繰り返し、パラジウム、ルテニウム、白金、イリジウムを分離回収します。

　ただし、精錬法は上述の湿式精錬だけではありません。原材料のスタートがスクラップや精錬残渣の場合は湿式精錬ですが、銅精錬や鉛精錬を利用する山元還元法では乾式精錬で貴金属を回収します。自動車排ガス触媒から回収する場合は乾式の**ローズ回収法***を活用するなど、リサイクル精錬は多岐にわたります。

白金族の精錬方法（19-3-2）

金・銀抽出後溶液
↓（βハイドロオキシ）
溶媒抽出 → パラジウム
↓
蒸留 → ルテニウム
↓（トリ・N・オキシルアミン）
溶媒抽出 → 白金
↓
溶媒抽出 → パラジウム
↓
溶媒抽出 → ルテニウム

---

* **ローズ回収法**　ローズ回収法とは、ロジウムの語源のローズ（薔薇）由来。ロジウムの回収率が高い特徴がある。

Ⅳ 金属製造篇　　第19章　ベースメタル製造技術

 錫・亜鉛・鉛の精錬法

　ベースメタルは古くから使われていたため、アルミニウムを除いては漢字で書けます*。錫、亜鉛、鉛などの精錬方法を見ていきましょう。

▶▶ 錫の精錬

　錫精錬は、溶錬と精製です。酸化錫と炭素源を混合して加熱すると、還元溶錬が進行し粗錫が得られます。精錬スラグ中にも大量の錫酸化物が混入しているため、スラグを還元雰囲気で処理して粗錫を得て、廃棄錫を減少させます。粗錫は、反射炉や電解精錬で精錬し金属錫新地金を得ます。私たちはこれを輸入し、リサイクル原料と混ぜて使用し、ブリキやハンダの原材料とします。

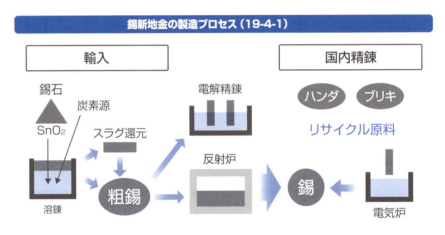

錫新地金の製造プロセス（19-4-1）

▶▶ 鉛

　鉛の溶融精錬法には3種類あります。高品位鉱に用いられる**焙焼反応法**、普通品位に用いられる電気炉を用いる**鉄還元法**、一般に用いられる**焙焼還元法**です。
　溶融還元法によってつくられた脱銅粗鉛は、次の精錬工程で精製されますが、この方法にも乾式法と湿式法があります。乾式法では、鉛中に含まれるスズや亜鉛や銀を軟鉛炉、揮発炉、灰吹炉で次々と除去し、精製鉛を得ます。

＊…**漢字で書けます**　アルミニウムも鋁（金篇に呂）と書ける。

湿式法は電解精錬で、**Betts法**＊と呼ばれます。金、銀、ビスマスなどを**陽極スライム**として陽極の下に沈殿させ、陰極に純度99.99％の鉛を析出させます。

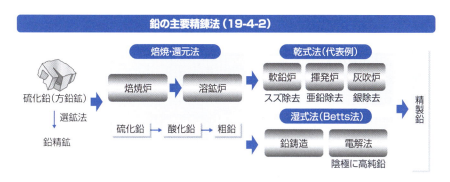

亜鉛

900℃で揮発する**亜鉛**の精錬は、複雑な工程を通ります。まず焙焼炉で、閃亜鉛鉱を酸化亜鉛に変えます。この酸化亜鉛を炭化炉の高温中でコークス還元し、純亜鉛に変えます。これを電気分解して純度を上げるのです。

電解法以外では、**再蒸留法**があります。低純度の亜鉛を熱して、亜鉛とカドミウムを蒸発させます。沸点の高い鉛、銅とこの段階で分離できます。亜鉛の沸点は907℃であり、酸化亜鉛の還元温度は1,000℃以上必要なので、還元してもすぐに蒸発してしまいます。このため、閃亜鉛鉱の酸化焙焼後、還元蒸留する方法で製造します。

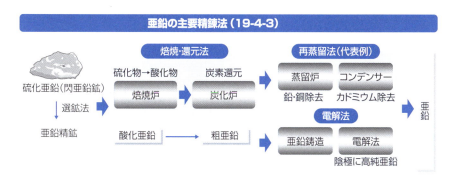

＊Betts法　鉛の湿式製錬法で、軽フッ化水素酸と鉛塩の水溶液に膠（にかわ）を少量入れて電解精錬を行う。

19-4 錫・亜鉛・鉛の精錬法

COLUMN 韮山反射炉

　反射炉は、燃焼室と精錬をする炉床が一体になった設備です。天井や壁のレンガで木炭などを燃焼させた熱を反射させ、炉床にいれた金属に集中させて溶かして精錬します。ベンチュリー効果を得るための大きな煙突を備えており、外部からの送風がなくても火力が得られました。

　世界的にみても製鉄に反射炉が使われた期間は限られています。ダービー父子がコークス高炉法を確立した1735年以降に鋳銑が大量入手可能になりました。

　銑鉄は鋳造しても脆くて使い物になりません。大砲は、鋳銑を鋳鉄に変えて鋳造する鋳鉄法で作ります。銑鉄中の炭素を取り除き、強靭な鋼を作る操業を製鋼と呼びます。製鋼のためには、銑鉄から脱炭する反射炉が必要になってきました。

　製鋼法をさらに高速化するために、1856年にベッセマーにより転炉時代が来ます。この時点で反射炉の役目が終わりました。

　日本で、実際に稼働していた反射炉で現存しているのが、伊豆韮山代官江川英龍の築いた韮山反射炉です。現地に足を運んだ筆者は、韮山反射炉の数奇な運命と人の絆に感銘をうけました。

　そもそも韮山反射炉は何故、現存しているのでしょうか。韮山は天領で、江川英龍（隠居して坦庵）は代々韮山代官の家系でした。幕府の反射炉は、明治政府にとっては、真っ先に廃棄されるべき設備でした。それが生き延びたのです。

　筆者が韮山を訪れるきっかけは、韮山反射炉が明治日本の産業革命遺産の候補になったためでした。しっかり見学したく、伊豆文学賞最優秀賞受賞の「前を歩く人―坦庵公との一日」の作者に連絡したところ、韮山案内をしてくれました。

　この小説は、韮山反射炉を建築中の話で、韮山で働いていたジョン万次郎や捕らえられて護送中の吉田松陰まで登場します。歴史上の人物が伊豆で交差した一夜を切り取った秀作です。

　案内してもらってわかったことは、韮山反射炉を企画推進した江川英龍のスケールの大きさです。この人物がいたからこそ、というよりこの人物が幕末から明治の人作りをしたからこそ、日本が明治を迎えられた、そういう感が強くなりました。

　韮山反射炉は、明治維新後、陸軍省が管理することになります。英龍没後50年に、日本における砲兵工廠の発祥の地として陸軍省が本格的に保存に乗り出します。大恩人の江川英龍先生への敬愛が、陸軍省に受け継がれていたのです。

　幕府旗本の英龍は、明治維新以降あまり知られてきませんでした。しかし、勝海舟がべた褒めし、福沢諭吉が憧れた人物でした。江戸湾の防衛のためにお台場を築き、奇兵隊の発想の元になった農兵を組織したのも英龍です。幕末に現れたスーパースターが刻んだ人の絆についてもっと知りたいものです*。

＊…知りたいものです　「韮山反射炉物語」は待っていてもテレビ放映はされないだろう。自分で台本を描いて企画を持ち込むしか方法がないのではないかと思い出している。まずは、本を執筆して、簡単なテレビ特番を組んでと妄想だけは膨らむ。

Ⅳ 金属製造篇

第20章

レアメタル製造技術

レアメタルは、数多くの種類の金属が該当します。備蓄に使われてきたレアメタル、専用鉱石レアメタル、分離困難なレアメタル、副産物ととして製造するレアメタルなどに分類して解説します。

Ⅳ 金属製造篇　　第20章　レアメタル製造技術

主要レアメタルの製造技術

　主要レアメタルは、使用量が比較的多く、国家備蓄に指定されてきたものが多く含まれます。本節では主要レアメタルにウランも加えて製造方法をみていきましょう。

▶▶ チタン

　チタンTiは、地球に存在する金属元素の中では、アルミニウム、鉄、マグネシウムに次いで4番目の存在量があります。

　チタンの原料は、チタン鉄鉱石（イルメナイト）です。コークスと一緒に熱して鉄分を除去し、塩素ガスと反応させて四塩化チタンガスにし、マグネシウムを反応させ、スポンジ状の金属チタンを得ます。これを**クロール法***と呼びます。

チタンの主要精錬法（20-1-1）

| チタン鉱石 | コークス | 塩素ガス反応 | 四塩化チタン | 塩素ガス | 精製・蒸留 | 四塩化チタン | 還元・分離（マグネシウム、四塩化チタン） | 塩化マグネシウム | マグネシウム | 塩素ガス | 電気分解 | スポンジチタン | 鉄 | チタン外販 | 溶解 | フェロチタン | チタンインゴッド |

---

* **クロール法**　ここでできた塩化マグネシウムは、分解されて金属マグネシウムになり、チタン還元に再利用される。

20-1 主要レアメタルの製造技術

スポンジチタンは、溶解されて鉄と混ざってフェロチタンになり、溶解してチタンインゴットになります。塩化マグネシウムは電気分解され、塩素もマグネシウムもチタン製造プロセスで再利用します。

▶▶ マグネシウム

マグネシウムMgの主要原料はドロマイトです。製錬方法は2つあります。鉱石を一度塩化物にしてから電気分解する**溶融電解法**と高温でケイ素によりにより還元する**ピジョン法**です。これまでの世界での生産方式は**溶融電解法**でしたが、中国が金属マグネシウムの生産量を伸ばし、全世界9割生産するようになりました。中国でのマグネシウムの精錬方式はピジョン法です*。

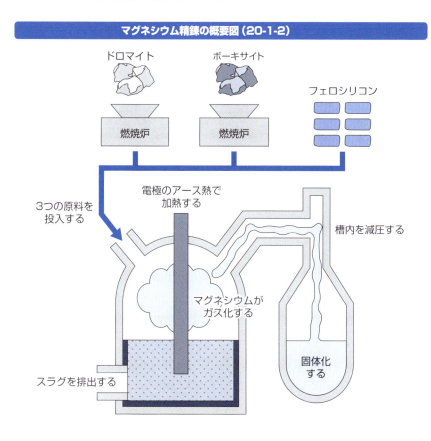

マグネシウム精錬の概要図（20-1-2）

*…ピジョン法です　少し前の金属関係の書籍には、溶融電解法をメインプロセスにしていたが、中国の大増産で、メインプロセスが入れ換わった。

20-1 主要レアメタルの製造技術

ピジョン法は「$Si+2MgO \rightarrow SiO_2+2Mg$」と、ケイ素で酸化マグネシウム（マグネシア）を還元する方法です。実際には、フェロシリコンとドロマイトを原材料として用います。

▶▶ ニッケル

ニッケルNiの主な精錬方法は**モンド法***です。硫化鉱の精錬で得られる銅・ニッケルマットから焙焼、硫酸浸出で銅を除き、水素と一酸化炭素で還元します。これで、スポンジニッケル（ニッケルマット）が得られます。これを一酸化炭素ガスと反応させ、$Ni(CO)_4$（ニッケルカルボニル）に変化させた後、熱分解で金属ニッケルとCOガスに分離します。

硫化物を炭素で還元し、そのあと電気分解で得る方法もあります。

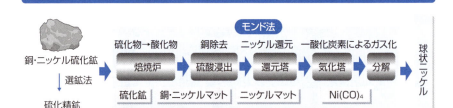

ニッケルの主要精錬法（20-1-3）

▶▶ タングステン

タングステンWは、鉄マンガン重石（$(FeMn)WO_4$）から精錬します。タングステンは融点が高い上に活性に富むため、普通の還元精錬が適用できません。そこで、中間生成物WO_3を作り、これから金属タングステンを作ります。

WO_3を製造するには、まず鉱石をソーダ灰と一緒に800℃から1,000℃に焙焼しNa_2WO_4を作ります。これを酸化剤を含有する沸騰塩酸で処理し、不溶性のH_2WO_4を作ります。さらに約400℃で焼いて、WO_3粉末を得ます。

WO_3を還元する方法は、2つあります。1つは、合金用に還元する方法で、無煙炭を混ぜて1,100℃で還元する方法です。製品は炭素還元タングステンと呼ばれます。もう1つは高純度タングステンを得る方法で、水素で還元します。

***モンド法** 独人ルードウィッヒ・モンドによって発明された、ニッケルを抽出するプロセス。

20-1 主要レアメタルの製造技術

タングステンの主要精錬法（20-1-4）

焙焼・還元法／合金用還元／高純度還元

鉄マンガン重石 → ソーダ灰処理（焙焼・加圧浸出）→ 塩酸（沈殿・焙焼）→ 無煙炭還元 → 炭素還元タングステン粉末
Na₂WO₄ → H₂WO₄ → WO₃ → 水素還元 → 水素還元タングステン粉末

▶▶ ウラン精錬法

ウラン U は、閃（せん）ウラン鉱や瀝青（れきせい）ウラン鉱（**ピッチブレンド**＊）などのUO₂を原料として使います。ウランは、他の金属のようにウラン原子を分離すればいいわけではありません。放射性同位体である $_{235}U$ を利用するのです。この同位体は、全体の0.72%しか含まれていません。

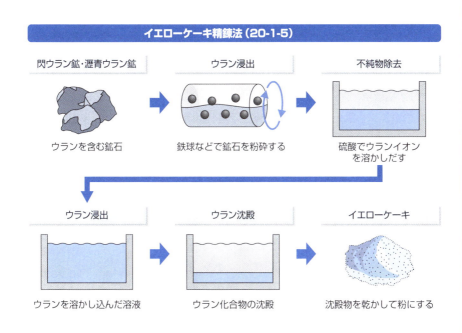

イエローケーキ精錬法（20-1-5）

閃ウラン鉱・瀝青ウラン鉱 — ウランを含む鉱石
ウラン浸出 — 鉄球などで鉱石を粉砕する
不純物除去 — 硫酸でウランイオンを溶かしだす
ウラン浸出 — ウランを溶かし込んだ溶液
ウラン沈殿 — ウラン化合物の沈殿
イエローケーキ — 沈殿物を乾かして粉にする

＊**ピッチブレンド** ピッチとはコールタールから石油や精製物を除いた残り滓のこと。瀝青のこと。

20-1　主要レアメタルの製造技術

ウラン精錬法＊は、大きく分けて、粗精錬、転換および濃縮の３つに分類します。まず粗精錬までを見てみましょう。スタートは、砕いた鉱石を硫酸で溶かします。水溶液に溶け出した六価のウランイオンを溶媒抽出、イオン交換、沈殿法を用いて不純物を取り除き、ウランの濃度を上げていきます。含有率を60％位まで高め、水酸化ナトリウムを入れると、重ウラン酸素ナトリウム$Na_{22}U_2O_7$ができます。乾かして粉にすると、**イエローケーキ**と呼ぶ黄色い粉状のウラン精鉱になります。

この後、イエローケーキから六フッ化ウランに変換されます。さらに硝酸を用いて三酸化ウラン、水素を用いて二酸化ウランに還元、これをフッ化水素と反応させて固体の四フッ化ウラン、さらにフッ素と反応させて気体の六フッ化ウランにします。気体ウランを作ることを**ウランの転換**と呼びます。

ウラン転換法（20-1-6）

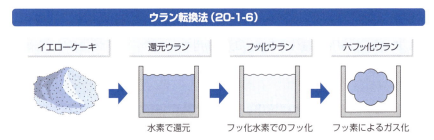

気体の六フッ化ウランを原料にして、濃縮工場で**ウラン濃縮**を行います。濃縮法は、ガス拡散法、遠心分離法などを用います。いずれの方法にしても、原子量が238のウランと235のウランを分離する過程は非常に手間がかかります。ウラン235を5％程度に濃縮した低濃度ウランは原子力発電の燃料として用いられます。

ウラン濃縮法（20-1-7）

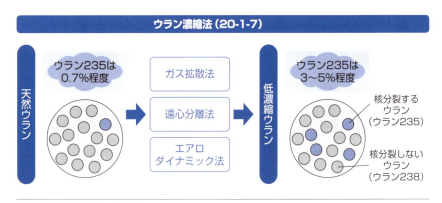

＊**ウラン製錬法**　以前、ある人から放射性金属の製造方法について聞かれた。回答「精製と分離に尽きます。それを化学的、物理的な手法を用いて行いますが、ウランの製造方法は、単純にウランを取り出したいのではなく、ウランを精製して、さらにその中から、原子力の燃料となるU235などの特定の同位元素をとりだし濃縮したいのです。この部分が普通の金属とは異なりますね」

20-1 主要レアメタルの製造技術

▶▶ クロム

　日本の**クロム**Cr原料の使用量は世界最大です。ステンレス鋼や特殊鋼の生産が増大しており、輸入量は増加しています。原料は、主に**高炭素フェロクロム**＊で輸入され、鉱石や金属クロムの輸入はわずかです。南アフリカのサマンコール社、ハーニック社およびエクストラータ社と、カザフスタンのカズクロム社が主なクロム原料の製造メーカーで、寡占状態になっています。クロムは鉄鋼製品へ添加して使われますので、フェロクロムをそのまま利用します。

　クロムの主要な精錬方法は、2つあります。炭素還元法と溶媒抽出法です。

　炭素還元法は、主に**フェロクロム**を作る際に用います。フェロクロムは、クロム鉄鉱石（FeO・Cr$_2$O$_3$）を電気炉で炭素還元すると得られます。この方法で作られた合金は、炭素分が高く、高炭素フェロクロムとなります。クロムの大半は、この形で輸入されます。フェロクロムを濃硫酸で処理し、鉄FeやアルミニウムAlなどの不純物を複塩として除去し、酸化クロムが得られます。

　溶媒抽出法は、まずクロム鉄鉱石を炭酸ソーダと一緒に酸化焙焼してクロム酸ソーダを作り、抽出法で水溶解し、pH調整で鉄水酸化物として鉄分を取り除き、濃硫酸でクロム酸化物を生成する方法です。酸化クロムは、電解法もしくは、金属アルミニウムによるテルミット還元法により、金属クロムに還元します。

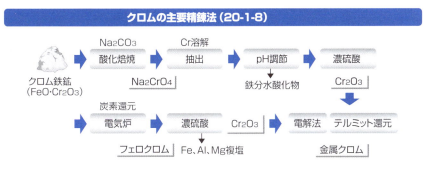

クロムの主要精錬法（20-1-8）

＊**高炭素フェロクロム**　炭素分の高い鉄クロム鉄合金。

マンガン

マンガンMnの輸入は、マンガン鉱石と金属・合金マンガンの2つの形態があります。

マンガン鉱石は、南アフリカとオーストラリアからの輸入が大半を占めます。マンガン鉱石は、国内で精錬され、主に**フェロマンガン***として鉄鋼製品に使われます。 一方、金属・合金マンガンの輸入は、中国からの**シリコマンガン***が大半を占めます。中国国内で産出するケイ石の多い低品位マンガン鉱石から、シリコマンガンが製造できます。

マンガンの主要精錬方法は、**コークス還元法**です。鉄マンガン鉱石（FeO・MnO）を原料とし、石炭を蒸し焼きにしたコークスとともに、**電気炉サブマージドアーク法**で高温に加熱し、溶解し、還元します。純度の高い鉄マンガン鉱石の場合は高炭素フェロマンガンが、ケイ石が多い場合はシリコマンガンができます。また、転炉で酸素により炭素分を除去すると低炭素フェロマンガンがえられます。

マンガンの主要精錬法（20-1-9）

マンガン鉱石（FeO・MnO） → コークス還元 サブマージドアーク炉法（電気炉） → 高炭素フェロマンガン → 転炉 → 低炭素フェロマンガン
　　　　　　　　　　　　　　　　　　　　　　　　　　　　　　　→ ケイ石の多い鉱石 シリコマンガン

コバルト

コバルトCoは、航空機用などに用いる超合金や、磁石、触媒などの特殊用途にも使われますが、二次電池に使用される量が大半を占めます。コバルトの輸入量の増加は、リチウム電池を主力とする二次電池の需要が牽引しています。

輸入元は、フィンランドとオーストラリアが半数を占めます。フィンランドからは、含コバルト銅鉱やニッケル精錬の副産物である**コバルトスライム***から精錬したコバルト地金やコバルト粉を輸入しています。オーストラリアやカナダからは、ニッケル精錬の副産物から得られるコバルト地金を輸入しています。このほか、酸化コバルトや水酸化コバルトなども輸入しています。

---

*フェロマンガン　鉄とマンガンの合金。
*シリコマンガン　ケイ素とマンガンの合金。
*コバルトスライム　主要鉱石を取り除いたあとの廃鉱石が別の有用鉱石を含むもの。

20-1 主要レアメタルの製造技術

コバルト原料の輸入量推移と主要輸入国（20-1-10）

コバルト原料輸入量推移

独立行政法人石油天然ガス・金属鉱物資源機構　H23年版
「鉱物資源マテリアルフロー2010」参照

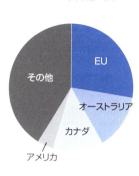

コバルト原料輸入国

（2009年実績）

　コバルト*生産および消費量は中国が大きく伸びてきており、輸入量もそれにともない大幅に増加しているため、中国の生産動向からは目が離せません。

　コバルト精錬は、主に含コバルト銅鉱からと、ニッケル精錬の副産物であるコバルトスライムからの精錬に分かれます。

　含コバルト銅鉱は、まず焙焼で硫化鉱を酸化物に変え、これを酸浸出して溶かします。水溶液のpH調節と水産化カルシウム添加により銅を沈殿させたあと、脱銅電解槽で脱銅処理を行います。その後、コバルトイオンを水酸化物として沈殿させるか、電解法で電気コバルトとして採取します。その後、電気炉で溶解し地金にします。

　ニッケル精錬の副産物であるコバルトスライムを原料として精錬する方法では、まず、混合硫化物から、硫酸で加圧浸出して溶かし、溶媒抽出してから電解法で電気コバルトを採取するか、加圧水素で還元してコバルト粉を作ります。水酸化物からは、沈殿させて煆焼で酸化コバルトを作ります。

---

*コバルト　筆者の世代でコバルトといえば、鉄腕アトムのコバルト兄さん。妹はウランちゃん。他にも、怖いコバルト爆弾に、真っ青なコバルトブルーが思い浮かぶ。

20-1 主要レアメタルの製造技術

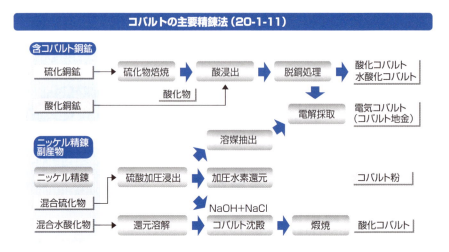

▶▶ バナジウム

バナジウムVは、主な用途である鉄鋼や鋳鉄が好調なことと、航空機用チタン合金や自動車部品などへの需要が旺盛なことから、輸入量が増加しています。

バナジウムの輸入形態は、精錬の中間製品である五酸化バナジウムとフェロバナジウムがあります。五酸化バナジウムは、中国からの輸入が大半を占めます。中国鉄鋼の大増産の結果、大量に発生しているバナジウムスラグから回収しています。フェロバナジウムは、南アフリカから6割以上を輸入しています。

バナジウムVは、専用鉱石としては**バトロナイト**（VS_2）があげられますが、量的に非常に少なく、大半が石油や石炭から発生する副産物、鉄鋼スラグから得られます。

バトロナイトは、亜鉛、銅、鉛などの鉱石から得られるバナジウム硫化物です。焙焼して酸化物にし、ついで水抽出により五酸化バナジウムを得ます。これを1900℃の高温でカルシウムCa還元を行います。こうして、粉末バナジウムを得ることができます。

石油精製副産物、石炭灰分、鉄鋼スラグにはバナジウムの酸化物が含まれます[*]。これらから、五酸化バナジウムを抽出します。これを溶融還元し、フェロバナジウム（鉄バナジウムの合金）を作ります。フェロバナジウムは鉄鋼添加用合金として使われます。

[*]…**含まれます** バナジウムは単純な微生物などから検出される。従って古代の生物が作り出したと思われる石炭や石油などからバナジウムが採取できる。

20-1 主要レアメタルの製造技術

バナジウム原料の輸入量推移と主要輸入国 (20-1-12)

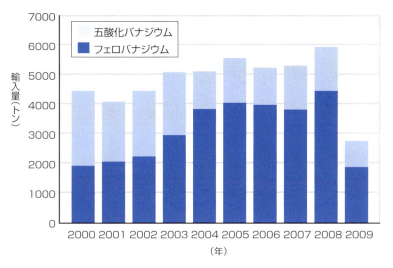

バナジウム*原料の輸入量推移

独立行政法人石油天然ガス・金属鉱物資源機構　H23年版
「鉱物資源マテリアルフロー2010」参照

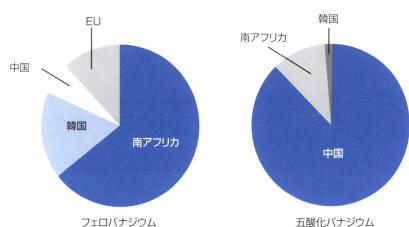

バナジウム原料の主要輸入国

*バナジウム　日本では富士のバナジウム水が有名。富士山の地層にバナジウムを高濃度に含む玄武岩層があるため含有する。バナジウム天然水には「バナジウムは必須ミネラルではないが体に良い」という不思議な文言があるが、効用は寡聞にして知らない。

20-1 主要レアメタルの製造技術

バナジウムの主要精錬法 (20-1-13)

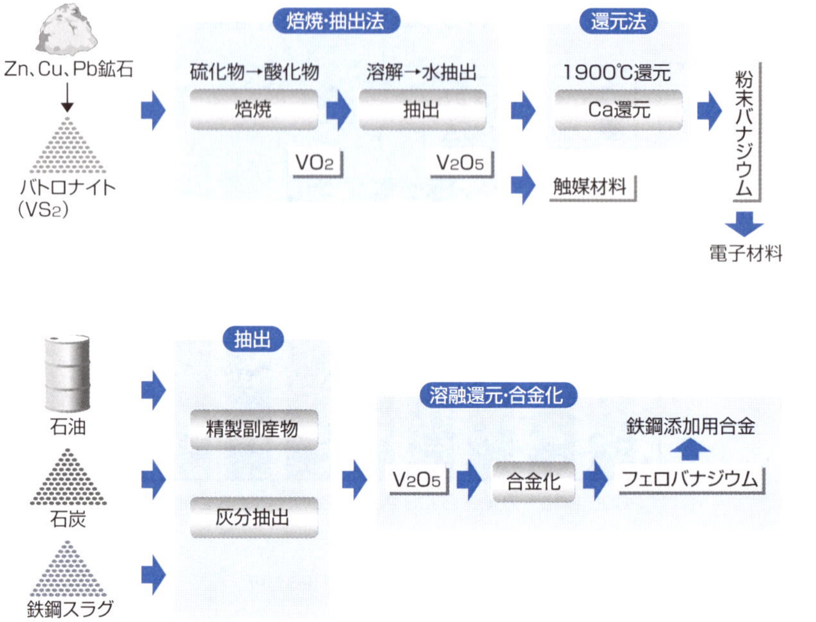

焙焼・抽出法
Zn、Cu、Pb鉱石 / パトロナイト (VS₂) → 硫化物→酸化物 焙焼 (VO₂) → 溶解→水抽出 抽出 (V₂O₅)

還元法
→ 1900℃還元 Ca還元 → 粉末バナジウム → 電子材料
→ 触媒材料

石油 / 石炭 / 鉄鋼スラグ → **抽出** 精製副産物 / 灰分抽出 → **溶融還元・合金化** V₂O₅ → 合金化 → フェロバナジウム → 鉄鋼添加用合金

▶▶ モリブデン

　モリブデンMoは、酸化モリブデンをチリ、メキシコ、中国、カナダなどの国から輸入しています。このほかには、わずかな量のフェロモリブデン＊を中国から輸入しています。

　モリブデンの用途の大半は、鉄鋼製品の合金成分としての添加です。モリブデンは容易に還元されるので、鉄鋼精錬には酸化モリブデンのまま使用します。鉄鋼需要の増大にともない輸入量が増加しています。

　モリブデンの精錬は、**輝水鉛鉱**（MoS₂）の精鉱を酸化焙焼して三酸化モリブデンにする方法が一般的です。

　フェロモリブデンには、高炭合金と低炭合金があります。高炭フェロモリブデンは、精鉱と生石灰と炭材、鉄源を原料として電気炉で炭素還元して作ります。低炭フェロモリブデンは、三酸化モリブデン、フェロシリコンおよび粉末アルミニウムと

＊**フェロモリブデン** 鉄とモリブデンの合金。

20-1 主要レアメタルの製造技術

混合し、テルミット反応で還元して作ります。鉄源はフェロシリコンの鉄分を利用します。

電子材料に用いる金属モリブデンは、三酸化モリブデンをアンモニア処理してモリブデン酸アンモニウムに変化させ、水素還元して作ります。

触媒などや無機薬品などに使う精製三酸化モリブデンは、モリブデン酸アンモニウムを煆焼・焼成して作ります。

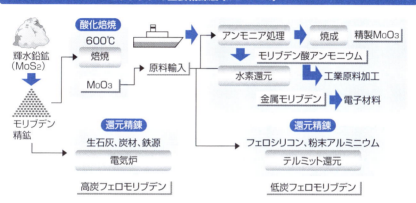

モリブデンの主要精錬法（20-1-14）

COLUMN 尼子氏*の鉄支配

地方に行くと必ずと言ってよいほど、「昔、鉄づくりをしていました」という説明がある碑や書籍があります。中でも、山陰地方富田城主、尼子氏の鉄づくりは、有名です。鉄を軍事経済力の基盤と位置づけ、出雲奥部のたたらで生産された鉄鋼を、加工集団の住む富田城下町に集め、高付加価値の製品として売りました。

鉄は素材では重さの割には売値は高くありません。これを鍬や鋤などに加工すると、軽くなるだけでなく製品価格が上がります。素材を売ることに固執するのではなく、高付加商品、例えば加工が難しい鋼材を加工して引き渡すようなことをすれば売値も上がるというものです。現在にも通じる知恵ですね。

*尼子氏　守護京極家の守護代だったが、室町幕府に納税を拒否するなど独立色の強い家系。毛利家の侵攻で滅ぼされるが、お家再興のために山中鹿介らが奔走する。

20-1 主要レアメタルの製造技術

COLUMN フロギストン*

　18世紀の後半、西洋世界を席巻した異端の学説がありました。シュタールが「キモテクニカ・フンダメンタリス」で提唱したフロギストン説です。この説は金属の酸化還元挙動を巧妙に解説しており、当時、まだ残渣が残っていた錬金術もうまく取り込んでいました。フロギストンとは燃素という物質です。物質が燃焼すると、フロギストンがでて行き炎が見えます。残った物質は灰です。金属はこの灰とフロギストンが結合したもので、強くなります。たくさんフロギストンを取り込める金属は強くなります。柔らかい金属は灰にあまり多くのフロギストンを取り込めないためだと解きます。

　錬金術は卑しい金属、例えば鉄や鉛などを高貴な金属、金や銀に変換する秘術でした。どうしてもどの方法が発見できず、錬金術は最後の大物錬金術師ニュートンの死で途切れてしまいました。でも、ニュートンも見つけられなかった錬金術がこのフロギストン説でした。

　固く脆い銑鉄は、過剰なフロギストンを失って鋼になり、さらにフロギストンが失われると柔らかい錬鉄となる。さらに錬鉄を燃やすと、フロギストンが炎になって出ていき、灰が残ります。これが精錬方法だとリンマンが説明しました。さあ、みなさんもそろそろフロギストンの存在を信じ始めていませんか。

　科学の発展は、必ずしも正しい道筋を通るわけではありません。金属からフロギストンがでていくと灰になり、灰に燃素が入ると純粋な金属になると言われるとイメージしやすく、一旦信じると、なかなかその考え方から抜け出せません。

　実際は、銑鉄から出ていくのは燃素ではなく炭素です。しかし、燃素でも全てうまく説明できてしまうのです。これが誤った解釈の科学の怖いところです。

　これが誤りであるのを説明するのはなかなか困難でした。フロギストンを葬ったのは、若き日のラボアジェです。金属から燃素が出ていくと灰になるなら、灰は金属よりも軽くならなければなりません。でも実際は灰を計測すると重くなります。燃素とはマイナス質量を持つのかと論争を挑んだのです。

　フロギストン派は、ボイルの法則のボイルがフロギストンは出ていくのだが、燃焼した熱が金属に付着するから重くなると考えました。説の創始者のシュタールはフロギストンが抜けた後に空気が入り込むため重くなると考えました。ラボアジェに知恵を送ったのはフロギストンの発見に向けて実験を重ねていた孤高の科学者キャヴェンディッシュにより発見された酸素でした。とうとうフロギストンを見つけたと公表した酸素を使い、ラボアジェはフロギストンが誤りであることを公開実験で断罪します。

　ラボアジェは元素を思い描き、現代の化学の基礎を作りました。しかし、フランス革命は彼を断頭台に送ったのです。

＊**フロギストン**　昔からこういう考え方はあったが、フロギストンが大流行したのは「ネーミング」の妙であった。なんとなく元素っぽい名前は、言いやすかったのかもしれない。

Ⅳ 金属製造篇　第20章 レアメタル製造技術

2 専用鉱石から精錬するレアメタル

アルカリ金属やアルカリ土類金属やホウ素は、単独で鉱石を作ります。レアメタルを得るためには、専用鉱石から精錬する方法を用います[*]。

▶▶ 鉱石を形成する元素

アルカリ金属やアルカリ土類金属は、反応性に優れ、高濃度の鉱物を含む鉱石を形成しやすい性質があります。ここでは、アルカリ金属のリチウムLi、セシウムCs、アルカリ土類金属のベリリウムBe、ストロンチウムSr、バリウムBa、ボロンBおよびアンチモンSbを解説します。ここでは取り上げませんが、ナトリウムNa、カリウムK、マグネシウムMg、カルシウムCaなども同様の性質をもちます。

反応性に富む金属鉱物は、通常の化学反応では金属分離できません。溶融電解法か、さらに反応性に富む金属還元剤による高温還元を用います。

専用の鉱石から精錬するレアメタル（20-2-1）

軌道	s軌道				d軌道									p軌道				
族	1A	2A	3A	4A	5A	6A	7A		8A		1B	2B	3B	4B	5B	6B	7B	0
周期	1	2	3	4	5	6	7	8	9	10	11	12	13	14	15	16	17	18
1																		
2	3 Li	4 Be											5 B					
3																		
4																		
5		38 Sr													51 Sb			
6	55 Cs	56 Ba																
7																		

軌道　f軌道
La系列 ランタノイド
A系列 アクチノイド

---

[*]…**方法を用います**　専用鉱石がある金属は、鉱石からの精錬はありうる。ただしこれも経済的合理性があり、収益を上がる場合の話。海外の方が安く地金を作れる場合は鉱石からにこだわる必要がない。

643

20-2 専用鉱石から精錬するレアメタル

▶▶ リチウム

リチウムLiは、原料の大半を炭酸リチウム、一部を水酸化リチウムとして輸入します。輸入元はチリとアメリカで、輸入量は1万トン程度です。リチウムは電池や電子機器の原料として用いられ、輸入量は大きく増加しています*。

リチウムはリシア輝石（酸化リチウム、アルミナ、シリカ鉱石）が主な原料です。炭酸リチウムは、硫酸処理で作ります。リシア輝石を硫酸焙焼して水抽出するか、硫酸浸出してリチウムを溶解します。これに炭酸ナトリウムを加えて炭酸リチウムを沈殿させます。

アルカリ処理法は、石灰を用います。石灰と鉱石を混合して加熱します。その後、水抽出します。こうすると水酸化リチウムが沈殿します。さらに、精製して塩化処理をして塩化リチウムを作る場合もあります。

リチウムの金属や化合物を作る精錬の原料は、硫酸処理法で作った炭酸リチウムです。まず、酸で溶解し塩化処理することで、塩化リチウムを作ります。これを溶融電解することで金属リチウムが得られます。

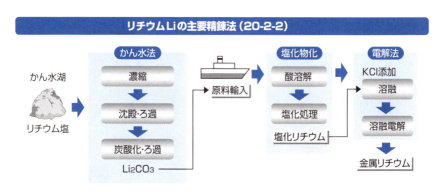

リチウムLiの主要精錬法（20-2-2）

▶▶ ベリリウム

ベリリウムBeは、原料の大半を水酸化ベリリウムとして輸入します。2001年までは酸化ベリリウムを輸入していましたが、国内に煆焼設備が稼動したため水酸化ベリリウムに切り替わりました。わずかにベリリウム銅や金属ベリリウムとして輸入しますが、金属換算での総輸入量80トンの約1割程度です。

＊…増加しています　図16-3-1参照。

20-2 専用鉱石から精錬するレアメタル

　ベリリウムの原料鉱石は、緑柱石（酸化ベリリウム・アルミナ・シリカ鉱石）です。鉱石の処理には、2つの方法があります。フッ化処理でフッ化ベリリウム塩を作り、これを水浸出してカ性ソーダで水酸化ベリリウムを沈殿させます。もう一つの方法は、鉱石を硫酸で溶解し、カ性ソーダで水酸化ベリリウムを沈殿させます。

　輸入した水酸化ベリリウムは、焼して酸化ベリリウムにします。これを炭素と金属Cu（銅）とを混合して高温で還元精錬するとベリリウム銅合金が得られます。金属ベリリウムは、酸化ベリリウムを塩化処理してから溶融塩電解精錬をするか、フッ化処理後マグネシウムで還元精錬をするかのいずれかで得られます。

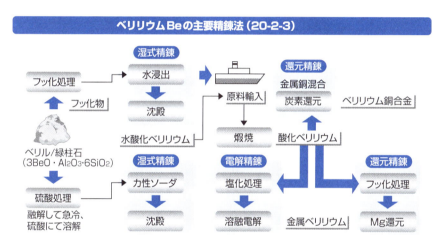

ベリリウムBeの主要精錬法（20-2-3）

ホウ素

　ホウ素Bは、原鉱石のコレマナイトか、鉱石の精製品であるホウ砂＊を全量輸入しています。ホウ素製品には、主にガラス原料に使う**無水ホウ酸**と、磁石などに使う金属ホウ素および鉄鋼合金に用いるフェロボロンがあります。

　輸入原料を水浸出してホウ酸水を作り、塩酸を加えてホウ酸として沈殿させます。これを焙焼すると無水ホウ酸が得られます。無水ホウ酸は、ガラス原料などに使われるほか、金属ホウ素とフェロボロンへの精錬原料になります。

　金属ホウ酸を作るには2つの方法があります。高温でマグネシウムやナトリウム、あるいはアルミニウムで還元する熱還元法か、塩素ホウ素にしてから水素還元する方法があります。これらの還元方法で得られた金属ホウ素の純度は低いので、帯状

＊ホウ砂　ホウ砂は、ホウ酸塩鉱物の一種。空気中では風解しやすい。

20-2 専用鉱石から精錬するレアメタル

溶融法で高純化を行います。

フェロボロンへの精錬方法も2つあります。無水ホウ酸＊を原料とし、鉄源を加えながらアルミニウムでテルミット反応させ、還元と合金化を同時に行わせる方法と、鉄源と炭素を一緒に入れて電気炉で高温加熱して得る方法です。

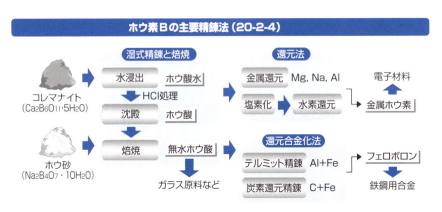

ホウ素Bの主要精錬法（20-2-4）

ストロンチウム

ストロンチウムSrは、原鉱石の**セレスタイト**を炭酸化処理して作った炭酸ストロンチウムを輸入しています。炭酸化処理は、硫酸ストロンチウムの鉱石を炭素とともに還元焙焼して、硫化ストロンチウムにし、これを炭酸ソーダと反応させる操作です。現在国内では、処理を行っていません。輸入した炭酸ストロンチウムは、カラーブラウン管などに使用されますが、年々需要が減り、輸入量は減少傾向です。

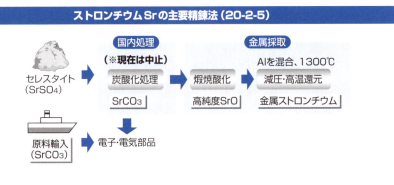

ストロンチウムSrの主要精錬法（20-2-5）

＊**無水ホウ酸** 純粋な無水ホウ酸は硬いガラス質で、粒状。放置するとゆっくりと水分を吸着し、ホウ酸になる。

20-2 専用鉱石から精錬するレアメタル

金属ストロンチウムは、炭酸ストロンチウムを煆焼酸化して、高純度の酸化ストロンチウムにしたあと、アルミニウムによる高温還元やテルミット法などにより金属還元して作ります。

▶▶ アンチモン

アンチモンSbは、三酸化アンチモンと粗金属アンチモンが輸入されています。それぞれ8000トン程度を中国から輸入しています。

アンチモンは、**輝安鉱**（硫化アンチモン）が原料です。このほか、わずかに鉛鉱石のアンチモンスラグや電解スライムを原料にすることがあります。まず、原料を酸化焙焼して半製品の三酸化アンチモンに変えます。これに炭酸ソーダなどを添加し、成分調整をし、炭素分を添加して溶融還元を行います。こうして粗金属アンチモンが生成します。

輸入した三酸化アンチモンは、ほとんどがそのまま難燃助剤＊として使用されます。このほか、酸化溶融還元法で精製アンチモンに精錬するか、真空蒸留法、帯状溶融精製法や電解法で超高純度アンチモンへ精錬します。金属アンチモンは自動車用蓄電池や特殊鋼の添加合金などに用いられます。

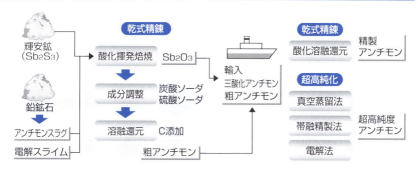

アンチモンSbの主要精錬法（20-2-6）

▶▶ セシウム

セシウムCsは、ポルサイト鉱石と中間製品のセシウム化合物を年間で約200トン程度輸入しています。触媒や光ファイバーなどに用いられています。

＊難燃助剤　可燃性の素材に添加して燃えにくくする物質が難燃剤。難燃助剤は単独では効果がないが、他の難燃剤と組み合わせると難燃性を発揮する。

20-2 専用鉱石から精錬するレアメタル

セシウムはボルサイト鉱石を原料に、硫酸で溶解し、不純物を分離操作で取り除き、硝酸セシウム*や塩化物セシウムにします。セシウムの大半は化合物で使用します。

金属セシウムを作るには、塩化セシウムをカルシウムやバリウムで還元します。

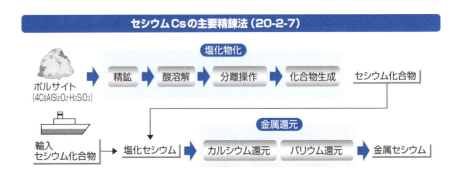

▶▶ バリウム

バリウムBaは、鉱石の**重晶石**（硫酸バリウム）と、これを炭酸処理して得られた炭酸バリウムを、それぞれ約5万トンずつ、ほぼ全量を中国から輸入しています。ただし、輸入の炭酸バリウムはカラーテレビのブラウン管などに使用されるため、年々国内需要が下がってきており、輸入量は減少傾向です。

バリウムは、炭酸バリウムや硝酸バリウムのような化合物で使用されます。金属バリウムを製造するには、炭酸バリウムを高温炭素処理で酸化バリウムに変え、アルミニウムで還元して作ります。高純度の化合物として使うか、合金に添加して使用します。

---

*　**セシウム**　金属元素で紛らわしい名称。第1位。セシウムとセリウム。第2位カリウムとガリウム、その他タリウムとツリウム、バリウムとベリリウム。

3 分離が困難なレアメタル

レアメタルはどの元素も分離が困難ですが、性質が似ているため、特に分離が困難な元素群があります。ジルコニウムZrとハフニウムHf、ニオブNbとタンタルTa、パラジウムPdと白金Ptについてみていきましょう。

▶▶ 性質が似ている3組のレアメタル

同じ族の元素は、最外殻電子の数が同じため、化学的性質が似ています[*]。化学的性質が似た元素は、同じ鉱物に含まれる場合が多い特徴があります。また、体心立方格子の元素は、鉄Feよりも高融点です。チタンTiやジルコニウムZrなど、低温では最密六方格子の金属が高温になると体心立方格子に同素変態する金属も高融点です。

こうした元素が混在し、しかも融点が高い場合、精錬に工夫がいります。ここではこれまで解説していない同じ族かつ高融点の3組の元素を取り上げます。

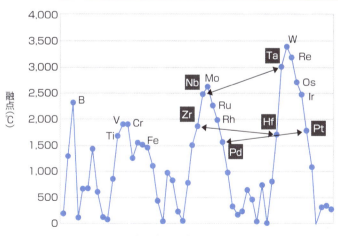

分離が困難なレアメタルの融点 (20-3-1)

主要金属・半金属の原子番号順

---

[*] …似ています　化学的性質は、電子軌道が似ているもの同士が似ている。つまり同族のものは似ている。

20-3 分離が困難なレアメタル

ジルコニウム

　ジルコニウムZrは、大半をジルコン（酸化ジルコニウム・シリカ鉱石）の形態で、オーストラリアと南アフリカから輸入しています。主に、鉄鋼の耐火物として使われるため、鉄鋼生産の増加とともに輸入量は増加傾向です。ジルコニウムの耐火物以外の用途としては、センサーや電子材料、原子力用加工品があります。

　ジルコニウムは酸素との親和力が強く、金属ジルコニウムを作るための精錬は複雑なものになります。まず、乾式精錬の**クロール法***とよぶ処理で、炭素処理と塩化処理を行い、塩化ジルコニウムを得ます。これを昇華炉で水素とともに加熱し、マグネシウムで還元してスポンジジルコニウムを得ます。ついでアーク炉でスポンジジルコニウムを溶かし、ジルコニウムのインゴットにします。

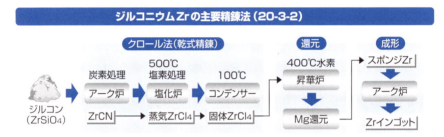

ジルコニウムZrの主要精錬法（20-3-2）

ハフニウム

　ハフニウムHfは、原子炉制御棒やジェットエンジンの合金、プラズマ切断用のノズルなどに使われる程度で、輸入量も数トン程度です。すべて金属ハフニウムで輸入されます。

　ハフニウムはジルコン鉱石のジルコニウムに置き換わって存在し、ジルコニウム精錬の副産物として得られます。クロール法で塩化物を作り、溶媒抽出法で塩化ジルコニウムと塩化ハフニウムに分離します。塩化ハフニウムは、精製のために硫酸法およびアンモニア法で水酸化ハフニウムに変化させ、これを焼して酸化ハフニウムにします。もう一度塩化法で塩化ハフニウムにしたあと、ジルコニウム精錬と同様に、マグネシウム還元でスポンジハフニウムを得ます。

***クロール法**　ルクセンブルクのウイリアム・クロールの発明・金属チタン製造用に開発した。クロールは米国に移りジルコニウムにも適用実施。

20-3 分離が困難なレアメタル

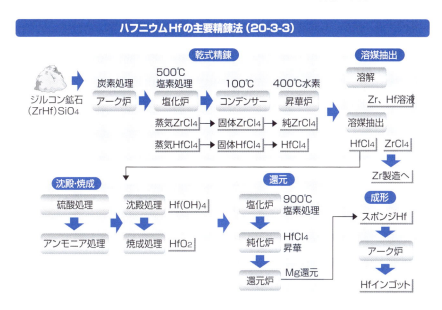

ニオブ

ニオブNbは、年間7000トン程度を、フェロニオブとしてブラジルから輸入します。主な用途は、鉄鋼業の厚板やステンレス鋼への合金添加です。

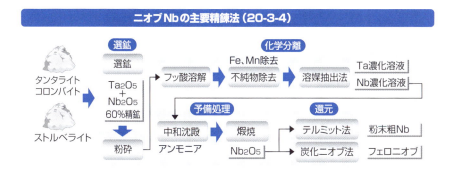

ニオブを含む鉱石はさまざまありますが、鉱工業的には、**タンタライト・コロンバイト*** と**ストルベライト**（鉄Fe・チタンTi・ニオブNb・タンタルTa酸化鉱）が原鉱石として用いられます。選鉱して、酸化ニオブと酸化タンタルの純度を60%程

* **タンタライト・コロンバイト** 鉄・マンガン・ニオブ・タンタル酸化鉱。タンタルが多いとタンタライト、ニオブが多いとコロンバイト。

651

20-3 分離が困難なレアメタル

度まで上げた精鉱にします。粉砕後、フッ酸で溶解し、鉄やマンガンMnなどの不純物を除去し、溶媒抽出法でニオブとタンタルを分離します。ニオブ濃化溶液をアンモニアで中和沈殿させたあと、焼で酸化ニオブに変え、あとはテルミット法もしくは炭化ニオブと混合する還元法を用いて、粉末粗ニオブを得るかフェロニオブにします。

▶▶ タンタル

タンタルTaは、コンデンサーやヒータ、セラミックスの材料など、限られた用途に用いられます。年間700トン程度を、中国、アメリカ、タイ、ドイツなどから輸入します。

タンタルは、ニオブ製造過程の副産物としてえられます。ナトリウムによる還元や溶融電解法などにより粉状粗タンタルを作り、これを電子ビーム法により高純化しコンデンサー用電子材料に、あるいは焼結などにより成形します。金属タンタルの融点が2996℃と高いために、タンタルは通常の方法では溶解したり成形したりすることができません*。

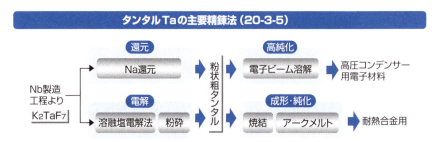

タンタルTaの主要精錬法（20-3-5）

▶▶ パラジウムと白金

パラジウムPaと白金Ptは共存して産出します。いずれも産出国は南アフリカ、ロシア、アメリカで、日本もこの三国からパラジウムは70トン程度、白金で60トン程度を輸入しています。

パラジウム、白金とも、銅Cu、鉛Pb、亜鉛Zn精錬副産物の陽極電解スライムが原料です。まず金Auと銀Agを電解処理で回収除去し、残った白金族濃化溶液から分離回収します。塩化アンモニウムを加えると白金が沈殿し、残溶液にアンモニアと塩酸を加えるとパラジウムが沈殿します。

＊できません　大気中の気体による汚染が発生するため、不活性気体中で溶接や溶解を行う。

20-3 分離が困難なレアメタル

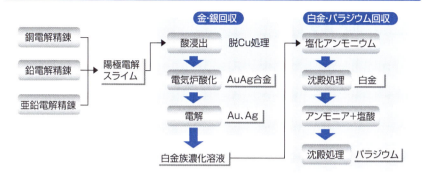

パラジウムPaと白金Ptの主要精錬法 (20-3-6)

 COLUMN　音がきれいな鉄

序の曲　平安時代の優雅な上流社会。
歌『嵐吹く尾上の桜散らぬ間を
　　　　心とめけるほどのはかなさ』
桜の季節　王宮の日々（源氏の誕生）
歌『おもかげは身をも離れず山桜
　　　　心の限りとめて来しかど』

富田勲の『源氏物語幻想交響絵巻*』の冒頭の部分です。ロンドン・フィルハーモニー管弦楽団の演奏で、バックにチリンチリンと鈴虫のような明珍の火箸の音色が流れています。

明珍の火箸は姫路の名産品で、筆者も姫路城まで行ってお土産に買い、筆者宅の玄関にかれこれ30年もぶら下がっています。

かつて筆者が出雲までたたら操業を見学しに行った時に、明珍の火箸は刀になる素材の玉鋼から作ってあり、CDも出ているよ、探してみなさいと木原村下から教わりました。

鉄棒をぶら下げていればどれでも同じ音がなるんじゃないかとお思いの皆様、ところがどっこい。このチリチリ音は、1%の炭素を含む玉鋼から0.5%程度の鍛造鋼を作り出すことでしか得られません。鍛造中に、温度があまり下がらないようにする、つまり恒温鍛造処理で均一な炭化物が分散した結晶粒が得られた時に綺麗な音がなるのです。鉄の棒をぶら下げてもガラガラとしか鳴りません。さすが平安時代に、近衛天皇から「音響朗々として明るく、類まれなる珍器なり」と言葉を頂いただけの名器の音です。

鉄の音はすぐにうるさいとか汚いとかいわれますが、ではピアノ線はどうでしょうか。スチールドラムはどうでしょうか。聞き心地の良い音を鉄は生み出します。

音がうるさいというのは鉄板自体が振動するためです。洗濯機用などに用いる音が極めて小さな制振鋼板は静かなものです。鉄の音にも様々な物語があります。

---

*源氏物語幻想交響絵巻　最近の大河ドラマでもお馴染みの源氏物語の2001年に発表された交響曲。平家物語は琵琶で語られるが、栄華を極めた平安時代の物語は、やはりこの交響曲が似合う。

Ⅳ 金属製造篇　第20章 レアメタル製造技術

副産物として製造するレアメタル

　独自の鉱物を作らず、他のコモンメタルの副産物として得られるレアメタルは、数多くあります。主に半導体などに用いられるレアメタルを中心に精錬方法をみていきましょう。

▶▶ 他鉱物の副産物のレアメタル

　鉱物の中で、化学的性質が似通った元素とレアメタルが一部置き換わり存在する場合があります。レアメタルのためだけに精錬をしようとすると膨大な量の鉱石を処理するために採算があわない場合でも、コモンメタル精錬の副産物として濃化状態で得られるため、レアメタルが容易に手に入ります[*]。ただし、コモンメタルの生産に依存していますので、主産物メタルの生産動向に注目する必要があります。

他の鉱物の副産物として精錬するレアメタル（20-4-1）

軌道	s軌道		d軌道										p軌道					
族	1A	2A	3A	4A	5A	6A	7A	8A			1B	2B	3B	4B	5B	6B	7B	0
周期	1	2	3	4	5	6	7	8	9	10	11	12	13	14	15	16	17	18
1																		
2																		
3																		
4								27 Co							32 Ge		34 Se	
5	37 Rb															52 Te		
6							75 Re						81 Tl		83 Bi			
7																		

軌道	f軌道
La系列 ランタノイド	
A系列 アクチノイド	

---

[*] …**容易に手に入ります**　主要金属を採取した残り滓（かす）を尾鉱と呼ぶ。尾鉱の中に目的金属があればそれが製錬の起点となる。これは製錬過程で発生する廃棄水やドロスなども同じ。

20-4 副産物として製造するレアメタル

ガリウム

ガリウムGaは、金属ガリウムとして国産およびスクラップ再生、輸入の合計で約80トンを国内で使用しています。主にガリウムヒ素（GaAs）やガリウムリン（GaP）合金の原料となっています。

ガリウムは、アルミナ精錬（バイヤー法）の副産物であるバイヤー液のガリウム濃縮液と亜鉛精錬の際の副産物であるガリウム濃縮残溶液を原料として精錬します。濃縮液より水酸化ガリウムを取り出し、カ性ソーダで溶解し、電解採取で粗金属ガリウムを得ます。高純化のために減圧精製・単結晶精製で高純度ガリウムを採取します。

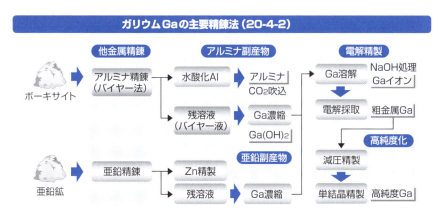

ガリウムGaの主要精錬法（20-4-2）

ゲルマニウム

ゲルマニウムGeは、中国、ベルギーが主な輸入相手国です。輸入形態は、酸化ゲルマニウムで約40トン、金属ゲルマニウムで約9トンです。

ゲルマニウムは、亜鉛鉱の精錬*のヒュームとして副産物回収をされます。ヒュームは抽出され、湿式精錬で鉛、銅およびカドミウムを除去します。この精製物は、ゲルマニウムケーキ（粗酸化ゲルマニウム）です。これを塩素化し、揮発性の塩化ゲルマニウムに変化させ蒸留します。これに水を加えて加水分解し、精製した酸化ゲルマニウムを作ります。水素還元し、帯状精製法で高純度化精錬すると金属ゲルマニウムが得られます。

*亜鉛鉱の精錬　本書ではゲルマニウムや含有するという鉱石の効用などにはコメントしない。ただ、ゲルマニウムは亜鉛鉱から作っていると説明しようとすると、途端に話がややこしくなるのも事実。

20-4 副産物として製造するレアメタル

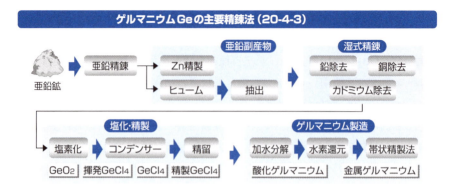

インジウム

インジウム Inは、透明電極ITO*の原料として現在注目されているレアメタルです。その使用量は、年々増加の一途です。インジウムは、金属インジウムとして輸入、スクラップ再使用、国内生産が行われています。

インジウムは、主に亜鉛精錬の副産物として得られます。インジウム含有残さには硫化インジウムが含まれており、これを原料とし、他金属と溶解精製法で分離していきます。希硫酸で溶解した残渣を酸化物に焙焼したあと水素還元するか、もしくは強酸で溶かし、電解析出法で還元し、金属インジウムを得ます。

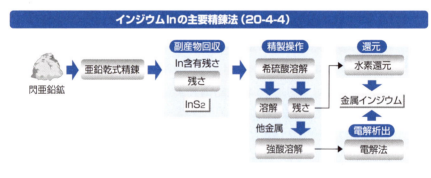

タリウム

タリウム Tlは、銅精錬の副産物として得られます。使用量と国内銅生産の副産物のバランスより、しばらく輸入されていませんでしたが、最近になり中国からの輸

＊ITO　酸化インジウム錫。酸化インジウムと酸化錫の混合物。これを蒸着法で薄膜を作ると、可視光線が透過しながら電気伝導性がある透明電極が得られる。

20-4 副産物として製造するレアメタル

入が再開しています。タリウムは金属化合物もしくは、金属タリウムとして輸入・生産されます。

　タリウムは銅精錬時の転炉煙道の煙塵を回収して原料とします。精製作業として硫酸で溶解させ、塩酸を加えて塩化タリウムにします。これを再び硫酸で溶解し、電解析出法で金属タリウムを得ます。

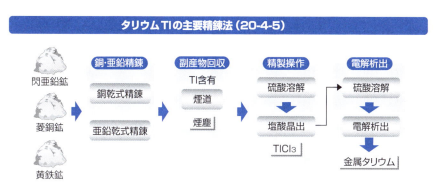

タリウムTlの主要精錬法（20-4-5）

ビスマス

　ビスマスBiは、Pb（鉛）代替金属として年々輸入量が増加しています。輸入量約900トンの約6割を中国、そのほかペルーやベルギーより購入しています。

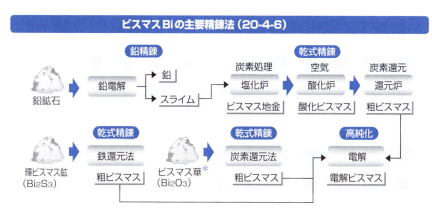

ビスマスBiの主要精錬法（20-4-6）

　ビスマスは、専用鉱石として輝ビスマス鉱（硫化ビスマス）がありますが、大半は鉛精錬の副産物を原料にしています。電解精錬時のスライムの中に混在しているた

＊ビスマス華　華は、金属化合物を多量に含む鉱物の一般名称。他にニッケル華、亜鉛華、硫黄華、鉛華などがある。温泉の沈殿物や美人は、湯の花、高嶺の花で字が異なる。

657

20-4 副産物として製造するレアメタル

め、スライムを塩化炉で塩化処理して粗ビスマス地金を作ります。酸化炉でこれを、酸化焙焼で酸化ビスマスにしてから還元炉で炭素還元し、粗ビスマスを作ります。これを電解することにより高純化操作が完了します。

▶▶ セレンとテルル

セレンSeは、複写機感光ドラム*に使われます。このリサイクルにより、セレンの輸入はほとんどありません。わずかに10トン程度フィリピンより輸入しているだけです。

テルルTeは、快削鋼や精密機械部品用の特殊鋼の合金用途以外には、金属間化合物用添加物として用いられます。国内リサイクルはわずかで、ロシアやドイツより合計50トン程度輸入しています。

セレンもテルルも、銅精錬や鉛精錬の副産物である陽極スライムや煙道の煙塵が原料です。原料を酸化物に焙焼します。これを水抽出すると、セレンはセレン酸塩として沈殿し、テルルは溶解します。セレン酸塩は二酸化硫黄を反応させると金属セレンになります。一方、溶解しているテルルは、pH調節すると二酸化テルルとなり沈殿します。これを原料とし電解析出を行うと金属テルルが得られます。

セレンSeとテルルTeの主要精錬法（20-4-7）

銅・亜鉛精錬：銅鉱石 → 銅精錬／鉛鉱石 → 鉛精錬

副産物回収：電解精錬・陽極スライム／煙道・煙塵

セレン・テルル分離操作：焙焼 → 水溶解（セレン酸塩／二酸化テルル）→ pH調節・沈殿分離 → 二酸化硫黄／電解析出 → 金属セレン／金属テルル

▶▶ ルビジウム

ルビジウムRbは、炭酸ルビジウムとしてわずか数百キログラムをドイツから輸入しています。

ルビジウムはリチア雲母からのリチウムLi精錬の副産物として得られます。化学処理により炭酸ルビジウムが得られます。輸入した炭酸ルビジウムは、酸溶解し、塩

---

*複写機感光ドラム　複写機は感光体ユニットにレーザー光を当ててトナーを付着させ、紙に押し付けて紙にトナーを転写させる。この感光体に利用するのがセレンヒ素合金。表面硬度が高くトナー付着への耐久性も優れているため。

化物化処理により塩化ルビジウムにします。これを溶融し金属カルシウムで減圧還元することで金属ルビジウムが作られています。

ルビジウム Rb の主要精錬法 (20-4-8)

レニウム

レニウム*Re は、ニッケル Ni 基超合金などに使われますが、希少なため、過レニウム酸アンモニウムで500キログラム程度、金属レニウム粉末で500キログラム程度の輸入量です。

レニウムはさまざまな鉱物の中に微量に含まれていますが、輝水鉛鉱（硫化モリブデン）の中の含有量が高く、モリブデン Mo 精錬の副産物として得られます。モリブデン精錬でモリブデン酸アンモニウムを生成する工程で、溶液中にはレニウムが濃化しています。これを硫化処理で硫化レニウムにし、焙焼して酸化レニウムにします。これを水素還元することで金属 Re が得られます。あるいは、レニウム濃化溶液に塩化カリウムを添加してレニウム酸カリウムにし、これを水素還元する方法でも金属レニウムが得られます。

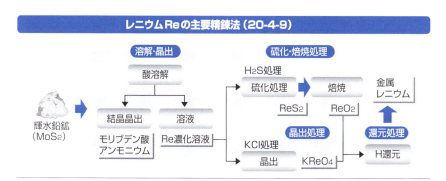

レニウム Re の主要精錬法 (20-4-9)

*レニウム　レニウムは、てっきりレーニン由来と思い込んでいたが、ライン川が語源。

IV　金属製造篇　　第20章　レアメタル製造技術

5 レアアースメタル

レアアースメタルの精錬方法は、鉱石の種類により異なります。単独鉱石の鉱床か複数の鉱石を含む鉱床が、精錬方法の選択に大きな要因となります。化学的性質が似たレアアースメタルを複雑な分離工程で回収します。

▶▶ バストネサイトの精錬

バストネサイトは、複数のレアアースメタルを含むフッ化炭酸鉱石です。特に、セリウムCeを大量に含んでいます。

鉱石の前処理として、選鉱法で濃縮された精鉱を酸化焙焼して酸化物にします。セリウムは4価に酸化されます。これを塩酸で浸出すると、溶解しない酸化セリウムとレアアースメタルイオンに分離します。不溶の酸化セリウムはろ過して濃縮します。浸出液に含まれるイオンは溶媒抽出により、ランタンLa溶液とユウロピウムEu溶液に分離します。ランタン溶液はさらに溶媒抽出してランタンとプラセオジムPrおよびネオジムNdに分離し、それぞれを酸化物で得ます。ユウロピウム溶液からはユウロピウムとサマリウムSmを分離し、酸化物を得ます。

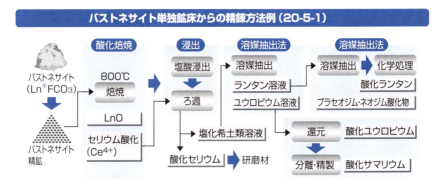

バストネサイト単独鉱床からの精錬方法例（20-5-1）

＊Ln　ランタノイド系元素の意味。セリウムCe、ランタンLa、イットリウムYの3種類のバストネサイトが存在する。

▶▶ モナザイトやゼノタイム鉱床からの精錬

　モナザイトとゼノタイムはリン酸塩です。モナザイトにはトリウムThが含まれているので、分離処理を行います*。カ性ソーダで加熱処理をすると水酸化物に変わります。これを塩酸で溶解し、中和すると鉱石に含まれていたトリウム酸化物が得られます。溶液を濃縮させるとレアアースメタル塩化物が得られます。

モナザイト、ゼノタイム単独鉱床からの精錬方法（20-5-2）

モナザイト（LnPO₄）／ゼノタイム（LnPO₄）→ カ性ソーダ処理：160℃、カ性ソーダ、オートクレーブ → ろ過（Ln・トリウム水酸化物）→ 溶解・分離：塩酸溶解 → 中和処理（トリウム水酸化物）→ ろ過 → 濃縮（塩化希土類）

▶▶ バストネサイト・モナザイト混合鉱床からの精錬方法

　フッ化炭酸塩とリン酸塩の混合鉱床から精錬するには、まずすべての含有元素を溶かす操作を行います。濃硫酸で加熱処理し、ついで水溶解をします。この溶液に食塩や硫酸ナトリウムを加え、沈殿させトリウムを取り除きます。あとは、これまでの処理と同様に水酸化物を作り、溶解・中和処理を経てレアアースメタルの塩化物を得ます。

バストネサイト・モナザイト混合鉱床からの主要精錬方法（20-5-3）

混合鉱床：バストネサイト（LnFCO₃）、モナザイト（LnPO₄）→ 250℃、濃硫酸、オートクレーブ → 水溶解 → 食塩・硫酸ナトリウム → 沈殿処理 → ろ過（硫酸希土類ナトリウム塩／不純物（トリウム））→ 溶解・分離：塩酸溶解 → 中和処理 → ろ過 → 濃縮（塩化希土類）／水酸化物化 → ろ過（希土類水酸化物）

---

*…分離処理を行います　これが国内でレアアースメタル精錬ができない理由の一つ。放射性元素のトリウムを含む鉱石の輸入は困難。このため精錬後の原料を購入する。

20-5　レアアースメタル

▶▶ イオン吸着型鉱床からの精錬方法

イオン吸着鉱*は、酸に溶解しやすいため、硫酸浸出で溶解します。このイオンは、シュウ酸（化学記号(COOH)₂）で沈殿分離します。シュウ酸は、レアアースメタルとは難溶の化合物を作ります。これを焙焼すると、レアアースメタルの酸化物が得られます。

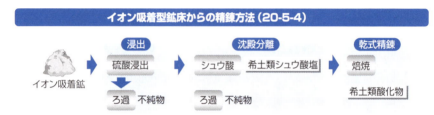

イオン吸着型鉱床からの精錬方法（20-5-4）

▶▶ ミッシュメタルの製造方法

レアアースメタルが複数含まれる合金を**ミッシュメタル**とよびます。ミッシュメタルは、鉱石の主要成分であるランタンLa、セリウムCe、ネオジムNdなどの合金です。ミッシュメタルは、各元素の分離回収工程がないため、簡便な工程で作ることができます。

塩化レアアースメタルは、脱水処理後、**塩化物溶融電解法**で還元します。酸化レアアースメタルは、**酸化物溶融電解法**で還元します。

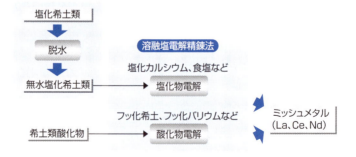

ミッシュメタルの製造方法（20-5-5）

***イオン吸着鉱**　このタイプは、リーチング（酸で溶かす採鉱法）と同じで、長年の風雨で岩石からレアアースが滲出し、別の場所で岩石にイオン吸着している。

20-5　レアアースメタル

▶▶ 還元蒸留法

　レアアースメタルを単独で精製する場合は、まずレアアースメタルの混合物を溶解し、対向溶媒抽出法で分離し、単独元素の酸化物を作ります。これを原料とし、ミッシュメタルを還元剤として真空で高温加熱します。原料酸化物より目的のレアアースメタルが蒸発し、これを蒸着させると、目的のレアアースメタルが得られます。この方法は、目的元素を還元と同時に蒸留するため**還元蒸留法**とよびます[*]。

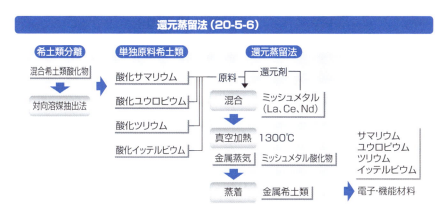

▶▶ 金属熱還元法

　金属熱還元法は、還元剤として金属カルシウムを用いることが特徴です。カルシウムで還元するためには、原料にレアアースメタルのフッ化塩を用います。これは、レアアースメタルを対向溶媒抽出法で分離したあと、フッ化処理で作ります。

　金属の熱還元法は、希土類金属とニッケルなどの基盤金属の混合原材料から、希土類金属を取り出す操作で用いられます。まず希土類金属の酸化物や塩化物、もしくはフッ化物を生成させます。この生成物をより活性な金属により還元し希土類金属の混合物を取り出す方法です。還元材に金属カルシウムや炭素などだけではなく、金属アルミニウムやシリコンを使う場合はテルミット法と呼ばれる場合もあります。

---

[*]…とよびます　この方法は一例であり、原料により様々な湿式製錬などを組み合わせて目的金属を分離採取する。

20-5 レアアースメタル

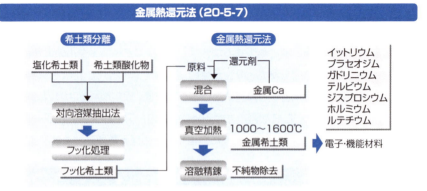

▶▶ 磁性合金の製造方法

　レアアースメタルを用いた磁性合金の代表例は、**サマリウム・コバルト合金**とネオジム鉄合金です。合金を作る場合、単独のレアアースメタルを用いる方法以外にも、レアアースメタル酸化物から直接作る方法もあります。

　サマリウム・コバルト合金は、金属コバルトと酸化サマリウムを原料とします。還元剤として金属カルシウムを用いて溶融還元法で溶解、還元、合金化を同時に行い、目的とするサマリウム・コバルト合金を得ます。

　ネオジム鉄合金の製造には、酸化ネオジムを原料として用い、鉄電極を鉄源とします。溶融塩電解精錬法によりネオジム鉄合金が得られます。 特にレアアースメタルのように分離するために複雑な精錬プロセスが必要な場合、個別の金属分離してから必要量を混ぜるのではなく、レアアースメタルや鉄などが適量入っている酸化物を還元のスタート原料とすると手間が省けます*。

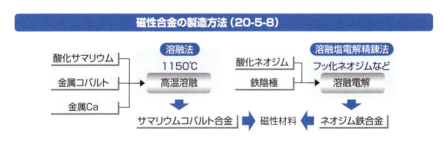

＊…**手間が省けます**　これは磁性合金やレアアースメタルに限らず、あらゆる合金で使っている。鉄鋼にマンガン添加する際、フェロマンガン合金を使うが、これ鉄鉱石とマンガン鉱石が混ざった鉱物を直接還元して作る。

V 金属を取り巻く環境篇

第21章

金属産業の現状

金属産業の現状を、鉄鋼、非鉄に分けて見ていきましょう。我が国の金属素材産業を取り巻く環境と、現在の取り組み状況を概説します。状況は刻々と変化しています。今回の状況分析も数年経つと大きく変わるかもしれません。

V 金属を取り巻く環境篇　第21章　金属産業の現状

1 金属と産業の関係

　現在の金属と産業の関係は、20世紀のような、産業の要請に応える素材という単純図式で語れるでしょうか。複雑化する外部環境、ものづくりだけでは競争力を保てない国際環境など不確定要因が山積です。

▶▶ 金属と産業の関係

　金属と産業の関係を①産業の素材としての金属、②金属間の競合と協調、③海外産業との関係、④国内の金属産業問題、⑤産業構造問題、⑥産業のデジタル化、⑦外部環境による制約、⑧金属素材の進化の8つの視点でみてみましょう*。

金属と産業の関係の8つの視点（21-1-1）

産業の素材

金属間の競合と協調

外部環境による制約

金属素材の進化

金属と産業

産業のデジタル化

海外産業

国内問題

産業構造問題

＊…みてみましょう　ここで掲げた8項目は筆者の視点であり、これ以外の視点も様々ある。ただ忘れてはならないのは金属素材は技術単独ではもはや捉えられなくなっていること。

▶▶ 産業の素材としての金属

　金属と産業の関係は、素材産業とその利用産業の関係です。金属産業はあらゆる産業に金属素材を供給しています。

　その緊密な相互関係は、利用産業からの厳しい要求が素材産業の開発、改善による技術競争力を育て上げてきました。このWIN－WINの関係は、今後も続くサイクルでしょう。

　しかし、最近では様々な外部環境の影響で、過酷な素材コストの削減や、ユーザーニーズの高度化、多様化が、素材作り込み製造コストを押し上げ生産性を低下させる場合が見られます。努力だけでは吸収しきれない環境の変化が起こっている現在、国内素材産業が国内産業を支え切れるか正念場を迎えています*。

金属素材と製品産業との関係（21-1-2）

＊…正念場を迎えています　実はもう長い間、コスト競争力がないからと海外に工場が出ていき国内産業の空洞化は続いてきた。素材と製品で良好な関係が取り上げられるが、不都合な関係は表立って議論がされてこなかった。コロナ禍で製造業の国内回帰が始まるとさらに不都合な関係が深まる可能性もある。

21-1　金属と産業の関係

▶▶ 金属間の競合と協調

　鉄鋼と非鉄金属は、鉄鋼合金として共同して鋼材を作り上げています。クロムなしでステンレス鋼は作れません。非鉄金属の大消費産業は鉄鋼です。単体の利用でも、アルミニウムや銅が鉄鋼と競合する場面はそれほど多くなく、それぞれが得意な分野で産業と結びついてきました。

　一方、産業からの要求が厳しくなり製造技術が進化する中で、**素材間競争**が起こりつつあります。自動車でアルミニウム合金やマグネシウム合金が鋼板に代わり採用され始めています。この素材間競争は、航空機のような素材要求が厳しい産業では当たり前のよう起こっています。少し前は飛行機の胴体はジュラルミン（アルミニウム合金）でしたが、チタンに切り替わり、現在ではCFRP（**炭素繊維強化プラスチック**）が主体です。

　さらにテーラードブランクのように異種金属や異種素材を組み合わせてる**素材間協調**による素材価値の創造も始まっています。

金属間の競合関係と協調関係＊（21-1-3）

金属間競合
素材間競争
- 自動車：鉄鋼 ⇔ アルミニウム合金／マグネシウム合金
- 航空機：CFRP ⇔ チタン合金

金属間協調
異金属・異素材組合
- 異グレード
- 異金属
- 異素材：テーラードブランク、摩擦接合

＊**金属間の競合・協調**　鉄とアルミニウムなどはあたかも敵対素材のような素材間競争の印象で語られる場合がある。しかし、アルミニウムが鉄にとって変わるとは、では鉄鋼が全量アルミニウムで置き換えられるかというとそういうわけではないと考えられる。昔から続く金属間の補完関係の仕切りの変化が最近クローズアップされているだけ。

21-1 金属と産業の関係

▶▶ 海外産業との関係

　海外の金属素材産業は、生産能力の急増、研究開発費用の増加、付加価値の高い製品の生産能力の増加の3つの変化が著しく、国内産業は後れをとる分野もでてきています。それらの増加を背景に海外素材の輸入圧力は大きくなってきています。

　中国の鉄鋼製品やアルミニウム素材などの圧倒的な生産量と、相次ぐ東南アジアの製鉄所や事業所の新設や拡張に対して、国内の金属素材産業に将来の生き残りをかけた変革と戦略の練り直しが喫緊の課題になっています*。

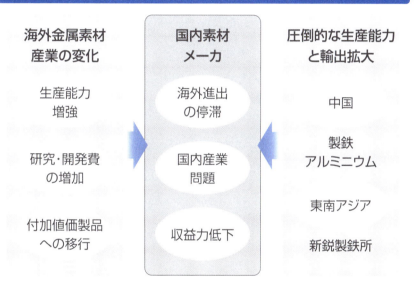

国内素材メーカと海外産業との関係 (21-1-4)

▶▶ 国内の金属産業問題

　国内金属素材産業の制約条件は、東日本大震災以降の化石燃料電源比率の増加に伴う電力料金の上昇によるコスト増加が顕著です。

　また、設備の老朽化が急速に進み、その改修や新設に大規模投資を余儀なくされています。

　鉄鋼の過剰能力構造に加え、海外の大規模製鉄所の新設や拡張が相次いでいるこ

＊…喫緊の課題になっています　海外の人口増加に端を発した大需要増が国内素材メーカーを揺さぶっている。もはや、品質の良い物という製品の競争の次元を超えた国家戦略的な変化が起こりつつある。特に最近のゼロカーボン要請は競争の土俵自体を変える可能性がある。

669

21-1 金属と産業の関係

とから、適切な規模への統廃合が繰り返されています。

繰り返される産業事故は、設備老朽化や操業人材の入れ替わりなどが遠因にあります。金属素材産業は、新旧が混在した設備や操業による生産が主体で、作業者の知識や経験に頼ることの多い産業です。急速な作業者の高齢化引退と新規採用の抑制により、その操業を維持し技能・伝承を伝承することが急務になっています。金属素材産業の人材確保や育成は企業内だけできなくなりつつあります。業界団体や、産学官を挙げての人材育成の試みがなされています*。

国内の金属産業問題（21-1-5）

電力コスト増
- 化石燃料費増
- エネルギバランス変化

人的問題
- 技能伝承困難
- 新旧混在
- 労働環境変化
- 高齢化
- 法的規制
- 新規採用抑制

老朽化設備
- 改修
- 大規模投資

▶▶ 産業構造問題

原材料をほぼ100％海外に頼る金属素材産業は、鉱石原料価格の高騰や保護主義的な資源国の動きに影響を受けます。鉄鉱石や石炭の高価格高止まりは続いており鉄鋼素材メーカの収益力を激減させています。中国のレアアースメタル供給規制や銅やニッケルの保護主義的な動きも予断を許しません。

原材料鉱石の低品質化や有害不純物含有量問題も、対策に生産効率の低下や多大

---

*…試みがなされています　特に非鉄金属産業では、新旧人材の入れ替えを行いながら、日進月歩の技術の担い手を育成する困難な課題に直面しており、業界団体のみならず政府系研究所や大学が総力で支援している。

な生産コスト増を招いています。低品位原料の利用拡大への技術開発や、スクラップリサイクル促進の検討が進みつつあります。

産業構造問題（21-1-6）

中国の大量購入	鉱石の低品質化
鉱石原料価格高騰	含有品位低下
レアメタル需要急増	有害不純物増加
資源国保護主義	低品質・劣質原料対応
資源ナショナリズム	低品位原料利用技術
支援との組合せ	スクラップ大量使用
	不純物除去

▶▶ 産業のデジタル化

　DX（デジタル・トランスフォーメーション）＊の流れは、金属素材産業でも起こっています。IT技術を駆使し、デジタル化が起こす素材産業そのものの変革と金属と全産業の連関の中での変革に適切に対処して競争力強化することが求められています。DXは企業単位でできるわけではありません、企業間や官民での方向性を整理し規格化や共通化などの施策を推進することが求められています。

▶▶ 外部環境による制約

　外部環境による制約は多岐にわたりますが、ここでは地球温暖化に絞ります。
　地球温暖化対策は、わが国は、2050年までに、温室効果ガスの排出を全体とし

＊DX（デジタルトランスフォーメーション）　2018年経済産業省が提唱したガイドライン。そこには国内企業の既存システムの老朽化とブラックボックス化、消費者マインドの変化、デジタル化によるビジネスの多様化が指摘されている。

21-1　金属と産業の関係

てゼロにする、すなわち2050年カーボンニュートラル、**脱炭素社会**の実現を目指すことが政府により宣言されました。既にカーボンニュートラルにコミットしている国は121カ国あります*。米国も2050年、中国は2060年を宣言しました。実現への道程は長いものの、今後の金属素材と全産業との関係のなかで、制約や規制が始まります。例えば二酸化炭素の排出量が全産業部門の4割を占める鉄鋼業界も急激な変化がでてきます。こうした中で脱炭素を目指すためには、これまで以上に金属素材産業と全産業の開発や商取引などの関係の見直しが必要になります。

▶▶ 金属素材技術の進化

様々な優れた特性を持つ素材の開発、AMをはじめとする新たな素材形成技術開発に加え、金属素材の製造プロセスの高度化、エネルギーや資源の多消費産業構造から省エネルギー、省資源技術開発の推進が必要になります。

As I See

ボリス・アルツィバシェフは、ロシアから米国への移住して以降、主に雑誌タイムズのカバーイラストを描きました。本国では、スターリンの肖像画を描くなどする製図家でした。

アルツィバシェフが1954年に出版した画集に、「As I See（見たままに）」があります。本中では、製鉄設備が擬人化されて踊っています。機械を擬人化する手法は、まるでディズニーアニメファンタジアの続編「製鉄所（スチールファンタジア）」を見るかのようです。いずれの絵も丸みを帯びて、目や口を持ったユーモラスな姿であり、そのまま音楽に乗って踊り出しそうな躍動感があります。

精錬炉や鋳造機、圧延機だけではなく、線材を作っていたり、鉄網を編んでいたり、部品を作っていたりします。筆者が最も好きな絵は圧延機です。両手で鋼片を一生懸命押しつぶそうとしている構図は、うん、これなんだよなあと、感動を覚えます。絵を見つめていると、時間があっと言う間に過ぎます。

＊…**121カ国あります**　この数字は刻々と変化。既に達成している2カ国を入れると123カ国。これ以外にEUが1地域として加盟。

2 鉄鋼を取り巻く環境の変化

世界的に見ると鉄鋼需要は増加傾向です。中国、インドの大増産に加えて、東南アジアでの新製鉄所の立ち上がりはその現れです。

▶▶ 鉄鋼需要環境

鉄鋼業はあらゆる産業の素材の最上流に位置し、各産業のニーズに応え続けています。鉄鋼製品は、それぞれの産業の製品の品質やコスト、機能などのできばえに密接に関係しています。現代は鉄鋼時代であるのはその使用量が全金属の95%以上であることからしても間違いのない事実です。

世界的にみれば各国の人口は増大し、一人当たりの鉄鋼使用量も年々増している現実から見て、鉄鋼使用量がますます増大していることは間違いありません。

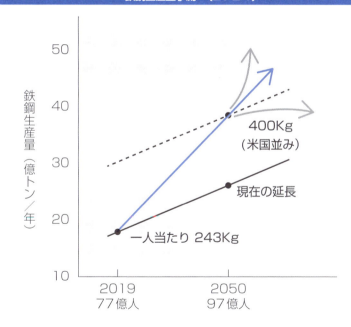

鉄鋼生産量予測*(21-2-1)

* **鉄鋼生産量予想** この図は筆者が描いたもの。鉄鋼一人当たり消費量に世界人口を掛けて試算。本来は国別にこの表を書いて合計する。1970年代の日本、2000年以降の中国、2020年時点でのインドなどが急激な人口と消費量増で鉄鋼生産量が激増している。

21-2　鉄鋼を取り巻く環境の変化

▶▶ 市場環境

　世界的に鉄鋼需要が増加しつつあることと、日本の国内鉄鋼の需要が安定していることは別物です。先進国の中で最大規模の生産量の日本鉄鋼業も、中国の驚異的な鉄鋼生産量の増加を前に、輸入鉄鉱石や石炭価格の上昇と、中国国内での余剰鋼材の東南アジア市場に流出による鋼板価格の下落により経済破壊的な市場環境の変化の真っ只中にあります。

　日本国内のメーカは、経営統合や老朽設備や競争力のない設備の統廃合を進め、経営の健全化の懸命に勤めています。

　日本の鉄鋼業の最大の利点は、強固な産業界と結びつきで磨いてきた技術力です。高級鋼材の製造技術や、良好な品質、技術開発力などを駆使し、この国難とでも言うべき外部環境の変化に対応*しようとしています。

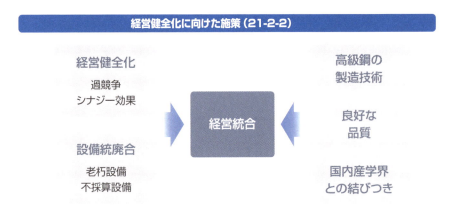
経営健全化に向けた施策（21-2-2）

▶▶ 生産設備環境

　巨大装置産業である鉄鋼業は、戦後半世紀以上に渡り拡張を続けてきました。常に設備や操業の改良が付け加えられてきましたが、設備の老朽化は進行しています。設備の新設もままならない中で、保全費用が膨らみ、かつ生産能力の低減も招き、経営を圧迫してきました。国際的に見ても、最新設備を導入する新興国の有利な環境は間違いありません。労働者も高度成長時代を支えた世代の引退が進み、急速に若返り化と労働力不足に陥っています。

＊**外部環境の変化に対応**　金属素材産業は、企業の自助努力や国内競争だけでは生き残れない環境になりつつある。巨大な消費と生産を持つ中国や発展途上の東南アジア、インドなどが、例えば原材料の価格を決め、他国からの素材供給能力の変動で売値が増減する環境で生き残りを模索している。

21-2 鉄鋼を取り巻く環境の変化

▶▶ 脱炭素社会

産業中最大の二酸化炭素排出量の鉄鋼業は、低炭素社会実行計画を策定し、鉄鋼製品や副産物を通した二酸化炭素排出量削減と、エネルギー効率を徹底的に工場させた鉄鋼生産プロセスからの二酸化炭素排出量の削減を追求しています。

今や脱炭素化は、2050年の**カーボンニュートラル（ネット排出量ゼロ）**に向けて各国が意思表明をしています。従来の管理や従来のアプローチでは達成困難と思われる課題が突きつけられています*。

ローマ時代の釘

筆者の書斎には、鉄の歴史コレクションが並んでいます。その中で異彩を放つのが、ローマの釘です。これは、かつてBSスチールからのお土産に貰ったものが、筆者の元にやってきたのです。

釘は樹脂に埋められており、銘板には、紀元83年〜87年にローマ人によって作られた釘で、スコットランドのインチタットヒルの城塞の跡で出土したものであると書いてあります。今から約二千年前に作られた約10cmの鉄釘です。さびていますが、原型を留めています。頭部が鍛造でしっかり作られています。

由来を調べていくと帝政ローマが、スコットランドのピクト族を服従させるために構築した兵站基地がありました。しかし、侵攻する前に将軍が解任され、ローマは撤退を余儀なくされます。城塞を放棄する際、釘を置いていくと武器にされてしまいます。かと言って持って行く訳にも行かず、地下に埋めたようです。

鉄釘の成分分析をした人がおり、高炭素鋼と低炭素鋼の二種類があったそうです。どこで作った鉄かは不明ですが、ロマには、鋼を作り分けて加工する技術がすでに存在していました。

鉄釘を眺めているうちに、ローマの軍隊が鋼製の槍の穂先を揃えて集団で攻めてくる光景が現れ、驚いた拍子に目が覚めました。

---

*…突きつけられています　英国の産業革命以来の競争ルールの大変化に直面し、達成工期が設定されるなか開発と生き残りをかける。歴史的に言えば大航海時代や帝国主義に匹敵する環境で開国を迫られている状態に似ている。

675

3 鉄鋼産業の取り組み

鉄鋼業の競争戦略は、高級鋼材へのシフト、不採算部門の統廃合およびグローバル展開です。周辺国の鉄鋼生産量の激増に対応すべく、待ったなしの行動をとります。

▶▶ 高炉メーカの競争戦略

　鉄鋼メーカの競争戦略は、付加価値があり商品競争力のある高級鋼の生産、全国規模の設備調整およびグローバル対応です。

　中国をはじめとする東南アジア産の安価な鋼材でコモディティ化が進む普通鋼材でコスト競争はせず、収益力がありかつ使用規模の大きな高級鋼の生産にシフトしています。用途が自動車分野なら車体に用いる鉄亜鉛溶融亜鉛めっき鋼板や車体を支える**ハイテン**などが高級鋼になります。

　中国鉄鋼業の台頭は、鉄鉱石や石炭の大幅な購入価格上昇を招いています。景気低迷やコロナ禍により鋼材需要も落ち込み、鉄鋼各社は余剰生産能力を抱えることになりました。生産規模の縮小と効率化を図り経営基盤を安定させるため、高炉各社は設備の統廃合を繰り返しています。鉄鋼生産の最上流工程である高炉の休止も相次いでいます。

　グローバル進出は、製鉄プロセス国際分業、現地下工程分業および現地企業の買収や他社との共同経営などです。

　世界トレンドでは鉄鋼需要が増加するなか、国内立地型産業であった鉄鋼業が商品、自らの収益力向上および海外展開で持続的な競争力を維持しようとしています。

　国内高炉メーカからみた競争戦略は、国際的な流れとは独立したものではありません。国際的に見た鉄鋼生産は、いまだに上昇傾向です。この10数年の主役だった中国の鉄鋼需要は鈍化しているとはいえ、インドの鉄鋼需要、東南アジアの鉄鋼需要はまだまだ伸びていきます。鉄鋼需要は、大まかにいうと、その国や地域の総人口に一人当たりの鉄鋼需要量を乗じて決まります。まだこれからアフリカ大陸の鉄鋼需要も増大しつつあるでしょう。中長期的な競争戦略はこのような人口動態も考慮しながら適切に対処していく必要があります＊。

＊……**必要があります**　歴史的な視点も必要になってきているように思われる。こういう分野の研究はこれまでもあったが、将来に向けた研究もさらに進むと思われる。

21-3　鉄鋼産業の取り組み

高炉メーカの競争戦略（21-3-1）

中国・東南アジア
・安価鋼材
・コモディティ化*

↑
競争力のある高級鋼

↑
原材料価格高騰

↓
国内余剰設備統廃合

↑
国内需要低迷

鉄鋼グローバル進出
- 製鉄プロセス国際分業
- 現地下工程分業
- 現地企業買収
- 数社の共同経営

↑
国内立地型産業から脱却

▶▶ 電炉メーカの競争戦略

　電炉メーカは、縮小しつつある国内需要、途上国での生産増加に伴う輸出困難という需要環境のなか、安価な一般スクラップを用いた製品の高度化、海外進出、業界再編、および廃棄物処理などリサイクルの多様化に取り組んでいます。

▶▶ 二酸化炭素排出量削減施策

　鉄鋼業は、生産プロセス上二酸化炭素排出量が多い業界です。低炭素化社会の実現にむけた施策は、生産プロセスからの排出量を減らす施策、製品を通して各産業での二酸化炭素排出に協力する施策、日本の進んだ省エネ技術などを途上国やより排出量多い国に提供する施策により、二酸化炭素排出量削減に取り組んでいます。

▶▶ 日本の業種別二酸化炭素排出分野

　業種別二酸化炭素排出量は、鉄鋼業が40%と非常に多い特徴があります。日本全体の排出量の13%を鉄鋼が占めています。

＊**コモディティ化**　当初高付加価値を持っていた製品や商品の市場価値が、類似製品が多数販売されることで低下すること。経済価値の同質化。

677

21-3 鉄鋼産業の取り組み

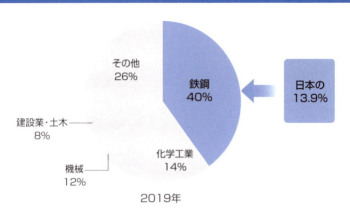

日本の業種別炭素排出量（21-3-2）

▶▶ 日本鉄鋼業の取り組み

　日本鉄鋼業界は、製鉄所内での取り組みと社会基盤の取り組みを進めています。製鉄所内では、鉄鉱石の還元の一部をコークスから水素へ移行する試みです。それには、水素が無理なく手に入れられなければなりません。

　COURSE50は、水素源を製鉄所のコークス炉からの発生でまかなう方法です。これまで所内で発生した水素は、所内の**光輝炉**や**焼鈍炉**で使用する他は所外に供給しておりました。その水素を高炉に入れる計画は、入手に無理がありません*。

　SuperCOURSE50は、高炉での水素利用技術を確立した上で、水素を製鉄所の外から供給し、さらに水素比率を上げる方法です。日本鉄鋼業界が進めるこれらの技術開発は不確定な開発要素は少なく、確実に二酸化炭素発生量を低減できます。しかし、実機化はまだ緒に着いたばかりです。

　海外ではヨーロッパを中心に、最初からコークスを使わずに水素だけで製鉄を行おうという**水素還元製鉄**の研究が盛んです。実機化への種々の困難をものとせず脱炭素を達成する発想は勇壮でありかつ訴求力もあります。ただし、最初から水素単ではなく、天然ガスによるガス還元製鉄法を確立した上で行うという開発ステップ論も見えています。

　ヨーロッパでは、高炉の改修計画は軒並み中止になっており、ガス還元製鉄に技術の舵を切りました。安価で高品質なロシア産の天然ガスが供給される計画もあっ

＊…**無理がありません**　たった30％かと鼻先で笑った西洋の削減計画よりも百万倍も実現可能性のある対策。ただ、「いうだけ番長」が幅をきかせる気候変動活動は、実現性よりも「俺の目標」が重視される。

21-3 鉄鋼産業の取り組み

たため、有望な方法だと考えられました。しかし、ロシアの他国への侵略戦争が始まり、ロシア産の天然ガスの供給が不安定になり、天然ガスの価格も跳ね上がった現在、どのような方法を選択するか目が離せません。

製鉄所内での脱炭素への方策は、原料としての石炭を減らすほか、発生した二酸化炭素を回収して利用する**CCU**や**CCS**の開発が進められています。CCUは、二酸化炭素を回収して、メタネーションで燃料に変える方法です。CCSは、二酸化炭素を回収して、地下の岩盤地層に貯蔵する方法です。日本の**COURSE50**は、所内水素利用で10%、CCSで20%程度削減する計画です。

社会基盤としての脱炭素製鉄への取り組みは、電力や水素をクリーンなものにします。電気炉などで屑鉄を溶解したり、水素製鉄で還元鉄を作る際の電力や水素を作り出す際にも二酸化炭素の排出がないことが求められます。**カーボンフリー水素**は、**カーボンフリー電力**で生成された水素です。社会基盤としてのCCU、CCSは、二酸化炭素を輸送、貯蔵するCCS技術や、人気中から回収した二酸化炭素を原料として発電燃料に使用します*。

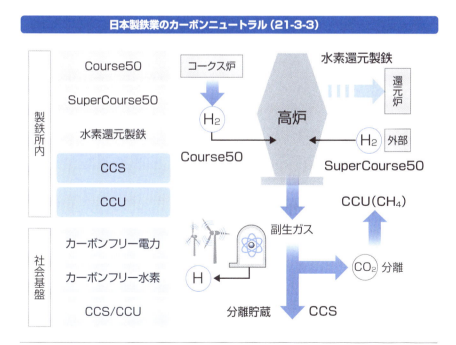

日本製鉄業のカーボンニュートラル（21-3-3）

＊…使用します　西洋の気候問題を扱っている集団は、理想主義の潔癖症のような気がする。何から何まで脱炭素にしなければ、地球が滅びてしまうような使命感に燃えている人が多い。

V 金属を取り巻く環境篇　第21章　金属産業の現状

4 非鉄金属を取り巻く環境の変化

　我が国の非鉄金属産業は、環境の変化に対応するために定期的に官民での産業戦略を策定しています

▶▶ 主要非金属生産構成比

　非鉄金属の生産国の順位を並べると、アルミニウム、チタン、マグネシウムおよびバナジウムは中国が一位を占めます＊。銅はチリに次いで二位です。非鉄金属生産でも中国の存在感が突出しています。ステンレス鋼の必要なクロムやニッケルは、生産国が世界に散らばっています。

金属別主要生産国順位（21-4-1）

	1位	2位	3位	4位
アルミニウム	中国	インド	ロシア	カナダ
銅	チリ	中国	ペルー	米国
チタン	中国	オーストラリア	カナダ	モザンビーク
マグネシウム	中国	ロシア	イスラエル	ブラジル
バナジウム	中国	ロシア	南アフリカ	ブラジル
クロム	南アフリカ	トルコ	カザフスタン	インド
ニッケル	フィリピン	ロシア	カナダ	オーストラリア

▶▶ 金属素材産業の位置付け

　日本の強みは、自動車や電気・電子製品、産業機械・航空機エンジンなどの最終製品の生産とその輸出です。

　これらの最終製品をつくるためには中間部品や中間素材が必要です。例えば、自動車部品、リチウムイオン電池、半導体、液晶パネル、モーターや変圧器、そしてタービンブレードなどです。

＊…占めます　人口の多い国での金属需要に応じて国の生産量が多いのは当たり前だが、それを独占に利用するのではないかと疑心暗鬼にさせることがカントリーリスクになる。

21-4 非鉄金属を取り巻く環境の変化

　中間部品や中間素材の生産には、金属素材をはじめとする種々の素材が必要になります。例えば自動車部品には亜鉛めっき鋼板、液晶パネルにはITOや電解銅薄膜、タービンブレードにはチタンが必要です。

　部品・素材産業は、最終製品に向けてのマテリアルフローのなかで密接に結びついています。

　製品、中間部品および金属素材の連関は、単なる素材供給連関ではありません。製品や中間部品の生産メーカは、当然の事ながら、常に新しい金属素材に対する課題を提案します。これまでにないようなパフォーマンスの金属素材が必要になると全てのマテリアルフローの中で課題を達成しようと努力し始めます。この努力をし続けるという行為こそが、技術力の源泉です。需要と供給の関係だけではない、共によいもの、これまでにないものを作り上げていこうとする金属素材メーカ、部品メーカおよび製品メーカの姿勢を貫ける環境こそ、日本にいる私たちの強みであり、技術競争力の維持向上の原動力です*。

金属素材産業の位置付け概念図（21-4-2）

製品	自動車・トラック	産業機械	航空機エンジン
中間部品	自動車部品 リチウムイオン電池	電動モータ LEDパネル	半導体 構造部材	タービンブレード
金属素材	電極 ハイテン材 熱延鋼板 めっき鋼板	触媒 電磁鋼板 銅線	ITO シリコンウェハ	高品質チタン

*…維持向上の原動力です　これまでの国内生産連関で培った強み。ただし国内空洞化は進行しており強みの維持のためには工夫も必要。

V 金属を取り巻く環境篇　第21章 金属産業の現状

5 主要非鉄金属産業の取り組み

　非鉄金属産業の取り組みは、個別企業だけではなく、産学官一体になった活動が進んでいます。今後のニーズを先取りした研究や開発が進められています。

▶▶ 非鉄金属共通の取り組み

　非鉄金属を取り巻く環境は、近年急速に変化してきています。中でも、原料調達コスト・リスクの増加、国内エネルギーコストの増加、DXを中心とするデジタル技術

元素戦略*（21-5-1）

「元素」戦略

- 減量戦略：高効率化
- 循環戦略：リサイクル／再生／都市鉱山
- 規制戦略：戦略的規制／機能代替／環境保護／有毒規制
- 代替戦略：多元素による機能代替／有害元素代替／ユビキタス元素代替／別手段による同一機能代替
- 新素材・新機能創成：最新技術による新領域開発（新元素戦略プロジェクト）
- 資源確保：資源鉱区確保／革新的精製技術

＊**元素戦略**　元素戦略は、2004年の箱根会議（夢の材料実現へ）を受けて2007年から文部科学省の元素戦略プロジェクト（産学官連携型）と経済産業省の希少金属代替材料プロジェクトが進められたことを指す。新元素戦略（研究拠点形成型）は2012年〜2022年で活動。

の対応が急がれています。

　これまでの元素戦略での6つ取り組みを見てみましょう。減量戦略は、金属性能の効率化による使用量削減です。循環戦略は、リサイクルや再生、都市鉱山構想などによる資源循環です。規制戦略は、レアアースメタルなどの戦略的規制や機能代替、環境保護や有害規制など方向性を決めての開発です。代替戦略は、高価、有害などからの代替やユビキタス化による安定供給を志向します。新元素戦略では拠点を作り計算科学による最適設計や検証、製造技術の確立で新素材や新機能材料を効率的に開発します。資源確保は、鉱区の確保やこれまで蓄積してきた精錬技術を駆使した革新的は精錬方法を活用します。元素戦略は産学官が一体になった活動です。

産業からの要請

　金属素材は、主要産業から多くの期待と要請が寄せられています。

　自動車産業からは、自動車軽量化に向けた鋼材・アルミニウム・炭素繊維のマルチマテリアル素材間競争を始め、金属3Dプリント、**マテリアルズ・インフォマティックス**および素材のLCAなどが期待されています。

　建築産業からは、高剛性鋼材やレジンコンクリートなど構造部材の強化が求められています。

　発電プラントからは、耐熱素材のデータの蓄積や難製造部材の国産化、異種材料の組み合わせが要望されています。

　医療産業からは、生体適合素材や耐薬品性素材、コスト・強度・重量バランスの取れた医療素材が渇望されています。

　鉄道車両産業からは、広幅押し出し成形や異種金属接合技術が期待されています。

　これらの要望は、2015年に経済産業省のリードで各産業界が金属産業と話し合い、「金属素材産業の現状と課題への対応」としてまとめられました。

　この要請があってから既に6年が経過しました。この中には既に達成できた課題や着手しているものもあります。しかし、要請は時間とともに変わるものです。国際社会が目指すSDGsや脱炭素社会は、これまでの金属素材の要請の優先順位を変える可能性があります。開発要請は、これからの社会の行く末を照らす前照灯のようなものです。これからも各産業からの要請*を確実に補足していきたいものです。

---

* **各産業からの要請**　個別の研究や開発は企業間や大学研究でもこれまでも進められてきたが、産学官が集まり要請を整理したことに意義がある。

21-5 主要非鉄金属産業の取り組み

金属産業への主要産業からの開発要請＊（21-5-2）

自動車
- マテリアルズ・インフォマティクス
- マルチマテリアル
- 金属3Dプリント
- 素材LCA

鉄道車両
- 広幅押出成形
- 異種金属接合技術

建築
- 高剛性鋼材
- レジンコンクリート

医療
- 生体適合性素材
- 耐薬品性素材
- コスト・強度・重量バランス

発電プラント
- 耐熱素材データ蓄積
- 難製造部品の国産化
- 異種材料組合せ

→ 金属素材

COLUMN　インドの鉄

　インドのオールドデリー近傍のクワット・ルウ・イスラーム寺院の境内に建つ錬鉄製の鉄柱は、錆びない鉄柱として有名です。紀元4世紀、直径40cm、全長7.25m、地上6mもの高さの鉄の塊を佇立させ、グプタ語で当時の統治者ラヤ・ダワを讃える辞が刻んであります。不純物を含まない素材と気候が乾燥していたため、1700年間も朽ち果てずに原型を留めています。

　鉄柱の成分は、錬鉄と呼ぶ純鉄です。小さな鉄塊を作って、熱した鉄を槌で叩く鍛造加工で伸ばして板を作り、板同士は真っ赤に加熱して叩いてくっつける鍛接加工でつないでいます。溶かした鉄を鋳込んだわけではありません。鉄柱をコロの上に置いて転がしながら少しずつ継いで行きました。

　筆者は、インドの製鉄所を訪れた時、構内で表面に絵文字が刻まれていている鉄柱に遭遇しました。筆者が指差し「すごい。運んできたんですか？でも錆びてますね」と聞くと、案内人は照れたように「フェイク……」とだけ呟きました。

＊**金属産業への主要産業からの開発要請**　経済産業省取りまとめ資料を参考に図解。

第22章

金属クロニクル

　金属クロニクルでは、21世紀に入ってからの金属に関する話題、金属材料を取り巻く8つの環境変化、最近の気になる金属トピックスおよび今後の技術展望について、筆者の視点から概観します。金属素材全般を対象としたクロニクルを通し、金属素材の持つ多様性をお伝えできれば幸いです。

V 金属を取り巻く環境篇　第22章 金属クロニクル

1 金属に関する最近の話題

21世紀に入り金属材料や加工技術の開発が加速しています。さらに、21世紀後半に向けたグリーン成長戦略の策定は、金属材料の持つ可能性を最大限に発揮することが求められています。

▶▶ 金属分野の21世紀の技術動向

金属分野の21世紀の技術動向を、学会誌や新聞などの特集で取り上げられたり話題になった技術をピックアップし、材料開発と製品、金属を取り巻く環境分けて年代毎に整理しました*。

21世紀の金属の技術動向は「揺れ動く21世紀の金属の状況」という視点で考えました。

年代別技術動向は2000年代の環境課題への取り組み、2005年代の資源課題への取り組み、2010年代多様化複雑化する世界課題への取り組み、2015年代の気候変動・環境変化への対応という切り口で整理できます。

金属材料開発は、常に新機能材料と資源供給不安定や環境規制へ対応する代替技術を中心に進められています。革新金属、代替・ナノ化、環境配慮、新機能、次世代対応と、年代が進みにつれてその技術開発の対象が少しずつ進化しているのが分かります。

金属製品は高機能を発揮する**超鉄鋼**や**元素戦略**などの**ナノメタラジー**が進められてきました。さらに新元素戦略から普及された計算科学も製品に生かされてきました。現在では医療や生体への金属の応用なども盛んに行われています。

金属を取り巻く環境も激変してきました。資源配慮、資源環境と資源に着目された動きが続き、未来志向の金属技術開発に移り、現在では自然環境や社会環境への配慮が話題になってきました。

これらの変化が、21世紀に入り最初の20年で金属と金属を取り巻く環境に起こってきました。**COVID-19**を経験している現在、この後どのような環境の変化が起こるのか金属動向から目が離せません。

---

*年代順に整理しました　筆者は、このような技術年表を作り技術カテゴリで時代をラベリングするのが大好きである。鉄鋼に関しては太古から現代までの年表ができつつある。ここでは、21世紀に入ってからの金属の話題を整理している。

22-1 金属に関する最近の話題

21世紀の金属動向＊(22-1-1)

Copyrighted by KAZUAKI TANAKA、この資料は著者の調査に基づくものです。

揺れ動く21世紀の金属の状況

2000年 環境課題への取り組み

材料開発（革新金属）
- 2001年 超電導磁石研究
- 2001年 レアアースメタル研究
- 2002年 水素対応金属研究
- 2002年 高純度開始技術研究
- 2003年 自動車用薄板新鋼材の開発
- 2003年 チタン製造技術研究
- 2004年 形状記憶合金研究
- 2004年 永久磁石材料開発

製品（資源配慮）
- 2000年 新五百円硬貨
- 2000年 高HAZ靱性制御脱酸技術の開発
- 2002年～
- 2006年 新超鉄鋼プロジェクト
- 2003年 お寺のチタン屋根採用
- 2003年 鉛フリー快削鋼の開発市場投入開始
- 2003年 HV実用車プリウス大ヒット

取り巻く環境（新超鉄鋼）
- 2000年 循環型社会形成推進基本法成立
- 2001年 家電リサイクル法施行
- 2003年 HV実用車プリウス大ヒット
- 2004年 鉄鋼スラグ利用に係る研究開発開始

2005年 資源課題への取り組み

材料開発（代替・ナノ化）
- 2005年 金属ガラス研究
- 2005年 耐熱材料研究
- 2006年 水素貯蔵合金の開発
- 2006年 超耐熱合金(MGC)の開発
- 2007年 磁性材料のナノ化開発
- 2007年 自己修復構造材料の研究
- 2008年 代替材料の研究
- 2008年 レアアースメタル材料研究
- 2009年 鉛フリーはんだの開発
- 2009年 自己治癒材料表面技術開発

製品（元素戦略）
- 2007年 元素戦略・希少元素代替戦略開始
- 2007年 APIラインパイプ規格にX120が加わる
- 2008年 次世代型コークス炉SCOPE21実稼化

取り巻く環境（資源環境）
- 2005年 RoHS指令対応のクロメートフリー化
- 2006年 京都議定書発効で二酸化炭素対策開始
- 2008年 リーマンショック
- 2009年 民主党政権
- 2009年 薄型液晶テレビ普及率50%超(ITO)

2010年 多様化複雑化する世界課題への取り組み

材料開発（環境配慮）
- 2010年 高強度複層鋼板の開発
- 2010年 ナノポーラス金属の開発
- 2011年 傾斜機能材料の開発
- 2011年 生体機能性金属の開発
- 2012年 都市鉱山の方法論の研究
- 2012年 資源循環型ものづくり研究
- 2013年 摩擦撹拌接合技術
- 2013年 金属供給ボトルネック解消技術
- 2014年 ロータス型ポーラス金属製造技術
- 2015年 超伝導材料開発
- 2015年 コンポジット工具材料開発

製品（新元素戦略）
- 2010年 東京国際空港D滑走路にチタン薄板採用
- 2012年 新元素戦略(拠点形成型)開始
- 2013年 新素形材産業ビジョン(経済産業省)
- 2014年 青色ダイオードノーベル物理学賞受賞
- 2015年 自動車用鋼にホットスタンプ材適用
- 2015年 耐震技術と鉄鋼製品
- 2015年 次世代二次電池(リン酸鉄リチウム電池)
- 2015年 CO₂回収・貯留技術
- 2015年 エネルギー材料の稀少金属削減と有効利用
- 2015年 資源リサイクル

取り巻く環境（未来志向）
- 2010年 日本GDP世界3位に後退
- 2011年 東日本大震災
- 2012年 EV実用車発売(リチウムイオン電池)
- 2012年 レアアースショック(中国輸出不安定)
- 2012年 Boing787就航開始(大量の複合材料)
- 2013年 スカイツリー開業(高張力建設鋼材)
- 2013年 新素形材産業ビジョン(経済産業省)
- 2015年 自動車用鋼にホットスタンプ材適用
- 2015年 金属素材産業(経済産業省)
- 2015年 日本の製造産業遺産世界遺産リスト登載

2016年 気候変動・環境変化への対応／2020年

材料開発（新機能／次世代対応）
- 2016年 ダイヤモンドライクカーボン(DLC)
- 2016年 LPSO型マグネシウム合金開発
- 2016年 放射光利用について
- 2016年 新構造・機能制御と傾斜機能材料
- 2016年 希少資源ベリリウムの役割
- 2016年 超電磁材料超高速開発基盤技術
- 2017年 熱電変換材料の実用化
- 2017年 ナノ・マイクロ加工技術
- 2017年 リチウムイオン二次電池材料開発
- 2018年 ハイエントロピー合金
- 2018年 ミルフィーユ構造材料
- 2020年 磁歪・逆磁歪材料

製品（計算科学／医療生体）
- 2016年 生体・医療用金属製品
- 2016年 環境調和型熱電材料
- 2016年 過酷環境下使用適用金属材料
- 2017年 最新めっき技術
- 2017年 汎用型屋根用マグネシウム合金
- 2017年 貴金属・レアメタルのリサイクル技術
- 2017年 科学技術倫理観
- 2017年 超精密3次元積層造形技術
- 2018年 Additive Manufacturing医療応用
- 2018年 近未来電池
- 2018年 金属造形用3Dプリンタ技術
- 2018年 形状記憶合金
- 2018年 先端複合材料

取り巻く環境（自然環境・社会環境）
- 2016年 次世代火力発電
- 2018年 分子・物質合成プラットフォーム
- 2018年 インドの鉄鋼生産量が日本を抜かす
- 2018年 気候変動が顕著化(大雨、台風)
- 2019年 超高圧水素インフラ
- 2019年 SIP-MIプロジェクト
- 2020年 低炭素社会への軽量材料・耐熱材料
- 2020年 スクラップの蓄積と汚染
- 2020年 東京オリンピック延期
- 2020年 COVID-19による生活・社会環境変化

＊21世紀の金属動向　年表の構成は、金属そのものの開発、使い方、そして金属を取り巻く環境の3つのジャンルに分けている。ほぼ5年毎にラベリングすることで、時代の流れが浮き上がってくる。

22-1　金属に関する最近の話題

Copyrighted by KAZUAKI TANAKA.
この資料は著者の調査に基づくものです。

揺れ動く21世紀の金属の状況

	材料開発	製品	取り巻く環境*
2020年	アンチエイジング技術 疲労き裂治癒技術 バイオミメティクス 先端複合材料開発 バルク磁性材料	自己治癒機能を付与した耐熱セラミックス 高剛性低熱膨張鋳鋼 軽量材料・耐熱材料 夢の未来材料チタン 金属多孔体セルメット	レアアース・レアメタルの動向 鉄スクラップの銅濃度の増加 サイエンス・リテラシー 水俣条約の課題と展望 温室効果ガスカーボンニュートラル宣言 COVID-19パンデミック 世界経済マイナス成長
2021年	金属の生体機能 次世代有価元素高効率利用技術 構造材料データシート	液体水素 量子ビーム非破壊分析 巨大負熱膨張セラミックス ダイヤモンドライクカーボン（DLC） 非鉄製錬リサイクル	COP26でメタン削減宣言 英国で世界初水素燃料発電所 再生可能エネルギーコスト最安値更新 欧州で電気自動車普及好調 資源・材料の循環使用
2022年	ハイエントロピー合金 超伝導材料 新材料のイノベーション	マイクロ波プロセッシング 難燃性マグネシウム合金 半導体トポロジカルフォトニック結晶	ポストコロナの資源供給 鉄鋼業カーボンニュートラル 円相場150円台突入 ロシアがウクライナ侵攻開始
2023年	環境親和型熱電材料 マグノン熱伝導 液体金属 ニッケル単結晶のレーザ積層造形	熱電発電の本格普及 金属AM 高効率モーター用磁性材料	持続可能な社会に向けた材料特性 金属製遺物の調査・研究 サーキュラー・エコノミー 海洋生態系ブルーカーボン活用 熱処理技術の進化
2024年	最新めっき・表面処理技術 斜入射堆積法による化合物薄膜の微細形態制御	超小型超電導磁気エネルギー貯蔵技術 高性能アモルファス箔積層モータコア チタン・チタン合金 生体用形状記憶・超弾性チタン合金 ポーラス金属	金属資源サプライチェーン強靭化 先端的低炭素化技術開発：次世代蓄電池 非鉄金属の未来

＊…**取り巻く環境**　想定外は、ロシアの侵略戦争と円安である。コロナ禍はいずれ終わると想定されたが、予測不可能で恐ろしいのは政治と経済の世界。

22-1 金属に関する最近の話題

▶▶ グリーン成長戦略

　日本政府は、2050年温室効果ガス排出量実質ゼロに向けた**グリーン成長戦略**の実行計画の概要を作成しました。15の重点分野を指定し、実行目標を作ります。研究開発や実証実験、導入拡大の段階に向けて産学官一体の活動が展開されていきます。

　これらの全ての開発を支えるのが金属材料です。金属材料の持つ可能性の追求がグリーン戦略の大きな柱になることは間違いありません。金属の21世紀は、まだ始まったばかりなのです。

　グリーン成長戦略重点15分野を見ると、金属素材が貢献できる分野が多いことに気づきます。再生可能エネルギーや脱炭素エネルギーへのエネルギー転換が掛け声ではなく必須達成項目なのだと気づかされます＊。輸送、モバイルやインフラ分野に混じり、ライフスタイルや情報通信といったソフト面での開発も進めなければなりません。これらのテーマに金属材料がどのように貢献できるか可能性を追求していくことがますます重要になってきます。

グリーン成長戦略を支える金属素材（22-1-2）

＊…に気づかされます　全ての産業分野で金属素材は関係しています。各産業分野の発展や改善のためには、新機能金属をより安くより大量に供給することが必要になっている。

V 金属を取り巻く環境篇　第22章　金属クロニクル

2 金属材料を取り巻く環境の変化

金属材料を取り巻く環境は、資源やエネルギーだけでなく、防災や国際協調までひろがっています。複雑に絡み合いながら変化していく環境について見てみましょう。

▶▶ 金属材料を取り巻く8つの激変しつつある環境

金属材料の技術動向を見る視点は無数にあります。その中で本書では、資源、エネルギー、国際協調、**防災・減災・縮災**、DX、メンテナンス、生体医療および社会の激変しつつある8つの金属を取り巻く環境に切り口に金属材料の技術動向をみていきましょう。8つの環境*は、いずれも複雑に絡まっている課題を含み、これまでも多くの議論がなされています。

金属材料を取り巻く8つの環境視点（22-2-1）

資源環境	社会環境	医療福祉
鉱石、価格、セキュリティ	コロナ共存、外国人労働者、セキュリティ	生体医療、介護

エネルギ環境	金属を取り巻く環境	メンテナンス
脱炭素社会		構造物寿命、保守、再生

国際協調	防災・減災・縮災	DX
SDGs、貿易圏、保護貿易	天災、疫病、BCP	AI、IoT、DL、5G

＊8つの環境　ここでの環境とは自然環境だけではなく、金属を取り巻く技術連関の分野を指す。

22-2 金属材料を取り巻く環境の変化

▶▶ 資源環境

　資源環境と金属の関係は、レアメタル課題、コモンメタル課題、価格高騰課題、資源セキュリティ、リサイクル、省資源、鉱物資源課題および環境ダメージ問題の視点で整理できます*。

　レアメタル課題は、難製造金属の代替技術、効率化による省資源化技術などです。

　コモンメタル課題は、鉄鋼や非鉄金属が直面している鉱石価格の高騰、脱炭素社会への準備などがあります。

　金属価格課題は、中国鉄鋼の安価大量輸出による市場価格の不安定と、レアメタルの購入価格乱高下問題などがあります。

　資源セキュリティは、レアメタルサプライチェーンのなかで精錬工程の中国寡占と輸出制限です。レアメタル需要が拡大するなかで産業競争力を左右する事態です。

　リサイクルは、これまでの3R施策に加え、劣質リサイクル資源からの不純物除去など都市鉱山を機能させる技術開発が進んでいます。

資源環境の金属への影響（22-2-2）

レアメタル環境

代替技術　省資源

環境ダメージ

カーボンフットプリント　エコロジカルリュックサック

鉱物資源課題

備蓄　海底資源

コモンメタル環境

価格　CO_2脱炭素

資源環境

省資源課題

高機能化　AM

金属価格課題

原料　輸出
原料価格↑　売値↓

資源セキュリティ

物流

リサイクル課題

3R　不純物　都市鉱山

*…整理できます　資源環境は単なる資源調達先だけの議論ではない。個別の金属種類に応じた課題を網羅的に考えていく。

22-2 金属材料を取り巻く環境の変化

省資源は、金属素材の高強度化や、三次元造形などによる一体成形など加工技術の抜本的進化などがあります。

鉱物資源課題は、新国際資源戦略に沿った海洋資源開発や新レアメタル備蓄政策に加え、JOGMECを中心とした金属資源の生産技術の基礎研究を進める必要があります。

環境ダメージ問題は、欧州指令など有害物質の規制、LCAやカーボンフットプリント、エコロジカルリュックサックなどの考え方への対応が求められています。

資源環境の概念は、これまでのような単純な生産環境だけではありません。特に2020年コロナ禍で判明した、国際的な重要金属のサプライチェーンが、途中国のエゴや主義主張で脅かされるという問題に対しても対処が必要になってきます。国際的な協調は当然必要ですが、危機管理を想定した備えをしなければサプライチェーンは守れません。

▶▶ エネルギー環境

2020年に日本国政府は「成長戦略の柱に経済と環境の好循環を掲げて、グリーン社会の実現に最大限注力する。わが国は、2050年までに、温室効果ガスの排出を全体としてゼロにする、すなわち2050年カーボンニュートラル、脱炭素社会の実現を目指すことを宣言」しました。この宣言は、気候変動に関する国際情勢に対応するもので、2050年までに**カーボンニュートラル**(CO_2排出をネットゼロ)にコミットしている国は、121カ国、1地域です。米国や中国も呼応するなかでの方針表明です。コロナ禍で2020年CO_2排出量は8%の減少し、欧州はコロナからの経済回復に際しグリーンリカバリー*を目指すことを主張しています。

こうした環境下で、金属素材が直面する課題のキーワードは、脱炭素化(脱石油、脱石炭)、再生可能エネルギーの更なる開発、省エネルギー(高効率、超高温)、モバイル化(リチウムイオン電池)、送電方法(ユビキタス化、オンサイト化)などに対応する素材としての役割です。

エネルギー構造の大変革の基礎部分を担う金属の役割は益々重要になることでしょう。

***グリーンリカバリー** コロナ禍からの復興にあたり環境に配慮し、パリ協定やSDGsの達成にも一致した回復を目指す施策。

エネルギー環境の金属への影響（22-2-3）

脱炭素化

脱石油　　脱石炭

モバイル・送電技術

モバイルバッテリ　　オンサイト高効率化

エネルギー環境

再生可能エネルギー

太陽光発電　　風力発電

省エネルギー

超高温　　ロス低減

▶▶ 国際協調

　国際協調の環境は、金属素材にも大きく影響します。地球温暖化問題では、パリ協定に加え、カーボンニュートラルや気温上昇の目標などが掲げられています。温暖化や脱炭素だけではなく、SDGsの枠組みの中での活動もあります。持続可能な国際社会の実現には、国際的な協力や国家単位での目標設定に基づき、個人や企業や官公庁の行動が求められます。金属産業に課せられる責任も重くなります。各国の保護貿易主義の蔓延の中での種々の貿易圏内での生産環境の変化、生産力のプレゼンスの持ち方などです。企業活動や政治活動も金属素材の生産、交易活動に大いに影響します。コロナ禍の中、コロナ禍後の世界の中で人の移動、物流、社会インフラ、DXの進展などが以前とは大きく社会の枠組みを変えていくことでしょう。金属素材の果たす役割を見極めて先手を打ち*、社会をリードする必要があります。

＊**役割を見極めて先手を打ち**　これができればいいと誰もが思うが実行できない。先手を打つのは群れず独自の路線を歩むに等しく、信念と余力がなければ難しい。

22-2 金属材料を取り巻く環境の変化

国際協調の金属への影響（22-2-4）

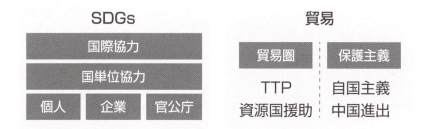

▶▶ 防災・減災・縮災

　天災が多発する我が国では、生命、財産を守る対処が重要です。年々激しさを増す豪雨災害、台風災害、地震に加えてCOVID-19のような疫病が、金属素材産業の継続を危うくします。対処の考え方も災害を防ぐ防災、被害を小さくする減災に加え、被害を受けたあとの事業継続や供給継続を目指すBCP*、復旧のしやすさを追求し被害を最小限の止めようとする縮災に変化してきています。

　これまでのような国土を強靱化するとともに、災害時の生命を守る施策、ライフラインや道路などの交通網などの早期復旧を行うために、そのインフラである金属素材への過酷な要求はこれからも続きます。

　これから首都圏直下型地震、南海トラフ地震、火山噴火などの巨大災害が到来します。全産業の素材を担う金属素材は**BCP**はもちろんのこと、防災対策、可能な限りの減災対策の実施に加え、被害を最小の復旧を目指す縮災対策も必要になります*。

＊ BCP　事業継続計画。災害や火災などの非常時でも事業を止めず社会に貢献し続ける計画。
＊…縮災対策も必要になります　国土強靱化も全ての厄災に対し備えられるわけではない。そういう時、どれだけリスクがありそれを減らせるか、リスクアセスメント手法を使ったリスク低減を図る。

22-2 金属材料を取り巻く環境の変化

防災・減災・縮災の金属への影響（22-2-5）

自然災害

台風　突風　豪雨　噴火　地震

多発と被害甚大化

社会急変

COVID-19　紛争　難民

政治変化や疫病による変化

防災・減災・縮災

防災	➡	減災	➡	縮災
建築基準整備 インフラ整備		国土強靭化 インフラ補修・診断		BCP 迅速復旧 防護範囲見直し

▶▶ DX環境

　デジタル庁の創設や役所の印鑑の廃止などに象徴されるDX環境への社会変化はますます加速します。自動運転やドローン活用始めとする運輸・物流変化、5GやIoTがもたらすデジタル的なつながり、AI（人工知能）やDL（深層学習）の様々な産業への浸透、モバイル化、こういう情報環境を支えるのはそれらを支える電気、エネルギーの供給網です。電池や送電、発電などに対する金属素材の位置づけはこれまで以上に重要性が増してくることでしょう。

　DXの生活や社会への浸透は早くても、案外遅いのは、既に生産設備や生産システムを持ち現在活動している現業の産業です*。自らのものづくりスタイルに固執し、ものづくり変革に乗り遅れた場合、衰退・消滅の道をたどる可能性があります。

　DXはこれまでのような一時的な流行ではありません。ものづくりそのものも変えてしまう可能性がある産業革命の最中なのです。

＊…現業の産業です　DXの推進理由に、現在のシステムの老朽化や陳腐化がある。だからDXを進めるといってこれらのシステムの更新をすることをためらう場合もある。

DX環境の金属への影響（22-2-6）

社会環境変化

デジタル庁
規制見直し

新技術導入の加速

自動運転　　ドローン　　デジタル化　モバイル化

IoT AI 5G

DX環境

電気・エネルギー・情報の供給網

高効率送電　オンサイト発電　バッテリ大容量化　エネルギ源コンパクト化　高速演算化（富岳）

▶▶ インフラメンテナンス・長寿命化

　構造物や建築物は寿命があります。それを組み上げ、支えている鉄骨や配管の腐食、疲労、摩耗は避けられません。老朽化箇所を探し、保守し、再生する技術に金属素材は欠かせません。また、更なる長寿命の防食も求められています。

　金属構造物の老朽化・腐食探傷技術は、ドローン診断や腐食診断ロボットなどが実用化され、探傷技術の高度化しています。

　長寿命化技術は、自己再生金属の実用化や腐食レス鋼材なども提案されています。金属表面に酸化クロム皮膜を物理蒸着させた**グリーンステンレス鋼**＊や三次元積層技術でつくったステンレス鋼などは完全に孔食を防ぐことが可能です。

　金属構造物の保守とメンテナンス技術は、既存の設備の健全化や延命のためには必須技術です。計測技術と保守技術を組み合わせた金属産業分野が到来します。

　寿命延長・再生技術は、長寿命設計や容易なメンテナンス性を考慮した設計など作る前から始まります。金属の交換や再生技術も今後でてきます。

＊**グリーンステンレス鋼**　グリーンとは、環境に配慮したという意味が最近の命名に使われてる。グリーン経済、グリーン成長、そしてグリーンステンレス鋼。このままではグリーンビジネスやグリーンモチベーション、グリーンハウスなどとあやゆる分野で使われるのではないかと懸念している。

22-2 金属材料を取り巻く環境の変化

インフラメンテナンス・長寿命化の金属への影響（22-2-7）

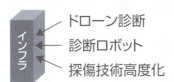

インフラメンテナンス長寿命化

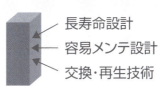

▶▶ 医療・介護環境

　高齢化社会を迎えている現在、健康寿命を延ばし、介護福祉を進めるために金属素材が果たす役割はこれまで以上に重要になります。生体医療の治具やインプラント、再生医療のための細胞接着性の良い人工材料など、微細金属表面加工技術が用いられるなど、様々な場面で金属素材とその高度な加工技術が求められます*。5Gによる遠隔医療からも目が離せません。

▶▶ 社会環境

　労働力の多様化、高齢化により、女性や外国人労働者や高齢者や障害者など労働力環境が大きく変化しつつあります。またコロナ禍がもたらした既存の教育環境でのリスク、益々高まる社会人教育など人に関する社会環境は目まぐるしく変化しています。メリットとリスクの共存するデジタル化社会で、セキュリティ問題など課題は山積しています。金属素材の果たす役割がどのように変化していくのかをしっかり見極めておく必要があります。

---

*…**求められます**　再生医療には、このような表面加工技術を用いた骨や血管用拡張ステントなどいろんな金属技術が関与しつつある。

V 金属を取り巻く環境篇　第22章　金属クロニクル

3 最近の金属技術トピックス

　本節では、今回の改訂で入れ込めなかった金属技術の中から、筆者が興味ある4つの技術について解説します＊。金属加工からは摩擦接合、金属材料から自己修復材料、生体医療金属およびハイエントロピー合金です。

▶▶ 摩擦接合

　アルミニウム合金と鋼材の接合など異種金属を接合する金属加工技術は、自動車の軽量化やそれぞれの金属特性を活かすマルチマテリアルの製造加工に用いられます。接合には、溶接やロウ付けなど融点以上の反応を伴うものと、**摩擦圧接**や**摩擦撹拌接合**（**FSW**）など塑性流動を用いる融点以下の加工方法があります。

　FSWは、異種金属を接合する部分にショルダーとプローブを持つ工具を高速回転させて挿入し、摩擦熱とプローブの回転で材料を塑性流動接合します。

　FSWの長所は、接合に溶接のような融解が不要なため接合部近傍の熱影響が小さいこと、大気中でシールガスを使わず接合できること、加工時に騒音やアークなどが発生しないことです。短所は、単純な形状しか加工できないこと、どんな材質の金属でも可能できるわけではないこと、板厚に制限があること、接合部近傍の加工欠陥の検出が困難なことが挙げられます。

異金属摩擦接合の原理（22-3-1）

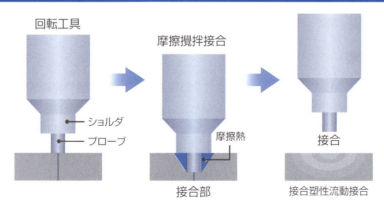

＊…解説します　この節だけでえ1章、いや一冊設けたいくらいいろんな金属技術が出てきている。初版本の2015年当時には視野に入っていなかった金属技術が数多くある。

自己修復金属

金属は使用過程で不可避的に腐食し疲労し摩耗します。構造材料や電気回線に利用する金属組織は、素材の使用安定性を維持するために、損傷が生じても自ら修復するか、簡単な外部からの処置を施すだけで修復ができることが望ましいのです。自己修復のメカニズムは様々あります＊。

金属の配線の周囲に、ナノサイズの金属粒子を分散させた液体やゲルが配置された構造になっています。金属配線が伸びたり曲がったりして断線すると、断線部のみに、配線に印加されている電圧で電界が発生し周囲の金属ナノ粒子が集まります。これが**電界トラップ現象**です。集まった粒子が断線部を修復します。

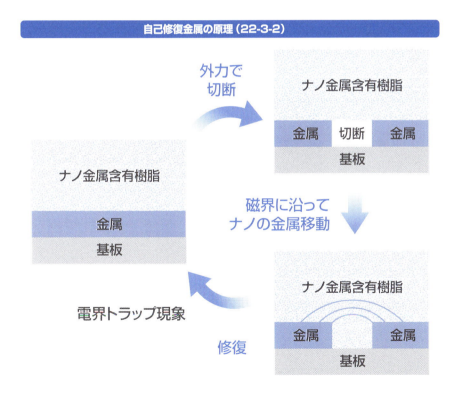

自己修復金属の原理（22-3-2）

＊…様々あります　今回のようなナノ金属が使えるようになると、破損部で自動修復が可能になる。技術の開発とともに用途も広がっていく。

生体医療金属

整形外科や歯科医療では、生体内での反応で毒性元素を溶出させないことを主眼に開発が進み、骨の置換ではヤング率が近いチタン材料を中心に研究開発が行われてきました。最近では生体機能置換だけではなく、生体機能再建のための再生医療素材として、生体親和性に優れた金属素材開発が進んでいます。表面修飾や生体吸収性・多孔質金属として、マグネシウム合金の**血管拡張ステント***への利用例があります。

骨再生医療分野で、**骨配向化アダプティブマテリアル**の話題があります。細胞接着は、人工材料と生体との相互作用の起点で、組織再生を支配する最重要因子です。骨アパタイトの結晶学的配向性を作り出すのは、nmからμmに至る再生対象に応じたチタン骨の表面の**リソグラフィー表面微細加工**が必要となります。骨再生医療に金属表面加工技術が不可欠になっています。

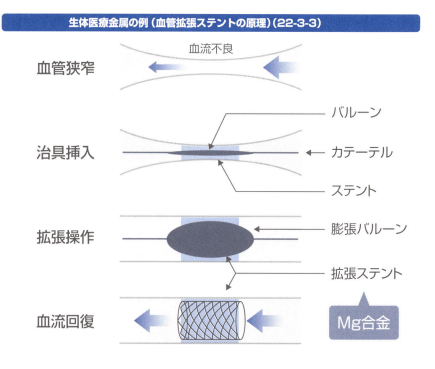

生体医療金属の例（血管拡張ステントの原理）（22-3-3）

***血管拡張ステント**　血管狭窄部位に設置し自己のバネ力やバルーンによる拡張で形状を保つ医療器具。19世紀英国のチャールス・ステントに因んで命名。

ハイエントロピー合金

　ハイエントロピー合金は、5種類以上の合金がほぼ当量で混ぜ合わされたものです。多元系の高濃度合金では、相分離や化合物形成など乱雑さをもたらすエンタルピーに比して、構成元素の配置などの安定化をもたらすエントロピーが大きくなるため、不規則固溶体になるはずの合金が安定化されます。

　ハイエントロピー合金は、4つの特徴があります。まず最初は、固溶体相の安定化です。本来多様な相に分かれても不思議ではない組成でも均一相になります。次に、構成元素の原子サイズの違いにより不均一に歪む結晶格子です。3番目は、原子空孔のトラップ効果による原子の拡散が非常に小さいことです。そして4番目は、従来考えられない物性発現をもたらす**カクテル効果***が発現することです。

　ハイエントロピー合金の用途で期待できるのは、触媒や生体適合材料です。また、高価な貴金属やレアアースメタルを用いる電子機器やEVのバッテリーの正極材料にも適している可能性があり、開発が進められています。

ハイエントロピー合金（22-3-4）

	一般合金	ハイエントロピー合金
従来	大多数の鋼種	ステンレス鋼 ジュラルミン鋼 真鍮　はんだ
期待	—	触媒 生体適合材料 代替金属

***カクテル効果**　2種類以上の物質が混じり合って発生する化学反応効果。単一では安全でも、成分の異なる製品を併用したときに、危険物質が発生することもある。子供の頃、親が留守のときに台所で砂糖や塩や油や洗剤を混ぜて謎の物質を作って遊んでいたが、結構危険な遊びだったかもしれない。

V 金属を取り巻く環境篇　第22章　金属クロニクル

4 金属素材の今後の技術展望

　金属産業は、世界の今後の動向に従い、幅広い分野での技術的発展が期待されています。最新技術、自然災害、社会の変化及び社会の基盤の4つの分野に絞り、金属材料に求められる技術的発展のキーワードを抽出しましょう。

▶▶ 今後の金属産業の技術展望

　金属産業は、原料から製品までのサプライチェーンマネジメント、モデリング機能により最適設計を実操業に反映させるデジタルツイン、人工知能やIoT、ビッグデータ解析、3D造形技術・付加成形技術など高度情報化への対応が喫緊の課題になってきています。

　次第に激しくなる自然災害に直面している我が国は、減災、防災に加えて縮災に向けた金属素材の貢献の重要性が増しているます。2014年には**国土強靭化基本計画**が制定されました。築50年を越す橋梁鋼材やビルやダムなどのコンクリート建造物中のPC鋼線など鋼構造物の腐食診断、補強には時間的猶予がありません。鋼構造物の保全技術や震災や洪水、風雪害に対する金属材料の耐久性の向上も必要になってきています。金属材質の改善、表面腐食の補修や延命化のための金属表面技術の進化も急務です。補修のための局所切断・接合技術も開発も必要です。

　COVID-19と共存し乗り越えていくためには、様々な社会環境や産業環境のパラダイムシフトが起こる可能性もあります。通信環境が5Gになったアフターコロナの世界に適合する金属産業とはどういうものでしょうか。また、脱炭素社会へ向かう社会、SDGsを実現し再生可能な社会、止まらない人口爆発に伴う社会の歪みや、政治思想の対立、自国主義の蔓延と協調への渇望など、まだ21世紀の5分の1を過ぎたばかりの我々の環境は、思いもよらぬ急激な変化をし続けています*。

　金属素材は、社会を支える柱です。金属素材は、産業を支える単なる素材だけではありません。金属素材に求められる要望は、社会そのものを変革する可能性を秘めています。この10年を見れば、電子機器の発展、リチウムイオン電池の活用、電気自動車の普及、太陽光発電をはじめとする再生可能エネルギーの活用、そして急激に発達する生体・医療機器など、20世紀には発想もなかったもの、夢物語だったも

---

*…続けています　とはいうものの、これらの変化を体験しているものからすると、急激だか初めてのことではない。19世紀も20世紀も急激な変化が続いていた。常に急激な変化が定常状態なのかもしれない。

22-4 金属素材の今後の技術展望

のが現実社会に入り込んでいます。金属素材は、まだまだやるべきことがあります。

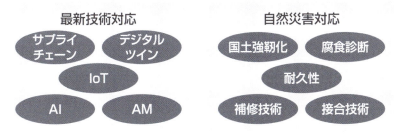

分野別キーワード（22-4-1）

最新技術対応：サプライチェーン、デジタルツイン、IoT、AI、AM

自然災害対応：国土強靭化、腐食診断、耐久性、補修技術、接合技術

金属産業の技術展望

社会の変化への対応：5G、アフタ・コロナ、SDGs、人口爆発、国際協調

社会の基盤を支える対応：固体リチウムイオン電池、電動車、再生可能エネルギー、生体医療

 COLUMN　鉄は生き物[*]

　鉄は生き物です。常に成長し、動き出そうとしています。それをどのように御し、目的に適った鉄に仕立て上げるのか、標準や綺麗事だけでは語れないエトバス（何か）を、私達は感じています。

　これを伝統というのかも、ものつくりへの誇りというのかもしれません。私たちもまた、鉄に鍛えられます。鉄は単なる仕事の対象素材ではありません。自分の化身、合わせ鏡のような存在です。

　筆者の感覚では、鉄は果実や野菜です。種をまき、天候がいつも気に掛かる一次産業の産物です。太古の昔から鉄は大気中で季節や天候の変化を製造条件の一部として取り込み、製造設備環境に条件をすり合わせて作っています。現在もそうですし、未来もそうです。結果が動かない訳はない。歩く植物のような存在です。

---

[*] **鉄は生き物**　これは言い過ぎ。生き物は食物を捕食して自己再生を繰り返す。この定義からすると、鉄は飼育もしくは育てられているものである。

22-4 金属素材の今後の技術展望

鉄の玉手箱*

　筆者の鉄コレクションを10個紹介しましょう。下に敷いているのは自動車のボディになる鉄板（1）です。上に置いてあるのが、右から高炉に装入する鉄鉱石（2）、同じく高炉に装入する石炭を蒸し焼きにしたコークス（3）、高炉から出てきた溶銑を型に流し込んで固めた銑鉄（4）です。全然さびません。

　鋼板の文字の下にあるのが、宮大工用に用いる玉鋼で作った和釘（5）です。実際に使われたものの残りを頂きました。

　下段は、採取したサンプルです。下段右端は、有馬温泉の噴煙の上がる神社の側溝に堆積していた塩化ナトリウムと酸化鉄の堆積物（6）です。これを湯にいれると、黄金湯という綺麗な湯に変わります。下段右から二番目は、釜石橋野鉱山の高炉見学した時に、案内者の方からもらった綺麗な肌の磁鉄鉱、餅鉄（7）です。昔は、これを高炉原料にしていた

んですね。下段左端は、豊橋の造成地でむき出しになっている土部分かた出土した高師小僧（8）です。真ん中に穴が空いていて、昔はここに根っこがあったことがわかります。下段左から二番目は、同じく豊橋の造成地の傾斜面から出てきた鬼板（9）です。これも酸化鉄です。豊橋の造成地では、監督会社の総務部の人が立ち会ってくれて、工事現場で怪しい動きをする筆者と同行者を見守ってくれました。最後には、記念撮影までして、「貴重な古代鉄の原料が出土した工事現場」と社内報に載せると、言われました。筆者と同行者はにわか古代お宝鑑定士になりました。

　下段中央は、筆者の宝物の玉鋼（10）です。出雲のたたら場で際、村下から研究用にもらったものです。ずっしりしていてまさに、鉄、です。長い期間空中に放置していますが、さびません。（写真）

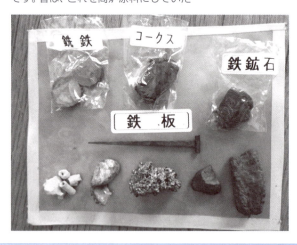

＊**鉄の玉手箱**　アレン・カーズワイルの「脅威の発明家（エンジニア）の形見函」に出てくる10のしきりの中に残された遺物は、やがて遺物自身が物語を語りだす。鉄の玉手箱もいずれ語りだすのだろう。遺物は9個しかない。それでいいのだ。小説でも10個目のしきりには何も入っていなかった。

Ⅴ　金属を取り巻く環境篇　第22章　金属クロニクル

5 個別技術解説：電池と金属

電池には各種レアメタルが使用されています。電池には、化学エネルギーを電気に変えるものと、物理エネルギーを電気に変換するものがあります。主な電池の基本と構造を概観します。

▶▶ 電池の構造と種類

電池*は大きく分けて、化学エネルギーを電気に変換する**化学電池**と、物理エネルギーを電気に変換する**物理電池**があります。前者には、放電後再生することができない**一次電池**と、放電後再生することができ再び充電できる**二次電池**があります。また、水素などの燃料と酸素を原料にして発電する**燃料電池**があります。物理エネルギーを用いるものには、太陽光などの光をエネルギー源とする**太陽電池**、原子崩壊を熱エネルギーに変えて熱電変化により発電する**原子力電池**などがあります。

一次電池や二次電池の構造は、陽極と負極および電解質の組合せでできています。いずれの電池でも、電解質を介してイオンが移動し、電極で電子の授受が起こることにより、電気を外部に取り出すことが可能です。

電池の構造と種類（22-5-1）

一次・二次電池の構造

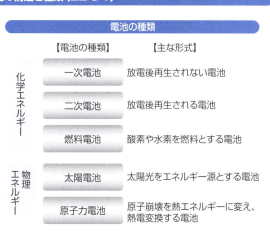

電池の種類

【電池の種類】	【主な形式】
化学エネルギー 一次電池	放電後再生されない電池
二次電池	放電後再生される電池
燃料電池	酸素や水素を燃料とする電池
物理エネルギー 太陽電池	太陽光をエネルギー源とする電池
原子力電池	原子崩壊を熱エネルギーに変え、熱電変換する電池

---

*電池　電池は電気を蓄えておき、必要に応じて吐き出す。ここでは電気を再生可能エネルギーも広義の電池として扱う。

22-5 電池と金属

▶▶ 一次電池

　一次電池*は、最も安価な**マンガン乾電池**（**ルクランシェ電池**）と、動作が安定していてしかも長寿命の**アルカリマンガン乾電池**が最も広く用いられています。これらは黒鉛を電極とし、陽極に黒鉛に接した二酸化マンガンを用い、陰極に亜鉛を用います。前者は電解質に塩化物を用い、後者はアルカリ性の水酸化カリウムを用います。いずれも起電力は1.5ボルトです。放電すると、亜鉛が電解液中に溶け込みます。

　このほか、ボタン型の**空気電池**や**リチウムボタン電池**があります。空気電池は、空気中の酸素を活性炭に吸着させて陽極とします。小型化も可能で、しかも作動電圧も安定しており、負荷が軽く使用期間が長い電池として利用されています。リチウムボタン電池は、レアメタルのリチウムを陰極と電解質に用い、陽極に二酸化マンガンを用います。電圧が3ボルトと高く寿命が長いので、携帯用機器の電源として用いられます。ボタン型の構造は、セパレータをはさみ、陰極と陽極の二層構造になっています。

一次電池 (22-5-2)

	【公称電圧】	【陽極】	【電解質】	【陰極】	
マンガン乾電池（ルクランシェ電池）	1.5V	MnO$_2$	NH$_4$Cl ZnCl$_2$	Zn	最も安価な乾電池
アルカリマンガン乾電池	1.5V	MnO$_2$	KOHまたはNaOH	Zn	動作電圧安定、寿命が長い
空気電池	1.3V 1.4V	空気	KH$_4$Cl、KOHまたはNaOH		小型のボタン電池、寿命が長い
リチウムボタン電池	3.0V	MnO$_2$	LiClO$_4$	Li	ボタン電池、高電圧

マンガン乾電池：陽極電極、陰極容器、陰極金属、黒鉛、Zn、陽極剤、MnO$_2$、陰極電極

リチウムボタン電池：陰極電極、ガスケット、Li、MnO$_2$、陽極電極、セパレータ、陽極容器

---

* **一次電池**　何気なく使っている「乾電池」という言葉の裏には、液体電池の長い歴史がある。日本の一次電池の先駆けは佐久間象山の作ったダニエル電池だと言われている。明治以降も液体一次電池が主流だった。

▶▶ 二次電池

二次電池は放電後、充電を行うことで再生可能な電池です。特徴は、電極物質と電解質の間で可逆反応が起こることです。

鉛蓄電池は、現在でも自動車のバッテリーとして用いられるなど、最も汎用的な実用電池です。希硫酸を電解質として、陽極に酸化鉛を、陰極には鉛を用いて約2ボルトの電圧を作ります。6層にセルを重ねて12ボルトの蓄電池にして用います。

ニッケルカドミウム電池や**ニッケル水素電池**は、これまでの二次電池の代表格です。構造はいずれも同じで、陽極には水酸化ニッケルを用います。陰極には、ニッケルカドミウム電池はカドミウム、ニッケル水素電池後者は水素吸蔵合金を用います。ニッケル水素電池は、陰極と電解質の間の可逆反応を水素で行うユニークなもので、ニッケルカドミウム電池の2倍の寿命があります。

リチウムイオン電池は、携帯用のパソコンのバッテリーなどに用いられるなど、高圧長寿命の二次電池として用います。陰極と電解質にリチウム化合物を用います。

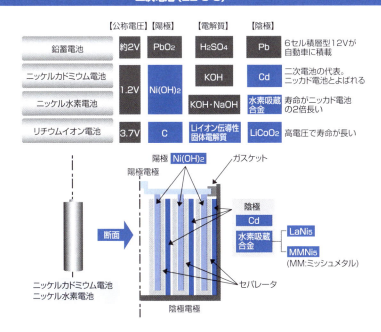

二次電池（22-5-3）

22-5 電池と金属

▶▶ 燃料電池

燃料電池*は、電解質が固体であることが特徴です。典型的な構成としては、陽極にはLaMnO3、陰極にはNi-ZrO2を用い、固体電解質にはZrO3Y2O3を用います。燃料としては水素ガスや一酸化炭素を用い、酸化剤としては空気や酸素を用います。酸素が陽極で分解し、酸素陰イオンとなり陽極から固体電解膜を通り、陰極で燃料と出合い水や二酸化炭素となります。この際電子の授受が起こり、発電できる仕組みです。排ガスがクリーンなため、自動車などへの適用も始まっています。

燃料電池は、ゼロエミッションが特徴で、電気自動車（EV）よりも走行距離が長い燃料電池車（FCV）に活用される以外にも多くの適用例があります。

燃料電池は、エネルギー効率が高く、再生可能エネルギーと組み合わせて商業施設や住宅、工場での定置型発電システムとして利用されています。

無人航空機（ドローン）の動力源として、燃料電池が活用されています。従来と比べて、燃料電池は長時間の飛行が可能で、より重い荷物も運ぶことができます。

海洋分野でも、燃料電池は船舶用クリーンエネルギーとして期待されています。特に、海運業界でのCO2削減のため燃料電池を搭載した船舶が開発されています。

非電化区間での環境負荷を減らす目的で、燃料電池搭載鉄道車両が走っています。

もちろん、ポータブル燃料電池は、ノートパソコンに利用され出しています。

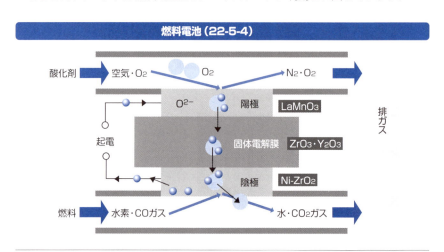

燃料電池（22-5-4）

＊**燃料電池** 電池開発の流れは凄まじく、第2版ではこれから電気自動車（EV）の時代と書いたが（筆者は2011年からEV車リーフに乗っている）、第3版では「急成長したEVは諸問題で行き詰まり、水素を使う燃料電池車（FCV）が再評価されている」と書いている。ミライに乗り換えようかな、水素充填がまだ不安だけど。

22-5　電池と金属

▶▶ 太陽電池

　太陽電池*は、無限にある太陽光をエネルギー源とする電池です。大きく分けて、**アモルファス太陽電池**と**化合物半導体太陽電池**があります。いずれも、太陽光を半導体の中に導き、そのエネルギーを電気に変える必要性があり、表面は透明でなくてはなりません。

　アモルファス太陽電池には、**金属基盤型太陽電池**と**ガラス基板型太陽電池**があります。いずれも、レアメタルからなるITO（透明電極）が電極になります。化合物半導体太陽電池は、GaAs半導体で構成されます。

　太陽電池は、太陽光発電とも呼ばれ、一般家庭の屋根に設置される太陽光発電システムは、自家発電を可能にし電力コストの削減や環境負荷の低減に貢献します。

　大規模な商業施設や工場の屋上に太陽電池が設置され、エネルギーコストの削減と環境負荷の低減が図られています。再生可能エネルギーの導入が、企業の持続可能なビジネス戦略の一環として評価されるため積極的に導入されています。

　海外では、広大な土地や空き地に設置されるメガソーラーが大規模な発電所として電力網にエネルギーを供給します。

　身近では太陽電池を内蔵したモバイルデバイスが普及してきました。

　農業分野や、交通インフラ、宇宙開発まで太陽電池は応用範囲を広げています。

太陽電池（22-5-5）

金属基板型太陽電池　／　ガラス基板型太陽電池
アモルファス太陽電池

ppn型埋込電極式太陽電池
化合物半導体太陽電池

＊**太陽電池**　電池と名前が付いているが、電気を貯めるわけではなく、太陽光が当たったときだけ発電する。しかし電池の世界では「〜によって電気が供給される」仕組みは電池と言い表している。

▶▶ 原子力電池

　原子力電池は、プルトニウムPuやポロニウムPoが原子崩壊する際に放射するα線を熱変換物質で受け止めて熱に変換します。この熱を、熱電変換素子で発電します。これをゼーベック効果とよびます。熱変換素子は温度により組み合わせが異なりますが、Bi-Te、Pb-Te、Si-Geのようにレアメタルが中心になります。

　原子力電池は、宇宙機器や離島の発電機などで用いられてきました[*]。

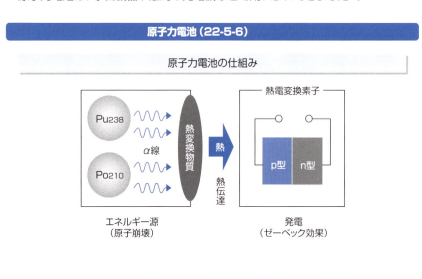

原子力電池（22-5-6）

原子力電池の仕組み

熱電変換素子の組み合わせ

---

[*]…用いられてきました　日本では2024年4月、宇宙戦略基金の一環で、「半永久電源システムに関わる要素技術」の開発がスタートした。民生用の使用実績のあるアメリシウム（Am241）を用いた放射性同位体崩壊熱で発電する。

全固体電池——新たな電池の可能性①

　高電圧で寿命の長いリチウムイオン電池は、電気自動車に搭載されるなど近年の電池の主流です。しかしリチウムイオン電池は、液体の電解質が用いられ、液漏れや発熱や高温による可燃性ガスの発生と発火、爆裂の可能性があります＊。

　現在急ピッチで開発が進められている**全固体電池**は、液体電解質を固体化し、リチウムイオン電池の持つ懸念点を解消した次世代型の新電池です。固体電解質は、低温で凝固せず低温環境でも動作可能であり、高温でも分解しないため、高温環境下でも充放電が可能です。全固体化することで充電時間が劇的に短縮でき、懸念も解消されたので、積載容量も増やすことができます。－40℃から120℃の過酷な環境でも使用できるため、電気自動車や宇宙環境にも適しています。

全固体電池（22-5-7）

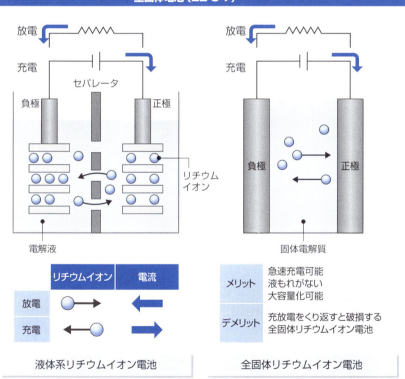

＊…可能性があります　歴史的に見れば、この問題は一次電池、つまり乾電池でも全く同じ問題が起こっていた。日清戦争の最中に、満州の寒気で軍用の液体式一次電池が凍る問題が起こり、乾電池が大活躍したことで乾電池化が一気に進んだ。開発の歴史は繰り返している。

22-5　電池と金属

　ただ、全固体リチウムイオン電池は、充放電時に機械的加圧が必要となる技術的ハードルがあり、また価格面にも課題があるため、まだ実用化には至っていません。しかし、電気自動車の電池のゲームチェンジャーになる可能性もあり、各自動車メーカーが精力的に課題に取り組んでいます。

　着目すべきは、全固体電池という最強の電池の出現の可能性に触発されて、従来型のリチウムイオン電池の改良が進んでいることです。現在進行形で起こっている自動車搭載型の電池の開発から目が離せません。

貨幣の金属学

　貨幣には、紙幣と硬貨があります。紙幣は紙に模様や文字が印刷されているだけです。その紙幣自体には価値はありません。しかし発行元への信頼感があれば、ものやサービスに交換できます。紙なら持ち運びも貯蔵にも負荷はかかりません。

　一方、貨幣は金・銀・銅が選ばれます。重いしかさばります。しかし、金や銀ならいつでも相当な価値で交換できる安心感はあります。鉄やアルミニウムが使われる場合もありますが、これらは低額貨幣や銭として使われます。

　古今東西、金銀銅が通貨の素材になぜ選ばれてきたのでしょうか。耐久性、加工性、実用性から考えてみましょう。

　まず耐久性です。金銀は美しい光沢があり、腐食に強く錆びにくい特長があります。燃えませんし、備蓄に適してきました。

　次に精錬や加工が容易なことです。金銀銅は前近代的な設備・操業でも金属精錬が可能です。金銀銅は、簡単に打刻や打延ができます。

　最後は実用性がなく、需要の変動が少ないことです。金銀銅に実用性がないとは意外かもしれません。金銀は柔らかく農耕具には使えず、通貨以外には装飾品しか使えません。もっとも現代では半導体や電子産業には欠かせませんが。そこそこ希少なので貨幣以外には装飾品くらいしか使い道がありません。道具をつくるなら鉄が最適です。

　貨幣と聞くと、民のため、産業のため、物品流通のための手段と現代的な感覚を持ちます。しかし日本史を金属貨幣の視点からみると、貨幣の歴史には様々な意図が含まれていたことがわかります。

　日本の古代は都の建設のため国産の銭が作られ、中世は中国からの輸入の銭に頼り、戦国時代には石見銀山のゴールドラッシュならぬシルバーラッシュで世界経済を動かし、江戸時代は財政難に苦しめられた貨幣政策の道具となり、明治以降の日本帝国のを支える通貨政策の一環と、日本史とともに貨幣は役割と責任を変えつつ歴史を動かす日本が活動するための血液でした。

▶▶ ペロブスカイト太陽電池──新たな電池の可能性②

　ペロブスカイトは、鉱物の灰チタン石のことで、独特な結晶構造である「ペロブスカイト構造」を有しており、圧力を電気に変える圧電材料に用いてきました。卓上コンロなどでカチカチと火花が飛ぶのを見た人もいることでしょう。

　この**ペロブスカイト構造**を持つ薄膜の上下に、電子回収層のn型半導体、正孔回収層のp型半導体を配置すると、20%を超える効率の太陽光発電が可能となりました。ただ、ペロブスカイトは劣化が激しいため、改善を重ねて、酸化チタンなどの固体材料を用いて実用化寸前に至っています。

　ペロブスカイト太陽電池*は、既存の太陽電池と異なりレアメタルを使用せず、少ない製造工程で製造が可能であり、プラスチック等の軽量基板のため軽量で柔軟な太陽電池です。開発当初の主要な材料であったヨウ素の生産量は、日本が世界シェア30%と世界2位を占めており、日本の得意なコピー機の技術を活用するなど官民一体となって開発を進めている、まさに日本に適した次世代型の太陽電池です。

　柔軟性があるので、局面にも馴染み、電池フィルムを貼るだけで太陽発電が得られるため、用途はこれから大きく広がります。日本発の最も期待できる電池といえます。

ペロブスカイト太陽電池（22-5-8）

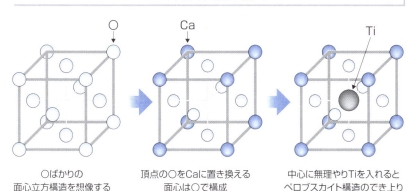

○ばかりの面心立方構造を想像する　→　頂点の○をCaに置き換える　面心は○で構成　→　中心に無理やりTiを入れるとペロブスカイト構造のでき上り

---

* **ペロブスカイト太陽電池**　日本の再エネ拡大の切り札と言われ、政府も技術開発に力を入れている太陽電池。太陽電池の空き地や屋根にずらりとパネルが並ぶイメージではなく、電気が必要な機器の表面にフィルムを貼り付けるだけで太陽光で発電する。

V 金属を取り巻く環境篇　第22章　金属クロニクル

6 個別技術解説：水素利用と金属

　水素と金属の関わりを、悪影響、水素の用途、製造技術の視点で語ります。水素は、天然のガスとしては得られません。水の電気分解、石油や天然ガス、石炭などの炭化水素の分解、森林や廃材を使ったバイオマスにより分離、製鉄所のコークスなどから得ます。

▶▶ 水素が金属に及ぼす影響

　水素が金属に及ぼす影響＊は、これまで欠陥の視点から語られてきました。

　水素脆化は、鋼材に水素原子が侵入すると、鋼材の靭性が落ち、脆性破壊が起こる現象です。水素の侵入は、腐食、溶接、酸洗および電気メッキで水素原子が発生するため発生します。

　水素侵食は、高温高圧の水素ガス環境に鋼材を置くと、水素が鋼材に侵入し、主に炭素と反応して鋼材の中でメタンガスを発生させる現象です。このため、鋼材が脆くなり割れます。水素脆化の一種ですが、水素原子にならなくても、水素ガスのままで発生します。

　水素誘起割れは、酸性水溶液に硫化水素が飽和すると、鋼材の表面で水素原子が発生する現象です。この水素が鋼材に侵入し、介在物や偏析で高圧ガス化し、鋼材内部で割れが生じます。

　遅れ破壊は、溶接部から侵入した水素が数十日経過して割れを発生させる現象です。1.2GPaを超える素材で高力ボルトを作ると、鋼材中に不可避的に入っている水素により、首折れ現象が起こります。

　水素脆化は、鋼材の機械的性質を劣化させます。その影響は材質劣化に繋がります。

　まず、脆性破壊の促進が起こります。鋼材は脆くなり、外力がかかると通常よりも低い応力で破断します。特に高強度鋼ではこの影響が顕著です。また、延性低下が起こります。単純に塑性変形が難しくなり、加工中に破損しやすくなります。疲労寿命の短縮も起こります。さらに、微小亀裂の発生が原因で疲労亀裂が入りやすくなります。亀裂は容易に進展します。

＊**水素が金属に及ぼす影響**　水素利用で必ず出る質問が、水素の鋼材に及ぼす悪影響だ。もちろん良い影響ではない。しかし把握できている悪影響を並べても「そんなの百も承知で対策を講じてますよ」である。技術者、研究者はそこに悪影響がある限り、それを防ぐ手立てを考えるものだ。筆者はなんの心配もしていない。

22-6 水素利用と金属

水素が金属に及ぼす影響（22-6-1）

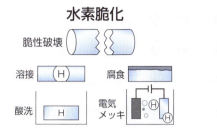
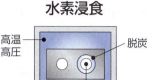

水素が金属に及ぼす悪影響

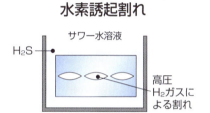
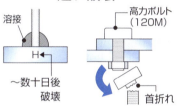

▶▶ 水素の用途

水素の主な用途は、4つあります。

雰囲気制御は、半導体や太陽光発電シリコン、液晶、光ファイバの製造時、大気を追い出し、水素で還元雰囲気を作り出す操作です。こうすることで製品の酸化物汚染や表面酸化を防げます。

還元剤としての水素利用は、金属冶金や熱処理、溶接、切断などの際の酸化物の還元に用いる方法です。最近では水素で鉄鉱石を還元する水素製鉄も提案されています。

エネルギー源としての水素利用は、燃料電池やロケット燃料です。最近では水素発電所の建設認可がヨーロッパでおりました。

原料としての水素利用は、これまでも石油・化学分野での原料、アンモニアの原料、ガラス製造などに用いられてきました。水素はメタネーション、e-fuelなどの合成原料として使われます。

＊**遅れ破壊**　遅れ破壊は、昭和46年～52年に製造されたF11T高力ボルト（1.2G）で多くみられた。環境腐食の激しいところで起こる。現在、F11Tの使用は禁止されている。F10T（1.1G）では遅れ破壊は発生しない。

22-6 水素利用と金属

水素の用途（22-6-2）

雰囲気制御
- H₂
- 半導体製造
- 太陽発電Si
- 液晶
- 光ファイバー

エネルギー利用
- 水素発電所
  - ●燃料電池
  - ●ロケット燃料
  - ●超電導

水素の用途

還元剤（脱炭素）
- 水素製鉄
  - ●金属冶金
  - ●熱処理
  - ●非鉄金属製鉄
  - ●溶接、切断

原料
- 石油・化学原料
- 合成原料 メタネーション e-fuel
- アンモニア製造
- ガラス製造

▶▶ 海外水素調達

　現在実証実験中の海外からの水素の調達は、大きく分けて、豪州からの液化水素の海上輸送と、ブルネイからのケミカル物質輸送があります。

水素海上輸送は、豪州の褐炭の炭田で得られた水素を液化し、水素専用運搬船（水素フロンティア号）で日本の専用受け入れ基地に運び込みます。

水素は、ガスそのものとして輸送する以外に**ケミカル物質**としての調達する場合があります。ブルネイで天然ガスから得られた水素は、アンモニアやメチルシクロヘキサン＊に合成し、通常のケミカルタンカーで輸送します。こうすることで、既存のインフラで水素の調達が可能です。

　水素の海外調達の問題点はたくさんあります。液化水素の輸送には低温での維持が必要で、そのためのインフラ整備やエネルギーコストが大きな負担になります。その他、輸送中の爆発の危険性や、液化や圧縮、さらには再ガス化の過程でのエネルギーロスが発生します。また、供給元の安定性などカントリーリスクもあります。

＊シクロメチルヘキサン　有機水素キャリアとして有効な物質。合成する量産化技術は完成しているが、水素を取り出す方法の確立が急がれる。触媒や透過膜を使う方法など開発に鎬を削っている。

22-6 水素利用と金属

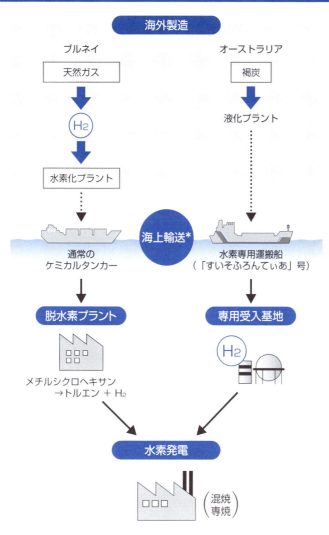

* **海上輸送** 「水素の海上輸送なんて非常識」と思うあなた。皆さんの使っている液化天然ガス（LNG）も数十年前に同じことを言われた過去がある。「液化して船で運ぶ」技術を確立したのも日本の造船メーカである。今回もまた成功すると確信している。

V 金属を取り巻く環境篇 | 第22章 金属クロニクル

7 マテリアルズインフォマティックス（MI）

金属科学の最新の話題は、マテリアルズインフォマティックスです。この分野は、これからの金属材料開発や金属加工の主役になります。過去の知見が全て古新聞になりかねない衝撃を与える可能性があります[*]。

▶▶ マテリアルズインフォマティックス（MI）とは

マテリアルズインフォマティックス（MI）は、材料（materials）と情報科学（Infomatics）を結合した技術分野です。統計分析と計算機科学、つまりシミュレーションを駆使して、材料の創成を自動化・自律化する、データドリブン（駆動型）材料科学です。

マテリアルズインフォマティックスは、まだ開発途上です。様々な研究分野では成果が上がってきていますが、製造現場で気軽に使えるものではありません。

MIとは（22-7-1）

MIとは
- 自動化
- 自律化

材料：M（Materials） ＋ 情報：I（Infomatics）

↑統計分析　↑計算機科学（シミュレーション）

データ駆動型材料科学

---

[*]…**可能性があります**　素材製造現場技術者なら誰もが一度は夢見る技術。「こんなこといいな、できたらいいな、あんな夢、こんな夢いっぱいあるけど」と、しばらくは頑張るが、「MIはミッション・インポシブルのことなんだな」と諦めてきた技術。それが実現しようとしている。

22-7 マテリアルズインフォマティックス（MI）

▶▶ 米国オバマ大統領発案[*]

　米国のオバマ大統領時代の2011年、**MGI**（**マテリアルズ・ゲノム・イニシアチブ構想**）が発表されました。「ゲノム」は遺伝子解析技術、「マテリアルズ」は「材料開発工期を二分の一にする」ことで、米国が世界をリードするという構想です。材料開発分野でのDXを試みたものでした。

　ゲノムは、創薬などの分野で成果が出ています。材料開発はそれほど簡単ではなく、**MII**（材料・イノベーション基盤）を設立して、計算分野、実験分野およびデジタルデータの取り扱いなどで各国が鎬を削っています。

　従来の材料研究が実験と理論に基づいていたのに対し、マテリアルズインフォマティックスはデータベースと高度解析技術を駆使して材料の特性を予測し、新しい材料を発見することを目的とします。発想はあっても、これまでは夢物語でした。これを大統領主導で行うのですから、夢が現実に近づいたとも言えます。

　しかし現実のハードルは高く、物性値、構造情報、組成情報などが記録された大規模なデータベースの構築と使用、大量のデータを同時に収集・解析する技術の確立などが最初の関門です。さらに、大量のデータからパターンや相関関係を見つけ出し、未知の材料特性を予測する人工知能の開発など、開発課題は無数にあります。

オバマ大統領のGMI（22-7-2）

MI ＝ 材料開発のDX

2011年　米国オバマ大統領

MGI ＝ マテリアルズ・ゲノム・イニシアチブ

→「材料開発工期1/2短縮」 ← MII（材料イノベーション基盤）

---

[*] **米国オバマ大統領発案**　大統領が言い出す開発方針としては、アポロに並ぶ非常に良質な開発と考えている。容易には達成できないが、ゴールは見える。これくらいの開発がちょうどいい。

22-7 マテリアルズインフォマティクス（MI）

▶▶ 材料開発加速のイメージ

　たいていの材料開発は、**PDCAサイクル**を使います。計画（P）、合成（D）、分析（C）、評価（A）します。このサイクルを回すたびに、材料開発者が当初開発構想と照らし合わせ、再度開発サイクルを回すか、開発を終了させるかの判断を行っています。

　この材料開発者の判断は、**KKD**（勘・経験・度胸）など、人的なスキルに頼っている面が多分にあり、他人から窺い知ることはできません。

　これを構想と照らし合わせ、開発を継続するか、終了するかを判断させることを、計算機科学でシミュレートした結果に委ねます。人の判断を計算機に委ねることで、開発を加速させるのです＊。

　中でも注目されているのは、膨大な数のシミュレーションを高速で行い、最適な材料を探索する**計算機実験**です。また、**逆演算**と呼ぶ、目指す物性や特性を実現するために、材料の組成や構造を自動的に設計するアプローチもあります。新しい半導体材料である超伝導材料の発見や、高効率なバッテリー材料である燃料電池材料の設計が期待されます。

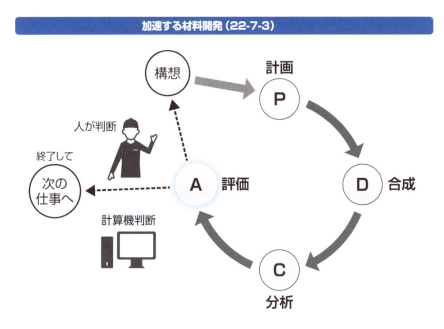

加速する材料開発（22-7-3）

＊…加速させるのです　この考え方とこの図は、筆者にとって衝撃的だ。筆者が製鉄所で行ってきたものづくりがまさにこの図だ。新たな物件が来た。どんな成分でどんな圧延でどう熱処理すればその物件が安定して作れるかなど誰もわからない。このサイクルを回して、一回で製造条件を作ることができれば最高だ。通常は数百トンの不合格品を出しながら操業条件をフィッティングしていく。

▶▶ MI開発の競争力

2012年に**新規固体電解質材料**の論文が、サムスンと米国MITにより、米国で提出されました。この材料組成の探索には実験を一切行わず、約1年の数値シミュレーションだけで特許化しました。

日本勢は、2011年にトヨタが同じ組成の材料の特許を米国に出願しており、先願となりました。ただ、サムスンが論文を出したタイミングではまだ特許は公開されておらず、間一髪の出来事でした。トヨタがその組成を見出したのは、5年の試行錯誤の末でした。

材料開発競争の実例（22-7-4）

COLUMN 鉄鋼の性質が生み出す優美な姿

鉄鋼だから優美な姿なのか、優美な姿になるから鉄鋼なのか——。日本刀の姿です。

運命論者は日本刀の姿は必然だといいます。富士山やお寺の大屋根、送電網の電線の姿と同じ懸垂曲線。これが日本刀の優美さの源だそうです。

偶然論者は、日本刀の姿は焼き入れ冷却過程でのマルテンサイト生成が生み出した曲線だといいます。

筆者としては、美しい鋳物は美しいので、理屈はどちらでもいいのです。

22-7 マテリアルズインフォマティックス（MI）

▶▶ 金属産業のデジタル化

　金属産業のデジタル化で考慮すべき切り口は、①情報のデジタル化、②DX導入、③高度化、④技能伝承・人材育成の4つがあります。

　金属産業でも当然、素材製造業や一次加工、二次加工によっても、デジタル化の進行程度は異なります。情報のデジタル化は、製造現場がまず初めに乗り越えなければならない大きな壁です。

　DX、高度化は、デジタル人材の育成が不可欠です。技能伝承と人材育成は、ものづくりのスキル伝承と操業やプロセスのデジタル化、見える化を行える人材の確保がまず必要になります。

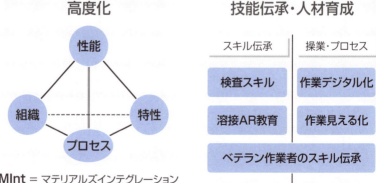

金属産業のDX（22-7-5）

V 金属を取り巻く環境篇

第23章

金属資源

金属資源は、陸上の鉱山だけではなく、海底にも存在します。また、最近ではリサイクル資源も重要な金属資源になっています。

V 金属を取り巻く環境篇　第23章　金属資源

1 金属資源

　金属資源は大きく分けて、鉱物資源とリサイクル資源に分かれます。鉱物資源には、供給可能量と持続可能年数があり、この受給関係が資源課題を引き起こします。

▶▶ 金属資源

　金属資源には、鉱物資源と副産物およびリサイクル資源があります。副産物は、鉱物資源から金属を製錬して取り出す過程で精製されます。

　メイン鉱物には、アルカリ金属やアルカリ土類金属のメイン鉱物である炭酸塩鉱石鉱床、鉄鉱石に代表される酸化鉱石鉱床、銅鉱石に代表される硫化鉱石鉱床、金鉱石に代表される金属鉱床があります*。これらは、専用の鉱山から鉱石として採掘され、精鉱された後、製錬工場に運ばれるものです。

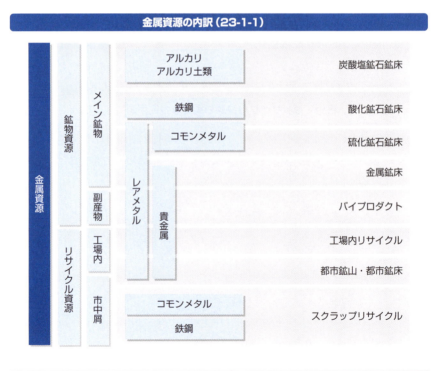

金属資源の内訳（23-1-1）

---

*…**金属鉱床があります**　鉱物は自然に生成された一定の化学組成を持つ固体、岩石は鉱物の集合体、鉱物は岩石の中で人類に価値のあるもの、鉱床とは鉱物が集合しており、かつ経済的合理性をもって採掘できるもの。

23-1　金属資源

　副産物は、バイプロダクトとも呼ばれ、鉱物資源からメイン鉱物を取り出した残渣の中で有益な金属を含むものです。鉱石中の濃度が小さなレアメタルや貴金属は、メイン金属の副産物として得られます。副産物から得られる金属は、採掘された鉱石中ではあまりにも含有量が低いため経済的合理性を持って生産できません。途中までのプロセスを他のメイン鉱物に肩代わりしてもらい、採算ある生産にします。

　リサイクル資源は、工場内の生産過程で発生する金属スクラップをリサイクルする場合と、市中屑をリサイクルする場合があります。市中屑でも、回収ルートが確立している鉄鋼やアルミニウム、銅、装飾品用貴金属は、効率よくリサイクルできます。

　金属資源の供給は、輸出国の政情や方針、経済状況によって大きく変化します。この傾向は現在もありますし、今後も続くものとかんがえられます。

▶▶ 金属資源

　金属資源は、大きく分けて陸上鉱山資源、海底資源、都市資源の3つの場所に存在します。**鉱山資源**は、採取された鉱物から鉱石精製により主鉱石とその他鉱石ができます。その他の鉱石が有用な金属を含む場合は、さらに鉱石精製を経て副産物の鉱石が得られます。**海底資源**は、球形のマンガンノジュール、板状のコバルトリッチクラスト、海底熱水鉱床および海底泥層などから採取されます。最近の話題では、海底泥層が太平洋に広大に広がっており、その中にはレアアースメタルが高濃度で含まれていることがわかってきています。

　リサイクルは、基本的には都市に資源が集中しています。現在リサイクル利用されている金属資源は、素性が判明しているものが主です。アルミ缶やスチール缶などの再利用、リチウムイオン電池などのリサイクルです。また工場内で発生する自家発生スクラップや副産物も素性が判明しているリサイクルになります。

　市中屑として廃棄される製品にも、数多くの種類の有用金属が含まれています。市中屑に含まれる有用金属は、総量は多いが濃度が薄い特徴があります。廃棄物を収集し、分離回収し有用金属を濃化するリサイクル処理が必要なため、経済的合理性（採算ライン）に載らないため、実用化例は限られています。低濃度の金属を効率的に回収する目的で、**都市鉱山**や**都市鉱床**＊が提案されています。

＊**都市鉱床**　現在の技術ではまだリサイクルもできない都市廃棄物を、その日が来るまで集積しておこうという作戦。

23-1 金属資源

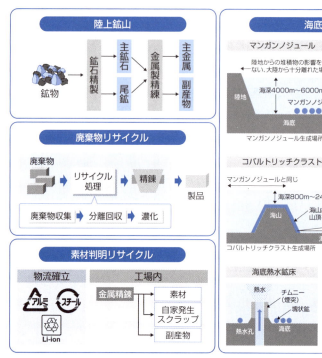
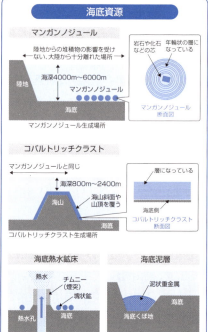

金属資源の存在場所（23-1-2）

▶▶ 金属鉱石

　金属鉱石とは、現在の資源技術で採掘して利益が上がる経済的合理性を持ったものです。いくら豊富に存在していても、濃度が低い場合や精錬にコストが膨大にかかるものは鉱石とは呼びません。たとえば、砂場の砂にはアルミニウムやケイ素を豊富に含む鉱物が含まれますが、その砂から精錬することはありませんので、鉱石にはなりません。金属鉱床の周囲には低品位な含有量の鉱石があっても、経済的に精錬できない場合は鉱石に入れません*。

　鉱物には大きく分けて、酸化物系鉱石と硫化物系鉱石があります。**酸化物系鉱石**は、鉄鉱石が典型例ですが、現在採掘している濃度よりも小さくなると、存在量が膨大になります。**硫化物系鉱石**は銅や鉛、亜鉛鉱石が典型例です。地表近傍で火山作用によって濃化が進んでいる鉱床はあるものの、これらの鉱床が終われば、低品位

＊…入れません　社会環境や自然環境、規則・制度、競争鉱石の価格などが変われば鉱石と呼び名が変わる。

23-1 金属資源

の鉱床しか残っていない場合があります。

　目的金属の含有濃度が低過ぎて、金属鉱石とは認められないものの、メインメタルの製造過程での副産物として濃化して精錬されて回収される金属はレアメタルで数多くあります。鉛精錬で得られるビスマス、アンチモンやタリウム、亜鉛精錬で得られるインジウム、カドミウムやゲルマニウム、銅製錬で得られるコバルト、モリブデン、セレンやテルルなど、アルミニウム製錬で得られるガリウム、リチウム精錬で得られるルビジウム、モリブデン精錬ではレニウムが副産物としての生産が実用化されています[*]。

　副産物として得られる金属は、メイン鉱石からの生産が順調な場合は、安定供給が可能ですが、メイン鉱石が衰退したり撤退したりすると、たちまち供給能力不足

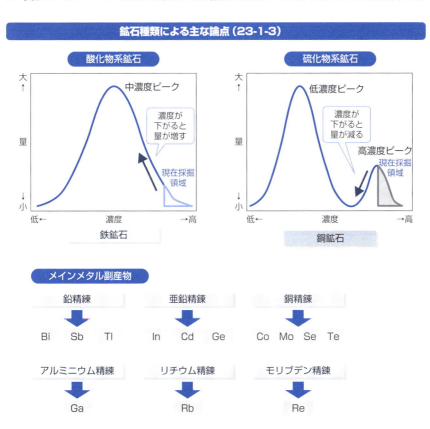

鉱石種類による主な論点（23-1-3）

[*]…されています　副産物で得られる金属資源のリスクは、メイン資源が生産終了したり、製法が変わったり、鉱石源が変わると収率に影響すること。

23-1　金属資源

に陥ります。最近の例では、亜鉛を生産していた豊羽鉱山が閉山した途端インジウム不足が深刻になった例や、銅鉱山が労働争議で不調になってコバルト不足になったケースがあります。

▶▶ 金属の持続可能年数

　金属資源は、地球の地殻内に存在するため有限です。年間の消費量に対して埋蔵量がどれくらいあるかが金属資源の持続可能年数になります。埋蔵量をどのように見積もるかで年数が変わります。

　埋蔵量は大きく分けて、存在が確認された鉱床と鉱石含有量で見積もる埋蔵量ベースの**資源埋蔵量**と、経済的に**採掘可能な埋蔵量**があります。利益にならない鉱床は資源にならないのです。輸送が不便であったり鉱石含有量が小さいものや、採掘にコストがかかるものも鉱床になりません。反対に、鉱石の価格が上昇した場合、少々のコストや不便があっても採掘され、鉱床になります。埋蔵量は、鉱石がいくらで取引されるかで変動するのです＊。

　例えば、レアアースメタルの埋蔵量がこれまで大半が中国国内でしたが、中国が安価に供給し始めるまでは米国にも存在しました。最近、供給不安定になり価格が上昇したため、一度は廃鉱になった鉱山が復活し始めています。コスト的に収益が出ずに諦めていた鉱床も、価格が上がって収益が見込まれると、資源になり、埋蔵量が増加します。

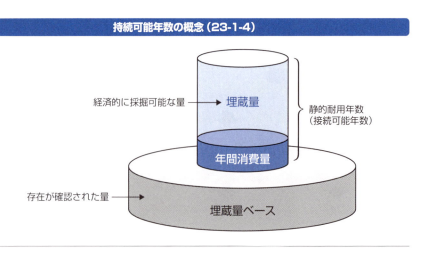

持続可能年数の概念（23-1-4）

＊…**変動するのです**　新規開発された鉱床や、僻地への輸送手段が整備された鉱床もある。

23-1 金属資源

現在の価格で経済的に採掘可能な埋蔵量を年間の消費量で割った**持続可能年数**[*]は、将来の消費量の増加や埋蔵量の変化を考慮していないため**静的耐用年数**と呼びます。

静的耐用年数を主な金属資源で見てみると、鉄鉱石が安定していますが、意外にコモンメタルと呼ばれる銅や亜鉛の年数が小さいことがわかります。昔から使われているから安定供給が可能であるというわけではありません[*]。

日本のレアメタル主要輸入国を見ると、生産国を反映しています。上位3国で80%を超える金属が多数あります。輸入国でも中国の存在が圧倒的です。ブラジルのニオブや、南アフリカからの白金は、一国からの輸入に頼っています。

日本は、鉱物資源を海外に依存しています。輸入の安定性から見ると、輸入国を数国に限定せずに複数国に増やし、天然、政治などの環境の不測の変化に対応する必要があります。

▶▶ 資源ナショナリズム

金属資源を取り巻く環境は、中国問題、資源メジャー、鉱山、開発、および価格の5つの分野での課題が顕著になってきました。

中国問題とは、2000年前後から中国が輸出国から大消費国に変貌したことです。中国は世界最大規模の鉱物資源国ですが、工業化に伴い、レアアースメタルをはじめ、これまで輸出していた鉱物資源を自国で使い始め、自国で生産しない鉱物資源が大量に輸入するようになりました。中国の変化は、供給の不安定化や価格高騰を引き起こし、資本力のある資源メジャーが合併により、市場の寡占化を果たしました。

金属資源を取り巻く環境の変化は、資源国にも影響します。資源を輸出するだけではなく、自国に存在する資源を自国で管理し開発しようとする動きが出てきます。民族や国土の利益を優先する資源施策が、資源ナショナリズムです。

資源ナショナリズムは、国や資源によってさまざまな内容に分かれます。鉱山を国有化する、外資が鉱山経営に参入するのを制限する、金属資源を原石のままではなく精鉱や精錬して付加価値を付けて出荷する、資源輸出数量を制限する、鉱山経営には資源国資本の参入を義務づける、資源国が設立した国有企業が鉱床を探査する、鉱業に税金をかけたり課金するなど、自国金属資源を自国の利益のために有利に使おうとする流れは、全世界的に広まっています。

---

[*] **持続可能年数** 実際は、使用料が増したり、代替が進んだり、新資源が見つからなかったり、大資源が見つかったりして、大きくずれることになる。

[*] **…わけではありません** 銅鉱石などの硫化物鉱石は濃化鉱床を形成し、昔から容易に採掘できが、濃化鉱床にも寿命があるため。

23-1 金属資源

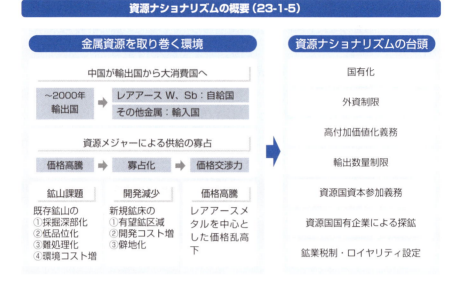

▶▶ レアメタル資源確保

レアメタル資源確保のため日本では、海外資本確保、レアメタル蓄積、リサイクルおよび代替戦略の４つの基本戦略が策定され実行されています*。

海外資源確保は、資源国との関係を重視し、鉱山開発へのリスクを伴う資金援助を政府が行い、海底資源開発を進める戦略です。

レアメタル備蓄は、重要備蓄鉱種と要注視鉱種を定め、レアメタルの価格変動や資源国リスクにより供給不安定になった場合、政府系や民間の金属資源備蓄基地備蓄の鉱石を放出するセーフティーネットワークを構築する戦略です。

リサイクルは、リサイクル技術と使用済み製品の回収促進とリサイクルしやすい設計の三位一体戦略です。リサイクル資源は、鉱石からの膨大な量の廃棄物を出しながらの製造に比べて、非常に廃棄物の少ない資源です。

代替材料の開発は、国内に産業連携や研究開発拠点を設け、ナノ創成技術や計算技術、計測技術など最新技術を駆使してレアメタル代替技術を創成する戦略です。

レアメタル資源確保戦略に従って、レアメタルの金属資源課題に対して、産学官の協力で、新元素戦略など力強い活動が推進されています。

---

*…**実行されています** 2020年3月、日本政府は石油とLNG、鉱物資源および気候変動問題に対処する新国際資源戦略を策定。

23-1 金属資源

レアメタル資源確保の4つの戦略 (23-1-6)

海外資源確保

リサイクル*

レアメタル備蓄

代替材料の開発
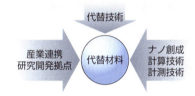

鉄鋼業と料理（その1）

　同じ食材と同じ調理道具を使うと、同じ料理ができるでしょうか。答えは否でしょう。行列のできるお店の達人が作る料理と筆者の手料理では味も異なれば、おいしさも異なる事は間違いありません。売りものになる料理は食材と道具だけでは決まりません。

　同じ鉄鋼原料、最新鋭の設備を使うと同じ品質の鋼材が得られるのでしょうか。これも否としか言えません。鋼材の品質の差違になって現れてきます。何が異なるかと訊ねても理由はありません。

　良い料理人は、常に技量を磨き、お客様の好みに合わせて料理を調理します。その際、もちろん最良の食材や性能の良い調理器具の工夫は欠かせません。料理の腕に差が出るのは、シンプルな料理の調理です。装飾や見た目を排した味勝負では、アマチュアとプロの差が歴然です。

＊**リサイクル**　「リサイクル」という言葉を聞くと、「抜本的」とか「安全第一」と同じように聞こえてしまう。いずれも、唱えている人はなんの方策も関わる気もないのに無責任に口走っているだけに見えてしまう。

2 陸上資源

レアメタル資源の安定確保は、輸入国の分散化が必要条件です。金属鉱山の開発のためには、資源国との戦略的互恵関係を結ぶ資源外交、資源探査と開発の促進をセットにした鉱床確保が進められています。

▶▶ 我が国の資源外交

日本は金属資源が自給できず、大半を輸入に頼っています。資源国から安定して鉱石を購入し続けるためには、**戦略的互恵関係**の構築が不可欠です。日本から資源国に対しては、日本ならではの技術移転や先進的な環境技術の提供、電気や水道、情報網などのインフラ整備に、ODA＊や人的交流などを通じて協力することにより、資源国から日本に対しては、レアメタルの安定供給や日本企業の投資に対する保護が行われます。

互恵関係は、日本の都合だけではなく、資源国が抱えている課題に対して柔軟に対応していく必要があります。資源外交には、進出日本企業に対して、日本政府や政府系機関の全面的なバックアップ体制が必要になります。具体的には、資源国への先方が希望する分野の技術移転、日本が得意とし進んでいる環境技術の提供などです。環境問題は、工業化が進むと避けて通れない問題です。日本がリードしている環境技術を提供するのは互恵関係になります。インフラ整備協力は、資金力に任せて無秩序に整備協力するのではなく、資源国の今後の発展を見据えた整備計画の策定と資金供与を行う必要があります。

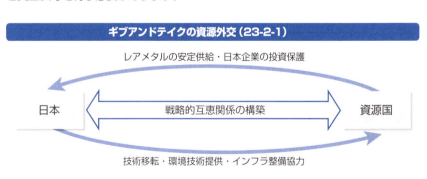

ギブアンドテイクの資源外交（23-2-1）

＊**ODA** 政府開発援助。資源国との関係を保つためにも活用。

レアアースメタル調達量と調達先の現状

　レアメタルの課題は、金属資源供給国が数国に限定されるために発生する供給リスクです。特にレアアースメタルは中国一国での独占が続いてきました。中国は2008年頃から供給量を年々減らし、関税も重くしてきました。リーマンショックで急激に需要が落ち込んだ後、国際問題がきっかけで供給が滞り、正常化の後も割当量の減少は続きました。そこで2011年以降は、**レアアースメタルの代替技術**により輸入量を減らす*とともに、輸入国の分散化を図ってきました。

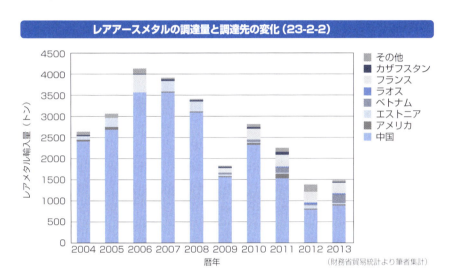

レアアースメタルの調達量と調達先の変化（23-2-2）

（財務省貿易統計より筆者集計）

レアアースメタル調達先

　レアアースメタルの調達先の多様化は、使用量を減少させる対策で中国依存比率を徹底的に下げ、かつての90％から現在では60％程度まで減少させてきた成果です。中国依存比率を50％以下にするためには、オーストラリアやカナダからの輸入量を増加させ、東南アジアやインドでの生産能力を向上させる計画の実行が必要です。

＊輸入量を減らす　日中関係の悪化でレアアースメタルの輸入が不安定になった。

23-2 陸上資源

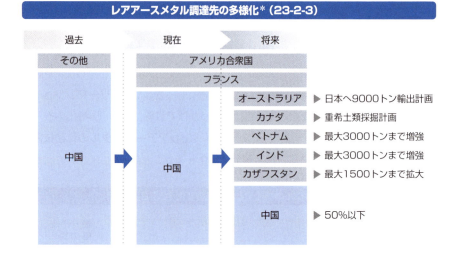

レアアースメタル調達先の多様化*（23-2-3）

金属資源の確保戦略

　金属資源を新たに確保するためには、鉱床の探査とボーリングによる資源探鉱、坑道掘削と施設設置の資源開発および鉱石を採掘して販売する資源生産、3つの工程を海外で行わなければなりません。鉱床の開発のためには、これらの工程を総合的にかつシームレスに行う必要があります。

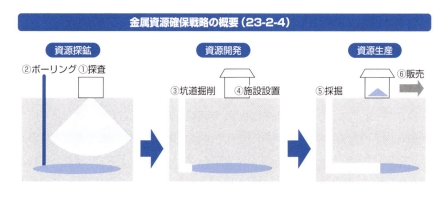

金属資源確保戦略の概要（23-2-4）

＊**レアアースメタル調達先の多様化**　レアアースメタルを安価に調達できるのに、カントリーリスクがあれば輸入は止まる。そのリスク回避が調達先の多様化である。

734

23-2　陸上資源

▶▶ 資源確保に向けた我が国の取り組み

　資源探鉱と開発のためには、日系企業やJOGMEC*が孤軍奮闘するのではなく、政府系機関を利用し、リスクマネーを活用し、政府と一体となった取り組みが必要です。現在日本、アメリカや南米、東南アジア、豪州などへの働きかけを、強化しています。保有資源量や鉱石の種類や品位に応じたきめ細かい対応が、資源国に対して必要です。

資源確保のために我が国の戦略（23-2-5）

― 資源探鉱と開発の方法と現状 ―

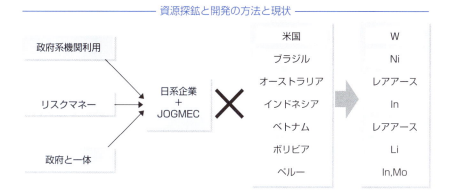

鉄鋼業と料理（その2）

　鋼材生産は、一つの調理道具で和食からフランス料理まで作り分ける行為に似ています。同じ高炉、同じ転炉、同じ圧延設備で、自動車用鋼材と建築鋼材を作り分けます。素人目には同じ料理かもしれませんが、中華鍋で日本料理の至宝・だし巻き卵と中華の定番回鍋肉を作り分けるくらい難しい技量が必要となります。

　料理に必要なのは、料理を食べてくれるお客様です。鉄鋼製造でも、鋼材を使い厳しい品質を要求するお客様の存在が、欠かせません。お客様のニーズに応え、1円でも安く、1トンでも多く鉄鋼製造をする技量を磨き続ける事が、一流のものつくりの姿勢です。鋼材価格を、お客様が買っていただけ値段に設定できることも技量です。料理も同じで、おいしくても手が届かなければお店は廃れますよね。

＊ JOGMEC　独立行政法人石油天然ガス・金属鉱物資源機構。我が国における資源関係の出資・債務の保証、技術開発の支援、情報収集や提供、地質構造の調査、資源の備蓄などを管轄。

3 海底資源

海底鉱物資源の利用は、実用化にはまだ時間がかかります。2013年に制定された開発計画にはエネルギー資源と鉱物資源の利用に向けた工程が示されています。大きな可能性を秘めた海底資源について詳しく見ていきましょう。

▶▶ 海洋エネルギー・鉱物資源開発計画

政府は、2013年末に日本の**排他的経済水域***に存在する海洋エネルギー・鉱物資源に関する開発計画を策定し、開発と実用化に向けた工程表を示しました。エネルギー源としてメタンハイドレードと石油・天然ガスの実用化が急務です。

鉱物資源としては、採取可能な海底熱水鉱床とコバルトリッチクラストの実用化を主眼にしています。近年見つかってきたレアアース堆積物の実用化と、公海の探査割り当て区域にしか存在しないマンガン団塊は実用化のめどを見極めます。

海洋エネルギー・鉱物資源開発計画の概要（23-3-1）

***排他的経済水域**　漁業、天然資源採掘、科学的調査活動を、他国に邪魔されずに自由に行うことができる水域。海洋国は領海の外側に決められた幅を超えない範囲設定することができる。

海底資源

　海底資源は、大きく分けてマンガン団塊（マンガンノジュール*）、コバルトリッチクラスト、海底熱水鉱床および海底泥層（レアアース堆積物）の4つに分かれます。

　マンガンノジュールは、大陸の河川などからの流出堆積物の影響を受けない大陸から十分離れた深海で生成します。マンガン団塊には、真珠のように中心部に岩石や化石の芯があり、その周囲に樹木の年輪のように重なった層があります。層には、

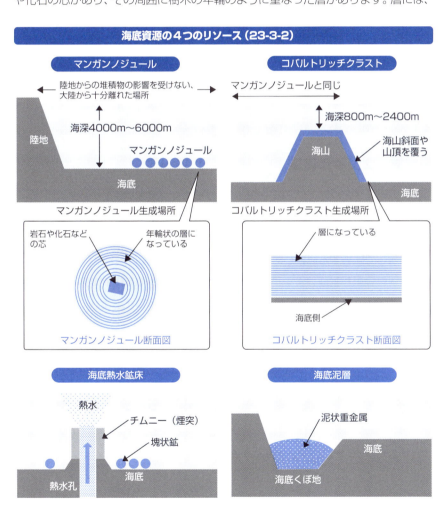

海底資源の4つのリソース（23-3-2）

＊**マンガンノジュール**　筆者が学生時代を過ごした資源工学科の研究室では採取法やリーチングの研究が盛んだった。

23-3 海底資源

マンガンや銅、ニッケル、コバルト、白金などが含まれています。深海底から効率的にすくい上げる技術、塊を溶かし複数金属を単離できる技術などが必要です。

コバルトリッチクラストは、深海底の海山の斜面を覆う殻状の鉱物資源です。殻を割る技術と殻回収、単離技術が必要です。

海底熱水鉱床は、海底の熱水孔から吹き出す熱水中に含まれる鉱物質の堆積物を回収する技術で利用可能です。採取方法が確立すれば早期に実用化有望な技術です。

海底泥層は、海底のくぼ地に泥状の重金属化合物が堆積していることが、従来から知られていました。2011年に発表されたレアアースメタル堆積物は、この海底泥層の認識を大きく変えました。太平洋の至る所の海底に数十メートルの厚みで、イオン吸着鉱床よりも高濃度のレアアースメタルが発見されました。その量が少なく見積もっても100億トン以上存在する可能性が出てきました。計画は、まず資源量ポテンシャルを評価してから今後の対応を決めることになっています*。

▶▶ レアアースメタル資源

レアアースメタルはマグマ由来の鉱床として広く低濃度で存在します。重金属であるレアアースメタルはウランなどの放射性元素と共存しています。この鉱床から鉱石を採取し粉砕、選別し、精錬すると最終精錬工程まで放射性元素が残存し、さらに溶解して除去する必要があります。レアアースメタルの精錬過程で、副産物として放射性金属が生成します。マグマ由来の鉱床は数多くありますが、放射性元素の濃化除去の課題のため処理費用がかさみ、商業ベースに乗りません。

イオン吸着鉱床は、マグマ由来の鉱床から生成したレアアースメタルを含有する花こう岩が、長年の風雨により風化し粘土質になったものです。岩石中に取り込まれていたウラン等の放射性元素は、この過程できれいに洗い流されてしまいます。イオン吸着鉱床からのレアアースメタルの回収方法は非常に効率的です。鉱床まで穴を掘り、その中に酸を注ぎ込みます。粘土中のイオン状のレアアースメタルは酸に溶解し、鉱床からレアアースメタルイオンを含んだ溶液が流れ出します。溶液を回収するだけで、鉱石の表土や廃鉱や脈石も発生せず、レアアースメタルの採取が可能です。イオン吸着鉱床は主に中国に存在し、中国のレアアースメタルの独占を可能にしました。課題は流出溶液が周辺環境を汚染することで、環境対策を講じる

---

* …**決めることになっています** 我が国の排他的経済水域で発見されているため、資源化が可能。

23-3 海底資源

必要が出てきたため、中国のレアアースメタルの生産は制限されつつあります。

海底泥は、海底に長時間かけて沈降し堆積したものです。イオン吸着鉱床の品位と同等以上のレアアースメタル含有率の泥は、容易に酸で溶解します。深海底に堆積した泥を海上の船に持ち上げて処理できれば、レアアースメタルの回収は可能です。海底泥中には、イオン吸着鉱床と同様、放射性元素は含まれていない[*]ため、資源としては有望です。まず資源量を見積もり、海洋汚染をしないように公海上で採取する方法を確立する必要があるなど、解決しなければならない課題が山積していますが、将来の資源化に向けて注目されています[*]。

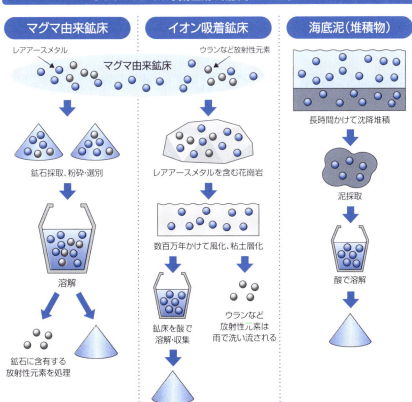

レアアースメタル資源生成の概要（23-3-3）

---

[*] **放射性元素は含まれていない** 海中で、溶解した鉱物が沈殿するので、共存していた放射性元素は除去されるため。
[*] **…注目されています** 海底には数十mの厚みで海底泥が堆積している。これが資源化できれば、資源調達は変化する。

V 金属を取り巻く環境篇　第23章　金属資源

4 リサイクル資源

リサイクル資源は、天然資源より濃縮している場合に有用です。再生産可能な循環型社会をつくるために、金属リサイクルが果たしている役割と今後の可能性について、実際のリサイクル実態を踏まえながら概観しましょう。

▶▶ 現在リサイクルできている金属資源

鉄鋼やアルミニウムなどコモンメタルを除くレアメタル金属のリサイクルは限られています。リサイクルに経済的合理性がなければ、実用化できません。

実際に行われている金属リサイクルは、大きく分けて自家発生・産業廃棄物からリサイクルする特定目的リサイクルと、市中廃棄物からのリサイクルがあります。

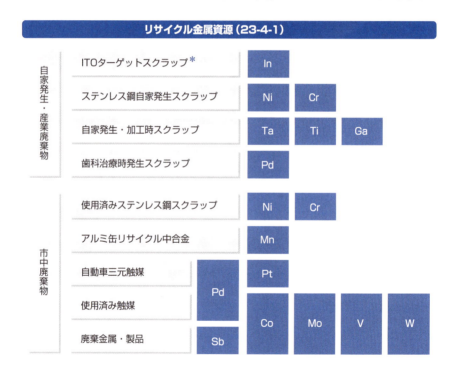

リサイクル金属資源（23-4-1）

＊ITOターゲットスクラップ　ITOターゲットの約3割を使用し、残りはリサイクル処理を行う。

自家発生や産業廃棄物とは、液晶パネルなどに用いるITOのターゲット、ステンレス鋼の加工時の発生スクラップ、レアメタル金属加工時の加工金属スクラップ、歯科治療時のパラジウムなど、特定の製造工程や作業場所から決まった量の一定の品位のスクラップが回収され、リサイクルされるものです。

市中で使用済みの廃棄物は、特定種類の有価スクラップです。ステンレス鋼やアルミニウム缶、工業用設備や自動車に用いられる触媒などがリサイクルの対象になります。

リサイクル関連の国内法令

リサイクル*は、循環型社会を形成する上で有効な施策の一つです。資源投入から生産消費・使用、廃棄と一連の製品寿命の流れが正のサイクルです。廃棄されたものは、リサイクル、燃料源として**サーマルリサイクル**、適正な埋立処分のいずれかに処理されていきます。

循環型社会形成の優先順位は、生産時の生産歩留を向上させ、屑ロスの発生抑制することです。次に、使用済みで廃棄されたものを一部整備・精製して、そのまま再利用することです。その後原料としてリサイクルする順番です。

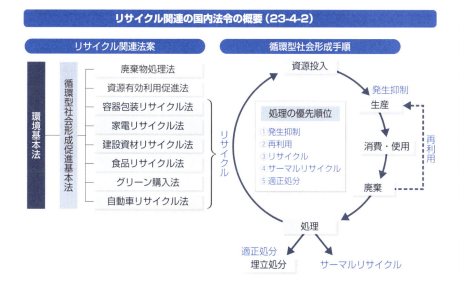

リサイクル関連の国内法令の概要（23-4-2）

＊**リサイクル**　リサイクルには、製品資源を原料として再生利用するマテリアルリサイクル、ケミカルリサイクル、サーマルリサイクルがある。

23-4 リサイクル資源

廃棄物を金属資源としてリサイクルをするためには、廃棄物の形状に応じた対応をする必要があります。現実的な容器包装、家電、建設資材、自動車など金属資源に関リサイクル方法を定めた法律がリサイクル関連法案です。これらの関連法案を束ねるのが**循環型社会形成促進基本法**、その上位が環境基本法になります。市中屑の利用には、市中にばらまかれた廃棄物を回収し、有効金属成分の分離する社会の仕組み作りが必要です＊。

▶▶ 3Rの考え方

循環型社会の基本的な政策は、廃棄物の発生抑制、使用済み製品の再利用、およびリサイクルによる再資源化です。この3つの政策、Reduce、Reuse、Recycleの頭文字をとって3R政策と呼びます。

廃棄物の発生抑制の方法論は、使用原単位を削減する省資源化、ありふれた元素に置換してレアメタルの使用を減らす代替化、使用期間を延長し廃棄物の発生を抑制する長寿命化があります。

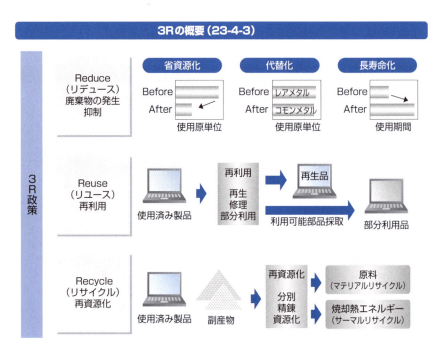

3Rの概要（23-4-3）

＊…必要です　リサイクル関連の法令。関連図も図示したので、法令を役立ててほしい。

23-4 リサイクル資源

　使用済み製品の再利用は、製品としての再利用や再生修理、利用可能部品を採取して製品に利用する部分利用があります。

　使用済み製品に含まれる金属の再資源化は、**マテリアルリサイクル**と呼ばれます。製品をそのまま再資源化するか、分別してから再資源化精錬をする場合があります。

▶▶ リサイクル資源化

　天然資源と**リサイクル資源**の精錬で大きく異なるのは、原料が鉱石か微量の金属を含有する廃棄物部品かです。天然資源では粗鉱石を精鉱処理を行い、鉱石の濃化をしてから精錬を行います。リサイクル資源では原料資源は、回収した廃棄物です。精鉱処理と同様に分離回収し、濃化操作を行った後に、ようやく精錬に取り掛かります*。

　天然資源に比べ、国内消費地で発生するリサイクル資源は、鉱石の採掘や輸入などといった鉱山コストや国内への輸送コストなどはかかりませんが、リサイクル資源を集めてくる収集コストがかかります。また、天然資源の精錬は通常、特定の金属の回収を目的としますが、リサイクル資源にはさまざまな種類の金属が含まれており、天然資源の精錬よりも複雑で効率が悪い精錬にならざるを得ません。

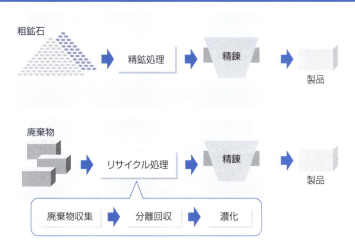

天然資源とリサイクル資源（23-4-4）

---

*…取り掛かります　リサイクルで国内資源を集める際、回収コストと環境安全対策にかかるコストがかかってきて、安価な海外からの資源にはかなわないのが実情。

23-4 リサイクル資源

▶▶ 都市鉱山構想

都会に金属資源が眠っているという発想から、**都市鉱山***という発想でリサイクルを考える場合が増加しています。

天然鉱山操業では、採掘、鉱石選鉱、精錬および製品化という一連の作業の流れがあります。

都市鉱山では、都市に備蓄されている大量の金属資源を、種類向け先別に回収し、再生処理をします。再生処理方法は、大きく分けて高品位の材料に回収資源を溶かし込み、希釈して低・中品位再生材料として使う**希釈型再生**と、回収資源から高品位の再生材料を取り出す**抽出型再生**があります。都市鉱山とは、資源量の可能性のことを指しています。実現するためには回収や再生が経済的合理性に乗るか、供給が続くのかを考慮する必要です。実現までには数々の解決しなければならない技術課題があります。

天然鉱山と都市鉱山（23-4-5）

***都市鉱山** 都市部でゴミとして大量に廃棄される家電製品などの中に存在する有用な資源を鉱山に見立てたもの。鉱業生産に限らず、経済的合理性がなければ操業は続けられない。

都市鉱山ポテンシャル

　都市鉱山のポテンシャルは、わが国の工場や建造物、家庭内の機器類などに、どれくらいの金属が含有されているかという概念です。通常、製品に含まれる金属含有量に製品の台数を掛けて求めていきます。

　金属種別に世界の埋蔵量の何%くらいがわが国に存在するかを調べると、銀やアンチモン、金、インジウムなどが15〜20%程度存在することがわかります。

　年間消費量の何年分の都市鉱山存在量があるか計算すると、主な金属では世界の消費量の数年分の金属が蓄積されていることがわかります。

　都市鉱山は、実現までいくつもの課題があるものの、わが国の国内に大量の金属資源が存在することは、非常に魅力的な事態です*。

　2020年東京オリンピックの金銀銅メダルは、都市鉱山からの再生金属で作られました。スマートフォンや電子機器の廃棄物を回収して、そこから金、銀、銅を分離回収するという試みは、現代の国際競技大会に相応しいものでした。都市鉱山の発想はあっても現実的な目に見える形の成果が見えづらいものでした。金銀を回収しても、お金儲けと受け取られかねないところを金メダルの形で提示すると、その再生品の向こうにある理念がわかりやすく伝えられます。

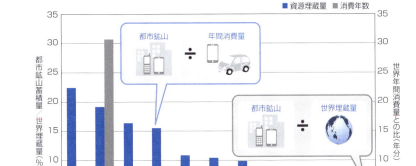

都市への金属の集積量（23-4-6）

*…事態です　とはいうものの、宝の山を活用できなければ、宝の山の上で暮らしているだけで、何のメリットもない。かつて読んだSF小説『神の目の小さな塵』のモート人の住んでいる星のようになるような気がしてならない。この一文の意味がわかる人は相当SFオタクです。

23-4　リサイクル資源

日本海海戦の金属学

明治38年（1905年）5月27日対馬沖、日本海軍連合艦隊はロシアバルチック艦隊と決戦の時を迎えていました。「天気晴朗ナレド波高シ」の有名な打電と共に艦隊決戦の火蓋が開かれました。決戦の内容は、日本側の敵前での艦隊の大回頭で劇的な勝利を得ます。戦法がどのようなものであったのか、Tの字なのか丁の字なのかは置いておき、ここでは日本海海戦を金属学的に見ていきましょう。

日本側の連合艦隊は、第一艦隊と第二艦隊でした。第一艦隊は歴代の旗艦で構成されていました。並びは旗艦三笠、敷島、富士、朝日、春日、日進の順です。旗艦三笠が危険を顧みず大回頭をします。

先頭艦は普通でも狙われ易いのに何故三笠が先頭だったのでしょう。それは、三笠が英国ビッカース社が2隻だけ建造した当時最新の新兵器艦だったからです。ロシアとも敵対し、日英同盟の最中、英国が、日本のために作ったのが三笠＊です。

歴代の旗艦の鋼材の種類を見てみましょう。朝日はニッケル鋼、富士はニッケル・クロム鋼、敷島は浸炭ニッケル鋼、つまりハーヴェイ鋼、そして三笠は浸炭ニッケル・クロム鋼、つまりクルップ鋼でした。歴代の旗艦は見事に造船順に鋼材がグレードアップしています。これは、被弾に対する防御が進み、最近になればなるほど防ぎやすくなっています。

さらに舷側の装甲厚みが、富士は457ミリなのに敷島・三笠は229mmと半減しました。これは、最近の旗艦の方が軽く旋回性能が良くなっていることを意味します。鋼材的に見ると、旗艦三笠と敷島は船足が早く防御性に優れた大回頭にうってつけの艦でした。

この鋼材の進化はその後も続き、薩摩では浸炭ビッカース鋼、大和では窒化ステンレス鋼が採用されています。しかも船殻厚みも厚くなっています。これは、大和時代には魚雷攻撃も考慮しなければならなかったからでしょう。

このように、戦艦の使用鋼材を紐解いていけば戦法や考慮すべき戦闘の想像がつきます。本当に鋼材って面白いですね。

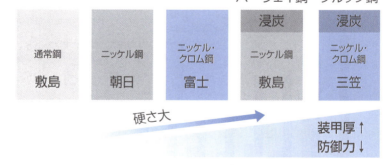

＊三笠　横須賀の岸壁で現存する。船内には「バトルシップミカサへ」と、たくさんのメダルが飾られている。ロシア艦隊を一撃で葬り去った三笠は、今でも世界中の軍艦乗りから篤い崇敬を受けている。

V 金属を取り巻く環境篇

第24章

金属資源課題

　金属資源課題は、金属資源のリスクの年々増加です。コモンメタルもレアメタルも資源価格の高騰だけではなく、各々固有の問題を抱えています。

　持続的社会の形成に向け金属の担う役割が大きくなってきました。コロナ禍、サプライチェーンの変化の中で、金属素材の課題をみてみましょう。

V 金属を取り巻く環境篇　第24章　金属資源課題

 金属資源リスク

金属資源リスク*は、金属の需要量の増加と金属資源の供給能力のバランスの不安定さが引き起こします。資源リスクと原因となる制約条件、リスクが高まるメカニズムについて見ていきましょう。

▶▶ 金属資源リスク

鉱業生産は、経済活動です。鉱山が持続できるかどうかは、収益が上げられるかどうかに掛かっています。鉱業生産の持続性のリスクは、高品位の鉱床は有限で、いつかは品位が低下することです。品位低下は、濃化させる手間が増大し、価格上昇に

資源リスクの概要（24-1-1）

地球環境の持続性：二酸化炭素排出 ← 鉱工業生産活動 → エコロジカル・リュックサック（廃棄物／製品）

工業生産の持続性：品質低下 → 生産性悪化・価格上昇 → 元素代替 → 価格低下・投資停止 → 鉱山廃止

資源需要供給課題：
- 1国で75%以上供給：レアアース（中国95%）、Wタングステン（中国）、Rhロジウム（南アフリカ）、Pt白金（南アフリカ）、Nbニオブ（ブラジル）
- 3国で80%以上：Pd、V、Te、Ta、Bi
- 大量消費国 ⇔ 需給課題

***リスク**　リスクがあるなら、リサイクルすれば解決だ——。このような発想は「パンがないならお菓子を食べれば」と同じ。

つながります。金属の価格上昇は元素代替を促し、別の金属への乗り移りが加速します。元の金属の需要が減少すると価格が低下し、投資が止まり、鉱山廃止へとつながります。意図的に価格低下が起こる場合も同様に、鉱山の廃止につながります。かつて、中国はレアアースメタルを廉価で供給し、世界中のレアアースメタル鉱山が閉山しました。マンガンも中国が廉価供給を続けたため、インドをはじめとする世界中のマンガン鉱山がほとんど閉山に追い込まれました。

資源の需要と供給の問題は、金属資源が一国もしくは数国に集中している事実と、日本などの大量消費国が資源国と異なっていることから発生します。鉄鋼など消費量が膨大なコモンメタルでは需給バランスの崩れは少ないのですが、消費量が少ないレアメタルでは限られた数の鉱山で総使用量がまかなえてしまいます。このため、バランスが崩れやすい特徴を持っています。

▶▶ 金属資源制約

金属資源の制約は大きく分けて、採掘量の不足、鉱物資源偏在、エネルギーコストの上昇、廃水・廃鉱石コストの増大の4つがあります。

金や銅、亜鉛などは、需要が急激に増大しても採掘量が追いつかない制約があります。劣化する品位の中で生産量は増大させるため、膨大な費用がかかります。

鉱物資源を持つ国と消費する国の間には、さまざまな国際問題が存在します。中国に偏在するレアアースメタルやタングステン、南アフリカに偏在する白金やロジウム、ブラジルに偏在するニオブなどは、常に需給バランス上に問題を抱えています。

エネルギーコストの上昇は、電気を用いるアルミニウムやケイ素の生産に影響を与えます。日本では石油ショックの際、大幅に電力料金が上昇し、アルミニウムの精錬からは完全に撤退しました＊。

廃水・廃鉱石コストの増加も制約条件になります。レアアースメタルの生産は、比較的環境規制の緩い中国で行われてしまいましたが、汚染や公害問題を引き起こし、これまで以上に**環境コスト**が上昇しています。

＊**完全に撤退しました**　2014年までは日本軽金属株式会社の蒲原製造所だけは富士川沿いに持つ6カ所の水力発電所から電力を調達できたため操業を続けていた。

24-1 金属資源リスク

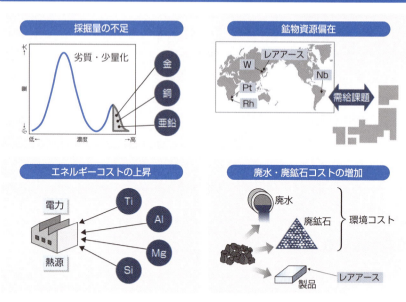

▶▶ 金属資源リスク

　金属資源リスクは、金属資源が抱える供給の不安定さや価格の急騰です。リスクを引き起こす原因は、国際背景と国内背景にあります。国際背景では、資源の偏在以外に、資源の供給を自国に有利なように交渉を進めようとする資源ナショナリズム、BRICs諸国では中国が先陣を切っている資源供給国から消費国への変化＊があります。

　国内背景では、これまで戦略的に投資する環境になかったこと、レアメタル金属資源の使用量が急激に増大していること、最新技術にはレアメタルが必須の金属であることなどがあげられます。

　資源リスクは、コモンメタルとレアメタル、いずれの金属でも年々高まっています。

＊**消費国への変化**　例えば鉄鋼、アルミニウムなどの生産増加に伴う鉄鉱石やボーキサイト、アルミ地金の輸入が激増した。

24-1 金属資源リスク

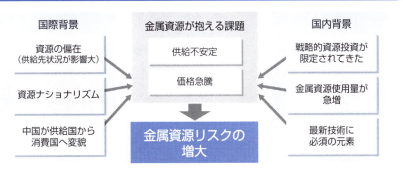

資源リスク増大メカニズム（24-1-3）

国際背景
- 資源の偏在（供給先状況が影響大）
- 資源ナショナリズム
- 中国が供給国から消費国へ変貌

金属資源が抱える課題
- 供給不安定
- 価格急騰

国内背景
- 戦略的資源投資が限定されてきた
- 金属資源使用量が急増
- 最新技術に必須の元素

→ 金属資源リスクの増大

タイタニックと宮沢賢治

　タイタニックに憧れて数回、クルーズ船に乗って、雰囲気を味わった。コロナで名を轟かせたダイアモンド・プリンセスは英国式でまさにタイタニックの世界だった。そんな思いを嚙み締めながらテレビで再放送された映画を見ていると、ふと宮沢賢治を思い出した。

　宮沢賢治の作品にはタイタニックの氷山衝突が登場する。銀河鉄道の夜で、びしょ濡れの子供が汽車に乗ってくる。氷山にぶつかって海に投げ出されたというのだ。と、ここまではネットなどの情報で知っている人も多いことだろう。筆者のおすすめの宮沢賢治に出てくるタイタニックは、知る人ぞ知る詩集『春の修羅*』に登場する。それも第二集に堂々と登場する。宮沢賢治の春の修羅は、筆者的にはとっても面白い。というのも、ほぼ8割の詩に金属が登場するのだ。それも金や銀だけではない。アマルガムにならなかった溶けた水銀の川や青銅、緑青や鋼青などなど。金属フェチの筆者的には手放せない一冊だ。

　で、どこでタイタニックが登場するか。それは、盛岡の学校で霧の中で生徒たちが、先生さよならとこちらの顔も見えないはずなのに挨拶して帰っていく、そういう状況が、「さよならなんといふ、いったい霧の中からはこっちが見えるわけなのか、さよならなんていはれると、まるでわれわれ職員が、タイタニックの甲板で、Nearer my Godか何かうたふ悲壮な船客まがひである」と、まるで映画のあのシーンのような表現になっている。ここで出てくる歌は賛美歌で、映画でも沈みゆく船で楽団が最後に演奏する曲だ。悲しげなメロディーと盛岡の霧の光景がマッチして幻想的である。

---

*　**春の修羅**　この詩集に映画の中で出会い、嬉しくなった。『シン・ゴジラ』冒頭の無人のレジャーボートが発見されるシーンで、船内に残されていたのが折り鶴と、この『春の修羅』だ。確かめてみてほしい。

2 コモンメタルの資源課題

コモンメタルとは、地殻中に存在量が多く、鉱物資源が分散していて、高品位の鉱石が存在する金属です。これまでの産業を支えてきた金属で、金属単体への精錬が容易です。既存の技術で生産可能な金属です。

▶▶ コモンメタル

コモンメタルは、鉄、アルミニウム、銅、亜鉛および鉛が含まれますが、世界の生産量では鉄のガリバー状態です。鉄鋼は年間18億トン以上の生産量がありますが、二番手のアルミニウムで4600万トン、銅で1600万トン程度です。全金属を合わせても、鉄鋼の生産量は96%以上の比率になります*。

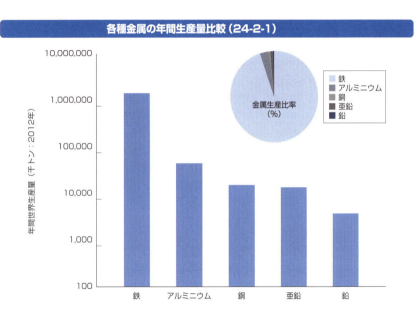

各種金属の年間生産量比較（24-2-1）

▶▶ 鉄鋼および鉄鉱石の課題

鉄鋼および鉄鉱石の課題は、急速な生産量の増加にあります。鉄鋼生産量は、2004年に世界生産量が10億トンを超えましたが、増加の一途をたどっています。

*…比率になります　金属生産に占める鉄鋼比率は増加傾向である。金属の生産量は、毎年大きく変動しているため、数値が必要な際、最新情報を調べて欲しい。

その主役は中国です。2003年の2億トンからわずか10年で10億トンになりました。日本や米国などは、1億トン前後で横ばいです。徐々に生産量を増してきているのが、インドです。中国やインドは十億人以上の大人口国です。これらの国々の消費量の増加は、鉄鉱石の価格には無縁ではありません[*]。

鉄鋼生産量の急激な増加（24-2-2）

▶▶ 鉄鋼資源需要量

　鉄鋼資源の需要量は、大きく分けて3つの時代に分かれます。2000年頃までの先進国が鉄鋼資源を独占使用していた時代、中国が現代化し始めて、鉄鋼資源需要が急激に高まっている現在までの時代、インドや東南アジアなどの大人口国が工業化し初めて需要がさらに高まるこれからの時代です。2008年のリーマンショックでは、先進国の鉄鋼需要は低下しましたが、中国の生産量は衰えませんでした。

　こうした資源需要には、ブラジルや英国の資源メジャーの存在が欠かせません。さらに中国の10億トン以上もの鉄鋼製品に供給する鉄鉱石への購買パワー、鉄鉱石鉱山への資源開発投資の増加などが、鉄鉱石価格の上昇を引き起こしました。

[*]…無縁ではありません　国際購入価格は、購入量が増えると価格が上がる傾向にある。国際生産・輸送能力が限られているため購入価格が上昇する。

24-2 コモンメタルの資源課題

鉄鋼生産量の急激な増加の背景（24-2-3）

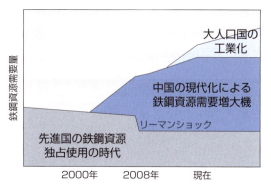

アルミニウム原料の課題

現在の日本では、アルミニウムの精錬生産は行われておりません。海外からの**輸入新地金**と**再生地金**で需要に応えています。　アルミニウムの精錬には、膨大な電気エネルギーを用います。オーストラリア、ロシア、ブラジル、ニュージーランド、南アフリカなどの国では、安価な水力発電で作った電力で精錬を行っています＊。

アルミニウム地金問題は、増大するアルミニウム需要に新地金と再生地金でどのように対応していくかということです。

アルミニウムの課題（24-2-4）

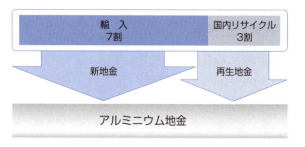

＊…**精錬を行っています**　太平洋戦争末期までは、日本も豊富な水力発電を有し、世界第3位のアルミニウム精錬大国だった。

Ⅴ 金属を取り巻く環境篇　第24章　金属資源課題

3 レアメタルの資源課題

　レアメタルの資源課題は、生産国や輸入国が数国に限られていること、金属資源を取り巻く環境が変化して資源国に資源ナショナリズムが生まれたことから生じています。レアメタル資源確保のための課題と、日本の4つの戦略を概観してみましょう。

▶▶ レアメタル資源の生産国と輸入国

　レアメタルの資源課題は、生産国が偏在しており、輸入国が限られていることから生じます。

　生産国上位3国で90%を超えるレアメタルは、レアアース、タングステン、バナジウムおよび白金があります。中でも中国の偏在は際立っており、レアアース、タングステンをはじめ、インジウム、モリブデン、リチウムなどで、中国なしでは生産が成り立ちません*。

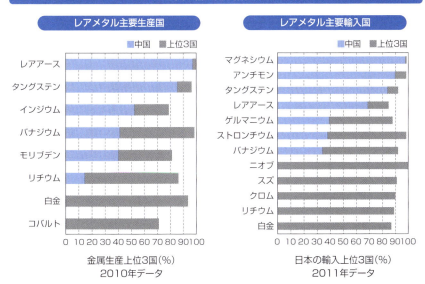

レアメタルの生産国と輸入国の偏在（24-3-1）

（筆者集計例）

＊…成り立ちません　気がつけば中国が主要資源を抑えてしまっている。これは明らかに国策なので、得体の知れない恐怖感を世界中に与えている。

24-3 レアメタルの資源課題

　日本のレアメタル主要輸入国を見ると、生産国を反映しています。上位3国で80%を超える金属が多数あります。輸入国でも中国の存在が圧倒的です。ブラジルのニオブや、南アフリカからの白金は、一国からの輸入に頼っています。

　日本は、鉱物資源を海外に依存しています。輸入の安定性から見ると、輸入国を数国に限定せずに複数国に増やし、天然、政治などの環境の不測の変化に対応する必要があります。

▶▶ 資源ナショナリズム

　金属資源を取り巻く環境は、中国問題、資源メジャー、鉱山、開発、および価格の5つの分野での課題が顕著になってきました。

　中国問題とは、2000年前後から中国が輸出国から大消費国に変貌したことです。中国は世界最大規模の鉱物資源国ですが、工業化に伴い、レアアースメタルをはじめ、これまで輸出していた鉱物資源を自国で使い始め、自国で生産しない鉱物資源を大量に輸入するようになりました。中国の変化は、供給の不安定化や価格高騰を引き起こし、資本力のある資源メジャーが合併により、市場の寡占化を果たしました。

　金属資源を取り巻く環境の変化は、資源国にも影響します。資源を輸出するだけではなく、自国に存在する資源を自国で管理し開発しようとする動きが出てきます。民族や国土の利益を優先する資源施策が、資源ナショナリズムです。

　資源ナショナリズム*は、国や資源によってさまざまな内容に分かれます。鉱山を国有化する、外資が鉱山経営に参入するのを制限する、金属資源を原石のままではなく精鉱や精錬して付加価値を付けて出荷する、資源輸出数量を制限する、鉱山経営には資源国資本の参入を義務づける、資源国が設立した国有企業が鉱床を探査する、鉱業に税金をかけたり課金するなど、自国金属資源を自国の利益のために有利に使おうとする流れは、全世界的に広まっています。

　資源ナショナリズムの台頭は、世界的な流れなので止められません。世界人口が爆発的に増加している現在、自国の特徴を最大限に活用し、国力を増すことは自然な動きです。一国や個々の企業の努力だけで解決する問題でもありません。資源ナショナリズムに冷静に対処するには、相互関係を密にすると同時に、特定国や特定場所に依存し過ぎないことが重要です。

***資源ナショナリズム**　発展途上国などが自国に存在する鉱物・エネルギー資源を自分たちで管理・開発しようという動き。所有権を強く意識する考え方が、民族・国土を重視するナショナリズムに似ているためこう呼ばれる。

24-3 レアメタルの資源課題

資源ナショナリズムの概要（24-3-2）

金属資源を取り巻く環境

中国が輸出国から大消費国へ

～2000年 輸出国 → レアアース W、Sb：自給国／その他金属：輸入国

資源メジャーによる供給の寡占

価格高騰 → 寡占化 → 価格交渉力

鉱山課題
既存鉱山の
①採掘深部化
②低品位化
③難処理化
④環境コスト増

開発減少
新規鉱床の
①有望鉱区減
②開発コスト増
③僻地化

価格高騰
レアアースメタルを中心とした価格乱高下

資源ナショナリズムの台頭

国有化

外資制限

高付加価値化義務

輸出数量制限

資源国資本参加義務

資源国国有企業による探鉱

鉱業税制・ロイヤリティ設定

▶▶ レアメタル資源確保

　レアメタル資源確保のため日本では、海外資本確保、レアメタル蓄積、リサイクルおよび代替戦略の4つの基本戦略が策定され実行されています。

　海外資源確保は、資源国との関係を重視し、鉱山開発へのリスクを伴う資金援助を政府が行い、海外資源開発を進める戦略です。

　レアメタル備蓄は、重要備蓄鉱種と要注視鉱種を定め、レアメタルの価格変動や資源国リスクにより供給不安定になった場合、政府系や民間の金属資源備蓄基地備蓄の鉱石を放出するセーフティーネットワークを構築する戦略です。

　リサイクルは、リサイクル技術と使用済み製品の回収促進とリサイクルしやすい設計の三位一体戦略です。リサイクル資源は、鉱石からの膨大な量の廃棄物を出しながらの製造に比べて、非常に廃棄物の少ない資源です。

　代替材料の開発は、国内に産業連携や研究開発拠点を設け、ナノ創成技術や計算技術、計測技術など最新技術を駆使してレアメタル代替技術を創成する戦略です。

　レアメタル資源確保戦略に従って、レアメタルの金属資源課題に対して、産学官の協力で、新元素戦略*など力強い活動が推進されました。

---

*新元素戦略　研究拠点形成型の活動で、磁性材料、電子材料、触媒電子材料、構造材料の研究が、2012年から始まり、2021年度完了を目指して活動した。

24-3 レアメタルの資源課題

レアメタル資源確保の4つの戦略（24-3-3）

海外資源確保

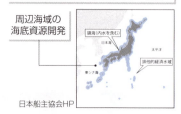

リサイクル

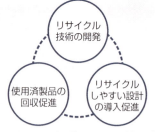

レアメタル備蓄

代替材料の開発

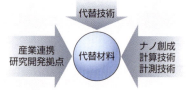

異聞鉄の日本古代史（その1）

　日本の歴史において、鉄が日本統一に果たした鉄の役割は重要なものでした。

　日本へ大陸から鉄が伝わったのは間違いありません。朝鮮半島から弁辰鉄資本が、出雲に大陸産鉄族が、九州熊本で海辺産鉄族が、北方から関東地方にはオオ氏＊が、現地の人々に、鉄そのものや鉄の加工技術を伝えました。

　筆者は日本の統一は、熊本で海辺産鉄族の製鉄技術と弁辰資本の加工技術が合体した時に可能になったと考えています。弁辰資本のニニギ族が高千穂の峰から降臨し宮を作ります。そこに、神武（ジンム）が誕生します。ジンムは九州の海辺を伝いながら福岡まで移動します。そして東に移動し始めです。ここまでが天孫降臨と神武東征です。この過程で海辺の鉄を採取し武器を作りました。

＊**オオ氏**　常陸国風土記に登場する房総半島にいたという産鉄族。

Ⅴ　金属を取り巻く環境篇　第24章　金属資源課題

4 資源価格高騰問題

　資源価格の高騰問題は、金属資源の安定供給面で非常に大きな問題です。特に、レアメタルで価格の乱高下が激しい理由と実態について見ていきましょう。

▶▶ レアメタルの価格問題

　レアメタルの市場規模は小さく、採算が取れて供給可能な鉱山が限られています。また、コモンメタルの副産物として生産されているもののも多いのが特徴です。
　レアメタルの需要が伸びてきて、工場を増設しようとすると、製造工程に需要量の数倍の**レアメタルストック**＊が必要となります。このように、レアメタルの供給量だけではなく、需要側の課題が乱高下の引き金になっています。

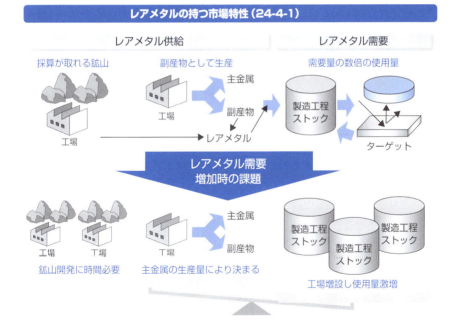

レアメタルの持つ市場特性（24-4-1）

＊**レアメタルストック**　レアメタルを生産するためには、生産活動に必要な途中工程の仕掛かりが必要。これは生産販売計画とは別の所要量。

24-4 資源価格高騰問題

▶▶ レアメタル価格の乱高下

　市場規模の小さなレアメタルは、需要量と供給量能力の関係で、価格変動が起きやすい特徴があります。需要が増加してくると、品薄感が出てきて、工場建設で工程内に必要なストックが増加し、一時的に価格が上昇します。その後、供給過剰になり、暴落します。需要が供給を上回ると暴騰し、その後暴落することを繰り返し、市場マネーが投入されると暴騰します＊。

　最近では供給能力過不足以外に、需要の高止まりと激増とサプライチェーンの国際化と多様化により、単一工場の設備トラブルなどが半導体部品の供給不足を招き、最終製品の生産に影響するという現象が度々起きています。

　コスト最優先＊で高生産性を追求し過ぎると、定常時は問題が顕在化しなくても、非常時にはコストの乱高下よりも深刻な不都合の連鎖が起こる懸念があります。

価格乱高下のメカニズム (24-4-2)

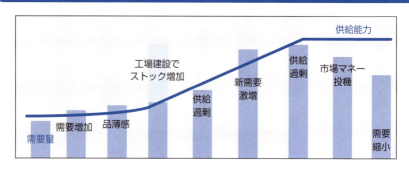

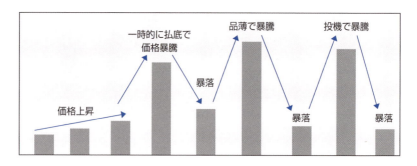

＊…暴騰します　要は、市場規模が小さいので、すぐに不足したり過剰になったりすることがベースにある。
＊コスト最優先　コストが最優先されるのは別に悪ではない。いくら良い事をしても経済的に立ち行かなくなるのは長い目で見た時には不都合だ。問題は、何を長続きさせたいのかという理念。

760

V 金属を取り巻く環境篇　第24章 金属資源課題

持続的社会課題

持続可能な社会*は気候変動問題と両立する社会です。金属素材の循環は持続的社会の根幹ですが、リサイクル拡大には課題が懸念されます。

▶▶ 気候変動問題と持続的社会の両立

2016年に発効した「気候変動問題に関するパリ協定」は、世界平均気温を産業革命以前に比べて2℃以内にする長期温度目標と、温室効果ガスの低排出を基軸としています。

二酸化炭素の増加をゼロにするためには、排出量の規制とともに吸収除去が求められます。このため、2050年までにネットゼロを達成するカーボンニュートラルが世界標準になりつつあります。

一方で、途上国の旺盛な経済成長が見込まれ、資源枯渇懸念、資源争奪や自国優先などの兆候も見え始め、先進国と途上国を巻き込んだ地球規模での国際危機が懸念されています。2015年に国連持続可能な開発サミットで採択された「持続可能な開発目標」が採択され17の目標と169のターゲットが設定されました。

持続可能な開発目標の課題（24-5-1）

気候変動問題に関するパリ協定(2016年)

課題の流れ

長期温度目標 産業革命時より+2℃以内	温室効果ガス低排出
国際資源危機 経済成長　自国優先 資源枯渇　資源争奪 途上国　先進国	**カーボンニュートラル** （2050年目標） 排出量規制　排出除去 ↑ CO_2　大気　↓ CO_2 大地

持続可能な開発目標(SDGs)

＊**持続可能な社会**　地球環境とか自然環境が適切に維持管理され、私たちの子孫が環境問題で困ることのないような開発が行われる社会。

24-5 持続的社会課題

▶▶ 金属素材循環利用型社会

　欧州を中心とし、資源生産性を高めて、経済成長とCO$_2$削減／気候変動対策を両立させる活動が始まっています。直線的な生産・消費モデルから、循環型モデルに転換する**サーキュラーエコノミー**（循環型経済）は資源の枯渇や価格変動から企業を守る役割も果たします。

　金属材料使用の方向性は、高機能な素材を少なく使う蓄積量の減少、丁寧に長く使う長寿命化、繰り返し使う資源循環（リサイクル）に向かっています。

　金属素材は精錬エネルギーと再生エネルギーでは圧倒的に再生エネルギーが少なくてすみます。金属素材は資源リサイクルの優等生です。金属の資源リサイクルは、コストが安価で大量回収可能なベースメタルと、コストは高いが回収金属利益の大きな貴金属が主な対象です*。

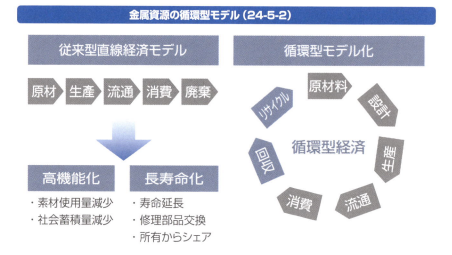

金属資源の循環型モデル（24-5-2）

▶▶ 持続的社会の実現に向けた金属素材の道筋

　持続的社会の実現に向け金属素材に求められる責務は、高機能化や低コスト化や高生産性です。これらは企業活動で常に追求すべき一丁目一番地の責務です。

　さらに社会からの要請は、高機能化を進めてより少量資源で要求を満たすこと、長期間使用可能な耐久性を持たせ長寿命化を図ること、新たな資源を使うのではな

＊…**主な対象です**　つまり、経済的合理性が働くものだけがリサイクルの対象になる。これまで相談に乗った金属リサイクル事例の多くは回収に必要な莫大な費用がネックだった。

24-5 持続的社会課題

く資源を循環繰り返し使うことが求められます。

金属の循環利用時の最大の課題は不純物元素混入です。意図した添加と意図しない混入がベースメタルのリサイクルで発生します。リサイクル時に化学的に除去できない不純物元素の循環使用金属素材への蓄積は、リサイクル金属素材の品質の低下や使用用途の限定につながります。今後の循環型社会の実現には不純物蓄積防止対策が不可欠です。

循環型社会＝資源を何度でもリサイクルする社会という図式は美しい理想ですが、現実問題としては、リサイクル資源と新規の海外からの購入地金では、品質的にも価格的にも新規地金購入の方が良いのです＊。リサイクル金属は、リサイクルのために収集したり分別したりするコストがどうしてもかかります。また、リサイクル金属は種々の金属の混合物であることが多く、製品から個別の金属に分離するコストや手間それを分類して集める作業もかかります。購入地金に比べて、圧倒的に不利なのです。

それでも、循環型社会を構築しなければ持続可能社会になりません。これは、コストや手間とは別次元の議論だと考えます。これらのギャップが循環型社会への障害になっている、こういう自覚を持って金属素材に向かい合いたいと考えます。

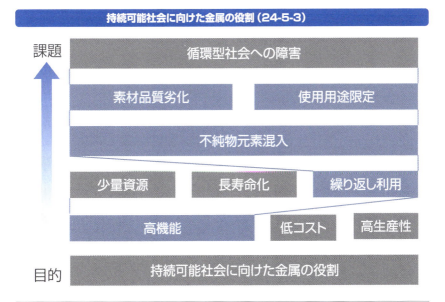

持続可能社会に向けた金属の役割（24-5-3）

＊…が良いのです　電力価格や安全コストが大きな国内での生産品と比べて、安くて品質の良い素材を国外に求めるのは経済原理からして当然。

6 コロナ禍・サプライチェーン課題

世界は例外なく、コロナ禍とサプライチェーンの影響を受けています。影響を鉱石課題と金属素材の需要増加の2面からみてみましょう。

▶▶ コロナ禍下での金属資源課題

2020年に発生したCOVID-19によるコロナ禍は、金属資源産国の生産、物流に大きな影響をもたらしました。ロックダウンが施行された国では物流や人の移動に制限が入り、鉱業の生産活動が滞りました。産銅国ではペルー、チリ、カナダでは鉱山活動の停止や縮小を余儀なくされ、モンゴルでは物資の移動制限がありました。ニッケル産出国のフィリピンでは鉱石運搬船が入港不可になり輸出困難に陥りました。白金族やクロム産出国の南アフリカは、国内輸送ラインの停止や積み出し港の変更など大混乱が発生しました*。

資源課題（24-6-1）

鉱業の社会環境問題	新型コロナウイルスの影響
・鉱山排さいダム決壊 　→環境破壊、被害 ・鉱山の遺蹟破壊	鉱山稼働率低下／輸送・移動,制限・休止 鉱石運搬船入港不可／クラスタ発生による休止 国際便激減／流行拡大

鉱業の社会的責任

鉱業の技術革新
技術者倫理
←
鉱業・輸送のオートメーション
リモート操業の開発拡大

＊**発生しました** 筆者の情報に引っかかってこない混乱や不都合はもっとあるし、これからも混乱は起こると思われる。

こうした中、各鉱山ではオートメーション化やリモート化への技術開発が進められています。しかし鉱山現場でのクラスター感染の発生や欧州や米国での流行の再発など不確定要素も多く、鉱物資源の安定供給にはまだ予断を許しません。

サプライチェーン課題

鉱物資源の輸入不安定には、**サプライチェーンの一国寡占**が課題になっています。特に、コバルトやレアアースメタルの中重希土類元素が顕著です。

採掘地と精錬地が近接している他の非鉄金属鉱石と異なり、これらの鉱石の産出国は多様化しているものの、精錬工程が中国に集中しています。不測の事態が発生すれば金属の供給が不安定になるリスクがあります。

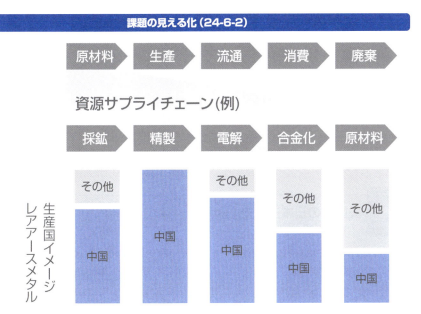

良質な鉱石の入手困難問題

不純物の少ない良質な鉱石が枯渇しています。例えば銅鉱石は、銅品位が低下し、不純物*を含む鉱石の分離が必要になってきます。選鉱段階での分離選別の重要性が増しています。

＊**不純物**　銅精鉱中に微量にヒ素鉱物が存在するため低減技術開発が行われている。

24-6 コロナ禍・サプライチェーン課題

　長期的には、良質な鉱石の鉱山は採掘され尽くし、今後の開発鉱山の鉱床は、より輸送困難な場所や深部になります。また、資源産出国は、政治が安定供給に適していない国もあります。これらの要素は鉱石の調達コストの増加につながります。

鉱石関係の課題（24-6-3）

鉱石課題
- 金属品位低下 → 精錬生産性悪化
- 不純物濃度上昇 → 選鉱費増
- 鉱床の遠隔・深化 → 輸送・搬送コスト増
- 政情不安定 → カントリーリスク回避コスト

需要増加
- 環境問題対応 → 既存インフラ限界
- 急激な消費増 → 新インフラ整備
- 需要寡占国問題 → 品薄・大量買付

→ 鉱石調達コスト増加

COLUMN　異聞鉄の日本古代史（その2）

　ジンムの遠征軍は、大阪までやってきて、ヤタ族の助けを借りて進軍し、土着のナガスネヒコとの決戦に勝利し、大和朝廷を開きます。その後は、日本統一を仕上げるためにスサノオノミコトのヤマタノオロチ退治、つまり出雲平定を成し遂げます。これら全てが鉄に関係しています。

　海辺の気水域では、葦が生い茂っていました。葦の根には水酸化鉄があって、鉄が採れました。この汽水域で鉄を採取する人々が兵子（ひょうす）神社の人、つまり兵子部（ひょうすべ）もしくは、河太郎（がたろう）と呼ばれたのでしょう。これらは河童（かっぱ）の語源です。

　日本は葦地域に沿って統一されて行きました。筆者は、豊葦原の瑞穂の国（ゆたかな葦の原っぱが作った若々しい国）の意味合いをこのように解釈しています*。

＊…解釈しています　これは筆者の個人的思い込み。違うというご指摘はあるのは当然。こう解釈して、古代史のロマンに耽っているだけ。

第25章

金属を取り巻く環境篇

金属資源対応

金属資源課題に対応する我が国の国際資源戦略、気候変動問題への金属面からの取り組み、エコプロダクト、リサイクル資源、エコロジカル・リュックサックとカーボンフットプリントへの対応を概説します。最後にSDGsへの金属の関わり方の考え方を提案します。

V 金属を取り巻く環境篇　第25章　金属資源対応

1 新国際資源戦略

　2020年策定された新国際資源戦略は、資源セキュリティと気候変動問題に対する今後の取り組み指針です。内容を解説するとともに、策定の背景も見てみましょう。

▶▶ 新国際資源戦略

　2020年3月、日本国政府は**新国際資源戦略**を策定しました。骨子は、石油・LNG、金属鉱物へのセキュリティ強化と気候変動問題への対応の3つの分野に分かれています。

　金属鉱物は、レアメタル需要のさらなる拡大と中国による寡占化・輸出制限の動きに対する論点がより明確になりました。基本方針は、産業競争力を左右するレアメタルの確保・備蓄の強化が主軸になりました。

　気候変動問題は、気候変動問題への対応の加速化と環境調和型石油ガス産業の創生です。基本方針は、脱炭素社会を見据えたカーボンリサイクル*の研究の加速です。

新国際資源戦略の概要（25-1-1）

新国際資源戦略（2020年）

目的	資源セキュリティ強化		気候変動問題
対象	石油・LNG	金属資源	全産業
方針	レアメタル確保・備蓄		カーボンリサイクル
背景	レアメタル需要	中国リスク（寡占、制限）	脱炭素社会実現

＊**カーボンリサイクル**　二酸化炭素を資源と捉えて回収し、再利用する技術。分離・回収して地中に貯留するCCS（Carbon Capture and Storage：CO_2の回収と貯留）や分離・回収し利用するCCU（Carbon Capture and Utilization：CO_2の回収と利用）が研究されている。正式にはCarbon（炭素）ではなくCarbon dioxide（二酸化炭素、温室効果ガス）だが、通り名として炭素を使う場合が多い。

戦略策定の背景

　エネルギー、鉱物資源を輸入に頼る我が国の産業は、近年の**資源調達環境の変化**に直面しています。更に気候変動問題への問題は対応の加速が求められています。

　これまでの鉱物資源への対応は、海外から日本に資源を調達することで資源確保を図ってきました。鉱物資源を取り巻く環境は、先端産業でレアメタルの重要性が増すなかで、国際的な資源の寡占化と需給ギャップが広がっています。鉱物資源の安定供給のためには、不安定要素に対応できる全方位的な対応が必要になっています。

　気候変動問題は、国際的なルール作りへの参画と、カーボンリサイクル技術への取り組みに加え、アジアやアフリカ各国の気候変動問題取り組みへの支援のための最先端技術の提供など日本の貢献が求められています*。

新国際資源戦略策定背景 (25-1-2)

戦略策定背景	資源調達環境変化	先端産業レアメタル需要増加
		国際的資源寡占化
		需給ギャップ拡大
	気候変動問題	国際的ルール作り
		カーボンリサイクル技術
		最先端技術支援

レアメタル鉱物資源セキュリティ

　レアメタルは、34種類の鋼種があります。それぞれの鋼種の産地、サプライチェーン、価格などは多種多様です。今後、世界的なEV（電動車）の生産需要増加が

＊…**求められています**　発展途上国への排出・吸収の目録作りやエネルギー分野などでの技術の開発、普及、森林保護、情報交換、教育・訓練など。

25-1　新国際資源戦略

見込まれるため、生産に必要な電池、モーター、半導体に用いる金属資源の安定供給が必要です。欧米や中国などの資源獲得競争がさらに激化することが予想され、レアメタルはもちろんのこと、銅などのベースメタルの安定確保が重要になります。

レアメタルは資源産出国から日本までの長いサプライチェーンがあります。資源国が分散している金属でも、途中のプロセスに一国寡占がある場合リスクがあります。また資源国が限られる場合は、当該国の国情に供給が左右されます。

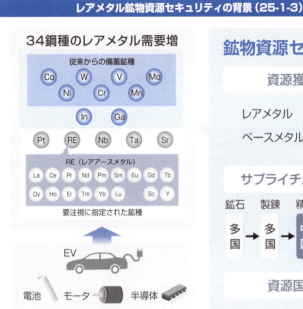
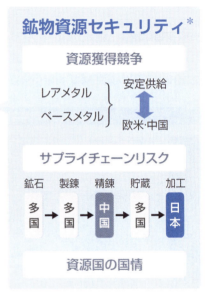

レアメタル鉱物資源セキュリティの背景 (25-1-3)

▶▶ 環境問題と経済の両立

パリ協定の発効で主要国は2050年までの道筋を公表しています。日本も2020年に政府が2050年までに成長戦略の柱に経済と環境の好循環を掲げて、グリーン社会の実現に最大限注力することを表明しました。日本は、2050年までに、温室効果ガスの排出を全体としてゼロにする2050年カーボンニュートラル、脱炭素社会の実現を目指すこと宣言しました。このためには、省エネルギー、再生可能エネルギー、水素利用普及による二酸化炭素排出削減を行うとともに、**二酸化炭素回収貯**

＊鉱物資源セキュリティ　鉱物資源が安定して資源国から我が国まで届く仕組み。

留技術（CCS）や二酸化炭素の積極的活用など、これまでの技術開発を超える技術イノベーションが必要になっています。

一方で、アジア、アフリカの新興国での化石燃料の利用拡大は増加していきます。優れたエネルギー技術を持つ日本は、求める国のニーズに応じて技術イノベーションを拡大させ、国際展開を図る必要があります。

国際活動、企業活動のパラダイムが大きく変わりつつあります＊。環境と経済を成長戦略に組み入れることが、これからの我が国の果たすべき役割です。排出量削減や二酸化炭素貯蔵技術もこれまでの開発の延長では、時間的にもコスト的にも開発的にも満足な活動ができないかもしれません。しかし、ゴールを設定してルールを決めて走り始めた時の日本の底力をこれからの10年、30年できっと見せることができると確信しています。

環境問題と経済の両立の課題（25-1-4）

＊…変わりつつあります　二酸化炭素を排出する製造方法で作った製品の販売が困難になる可能性もある。

V 金属を取り巻く環境篇　第25章　金属資源対応

2 気候変動問題

気候変動問題は、温室効果ガス削減の課題と具体的な対応策の視点があります。金属がどのように関わるか見ていきましょう。

▶▶ 気候変動問題

長期間での気候変動は、太陽活動や火山粉塵のような自然由来の変動と、人間活動に伴う化石燃料の使用や、森林伐採のような土地利用方法の変化により二酸化炭素などの温室効果ガスの増加によるものがあると言われています。気候変動は、私たちの身の回りでは豪雨や台風などの規模の変化などに兆候が現れています。このまま放置すれば世界的に深刻な事態を招く可能性があるとして、温室効果ガスの削減に向けたパリ協定＊が2016年に発効しました。

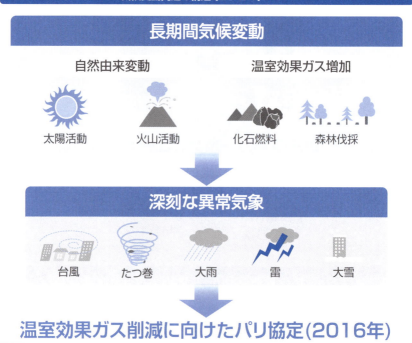

気候変動問題の構造（25-2-1）

＊ **パリ協定**　世界の平均気温上昇を産業革命以前に比べて2℃より十分低く保ち、1.5℃に抑える努力をすること、できるかぎり早く世界の温室効果ガス排出量をピークアウトし、21世紀後半には、温室効果ガス排出量と吸収量のバランスをとることが合意された。

25-2 気候変動問題

▶▶ 気候変動問題への対策

　気候変動問題への対策は、適応策と緩和策に分かれます。適応策は変動に向けた設備や農作物作付けの変更などです。緩和策は、低炭素化社会に向けた施策、省エネルギーの促進などが含まれます。金属は緩和策のいずれの施策にも重要な素材であるとともに施策による生産環境の激変の影響を受けます。低炭素社会とは、カーボンニュートラルに代表される二酸化炭素の排出と吸収の差をゼロにすることで大気中の温室効果ガス濃度の上昇を止める考え方です。金属素材が関連する方法論として、省エネルギー、再生可能エネルギーの利用、脱石油由来エネルギー技術の開発、二酸化炭素貯蔵技術などがあげられます。

　金属素材の貢献できるのはこれらの技術に使われるエコプロダクトです。**エコプロダクト**は、単なる再生可能エネルギーの利用だけではありません。エネルギーを供給し、使用し、環境に配慮する全ての分野に貢献できる技術成果です。

気候変動問題への対策（25-2-2）

気候変動問題への対策

- **適応策**
  - 変動
    - 対応設備
    - 対応農作物
- **緩和策**
  - 省エネルギ
    - 効率化
    - 脱化石燃料（石炭・石油不使用）
  - 低炭素社会
    - カーボンニュートラル（排出と吸収差ゼロ）

エコプロダクト：太陽光発電、風力発電、電動車

二酸化炭素貯蔵＊：CO_2

＊**二酸化炭素貯蔵**　二酸化炭素を回収し、地層の中に封じ込める方法。米国はこの封じ込めガスをシェールガスやオイルの回収に使うケースもある。

V 金属を取り巻く環境篇　第25章 金属資源対応

3 エコプロダクト

　エコプロダクトは、再生可能エネルギーを得るために使われる製品や電動車技術などに使われます。エコプロダクトには種々のレアメタルが使われています。

▶▶ 高まるエコ意識を支える技術

　地球環境に関する意識の高まりは、米国のエコとエネルギーに関する**グリーン・イノベーション**＊や日本の低炭素化社会の実現といった、エネルギー供給源の多様化とエネルギー利用効率の向上、さらに環境配慮を目指した具体的な動きになっています。

　エネルギー供給側からの取り組みは太陽光発電や燃料電池、二次電池などが大量

エコプロダクトを支える金属（25-3-1）

ジャンル		エネルギー供給			エネルギー使用		環境
用途		ITO	ニッケル電池		ネオジム鉄ボロン磁石	発光ダイオード	三元触媒
		太陽光電池	燃料電池	二次電池	モータ	LED	触媒
一般レアメタル	Li			○			
	Co			○	○		
	Ni			○			
	Ga	○				○	
	As	○					
	In	○				○	
	Cd	○					
白金族	Pt		○	○			○
	Ru	○	○	○			
	Pd						○
	Ph						○
レアアースメタル	La		○			○	
	Ce		○				
	Nd				○		
	Gd		○				
	Sm				○		○
	Dy				○		
	Eu					○	
	Y					○	

＊**グリーン・イノベーション**　二酸化炭素排出の削減はコストの削減につながるとし、省エネ技術や再生可能エネルギーの経済価値が高める環境関連技術を武器にした産業戦略。

に使われだしています。エネルギーの利用側からは、モータの効率向上、LED化、より高精度な電子部品の開発といった課題が並びます。環境面では、自動車の排ガス対応の三元触媒をはじめ、ガソリン車からハイブリッド車、電気車、燃料電池車への大変換が課題に挙がっています。

　これらのエコ意識を支える技術は、いずれも膨大なレアメタルを必要とします*。

▶▶ 再生可能エネルギー発電

　エネルギーは、これまでの再生不能エネルギー源である化石燃料を用いる天然ガス発電や石炭発電や既存の再生可能エネルギー源である原子力発電や水力発電などの電気供給から、再生可能エネルギー発電に切り替わろうとしています。開発中の再生可能エネルギーである太陽光発電や風力発電、地熱発電といった自然からエネルギーを取り出す開発が進められています。これには、太陽電池、燃料電池、二次電池といった要素技術が必要で、インジウムやリチウム、コバルトなどレアメタルを大量に使用します。

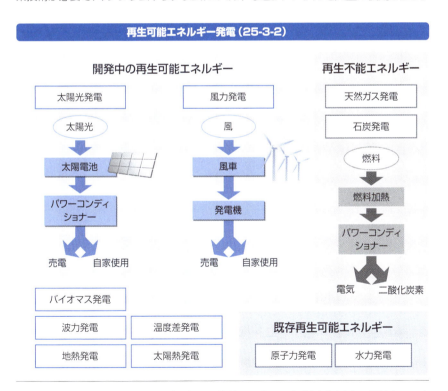

再生可能エネルギー発電（25-3-2）

*‥‥必要とします　エコマテリアルをエコプロダクトに活用するのは正しいが、それを作るためには膨大なレアメタルが必要になり、二酸化炭素が発生するジレンマがある。

V 金属を取り巻く環境篇　第25章　金属資源対応

4 リサイクル資源対応

金属のリサイクル資源が持つ有効性と課題について見ていきましょう。リサイクルを繰り返すと不純元素濃度が増すため、様々な工夫が必要になります。

▶▶ リサイクルの有効性

算定の中で明らかになってきたことは、新規生産の金属素材に比べてリサイクル素材の方が圧倒的に使用エネルギーも低く、CFPも小さい[*]ことです。今後、金属資源リサイクルはますます加速します。

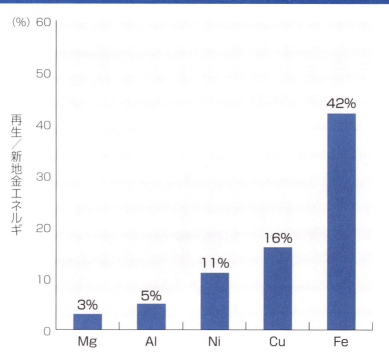

リサイクル（再生品）の省エネルギー比率（25-4-1）

[*]…CFPも小さい　カーボンフットプリントのこと。

リサイクルの課題

　金属リサイクルで問題になるのが、化学的に除去できない不純物元素の蓄積です。主要金属別に溶融精錬時にガスや溶融スラグ中に移動する金属元素と、溶融金属に残存する元素を見ると、鉄鋼を除く金属は大多数が不純元素として残存することがわかります[*]。

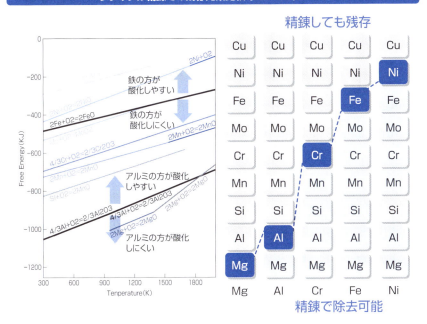

リサイクル精錬での残存元素比較（25-4-2）

不純元素低減

　リサイクル金属への不純物混入は、リサイクル製品からの目的金属以外の素材が混入することで起こります。金属リサイクルのためには、製品を作業員による手解体や機械破砕したあと物理選別を行います。手解体での選別には熟練の技能が必要になり人件費もかかります。機械破砕では不可避的に目的外素材が混入します。

　金属素材リサイクル率を増加させるためには、**不純元素低減**が不可欠です。製品を分解しやすいように設計する**易分解設計**と、物理選別の精度向上の技術開発が待たれます。

---

[*]…わかります　精錬で除去できない元素は当該金属の汚染物質になる。

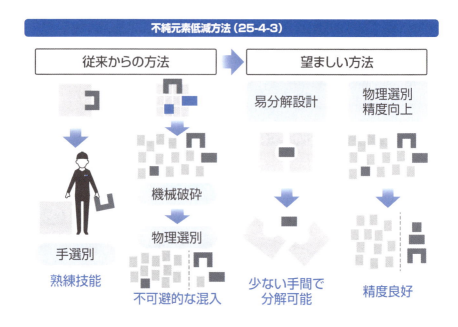

鉄鋼リサイクルスクラップの不純物元素上昇懸念

　鋼材への不純物元素の混入は、ステンレス鋼のクロムやニッケルのように合金として添加する設計時で添加するものと、製造中もしくは使用リサイクル中に意図せず他の材料が混入してくるものがあります*。熱力学的にみて鉄鋼の溶融金属中に残存する不純元素は、ニッケルや銅、モリブデンなど一部元素です。これら元素の混入は確実に鉄鋼製品の品質を悪化させます。ところが、鋼材における現代の製品の代表格である自動車は80種類以上の元素で構成されており、これらを完全に分離回収することは困難で、不可避的にスクラップリサイクルでの不純物元素の混入が発生しています。

　鉄鋼スクラップの中で、特に劣質な配電盤やモータなど様々な種類の金属で構成され処理困難な低級スクラップを、雑品スクラップと呼びます。雑品スクラップが国内に流通すると不純物汚染が発生するため、これまで解体処理人件費が安い中国に輸出していました。ところが、2018年以降中国が**雑品スクラップ**を含む廃棄物の輸入を停止する表明をしました。雑品スクラップ輸出で国内鋼材への銅汚染を回

＊…**混入してくるものがあります**　意図せず混入する汚染物質をトランプエレメントと呼ぶ。

避して高級鋼を製造してきた我が国鉄鋼業では、雑品スクラップの国内循環利用により銅汚染が進行する懸念がでています。

鉄鋼リサイクルスクラップの今後の課題（25-4-4）

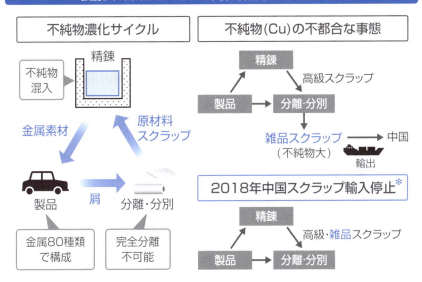

 鉄の色は何色？

　鉄の色って、何色なんでしょうか。赤茶けたさびの色、それもありますね。古来、日本では金属を色で呼んでいました。金は黄金の色でこがね色、銀は白銀の世界で、しろがね色、銅はあかがね色、鉛はあおがね色です、では鉄は何色でしょうか。昔のパチンコホールで流れていた軍艦マーチにでてくるくろがね色は、暗い青緑色で、その色には力強さがあります。

　また、少ししょっぱい感覚で、真っ赤な色を思い出す人もいるかもしれません。傷口に吹き出す赤血球の味と色は、我々に原始的な感情を抱かせます。

　鉄の本当に色は、銀色です。ステンレス鋼の色は金属光沢のある銀色ですね。ステンレス鋼は、表層に不動態と呼ぶ薄くて緻密なクロム酸化物層が生成するので、銀色が透けて見えるのです。

＊ 輸入停止　再開したとの報道もあったが、再び停止する可能性もありこのままにしておいた。2024年現在、中国の雑品スクラップ受け入れは激減しており、雑品の一部は東南アジアに流れている。

V 金属を取り巻く環境篇　第25章　金属資源対応

5 エコロジカル・リュックサックとカーボンフットプリント

エコロジカル・リュックサックとカーボンフットプリントは、金属資源の環境に与える影響や負荷を見積もるための手法です。

▶▶ エコロジカル・リュックサック

金属資源リスクは、地球環境の持続性、鉱工業生産の持続性および資源需要供給課題の3つの面で年々高まっています。

地球環境の持続性は、**二酸化炭素排出問題**と**エコロジカル・リュックサック**＊にかかっています。

鉱工業生産活動は、エネルギー源として化石燃料を使用し地球温暖化に大きく影響するといわれている二酸化炭素を排出します。地球環境保全のため、温暖化ガスの排出規制の取り組みがすでに行われています。

エコロジカル・リュックサックは、金属を単位量生産するときに付随して発生する廃棄物のことです。0.1％の有用金属を含有する鉱石は目的金属の千倍の廃棄物を含みます。複雑な精錬過程で生成するスラグなども廃棄物です。金属を1トン生成するために数千トンの廃棄物が発生する金属も数多く存在します。この比率を「背負った廃棄物」という意味でリュックサックと呼びます。金属の生産が増えれば増えるほど、廃棄物は爆発的に増加します。現在は、金属資源のリスクとして、地球環境が持続性を考慮しなければならない時代に入っています。

エコロジカル・リュックサックは、**関与物質総量**(TMR：total material Requirement)とも呼びます。金属製品が背中に背負っているリュックサックの中には、廃棄された物質が入っているのです。地球環境を持続させるためには、環境に影響を与える資源のロスもしっかり考慮しておかなければなりません。

鉱石を地殻の鉱床から掘り出して粗選鉱して鉱石を集積するためには、採掘のときに鉱石と一緒に掘り出される覆土や廃鉱石の量が膨大な量になります。選鉱すると、目的鉱石以外の脈石が発生します。精錬するとスラグや精錬不純物が生成します。こうした廃棄資源の総量を産出すると、金属生産が環境に与えるダメージが定量的に見

＊**エコロジカル・リュックサック**　エコロジカル・フットプリントやLCA（ライフサイクルアセスメント）、関与物質総量ともいう。

25-5 エコロジカル・リュックサックとカーボンフットプリント

えてきます。

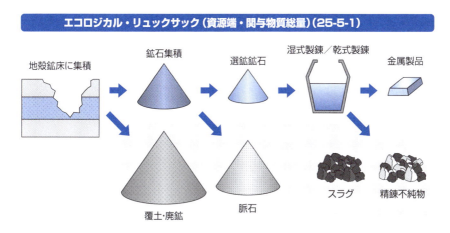

エコロジカル・リュックサック（資源端・関与物質総量）（25-5-1）

▶▶ カーボンフットプリント

　カーボンフットプリント（CFP）*は、製品が原材料の調達から、生産、輸送、使用、廃棄・リサイクルに至るライフサイクル全体を通して、どれくらい温室効果ガスの排出をしたのかを二酸化炭素換算で表示するものです。ライフサイクルアセスメント（LCA）の手法を用いて二酸化炭素排出量を定量産出したものです。

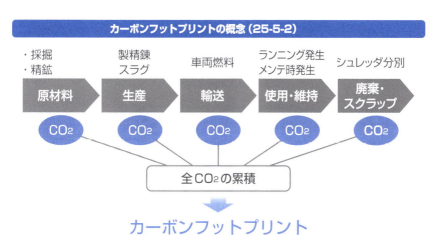

カーボンフットプリントの概念（25-5-2）

＊カーボンフットプリント　炭素量の足跡。LCAの概念を炭素で置き直して計算する。

V 金属を取り巻く環境篇　第25章　金属資源対応

6 SDGsと金属

　持続可能な社会をめざし、17の目標を掲げたSDGsは、あらゆる活動で、我々の世界を変革し、誰一人取り残さない決意で改善活動を進めることが求められています。金属素材がどのような貢献ができるかともに考えてみましょう。

▶▶ 金属と産業や政治・経済・社会・環境の関連

　金属素材は、あらゆる産業と深い関係があります。医療分野での金属、法律分野での金属、輸送分野での金属、教育分野での金属、そして工学分野での金属の果たす役割は明白です。

　これまでの金属素材は、工学の一分野として捉えられてきました。しかし、グローバル化が進み地球環境の変動が著しい昨今、金属素材は、経済、社会、環境とも密接に関係し始めています*。

金属材料と産業分野や政治・経済・社会・環境との関係（25-6-1）

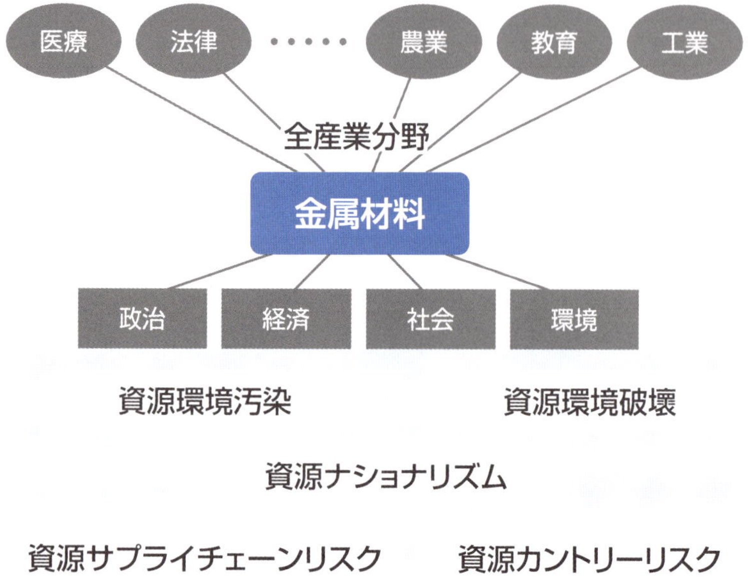

医療　法律　‥‥‥　農業　教育　工業

全産業分野

金属材料

政治　経済　社会　環境

資源環境汚染　　　資源環境破壊

資源ナショナリズム

資源サプライチェーンリスク　　資源カントリーリスク

＊…し始めています　金属の議論は、素材視点からグローバル視点になりつつある。

782

25-6 SDGsと金属

　例えば、金属鉱石の採掘での資源環境汚染、環境破壊は、単なる鉱山の問題ではなく、国際的かつ人道的に捉えられる問題になってきています。資源国の資源ナショナリズムの勃興や、金属サプライチェーンやカントリーリスクなどは、金属素材の供給が政治、経済にも大きく影響されていることの現れです。

▶▶ SDGsにおける金属の役割

　SDGsは、「持続可能な開発のための2030アジェンダ」と呼ばれる17の目標、169のターゲットからなる国際合意です。炭素排出量規制のような法的拘束力はもちません。「我々の世界を変革する」と「誰一人取り残さない」をスローガンに掲げています。持続可能で公平でより良い未来、持続可能な開発の経済・社会・環境の3つの面の調和、人権や尊厳の尊重、地球環境の保全、貧困や欠乏からの開放を先進国も対象として取り組む理想主義的な面もあります。

　あらゆる産業と結びつき、経済・社会・環境に相互影響をもたらす金属素材はSDGsの中核技術、根本技術です。金属は未来社会デザインする工学を支える材料分野の主軸素材と捉え直す必要があります[*]。

SDGsにおける金属の役割（25-6-2）

SDGs：持続可能な開発のための2030アジェンダ

我々の世界を変革する → SDGs17の目標 ← 誰一人取り残さない

貧困	飢餓	健康	教育	ジェンダ	水
エネルギ	経済	技術	不平等	まちづくり	製造使用
気候	海	陸	平和公正	パートナーシップ	

金属素材の貢献

---

[*] …**捉え直す必要があります**　IT化もAIまで進み、その後の変化は普遍化している。この期間、素材が鳴りを潜めていた感があったが、金属素材はこれからの主役に躍り出ることだろう。

25-6 SDGsと金属

▶▶ 未来社会をデザインする金属

SDGsは、金属素材が活躍できる100年に一度の大チャンス＊です。戦後日本の歴史を紐解くと、約10年毎の社会や経済の大変革が起こっています。SDGsは正に、次の10年の未来社会をデザインする道標です。

SDGsの各目標と金属素材はどのようなものになるのでしょうか。目標12の「生産消費」をとりあげます。「天然資源の持続可能な管理と効率的な利用」と「金属素材」、「食料の廃棄の半減」と「金属素材」、「化学物質の廃棄削減」と「金属素材」などです。このような組み合わせをすると、アイデアが湧き出してきます。そのアイデアの実現をひとつずつ、それぞれの人たちが自分の仕事の中で行う、これがSDGsが求める個人や企業の参加です。

あらゆる産業と相互作用があり、経済・社会・環境とも結びついている金属素材こそ、SDGsの申し子とでも言うべき、スター選手です。

1960年代に未来の東京や日本の予想図が大流行しました。現在の我々金属素材に関わる同士は、どのようなSDGsの世界を予想するのでしょうか。たった10年後にその未来が来るのです。ミレニアル世代でもZ世代でもない、**SDGs世代**がきっとその世界を作り上げていることでしょう。

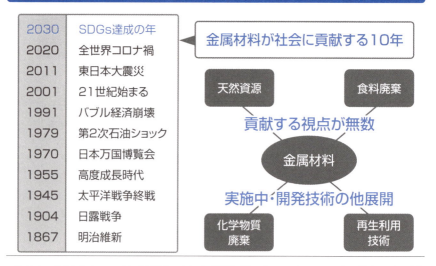

未来社会に貢献する金属材料 (25-6-3)

＊**100年に一度の大チャンス**　1920年は戦争のための鋼材開発が進んだ。1820年はファラデイが合金の研究を進化させた年。2020年はコロナと脱炭素元年である。

金属素材が切り開く未来

　私たちの未来社会は、気候変動の**ティッピングポイント**＊が近づき、鉱物資源の枯渇が懸念され、発展途上国での人口爆発が資源の消費をさらに押し上げる暗澹たるものなのでしょうか。このまま何も行動を起こさなければそういう未来があるかもしれません。

　SDGsが提示する未来社会に対して、現在行うべき様々な活動視点は示唆に富んでいます。その活動に金属素材は貢献できる可能性があります。SDGsＸ金属素材Ｘ産業分野という公式は、ある工学分野の狭い視点だけでは見えなかったものが見えてくる可能性があります。例えば、飲料水メタラジー、生産消費メタラジー、エネルギーメタラジー、まちづくりメタラジー、経済成長メタラジーなどが考えられます。技術革新メタラジやパートナーシップメタラジーもあるかもしれません。技術革新メタラジーを造船工学、生物工学、都市工学で考えてみるのです。そうすると、思いもよらない技術の進歩が生み出されるかもしれません。

　金属はあらゆる産業と密接に結びついています。これまでのように、産業のニーズを満足させるべく開発を進める姿勢から、SDGsを進めるために金属が提供できるシーズ技術を考えるのです。これは、これまでも語り尽くされた顧客に沿ったサービスと似ていますが、似て非なるものです。対象が顧客ニーズだけでなく、SDGsという我々の共通の理念に沿ったシーズ技術の提供になります。

　最近の話題では、固体二次電池、AM、個人医療、二酸化炭素固定煉瓦、ゼロエミッションからマイナスカーボン製品、海中プランクトンの養殖など、金属技術者や研究者が協力できそうな分野は数多くあります。

　金属素材、メタラジは、産業革命時代からある古ぼけたレトロ素材などでは決してありません。SDGsと組み合わせて考えることで、時代の最先端をいく未来志向型素材に見え方が変わってきます。金属素材が未来を切り開くことを信じく論を閉じます。

＊**ティッピングポイント**　変化が一定の閾値を超えると一気に全体に広まっていくこと。変化が全体の15％を超えると、色んなことが変化し始める。

25-6 SDGsと金属

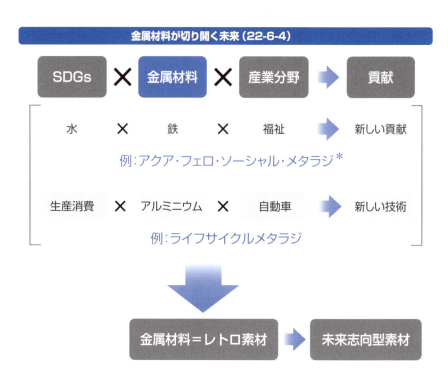

 COLUMN テンパーカラー

　製鉄所にいると、鉄の色がいろいろ見えます。熱延コイルを巻き戻す時に、両サイドにわら色からスミレ色、青色の綺麗な模様が見えます。鉄の表面についた酸化物の厚みがコイルの部分によって異なるため、光が反射するときに干渉現象をおこしているのでしょう。

　宮沢賢治の「銀河鉄道の夜」で、銀河ステーションの直前にジョバンニが見た濃い鋼青の空の色「いま新しく灼いたばかりの青い鋼の板のような」そらの野原の色です。こういう色をテンパーカラーといいます。本当に綺麗な色です。

　筆者が所有しているたたら製鉄で作られた玉鋼は、砂鉄の還元鉄が固まったものです。無数の凹凸を持ちますが、冷却速度の差異が生み出す鮮やかな青や緑を窪みに見ることができます。

＊**アクア・フェロ・ソーシャル・メタラジ**　水資源を扱う鉄鋼製品分野で健康・福祉関連の製品。例えば、健康に良い浄化水を作り出す表面処理を施した鉄鋼製品とする筆者の造語。今は思いつかなくても、様々な分野のアウトプットをウォッチしていると見つかるものである。

おわりに

　近年の金属学の進歩は目覚ましく、数年経つと新たな金属知見がつけ加わり、新たな素材が開発されています。少し前に夢物語であった技術も実用化されています。

　最近では、特に金属のDXの一貫として、情報科学と材料科学の融合であるマテリアルズインフォマティックスの進歩が凄まじい状態です。ここ数年のうちにこれまでの金属学を古典に変えてしまうようなカタストロフ的な進化がある予感がします。また、電池の世界でも固体電池やペロブスカイト太陽発電は、社会構造まで変える可能性を秘めています。

　ここ数年で、原子力発電の復権が始まります。当然、再生可能エネルギーやバイオマスエネルギー、メタネーションやe-fuel、そして水素社会が出現し、過去の化石燃料社会から決別する時がやってきます。これは必然です。予想を上回る人口増加、温暖化、戦争をきっかけとする資源セキュリティ、さらに喉元過ぎれば忘れがちな天災が必ずやってきます。

　人類は、この変化に飲み込まれてしまうのではなく、科学・技術で困難を克服し、生き延びる道を歩んできたのです。これからも歩み続けることでしょう。
　この人類の不屈の性格を支えるのが技術であり、その技術を支えるのが素材、特に金属なのです。二酸化炭素を回収したら誰が運ぶのですか？　水素を作ったらどうやって届けるのですか？　人口爆発は仕方ないとして、どこに住んでもらうのですか？　すべてラインパイプや船舶や建築鋼材が受け持つしか術はないのです。

　第3版は、このような「未来」志向型の本への序章です。金属産業で忘れてはいけないのは素材、特に金属は、新しい知識さえあればすべてが理解できる

ほど甘くはないことです。皮相的なことならわかるかもしれません。しかし、金属と真に付き合っていくためには、基礎的なこと、いちいち口に出して言わない常識などが必要です。この本は、そんな常識を金属を生業とする人々と共有したくて書いてきました。

　次の本は、第3版までの基礎知識を下敷きに、現代から未来を見通しする本になります。読者の皆様、本書『図解入門 最新金属の基本がわかる事典』は、この第3版で一旦終了します。本のボリュームがあまりにも大きくなり過ぎ、これ以上の改訂に耐えられなくなりました。これまで、本書を購入し参考にしていただいた皆様には心の底から感謝します。

　しかし、皆様との金属をめぐる冒険はまだまだ続きます。誤解を承知で付け加えるなら、これまでが序章で、これからがいよいよ本番が始まります。著者もまだまだ次のステージの書籍を書き続けます。皆様もそれぞれのお仕事、立場、ご興味の中で自分だけの金属をめぐる冒険物語をお書きください。それが、ものづくり日本を支える原動力になると信じて、長かった旅を一旦終了します。また、どこかでお会いしましょう。

　金属の持つ楽しさを皆様と分かち合うことに喜びを感じつつ、筆者筆を置く。

以下のアクセス先からは、この書籍を購入していただいた方限定の情報に触れることができます。
　QRコードからアクセス＞改訂版購入限定PW要＞PW入力
(PW＝「metal everyday」)

コンテンツ
1　金属問題集・・・金属の試験問題風解説
2　書籍解説(動画)・・・今回の書籍の章毎の筆者による解説です。
3　金属歌謡集・・・筆者と奥さんのシロ子さんが作詞作曲した金属の歌です。
4　各種附録
5　トピックス(動画)

アクセス先のコンテンツは、今後も拡充していく予定ですが、諸般の事情で予告なく閉鎖することもあります。

和鐵の金属な毎日(短縮アドレス)https://bit.ly/367sWPf

789

参考文献

参考にした全書籍は、「おわりに」のアクセス先からたどることができます。
HP 和鐵金属な毎日＞和鐵の金属図書館＞和鐵図書館全体地図
以下に執筆に参考にさせていただいた書籍の一部を掲載します。

■拙書

『図解入門 よくわかる 最新 金属の基本と仕組み』秀和システム, 2006年
『図書入門 よくわかる 最新 レアメタルの基本と仕組み』秀和システム, 2007年
『図解入門 よくわかる 最新 金属加工の基本と仕組み』秀和システム, 2008年
『図解入門 よくわかる 最新「鉄」の基本と仕組み』秀和システム, 2009年
『図解入門 よくわかる 最新 レアメタルの基本と仕組み (第2版)』秀和システム, 2011年
「図解入門よくわかる最新金属の基本がわかる事典」秀和システム, 2015 年
『金属のキホン』ソフトバンククリエイティブ, 2010年
『熱処理のキホン』ソフトバンククリエイティブ, 2012年

■辞典・辞書

『金属便覧 (改訂6版)』日本金属学会編　木原諄二・雀部実・佐藤純一・田口勇・長崎誠三, 2000年
『金属の百科事典』丸善, 1999年
『金属術語辞典』金属術語辞典編集委員会, アグネ, 1979年
『溶接用語活用事典』応和俊雄・浜崎正信, 廣済堂産報出版, 1981年
『金属熱処理用語辞典』大和久重雄, 日刊工業新聞社, 1981年
『金属用語辞典』金属用語辞典編集委員会, アグネ, 2005年
『新鋼材の知識』鉄鋼新聞社, 1992年
『金属材料・加工プロセス辞典』川口寅之・加藤哲男, 丸善, 2001年
『金属材料技術用語辞典』金属材料技術研究所, 日刊工業新聞社, 2000年
『コンサイス科学年表』湯浅光朝, 三省堂, 1988年
『金属を知る事典』金属編集部, アグネ, 1982年
『金属なんでも小事典』増本健, 講談社ブルーバックス, 1997年
『新版鉄鋼材料と合金元素』日本鉄鋼協会, 2015年

元素の歴史

『メンデレーエフの周期律発見』梶雅範, 北海道大学図書刊行会, 1997年
『メンデレーエフ元素の謎を解く』ポール・ストラザーン, バベル・プレス, 2006年
『錬金術事典』大槻真一郎, 同学社, 1996年
『錬金術』アンドレーア・アロマティコ、種村季弘, 創元社, 1997年

『元素の王国』ピーター・アトキンス、細矢治夫・訳, 草思社, 1996年
『一億人の化学・嫌われ元素は働き者』日本化学会編, 大日本図書, 1992年
『図解入門 よくわかる最新元素の基本と仕組み』山口潤一郎, 秀和システム, 2007年

周期表

『ELEMENT GIRLS元素周期　萌えて覚える化学の基本』満田深雪監修, PHP研究所, 2008年
『周期表愉快な元素たち！』サイモン・バジャー、エイドリアン・ディングル, 玉川大学出版部, 2009年
『世界で一番美しい周期表入門』小谷太郎, 青春出版社, 2007年
『元素と周期表の世界』京極一樹, 実業之日本社, 2010年
『完全図解周期表』ニュートン2007年1月号

元素解説

『マンガでわかる元素118』斎藤勝裕, サイエンス・アイ, 2006年
『元素111の新知識』桜井弘, 講談社, 2005年
『金属のふしぎ』斎藤勝裕, サイエンス・アイ, 2008年
『レアメタルのふしぎ』斎藤勝裕, サイエンス・アイ, 2009年
『へんな金属すごい金属』斎藤勝裕, 技術評論社, 2009年
『透明金属が拓く驚異の世界』細野秀雄・神谷利夫, サイエンス・アイ, 2006年
『元素がみるみるわかる本』小谷太郎, PHP研究所, 2009年
『元素検定』桜井弘, 化学同人, 2011年
『金属は人体になぜ必要か』桜井弘, 講談社, 2009年
『元素生活』寄藤文平, 化学同人, 2009年
『えれめんトランプ』桜井弘, 化学同人, 2011年
『元素図鑑』中井泉, KKベストセラーズ, 2013年
『美しい元素』学研教育出版編, 学研教育出版, 2013年
『原子とつきあう本』板倉聖宣, 仮説社, 1985年
『The Elements』THEODORE GRAY, Black Dog & Leventhal Pub, 2009年

金属随筆

『金属とはなにか』E.M.サビツキー、B.C.クリャチコ, 講談社, 1983年
『金属学への招待』幸田成康, アグネ技術センター, 1998年
『金属物理博物館』藤田英一, アグネ技術センター, 2004年
『閑談・金属学』崎川範行, 三共出版, 1988年
『コインから知る金属の話』岡田勝蔵, アグネ技術センター, 1997年
『タングステンおじさん』オリバー・サックス, 早川書房, 2003年
『スプーンと元素周期表』サム・キーン, 早川書房, 2011年
『金属の旅』石野亭, 小峰書店, 2005年

『物質の世界』水島三一郎, 講談社, 1983年
『金属』吉岡正三, コロナ社, 1959年
『金属を知る』西岡精一, 丸善, 1995年
『聖書の中の科学』中島路可, 裳華房, 1999年
『科学技術概論』矢田浩, 東京教学社, 1996年
『重金属のはなし』渡邊泉, 中公新書, 2012年
『材料技術史概論(第3版)』小山田了三・小山田隆信, 東京電機大学出版局, 2001年
『今昔メタリカ』松山晋作, 工業調査会, 2010年
『金属と人生』加瀬勉, 内田老鶴圃, 1931年
『金属の効用』加瀬勉, 創元社, 1943年
『黄金と生命　時間と錬金の人類史』鶴岡真弓, 講談社, 2007年
『錬金術』アンドレーア・アロマティコ, 創元社, 1997年

金属全般

『設計者に必要な材料の基礎知識』手塚則雄・米山猛, 日刊工業新聞社, 2003年
『金属材料概論』小原嗣郎, 朝倉書店, 1991年
『金属材料概論(増補版)』小原嗣朗, 朝倉書店, 1997年
『金属組織学概論』小原嗣郎, 朝倉書店, 1986年
『若い技術者のための機械・金属材料』矢島悦次郎・市川理衛・古沢浩一, 丸善, 1979年
『図解雑学　金属の科学』徳田昌則・山田勝利・片桐望, ナツメ社, 2005年
『100万人の金属学(基礎編)』幸田成康編, アグネ, 1965年
『100万人の金属学(技術編)』作井誠太編, アグネ, 1966年
『100万人の金属学(材料編)』三島良続編, アグネ, 1965年
『イントロ金属学』松山晋作, オフィスHANS, 2003年
『金属学ミニマム&マキシマム』山部恵造, けやき出版, 2006年
『金属材料』河合匡, 共立出版, 1958年
『金属材料』本保元次郎・山口達明, 三共出版, 2010年
『構造の世界』J.E.ゴードン, 丸善, 1991年
『強さの秘密』J.E.ゴードン, 丸善, 1999年
『材料強度の基礎』高村仁一, 京都大学学術出版会, 1999年
『材料強度の原子論』日本金属学会, 1985年
『技能ブックス(20)/金属材料のマニュアル』技能士の友編集部, 1980年
『新版　金属学入門』西川精一, アグネ技術センター, 2001年
『初級金属学』北田正弘, アグネ, 1978年

鉄鋼

『とことんやさしい鉄の本』菅野照造監修, 日刊工業新聞社, 2008年
『基礎鉄鋼材料学』宮川大海, 朝倉書店, 1969年
『鉄の科学』新日本製鐵株式會社, 1978年
『鉄鋼製造法（1～4）』
『鉄と鉄鋼がわかる本』新日本製鐵株式会社, 日本実業出版社, 2004年
『鋼のおはなし』大和久重雄, 日本規格協会, 1986年
『鉄鋼便覧（第3版）』日本鉄鋼協会編, 1981年
『新訂版 JIS鉄鋼材料入門』大和久重雄, 大河出版, 2004年
『レスリー　鉄鋼材料学』幸田成康監訳者, 丸善株式会社, 1987年
『鉄鋼物性工学入門』ヒューム・ロザリー, 平野賢一訳, 共立出版, 1968年

非鉄製錬

『非鉄金属精錬』日本金属学会, 1969年
『高純度金属の製造と応用』シーエムシー, 2000年
『コインから知る金属の話』岡田勝蔵, アグネ技術センター, 1997年

アルミニウム

『軽金属』杉本四郎, 春秋社, 1963年
『アルミニウムに死す』中山三平, 日経印刷, 1981年
『続アルミニウムに死す　回想記のなかの岡沢鶴治』中山三平, 日経印刷, 1988年
『アルミニウム工業論』安西正夫, ダイアモンド社, 1971年
『アルミの科学』山口英一, 日刊工業新聞社, 2009年
『戦争とアルミニウム　アルミニウム外史上巻』清水啓, カロス出版, 2002年
『北海道のサトウキビ　アルミニウム外史下巻』清水啓, カロス出版, 2002年
『アルミニウムのおはなし』小林藤治郎, 日本規格協会, 1991年
『アルミニウム製錬史の断片』グループ38, カロス出版, 1995年
『黒ダイヤからの軽金』牛島俊行・宮岡成次, カロス出版, 2006年
『わが国のアルミニウム製錬史にみる企業経営上の諸問題』秋津裕哉, 建築資料研究社, 1995年
『アルミニウム』岩波寫眞文庫123, 岩波書店, 1954年

貴金属

『貴金属の科学』菅野昭造, 日刊工業新聞社, 2007年
『貴金属のはなし』山本博信, 技報堂出版, 1992年
『携帯から金をつくる！』相原正道, ダイヤモンド社, 2007年
『貴金属利用技術基礎のきそ』清水進・村岸幸宏, 日刊工業新聞社, 2011年

レアメタル

『脅威の希金属・レアメタル』吉松史郎・小川洋一, 講談社, 1988年
『レアメタル』金子秀夫編集代表, 森北出版, 1990年
『レアメタル・機能材料の金属元素』長谷川良佑, 産業図書, 1992年
『機能材料の基礎知識』神藤欣一, 産業図書, 1995年
『レアメタル事典』堂山昌男・フジ・テクノシステム, 日本工業技術振興協会, 1991年
『レアメタルレアアース』ニュートン2011年3月号
『レアメタル・資源−38元素の統計と展望』西山孝, 丸善, 2009年
『レアメタルが日本の生命線を握る』山口英一, 日刊工業新聞社, 2009年
『レアメタル』月刊環境ビジネス12月号, 2006年
『なぞの金属レアメタル』福岡正人, 港北出版社, 2009年
『レアメタル』産業技術総合研究所, 工業調査会, 2007年
『レアメタルとくるま』自動車技術2009年11月号

希土類

『希土類の話』鈴木康雄, 裳華房, 1998年
『希土類の物語＜先端材料の魔術師＞』吉野勝美, 産業図書, 1992年
『希土類物語　先端技術の魔術師』足立研究室編, 産業図書, 1991年
『技術士試験金属部門受験必修テキスト』日刊工業新聞社, 2012年
『工業レアメタル　vol122, 2006』アルム出版, 2007年

資源

『資源経済学のすすめ』西山孝, 中公新書, 1993年
『ベースメタル枯渇』西山孝・前田正史, 日本経済新聞社, 2011年
『レアメタル・パニック』中村繁夫, 光文社, 2007年
『レアメタル資源争奪戦』中村繁夫, 日刊工業新聞社, 2007年
『レアメタルハンドブック2010』石油天然ガス・金属鉱物資源機構, 金属時評, 2010年
『原発とレアアース』畔蒜泰助・平沼光, 日本経済新聞社, 2011年
『教養としての資源問題』谷口正次, 東洋経済新聞社, 2011年
『資源クライシス』加藤尚武, 丸善, 2008年
『日本は世界1位の金属資源大国』平沼光, 講談社, 2011年
『図解未来資源レアメタルレアアース』スコラムック, 2012年
『レアメタルの太平洋戦争』藤井非三四, 学研パブリッシング, 2013年
『黒鉱−世界に誇る日本的資源を求めて』石川洋平, 共立出版, 1991年
『海底資源大国ニッポン』平朝彦・辻喜弘・上田英之, アスキー, 2012年
『海底鉱物資源　未利用レアメタルの探査と開発』臼井朗, オーム社, 2010年
『海のマンガン団塊』島誠, イルカブックス, 1976年

『よくわかる都市鉱山開発』原田幸明・醍醐市朗, 日刊工業新聞社, 2011年

地球温暖化・環境問題
畠山重篤『鉄が地球温暖化を防ぐ』, 2008年
環境材料研究会『図解エコマテリアルのすべて』工業調査会, 2003年
畠山重篤『鉄は魔法つかい』小学館, 2011年
島村英紀『地球環境のしくみ』さえら書房, 2008年
鹿園直建『地球システム科学入門』東京大学出版会, 1992年
フレードリッヒ・シュミット＝ブレーク『エコリュックサック』省エネルギーセンター, 2006年
中村崇『サステナブル金属プロセス入門』アグネ, 2009年
矢田浩『鉄理論＝地球と生命の奇跡』講談社現代新書, 2005年
伊藤剛ら『エネルギー産業の2050年 Utility3.0へのゲームチェンジ』日経新聞社, 2017
レスター・R・ブラウン『大転換新しいエネルギー経済のかたち』岩波書店, 2015
堀史郎, 黒沢厚志『ニュースが面白くなるエネルギーの読み方』共立出版, 2016
齋藤勝裕『人類が手に入れた地球のエネルギー』シーアンドアール研究所, 2018
LOOOP『再生可能エネルギー図鑑』日経BPマーケティング, 2020
江田健二ら『脱炭素化はとまらない』成山堂書店, 2020
エネルギー総合工学研究所『図解でわかるカーボンリサイクル』技術評論社, 2020
島村英紀『地球環境のしくみ』さ・ら・え書房, 2008

新技術
『スーパー鉄鋼先進ハイテン』WorldAutoSteel日本委員会, 文藝春秋, 2009年
『アジアから鉄を変える 新しい鉄の基礎理論』長谷寿・守谷英明, 東洋書店, 2013年
『動き出したレアメタル代替戦略』原田幸明・川西純一, 日刊工業新聞社, 2010年
『金属材料の最前線』東北大学金属材料研究所, 講談社, 2009年
『デモクリトスの原子論と材料学』山本悟, 昭和堂, 2005年
『合金論の歴史と論理』武田真帆人・田邊晃生・塙健三・山本悟, ミューズ・コーポレーション, 2007年

熱処理
『熱処理のおはなし』大和久重雄, 日本規格協会, 1982年
『鋼のおはなし』大和久重雄, 日本規格協会, 1984年
『熱処理ノート』大和久重雄, 日刊工業新聞社, 2006年

金属材料
『図解合金状態図読本』横山亨, オーム社, 1974年
『破壊力学入門』村上裕則・大南正瑛, オーム社, 1979年

金属加工

『基礎塑性加工学』川並高雄・関口秀夫・斉藤正美，森北出版株式会社，1995年
『生産の技術』中尾政之・畑村洋太郎，養賢堂，2002年
『塑性加工技術シリーズ』日本塑性加工学会編，コロナ社
『プレス加工のトライボロジー』片岡征二，日刊工業新聞社，2002年

磁性素材

『おもしろい・磁石のはなし』未踏科学技術協会，日刊工業新聞，1998年
『磁気と材料』岡本祥一，共立出版，1998年
『磁石のはなし』未踏科学技術協会，日刊工業新聞社，1998年

超伝導素材

『超伝導材料と線材化技術』小沼稔・松本要，工学図書株式会社，1995年
『電池が一番わかる』京極一樹，技術評論社，2010年
『粉体精製と湿式処理』環境資源工学会，環境資源工学会，2012年

触媒素材

『ポピュラー・サイエンス・あなたと私の触媒学』田中一範，裳華房，2000年
『図解雑学・光触媒』佐藤しんり，ナツメ社，2004年
『触媒とはなにか』宮原孝四郎・田中虔一，講談社，1980年

ニューセラミックス

『ファイン・セラミックス』柳田博明，講談社，1982年
『セラミックセンサー』柳田博明，講談社，1984年

プレス加工

『プレス曲げ加工』吉田弘美，日刊工業新聞社，2006年
『プレス絞り加工』中村和彦，日刊工業新聞社，2002年
『プレス打抜き加工』古閑伸裕，日刊工業新聞社，2002年
『プレス加工用材料と金型用材料』林央，日刊工業新聞社，2003年
『プレス加工の工程設計』山口文雄，日刊工業新聞社，2002年
『プレス加工ノウハウ100題』プレス加工ノウハウ編集委員会，日刊工業新聞社，1975年
『板金工作の実技（機械技術入門シリーズ）』小林一清・水沢昭三・萩原国雄，理工学社，1992年

機械加工

『絵とき研削の実務』海野邦昭，日刊工業新聞社，2007年
『絵とき「切削加工」基礎のきそ』海野邦昭，日刊工業新聞社，2006年

『絵とき「機械加工」基礎のきそ』平田宏一, 日刊工業新聞社, 2006年
『絵とき「工作機械」基礎のきそ』横山哲男, 日刊工業新聞社, 2006年
『現場で役立つ切削加工の勘どころ』西嶢祐, 日刊工業新聞社, 2004年
『おもしろ話で理解する機械工作入門』坂本卓, 日刊工業新聞社, 2003年

切断
『最新切断技術総覧』産業技術サービスセンター, 1985年
『Q&Aレーザ加工』浦井直樹・西川和一, 産報出版, 1993年

表面技術
『さびのおはなし』増子昇, 日本規格協会, 1997年
『錆と防食のはなし』松島巌, 日刊工業新聞社, 1993年
『溶射のおはなし』馬込正勝, 日本規格協会, 1997年
『はじめての表面処理技術』仁平宣弘・三尾淳, 工業調査会, 2001年
『図解入門 よくわかる 最新 めっきの基本としくみ』土井正, 秀和システム, 2008年
『銹 鐵のさび』山本洋一, 高山書院, 1933年
加藤忠一「ブリキとトタンとブリキ屋さん」ギャラリーパスタイム, 2015年

鉄と宇宙
『鉄学　137億年の宇宙誌』宮本英昭・橘省吾・横山広美, 岩波書店, 2009年
『鉄学　137億年の宇宙誌』宮本英昭・橘省吾, 東京大学総合研究博物館, 2009年
『宇宙資源』宮本英昭・清田馨, 岩波書店, 2013年

鉄鋼解説
『ポケット図解「鉄」の科学がよ～くわかる本』高遠竜也, 秀和システム, 2009年
『図解入門業界研究 最新鉄鋼業界の動向とカラクリがよーくわかる本』川上清市, 秀和システム, 2013年
『絵でみる金属ビジネスのしくみ』馬場洋三, 日本能率協会, 2008年

金属の解説
『ザ・マテリアルマニア』田中和明, マックピープル2012年8月号
『構造、状態、磁性、資源からわかる金属の科学』徳田昌則監修, ナツメ社, 2012年

索 引
INDEX

英数字

350℃脆性	191
3Dプリンタ	454
475℃脆化	516
Ag	563
Au	562
A系介在物	205
B	553
Ba	543
BCP	694
Be	540
Betts法	627
BFG	600
Bi	559
B系介在物	205
CCS	679、771
CCT曲線	501
CCU	679
Ce	566
Ceq（炭素当量）式	303
CFP	781
CFRP	668
Co	546
COG	608
COREX	614
COURSE50	615、678、679
COVID-19	686、764
Cr	544
Cs	541
CTOD	203
CVD	390、437
C系介在物	205
DLC処理	390
安定相	59
DWTT	203
DX	671
Dy	571
d軌道	37
D系介在物	205
EDS	227
EDX	227
EPMA	227
Er	572
Eu	569
FRP	553
FSW	307、698
f軌道	37
Gd	570
GDMS	229
Ge	554
GP1	61
GP2	61
GPゾーン	126、520
HAZ	303
Hg	530
Ho	572
ICP-OES	229
ICP発光分光分析	224
In	556
Ir	563
ITO	556
JIS	509

798

JIS鋼材	509
JOGMEC	735
KKD	720
K殻	47
La	565
LA-ICP	229
LED	554
Li	539
L殻	47
L曲げ加工	345
MAG溶接	299
MC旋盤	368
Mg	537
MGI	719
MI	718
MIG溶接	299
MII	719
MIM	264
Mn	545
Mo	549
Ms点	130
M殻	47
Nb	549
NC機械	368
Nd	567
Ni	547
n値	151
Os	563
Pb	531
Pd	561
PDCAサイクル	720
Pm	568
Pr	567
Pt	562
PVD	391、437

p軌道	37
Rb	541
Re	552
Rh	563
Ru	563
Rust	410
r値	150、151、335
Sb	557
Sc	564
Scale	410
SDGs世代	784
Se	555
SEM	226
SEM-EDX	227
Si	554
SIMS	228
Sm	569
Sn	528
S-N曲線	164
Sr	542
SuperCOURSE50	678
s軌道	37
Ta	551
Tb	571
Te	557
TEM	227
Th	661
Ti	534
Ti-6Al-4V	535
Tl	558
Tm	573
TMCP	610
TRIP現象	131
TTT曲線	501
UO加工	348

索引

799

U曲げ加工	346
V	544
Vブロック法	197
V曲げ加工	345
W	551
X線回折現象	225
X線光電子発光分光法	220
X線光電子分光法	221
X線発光分光分析	217
X線発光分光分析法	218
Y	564
YAGレーザー	564
Zn	527
Zr	548
Z曲げ加工	346
$\alpha + \beta$合金	535
α-FeOOH	412
α合金	535
α粒	500
β合金	535
γ線	215
θ相	61
σ相脆化	475

あ行

アーク切断法	272
アーク放電	277
アイゾット衝撃試験	198
亜鉛	527、627
赤さび	407
アクセプター	482
亜結晶	166
圧印加工	328
圧延繊維組織	498
圧接	305

アトマイズ製造法	260
穴あけ加工	279
穴広げ加工	363
アノード防食	444
アマルガム法	589、624
アモルファス太陽電池	709
粗金属	235、240
粗銅	623
アルカリ金属	470
アルカリ処理法	644
アルカリ土類金属	470
アルカリマンガン乾電池	706
アルマイト皮膜	440
アルミナ	604
アルミニウム合金	519
アンカー効果	441
アンチモン	557、647
イエローケーキ	634
イオン吸着鉱	662
イオン吸着鉱床	738
イオン結合	45、46
イオン交換法	591
イオン蒸着法	426
イオントラップ型計測	229
イオンビーム加工	350
鋳型	606
鋳型鋳造技術	251
異種電極電池	178
板厚異方性	335
板状マルテンサイト	503
板プレス加工	316
一次クリープ	169
一次スケール	609
一次精錬	602
一次電子	226

項目	ページ
一次電池	705、706
一方向凝固	246
一方向凝固鋳造法	253
イットリウム	564
一般熱処理	376
易分解設計	777
異方性	54
イリジウム	563
陰イオン	46
インサート金属	306
インジウム	556、656
陰電気	45
ウィーデマン＝フランツの法則	67、91
ウェットブラスト	450
ウォータジェット法	272
浮きプラグ法	323
ウスタイト	414
打ち抜き加工	291
裏曲げ試験	197
ウラン	633
ウラン精錬法	634
ウラン濃縮	635
ウランの転換	634
エアブラスト式	451
液圧バルジ加工	338
液相	50、107、108
液相温度	245
液相拡散接合	306
液相線	245
液体還元	587
液体浸炭	395
液体バルジ試験	202
エコプロダクト	773
エコロジカル・リュックサック	780
エッチング	433

項目	ページ
エネルギー源	715
エネルギーコスト	749
エネルギー分散型分光分析法	226、227
エリクセン深絞り試験	202
エリンガムダイアグラム	97
エルビウム	572
塩化焙焼	583
塩化物溶融電解法	662
炎色反応	100
遠心鋳造法	259
延性	53、64、85
延性ストライエーション	163
延性脆性遷移温度	80、174
延性破壊	155、171、172
遠赤外線	215
円筒研削	279、354、372
円筒絞り加工	334
エンドミル	354
エンドミル加工	354、367
エンボス加工	328
塩浴軟窒化処理	400
王水	204
黄銅	525、526
応力	73
応力集中	163
応力除去焼なまし	386
応力振幅	164
応力ひずみ曲線	89、196
応力腐食	176
応力腐食割れ	156、180、181
応力誘起変態	447
応力誘起マルテンサイト変態	131
オージェ電子分光法	221
オーステナイト	117、474
オーステナイトフォーマー	474

索引

遅れ破壊 ················ 156、186、187、714
押し切り ································· 294
押し込み硬さ試験 ······················· 201
押し出し工具 ···························· 321
押し出し成形 ···························· 319
オストワルド成長 ······················· 144
オスミウム ······························ 563
表曲げ試験 ······························ 197
温間加工 ································· 317
温度差電池 ······························ 178

か行

カーボンニュートラル ··········· 675、692
カーボンフットプリント ··············· 781
カーボンフリー水素 ··················· 679
カーボンフリー電力 ··················· 679
カーリング ······························ 343
海外資源確保 ···················· 730、757
外形削り ································· 361
海水腐食 ································· 156
海底資源 ································· 725
海底泥 ··································· 739
海底泥層 ································· 738
海底熱水鉱床 ···························· 738
回転型 ··································· 252
回転鍛造 ··························· 327、328
回復 ······························· 141、500
外部電極法 ······························ 444
外部電源方式 ···························· 421
界面現象 ································· 405
化学結合モデル ··························· 65
化学研磨 ································· 286
化学蒸着法 ························ 391、437
化学的研磨 ······························ 290
化学的製造法 ···························· 261

化学電池 ································· 705
角側フライス加工 ······················· 365
拡散型変態 ······························ 122
拡散性水素 ······························ 187
拡散接合 ································· 306
拡散速度 ································· 120
拡散変態 ······················ 106、121、124
拡散焼なまし ······················ 385、386
核磁気共鳴分光法 ······················· 219
核子数 ····································· 83
核生成・成長機構 ······················· 144
拡張転位 ································· 113
カクテル効果 ···························· 701
角筒絞り加工 ···························· 334
角フライス加工 ························· 365
核力 ······································· 83
加工強化 ································· 135
加工硬化 ··························· 140、266
加工硬化指数 ···························· 338
化合物半導体 ···························· 482
化合物半導体太陽電池 ················· 709
加工歪み ·································· 74
可視光線 ································· 215
カシメ加工 ······························ 310
煆焼 ······························· 576、582
ガス圧接 ································· 305
ガス浸炭 ································· 395
ガス切断 ··························· 274、284
ガス切断法 ······························ 272
ガス溶射法 ······························ 437
ガス炉窒化処理 ························· 400
化成処理 ································· 427
カソード防食 ···························· 444
形削り ··································· 361
硬さ試験 ································· 200

硬さの温度依存性	74	乾式精錬	576
型成形	316	乾式製錬	235、237
型創成	232	乾式めっき法	437
型鍛造	327	間接押し出し	321
型曲げ	343	間接押し出し法	320
カップアンドコーン型破壊	159	完全焼なまし	385、386
価電子濃度	57	乾燥	576、582
ガドリニウム	570	関与物質総量	780
金型鋳造法	252	輝安鉱	647
金切りのこ	294	機械加工	351
金切りばさみ	294	機械加工法	289
加熱γ粒	498、499	機械研磨	285
加熱γ粒界	500	機械研磨法	432
加熱炉	608	機械試験	194
過飽和	143	機械せん断法	272、280
上降伏点	89、146	機械的製造法	261
ガラス基板型太陽電池	709	機械的接合方法	296
カラミ	623	機械的切断法	270
ガリウム	655	希ガス	470
渦流探傷法	211	貴金属	470
渦流電流	211	気候変動問題	769
カルコゲン	470	希釈型再生	744
カルシウム処理	604	輝水鉛鉱	640
過冷却温度	245	犠牲陽極法	444
カワ	622	気相	107
側曲げ試験	197	規則格子	44、55
環境コスト	749	規則変態	122、128
環境制御	419	気体還元	587
還元	96	希土類金属	470
還元・揮発精錬	585	機能材料	484
還元・揮発製錬	237	機能材料金属	470
還元剤	97、715	気泡	248
還元蒸留法	663	逆演算	720
還元焙焼	235、583	吸光	213
還元溶錬プロセス	584	吸光分光分析法	216

索引

803

吸収エネルギー	199	金属結合	45、46、65
球状化焼なまし	385、386	金属構造	104
凝固	244	金属光沢	64、68
凝固組織	498、499	金属資源リスク	750
強磁性	93	金属精製	576、585
強磁性体	93	金属精錬	576
共晶合金	51	金属創形	576
共晶点	108、115	金属組織	103、104
共晶反応	51、108	金属組織改質	234
共析	502	金属抽出	232
共析点	109、115	金属熱還元法	663
共析反応	109	金属の硬さ	73
共析変態	122、126	金属の強化機構	104
共有結合	45、46	金属の強さ	73、78
局部電池	178	金属の変形挙動	105
切り欠き加工	291	金属の劣化と破壊	105
キレート試薬	580	金属被覆	420
亀裂開口変位試験	203	金属表面処理技術	402
亀裂拡大	163	金属疲労	446
亀裂発生	163	金属粉体射出成形法	457
金	562	金属粉末射出成形法	264
銀	563	金属溶射法	426
均一核生成	60	銀点	183
キンク	406	金と銀	624
近赤外線	215	偶奇質量差	83
金属	470	空気電池	706
金属・化合物採取法	591	空孔	44
金属界面技術	402	空孔拡散	120
金属加工	232	クーロン力	46、65、83
金属加工プロセス	30	くさび	285
金属間化合物	43、44、49、55、57、108	グラード液	204
金属還元法	238	クラッド	41
金属基盤型太陽電池	709	クラッド法	426
金属クラッド法	438	クリアランス	281
金属系	449	クリープ破壊	155、168

クリープフィード研削	373	限界深絞り比	202
グリーン・イノベーション	774	研削加工	350、354
グリーンコンパクト	262	研削加工の方法	352
グリーンステンレス鋼	696	原子核	45、82
グリーン成長戦略	689	原子間結合	158、406
グロー放電質量分析	228	原子吸光分析法	223
クロール法	630、650	原子空孔	111
黒皮材	411	原子充填率	52
黒さび	407	原子時計	541
黒染め処理	427、442	原子分光	214
クロム	544、635	原子分光分析	194
クロメート処理	427、442	原子容積効果	492
軽圧下制御	607	原子量	35
軽金属	518	原子力電池	705、710
蛍光	217	元素	35
蛍光X線	219	現像処理	212
蛍光X線発光分光分析法	219	元素戦略	686
計算機実験	720	元素の周期律	35
傾斜機能	404	元素半導体	482
形状・クラウン制御技術	267	研磨	285、425
形状記憶現象	131	原料	715
ケイ素	554	コイニング	328
血管拡張ステント	700	高温回復	141
結晶構造	40、43、50、65、103、104	高温引張り試験	196
結晶組織	42	高温焼もどし	384
結晶の微細化	476	高温焼もどし脆性	190
結晶粒界	113	硬化	74
結晶粒界構造	40、43	高加圧鋳造法	254
結晶粒径	42	光学機器素材	485
結晶粒組織	40	硬化焼もどし	384
結晶粒微細化	139	広義の酸化と還元	96
ケミカル物質	716	光輝炉	678
ケラー氏液	204	合金	49
ゲルマニウム	554、655	合金化処理	434
毛割れ	183	合金相	107

索引

805

工具鋼	358
鉱滓	586
鋼材規格	509
鉱山資源	725
格子間拡散	120
格子欠陥	43、74、406
硬質磁性材料	92
高周波焼入れ法	392
高周波誘導結合プラズマ発光分析	229
高純化精錬	585
高純化精錬法	237
鉱床	578
孔食	156、177
孔食係数	177
構成刃先	357
剛性率	134
鉱石	578
鉱石予備処理	576
構造材用添加金属	470
構造物疲労亀裂防止	452
高炭素フェロクロム	635
光電効果	219、221
高透磁性材料	93
坑内掘り	578
降伏点	89
鉱物	578
口部割れ	336
後方押し出し	321
高融点化形態制御	605
高融点金属	470
向流多段抽出法	593
高炉	598
高炉ガス	600
高炉スラグ	600
高炉操業	600

高炉法	614
固液共存域	245
固液共存相	50
コークス還元法	636
コークス炉ガス	608
コーティング	428
国土強靭化基本計画	702
固執すべり帯	163
固相	107
固相温度	245
固相拡散接合	306
固相線	245
固体化	232
固体還元	588
固体物性	40
コットレル効果	136、147
コットレル雰囲気	136、147
骨配向化アダプティブマテリアル	700
コニカルダイ深絞り試験	202
コバルト	546、637
コバルトスライム	637
コバルトリッチクラスト	738
コモンメタル	463、464
固溶強化	55、136
固溶体	49
コロンバイト	651
混合組織	498
コンダクターロール	435
コンフォーム押し出し法	320

さ行

サーキュラーエコノミー	762
サーマルリサイクル	741
最外殻電子	45
最外殻電子軌道	36、38

採掘可能な埋蔵量	728
再結晶	142
再結晶組織	498
採鉱	235、576、578
材質設計	475
材質調整	234
再蒸留法	627
再生地金	754
最大空隙距離	55
最密結晶構造	52
最隣接原子数	52
雑品スクラップ	778
さび	410、411
サブサイズ試験片	199
サブマージドアーク溶接	299、302
サプライチェーンの一国寡占	765
サブランス	603
サマリウム	569
サマリウム・コバルト合金	664
酸化	96
酸化剤	97
酸化焙焼	235、583
酸化物系鉱石	726
酸化物溶融電解法	662
酸化溶錬プロセス	584
三元触媒	561
三次クリープ	169
三次元積層造形法	454
酸洗	611
酸洗法	432
三層構造	414
酸素ランス	603
サンドブラスト	450
散乱光	213
残留磁気	92

仕上げ加工	279
シーミング	329
シーム溶接	300
シェービング法	270
磁化	92
紫外線	215
紫外線吸収分光	216
紫外光電子分光法	221
磁気変態	122、123
磁区	92
ジグソー	294
資源調達環境の変化	769
資源ナショナリズム	729、756
資源埋蔵量	728
時効	143
時効硬化	74
時効処理	59
時効析出	60
自己拡散	120
自己修復金属	699
自己修復材料	698
ジスプロシウム	571
磁性材料	479
自然時効	143
持続可能年数	729
湿式精錬	576
湿式製錬	235、238
質量分析法	228
磁場	92
磁場偏向型計測	229
磁粉探傷法	211
絞り加工	330、333
絞り比	334
下降伏点	89、146
斜角探傷法	210

索引

807

斜方晶構造	106	食料品残留防止	452
シャルピー衝撃試験	198	初晶線温度	108
重液選鉱	580	ショット・ピーニング	429
重晶石	648	ショット・ブラスト	425、432
自由鍛造	327	ショットピーニング	448
自由電子	46	ショットブラスト	448、450
自由電子雲	66	磁力選鉱	576、581
重力鋳造法	252、259	ジルコニウム	548、650
樹脂・植物系	449	白さび	412
樹枝状晶	499	しわ	336
ジュラルミン	61、520	新規固体電解質材料	721
準安定相	59	真空浸炭	395
潤滑性	447	真空浸炭処理	397
循環型社会	742	シンクロトロン放射光	218
循環型社会形成促進基本法	742	人工時効	59、143
準典型金属	470	新国際資源戦略	768
ショア硬さ	75	浸出法	591
ショア硬さ試験	201	靭性	78
常温時効	143	浸漬ノズル	606
衝撃試験	198	浸炭処理	395
焼結	576	浸炭窒化	395、400
焼結鉱	600	浸炭窒化処理	398
焼結工具	359	浸炭焼入れ	390
焼結体	263	浸透処理	212
常磁性	93、95、490	浸透探傷検査	212
常磁性体	93	侵入型固溶体	55、473
焼鈍	611	侵入原子	44、111
焼鈍炉	678	真ひずみ	196
正面フライス加工	365	浸硫処理	390
蒸留精錬	588	水銀	530
自溶炉	623	水蒸気処理	390
ジョークラッシャー	579	水浸探傷法	210
除去加工	350	水素遅れ破壊	180
除去処理	212	水素海上輸送	716
触媒	484	水素還元製鉄	678

水素還元法	616
水素侵食	185、714
水素侵入破壊	156
水素脆化	714
水素脆性破壊	156
水素脆性割れ	180
水素病	185、622
水素誘起割れ	714
垂直異方性係数	151
垂直型	252
垂直探傷法	210
スイフト深絞り試験	202
水平型	252
水溶液電解精錬	240
水溶液電解法	594
スーパーアロイ	544
スエージ加工	328
スカンジウム	564
スケール	410、500、608
スケールの構造	414
錫	528
スターリングシルバー	55
ステップ	406
ストルベライト	651
ストロンチウム	542、646
砂型鋳造法	252
スピニング加工	328
スピノーダル分解	60、144
スプリングバック	349
スペクトル	215
すべり線	160
すべり帯	160
すべり変形	135
すべり方向	53
すべり面	74

スポット溶接	300
スライム	594
スラグ	586
スラブ	599
スレッディング	328
寸法因子	56
制御圧延	610
制御冷却	610
成形性試験	202
成形高さ	338
精鉱	235、581
静水圧押し出し法	320
精製金属	240
脆性破壊	155、171
脆性へき開ストライエーション	163
静的耐用年数	729
静電選鉱	581
青銅	525、526
青熱脆性	189
製品製造	232
精密せん断法	282
整粒	576
精錬	235、602
製錬	235
製錬・精錬	34
赤外線吸収分光	216
析出	122
析出硬化	74、137
析出物	43、126
析出物の構造	40
積層欠陥	113
赤熱脆性	190
セシウム	541、647
切削	285
切削加工	350、352

切削屑の形状	356	相変態	106、122、243、491
切削工具	358	ゾーンメルティング法	237、585、589
切削熱	357	側壁破れ	336
接触電位差	408	粗鉱	576、579
切断・接合	232	底抜け	335
切断加工	292	素材間競争	668
接着加工	312	素材間協調	668
接着的接合方法	296	素材産業	34
ゼノタイム	661	素材成形	232
セメンタイト	106、475、502	素材製造	232
セラミックス・ガラス系	449	組織エッチング	204
セリウム	566	組織制御法	135
セレスタイト	646	組織調査	194
セレン	555、658	組織分率	42
ゼロカーボンスチール	615	塑性	88
遷移温度	200	塑性加工	317
遷移元素	36	塑性変形	79
選鉱	576	塑性変形挙動	146
銑鋼一貫プロセス	598	塑性変形の物理モデル	88
全固体電池	711	塑性変形破壊	155
せん断加工	330	塑性流動	307
せん断加工法	280	粗地（下地）調整	448
せん断型破壊	158		
せん断型破断	158	**た行**	
せん断変形	130	ダイカスト鋳造法	255
全伸び	196	大気腐食	156、177
旋盤加工	350、353	対向ダイせん断法	270、283
前方押し出し	321	対称エネルギー	83
全面腐食	156、177	帯状溶融法	237、585
全率固溶合金	107	耐食・耐熱技術	402
戦略的互恵関係	732	耐食合金	419、422
相	107	耐食性	507
走査型電子顕微鏡	226	耐食被覆	420
双晶変形	130、135、161	体心立方構造	43、52
相転移	243	体積エネルギー	83

代替材料	730、757
ダイナミック制御	603
第二相	143、144
耐腐食強度	40
耐摩耗性	447
ダイヤモンド	359
太陽電池	705、709
ダウンコイラー	610
たがね	294
ダクタイル鋳鉄管	259
多結晶	87
多結晶凝固	246
脱ガス	604
脱脂	425、431
脱炭	604
脱炭素社会	672
脱炭反応	603
タップ立て加工	363
脱硫	604
脱硫処理	602
脱リン処理	602
脱リン反応	603
縦弾性係数	158
タフピッチ銅	524、622
ダボカシメ加工	311
玉通し加工	343
タリウム	558、656
炭化物処理	390
炭化物生成	476
タングステン	551、633
単結晶	87
単結晶凝固	246
単結晶凝固鋳造法	253
単軸引張り応力	134
短周期規則変態	128

弾性	88
弾性変形	79
弾性変形の物理モデル	88
鍛接	305
鍛造加工	326
炭素還元法	636
炭素繊維強化プラスチック	668
タンタライト	651
タンタル	551、652
タンディッシュ	606
タンデム圧延	612
タンデム仕上げ圧延機	610
端部成形	349
置換型固溶体	55、472
置換原子	44、111
地球温暖化対策	671
チクソキャスティング法	257
チクソトロピー現象	256
チタン	534、630
縮みフランジ加工	340
窒化	399
秩序磁性	94
中温回復	141
中間相	55
中間ロール	267
抽出型再生	744
柱状晶凝固	246
中心偏析	247、499
鋳造	244、606
鋳造欠陥	248
チュクラルスキー法	252
超音波接合	307
超音波探傷法	210
調質	384
長周期規則変態	128

索引

811

長周期表	36	電解研磨	286、432、433
超弾性現象	131	電解酸洗法	432
超鉄鋼	686	電解精錬	576
超伝導現象	480	電解製錬	235
超伝導材料	480	電解切断法	272
直接押し出し法	320	電解脱脂	431
直接還元炉法	614	電界トラップ現象	699
直立ボール盤	363	電気化学的化合物	57
チル晶	499、500	電気化学的加工法	290
ツイストドリル	363	電気式溶射法	438
対電子	46、47	電気伝導性	67、90
突切り加工	361	電気伝導率	91
ツリウム	573	電気銅	524、623
低温回復	141	電気二重層	408
低温脆性	80	電気防食	419、421、443
低温脆性破壊	154	電気めっき	435
低温焼もどし	384	電気めっき法	426
低温焼もどし脆性	191	電気炉	587
低加圧鋳造法	252、254	電気炉サブマージドアーク法	636
定型試験片	196	典型金属	37
ティッピングポイント	785	典型元素	470
低融点化形態制御	604	点欠陥	43、111
低融点合金	51	電子	45
ディンプル	171、172	電子・磁性材料金属	470
デジタル・トランスフォーメーション	671	電磁かくはん装置	607
デスケーリング	608	電子化合物	57
鉄亜鉛拡散合金化反応	434	電子軌道	44
鉄還元法	626	電子供与体	482
鉄鋼	34	電子顕微鏡	226
鉄鉱石の還元反応	600	電子材料	479
デッドメタル	321	電子受容体	482
テルビウム	571	電子線マイクロアナライザー	226、227
テルル	557、658	電子配置	36
転位	40、43、44、111	電子バンド	480
電位-pH線図	415	電子ビーム加工	350

電子ビーム焼入れ	393	ドナー	482
電磁ブレーキ	607	どぶ漬け法	434
展性	53、64、85	ドラグライン	284
転造	328	トラバース研削	372、373
転造加工	329	トランジトリー反応	604
電池の素材	480	トリウム	661
デンドライト	499、500	砥粒加工法	290

な行

天然鉱山	744	ナイタール液	204
天然資源	743	内部欠陥	183
電波	215	内部割れ	183
電縫溶接	300	内面研削	354
転炉	598	中ぐり加工	354、370
転炉精錬	602	ナゲット	300
転炉製錬	237	斜めせん断変形	130
電炉プロセス	599	ナノスコピック	40
転炉法	602	ナノメタラジー	686
等温変態線図	501	鉛	531、626
等温変態焼なまし	385、386	鉛蓄電池	707
等温冷却	379	軟化	74
等温冷却曲線	381	軟化係数	74
透過X線	215	軟化焼もどし	384
透過型電子顕微鏡	227	軟質磁性材料	93
透過電子	226	軟窒化処理	399、400
等軸晶凝固	246	ニオブ	549、651
投射体型	451	ニクロム	544
等速連続冷却	379、382	二酸化炭素回収貯留技術	770
等速連続冷却曲線	382	二酸化炭素排出問題	780
等速連続冷却変態線図	501	二次イオン質量分析	228
同素変態	122、125	二次乾電池	479
特殊鋳造法	252	二軸均等伸び	337
特殊熱処理	376	二次クリープ	169
特性X線	226	二次スケール	609
都市鉱山	725、744、745	二次精錬	599、602
都市鉱床	725		
土壌腐食	156、177		

二次電子‥‥‥‥‥‥‥‥‥‥‥‥ 221、226
二次電池‥‥‥‥‥‥‥‥‥‥‥‥ 705、707
二次冷却帯‥‥‥‥‥‥‥‥‥‥‥‥‥ 606
ニッケル‥‥‥‥‥‥‥‥‥‥‥‥ 547、632
ニッケル黄銅‥‥‥‥‥‥‥‥‥‥‥‥ 526
ニッケルカドミウム電池‥‥‥‥‥‥‥ 707
ニッケル水素電池‥‥‥‥‥‥‥‥‥‥ 707
ニブラ‥‥‥‥‥‥‥‥‥‥‥‥‥‥‥ 294
日本産業規格‥‥‥‥‥‥‥‥‥‥‥‥ 509
ニューガラス‥‥‥‥‥‥‥‥‥‥‥‥ 485
入射電磁波‥‥‥‥‥‥‥‥‥‥‥‥‥ 213
ニューセラミックス‥‥‥‥‥‥‥‥‥ 485
ヌープ硬さ‥‥‥‥‥‥‥‥‥‥‥ 75、201
ネオジム‥‥‥‥‥‥‥‥‥‥‥‥‥‥ 567
ネオジム鉄合金‥‥‥‥‥‥‥‥‥‥‥ 664
ねじ切り‥‥‥‥‥‥‥‥‥‥‥‥‥‥ 361
熱延‥‥‥‥‥‥‥‥‥‥‥‥‥‥‥‥ 610
熱間圧延‥‥‥‥‥‥‥‥‥‥‥‥ 266、500
熱間圧延組織‥‥‥‥‥‥‥‥‥‥‥‥ 500
熱間押し出し‥‥‥‥‥‥‥‥‥‥‥‥ 319
熱間加工‥‥‥‥‥‥‥‥‥‥‥‥ 265、317
熱間型鍛造‥‥‥‥‥‥‥‥‥‥‥‥‥ 327
熱間自由鍛造‥‥‥‥‥‥‥‥‥‥‥‥ 327
熱間静水圧プレス法‥‥‥‥‥‥‥‥‥ 263
熱間鍛造法‥‥‥‥‥‥‥‥‥‥‥‥‥ 326
熱的加工法‥‥‥‥‥‥‥‥‥‥‥‥‥ 290
熱的接合方法‥‥‥‥‥‥‥‥‥‥‥‥ 296
熱伝導性‥‥‥‥‥‥‥‥‥‥‥‥‥‥‥ 67
熱伝導率‥‥‥‥‥‥‥‥‥‥‥‥‥‥‥ 91
ネット排出量ゼロ‥‥‥‥‥‥‥‥‥‥ 675
熱ルミネセンス‥‥‥‥‥‥‥‥‥‥‥ 573
燃料電池‥‥‥‥‥‥‥‥‥‥‥‥ 705、708
濃淡電池‥‥‥‥‥‥‥‥‥‥‥‥‥‥ 178
伸びフランジ加工‥‥‥‥‥‥‥ 332、340
伸びフランジ成形試験‥‥‥‥‥‥‥‥ 203

は行

バーガーズベクトル‥‥‥‥‥‥‥‥‥ 111
パーマネント反応‥‥‥‥‥‥‥‥‥‥ 604
パーライト‥‥‥‥ 117、121、500、501、502
パーライト組織‥‥‥‥‥‥‥‥‥‥‥ 106
バーリング加工‥‥‥‥‥‥‥‥‥‥‥ 341
バーリングカシメ加工‥‥‥‥‥‥‥‥ 311
ハイエントロピー合金‥‥‥‥‥‥‥‥ 701
ハイクラウン圧延‥‥‥‥‥‥‥‥‥‥ 267
焙焼‥‥‥‥‥‥‥‥‥‥‥‥‥ 576、583
焙焼還元法‥‥‥‥‥‥‥‥‥‥‥‥‥ 626
焙焼反応法‥‥‥‥‥‥‥‥‥‥‥‥‥ 626
排他的経済水域‥‥‥‥‥‥‥‥‥‥‥ 736
ハイテン‥‥‥‥‥‥‥‥‥‥‥‥‥‥ 676
バイト・カッタ切断法‥‥‥‥‥‥‥‥ 270
バイト加工‥‥‥‥‥‥‥‥‥‥‥‥‥ 278
ハイドロフォーム加工‥‥‥‥‥‥‥‥ 338
灰吹き‥‥‥‥‥‥‥‥‥‥‥‥‥‥‥ 625
パイプ成形法‥‥‥‥‥‥‥‥‥‥‥‥ 321
バイブラスト‥‥‥‥‥‥‥‥‥‥‥‥ 450
バイメタル‥‥‥‥‥‥‥‥‥‥‥‥‥‥ 41
バイヤー法‥‥‥‥‥‥‥‥‥‥‥‥‥ 618
パウダー‥‥‥‥‥‥‥‥‥‥‥‥‥‥ 607
パウダージェッティング法‥‥‥‥‥‥ 457
パウダーディポジション法‥‥‥‥‥‥ 456
パウダーベッド法‥‥‥‥‥‥‥‥‥‥ 456
パウリの排他原理‥‥‥‥‥‥‥‥‥‥‥ 37
破壊強度‥‥‥‥‥‥‥‥‥‥‥‥‥‥‥ 40
破壊靭性試験‥‥‥‥‥‥‥‥‥‥‥‥ 203
鋼の標準組織‥‥‥‥‥‥‥‥‥‥‥‥ 388
歯切り加工‥‥‥‥‥‥‥‥‥‥‥ 354、371
白銅‥‥‥‥‥‥‥‥‥‥‥‥‥ 525、526
刃状転位‥‥‥‥‥‥‥‥‥‥‥‥‥‥ 112
バストネサイト‥‥‥‥‥‥‥‥‥‥‥ 660
ハゼカシメ加工‥‥‥‥‥‥‥‥‥‥‥ 310

白金	562
白金族	625
白金族元素	560
バックアップロール	266
発光	213
発光ダイオード	554
発光分光法	217
バッチ焼鈍	613
ハット曲げ加工	347
波動関数	37
ハトメカシメ法	310
バトロナイト	639
バナジウム	544、638
バニシ加工	323
ハフニウム	550、650
刃物切断法	270
パラジウム	561、652
パラジウム族元素	560
バリ	287
バリウム	543、648
張り出し加工	332
張り出し試験	202
張り出し成形	337
バレル法	432
ハロゲンガス	470
半凝固鋳造法	256
反強磁性	93
半金属	37、470
ハンケチ曲げ試験	197
反磁性	93、95
反磁性体	93
反射電子	226
反射炉	587
はんだ	108、312
パンチとダイ	280

半導体素材	480
ハンドシャー	294
ピーキング	349
ビーディング	329
ピーニング	445
光散乱分光法	219
光電子分光法	221
光の反射率	99
引き上げ型	252
引き抜き成形法	323
比強度	145
非金属	37、470
非金属介在物	41
非金属被覆	428
引け巣	248
飛行時間型計測	229
ひざ形フライス盤	366
比重	507
比重選鉱	576、580
ピジョン法	631
ビスマス	559、657
ひずみ硬化	147
非弾性X線	218
ビッカース硬さ	75
ビッカース硬さ試験	201
ピックリング	433
ピッチブレンド	633
引張強度	507
引張り試験	196
引張り強さ	78
非鉄金属	34
非破壊試験	194、208
火花試験	207
被覆防食	419、420
標準水素電極	417

索引

標準生成自由エネルギー	97
表面エネルギー	83
表面改質	234、390、429
表面活性化接合	305
表面強化処理	390
表面硬化熱処理	376
表面浸炭焼入れ	74
表面腐食	176
平フライス加工	366
比例試験片	196
ビレット	599
疲労亀裂	163、165
疲労限	446
疲労破壊	155、164
ファーネス法	224
ファインブランキング	270、282
ファンデルワールス結合	45、46
封孔処理	440
プールベ線図	415
フェライト	117、474、500、502
フェライト組織	106
フェリ磁性	93、94
フェルミ準位	408
フェロクロム	636
フェロ磁性	93、94
フェロマンガン	636
深絞り加工	331
深絞り限界	202
深絞り成形試験	202
不感域	415
不感帯	210
不規則変態	122、128
不均一核生成	60
副産物	725
不純元素	43

不純元素低減	777
腐食	42
腐食域	415
腐食破壊	156
腐食疲労	181
腐食防食試験	194
縁取り加工	292
付着物除去（クリーニング）	448
不対電子	47
フッ化焙焼	583
物理蒸着法	391、437
物理電池	705
不動態域	415
不動態皮膜	408、413
浮遊選鉱	576、580
フライス盤加工	350、354
プラズマ浸炭	395
プラズマ振動	68
プラズマ切断	277
プラズマ切断機	294
プラズマ切断法	272
プラズマ窒化	399
プラセオジム	567
ブラッグの公式	225
フラッシュバット溶接	300
ブランク加工	292
フランジ加工	340
フランジ研削	372、373
フランジ割れ	336
ブリネル硬さ	75
ブリネル硬さ試験	201
ブリルアン散乱発光分光法	220
ブルーム	599
ブルリアン散乱	220
フレーム発光法	224

フレームレス発光法	224	変態開始時間	381
プレス加工	330、331	変態終了曲線	501
プレス機械を用いた切断法	270	変態終了時間	381
プレスせん断法	270、280	変態線図	501
不連続析出	60	ボイド	166
ブロアブラスト	450	防災・減災・縮災	690
ブロック伸線	324	放射線透過試験	209
プロメチウム	568	包晶	108
雰囲気制御	715	包晶合金	51
分割加工	292	包晶点	115
分極	46	包晶反応	51、108
分光	213	防食	419
粉砕	576	ホウ素	553、645
分子分光	214	放電加工	350
分子分光分析法	194	ホーニング	279
粉末押し出し法	263	ホール・エルー法	619
粉末焼結	262	ホール・ペッチの式	149
粉末鍛造法	263	ボール盤加工	350、353、363
粉末冶金	260	ボールミル	579
ペアクロス圧延	268	ホットスポット	250
平衡状態図	107	ホットプレス法	263
ベイナイト	121、501、503	炎焼入れ法	393
ベイナイト組織	106	ポリシング	279
平面研削	278、354、373	ボルト締結法	309
へき開型破壊	158	ホルミウム	572
へき開型破断	158	ボンデ処理	441
ヘマタイト	414		
へら絞り	328	**ま行**	
ベリリウム	540、644	マイクロアロイ	470
ベリリウム銅	526	マイクロ波	215
ベリリウム銅合金	540	前処理	212、425
ベルセリウス	35	巻付け法	197
ペロブスカイト構造	713	マグネシウム	537、631
ペロブスカイト太陽電池	713	マグネタイト	414
変態開始曲線	501	マクロスコピック	40

索引

マクロ組織調査	206
曲げ加工	330、332、343
曲げ加工試験	203
摩擦圧接	698
摩擦撹拌接合	307、698
マシニングセンタ	368
マッシブ変態	122、129
マット・スパイス精錬	585
マテリアルズ・インフォマティックス	683
マテリアルズ・ゲノム・イニシアチブ構想	719
マテリアルズインフォマティクス	718
マテリアルリサイクル	743
マルテンサイト	119、121、503
マルテンサイト組織	106
マルテンサイト変態	138、501、503
丸のこによる切断法	270
マンガン	545、636
マンガン乾電池	706
マンガンノジュール	737
マンドレル法	323
ミクロシュリンク	248
ミクロスコピック	40
ミクロ組織調査	206
ミクロディンプル	447
水ジェットピーニング	451
溝研削	372
溝フライス加工	366
ミッシュメタル	662
密着曲げ	197
密度	70
密閉鍛造	327
ミルスケール	411
無拡散変態	106、121、122、138
無酸素銅	524、622
無水ホウ酸	645
無秩序磁性	94、95
無電解めっき法	436
メイン鉱物	724
面欠陥	113
面心立方構造	43、52
モールド	606
モナザイト	661
モリブデン	549、640
モンド法	632

や行

焼入れ	378
焼入れ性	476
焼なまし	378、385
焼ならし	379、388
焼もどし	378、383
焼もどし時効	143
焼もどし析出	106
ヤング率	134、158
油圧式張り出し成形	338
有効硬化深さ	398
ユージンセジェルネ法	322
ユウロピウム	569
湯しわ	250
輸入新地金	754
湯廻り不良	250
陽イオン	46
陽極酸化処理	427、440
陽極酸化皮膜	433
陽極スライム	240、594、627
洋銀	525
溶鋼	599
溶射法	437
溶接	296、302

溶接熱影響部	303
溶接ワイヤー	302
溶銑	598
溶銑予備処理	602
溶体化処理	61、143
溶断法	270
陽電気	45
揺動鍛造	328
溶媒抽出法	591、636
溶融塩	595
溶融還元炉	614
溶融塩電解法	239、594
溶融精錬	585
溶融製錬	237
溶融電解法	631
溶融めっき法	426、434
溶離法	589
横弾性係数	158
予備処理	235

ら行

ラーベス相化合物	57
ライニング	428
落重試験	203
ラジアルボール盤	364
ラス状マルテンサイト	119、130、503
らせん転位	112
ラッピング	279
ラマン散乱	219、220
ラマン散乱法	219
ラメラ組織	126
ランタン	565
リーマー加工	363
リサイクル	241、725、730、741、757
リサイクル資源	725、743
リサイクル精錬	241
リソグラフィー表面微細加工	700
リチウム	539、644
リチウムイオン電池	707
リチウムボタン電池	706
リバース圧延	610、612
リバーパターン	173
リベットカシメ法	310
粒界水素脆化	185
粒界拡散	43
粒界破壊	186
粒界反応型析出機構	144、144
粒界腐食	156、177
粒界偏析	43
粒界割れ	248
硫化鉱	583
硫化物応力腐食割れ	184
硫化物系鉱石	726
硫酸化焙焼	235、583
リューダース帯	147、160
流電陽極方式	421
粒内水素脆化	185
量子化学モデル	65
良導性	64
臨界冷却速度	382
リング拡散	120
リングローリング	328
燐光	217
リン酸塩処理	427、441
リン脱酸銅	524、622
ルーパー	612
ルクランシェ電池	706
ルテニウム	563
ルビジウム	541、658
レアアースメタルの代替技術	733

レアメタル	31、463、465
レアメタルストック	759
レアメタル備蓄	730、757
冷間圧延	500、611
冷間圧延組織	500
冷間押し出し	319
冷間加工	317
冷間鍛造法	326
励磁電流	211
レイリー散乱	219、220
レーザー加工	350
レーザー切断	275
レーザーピーニング	451
レーザー焼入れ	393
レオキャスティング	256
レニウム	552、659
レンズ状マルテンサイト	130、504
連続焼鈍	613
連続鋳造	599
連続鋳造技術	251
連続鋳造プロセス	606
連続鋳造法	252
連続熱間圧延	610
ろうつけ接合	312
ローズ回収法	625
ローラー曲げ法	197
ロール荷重	608
ロール成形	343
ロールフォーミング	343
緑青	412
ロジウム	563
ロストワックス精密鋳造法	257
ロックウェル硬さ	75
ロックウェル硬さ試験	201
ロッドミル	579

六方最密構造	43、52
露天掘り	578

わ行

ワークロール	266
ワイツゼッカー・ベーテの半経験的質量公式	83
ワイヤーカット法	272
ワイヤー放電加工	275
湾曲型	252

memo

著者紹介

田中 和明 (たなか かずあき)

申年、B型、てんびん座。趣味は、映画鑑賞、金属関係の古書集めと古本街探索、金属関連の史跡巡り。古いもの好きで、19世紀の懐中時計、計算尺、手回し計算機、風呂敷を愛用する。収集よりも利用派。電気自動車を使いながら、徹底的な低電力生活を志向しており、1か月の電気代を3,000円台にするのが趣味。

1956年 大阪生まれ
1982年 京都大学大学院資源工学科終了、新日本製鉄株式会社入社
1996年 技術士(金属部門)取得
2006年 『図解入門よくわかる最新金属の基本と仕組み』
2007年 『図書入門よくわかる最新レアメタルの基本と仕組み』
2008年 『図解入門よくわかる最新金属加工の基本と仕組み』
2009年 『図解入門よくわかる最新「鉄」の基本と仕組み』
2010年 『金属のキホン』ソフトバンククリエイティブ
2011年 『図解入門よくわかる最新レアメタルの基本と仕組み(第2版)』
2012年 『熱処理のキホン』ソフトバンククリエイティブ
2015年 『図解入門 最新金属の基本がわかる事典』
2021年 『図解入門最新金属の基本がわかる事典(第2版)』
2021年 日本製鉄株式会社年満退職
2021年 日本技術士会金属部会部会長
2022年 『図解入門最新よくわかる表面熱処理の基本と仕組み』
2023年 『イラスト図解世界史を変えた金属』
2023年 『技術者・研究者のための技術者倫理のキホン』
2024年 株式会社川熱入社、テクニカルスペシャリスト

ホームページアドレス　https://kaztecjp1.jimdofree.com
メールアドレス　　　　kaztecjp1@gmail.com

図解入門
最新金属の基本がわかる事典 [第3版]

| 発行日 | 2024年 10月 25日 | 第1版第1刷 |

著　者　田中　和明

発行者　斉藤　和邦
発行所　株式会社　秀和システム
　　　　〒135-0016
　　　　東京都江東区東陽2-4-2　新宮ビル2F
　　　　Tel 03-6264-3105（販売）Fax 03-6264-3094
印刷所　三松堂印刷株式会社　　　Printed in Japan

ISBN978-4-7980-7375-0 C0057

定価はカバーに表示してあります。
乱丁本・落丁本はお取りかえいたします。
本書に関するご質問については、ご質問の内容と住所、氏名、電話番号を明記のうえ、当社編集部宛FAXまたは書面にてお送りください。お電話によるご質問は受け付けておりませんのであらかじめご了承ください。